U0772108

现代数学基础

94

实分析与泛函分析

（第二版）

■ 匡继昌

中国教育出版传媒集团
高等教育出版社·北京

内容简介

本书第一版是教育部“高等师范教育面向21世纪教学内容和课程体系改革计划”立项的研究成果，经教育部专家组评审，作为“面向21世纪课程教材”。该教材通过改革和创新，用集合（通过引入各种结构）和映射将传统的“实变函数论”、“测度论”和“泛函分析”三门课程融合为一门新的“现代分析”基础教程，使之保持了适当的理论深度和较高的学术水平，使读者用较少的时间就能掌握现代分析中最有用的核心内容和方法技巧；同时，本书起点低，只要求读者具有初等微积分和高等代数的初步知识，使不同专业和不同层次的教学有较大的选择空间，因而本书有广泛的读者面，可作为大学数学专业本科生和硕士研究生的教材或教学参考书，也可供广大科技人员参考。

本书第二版对第一版作了全面细致的修订，对传统题材作了现代化的处理，还补充了新的研究成果，原来的第九章改为“专题研究导读”，这些专题都是当前热门的研究前沿。

图书在版编目（CIP）数据

实分析与泛函分析 / 匡继昌编著 . -- 2 版 . -- 北京 :
高等教育出版社 , 2025. 9. --（现代数学基础）.
ISBN 978-7-04-064513-2

Ⅰ. O17

中国国家版本馆 CIP 数据核字第 20252313MV 号

SHIFENXI YU FANHAN FENXI

策划编辑 李华英　　责任编辑 李华英　　封面设计 张　楠　　版式设计 徐艳妮
责任绘图 于　博　　责任校对 刘丽娴　　责任印制 刁　毅

出版发行 高等教育出版社
社　　址 北京市西城区德外大街 4 号
邮政编码 100120
印　　刷 河北鹏远艺兴科技有限公司
开　　本 787mm × 1092mm 1/16
印　　张 33.25
字　　数 650 千字
购书热线 010-58581118
咨询电话 400-810-0598
网　　址 http://www.hep.edu.cn
　　　　 http://www.hep.com.cn
网上订购 http://www.hepmall.com.cn
　　　　 http://www.hepmall.com
　　　　 http://www.hepmall.cn
版　　次 2002 年 8 月第 1 版
　　　　 2025 年 9 月第 2 版
印　　次 2025 年 9 月第 1 次印刷
定　　价 98.00 元

物 料 号　64513-00

第二版前言

“实函与泛函”历来是大学数学专业最难教难学的课程. 有的学校曾对数学专业的学生作过一次问卷调查, 问学生最想取消哪门课? 投票结果第一名是实函, 第二名是泛函. 作者认为不能就此责备学生, 而应该反思我们的教材和教学. 我们使用的教材几十年都没有实质性的变化, 如果我们在教学上又是“照本宣科”的话, 就很难使学生认识这两门课程的极端重要性. 我们已进入人工智能的新时代, “实函与泛函”则成为必不可少的基础知识, 而文科所有专业也都开设了“高等数学”课.

“实函与泛函”的教材, 国内已出版了许多不同的版本, 有的教材已使用了几十年, 成为精品教材, 为什么还要出版作者的这部教材? 实际上, 作者最初教这门课时, 是从使用和消化现成教材开始的. 作者在教学中发现, 这些教材各有优点, 也各有不足之处. 作者几乎年年换教材, 都感到很难改变难教难学的局面, 才决心自编教材. 从根本上说, “实函与泛函”建立在集合基础上的许多基本概念都包括了极其丰富的内涵, 需要一个漫长的理解过程, 是很难自学成功的. 作者教这门课长达 20 多年, 为了探索从“难教难学”向“易教易学”转变的新途径, 根据教学实践中的体会对自编教材反复修改, 从 1996 年出版《实分析引论》到 2002 年本教材《实分析与泛函分析》作为国家级面向 21 世纪课程教材的出版, 在课程体系和教学内容上都有许多创新, 对传统题材作了现代化的处理, 从而形成了以下六大特色和创新:

第一, 本书通过改革和创新, 用集合 (通过引入各种结构) 和映射将传统的“实函”、“测度论”和“泛函”3 门课程融为一个整体. 在 20 世纪 50 至 60 年代, 它们是作为数学专业的 3 门课开的, “实函”讲欧氏空间中的测度与积分, “测度论”讲一般集合上的测度与积分, 后因课时调整, 取消了“测度论”, 而“实函”没有作相应调整, 造成教学内容脱节. 本教材的 “实分析” 就包含了 “实函” 与 “测度论” 的基础知识, 其中距离空间是分两处讲授的. 在第二章 §1 引入了距离空间中的拓扑概念, 使之比欧氏空间有了一个更高的起点, 又没有增加教材的难度. 到第七章 §1 距离空间续论再讨论该空间进一步的性质.

第二, 本书基本概念的引入, 没有用公理化的模式, 而是从学生熟悉的知识出发, 一步步深入. 例如, 1. 我们从欧氏空间中两点间的距离公式出发, 发现它的 3 条性质反映了距离概念的本质, 于是就可以脱离欧氏空间特殊的几何结构, 将这 3 条性质作为在一般集合中距离的定义, 得到距离空间. 再由距离导出开球、开集等拓扑概念. 在分析了开集的性质后, 发现有 3 条是本质的, 再脱离距离空间, 将这 3 条性质作为在一般集合中开集的定义, 得到拓扑空间. 2. 测度概念的引入是从矩形面积出发, 分析了非负函数的 (R) 积分的定义中, 对积分区间分割求和取极限的实质是用小矩形的并集去覆盖曲边梯形, 从而求出曲边梯形的面积. 按照这种思路, 定义了 n 维矩形, 我们称为 n 维区间, 它的边长之积称为它的体积. 对于 n 维欧氏空间的任一点集, 用 n 维区间的并集去覆盖它, 对这些区间的体积之和取下确界, 就得到该点集的外测度. 若其中的区间是有限个, 称为有限覆盖, 得到的是 Jordan 外测度, 对它加以适当的限制, 就得到 Jordan 测度, 建立在这种测度上的积分仍然是 (R) 积分. 将有限覆盖改为可数覆盖, 才得到 (L) 外测度和测度, 在 (L) 测度上建立的积分才是 (L) 积分. 我们进一步分析发现, n 维欧氏空间中的所有可测集构成一个 σ 代数, 并且在测度的性质中, 非负性和可数可加性是最本质的. 用这种思路就可以将测度的概念进一步推广到一般集合上, 得到抽象测度. 3. (L) 积分概念的引入, 也是从 (R) 积分出发的. 不过我们使用的是 (R) 积分的确界定义, 这种定义称为 Darboux 积分, 它实际上与我们熟悉的 (R) 积分和的极限定义是等价的. 我们在本教材中, 仅仅是将 Darboux 和中的小区间的长度改为一般可测集合的分划中小集合的抽象测度, 就直接得到了测度空间中的抽象 (L) 积分, 这在学完抽象测度后是顺理成章的事. 但是我们没有用这个定义去进一步证明积分的性质, 因为这种证明还是很烦琐的. 我们在讲完这个定义后, 紧接着又讲了与它等价的 2 个 (L) 积分的定义, 即 (L) 积分的逼近定义和归结为一种特殊的集合的测度的定义. 我们利用第 3 个定义, 就将抽象积分的性质归结为抽象测度的相应性质, 而后者是读者已知的. 这就使得抽象积分性质的证明变得十分简单易懂. 例如, (L) 积分列的极限定理的教学, 按传统教材要用 2 个星期, 利用第 3 个定义, 仅用 2~3 个课时就可轻松讲完, 这种抽象 (L) 积分就包括 “实函” 中欧氏空间中的 (L) 积分. 4. 本教材中还有许多基本概念, 例如内积、范数、正交性等, 我们都是从学生所熟悉的初等微积分的相应概念出发一步步抽象出来的. 以上的教学模式不但真正收到了好的教学效果, 还使学生受到如何从已知概念中发现其本质特征的能力的训练. 这种能力是原始创新的源泉.

第三, 对欧氏空间中外测度加以适当的限制引入测度的方式, 在现行教材中都是用卡氏条件, 不但证明烦琐, 需要较高的分析技巧, 还不易理解. 作者在“续论” [1] 中总结了欧氏空间中子集可测的 21 个等价的条件, 从理论上讲, 其中的任一条都可以作为可测集的定义, 但是相关定理的证明难度的差别就很大. 本书利用开集逼近的方式定义可测集, 由于开集有许多好的性质, 就使得刻画可测集的性质的许多定理的证明大大简化. 例如, 为了证明可测集的测度的可数可加性, 利用卡氏条件就要分为好几个步骤, 非常烦琐, 而我们的证明就非常简明易懂. 然后在分析可测集的性质中, 最本质的特征是对代数运算和极限运算都是封闭的. 我们就可以脱离欧氏空间特殊的几何结构, 利用这个本质特征在一般集合上直接定义可测集, 得到抽象测度.

第四, 本教材中有几个著名的大定理, 例如 Luzin 定理、Lebesgue 微分定理、Fubini 定理、共鸣定理、开映射定理、泛函延拓定理等, 它们都是本课程重要的理论基础. 在传统教材中的证明都长而难, 在教学中历来难于过关. 我们没有回避困难, 而是充分利用了逼近论和调和分析中最新的研究成果和方法, 成功地大大简化了这些定理的证明, 收到了好的教学效果.

第五, 本教材的基本概念都是建立在集合的基础上的. 集合的分解和如何将函数的性质转化为集合的相应性质就成为化难为易的核心技巧. 例如教材第一章 §1 的习题 1.1, 是关于集列上、下极限集的包含关系, 传统教材中都说是显然成立的. 作者问了好几位教这门课的青年教师, 结果都证不出来. 作者利用集合的分解技巧, 写出的证明只有 4 行字 (见“续论” [1] 上册 P.8). 在同一章 §3 集合的基数中, 有的教材为了证明 “可数多个可数集的并集仍为可数集”, 用了 3 个定理和 1 个推论, 共 3 个版面. 而作者的证明只有 4 行字 (见第一章 §3, 定理 3.7). 实际上基数的许多定理的证明都比传统教材要简单. 第一章还汇集了在教材中反复要用到的集合的分解技巧.

第六, 本教材时刻为初学者着想, 对难懂和容易引起误解之处都加了评注, 特别注意与读者熟悉的微积分基本概念的有机衔接. 事实上, 本课程的许多基本概念都是从微积分相应概念的基本思路推广而来的, 例如, 实数集的上下确界的概念在微积分中就讲了, 但用得很少. 事实上, 只有单调递增 (减) 集列的极限才等于它们的上 (下) 确界, 所以, 使用确界的条件比极限要弱得多, 使用也更方便. 而本课程的许多基本概念都是用确界定义的. 理解和灵活运用确界的概念就成为我们学习的重点和难点. 我们复习了微积分中确界的概念, 分析了如何将确界的概念灵活用到本课程中的技巧.

以上六大特色和创新, 起到了 “化难为易, 化繁为简, 以简御繁” 的教学效果, 实现了从 “难教难学” 向 “易教易学” 的转变. 历届学生对作者的教学评价一直都是优. 从 2002 年本书第一版出版至今, 20 多年过去了, 这六大特色和创新仍然保持独一无二的地位. 而 2015 年出版的《实分析与泛函分析 (续论)》上下册, 主要是总结作者在教学中对 “教材” 的分析与理解, 特别是对 “教材” 中的基本概念的来龙去脉、重点难点和所配的习题都作了细致的分析, 还补充了许多习题. 它源于教材, 又高于教材. 其目的都是为了使读者用较少的时间就能掌握现代分析中最有用的核心内容和方法技巧.

2015 年, 作者被美国《数学评论》聘为特邀评论员, 使作者的学术研究上了一个新台阶. 作者已为美国《数学评论》写了 140 多篇评论, 并与欧美 20 多个国家的数学家合作在 Springer 出版集团出版了反映现代分析研究前沿的专著 18 部. 这些丰富的新的研究成果, 使得作者能站在现代分析研究的前沿来对本教材进行修订. 作者为此向《数学评论》编辑部、Springer 出版集团和多年为作者提供大量新文献的 J. Inequal. Appl. 编辑部深表谢意.

本书第二版就是根据上述新的研究成果对第一版进行全面细致的修订, 删去了第一版中的第九章, 新的第九章是 “专题研究导读”, 分为 7 节, 是上述 18 部专著和 140 多篇评论文章的主题. 这些主题是本课程的拓展和深化, 在理论和实际应用上都极为重要, 是当前热门的研究前沿. 在教材的前面加了 “引言”, 其中 “重新认识数学” 是作者在许多院校给大学生作报告的主题. 针对社会上对数学有太多的误解和误导, 作者在不同院校的报告中都反复强调这一主题. 学生听后都反映深受启发, 提高了对数学的认识, 增强了学好数学的信心. 引言中的两张方框图则是作者在教学中反复使用的, 它是整个课程的纲, 本教材所有的教学内容都是由此展开的, 它还有助于学生理解各种抽象空间之间错综复杂的关系.

作者非常感谢读者长达 20 多年对上述 3 本书的关爱. 其中 “教材” 已列入国家精品课程资源网. 贝乐敏在读博士时看了很多有关现代分析的著作, 在认真读了我这 3 本书以后, 通过高等教育出版社联系上我, 于 2016 年 1 月 2 日和 9 日给我发来邮件 “这 3 本书 (指上述教材和两本 “续论”) 是我这么多年来看到的所有专业书中写得最棒的, 全套书环环相扣, 每一个定理都接着上一个定理展开, 习题又是定理的自然延伸, 而这些定理与习题的结论在后面章节的证明中又会用到, 也就是没有一个定理和一道习题是多余的.” “是非常非常优秀的分析教材.”

作者深深怀念在国内外都享有盛誉的著名数学家和数学教育家徐利治教授, 他生前写了分析数学、调和分析、逼近论、组合数学、计算数学、数学教育和数学哲学等众多领域的论文和专著, 在国内外的影响都很大. 2010 年 7 月, 大连理工大学举办 “数学与数学教育国际研讨会”, 隆重庆贺徐先生 90 华诞, 来自海内外的上千宾客为他祝寿. 作者应邀作数学教改的大会报告. 徐先生长期关注和支持作者的教改工作. 1996 年, 他看到作者的《实分析引论》的讲义, 高度称赞该讲义以很小的篇幅居然讲述了实分析中所有基本重要的题材, 该讲义正式出版时, 他热情为之作序. 2002 年本教材出版, 他又为之作序. 在此之前, 2000

年 12 月, 他为高等教育出版社写了推荐本教材出版的意见, 认为这本教材至少具有国内先进水平, 甚至可与美国 Rudin 所著的分析教材媲美. 他在分析了本教材的特点后, 指出这是一本面向 21 世纪的值得出版的优秀教材. 他在推荐意见中还希望作者 "补充一系列数学思想方面的评注, 就能使教材成为卓越的教学参考书. 但作为单纯教材, 也可免去此要求". 对于 "补充评注" 的希望, 作者在 "续论" 和本书的第二版中都有了充分的体现.

徐先生还高度称赞作者的《常用不等式》, 他在 2004 年第 3 期《数学研究与评论》上为此书第三版发表书评, 指出此书至少有 5 大特色, 堪称现今海内外独一无二的不等式巨著. 2010 年, 他为此书的第四版写了序言, 内容都是对作者的鼓励和鞭策. 作者可以告慰徐先生的是此书在 2021 年出了第五版 [2], 被许多专家和读者称为 "海内外独一无二的有久远影响的巨著" 和 "极具影响力的传世经典名著". 2023 年重印, 154.5 万字, 将近 1100 页. 在本教材中引用 [2] 时, 都是指 2023 年重印版.

作者感谢高等教育出版社出版了上述 3 本著作. 感谢本书的责任编辑李华英的敬业精神和辛勤的劳动. 作者还要感谢家人的长期理解、支持和帮助. 当局者迷, 旁观者清, 作者希望本书能继续得到广大读者的指正.

匡继昌 (Email: jckuang@163.com)

2025 年 3 月

第一版序言

多年来我先后在四所大学从事数学教学和科研工作, 在与同事们和研究生们广泛接触的过程中, 获得的一个总的印象是, 凡是在经典分析、泛函分析、概率理论、微分方程及计算数学诸分支领域能胜任且愉快地进行教学和科研工作的, 几乎无例外地都具有坚实的 "实分析" (又名 "实变函数论") 基础. 我也曾不止一次地讲授过实变函数论课程, 发现大多数学生关于这门课程的成绩高低, 往往反映出他们的数学思维能力的高低.

后来我读了一点数学史, 才理解上述现象是很自然的. 事实上, 实分析的大部分理论模式及其构造方法是在微积分发明 200 年后, 通过人们不断对数学基础问题的反思, 才逐步发展成型的. 实分析自然是一门极精致的数学学科, 具有很高的抽象度, 所以按照现代认知心理学和知识建构的规律来看, 初学者需要不断提升自己的抽象思维能力, 才能在头脑中完成实分析的理论模式的相应 "建构过程". 这样说来, 初学者感到实分析中的概念和理论不易很快领悟或精通, 也就不足为怪了.

20 世纪 50 至 60 年代, 国内曾广泛采用苏联数学家那汤松的《实变函数论》作为教材, 我也用过该教材, 认为它的习题编选得很好, 颇能培育人的分析解题能力. 只可惜该教材分量太重, 要占用学生的时间精力也太多. 20 世纪 70 年代以来, 国内已出版了多种实分析相关的教材, 大多数比较简明扼要, 能符合实际教学需要.

1996 年, 我见到了湖南师范大学匡继昌教授的《实分析引论》, 感到它以很小的篇幅居然讲述了实变函数论中所有基本重要的题材, 确实是一大特色. "引论" 具有这一特色的原因是, 它自始至终采用了现代数学著作中经常使用的 "半形式主义" 的表述法. 这种表述法, 使得数学论述及推理, 表现得简洁、明晰而严谨, 而又不至于像 “纯形式主义表述法” (如同数理逻辑中的纯符号形式表示法) 那样会令初学者感到索然无味或者望而生畏. 当然, “引论” 之所以能做到篇幅小而内容多, 也和作者运用了数学方法论中的 “RMI 原则” (关系映射反演原则) 有关, 因为这一方法原则的使用能使得传统的题材内容得到化繁为简、化难为易的处理.

该书各章都包含一些精选的例题和习题, 大多数例题都富于启发性. 这对学生们特别是自学者无疑是极有帮助的.

该书的另一特色是, 它还介绍了国内外的一些新成果. 例如, 第六章 “微分论” 中, 给出了 Hardy–Littlewood 球形极大函数的概念及其基本性质, 还提到了高维球域上的 Lebesgue 微分定理不能扩充到任意域上的情形等问题, 这些都是十分引人入胜的题材.

现代国外数学教育工作者已经提出了 “让学生们学会数学地思考” 作为教育目标的主张. 我是很赞成这种见解的, 并认为一本好的实分析教材应该有助于学生去学会 “数学地思考”, 我相信这本简明教材对培养学生们 “数学地思考” 的能力和习惯必能起到积极作用.

上述《实分析引论》于 1996 年出版后, 作者又根据新的教学实践和教育部教学改革立项的要求, 将该书全部改写后, 增加了泛函分析的基础部分, 因而更名为《实分析与泛函分析》. 实际上这构成了一部 “现代分析” 基础的完整教材. 此教材的主要特点是, 始终贯彻使用 “集合论与映射” 观点处理一切题材, 又利用了调和分析、逼近论等新成果与新技巧处理重要定理的论证方法, 从而实现了 “教改” 中所提出的 “化繁为简、化难为易、以简御繁” 的目标.

该书论述了现代 “实分析与泛函分析” 中一系列基本而重要的成果. 理论分析与技术处理均极精致, 且能深入浅出, 足见作者是具有精博的学术素养与卓越的专业水平的. 而且, 作者的实际教学经验使得本教材留有较大的弹性空间, 师生和自学者都有选择余地. 据我所知, 不同层次的教学实践表明, 本书确实是一部改革力度大的优秀教材, 故我乐愿期望这本新教材的出版能在更大范围内对推动教材革新起到积极作用.

大连理工大学数学科学研究所名誉所长,
博士生导师,《数学研究与评论》主编,
《逼近论及其应用》(ATA) 主编:
徐利治
2002 年 3 月 26 日于北京寓所

第一版前言

20 世纪的数学革命, 是从 Cantor 建立集合论开始, 继而是积分学的革命——Lebesgue 积分理论的建立. 到 20 世纪 30 年代, 在集合中引进各种结构, 包括代数结构、拓扑结构、测度结构、序结构以及这些基本结构的各种复合, 形成了各种各样的抽象空间. 研究这些抽象空间的性质及其映射, 就构成了十分庞大的现代数学体系. 它是继欧氏几何和微积分之后, 数学发展史和数学教育发展史上第三个里程碑. 现代数学是集严密性、逻辑性、精确性和创造力与想象力于一身的学问, 它为深刻地揭示表面上毫不相关的数学对象的共同本质特征, 帮助人们从更高层次上理解复杂的数学现象和数学技巧开辟了道路. 在大学数学教育中, "老三基" (数学分析、解析几何、高等代数) 构成了 17 至 19 世纪近代数学的核心, 而 "新三基" (实分析与泛函分析、拓扑学、抽象代数) 则是 20 世纪现代数学的核心.

"实分析与泛函分析" 历来是师生感到难教难学的课程. 这是因为数学要借助于一套特殊的符号语言才能进行逻辑推理. 但是, 数学, 特别是现代数学, 是一门需要深入理解的学问而不是符号的堆集. 多年的教学实践表明, 初学者往往一下子难以理解这套符号语言背后所反映的深刻的思想方法和基本概念的实质. 为了探索从 "难教难学" 向 "易教易学" 转变的新途径, 我们在使用与消化国内出版的多种不同风格优秀教材的基础上, 从 20 世纪 80 年代开始就结合自己的教学实践着手自编教材, 收到了良好的教学效果, 于 1989 年获得 "坚持教学改革, 努力提高实函与泛函的教学质量" 的校级优秀教学成果奖. 获奖后, 我们仍坚持深化改革, 在教学实践中对讲义反复修改, 甚至从课程体系、教学内容等方面多次全部改写. 因此, 本书既是教改实践的成果, 又是作者几十年教学与科研工作的结晶. 其中实分析部分于 1996 年取名《实分析引论》正式出版. 著名数学家徐利治教授亲自为该书作序. 该书出版后, 根据 1998 年教育部批准的 "高等师范教育面向 21 世纪教学内容和课程体系改革计划" 立项的要求和新的教学改革实践, 又将该书全部改写, 并增加了泛函分析的基础部分, 而全书的基本框架和指导原则未变.

为了适应新世纪教学改革的新形势, 使之既要易教易学, 富有启发性, 又要提高学术水平, 作者特别在以下几方面作了长期的努力:

1. 在课程体系上以 "集合与映射" 为核心将传统的 "实变函数论"、"测度论" 和 "泛函分析" 三门课程融合为一个有机的整体, 通过在集合中引入各种运算和结构, 形成各种抽象空间, 很自然就得到了 "现代分析" 的基本框架. 仍取名为 "实分析与泛函分析", 是为了兼顾传统的提法. 这样就解决了长期以来存在的一元与多元脱节、欧氏空间与抽象空间脱节的问题. 多年教学实践表明, 这样做不仅没有增加难度, 反而有利于培养学生从特殊的、具体的事物中抽出其本质特征的能力, 也有助于学生对基本概念本质的理解和掌握, 也才有可能不因压缩学时而降低学术水平.

2. 按新世纪的要求优化教学内容, 使读者用较少的时间就能掌握实分析与泛函分析中最有用的核心内容和方法技巧, 我们力求反映新的研究成果, 对传统题材进行现代化处理. 例如 (L) 积分列的极限定理、Luzin 定理、(L) 微分定理、Fubini 定理、泛函分析中的三大定理等, 证明都比较长而难, 教学中历来难于过关, 但如果删去这些定理的证明, 就等于丢掉了现代分析中的许多精华. 因为数学证明是数学的核心, 所以我们没有回避困难, 而是充分利用逼近论与调和分析的新成果 (如 H–L 极大函数等), 成功地简化了上述证明, 确实收到了化难为易的效果.

3. 采取多种方法, 降低起点和难度, 为现代数学的普及探索新的途径. 降低起点是只要求读者具有初等微积分和高等代数初步知识, 降低难度则是在如何易教易学上下功夫. 例如作者注意运用数学方法论的 RMI 原则 (关系映射反演原则) 和 "半形式主义" 的表述法等使传统题材得到化难为易、化繁为简、以简御繁的处理. 在文字叙述上处处为初学者着想, 对基本概念和证明思路的叙述力求准确和富有启发性, 甚至在数学符号的使用上都作了许多考虑. 这就做到降低难度而不致降低学术水平. 事实上, 本书在内容的广度和深度方面都达到甚至超过了现行教学大纲规定的要求.

4. 为了使本书能适应不同专业、不同层次的需要, 就要求对教学内容有较大的选择空间. 根据我们多年的教学实践, 本书作为数学专业本科生教材, 可分为三部分. 第一部分是第一至六章, 作为 "实分析" ("实变函数论" 或 "测度论") 一个学期的教材, 若按周 5 ($17\times5=85$ 学时) 安排, 讲授约需 64 学时, 作业分析 16 学时, 若按周 4 ($17\times4=68$ 学时) 安排, 讲授第一至五章约需 52 学时, 作业分析 12 学时; 第二部分是第七至八章, 作为 "泛函分析" 一个学期的教材, 按周 4 (17×4 = 68 学时) 安排, 讲授约需 54 学时, 作业分析 10 学时; 第三部分是第九章 (若 "实分析" 安排周 4 学时, 则还要加上第六章), 作为 "实分析与泛函分析" 续论 (或选讲) 的选修课教材 (本校安排为 30 学时). 我们还根据学生的不同基础, 通过对本书材料的适当选取, 多次把本书作为硕士研究生教材和本科生函授或短训班的教材. 对于这些不同层次的教学, 本书都收到了良好的教学效果, 授课质量的学生评价一直为优秀, 详见: 数学教育学报, 2001, 10(2), 84–87 和 2002, 11(1), 68–71.

作者衷心感谢著名数学家徐利治教授、王昆扬教授的指导和帮助. 徐先生在百忙之中为本书所作的 "序言" 无疑是对作者极大的鼓励和鞭策. 本书在写作过程中还得到许多院校大批专家学者的鼓励、支持和帮助, 特别是张奠宙教授 (华东师范大学)、王仁宏教授 (大连理工大学)、施咸亮教授 (湖南师范大学)、邓宗琦和何穗教授 (华中师范大学)、周颂平教授 (宁波大学)、束立生教授 (安徽师范大学)、周家云教授 (曲阜师范大学)、侯象乾教授 (宁夏大学)、李宗铎教授 (长沙大学) 等, 书稿送出版社后, 又承蒙吉林大学孙善利教授作了仔细的审阅, 提出了许多宝贵的修改意见, 所有这些都对提高书稿质量起了十分重要的作用. 作者对他们致以诚挚的谢意. 作者还感谢教育部将本书列入 "高等师范教育面向 21 世纪教学内容和课程体系改革计划" 的项目以及湖南省教育厅将本书列入第一批 "湖南省高等教育 21 世纪课程教材". 作者还要感谢使用本书的师生提出的宝贵意见和建议, 并欢迎在今后的使用过程中继续提出宝贵意见. 作者在写作本书和长期的教学实践中, 除了书末列出的参考文献之外, 还参考了国内外大量相关书籍和期刊, 限于篇幅无法一一列出, 在此谨向这些作者致谢.

作者特别感谢高等教育出版社文小西先生的指导以及为本书的编辑出版付出的辛勤劳动.

匡继昌
2002 年 3 月于湖南师范大学数学系

符 号 表

本书所使用的数学符号力求简明、规范, 并与国际接轨, 以利于初学者理解和使用. 例如, f 的水平集 $\{x \in E : f(x) > \alpha\}$ 在不致引起混淆时, 尽量使用当前国际上通用的 $\{f > \alpha\}$, 而不用国内使用较多的记号 $E\{x : f(x) > \alpha\}$ 或 $E(f > \alpha)$; 又如 (L) 积分 $\int_E f(x)\mathrm{d}\mu(x)$ 常简写成 $\int_E f\mathrm{d}\mu$ 或 $\int_E f$.

下面按符号首次出现的次序列出, 个别通用的记号有几种含义时或相近的记号则放在一起. §1.2 表示第一章 §2, 使得这个符号表起到方便读者查阅主题索引的作用.

§1.1

$A \cup B$: 集 A 与 B 的并集
$A \cap B$: 集 A 与 B 的交集
$A + B$: 集 A 与 B 的直和 (§7.3)
$A \oplus B$: 集 A 与 B 的正交和 (§7.3)
$\varnothing$: 空集
$\exists$: 存在 (存在量词)
$\forall$: 所有 (全称量词)
$\mathbf{N}$: 自然数集, 不包括数 0
I: 指标集; 恒等映射 (§1.2); 恒等算子 (单位算子) (§7.1)
X: 基本集; 抽象空间 (第二章及其以后各章)
$B - A$: 集 B 与 A 的差集.
$A^c = X - A$: A 的余集 (补集)

集合 X 中的零元记为 $\{0\}$, 但有时也记为 0, 例如, $x \in X$, $x=0$ 中的 0 就不是数 0, 而是零元.

$A \times B$: 集 A 与 B 的直积 (或卡氏积)

$X \times Y$: X 与 Y 的乘积空间 (§8.5)

def: 定义式

$A \triangle B$: 集 A 与 B 的对称差

$P(E)$: 集 E 的幂集 (事件 A 的概率 $P(A)$ 见 §3.3)

Σ: 基本集 X 的一部分子集构成的集族; 集 X 上的拓扑 (§2.2)

$\mathbf{Q}$: 有理数集; $\mathbf{R}^n$ 中方体或 n 维区间 (§2.3)

$\mathbf{Z}$: 整数集

$\mathbf{R}$ 或 $\mathbf{R}^1$: 实数集

$\mathbf{C}$: 复数集

K: 数域 ($K=\mathbf{R}$ 或 $\mathbf{C}$) (§7.2)

$\lim\limits_{k\to\infty} x_k$, $\liminf\limits_{k\to\infty} x_k$, $\limsup\limits_{k\to\infty} x_k$: 数列 $\{x_k\}$ 的极限、下极限、上极限

$\lim\limits_{n\to\infty} A_n$, $\liminf\limits_{n\to\infty} A_n$, $\limsup\limits_{n\to\infty} A_n$: 集列 $\{A_n\}$ 的极限、下极限、上极限

§1.2

$f(A)$: 集 A 在映射 f 下的像集

$f^{-1}(B)$: 集 B 在映射 f 下的原像集

$f \circ g$: 映射 f 与 g 的复合映射

$f_l^{-1}(T_l^{-1})$: 左逆映射 (算子)

$f_r^{-1}(T_r^{-1})$: 右逆映射 (算子)

$f^{-1}(T^{-1})$: 逆映射 (逆算子见 §8.1)

φ_A: 集 A 的特征函数

∞: 表示 $+\infty$

$\{f>\alpha\}$: $\{x \in E : f(x)>\alpha\}$ 为 f 的水平集

§1.3

$|A|$: 集 A 的基数

$a=|\mathbf{N}|$: 可数基数

$c=|\mathbf{R}^1|$: 连续统基数

2^c: 超连续统基数

$\mathbf{R}^n(\mathbf{C}^n)$: n 维实 (复) 欧氏空间

§2.1

(X,d): 距离空间 (另见 §7.1)
$d(x,A)$; $d(A,B)$: 点 x 与集 A, 集 A 与 B 间的距离
diam A: 集 A 的直径
$B(x_0,r)$, $\widetilde{B}(x_0,r)$, $S(x_0,r)$: 以 x_0 为球心, r 为半径的开球、闭球、球面
$\mathring{E}$, E', $\overline{E}$, ∂E: 集 E 的开核、导集、闭包、边界
G: 开集
G_δ: G_δ 型集 ($G_\delta=\bigcap\limits_{k=1}^{\infty}G_k$, $\forall\, G_k$ 为开集)
F: 闭集
F_σ: F_σ 型集 ($F_\sigma=\bigcup\limits_{k=1}^{\infty}F_k$, $\forall F_k$ 为闭集)

§2.2

$\omega(f,B)$: f 在集 B 上的振幅
$\omega(f,x_0)$: f 在点 x_0 的振幅
$\omega(f,\delta)$: f 的连续模 (另见 §9.2)

§3.1

$v(Q)$: n 维区间 Q 的体积
$\mu^*(E)$: 集 E 的外测度, 即 (L) 外测度 (Lebesgue 外测度)

§3.2

$\mu(E)$: 集 E 的测度, 即 (L) 测度

§3.3

(X,Σ): 可测空间
(X,Σ,μ): 测度空间

§4.1

$f\wedge g=\min\{f,g\}$, $f\vee g=\max\{f,g\}$
f^+,f^-: f 的正部、负部
$p(x)$ $a.e.x\in E$: 命题 $p(x)$ 在 E 上 (关于 μ) 几乎处处成立

§4.2

$f_k \nearrow (\searrow)$: f_k 关于 k 递增 (递减) (另见 §5.5)
$f_k \to f(k \to \infty)$: f_k 点态收敛于 f
$f_k \rightrightarrows f(k \to \infty)$: f_k 一致收敛于 f
$f_k \to f$ $a.e.(k \to \infty)$: f_k 几乎处处收敛于 f
$f_k \xRightarrow{a.un} f(k \to \infty)$: f_k 几乎一致收敛于 f
$f_k \xrightarrow{\mu} f(k \to \infty)$: f_k 依测度收敛于 f

§4.3

$\operatorname{supp} f$: f 的支集

§5.1

T: 区间的分划; 算子 $T: X \to Y$ (见第八章)
$(R)\int_a^b f$, $(R)\int_a^b f(x)\mathrm{d}x$: f 在 $[a,b]$ 上的 (R) 积分 (Riemann 积分)
$\int_a^b f$, $\int_a^b f(x)\mathrm{d}x$: f 在 $[a,b]$ 上的 (L) 积分 (Lebesgue 积分)
$\int_E f$, $\int_E f\mathrm{d}\mu$: f 在 E 上 (关于 μ) 的 (L) 积分
$(N)\int_a^b f$: Newton 积分 (§5.4)
$(H)\int_a^b f$: H 积分 (Henstock 积分) (§5.6)
$\{f\}_n$: f 的截断函数
$\Gamma(f,E)$: f 在集 E 上的图像
$G(f,E)$: f 在集 E 上的下方区域
$L^p(E)$: p 次 (L) 可积函数空间, $1 \leqslant p \leqslant \infty$ (另见 §7.4)
l^p: 序列空间, $1 \leqslant p \leqslant \infty$ (另见 §7.4)

§5.5

$f * g$: f 与 g 的卷积
E_α: $E_\alpha = \{x \in E : |f(x)| > \alpha\}$
$\omega(\alpha)$: $\omega(\alpha) = \mu(E_\alpha)$ 为 f 的分布函数

E_x, E^y: $E_x = \{y \in \mathbf{R}^m : (x,y) \in E\}$ (E 在 x 的截集)
$E^y = \{x \in \mathbf{R}^n : (x,y) \in E\}$ (E 在 y 的截集)
$(\mu_1 \times \mu_2)(E)$: E 的乘积测度
$\mu^+, \mu^-, |\mu|$: μ 的正变差、负变差、全变差
$\mu_2 \ll \mu_1$: μ_2 关于 μ_1 绝对连续

§6.1

$M(f,x)$: f 的 $H-L$ 极大函数
$L_{\text{loc}}(\mathbf{R}^n)$: $\mathbf{R}^n$ 上局部可积函数
$f_r(x)$: f 在球 $B(x,r)$ 上的平均

§6.3

D^+f, D_+f, D^-f, D_-f: f 的 Dini 导数

§6.4

$BV[a,b]$: 有界变差函数空间; $BV_0[a,b]$ 见 §8.3
$AC[a,b]$: 绝对连续函数空间
$V_a^b(f,T)$: f 在 $[a,b]$ 上关于分划 T 的变差
$V_a^b(f)$: f 在 $[a,b]$ 上的全变差
$\text{Lip}_M\alpha$: Lipschitz 函数类 (§7.4 中记为 H^α, $0 < \alpha \leqslant 1$)

§7.1

$C(X)$, $C_p(X)$: 连续函数空间 (另见 §7.4)

§7.2

$(X, \|\cdot\|)$: 赋范线性空间
E_n: n 维赋范线性空间
$B(E)$: E 上的有界函数空间
span A: 由集 A 张成的子空间 (即 A 的线性包)
$\|x\|$: 元素 x 的范数
dim X: X 的维数
c: 收敛序列空间 (另见 §8.3)
c_0: 收敛于 0 的序列空间
$c_{00} = \{x = (x_1, \cdots, x_k, \cdots) \in l^\infty : \{x_k\}$ 中仅有有限多个非零项$\}$

§7.3

(x,y): x,y 的内积; 乘积空间 $X\times Y$ 中的元素 (另见 §1.1)
$x\perp y$: x 与 y 正交, 即 $(x,y)=0$
$A\perp B$: 集 A 与 B 正交
$A^{\perp}$: 集 A 的正交补, 即 $A^{\perp}=\{x\in X: x\perp A\}$
$P_A(P)$: 投影算子

§7.4

$S(X)$: 可测函数空间
s: 序列空间 (实数列空间又记为 $\mathbf{R}^{\infty}$, 见 §1.3)
$C_0(E)$ 是 $C(E)$ 中在无穷远点为零的函数组成的子空间, 即

$$C_0(E)=\{f\in C(E):\forall\varepsilon>0,\ \text{存在 } E \text{ 的紧子集 } A\ (\text{依赖于 } f,\varepsilon),\\ \text{使得 } |f(x)|<\varepsilon,\forall x\notin A\}$$

$C_c(E)$ 是 $C(E)$ 中具有紧支集的函数组成的子空间, 即

$$C_c(E)=\{f\in C(E):\forall\varepsilon>0,\ \text{存在 } E \text{ 的紧子集 } A\ (\text{依赖于 } f),\\ \text{使得 } f(x)=0,\forall x\notin A\}$$

$C^m(E)$: 可微函数空间
$L^p(E)=\{f: f \text{ 在 } E \text{ 上可测, 且 } \|f\|_p<\infty\}$, 式中

$$\|f\|_p=\left(\int_E|f(x)|^p\,\mathrm{d}\mu(x)\right)^{1/p},\quad 1\leqslant p<\infty,$$

$$\|f\|_\infty=\inf_{\mu(A)=0}\{\sup_{x\in E-A}|f(x)|\},\quad p=\infty.$$

$l^p=\{x=(x_1,\cdots,x_n,\cdots):\forall x_k\in K,\|x\|_p<\infty\}$, 式中

$$\|x\|_p=\begin{cases}\left(\sum\limits_{k=1}^{\infty}|x_k|^p\right)^{1/p}, & 1\leqslant p<\infty,\\ \sup\limits_k|x_k|, & p=\infty.\end{cases}$$

$WL^p(E)=\{f: f \text{ 在 } E \text{ 上可测, 且 } [f]_p<\infty\}, 1\leqslant p<\infty$, 式中

$$[f]_p=\{\sup_{\alpha>0}\alpha^p\mu(E_\alpha)\}^{1/p},\quad E_\alpha=\{x\in E:|f(x)|>\alpha\}.$$

$W^{m,p}(\Omega), H^m(\Omega)$: Sobolev 空间
$L_\varphi(E)$: Orilicz 空间
$\|f\|_p(1 \leqslant p \leqslant \infty)$: $L^p(E)$ 中函数 f 的范数

§8.1

$\|T\|, \|f\|$: 算子 T 的范数, 泛函 f 的范数
$D(T), R(T), N(T)$: 算子 T 的定义域、值域、零空间
$T \in (p,q), 0 < p, q \leqslant \infty$: T 是强 (p,q) 型算子, 通常简称为 (p,q) 型算子
$T \in W(p,q), 0 < p \leqslant \infty, 0 < q < \infty$: T 是弱 (p,q) 型算子

§8.2

$L(X,Y)$: T: $X \to Y$ 的线性算子空间; $L(X) = L(X,X)$
$B(X,Y)$: T: $X \to Y$ 的有界线性算子空间; $B(X) = B(X,X)$
$X^* = B(X,K)$: X 的共轭空间
X': 广义函数空间 (分布空间) (另见 §9.6)
$T_n \rightrightarrows T$: T_n 一致收敛 (依算子范数收敛) 于 T
$T_n \xrightarrow{s} T, f_n \xrightarrow{s} f$: T_n 强收敛于 T, f_n 强收敛于 f
$T_n \xrightarrow{w} T, f_n \xrightarrow{w} f$: T_n 弱收敛于 T; f_n 弱收敛于 f
$f_n \xrightarrow{w^*} f$: 泛函列 $\{f_n\}$ 弱 * 收敛于 f
$x_n \xrightarrow{s} x$: 点列 $\{x_n\}$ 强收敛于 x (依空间范数收敛)
$x_n \xrightarrow{w} x$: 点列 $\{x_n\}$ 弱收敛于 x

§8.5

$G(T)$: 算子 T 的图像

§8.7

T^*: T 的共轭算子
τ: $X \to X^{**}$: (自然) 嵌入算子
X/A: X 关于 A 的商空间
$\operatorname{codim} A = \dim(X/A)$: A 的余维数

§8.8, §9.5 – §9.6

$(x, \leqslant)$: 序空间; 格
T_λ: 正则算子

$R_\lambda = T_\lambda^{-1}$: 预解算子

$\rho(T)$: T 的预解集, 正则值集

$\sigma(T) = \mathbf{C} - \rho(T)$: 算子 T 的谱

$\sigma_p(T), \sigma_c(T), \sigma_r(T)$: 算子 T 的点谱 (离散谱)、连续谱、剩余谱

$r_\sigma(T)$: 算子 T 的谱半径

$\delta(t)$: δ 函数

$H(t)$: Heaviside 函数

$C^\infty(\mathbf{R}^n)$, $C_0^\infty(\mathbf{R}^n)$: 可微函数空间

$\mathscr{D}(\mathbf{R}^n), S(\mathbf{R}^n)$: 检验函数空间

$S'(\mathbf{R}^n)$: 缓增广义函数空间

X': 广义函数空间 (或分布空间), 指的是线性空间 X 上连续线性泛函的全体. 应注意它与第八章 §2 中的共轭空间 X^* 的区别. X^* 是对赋范线性空间 X 定义的, 而检验函数空间 X 却不一定能赋范. 而且 X' 与 X^* 中有各自的收敛概念.

目　　录

引言　本课程的学习内容和学习方法

§1　学习内容

一、重新认识数学

数学是一门既古老又常新的累积性的科学. 说数学古老, 是因为数学已有几千年的漫长历史, 它与人类文明同生并存, 同步发展. 中国是世界上最古老的文明发源地之一, 数学的发展和数学教育都源远流长, 早在公元前 841 年, 即开始有正式的史书纪年, 数学就作为 "六艺" 之一, 成为专门的学问. 两千多年前的数学著作《九章算术》流传至今, 在长达一千多年的时间内, 该书一直被当作教科书, 朝鲜和日本也都用它作过教材. 数学历来就是启蒙教育和基础教育必修的主课之一. 现在大学文科所有专业都要开设高等数学课. 每个受教育的人, 不论将来从事什么职业, 都至少要花十多年的时间来学习数学.

为什么我们还要提出重新认识数学? 我们首先要问: "什么是数学?" 这个问题看似简单, 却不好回答. 据一位美国数学家的不完全统计, 自古以来, 数学的定义竟有 200 多种. 我们说数学常新, 就是因为人们对数学的认识在不断地深化, 使得对于什么是数学的提法也在不断地变化. 数学的目的是要揭示人们从自然界和数学本身的抽象世界中所观察到的结构和对称性, 并力图寻找各种模型来描述它们, 然后从各种模型中提炼出它们的本质特征. 数学是集严密性、逻辑性、精确性和创造力与想象力于一身的一门学问, 所以, 数学并不是一成不变的规则体系, 而是充满活力的不断发展变化的科学. 遗憾的是, 许多专著对 "什么是数学" 的认识至今仍然停留在 "数学是思想的体操, 是科学的语言", 是 "从数量关系和空间形式的角度来研究现实世界". 这就无法解释初等数学与现代数学的本质区别, 从而无法解释为什么微积分和集合论的创立, 不仅推动了数学本身的巨大发展, 而且建立在现代数学基础上的高科技使整个世界都发生了翻天覆地的变化, 也彻底改变了人们的生产和生活. 重新认识数学, 就是要重新认识初等数学与现代数学的本质区别, 其核心是两条: 第一, 初等数学 (初等代数、初等几何、三角) 只能处理 "有限", 现代数学则是处理 "无限". 第二, 初等数学只能描述事物的相对静止状态, 所以又称为常量数学. 而微积分划时代的科学成就是它可以描述事物的运动, 成为人们描述事物运动发展变化过程的基本工具. 它是适应 17 世纪的工业革命而诞生的. 从机器的设计、制造和运行, 从地上跑的汽车、火车到往天上飞的飞机、火箭、人造卫星、全球定位系统 (GPS), 到今天人们离不开的家用电器、手机、计算机、收音机、电视机等, 都离不开微积分的功劳. 恩格斯说微积分是 "人类精神的最高胜利" (自然辩证法), Kline 在《古今数学思想》中称微积分是 "全部数学中一个最大的创造". 微积分中的基本概念, 如变量、函数 (描述变量之间的关系)、极限、导数、积分等都是为了描述事物的运动而产生的. 随着研究的深入, 新的微积分, 如量子微积分 (分数次微积分)、积性微积分、时间尺度微积分等成了当前热门的前沿研究课题.

而集合论的诞生则是数学的另一个划时代的科学成就, 它使人们能跳出 "数与形" 的范围, 在非常广泛的集合里研究数学问题, 使得数学不再局限于物质世界, 还可以深入到人们的精神世界, 还使得数学在人文社会科学、生物数学、神经网络、数理语言学、数量经济学中都得到越来越广泛的应用. 数学研究的对象范围和研究成果都急剧扩大, 使得数学进入了一个全新的现代数学的黄金时代. 20 世纪的数学成就远远超过了以前 2500 年中的全部建树, 有十分之九的数学都是在 20 世纪产生的. 现代数学已有几十个分支, 200 多个专门方向. 信息时代在本质上就是数学时代, 数学成为一个国家科学技术和经济发展的关键.

数学是累积性的科学, 它的过去将永远融合于它的现在以至未来之中. 数学可以用一棵大树来形象地描述, 称为数学树. 树根是初等数学 (初等代数、初等几何、三角), 树干是微积分、集合论、逻辑、数系, 从树干的顶端发出许多粗枝, 分别是现代分析、抽象代数、拓扑、近世几何等, 粗枝顶端再生成较小的树枝, 标出概率论、变分法、数理逻辑、数论、组合数学等, 粗枝又不断地长出新枝, 代表新的数学分支和新的研究成果. 现代数学是充满活力的有待我们进一步探索的领域, 也是事关国家提升科技发展和竞争力的核心领域. 例如, 华为的 5G 技术, 就来源于 2007 年土耳其 Arikan 教授的一篇数学论文, 华为在该论文发表 2 个月后就发现了, 为此投入数千名科学家来读懂和分析这篇论文, 将它变成技术和标准, 这是这篇论文的作者本人都没有预料到的. 前面谈到人工智能的发展, 机器人的功能会越来越强大, 有人预言, 到 2030 年, 机器人会抢走 8 亿人的饭碗. 但是我们应该看到, 人工智能与自动化在消灭某些传统工作岗位的同时, 也在创造新的工作岗位. 只是这些新岗位的技术门槛都很高, 而且很难通过短期培训就能掌握. 这就需要在学校中加强基础教育. 美国专家提出, 大学要加强 Stem 教育,提供足够多的 Stem 毕业生. 此处的 Stem 不是原义 "茎", 而是 Scince (科学)、technology (技术)、engineer (工程)、mathematics (数学) 的首字母缩写. 这些都是正在发展的能够提供高薪职位并对美国未来竞争力至关重要的领域.

我们提出重新认识数学, 还因为人们对数学有太多的误解, 这里有数学教育和社会导向等多方面的复杂原因. 据《卫报》报道, 全世界约 1/4 的人身患 "数学焦虑症", 不喜欢数学, 害怕数学, 对数学望而生畏. 作者没有看到我国相关情况的调查报告, 由于高考的压力和奥数的全民化, 情况可能会更严重. 这是一个值得深入研究的复杂的重大问题. 作者通过媒体了解到当前比较流行的几种看法:

第一, "学数学无用" 论. 多年来, 在网上发表这种看法的, 不仅有青年学生, 还有某些专家. 例如, 2023 年 8 月 31 日, 有位专家在 "奇趣数学苑" 网上以 "开学第一课: 学数学到底有什么用" 为题发表长文, 不到一个星期, 该文的阅读量就过万, 该文认为 "首先我们得承认, 我们在学校里学到的大部分数学知识, 其实都是没有用的, 回想一下你的生活, 你买菜的时候, 真的用上一元二次方程了吗? 你这辈子有几次用到了余切函数和微积分呢?" 买菜用不上一元二次方程, 就说一元二次方程没有用, 买菜用不上微积分, 就说微积分没有用, 按这种逻辑, 买菜用不上飞机坦克, 是不是飞机坦克也没有用? 这是片面强调所学的数学仅局限于与日常生活相联系的后果. 事实上, 我们身边每天都离不开的家用电器、手机、电视、电脑等的背后都离不开微积分, 即微积分时时刻刻都在我们身边, 对此, 作者在 "续论" [1] 中还作了详细分析. 产生学数学无用论的原因是多方面的, 其中就不得不反思我们的微积分教学. 我们在微积分教学中, 长期不重视引导学生对基本概念的理解, 把大部分时间都用在套公式的计算上. 微积分教材几十年也没有实质性的变化, 数学新的巨大进展在教材中完全没有反映, 结果是学生学了微积分, 丝毫感受不到微积分的巨大威力, 得到的印象竟是 "乱七八糟很多公式定理, 除了解题考试, 还能有什么用?" 于是就陷入 "学了不知道有什么用","要用时又不知道到哪里学" 的怪圈. 作者认为不能据此责怪学生, 而应该反思我们的教学质量和教学效果, 反思某些专家对学生的误导.

第二, "数学神秘" 论. 例如美国一位教授 Steven Strogatz 写的《微积分的力量》(2021 年, 中信出版社), 把微积分说成是 "神秘不可思议的上帝的语言", "有 3 个谜题促进了微积分的发展, 它们分别是曲线之谜、运动之谜、变化之谜." "无穷是微积分的秘诀和它强大的预测能力的来源, 但无穷也是微积分中最令人头痛的问题." "无穷是被通灵术召唤的灵魂." 该书将微积分分为 "切分和重组", "切分过程总是涉及无限精细的减法运算, 用于量化各部分的差异, 这个部分叫微分学; 重组过程则总是涉及无限的加法运算, 将各个部分整合成原来的整体, 这个部分叫积分学." 书中反复提到的 "无限" 没有经过极限的严格定义, 这样来解释微积分, 只能使读者一头雾水. 可见不用数学符号和极限概念来讲微积分是对读者的严重误导. 事实上, 这 3 个谜和 "无穷" 的概念利用极限概念早就解决了. 在 Newton 时代的 "微积分的神秘性" 是因为当时没有明确的极限概念, 导致在对导数的逻辑推理时出现是 0 又不是 0 的困境, 而结论又是对的, 经过数学家 200 多年的努力, 才建立了今天的极限概念, 这种神秘性才得以消除.

第三, "数学天才" 论. 这种看法影响非常大. 数学的最高奖菲尔兹奖只授给 40 岁以下的数学家, 理由是数学家在 40 岁以后就很难有大的数学成就了. 我国媒体把 "有数学天赋的人或神童" 称为 "被数学选中的人", 而 "有的人天生就不是学数学的料". 作者为此阅读了大量的数学史和数学家的传记, 发现一个人成长的过程是多种多样的, 有的从小聪明过人, 很早就事业有成, 有的虽然 "输在起跑线上", 却大器晚成. Hilbert 在童年时并没有表现出特别的数学天赋, 直到转入第 2 所高中, 在接触更广泛的数学课程后才开始走上数学探索之路, 成为伟大的数学家. 又如伊朗的 Maryam Mirzakhani 被称为没有 "数学天赋" 的女数学家. 因为她从小就畏惧数学, 直到读高一时数学成绩还很差, 老师都认为她没有 "数学天赋". 直到读高二遇到另一位好老师的指导, 加上自身的努力, 她才逐步走上数学研究之路, 成为美国普林斯顿大学和斯坦福大学的数学教授、克雷数学研究所研究员, 是首位菲尔兹奖的女性得主. 事实上, 大量没有被数学选中的人成了数学家, 有数学天赋反而没有成为数学家的, 也大有人在. 有数学天赋的人毕竟是极少数. 奥数的初衷就是发现和培养数学家, 想通过奥数这种手段及早发现这样的天才以便加以特殊的培养, 及早打好必要的现代数学基础, 才能及早进入数学研究的前沿. 现在却把奥数全民化, 就完全违背了学生的认识规律, 必然走向数学教育的反面, 导致许多学生对数学 "望而生畏". 而且在花了大量时间层层培训取得金牌后就告别数学, 也完全违背了奥数的初衷. 美国一位心理学家挑选了一千名智力超常儿童进行跟踪考察长达 30 年, 结果发现这些智力相近的 "神童", 有的作出了举世瞩目的成就, 有的则平庸无奇. 英国米德尔克斯大学 36 年跟踪调查 210 名神童, 结果仅 3% 的人最终功成名就. 这说明有数学天赋是成为数学家的有利条件, 但既不是必要条件, 也不是充分条件. 因为数学是一门需要累积又需要深入理解的学问, 这种理解需要一个漫长的过程. 作者一直将华罗庚的名言 "天才在于勤奋, 聪明在于积累" 当作座右铭.

第四, "取消教材" 论. 有的专家认为现在有一种取消教材的趋势, 理由是 "很多西方名校都没有教材, 像麻省理工学院就没有教材, 一个老师上来写一通, 另一个老师上来把前面的批判一通, 再上来一个又把前面的批判一通, 之后学生自己做作业, 老师只要看你的思路正确就可以了, 并不要结论. 老师自己也没有结论, 你要啥结论呢? 我们要借鉴这种教育模式." 作者认为, 这是一个值得深入探讨的重大而复杂的问题. 这种教育模式在名校能行得通, 对于大多数一般院校就不见得能行得通, 对于人文社会科学和没有定论的复杂问题能行得通, 但是至少对于基础数学的教学就行不通. 没有结论, 就没有数学的基本理论, 判定思路正不正确就没有依据. 数学教育的目的, 就是要在浩如烟海的知识中, 使学生在较短的时间内，就能掌握人类几千年探索积累下来的知识的精华. 数学课程必须突出数学思想，应当结合它的应用讲清来龙去脉，使学生欣赏到作为逻辑演绎体系的数学是如何建立起来的. 教材则是教学的主要工具，要使教材能迅速地反映不断快速变化着的课程目标和新出现的技术，教材所反映的内容只有用较高的观点来透视才能看清它的本质，从形式上的掌握进入实质的理解，由此启发学生的智慧，培养他们的创造力和想象力，激发他们的兴趣.

第五，"抽象难懂" 论. 有的专家通过媒体反复强调 "数学太难了"，"数学真的很难"，原因是 "数学太抽象". 这又是一种误导. 事实上，抽象不等于难懂. 任何一门科学，都要经过科学的抽象，人们才能从感性认识上升到理性认识，才能形成概念，才能建立理论体系. 学会抽象，是人类从经验走向理性，从荒蛮走向文明的根本标准. 因此，抽象不是数学独有的，只是数学的抽象程度更高而已. 没有数学的抽象性，就没有数学应用的广泛性. 数学真的很难吗? 事实上，学数学并不是我们想象的那么难. 这往往是我们在数学教育中把简单的问题人为地搞得很复杂造成的. 数学中确实有许多难题，例如有的专家搬出美国克雷数学研究所新千年悬赏的 7 大数学问题来吓唬学生. 事实上，这些世界性数学难题都是无穷引起的. 人们至今对 "无穷" 还有太多的 "未知"，也就是说，世界性的数学难题多得很. 就连我们经常打交道的实数中哪些是无理数都还有许多没有弄清楚. 例如，$\sqrt{2}$ 是无理数，很容易用反证法证明，π, e 是无理数，虽然仍可用反证法，但还要用微积分的知识才能证明. 而我们经常用到的 Euler 常数 γ 是有理数还是无理数至今都无人知道. 它是有理数列 $S_n=\sum\limits_{k=1}^{n}\frac{1}{k}$ 与 $\ln n$ 的差的极限，即

$$\lim_{n\to\infty}(S_n-\ln n)=\gamma.$$

$\sqrt{2}$ 是无理数，使人们误认为带根号的都是无理数. 1989 年，有专家就证明，Fermat 大定理的成立等价于: 对于所有 $n \geqslant 3$ 和所有满足 $0<p/q<1$ 的有理数 p/q, $\alpha=\sqrt[n]{1-(p/q)^n}$ 是无理数. 英国数学家证明 Fermat 大定理是通过椭圆曲线的途径，而直接证明 $\alpha=\sqrt[n]{1-(p/q)^n}$ 是无理数的路一直都没有走通. 一个收敛的有理数列 $\{r_n\}$，它的极限 $\lim\limits_{n\to\infty} r_n=\alpha$ 是有理数还是无理数，至今仍没有一个有效的判别方法. 例如，有理数列 $S_n(m)=\sum\limits_{k=1}^{n}\dfrac{1}{k^m}$ 的极限是

$$\lim_{n\to\infty}S_n(m)=\sum_{k=1}^{\infty}\frac{1}{k^m}=\zeta(m).$$

Euler 证明了当 m 是偶数时，利用

$$\zeta(m)=\sum_{k=1}^{\infty}\frac{1}{k^m}=\frac{2^{2k-1}B_k}{(2k)!}\pi^{2k}\quad (B_k \text{ 是 Bernoulli 数})$$

可以证明 $\zeta(m)$ 是无理数, 但当 m 是奇数时, 证明 $\zeta(m)$ 是否为无理数, 难度就大得多. 直到 1978 年, 法国数学家 Apery 才利用

$$\zeta(3)=\frac{5}{2}\sum_{k=1}^{\infty}\frac{(-1)^{k-1}}{k^3C_{2k}^k}$$

证明了 $\zeta(3)$ 是无理数, 而当 m 是大于 3 的奇数时, $\zeta(m)$ 是否为无理数, 至今仍一无所知. 作者猜想它们都是无理数. 这说明现代数学中的难题远不止新千年悬赏的 7 大数学问题.

作者在本书第一章 §3 转引了 Hilbert 的话: "数学是研究无穷的科学", "无穷! 还没有别的问题如此深地打动人们的心灵, 也没有别的想法如此有效地激发人的智慧, 更没有别的概念比无穷这个概念更需要澄清". 我们前面提到, 初等数学所处理的对象主要是有限个, 而微积分和集合论则要处理无穷. 微积分是用有限去逼近无穷, 称为潜无穷, 而集合论则是将某个无穷作为一个集合来处理, 称为实无穷. 对于无穷的研究成果, 往往与人们熟悉的常识相违背, 因而人们对无穷有许多误解. 如果某人说一个班的学生和全校学生一样多, 肯定有人骂这个人是 "疯子". 而这个骂名却是实实在在落在了集合论创始人 Cantor 的头上. 他证明了自然数集 $\mathbf{N}$ 与有理数集 $\mathbf{Q}$ 中的元素一样多, 这就颠覆了人们 "整体大于部分" 的传统观念, 引起了极大的非议, 许多著名的数学家、哲学家、神学家都骂他是 "疯子", 这些粗暴的攻击导致 Cantor 的精神崩溃而住进了精神病院, 并在精神病院病逝. 在 Galois 和 Abel 生前竟无人能读懂他们的论文. 近世代数奠基人 Abel 的巨大成就在其生前一直没有得到认可, 他提交给法国科学院的论文被打入冷宫, 在他去世 12 年后才得以发表. 有专家称他产生的丰富思想可以使数学家忙碌五百年. 而他一生贫病交加, 只活了短暂的 26 年, 令人同情和惋惜. 被称为 "光纤之父" 的高锟获得 2009 年诺贝尔物理学奖的成果是他 43 年前的科技成果. 而他在 1966 年发布他的研究成果的很长时间内都被人骂是 "痴人说梦". 作者在本书介绍的分数次微积分几乎是与我们熟悉的古典微积分同时诞生的, 几百年来却备受冷落, 认为没有什么实际用处, 直到最近二三十年来才发现它在许多领域都有广泛的用处, 成为当前热门的研究新方向. 类似的事例都表明, 重大科研成果迎来的不一定是掌声和鲜花. 一位数学史专家就说过, 数学上几乎每项重大成果刚出来都遭到反对. 俄罗斯数学家 Perelman 用了 8 年时间证明了 "Poincaré 猜想", 这是新千年悬赏的 7 大数学问题之一. 2002 年, 他在网上张贴了自己证明 "Poincaré 猜想" 的 3 篇简短的论文, 开始有人不相信这样简短的论文就能证明世界数学难题, 以为又出了一个疯子. 同领域的数学家经过 3 年的努力, 才读懂他极其简略的论文. 他只将他的成果挂在网上, 并没有向学术刊物投稿, 国际数学界还是承认他对数学的巨大贡献.

早在 1986 年第 20 届国际数学家大会上, 有的数学家就一再强调 "最根本

的是要努力改变社会导向, 使孩子们从上小学起就能喜欢数学, 而不是视数学为畏途." 1993 年, 美国国家研究会在 "人人关心数学教育的未来" 的报告中又指出: "以抽象研究为核心的数学已发展成为强大的多分支的数学科学. 这一变化在传统的数学课程中完全没有反映, 这样学生就很难感受到数学的威力和丰富多彩, 我们也就没有理由去责备学生对数学不感兴趣." 这都表明, 在信息社会中, 人人都要学习数学, 人人都可以学好数学. 我们的专家应该向广大青少年宣传现代数学的巨大成就和对人类的巨大贡献, 引导他们学好现代数学. 在我国大学数学教育中, 数学和许多工程专业的 "数学分析" 以及其他专业的 "高等数学" 的主要内容是微积分. 而建立在集合论基础上的现代分析则是本课程的主要内容. 微积分中只讲 Riemann 积分, 由于 Riemann 积分本身的缺陷, 有许多问题都要用 Lebesgue 积分才能讲清楚, 这是因为 Riemann 可积函数空间是不完备的, 它的完备化空间就是 Lebesgue 可积函数空间. 我们在微积分教学中, 把大量时间都浪费在套现成公式的过时而无效的计算上. 教材建设是十分复杂而艰巨的伟大工程, 教改的任务仍然任重道远.

二、两张方框图读懂现代数学

为了能够在抽象的集合中研究数学问题, 就要在集合中引入一定的运算, 形成相应的结构. 具有某种结构的集合, 就称为抽象空间. 例如在集合中引入线性运算 (加法和数乘), 就形成线性空间, 在集合中引入两元素间的距离, 就形成距离空间. 下面用方框图来表达基本的抽象空间之间的逻辑关系. 其中 $X \to A$ 或 $X \Rightarrow A$ 表示在集合 X 中引入某种结构后得到抽象空间 A, 并不是像通常那样 $f: X \to A$ 表示集合 X 与 A 之间元素的对应关系.

方框图 1: 集合的结构

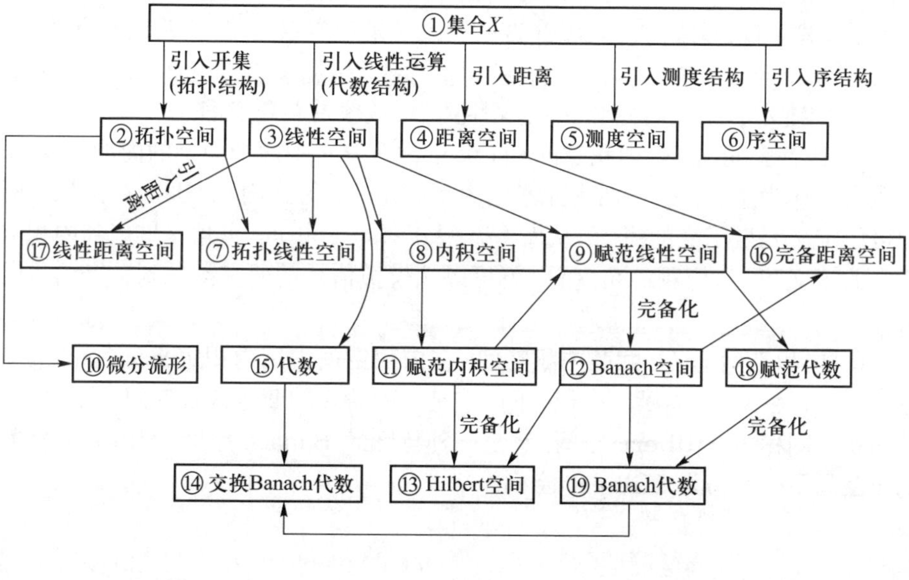

评注: ① 集合 X ⇒ 欧氏空间 $\mathbf{R}^n$ ⇒ ④ 距离空间 ⇒ ⑯ 完备距离空间: 其中: ⑯ 完备距离空间与 ⑨ 赋范线性空间是互不包含的. 完备距离空间的子空间不一定完备.

① 集合 X ⇒ ④ 距离空间: 在本书第二章 §1, 为了将 $\mathbf{R}^n = \left\{x = (x_1, \cdots, x_n) : \|x\|_2 = \left(\sum\limits_{k=1}^{n} |x_k|^2\right)^{1/2}\right\}$ 中的距离

$$d(x, y) = \|x - y\|_2 = \left(\sum_{k=1}^{n} |x_k - y_k|^2\right)^{1/2}, \quad x, y \in \mathbf{R}^n$$

推广到一般集合 X 中去, 需要借助映射 $f : X \times X \to \mathbf{R}^1$, $(x, y) \to f(x, y)$, 使之满足非负性、对称性和三角不等式. 按习惯, 映射 f 记为映射 d. 在集合 X 中定义了距离 d 之后, 就称 X 为距离空间 (或度量空间), 记为 (X, d). 利用距离 d, 就可以在 (X, d) 中定义开集、闭集等一系列拓扑概念, 所以, 我们也称赋予集合 X 拓扑结构. 我们还可以将微积分中的极限、连续等概念推广到距离空间中去, 而且可以用开集、闭集刻画函数的连续性. 所以, ④ 距离空间 ⇒ ② 拓扑空间, 反之不成立.

① 集合 X ⇒ ③ 线性空间 ⇒ ⑧ 内积空间 ⇒ ⑪ 赋范内积空间 ⇒ ⑬ Hilbert 空间: 其中 ③ 线性空间与 ④ 距离空间是互不包含的. ⑧ 内积空间与 ⑨ 赋范线性空间也是互不包含的.

① 集合 X ⇒ ③ 线性空间: 在距离空间中虽然可以作极限运算, 却不能作代数运算. 于是, 我们在一般集合 X 中直接定义元素的加法和数乘运算 (合称为线性运算), 就称 X 为线性空间, 也称给集合 X 赋予代数结构. 注意距离空间不一定是线性空间. 例如 $X = [0, 8]$ 按欧氏距离是距离空间, 但不是线性空间, 事实上, 若取 $x = y = 2 \in X, c_1 = 3, c_2 = 2$, 则 $c_1 x + c_2 y = 3 \times 2 + 2 \times 2 = 10 \notin X$. 但我们可以反过来在线性空间中定义距离, 形成**线性距离空间**.

③ 线性空间 ⇒ ⑧ 内积空间: 将欧氏空间 $\mathbf{R}^n$ 中两个向量的内积的 3 条性质直接作为集合 X 中两个元素的内积的定义, 得到内积空间. 在内积空间中可以定义元素正交的概念, 从而将微积分中的 Fourier 三角基推广到内积空间中的正交基. 从应用的角度看, 就可以从模拟信号的研究推广到数字信号的研究.

⑧ 内积空间 ⇒ ⑪ 赋范内积空间: 在**内积空间**中用内积定义范数: $\|x\| = \sqrt{(x, x)}$, $x \in X$, 形成赋范内积空间. 它是一种特殊的**赋范线性空间**. 完备的赋范内积空间称为 **Hilbert 空间**. 它是一种特殊的 Banach 空间. **Hilbert 空间的子空间不一定仍为 Hilbert 空间**.

③ **线性空间** $\Rightarrow$ ⑨ **赋范线性空间**: 将欧氏空间 $\mathbf{R}^n$ 中向量长度的概念推广到线性空间中, 定义 "范数" 的概念, 得到**赋范线性空间**. 完备的赋范线性空间称为 **Banach 空间**. Banach 空间中的范数可以定义距离, 形成完备距离空间; 反之完备距离空间还不一定是 Banach 空间. 甚至完备的线性距离空间也不一定是 Banach 空间. **Banach 空间的子空间不一定仍为 Banach 空间**.

③ **线性空间** + ② **拓扑空间** $\Rightarrow$ ⑦ **拓扑线性空间**: 在线性空间中引入拓扑结构, 就得到**拓扑线性空间**. 拓扑线性空间中既有代数结构, 又有拓扑结构, 是应用非常广泛的一类空间. 在线性空间中引入范数, 是在线性空间中引入拓扑的常用方法, 但不是在线性空间中定义拓扑的唯一方法. 事实上, 在第九章 §6 中出现的许多空间, 例如在 $C_0^\infty(\mathbf{R}^n)$ 中定义某种收敛性得到的 $\mathscr{D}(\mathbf{R}^n)$、数列空间 s 等都不能赋范, 所以, 就有必要不依赖于范数而直接在线性空间中定义拓扑, 只要求所定义的拓扑与线性空间的结构相容. 注意: ② 拓扑空间与 ⑤ 测度空间是互不包含的. 例如, 在测度空间中, 开集是可测集, 但是, 在一般拓扑空间中开集就没有可测的概念.

③ **线性空间** $\Rightarrow$ ⑮ **代数**: 在线性空间中引入乘法运算所得到的空间, 而且该乘法运算还是封闭的, 即

$$\forall x, y \in X, \alpha, \beta \in K \Rightarrow \alpha x + \beta y \in X, xy \in X.$$

当线性空间的数域 K 是实数集时, 称为**实代数**; 当线性空间的数域 K 是复数集时, 称为**复代数**. 若赋范线性空间 $(X, \|\cdot\|)$ 中的范数还满足

$$\|xy\| \leqslant \|x\| \cdot \|y\|, x, y \in X,$$

则 X 称为**赋范代数**, 当 X 完备时, X 称为 **Banach 代数** (详见第八章 §2 和第九章 §2).

⑲ **Banach 代数** + ⑮ **代数** $\Rightarrow$ ⑭ **交换 Banach 代数**: 若 Banach 空间还是一个代数, 则称为 **Banach 代数**. 若 Banach 代数中的乘法满足交换律, 即 $\forall x, y \in X, xy = yx$, 则 X 称为**交换 Banach 代数**.

⑪ **赋范内积空间** $\Rightarrow$ ⑨ **赋范线性空间, 反之不成立.**

① **集合** $X \Rightarrow$ ⑤ **测度空间**: 将欧氏空间 $\mathbf{R}^n$ 中长度、面积、体积等概念推广到一般集合 X 中去, 建立集合的测度概念, 得到测度空间, 并称为赋予集合测度结构.

① **集合** $X \Rightarrow$ ② **拓扑空间** $\Rightarrow$ ⑩ **微分流形: 其中**

① **集合** $X \Rightarrow$ ② **拓扑空间**: 距离空间中的开集是用距离定义的, 但是分析中有些极限概念是不能用距离来定义的, 为了建立不依赖于距离的极限概念, 我们就直接用距离空间中开集的 3 条性质作为一般集合 X 中开集的定义, 这种具有开集结构的集合称为拓扑空间. 由开集导出的概念, 例如闭集、闭包、紧集、

聚点、连通性、连续性等都是拓扑概念, 而距离却不是拓扑概念, 因此, 距离空间是一种特殊的拓扑空间. 一般的拓扑空间实在太广泛, 需要对其中开集的分布加上某种限制条件, 于是就有 T_1 空间 (吉洪诺夫空间)、T_2 空间 (Hausdorff 空间)、T_3 空间 (正则空间)、T_4 空间 (正规空间), 等等. 作者在 "续论" [1] 第二章 §1 中作了详细分析.

② 拓扑空间 ⇒ ⑩ 微分流形: 在拓扑空间中引入微分结构, 形成微分流形, 就可以在其中研究微分和积分问题.

① 集合 X ⇒ ⑥ 序空间: 一般集合 X 中的元素之间没有大小和顺序关系, 我们在非空集合 X 中定义以满足传递性为基本条件的二元关系, 作为通常的实数之间大小次序概念的推广.

对于上述集合的基本结构 (代数结构、拓扑结构、测度结构、序结构), 再作种种交错复合就可以得到更多的空间, 我们统称为抽象 (数学) 空间. 例如, 对距离空间中距离的定义可以作出许多改变, 就得到半距离空间、离散距离空间、b-距离空间、强 b-距离空间、广义 b-距离空间、积性距离空间、b-积性距离空间、受控距离空间、S-距离空间、G-距离空间、变差距离空间、Hausdorff 乘积距离空间、参数距离空间等, 这种名单还可以开得很长, 这些新概念不是凭空想出的, 而是为了适应某种实际需求. 例如, 信息论中的距离, 等等 (详见本书第二章 §1 和 [2] PP. 983 – 985). 在基础课中, 学好了集合的基本结构, 就容易理解由它们派生的许许多多的新概念. 现代数学之所以还要分成现代分析、抽象代数、拓扑学, 是因为它们对这些抽象空间有不同的研究侧面. 同构的两个抽象空间可以看作同一空间.

正是因为在集合中引入了上述种种结构, 才能使人们能够跳出 "数与形" 的范围, 对非常广泛的集合作代数运算、极限运算等, 使得数学的研究对象和研究成果都急剧扩大, 数学才能成为以人工智能为代表的新技术革命的理论基础. 我们已经看到, 这些新的技术革命使得整个世界都发生了翻天覆地的变化, 也彻底改变了人们的生产与生活. 因此, 学习集合的基本结构, 就成为学习现代数学的核心内容. 我们学习集合的结构, 不但要考虑不同结构之间的联系, 还要考虑在同一集合中引入不同的结构之间的相容性问题.

在本书后面的章节中, 还有几个方框图, 用于帮助读者理解较为复杂的新概念和复杂的相互关系 (见第四章 §2, 第五章 §3, 第八章 §3 和 §7). 在第三章 §3 后面的 2 个评注中, 列出了测度空间、概率空间与拓扑空间中相应概念的对比.

方框图 2: 集合的映射

	X	Y	$T: X\to Y$
1	数空间	数空间	函数 f
2	集合	集合	映射 T
3	线性空间	线性空间	算子 T
4	线性空间	数空间	泛函 f
5	数空间	线性空间	抽象函数

评注: 设 X,Y 是两个非空集合, $T: X\to Y$ 称为从 X 到 Y 的映射. 特别,

1. 若 X,Y 是两个线性空间, 则称 T 是算子.

2. 若 X 是线性空间, Y 是数空间 (实数集 $\mathbf{R}^1$ 或复数集 $\mathbf{C}$), 则称 T 是泛函, 在习惯上改记为

$$f: X\to \mathbf{R}^1 \text{ 或 } f: X\to \mathbf{C}.$$

3. 若 X 是数空间 (实数集 $\mathbf{R}^1$ 或复数集 $\mathbf{C}$), Y 是线性空间, 则称 T 是抽象函数或向量值函数.

4. 若 X,Y 是两个数空间 K ($\mathbf{R}^n$ 或 $\mathbf{C}$), 则称 T 是函数, 在习惯上改记为 $f: K\to K$. 其中

① $f: \mathbf{R}^1\to \mathbf{R}^1$ 称为一元实函数;

② $f: \mathbf{R}^n\to \mathbf{R}^1$ 称为 n 元实函数;

③ $f: \mathbf{R}^n\to \mathbf{R}^m$ 称为变换;

④ $f: \mathbf{C}\to \mathbf{C}$ 称为一元复变函数;

⑤ $f: \mathbf{C}^n\to \mathbf{C}$ 称为 n 元复变函数;

⑥ $f: \mathbf{C}\to \mathbf{R}^1$ 称为一元复变实值函数;

⑦ $f: \mathbf{C}^n\to \mathbf{R}^1$ 称为 n 元复变实值函数;

⑧ $f: \mathbf{N}\to \mathbf{R}^1, n\mapsto a_n$ 称为数列.

在本教材中, 第七章将微积分中单个函数的研究上升到函数空间再到抽象空间的研究; 第八章将单个算子的研究上升到算子空间的研究. 设 X,Y 是线性空间, $\{T: T: X\to Y\}$ 称为算子空间;

$L(X,Y)=\{T: T: X\to Y$ 是线性算子 $\}$ 称为线性算子空间;

$B(X,Y)=\{T: T: X\to Y$ 是有界线性算子 $\}$ 称为有界线性算子空间;

$B(X,K)$ 称为 X 的共轭空间, 记为 X^*.

这两张方框图是本书的纲. 本书的基本内容就是围绕这两张方框图展开的, 探讨其中的细节, 即研究上述各种抽象空间的性质, 各种抽象空间之间的关系

和映射的性质及其应用, 实际上, 它也构成了庞大的现代数学的基本框架.

§2　学习方法

学习方法多种多样, 又要因人而异. 我们学习一门新的课程, 对其中的基本概念和基本理论, 都要搞清楚 "是什么" 和 "为什么", 前者是 "读懂", 后者是 "理解". "教材" 的侧重点是前者, 即让读者 "读懂是什么", 而各种数学手册、数学词典则完全是前者. 后者则要依赖于教师的教学. 所以, 作者认为最核心的普适性的方法只有两个字: **理解**. "续论" [1] 就是作者在长期的教学实践中积累下来的理解. 这就要求我们在学习过程中, 通过理解数学知识的产生和发展的过程, 培养收集处理信息的能力, 获取新知识的能力, 善于提出问题、分析问题和解决问题的能力. Education 的原意就是激发学生的潜能.

我们在 §1 以 "微积分的力量" 为例说明要真正理解微积分并不容易. 学了微积分, 仍不会证明 π, e 是无理数, 这反映出我们在微积分的教学中长期不重视对基本概念的理解, 而是把大量时间花在套公式的计算上. 正如波利亚所指出的: "如果所有的论证都被拒之于课堂之外, 则微积分课程很容易成为一种无法消化的知识大杂烩." 而要理解抽象程度更高的现代数学, 难度就更大了. 建立在集合基础上的抽象概念, 包括了十分丰富的内涵和各种复杂的关系, 我们在学习的时候, 就需要一个漫长的理解过程, 而且是很难自学成功的. 理解不仅是学习的核心方法, 也是原始创新的源泉. 创新不是凭空产生的, 而是在深入理解现有知识的基础上逐步领悟到的. 这个看似平凡的 "理解" 方法, 是作者在漫长的教学中才逐步领悟到的. 例如, 矩形面积是建立测度与积分的出发点, 所以, 我每次上实分析课, 第一堂课第一句话就问矩形的面积. 小学生都知道是等于底乘高. 我进一步问为什么等于底乘高? 竟然没有一个学生能回答出来, 作者认为, 老师教学生, 不仅是付出, 对老师本人也是学习提高. 事实上, 作者写作这部教材及用其教学的过程, 就是对实分析与泛函分析不断深入理解的过程. 例如, 我们对 (L) 积分概念的理解, 就经历了漫长而艰难的过程. Lebesgue 创立 (L) 积分, 用分割函数值域定义一元函数的 (L) 积分; Riesz 等用连续函数的 (R) 积分列的极限来定义 (L) 积分; 1936 年, Riesz 用微分的逆运算定义 (L) 积分; 1912 年由 Borel 首先提出后由 Hahn 发展了用 Egorov 定理和 Luzin 定理定义 (L) 积分; 1917—1918 年, Daniell 用函数的某种平均来定义 (L) 积分; 还有用阶梯函数形成的距离空间的完备化, 或有紧支集的连续函数空间的完备化来定义 (L) 积分; 作者在本教材中定义了 3 种等价的抽象 (L) 积分. 作者通过教学实践, 发现用测度定义积分是最简单易懂的.

我们还以距离空间的定义为例. 在传统教材中, 距离定义中所满足的非负性、对称性和三角不等式是以公理的形式给出的, 称为距离三公理. 我们在教学中则详细分析了微积分中数列或函数的极限概念的实质, 是用欧氏距离去刻画"任意逼近"的思想. 为了在一般的集合中也能作极限运算, 首先就要将欧氏距离推广到一般集合 X 中去. 显然, $\mathbf{R}^n$ 中两点 $x=(x_1,\cdots,x_n)$ 与 $y=(y_1,\cdots,y_n)$ 之间的距离的定义

$$d(x,y)=\left(\sum_{k=1}^{n}|x_k-y_k|^2\right)^{1/2} \tag{2.1}$$

是不能直接搬到一般集合 X 中去的, 因为 X 中的元素无数值意义. 但是从 (2.1) 式可以推出它满足以下 3 个条件:

(1) 非负性: $d(x,y)\geqslant 0$, $d(x,y)=0\Leftrightarrow x=y$;

(2) 对称性: $d(x,y)=d(y,x)$;

(3) 三角不等式: $d(x,y)\leqslant d(x,z)+d(z,y)$.

人们在经过了 60 多年的探索之后, 才逐步理解这 3 条才是距离的本质特征. 其中的 x,y,z 就从 n 维向量推广到集合 X 中的元素, 只要 $d(x,y)$ 保持是非负实数, 于是想到要作一个泛函 $d: X\times X\to\mathbf{R}^1, (x,y)\mapsto d(x,y)$ 满足以上 3 条, 作为集合 X 中元素 x,y 之间的距离. (X,d) 称为距离空间或度量空间. 它是欧氏空间 $\mathbf{R}^n$ 的推广, 但它也失去了 $\mathbf{R}^n$ 特有的几何特征.

要注意的是, 上述 (1), (2), (3) 在 $\mathbf{R}^n$ 中是从解析表达式 (1.1) 推出的结论, 到了抽象空间中则成为条件. 而且这种条件不是一成不变的, 作者在"续论" [1] 上册 PP. 39–50 详细分析了距离空间与 $\mathbf{R}^n$ 的联系与区别, 指出上述 3 个条件不是相互独立的. 只要利用条件 (1) 中的 $d(x,y)=0\Leftrightarrow x=y$ 和 (3)(三角不等式) 这 2 条就可以定义距离, 这是因为条件 (1) 中的非负性 ($d(x,y)\geqslant 0$) 和 (2) (对称性) 可以从这 2 条推出. 作者还列出了 17 条反例, 说明距离空间与 $\mathbf{R}^n$ 的区别. 我们在第二章 §1 再详细讨论距离空间的种种推广. 这种推广的思路具有普遍的意义. 我们在教学中, 既要教学生知识 (学懂这些知识), 又要教能力 (理解这些知识), 培养学生对这些概念的充满活力的探索精神, 因为这是原始创新的源泉.

第一章　预 备 知 识

集合论是用朴素直观方法或公理化方法研究集合性质的一门数学分支, 实分析与泛函分析则是研究在集合中引入的各种结构所形成的抽象空间及其之间的映射. 本章作为全书的预备知识, 主要介绍集合的运算 (代数运算与极限运算)、集合间的映射、集合的基数的基本概念及其性质, 这些都是后面反复要用到的基本工具, 务必要熟练地掌握和运用.

§1　集合的运算

通过集合间的各种运算, 对集合进行分解与合成, 是产生新集合的有效手段, 也是实分析与泛函分析方法的基础.

一、集合的代数运算

1. 并交运算　集合 A 与 B 的**并**、**交**分别定义为

$$A \cup B = \{x : x \in A \text{ 或 } x \in B\},$$

$$A \cap B = \{x : x \in A \text{ 且 } x \in B\},$$

即 A 与 B 的并集 $A \cup B$ 表示由 A 与 B 的全部元素构成的集合, 而 A 与 B 的交集 $A \cap B$ 则表示由 A 与 B 的公共元素构成的集合. 若 $A \cap B = \varnothing$, 则称 A 与 B 互不相交. 这些概念可推广到任意的集族上去, 设 I 为指标集, 我们定义**集族的并与交**为

$$\bigcup_{\alpha \in I} A_\alpha = \{x : \exists \alpha \in I, \text{ 使 } x \in A_\alpha\},$$

$$\bigcap_{\alpha\in I} A_\alpha = \{x : \forall\alpha \in I,\ 使\ x \in A_\alpha\},$$

式中 “$\exists$” 表示 “存在”, “$\forall$” 表示 “所有”, 特别当指标集 I 为自然数集 $\mathbf{N}$ 时, 它们分别记为 $\bigcup\limits_{k=1}^{\infty} A_k$ 和 $\bigcap\limits_{k=1}^{\infty} A_k$.

从定义易证并交运算的下述性质:

(1) **交换律**: $A \cup B = B \cup A$; $A \cap B = B \cap A$.

(2) **结合律**: $A \cup (B \cup C) = (A \cup B) \cup C$;

$$A \cap (B \cap C) = (A \cap B) \cap C;$$

$$\bigcup_{\alpha\in I}(A_\alpha \cup B_\alpha) = \left(\bigcup_{\alpha\in I} A_\alpha\right) \cup \left(\bigcup_{\alpha\in I} B_\alpha\right);$$

$$\bigcap_{\alpha\in I}(A_\alpha \cap B_\alpha) = \left(\bigcap_{\alpha\in I} A_\alpha\right) \cap \left(\bigcap_{\alpha\in I} B_\alpha\right).$$

(3) **分配律**: $A \cap \left(\bigcup\limits_{\alpha\in I} B_\alpha\right) = \bigcup\limits_{\alpha\in I}(A \cap B_\alpha)$;

$$A \cup \left(\bigcap_{\alpha\in I} B_\alpha\right) = \bigcap_{\alpha\in I}(A \cup B_\alpha);$$

特别地, 若 $A \subset \bigcup\limits_{\alpha\in I} B_\alpha$, 就得到 A 的分解式: $A = \bigcup\limits_{\alpha\in I}(A \cap B_\alpha)$.

(4) **幂等律**: $A \cup A = A$; $A \cap A = A$.

(5) **吸收律**: $A \cap (A \cup B) = A$; $A \cup (A \cap B) = A$.

(6) **集合的分解**: $E = (E - A) \cup (E \cap A)$. (注意这里不要求 $A \subset E$.)

(7) $A \subset E$ 且 $B \subset E \Leftrightarrow (A \cup B) \subset E$; $A \supset E$ 且 $B \supset E \Leftrightarrow (A \cap B) \supset E$.

(8) $(A \cap B) \subset A \subset (A \cup B)$; $A - (A - B) = A \cap B$.

(9) **单调性**: $A_\alpha \subset B_\alpha (\forall\alpha \in I) \Rightarrow \bigcup\limits_{\alpha\in I} A_\alpha \subset \bigcup\limits_{\alpha\in I} B_\alpha, \bigcap\limits_{\alpha\in I} A_\alpha \subset \bigcap\limits_{\alpha\in I} B_\alpha$.

(10) 设 $A, B \subset E$, 则 $B \subset (E - A) \cup (B \cap A)$.

证
$$\begin{aligned}(E - A) \cup (B \cap A) &= A^c \cup (B \cap A) = (A^c \cup B) \cap (A^c \cup A)\\ &= (A^c \cup B) \cap E = (A^c \cup B) \supset B.\end{aligned}$$

2. 差补运算 集 B 与 A 的差集定义为

$$B - A = \{x : x \in B\ 且\ x \notin A\}.$$

特别地, 当 $A \subset B$ 时, $B - A$ 称为 A 关于 B 的**余集** (或**补集**). 当 B 为基本集 X 时, $X - A$ 记为 A^c, 即 $A^c = \{x \in X : x \notin A\}$.

集 A, B 的**对称差**定义为

$$A \triangle B = (A - B) \cup (B - A).$$

它表示 $A \cup B$ 中除去公共元素 (即 $A \cap B$) 以外的部分.

从定义易证下述性质:

(1) $A \subset B \Leftrightarrow A^c \supset B^c$. (1.1)

(2) $A \cap B = \varnothing \Leftrightarrow A \subset B^c$;

$A - B = \varnothing \Leftrightarrow A \cap B^c = \varnothing \Leftrightarrow A \subset B \Leftrightarrow A \cap B = A \Leftrightarrow A \cup B = B.$ (1.2)

(3) $X^c = \varnothing$, $\varnothing^c = X$.

(4) $A - B = A \cap B^c$. (1.3)

(5) $X = A \cup A^c$, $A \cap A^c = \varnothing$, $(A^c)^c = A$.

(6) **并交对偶公式 (De Morgan 法则)**:

$$B - \left(\bigcup_{\alpha \in I} A_\alpha\right) = \bigcap_{\alpha \in I}(B - A_\alpha), \tag{1.4}$$

$$B - \left(\bigcap_{\alpha \in I} A_\alpha\right) = \bigcup_{\alpha \in I}(B - A_\alpha). \tag{1.5}$$

特别地, 当 $B = X$ (基本集) 时, 有

$$\left(\bigcup_{\alpha \in I} A_\alpha\right)^c = \bigcap_{\alpha \in I} A_\alpha^c, \tag{1.6}$$

$$\left(\bigcap_{\alpha \in I} A_\alpha\right)^c = \bigcup_{\alpha \in I} A_\alpha^c. \tag{1.7}$$

(7)
$$\begin{aligned} A \cup B &= (A \triangle B) \cup (A \cap B) \\ &= (A - B) \cup (B - A) \cup (A \cap B); \end{aligned} \tag{1.8}$$

$$\begin{aligned} A \triangle B &= (A \cap B^c) \cup (B \cap A^c) \\ &= (A \cup B) - (A \cap B); \end{aligned}$$

$A \triangle A = \varnothing$; $A \triangle \varnothing = A$;

$A \cap (B \triangle C) = (A \cap B) \triangle (A \cap C)$;

$\left(\bigcup\limits_{\alpha \in I} A_\alpha\right) \triangle \left(\bigcup\limits_{\alpha \in I} B_\alpha\right) \subset \bigcup\limits_{\alpha \in I} (A_\alpha \triangle B_\alpha)$;

$A \triangle B = A^c \triangle B^c$; $A \triangle B \subset (A \triangle C) \cup (B \triangle C)$.

我们仅以证 (1.4) 为例:

$$\begin{aligned} \forall x \in B - \bigcup_{\alpha \in I} A_\alpha &\Leftrightarrow x \in B \text{ 且 } x \notin \bigcup_{\alpha \in I} A_\alpha \Leftrightarrow x \in B \text{ 且 } x \notin A_\alpha (\forall \alpha \in I) \\ &\Leftrightarrow x \in B - A_\alpha (\forall \alpha \in I) \Leftrightarrow x \in \bigcap_{\alpha \in I} (B - A_\alpha). \end{aligned}$$

差补运算的其他性质应充分利用 (1.3) 式, 将差集 $A - B$ 转化为 A 与 B^c

的交运算.

以下集合等式或包含关系留给读者证明:

(1) $(A-B)\cup B=A\cup B$.

(2) $A-(A\cap B)=(A\cup B)-B=A-B$.

(3) $(A-B)\cap(C-D)=(A\cap C)-(B\cup D)$;

$A\cap(B-C)=(A\cap B)-(A\cap C)$;

$(A\cup B)-E=(A-E)\cup(B-E)$;

$(A\cap B)-E=(A-E)\cap(B-E)$;

$(A-B)\cup(C-D)\supset(A\cup C)-(B\cup D)$.

(4) $\bigcup\limits_{\alpha\in I}A_\alpha-\bigcup\limits_{\alpha\in I}B_\alpha\subset\bigcup\limits_{\alpha\in I}(A_\alpha-B_\alpha)$. (1.9)

(5) 若 $B_k\subset A_k$ 且 $A_j\cap A_k=\varnothing\ (k\neq j)$, 则

$$\bigcup_{k=1}^{\infty}A_k-\bigcup_{k=1}^{\infty}B_k=\bigcup_{k=1}^{\infty}(A_k-B_k). \tag{1.10}$$

(6) 设 $\{A_n\}$ 是任一集列, 若令

$$B_n=\begin{cases}A_n-\bigcup\limits_{k=1}^{n-1}A_k, & n\geqslant 2;\\ A_1, & n=1,\end{cases}$$

则 $\{B_n\}$ 是互不相交集列, 而且

$$\bigcup_{k=1}^{n}A_k=\bigcup_{k=1}^{n}B_k,\ \bigcup_{k=1}^{\infty}A_k=\bigcup_{k=1}^{\infty}B_k. \tag{1.11}$$

(7) $\bigcap\limits_{n=1}^{\infty}A_n=A_1-\bigcup\limits_{n=1}^{\infty}(A_1-A_n),\ \bigcup\limits_{n=1}^{\infty}A_n=X-\bigcap\limits_{n=1}^{\infty}(X-A_n)$. (1.12)

(8) 设 $\{A_k\}$ 是递增集列, 即 $A_k\subset A_{k+1}\ (\forall k\in\mathbf{N})$, $\lim\limits_{n\to\infty}A_n=A, A_0=\varnothing$, 则

$$A=\bigcup_{k=1}^{\infty}(A_k-A_{k-1}).$$

(9) 设 $\{A_k\}$ 是递减集列, 即 $A_k\supset A_{k+1}\ (\forall k\in\mathbf{N})$, 则

$$A_1=\left(\bigcup_{k=1}^{\infty}(A_k-A_{k-1})\right)\cup\left(\bigcap_{n=1}^{\infty}A_n\right).$$

(10) $\left(\bigcup\limits_{k=1}^{\infty}A_k\right)\cap\left(\bigcup\limits_{j=1}^{\infty}B_j\right)=\bigcup\limits_{k=1}^{\infty}\bigcup\limits_{j=1}^{\infty}(A_k\cap B_j)$.

特别地, 若 $\{A_k\}$ 和 $\{B_j\}$ 都是递增集列, 则

$$\left(\bigcup_{k=1}^{\infty} A_k\right) \cap \left(\bigcup_{j=1}^{\infty} B_j\right) = \bigcup_{k=1}^{\infty} (A_k \cap B_k).$$

(11) $\left(\bigcap\limits_{k=1}^{\infty} A_k\right) \cup \left(\bigcap\limits_{j=1}^{\infty} B_j\right) = \bigcap\limits_{k=1}^{\infty} \bigcap\limits_{j=1}^{\infty} (A_k \cup B_j)$.

特别地, 若 $\{A_k\}$ 和 $\{B_j\}$ 都是递减集列, 则

$$\left(\bigcap_{k=1}^{\infty} A_k\right) \cup \left(\bigcap_{j=1}^{\infty} B_j\right) = \bigcap_{k=1}^{\infty} (A_k \cup B_k).$$

(12) $\bigcup\limits_{k=1}^{\infty} \left(\bigcap\limits_{n=1}^{\infty} A_{k,n}\right) \subset \bigcap\limits_{n=1}^{\infty} \left(\bigcup\limits_{k=1}^{\infty} A_{k,n}\right)$.

(13) $\bigcup\limits_{n=1}^{\infty} \left(\bigcap\limits_{k=n}^{\infty} A_k\right) \subset \bigcap\limits_{n=1}^{\infty} \left(\bigcup\limits_{k=n}^{\infty} A_k\right)$.

评注: 初学者往往将代数运算法则, 例如移项、加括号、去括号等盲目照搬到集合的运算中, 例如,

(1) 从 $A = B - E$ 既不能推出 $E = B - A$, 也不能推出 $B = E \cup A$.

只有在 $E \subset B$ 的条件下, 才能从 $A = B - E$ 推出 $E = B - A$ 和 $B = E \cup A$.

(2) $A \triangle B = A \triangle E \Rightarrow B = E$. 但是从 $A \cup B = A \cup E$ 或 $A \cap B = A \cap E$ 都不能推出 $B = E$.

只有 $A \cup B = A \cup E$ 与 $A \cap B = A \cap E$ 同时成立才能推出 $B = E$.

(3) $(A - B) \cup B \neq A$. 事实上, $B \subset A \Leftrightarrow (A - B) \cup B = A$.

(4) $A - (B - C) \neq (A - B) - C$. 事实上,

$$A - (B - C) = (A - B) \cup (A \cap C); \quad (A - B) - C = A - (B \cup C).$$

3. 直积运算　我们熟知二维欧氏空间 $\mathbf{R}^2$ 可看成 $\mathbf{R}^1$ 与 $\mathbf{R}^1$ 的直积, 将这种思想用到一般集 A 与 B 上, 我们定义集 A 与 B 的**直积** (或**卡氏积**) 为

$$A \times B = \{(x, y) : x \in A, y \in B\}. \tag{1.13}$$

直积的概念可推广到任意 n 个集或集列 $\{A_k\}$ 或集族 $\{A_\alpha\}_{\alpha \in I}$ 上去, 有

$$\prod_{k=1}^{\infty} A_k = \{(x_1, \cdots, x_k, \cdots) : x_k \in A_k\}. \tag{1.14}$$

$$\prod_{\alpha \in I} A_\alpha = \{\{x_\alpha\} : \forall \alpha \in I, x_\alpha \in A_\alpha\}. \tag{1.15}$$

注意直积一般不满足交换律. 这是因为若 $A \neq \varnothing, B \neq \varnothing$, 则

$$A \times B = B \times A \Leftrightarrow A = B.$$

直积运算具有以下性质:

(1) 若 $\exists \alpha \in I, A_\alpha = \varnothing$, 则 $\prod\limits_{\alpha \in I} A_\alpha = \varnothing$;

(2) $\left(\bigcup\limits_{\alpha \in I} A_\alpha\right) \times \left(\bigcup\limits_{\beta \in I} B_\beta\right) = \bigcup\limits_{\alpha, \beta \in I} (A_\alpha \times B_\beta)$;

(3) $\left(\bigcap\limits_{\alpha \in I} A_\alpha\right) \times \left(\bigcap\limits_{\beta \in I} B_\beta\right) = \bigcap\limits_{\alpha, \beta \in I} (A_\alpha \times B_\beta)$;

(4) $\left(\prod\limits_{\alpha \in I} A_\alpha\right) \cap \left(\prod\limits_{\alpha \in I} B_\alpha\right) = \prod\limits_{\alpha \in I} (A_\alpha \cap B_\alpha)$,

$\left(\prod\limits_{\alpha \in I} A_\alpha\right) \cup \left(\prod\limits_{\alpha \in I} B_\alpha\right) \subset \prod\limits_{\alpha \in I} (A_\alpha \cup B_\alpha)$.

4. 幂运算 以集 E 的所有子集为元素的集族, 称为 E 的**幂集**, 记为

$$P(E) = \{A : A \subset E\}. \tag{1.16}$$

例如, (1) 设 $E = \{a_1, a_2\}$, 则 $P(E) = \{\varnothing, \{a_1\}, \{a_2\}, E\}$, $P(E)$ 中有 $2^2 = 4$ 个元素;

(2) 设 $E = \{a_1, a_2, a_3\}$, 则 $P(E) = \{\varnothing, \{a_1\}, \{a_2\}, \{a_3\}, \{a_1, a_2\}, \{a_2, a_3\}, \{a_3, a_1\}, E\}$, 其中有 $2^3 = 8$ 个元素.

一般地, 设 $E = \{a_1, \cdots, a_n\}$, 则 $P(E)$ 中有 2^n 个元素.

幂集具有以下性质:

(1) $P(E_1) \cap P(E_2) = P(E_1 \cap E_2)$;

(2) $P(E_1) \cup P(E_2) \subset P(E_1 \cup E_2)$;

(3) $\varnothing \in P(E), E \in P(E)$;

(4) $x \in E \Leftrightarrow \{x\} \in P(E)$;

(5)$A \subset E \Leftrightarrow A \in P(E)$.

二、集合的极限运算

我们从微积分中熟知, 单调数列 $\{x_k\}$ 必有极限, 而且若 $\{x_k\}$ 递增, 则 $\lim\limits_{k\to\infty} x_k = \sup\limits_k\{x_k\}$ (可能为 ∞); 若 $\{x_k\}$ 递减, 则 $\lim\limits_{k\to\infty} x_k = \inf\limits_k\{x_k\}$ (可能为 $-\infty$). 对于一般数列 $\{x_k\}$, 可通过由它产生的单调数列:

$$y_k = \sup_{n \geqslant k}\{x_n\} \text{ (递减) 和 } z_k = \inf_{n \geqslant k}\{x_n\} \text{ (递增)}$$

定义 $\{x_k\}$ 的上、下极限:

$$\limsup_{k\to\infty} x_k = \lim_{k\to\infty} y_k = \inf_{k\geqslant 1}\{\sup_{n\geqslant k} x_n\};\tag{1.17}$$

$$\liminf_{k\to\infty} x_k = \lim_{k\to\infty} z_k = \sup_{k\geqslant 1}\{\inf_{n\geqslant k} x_n\}.\tag{1.18}$$

将这种思路用到集列 $\{A_n\}$ 上, 我们先定义集列的单调性: 若 $A_k \subset A_{k+1}$ $(\forall k)$, 则称 $\{A_n\}$ 是**递增集列**, 这时称 $\bigcup\limits_{k=1}^{\infty} A_k$ 为 $\{A_n\}$ 的**极限集**, 记为

$$\lim_{n\to\infty} A_n = \bigcup_{k=1}^{\infty} A_k;\tag{1.19}$$

若 $A_k \supset A_{k+1}(\forall k)$, 则称 $\{A_n\}$ 是**递减集列**, 这时称 $\bigcap\limits_{k=1}^{\infty} A_k$ 为 $\{A_n\}$ 的**极限集**, 记为

$$\lim_{n\to\infty} A_n = \bigcap_{k=1}^{\infty} A_k.\tag{1.20}$$

对于任意集列 $\{A_n\}$, 也可由它产生的单调集列

$$B_k = \bigcup_{n=k}^{\infty} A_n \ (\text{递减}) \ \text{和} \ E_k = \bigcap_{n=k}^{\infty} A_n \ (\text{递增})$$

定义 $\{A_n\}$ 的**上、下极限集**:

$$\limsup_{n\to\infty} A_n = \lim_{k\to\infty} B_k = \bigcap_{k=1}^{\infty} B_k = \bigcap_{k=1}^{\infty}\left(\bigcup_{n=k}^{\infty} A_n\right);\tag{1.21}$$

$$\liminf_{n\to\infty} A_n = \lim_{k\to\infty} E_k = \bigcup_{k=1}^{\infty} E_k = \bigcup_{k=1}^{\infty}\left(\bigcap_{n=k}^{\infty} A_n\right).\tag{1.22}$$

若 $\liminf\limits_{n\to\infty} A_n = \limsup\limits_{n\to\infty} A_n = A$, 则 $\lim\limits_{n\to\infty} A_n = A$.

极限运算具有以下基本性质:

(1) $$\limsup_{n\to\infty} A_n = \{x : \forall k, \exists n \geqslant k,\ \text{使得}\ x \in A_n\},\tag{1.23}$$

$$\liminf_{n\to\infty} A_n = \{x : \exists k,\ \text{使得}\ \forall n \geqslant k, x \in A_n\}.\tag{1.24}$$

证　先证 (1.24). 令 $E=\{x : \exists k,\ \text{使得}\ \forall n \geqslant k, x \in A_n\}, B=\bigcup\limits_{k=1}^{\infty}\left(\bigcap\limits_{n=k}^{\infty} A_n\right)$, 由 (1.22), 只要证 $E = B$. 事实上, $\forall x \in B \Leftrightarrow \exists k_0$, 使得 $x \in \bigcap\limits_{n=k_0}^{\infty} A_n \Leftrightarrow \forall n \geqslant k_0$, 使得 $x \in A_n$, 即 $x \in E$. 所以 $E = B$. 而 (1.23) 等价于 $E^c = B^c$. 证毕.

(2) $\bigcap\limits_{n=1}^{\infty} A_n \subset \liminf\limits_{n\to\infty} A_n \subset \limsup\limits_{n\to\infty} A_n \subset \bigcup\limits_{n=1}^{\infty} A_n.$ (1.25)

(3) $B - \limsup\limits_{n\to\infty} A_n = \liminf\limits_{n\to\infty}(B - A_n),$ (1.26)

$B - \liminf\limits_{n\to\infty} A_n = \limsup\limits_{n\to\infty}(B - A_n).$ (1.27)

特别地, 当 $B = X$ (基本集) 时, 有

$$(\limsup_{n\to\infty} A_n)^c = \liminf_{n\to\infty} A_n^c, \tag{1.28}$$

$$(\liminf_{n\to\infty} A_n)^c = \limsup_{n\to\infty} A_n^c. \tag{1.29}$$

(4) $\limsup\limits_{n\to\infty}(A_n \cup B_n) = (\limsup\limits_{n\to\infty} A_n) \cup (\limsup\limits_{n\to\infty} B_n).$

(5) $\liminf\limits_{n\to\infty}(A_n \cap B_n) = (\liminf\limits_{n\to\infty} A_n) \cap (\liminf\limits_{n\to\infty} B_n).$

评注: 实数集 A 的上、下确界的概念在微积分教材中就引入过, 但用得很少, 在有的微积分教材中甚至没有提到. 在本教材中, 许多基本概念都是用确界定义的, 所以灵活运用确界的概念和集合的分解技巧一样, 都是我们学习的重点和难点. 务必要熟练掌握.

实数集 A 的上确界 $\alpha = \sup A$ 的定义是:

(1) $\forall x \in A, x \leqslant \alpha$;

(2) $\forall \varepsilon > 0, \exists x_0 \in A$, 使得 $x_0 > \alpha - \varepsilon$.

其中, (1) 表示 α 是集合 A 的一个上界, 凡是比 α 大的数都是集合 A 的上界;

(2) 则表示任何比 α 小的数 $\alpha - \varepsilon$ 都不是集合 A 的上界, 所以上确界又称为最小上界.

实数集 A 的下确界 $\beta = \inf A$ 的定义是:

(1) $\forall x \in A, x \geqslant \beta$;

(2) $\forall \varepsilon > 0, \exists x_0 \in A$, 使得 $x_0 < \beta + \varepsilon$.

其中, (1) 表示 β 是集合 A 的一个下界, 凡是比 β 小的数都是集合 A 的下界;

(2) 则表示任何比 β 大的数 $\beta + \varepsilon$ 都不是集合 A 的下界, 所以下确界又称为最大下界.

在教材中, 数列的上、下极限 (1.17) 和 (1.18) 定义为数列上、下确界的分解. 而在传统的分析教材中, 则定义 $a = \limsup\limits_{k\to\infty}\{x_k\}$ 满足 2 个条件: (1) $\forall \varepsilon > 0$, $\exists n > k$, 使得 $x_n < a + \varepsilon$, (2) $\forall \varepsilon > 0$ 和 $\forall c > 0$, 存在 $n > c$, 使得 $x_n > a - \varepsilon$. $b = \liminf\limits_{k\to\infty}\{x_k\} = -\limsup\limits_{k\to\infty}\{-x_k\}$. 易证这两个定义是等价的. 但是, 在理解和使用上、下极限时, 我们的定义就方便得多. 例如, 我们要证明

$$\inf_{n\geqslant j}\{x_n\}\leqslant\liminf_{n\to\infty}\{x_n\}\leqslant\limsup_{n\to\infty}\{x_n\}\leqslant\sup_{n\geqslant m}\{x_n\},\forall j,m\in\mathbf{N}. \tag{1.30}$$

令 $z_j=\inf\limits_{n\geqslant j}\{x_n\}$, $y_m=\sup\limits_{n\geqslant m}\{x_n\}$, (1.30) 式就变成

$$z_j\leqslant\lim_{k\to\infty}z_k\leqslant\lim_{k\to\infty}y_k\leqslant y_m, \tag{1.31}$$

利用 $z_j=\inf\limits_{n\geqslant j}\{x_n\}$ 递增, $y_m=\sup\limits_{n\geqslant m}\{x_n\}$ 递减, 就得到

$$z_j\leqslant z_k\leqslant y_k\leqslant y_m,\forall k>\max\{j,m\}, \tag{1.32}$$

在 (1.32) 式中, 令 $k\to\infty$, 得到 (1.31) 式, 从而 (1.30) 式得证.

将这种思路用到集列 $\{A_n\}$ 上, 教材定义集列的上、下极限集也是用到集列的分解, 而它的基本性质 (1) 实际上是传统教材的定义, 即 "$\liminf\limits_{n\to\infty}A_n$ 是由集列 $\{A_n\}$ 中从某个集以后的所有集的元素组成的集合", "$\limsup\limits_{n\to\infty}A_n$ 是由集列 $\{A_n\}$ 中无限个集的元素组成的集合", 我们证明了这两种定义是等价的. 在后面的应用中, 我们就会看到使用数列和集列的分解, 是化难为易的核心技巧. 我们仅以 (1.25) 的证明为例. 传统教材中都说 (1.25) 是显然成立的, 实际上, 按传统教材的定义写出 (1.25) 的证明还是比较麻烦的, 而且对初学者还不好懂. 我们利用集列的上、下极限集的分解式定义, 就可以给出一个十分简洁好懂的新证明. 我们还可以证明 (1.25) 更一般的形式:

$$\bigcap_{n=j}^{\infty}A_n\subset\liminf_{n\to\infty}A_n\subset\limsup_{n\to\infty}A_n\subset\bigcup_{n=m}^{\infty}A_n,\quad\forall j,m\in\mathbf{N}. \tag{1.33}$$

令 $E_j=\bigcap\limits_{n=j}^{\infty}A_n, B_k=\bigcup\limits_{n=k}^{\infty}A_n$, 则上式就变成

$$E_j\subset\lim_{k\to\infty}E_k\subset\lim_{k\to\infty}B_k\subset B_m. \tag{1.34}$$

由 $\{E_k\}$ 递增和 $\{B_k\}$ 递减, 就得到

$$E_j\subset E_k\subset B_k\subset B_m,\quad\forall k>\max\{j,m\}. \tag{1.35}$$

在上式中令 $k\to\infty$, 就得到 (1.34) 式, 从而 (1.33) 式得证.

三、常用的集族

在许多问题中, 我们往往不是考虑基本集 X 的所有子集, 而是要考虑 X 的一部分子集构成的集族 Σ. 而对 Σ 中的元素的运算又要求有某种封闭性, 根据不同运算的封闭性, 将集族 Σ 分为不同的类:

定义 1.1 设 Σ 是基本集 X 的子集构成的集族, 并满足以下条件:

(1) $\varnothing \in \Sigma$;

(2) 若 $A, B \in \Sigma$, 则 $A \cap B \in \Sigma$;

(3) 若 $A, B \in \Sigma$, 则

$$B - A = \bigcup_{k=1}^{n} E_k,$$

式中所有 $E_k \in \Sigma$ 且 $E_k \cap E_j = \varnothing\ (k \neq j)$, 称 Σ 为 X 上的**半环**.

从定义 1.1 可知, 半环中任意两个元素 B, A 之差 $B - A$ 必可表示为 Σ 中有限个互不相交集的并. 应注意的是, 当 $n \geqslant 2$ 时, 从 $E_k \in \Sigma$ 不能推出 $\bigcup\limits_{k=1}^{n} E_k \in \Sigma$. 即对并运算不一定封闭.

例 1.1 $\mathbf{R}^1$ 中开区间集族 Σ_1 和闭区间集族 Σ_2 都不是半环, 例如, 取 $B = (0, 3)$, $A = (1, 2)$, 则 $B - A = (0, 1] \cup [2, 3)$ 就不能写成有限个互不相交的开区间的并; 而半开区间集族 Σ 就构成一个半环.

$\mathbf{R}^n$ 中开集 G 与闭集 F 的交集 $G \cap F$ 的全体是半环.

例如, 取 $B = [0, 3), A = [1, 2)$, 则 $B - A = [0, 1) \cup [2, 3)$ 是两个半开区间的并. 一般地, $\mathbf{R}^n$ 中半开区间 $[a, b) = \{x = (x_1, \cdots, x_n) : a_k \leqslant x_k < b_k, \forall k\}$ 族构成一个半环, 式中 $a = (a_1, \cdots, a_n)$, $b = (b_1, \cdots, b_n)$. 但两个半开区间的并不一定仍为半开区间, 于是, 我们又定义:

定义 1.2 设 Σ 是 X 上半环, 且满足

(4) 若 $A, B \in \Sigma$, 则

$$A \cup B \in \Sigma,$$

称 Σ 是 X 上的**环**.

从定义 1.2 可知, 环 Σ 对有限并运算是封闭的, 从而可由条件 (3) 推出 $B - A = \bigcup\limits_{k=1}^{n} E_k \in \Sigma$, 又从 $A \triangle B = (A - B) \cup (B - A)$ 知, 环 Σ 对于差和对称差运算都是封闭的, 从而环 Σ 对有限并、交和差运算是封闭的.

例 1.2 半开区间集族不是环, 而无限集 X 中一切有限子集组成的集族是一个环.

当 Σ 是环时, X 本身不一定在 Σ 内, 因而对求补运算不一定封闭. 于是, 我们又定义:

定义 1.3 设 Σ 是 X 上的环, 而且 $X \in \Sigma$, 则称 Σ 为 X 上的**代数**.

于是, 代数对求补运算封闭, 从而对集的代数运算封闭, 但对集的极限运算不一定封闭. 所以, 我们又定义:

定义 1.4 设 Σ 是 X 上的环, 并满足:

$$\forall A_k \in \Sigma \Rightarrow \bigcup_{k=1}^{\infty} A_k \in \Sigma,$$

则称 Σ 是 X 上的 σ **环**, 又由 (1.12),

$$\bigcap_{n=1}^{\infty} A_n = A_1 - \bigcup_{n=1}^{\infty}(A_1 - A_n),$$

所以, Σ 为 σ 环时, $\bigcap\limits_{n=1}^{\infty} A_n \in \Sigma$, 但 σ 环仍可以不含 X, 所以, 对求补运算不一定封闭.

定义 1.5 设 Σ 是 X 上的 σ 环, 而且 $X \in \Sigma$, 则称 Σ 是 X 上的 σ **代数**.

于是 σ 代数对代数运算和极限运算均封闭.

例 1.3 直线上任意有限个区间 (包括无限区间) 的并的全体是 $\mathbf{R}^1$ 上的代数.

例 1.4 有限集 X 的幂集 $P(X)$ 是一个代数, 无限集 X 的幂集 $P(X)$ 为 σ 代数.

例 1.5 设 X 是无限集, X 的至多可数集 A 是 σ 环, 而当 X 本身是可数集时, A 是 σ 代数.

定义 1.6 设 Σ 是 X 的任一子集族 (Σ 不一定是一个代数), 包含 Σ 的所有代数的交仍是一个代数, 称为由 Σ 生成的代数, 记为 $A(\Sigma)$, 它是包含 Σ 的最小代数; 同样包含 Σ 的所有 σ 代数的交仍为一个 σ 代数, 称为由 Σ 生成的 σ 代数, 记为 $B(\Sigma)$, 它是包含 Σ 的最小 σ 代数.

习题 1.1

1.1 证明 (1.26) 和 (1.27) 式.

1.2 设 $\mathbf{Q}$ 为有理数集, $\mathbf{Z}$ 为整数集, A_n 是分母为 n 的分数全体, 即

$$A_n = \left\{\frac{m}{n} : m \in \mathbf{Z}\right\}, n \in \mathbf{N}\ (\text{自然数集}),$$

求证 $\liminf\limits_{n\to\infty} A_n = \mathbf{Z}$, $\limsup\limits_{n\to\infty} A_n = \mathbf{Q}$.

1.3 设 $A_n = (a_n, b_n]$, 式中 $a_n = (-1)^n$, $b_n = 5 + (-1)^n + \dfrac{(-1)^n}{n}$, 试求 $\liminf\limits_{n\to\infty} A_n$ 和 $\limsup\limits_{n\to\infty} A_n$.

§2 集合间的映射

我们在微积分中已熟悉了函数的概念, 若将函数的定义域和值域都换成一般的集合, 就得到集合之间的映射的概念, 即

定义 2.1 设 X,Y 是两个非空集合, 若对于 $\forall x \in X$, 按照某一规律 f, 在 Y 中有唯一的 y 与之对应, 则称 f 是 X 到 Y (中) 的**映射**, 记为

$$f: X \to Y, x \mapsto y.$$

若 $A \subset X, B \subset Y$, 则 $f(A) = \{y \in Y : \exists x \in A, y = f(x)\}$ 称为 A 在 f 下的**像集**, $f^{-1}(B) = \{x \in X : \exists y \in B, y = f(x)\}$ 称为 B 在 f 下的**原像集**. 若对 $\forall x_1, x_2 \in A, x_1 \neq x_2$, 有 $f(x_1) \neq f(x_2)$, 则称 f 是从 A 到 B 的**单射**. 若 $f(A) = B$, 即 $\forall y \in B$, 都存在 $x \in A$, 使得 $y = f(x)$, 则称 f 是从 A 到 B 的**满射**. 从 A 到 B 的满单射, 又称为**一一映射**或**双射**.

设 $f: A \to B$ 是满单射, 即 $\forall y \in B$, 都存在唯一的 $x \in A$, 使得 $y = f(x)$, 于是我们可以反过来作映射 $g: B \to A$, $g(y) = x$, 式中 x 由 $y = f(x)$ 确定, 则称 g 是 f 的逆映射, 记为 $g = f^{-1}$. 注意此处的逆映射 f^{-1} 与 $f^{-1}(B)$ 中的 f^{-1} 含义是不同的, 这是因为在 $f^{-1}(B)$ 的定义中, 并没有要求 f 的逆映射存在.

$f(A), f^{-1}(B)$ 具有下述性质:

定理 2.1 (1) $f^{-1}(f(A)) \supset A$, 仅当 f 为单射时 $f^{-1}(f(A)) = A$;

(2) $f(f^{-1}(B)) = f(X) \cap B \subset B$, 仅当 f 为满射时 $f(f^{-1}(B)) = B$;

(3) $A_1 \subset A_2 \subset X \Rightarrow f(A_1) \subset f(A_2)$,

$B_1 \subset B_2 \subset Y \Rightarrow f^{-1}(B_1) \subset f^{-1}(B_2)$;

(4) $f(A) \subset B \Leftrightarrow A \subset f^{-1}(B)$, 仅当 f 为满单射时, $f(A) = B \Leftrightarrow A = f^{-1}(B)$.

定理 2.2 像集 $f(A)$ 保留集合的并运算性质但不保留集的交、差运算性质:

(1) $f\left(\bigcup\limits_{\alpha \in I} A_\alpha\right) = \bigcup\limits_{\alpha \in I} f(A_\alpha)$;

(2) $f\left(\bigcap\limits_{\alpha \in I} A_\alpha\right) \subset \bigcap\limits_{\alpha \in I} f(A_\alpha)$;

(3) $f(A_2 - A_1) \supset f(A_2) - f(A_1)$.

仅当 f 为单射时, (2) 和 (3) 中等号成立, 即 (2) 和 (3) 中 “$\subset$” 和 “$\supset$” 可改为等号.

定理 2.3 原像集 $f^{-1}(B)$ 保留集合的所有运算性质:

(1) $f^{-1}\left(\bigcup\limits_{\alpha \in I} B_\alpha\right) = \bigcup\limits_{\alpha \in I} f^{-1}(B_\alpha)$; (2.1)

(2) $f^{-1}\left(\bigcap\limits_{\alpha \in I} B_\alpha\right) = \bigcap\limits_{\alpha \in I} f^{-1}(B_\alpha)$; (2.2)

(3) $f^{-1}(B_2 - B_1) = f^{-1}(B_2) - f^{-1}(B_1)$;

特别地, $f^{-1}(B^c) = (f^{-1}(B))^c$. (2.3)

定理 2.1 至 2.3 的证明留给读者.

定义 2.2 设 $f: X \to Y$, $g: Y \to Z$ 是两个映射, 若对 $\forall x \in X$, 存在 $z = g(f(x))$ 与之对应, 则得到一个映射 $h: X \to Z$, 称为**由 f 与 g 复合而成的映射**, 记作 $g \circ f$, 即

$$h = g \circ f: X \to Z, x \mapsto g(f(x)) = h(x).$$

定理 2.4 设 $h = g \circ f$ 是定义 2.2 中的复合映射, 则对 $\forall E \subset Z$, 成立

$$h^{-1}(E) = f^{-1}(g^{-1}(E)). \tag{2.4}$$

证 $\forall x \in h^{-1}(E) \Leftrightarrow h(x) = g(f(x)) \in E \Leftrightarrow f(x) \in g^{-1}(E) \Leftrightarrow x \in f^{-1}(g^{-1}(E))$. 证毕.

定义 2.3 设 $f: A \to Y, F: B \to Y$ 为两个映射, 若 $A \subset B \subset X$, 而且对 $\forall x \in A$, $F(x) = f(x)$, 则称 F 是 f 在 B 上的一个**延拓**, f 是 F 在 A 上的**限制**.

定义 2.4 设映射 $f: X \to X$ 满足 $f: x \mapsto x$, 即 $f(x) = x$, 则称 f 是 X 上的**恒等映射**, 记为 I_X, 在不引起混淆时, 也简记为 I.

设映射 $f: X \to Y$, $x \mapsto y = f(x)$. 若对于给定的 $y \in Y$, 求 $x \in X$, 使之满足

$$f(x) = y, \tag{2.5}$$

则称 x 是函数方程 (2.5) 的解.

我们自然要研究函数方程 (2.5) 的解 x 的存在性与唯一性. 为此, 我们先定义:

定义 2.5 设给定映射 $f: X \to Y$, 若存在映射 $g_1: Y \to X, g_2: Y \to X$, 满足:

$$f \circ g_1 = I_Y, \tag{2.6}$$

$$g_2 \circ f = I_X. \tag{2.7}$$

则称 g_1 为 f 的**右逆映射**, 记为 f_r^{-1}; 而称 g_2 为 f 的**左逆映射**, 记为 f_l^{-1}, 即

$$f \circ f_r^{-1} = I_Y, \qquad f_l^{-1} \circ f = I_X.$$

函数方程 (2.5) 的解的存在性表现为 f 存在**右逆映射**f_r^{-1}. 事实上, 令 $x = f_r^{-1}(y)$, 则 $f(x) = f(f_r^{-1}y) = I_Y(y) = y$. 而函数方程 (2.5) 的解 x 的唯一性则表现为 f 存在左逆映射 f_l^{-1}. 事实上, $x = I_X(x) = (f_l^{-1} \circ f)\ (x) = f_l^{-1}(y)$.

若 f_r^{-1}, f_l^{-1} 同时存在, 则两者必相等, 记为 f^{-1}, 称为 f 的逆映射. 事实上,

$f_l^{-1} = f_l^{-1} I_Y = f_l^{-1}(f \circ f_r^{-1}) = I_X f_r^{-1} = f_r^{-1}$.

注 2.1 原像集 $f^{-1}(B)$ 并不要求 f 的逆映射存在, 但在逆映射 f^{-1} 存在时, $f^{-1}(B)$ 又可理解为集 B 在映射 f^{-1} 下的像集.

下面给出一个判别映射是否满射、单射的常用方法.

定理 2.5 设给定两个映射 $f: X \to Y$, $g: Y \to X$, 若复合映射满足:

$$g \circ f = I_X \ (X \text{ 上的恒等映射}), \text{ 即 } \forall x \in X, g(f(x)) = x, \tag{2.8}$$

则 f 是单射, g 是满射 (这时 g 是 f 的左逆映射).

证 (1) 先证 f 是单射. 设对 $\forall x_1, x_2 \in X$, $f(x_1) = f(x_2)$, 并令 $h = g \circ f$, 则 $h(x_1) = g(f(x_1)) = g(f(x_2)) = h(x_2)$; 另一方面, 从 (2.8) 式, $h(x_1) = (g \circ f)(x_1) = I_X(x_1) = x_1, h(x_2) = I_X(x_2) = x_2$. 所以 $x_1 = x_2$.

(2) 再证 g 是满射. 因为 $g: Y \to X$, 所以只要证 $\forall x \in X$, 存在 $y \in Y$, 使得 $g(y) = x$. 事实上, $g(y) = g(f(x)) = I_X(x) = x$. 证毕.

推论 2.6 设 $f: X \to Y$, $g: Y \to X$ 是两个映射, 若复合映射满足:

$$g \circ f = I_X, f \circ g = I_Y,$$

则 f, g 都是满单射, 而且 $g = f^{-1}$.

推论 2.6 表明, f 存在逆映射 f^{-1} 的充要条件为 f 是满单射.

定义 2.6 设 X 为非空集, $A \subset X$, 则

$$\varphi_A(x) = \begin{cases} 1, & x \in A; \\ 0, & x \notin A \end{cases} \tag{2.9}$$

称为集 A 的**特征函数**.

定理 2.7 集 A 的特征函数 φ_A 具有下述基本性质:

(1) $\varphi_A \leqslant \varphi_B \Leftrightarrow A \subset B$.

(2) $\varphi_A = \varphi_B \Leftrightarrow A = B$;

特别地, $\varphi_A = 1 \Leftrightarrow A = X$; $\varphi_A = 0 \Leftrightarrow A = \varnothing$.

(3) $\varphi_{A \cup B} = \varphi_A + \varphi_B - \varphi_{A \cap B} = \max\{\varphi_A, \varphi_B\}$;

$\varphi_{A \cap B} = \varphi_A \cdot \varphi_B = \min\{\varphi_A, \varphi_B\}$;

$\varphi_{\bigcup\limits_{k=1}^{n} A_k} = 1 - \prod\limits_{k=1}^{n}(1 - \varphi_{A_k})$; $\varphi_{\bigcap\limits_{k=1}^{n} A_k} = \prod\limits_{k=1}^{n} \varphi_{A_k}$.

(4) $\varphi_{A-B} = \varphi_A(1 - \varphi_B)$;

特别地, 当 $B \subset A$ 时, $\varphi_{A-B} = \varphi_A - \varphi_B$; $\varphi_{B^c} = 1 - \varphi_B$.

(5) $\varphi_{A \triangle B} = |\varphi_A - \varphi_B| = \varphi_{A-B} + \varphi_{B-A}$, 其中 $A \triangle B = \{x : \varphi_A(x) \neq \varphi_B(x)\}$.

(6) 令 $A = \bigcup\limits_{\alpha \in I} A_\alpha, B = \bigcap\limits_{\alpha \in I} A_\alpha$, 则 $\varphi_A = \sup\limits_{\alpha \in I} \varphi_{A_\alpha}, \varphi_B = \inf\limits_{\alpha \in I} \varphi_{A_\alpha}$.

(7) $\varphi_{\limsup\limits_{n\to\infty} A_n}=\limsup\limits_{n\to\infty}\varphi_{A_n}, \varphi_{\liminf\limits_{n\to\infty} A_n}=\liminf\limits_{n\to\infty}\varphi_{A_n}$;

特别地, $\varphi_{\lim\limits_{n\to\infty} A_n}=\lim\limits_{n\to\infty}\varphi_{A_n}$.

(8) 设 $E_k\nearrow E$, 则 $\varphi_{E_k}\nearrow\varphi_E$.

(9) 设 $\{A_n\}$ 是 X 中互不相交的子集列, $A=\bigcup\limits_{k=1}^{\infty}A_k$, 则 $\varphi_A=\sum\limits_{k=1}^{\infty}\varphi_{A_k}$.

定理 2.7 的证明留给读者.

从定理 2.7 可知, 每个集由它的特征函数完全确定, 集合的运算可由特征函数表示出来. 于是可以将集合的研究转化为对于特征函数的数量研究.

例如, 要证明 §1 中集合并交分配律:

$$A\cup\left(\bigcap_{\alpha\in I}B_\alpha\right)=\bigcap_{\alpha\in I}(A\cup B_\alpha), \tag{2.10}$$

可转化为证 (2.10) 式两边集的特征函数是否相等:

$$\begin{aligned}\varphi_{A\cup\left(\bigcap\limits_{\alpha}B_\alpha\right)}&=\varphi_A+\varphi_{\bigcap\limits_{\alpha}B_\alpha}-\varphi_{A\cap\left(\bigcap\limits_{\alpha}B_\alpha\right)}\\&=\varphi_A+\inf_\alpha\varphi_{B_\alpha}-\varphi_A\left(\inf_\alpha\varphi_{B_\alpha}\right),\end{aligned}\tag{2.11}$$

$$\begin{aligned}\varphi_{\bigcap\limits_{\alpha}(A\cup B_\alpha)}&=\inf_\alpha\varphi_{A\cup B_\alpha}=\inf_\alpha\{\varphi_A+\varphi_{B_\alpha}-\varphi_A\cdot\varphi_{B_\alpha}\}\\&=\varphi_A+\inf_\alpha\varphi_{B_\alpha}-\varphi_A\left(\inf_\alpha\varphi_{B_\alpha}\right).\end{aligned}\tag{2.12}$$

比较 (2.11) 和 (2.12), 即知 (2.10) 成立.

利用集的特征函数, 还可以将分段函数用一个式子表示, 例如设

$$E=\bigcup_{k=1}^{m}A_k, A_k\cap A_j=\varnothing\ (k\neq j),$$

$$f(x)=\begin{cases}f_1(x), & x\in A_1;\\ f_2(x), & x\in A_2;\\ \cdots\cdots\cdots\cdots\\ f_m(x), & x\in A_m\end{cases}$$

可表示为

$$f(x)=\sum_{k=1}^{m}f_k(x)\varphi_{A_k}(x),\quad x\in E. \tag{2.13}$$

反过来, 用函数产生的集合刻画函数的性质, 就可对复杂函数产生的集合进行分解, 这是化难为易的有效手段, 例如定义在集 E 上的函数列 $\{f_n(x)\}$ 点

态收敛于 $f(x)$ 的收敛点集

$$A = \{x \in E : \lim_{n\to\infty} f_n(x) = f(x)\} \tag{2.14}$$

的分解式是

$$A = \bigcap_{m=1}^{\infty}\bigcup_{k=1}^{\infty}\bigcap_{n=k}^{\infty} A_n(\varepsilon_m). \tag{2.15}$$

式中 $A_n(\varepsilon_m) = \{x \in E : |f_n(x) - f(x)| < \varepsilon_m\}$, $\varepsilon_m \searrow 0$.

(2.15) 式看起来复杂, 实际上是我们在微积分中所熟悉的 $\lim\limits_{n\to\infty} f_n(x)=f(x)$ 的 $\varepsilon - N$ 定义用集合的语言重新表述而已. 即根据 $\varepsilon - N$ 定义: $\forall\varepsilon > 0$, $\exists k \in \mathbf{N}$, 使得 $\forall n \geqslant k$, 成立

$$|f_n(x) - f(x)| < \varepsilon.$$

因为 $\forall n \geqslant k$ 表示 $\bigcap\limits_{n=k}^{\infty}$, $\exists k$ 表示 $\bigcup\limits_{k=1}^{\infty}$, 而 $\forall\varepsilon > 0$ 表示 $\bigcap\limits_{\varepsilon>0}$, 而 $\forall\varepsilon > 0$ 又等价于 $\forall\varepsilon_m \searrow 0$ (例如可取 $\varepsilon_m = \dfrac{1}{m}$), 它表示 $\bigcap\limits_{m=1}^{\infty}$, 于是就得到 (2.15).

令 $E_n(\varepsilon_m) = (A_n(\varepsilon_m))^c = \{x \in E : |f_n(x) - f(x)| \geqslant \varepsilon_m\}$. 于是, $\{f_n\}$ 不收敛于 f 的点集可分解为

$$B = \{x \in E : \lim_{n\to\infty} f_n(x) \neq f(x)\} = A^c = \bigcup_{m=1}^{\infty}\bigcap_{k=1}^{\infty}\bigcup_{n=k}^{\infty} E_n(\varepsilon_m). \tag{2.16}$$

在本书中, 我们允许函数 f 取 $\pm\infty$ 值. 于是约定: 若 $0 \leqslant a \leqslant \infty$, 则

$$a + \infty = \infty + a = \infty,$$

$$a \cdot \infty = \infty \cdot a = \begin{cases} \infty, & 若\ 0 < a \leqslant \infty; \\ 0, & 若\ a = 0, \end{cases}$$

但 $(+\infty) - (+\infty), \dfrac{a}{0}, \dfrac{\infty}{0}, \dfrac{\infty}{\infty}$ 仍无意义. 本书中将 $+\infty$ 简记为 ∞.

定义 2.7 若对 $\forall x \in E$, $|f(x)| < \infty$, 则称 f 在 E 上是有限的. 若存在常数 $M > 0$, 使得对 $\forall x \in E$, $|f(x)| \leqslant M$, 则称 f 在 E 上是有界的.

应注意的是, f 有限时不一定有界, 例如 $f(x) = \tan x$ 在开区间 $\left(-\dfrac{\pi}{2}, \dfrac{\pi}{2}\right)$ 上有限但无界.

本书还将集 E 的子集 $\{x \in E : f(x) > a\}$ 简记为 $E\{f > a\}$, 在不致引起混淆时, 也简记为 $\{f > a\}$.

上述集合的表示及分解, 以及下述习题 2.1 至 2.5 中的分解式都是在后面

要多次用到的.

习题 1.2

2.1 证明:

(1) $\{f=\infty\}=\bigcap\limits_{n=1}^{\infty}\{f>n\}=\bigcap\limits_{n=1}^{\infty}\{f\geqslant n\}$;

(2) $\{f=-\infty\}=\bigcap\limits_{n=1}^{\infty}\{f<-n\}=\bigcap\limits_{n=1}^{\infty}\{f\leqslant -n\}$;

(3) $\{f<\infty\}=\bigcup\limits_{n=1}^{\infty}\{f<n\}$;

(4) $\{f>-\infty\}=\bigcup\limits_{n=1}^{\infty}\{f>-n\}$.

2.2 证明:

(1) $\{f\geqslant a\}=\bigcap\limits_{k=1}^{\infty}\left\{f>a-\dfrac{1}{k}\right\}=\bigcap\limits_{k=1}^{\infty}\left\{f\geqslant a-\dfrac{1}{k}\right\}=\bigcup\limits_{k=1}^{\infty}\{a\leqslant f<a+k\}$;

(2) $\{f\leqslant a\}=\bigcap\limits_{k=1}^{\infty}\left\{f<a+\dfrac{1}{k}\right\}=\bigcap\limits_{k=1}^{\infty}\left\{f\leqslant a+\dfrac{1}{k}\right\}=\bigcup\limits_{k=1}^{\infty}\{a-k<f\leqslant a\}$;

(3) $\{f<a\}=\bigcup\limits_{k=1}^{\infty}\left\{f\leqslant a-\dfrac{1}{k}\right\}=\bigcup\limits_{k=1}^{\infty}\left\{f<a-\dfrac{1}{k}\right\}$;

(4) $\{f>a\}=\bigcup\limits_{k=1}^{\infty}\left\{f\geqslant a+\dfrac{1}{k}\right\}=\bigcup\limits_{k=1}^{\infty}\left\{f>a+\dfrac{1}{k}\right\}$;

(5) $\{f=a\}=\bigcap\limits_{k=1}^{\infty}\left\{a\leqslant f<a+\dfrac{1}{k}\right\}=\bigcap\limits_{k=1}^{\infty}\left\{a-\dfrac{1}{k}<f<a+\dfrac{1}{k}\right\}$.

2.3 设将全体有理数排列成 $\mathbf{Q}=\{r_1,r_2,\cdots,r_n,\cdots\}$. 求证

$$\{f>g\}=\bigcup_{k=1}^{\infty}(\{f>r_k\}\cap\{g<r_k\}).$$

2.4 设 $r_k\to a\ (k\to\infty)$, $a\in\mathbf{R}^1$. 求证

(1) 若 $r_k\geqslant a$, 则 $\{f>a\}=\bigcup\limits_{k=1}^{\infty}\{f>r_k\}$;

(2) 若 $r_k\leqslant a$, 则 $\{f<a\}=\bigcup\limits_{k=1}^{\infty}\{f<r_k\}$.

2.5 设 $g(x)=\sup\limits_{n}\{f_n(x)\}$, 或 $f_n\nearrow g$; $h(x)=\inf\limits_{n}\{f_n(x)\}$, 或 $f_n\searrow h$. 求证: 对 $\forall\alpha\in\mathbf{R}^1$, 有

(1) $\{g>\alpha\}=\bigcup\limits_{n=1}^{\infty}\{f_n>\alpha\}$;

(2) $\{g\leqslant\alpha\}=\bigcap\limits_{n=1}^{\infty}\{f_n\leqslant\alpha\}$, $\{g\geqslant\alpha\}=\bigcap\limits_{k=1}^{\infty}\bigcup\limits_{n=1}^{\infty}\left\{f_n\geqslant\alpha-\dfrac{1}{k}\right\}$;

(3) $\{h<\alpha\}=\bigcup_{n=1}^{\infty}\{f_n<\alpha\}$;

(4) $\{h\geqslant\alpha\}=\bigcap_{n=1}^{\infty}\{f_n\geqslant\alpha\}$.

注 2.2 (1) 上述函数列 $\{f_n\}$ 可推广为函数族 $\{f_\alpha\},\alpha\in I,I$ 是不可数集. 见作者的"续论" [1] 上册 PP. 21–22.

(2) 若 $\{f_n\}$ 不单调, 则利用 §1 的 (1.17) 和 (1.18) 的思路, 定义相应的上、下极限函数, 即

$$g(x)=\limsup_{n\to\infty}f_n(x)=\inf_{k\geqslant1}\{\sup_{n\geqslant k}f_n(x)\},x\in E \tag{2.17}$$

称为函数列 $\{f_n\}$ 在 E 上的上极限函数, 而

$$h(x)=\liminf_{n\to\infty}f_n(x)=\sup_{k\geqslant1}\{\inf_{n\geqslant k}f_n(x)\},x\in E \tag{2.18}$$

称为函数列 $\{f_n\}$ 在 E 上的下极限函数.

我们可以类似地求出集合

$$A=\{x\in E:\limsup_{n\to\infty}f_n(x)=g(x)\},$$

$$B=\{x\in E:\liminf_{n\to\infty}f_n(x)=h(x)\}$$

和 $\{g>\alpha\}$, $\{h<\alpha\}$ 的分解式.

§3 集合的基数

一、基数的概念

集合论的核心问题就是研究无限集的性质. 远在亚里士多德时期, 研究者就认为所有无限集都一样大, 这一观点在历史上延续两千年之久. 1638 年意大利天文学家伽利略将自然数集 $\mathbf{N}=\{1,2,3,\cdots,n,\cdots\}$ (注意, 为方便起见, 本书中的自然数集不含零) 与自然数的平方数集 $S=\{1^2,2^2,3^2,\cdots,n^2,\cdots\}$ 相比较时发现, 一方面, S 是 $\mathbf{N}$ 的一部分, 按"整体大于部分"的原则, S 中的元素个数应该比 $\mathbf{N}$ 少. 但另一方面, 在 S 与 $\mathbf{N}$ 之间可以建立一一对应关系 $f:\mathbf{N}\to S,n\mapsto n^2$, 这样, S 中的元素个数又不应该比 $\mathbf{N}$ 少, 历史上称为"伽利略困惑". 1849 年捷克数学家波尔察诺用一一对应的办法证明了无限集可以与它的真子集一一对应, 但仍认为与"整体大于部分"这一传统观念相矛盾, 被称为"无穷悖论". 19 世纪许多著名数学家如 Gauss, Cauchy 等, 都将微积分学中的无穷过程、无穷大等, 看成潜无穷, 即由有限量不断变化所蕴含的一种潜在的趋向无穷的可能性. Cantor 的集合论则肯定实无穷, 他利用一一对应的办法引

入基数概念来比较无限集的大小, 并指出 “整体大于部分” 的传统观念只适用于有限集. 1900 年前后, 在集合论中出现了悖论, 酿成了数学史上的第三次危机. 事实上, 数学史上的三次危机都与人们对无穷的认识有关. 正如 Hilbert 所指出的那样: “无穷! 还没有别的问题如此深地打动人们的心灵; 也没有别的想法如此有效地激发人的智慧; 更没有别的概念比无穷这个概念更需要澄清.”

定义 3.1 设集合 A, B 之间存在满单射 (即一一映射), 则称 A 与 B **对等**, 记为 $A \sim B$. 若 $A \sim B$, 则称 A 与 B 有相同的**基数 (或势)**.

对等关系具有以下性质:

(1) $A \sim A$;

(2) $A \sim B \Leftrightarrow B \sim A$;

(3) $A \sim B, B \sim C \Rightarrow A \sim C$.

Cantor 将集合进行分类, 规定彼此对等的集归于同一类, 不对等的集属于不同的类, 对于每个这样的集类, 赋予一个记号, 称为这类集合中任何一个集合的**基数**. 它是把该集合中元素的质的性质以及它们之间的次序关系抽象掉后所保留下来的性质. 它是所有对等集合的共性. 为了强调这样两次抽象的作用, Cantor 用 $\overline{\overline{A}}$ 表示集 A 的基数. 目前常用的记号是 card A 和 $|A|$. 本书记为 $|A|$.

因为有限集 A 与 B 对等的充要条件是它们的元素个数相同, 所以有限集的基数就是它的元素的个数, 即所有对等的有限集的共性就是集合元素的个数. 在应用到无限集时, 基数的概念就是有限数量 (个数) 概念的一种推广. 我们规定空集 $\varnothing$ 的基数是 0, 自然数集 $\mathbf{N}$ 的基数 $|\mathbf{N}|$ 称为**可数基数**, 记为 $|\mathbf{N}| = a$. 实数集 $\mathbf{R}^1$ 的基数 $|\mathbf{R}^1|$ 称为**连续统基数**, 记为 $|\mathbf{R}^1| = c$.

二、基数大小的比较

定义 3.2 若集 A 与集 B 的一个子集 B_0 对等, 即 $|A| = |B_0|$, 我们称A **的基数小于或等于 B 的基数**, 记为 $|A| \leqslant |B|$. 这时存在单射 $f : A \to B$. 特别地, 若 $A \subset B$, 则 $|A| \leqslant |B|$. 若 $|A| \leqslant |B|$, 但 $|A| \neq |B|$, 即 A 不与 B 对等, 则称A **的基数小于 B 的基数**, 记为 $|A| < |B|$.

前面已指出, 自然数集 $\mathbf{N}$ 与自然数的平方数集 S 对等, 即存在一一映射 $f : \mathbf{N} \to S, n \mapsto n^2$, 所以 $|S| = |N| = a$, 因此, 当 A, B 都是无限集时, 即使 A 是 B 的真子集, 也未必有 $|A| < |B|$.

著名的抽屉原理是说, 若把 $n+1$ 本书放进 n 个抽屉里, 至少有一个抽屉里有两本或两本以上的书. 它的实质就是任何有限集都不能与它的真子集对等, 而无限集却可以和它的某一真子集对等, 这是无限集与有限集的本质区别. 它表明 “整体大于部分” 的原则只适用于有限集.

关于集合基数大小的比较, 有以下基本结果.

定理 3.1 设 $A_2 \subset A_1 \subset A_0$, 且 $|A_2| = |A_0|$, 则 $|A_0| = |A_1|$.

证 从 $|A_0| = |A_2|$ 知, 存在一一映射 $f: A_0 \to A_2$, 即 $f(A_0) = A_2$. 令 $f(A_1) = A_3$, $f(A_2) = A_4$, 则 $A_1 \sim A_3$, $A_2 \sim A_4$, 从而 $(A_1 - A_2) \sim (A_3 - A_4)$, 由此可归纳地定义 $f(A_n) = A_{n+2}, n = 0, 1, 2, \cdots$. 则 $\{A_n\}$ 是 A_0 的递减子集列, 而且满足:

(1) $A_1 \sim A_3 \sim A_5 \sim \cdots \sim A_{2n+1} \sim \cdots$;

(2) $A_2 \sim A_4 \sim A_6 \sim \cdots \sim A_{2n} \sim \cdots$;

(3) $(A_n - A_{n+1}) \sim (A_{n+2} - A_{n+3}), n \geqslant 0$.

再注意到集合 A_0, A_1 有分解式:

$$A_0 = \bigcup_{k=0}^{\infty}((A_{2k} - A_{2k+1}) \cup (A_{2k+1} - A_{2k+2})) \cup \left(\bigcap_{n=0}^{\infty} A_n\right), \tag{3.1}$$

$$A_1 = \bigcup_{k=0}^{\infty}((A_{2k+1} - A_{2k+2}) \cup (A_{2k+2} - A_{2k+3})) \cup \left(\bigcap_{n=0}^{\infty} A_n\right). \tag{3.2}$$

于是, 比较 (3.1) 与 (3.2) 的右边即可知 $A_0 \sim A_1$, 即 $|A_0| = |A_1|$. 证毕.

定理 3.2 设 $|A_1| \leqslant |A_2|, |A_2| \leqslant |A_3|$, 则 $|A_1| \leqslant |A_3|$.

证 从 $|A_1| \leqslant |A_2|$ 知存在单射 $f: A_1 \to A_2$, 又从 $|A_2| \leqslant |A_3|$ 知存在单射 $g: A_2 \to A_3$. 从而 $h = g \circ f: A_1 \to A_3$ 为单射, 即 $|A_1| \leqslant |A_3|$. 证毕.

定理 3.3 (Cantor–Bernstein 基数比较定理) 设 $|A| \leqslant |B|$ 且 $|B| \leqslant |A|$, 则 $|A| = |B|$.

证 从 $|A| \leqslant |B|$ 知, 存在 $B_1 \subset B$, 使得 $B_1 \sim A$. 又从 $|B| \leqslant |A|$ 知, 存在 $A_1 \subset A$, 使得 $A_1 \sim B$, 于是, $B_1 \subset B \sim A_1 \subset A$, 而且 $B_1 \sim A$. 由定理 3.1, $B \sim A$, 即 $|A| = |B|$. 证毕.

定理 3.4 (Cantor 无最大基数定理) 对任何非空集 $A, |P(A)| > |A|$ (即 A 的幂集 $P(A)$ 的基数大于 A 本身的基数).

证 (1) 作映射 $g: A \to P(A), x \mapsto \{x\}$. 令 $B = \{\{x\}: x \in A\} \subset P(A)$, 则 $g: A \to B$ 为一一映射, 所以 $A \sim B \subset P(A)$, 从而 $|A| \leqslant |P(A)|$.

(2) 证 $|A| \neq |P(A)|$, 即任何映射 $f: A \to P(A)$ 都不可能是一一映射. 用反证法, 设存在一一映射 $f: A \to P(A), x \mapsto f(x) = A_x \in P(A)$, 同时 $A_x \subset A$. 令

$$A^* = \{x \in A: x \notin A_x\}, \tag{3.3}$$

根据 $A \sim P(A)$, 对于 $A^* \in P(A), \exists x_1 \in A$, 使得

$$f(x_1) = A^*. \tag{3.4}$$

若 $x_1 \in A^*$, 则由 (3.3) 和 (3.4) 得到 $x_1 \notin A_{x_1} = f(x_1) = A^*$; 同理, 若 $x_1 \notin A^*$, 则 $x_1 \in A_{x_1} = f(x_1) = A^*$, 都导致矛盾. 证毕.

我们将集 A 的所有子集 B 的特征函数 $\varphi_B(x)$ (见 (2.9) 式) 所构成的集记为 2^A. 于是我们有

定理 3.5 $|P(A)| = 2^{|A|}$, 即 A 的幂集 $P(A)$ 的基数等于 2^A 的基数.

证 对 $\forall E \subset A$, 映射 $f: 2^A \to P(A)$, $\varphi_E \mapsto E$ 是一一映射. 证毕.

推论 实数集 $\mathbf{R}^1$ 的幂集 $P(\mathbf{R}^1)$ 的基数为 2^c, 其中 c 是 $\mathbf{R}^1$ 的基数.

2^c 称为**超连续统基数**, 从定理 3.4 和 3.5 得出 $c < 2^c$. 定理 3.4 还表明, 任一非空集 A 的幂集 $P(A)$ 的基数总比集 A 的基数要大. 于是, 对集 A 不断地取幂集, 就能得到递增基数列. 这也说明, 不存在包含所有集合的集合.

三、可数集

定义 3.3 设集 A 的基数为 $|\mathbf{N}| = a$, 即 A 与自然数集 $\mathbf{N}$ 对等, 则称 A 为 "可数集". 若 A 为可数集或有限集, 则称 A 为至多可数集.

从定义可知, 若 A 可数, 则 $|A| = |\mathbf{N}|$, 所以, 存在一一映射 $\varphi: \mathbf{N} \to A$, $n \mapsto a_n$. 从而 A 中的元素可用自然数编号排列成

$$A = \{a_1, a_2, \cdots, a_n, \cdots\}.$$

可数集具有以下基本性质:

定理 3.6 任何无限集 E 必包含可数集. (这表明无限集的基数中, 可数集的基数是最小的, 即可数集是最小的无限集.)

证 因为 $E \neq \varnothing$, 所以, $\exists a_1 \in E$. 又 $E - \{a_1\} \neq \varnothing$, 所以, $\exists a_2 \in E - \{a_1\}$. 设从 E 中已选出互异的 $a_1, \cdots, a_n$, 因为 E 为无限集, 所以 $E - \{a_1, \cdots, a_n\} \neq \varnothing$, 于是 $\exists a_{n+1} \in E - \{a_1, \cdots, a_n\}$. 由归纳法, 就得到 E 中的可数集 $A = \{a_1, \cdots, a_n, \cdots\}$. 证毕.

定理 3.7 设 $\{A_n\}$ 是可数集列, 则 $A = \bigcup\limits_{n=1}^{\infty} A_n$ 也是可数集.

证 由 (1.11), 不妨设 $\{A_n\}$ 是由互不相交的集合构成的集列. 由 A_n 可数, 即 $A_n = \{a_{n1}, a_{n2}, \cdots, a_{nk}, \cdots\}$. 作映射 $\varphi: A \to \mathbf{N}, a_{nk} \mapsto 2^n \times 3^k$, 则 φ 为单射, 所以 $|A| \leqslant |\mathbf{N}| = a$. 另一方面, $A_1 \subset A$, 所以 $a = |A_1| \leqslant |A|$. 由定理 3.3, $|A| = a$. 证毕.

注 3.1 从定理 3.7 的证明过程中可以看出, 定理的条件可减弱为 $\{A_n\}$ 是至多可数集列, 且至少有一个 A_n 是可数集. 这时, A_n 的可数并 $A = \bigcup\limits_{n=1}^{\infty} A_n$ 也可改为有限并 $\bigcup\limits_{j=1}^{n} A_j$.

定理 3.8 有限个可数集 $A_k(1 \leqslant k \leqslant n)$ 的直积 $B_n = \prod\limits_{k=1}^{n} A_k$ 是可数集.

证 设 $A_k = \{a_{k1}, a_{k2}, \cdots, a_{kj}, \cdots\}$. 对每个固定的 a_{1m}, 令

$$E_m = \{(a_{1m}, a_{2k}) : a_{2k} \in A_2\},$$

则 E_m 与 A_2 对等, 从而是可数集. 于是 $B_2 = A_1 \times A_2 = \bigcup\limits_{m=1}^{\infty} E_m$ 的可数性由定理 3.7 推出, 同理, 也可从 B_{n-1} 可数推出 $B_n = B_{n-1} \times A_n$ 可数. 证毕.

注 3.2 定理 3.8 对于无限直积 $\prod\limits_{k=1}^{\infty} A_k$ 不成立.

例 3.1 有理数集 $\mathbf{Q}$ 是可数集.

证 用 $\mathbf{Q}^+, \mathbf{Q}^-$ 分别表示正、负有理数集, 则 $\mathbf{Q} = \mathbf{Q}^+ \cup \mathbf{Q}^- \cup \{0\}$. 易知 $\mathbf{Q}^+ \sim \mathbf{Q}^-$. 所以, 只要证 $\mathbf{Q}^+ \sim \mathbf{N}$. 作单射 $\varphi : \mathbf{Q}^+ \to \mathbf{N}$, $\dfrac{k}{n} \mapsto 2^n \times 3^k$, 其中 $\dfrac{k}{n}$ 是既约分数. 则 $|\mathbf{Q}^+| \leqslant |\mathbf{N}| = a$, 即 $\mathbf{Q}^+$ 是至多可数集. 另一方面, 从 $\mathbf{N} \subset \mathbf{Q}^+$, 得 $|\mathbf{Q}^+| \geqslant |\mathbf{N}|$, 于是由定理 3.3 可知 $\mathbf{Q}^+$ 是可数集.

注 3.3 例 3.1 证明了有理数集 $\mathbf{Q}$ 是可数集, 即可将 $\mathbf{Q}$ 中全体有理数排列成

$$\mathbf{Q} = \{r_1, r_2, \cdots, r_n, \cdots\}. \tag{3.5}$$

但我们熟知, 任何两个有理数之间必有无穷多个有理数, 所以, (3.5) 中的有理数并不是按大小排列的. 在证明技巧上, 我们不是在 $\mathbf{Q}$ 与 $\mathbf{N}$ 之间直接寻找一一映射, 而是利用定义 3.2 先找单射并利用定理 3.3. 所以, 在求集合的基数时, 往往体现出较高的技巧. 此外, 由于有理数集 $\mathbf{Q}$ 在实数集 $\mathbf{R}^1$ 中的稠密性, 许多有关可数性的问题的证明常常归结为证明与 $\mathbf{Q}$ 是否对等.

下面比较自然数集 $\mathbf{N}$ 的基数 $|\mathbf{N}| = a$ 与实数集 $\mathbf{R}^1$ 的基数 $|\mathbf{R}^1| = c$ 的大小关系.

四、不可数集

引理 3.9 设 E 是直线 $\mathbf{R}^1$ 上的任意区间, 则 $|E| = c$.

证 (1) 先证 $G = (0,1)$ 与 $\mathbf{R}^1 = (-\infty, \infty)$ 对等, 事实上, $\varphi : G \to \mathbf{R}^1$, $x \mapsto \tan\left(x - \dfrac{1}{2}\right)\pi$ 就是一一映射.

(2) 令 $A = [0,1]$, 则 $G \subset A \subset \mathbf{R}^1$. 由定理 3.1, $|A| = |\mathbf{R}^1| = c$. 对任意有限闭区间 $[a,b]$, 作一一映射 $g : [0,1] \to [a,b], x \mapsto a + (b-a)x$, 于是 $[a,b]$ 与 $[0,1]$ 对等.

(3) 对 $\mathbf{R}^1$ 中任意区间 E, 存在有限闭区间 $[a,b]$, 使得 $[a,b] \subset E \subset \mathbf{R}^1$, 再由定理 3.1 可知 $|E| = c$. 证毕.

引理 3.10　集 $G=(0,1)$ 是不可数集.

证　用反证法, 设 G 是可数集, 则 G 中所有实数可表示成 $G=\{x_1,x_2,\cdots,x_n,\cdots\}$, 其中每个 x_n 可表示成十进制无限小数的形式:

$$x_n=0.\,x_{n1}\,x_{n2}\,\cdots\,x_{nk}\,\cdots\ (n=1,2,\cdots),\tag{3.6}$$

当规定有限小数写成以 9 为循环节的无限小数时, 例如 0.5 写成 $0.499\cdots9\cdots$, 上述表示是唯一的.

取 $a=0.\,a_1\,a_2\,\cdots\,a_n\,\cdots$, 使之满足:

(1) 对 $\forall n, a_n\neq 0, a_n\neq 9$; (2)$a_n\neq x_{nn}$. 例如, 可取

$$a_n=\begin{cases}1, & \text{若 } x_{nn}\neq 1,\\ 2, & \text{若 } x_{nn}=1,\end{cases}$$

则从 (1), $0<a<1$, 即 $a\in G$; 但从 (2), a 又与 (3.6) 中任一元素 x_n 都不相同, 即 $a\notin\{x_n\}=G$. 从而导致矛盾. 证毕.

定理 3.11　$a<c$.

证　因为自然数集 $\mathbf{N}\subset\mathbf{R}^1$, 所以 $a=|\mathbf{N}|\leqslant|\mathbf{R}^1|=c$. 但由引理 3.10 和 3.9, $\mathbf{R}^1$ 是不可数集, 所以 $\mathbf{R}^1$ 与 $\mathbf{N}$ 不对等. 于是 $a<c$. 证毕.

注 3.4　我们自然要问: 是否存在 $\mathbf{R}^1$ 的不可数子集 A, 使得 $a<|A|<c$? 即是否存在基数 b, 使得 $a<b<c$?

Cantor 猜测这样的基数 b 不存在, 它表明实数集 $\mathbf{R}^1$ 的任一不可数子集 A 必与 $\mathbf{R}^1$ 对等. 这就是著名的 Cantor 连续统假设. 记为 CH, 这就表明, $\mathbf{R}^1$ 的任一无限子集 A 或者是可数集, 或者具有基数 c. Gödel 于 1938 年和 Cohn 于 1963 年分别证明 CH 是独立于集合论的 ZFC 公理系统的.

定理 3.12　设 A 为无限集, B 为至多可数集, 则 $|A\cup B|=|A|$.

证　因为 A 为无限集, 由定理 3.6, A 中必存在可数子集 A_1, 令 $A^*=A-A_1$, 则 $A_1\cup B\sim A_1$. 于是 $A\cup B=(A^*\cup A_1)\cup B=A^*\cup(A_1\cup B)\sim A^*\cup A_1=A$, 即 $|A\cup B|=|A|$. 证毕.

定理 3.12 表明, 在无限集 A 中加上一个至多可数集后, 其基数不变. 推论: A 是无限集 $\Leftrightarrow$ A 与 A 的某个真子集对等.

推论 3.13　无理数集和超越数集的基数都是连续统基数 c.

证　因为无理数集是有理数集 $\mathbf{Q}$ 关于 $\mathbf{R}^1$ 的余集 $\mathbf{Q}^c$, 由 $\mathbf{Q}$ 可数和定理 3.12, 有

$$|\mathbf{Q}^c|=|\mathbf{Q}^c\cup\mathbf{Q}|=|\mathbf{R}^1|=c.$$

同理, 设 A 表示代数数集 (整系数代数多项式的根称为**代数数**). 我们可以证明代数数集 A 是可数集. 不是代数数的实数称为**超越数**. 我们记实代数数集为 A_0,

则超越数集记为 A_0^c. 于是由定理 3.12, 有 $|A_0^c| = |A_0^c \cup A_0| = |\mathbf{R}^1| = c$. 证毕.

推论 3.13 表明, 无理数比有理数要 "多得多", 超越数比 (实) 代数数也要 "多得多".

定理 3.14 设 A 是二进制小数的全体, 则 $|A| = c$.

证 记 $E = [0,1]$. $\forall x \in E$ 都可表示为二进制无限小数: $x = 0.\, a_1\, a_2 \cdots a_k \cdots$, 式中 $a_k = 0$ 或 1, 为了使这种表达式是唯一的, 我们约定, 每个 x 的表达式中要有无限个数位是 1, 例如二进制有理点 $x = 0.\, a_1 \cdots a_n 100 \cdots$ 应记成 $x = 0.\, a_1 \cdots a_n 011 \cdots$, 于是, 可以作一一映射 $\varphi : E \to A, x \mapsto 0.\, a_1\, a_2 \cdots a_n \cdots$, 则 $|A| = |E| = c$. 证毕.

注 3.5 到目前为止, 我们已证明了三个基数 $a, c, 2^c$ 的大小关系: $a < c < 2^c$. 我们自然会进一步问: 我们经常碰到的集合的基数是多少? 为了便于读者比较和查阅方便, 我们将它们放在附录一中, 其中可测集、可测函数等概念在后面几章要详细讨论.

我们从附录一中发现 n 维欧氏空间 $\mathbf{R}^n$ 的基数也是 c. 这就意味着 $\mathbf{R}^n$ 与开区间 $G = (0,1)$ 之间可以建立一一对应关系. 但要在 $\mathbf{R}^n$ 与 G 之间直接寻找这种一一映射 f 是十分困难的, 我们往往是利用基数大小的比较定理和有关技巧. 事实上, 1874 年 Cantor 开始考虑 $\mathbf{R}^1$ 与 $\mathbf{R}^n$ 之间的对应关系时, 是试图证明 $\mathbf{R}^1$ 与 $\mathbf{R}^n$ 之间不可能存在一一对应关系, 经过三年的探索, 却得到相反的结论. 即 $\mathbf{R}^1$ 与 $\mathbf{R}^n$ 之间可以建立一一对应关系, 但他仍说: "我见到了, 但我不相信." Cantor 认为这是抹杀了维数的区别. 果然, Cantor 的这个结果于 1878 年发表后引起了很大的怀疑甚至反对, Dedekind 指出不同维数空间的点可以建立不连续的一一对应关系, 这个问题直到四十多年后才由 Brouwer 证明.

为了说明基数理论的丰富多彩, 我们再以引理 3.10, 证 $G = (0,1)$ 不可数为例, 说明寻求同一定理的多种证明方法是加深对定理的理解的有效手段. 事实上, 引理 3.10 给出的是著名的 Cantor 对角线法. 我们在后面第七章 §1 还用 Baire 纲定理给出了对 $[0,1]$ 不可数的新证明; 徐利治教授利用 RMI 方法 (关系映射反演方法), 通过保序有理映射 φ, 巧妙地将 $[0,1]$ 中实数列 $\{x_n\}$ 转化为特殊的有理数列 $\{y_n\}$, 见 [23] PP. 68–71, 江泽坚等在 [19] PP. 15–16 和郑维行等在 [17] 第一册中用的是闭区间套定理. 下面用 Heine – Borel 有限覆盖定理给出另一个启发性的证明:

我们可直接证明实数集 $\mathbf{R}^1$ 是不可数的. 仍用反证法, 设 $\mathbf{R}^1$ 是可数集, 即

$$\mathbf{R}^1 = \{x_1, x_2, \cdots, x_n, \cdots\}. \tag{3.7}$$

对每个 x_n, 可作一个包含 x_n 的开区间 $G_n = (a_n, b_n), a_n < x_n < b_n$. 于是

$$\mathbf{R}^1 = \bigcup_{n=1}^{\infty} G_n.$$

在 $\mathbf{R}^1$ 上任取 (有限) 闭区间 $[a,b]$, 则

$$[a,b] \subset \bigcup_{n=1}^{\infty} G_n.$$

由 Heine–Borel 有限覆盖定理, 可从 $\{G_n\}$ 中选出有限个开区间, 使得

$$[a,b] \subset \bigcup_{k=1}^{m} G_k. \text{ 于是, } b-a \leqslant \sum_{k=1}^{m}(b_k-a_k). \tag{3.8}$$

另一方面, 对 $\forall \varepsilon > 0$, 使得 $0 < \varepsilon < b-a$. 取 G_k 是以 x_k 为中心、长为 $\dfrac{\varepsilon}{2^k}$ 的开区间: $G_k = (a_k, b_k)$, $a_k = x_k - \dfrac{\varepsilon}{2^{k+1}}$, $b_k = x_k + \dfrac{\varepsilon}{2^{k+1}}$, 则 $\sum\limits_{k=1}^{\infty}(b_k-a_k)$ $= \sum\limits_{k=1}^{\infty} \dfrac{\varepsilon}{2^k} = \varepsilon < b-a$, 但这与 (3.8) 矛盾. 证毕.

我们从这个证明中还可得出: 若 A 是 $\mathbf{R}^1$ 的可数子集, 则对 $\forall \varepsilon > 0$, 存在开区间族 $\{(a_k,b_k)\}_{k=1}^{\infty}$, 使得 $A \subset \bigcup\limits_{k=1}^{\infty}(a_k,b_k)$, 而且 $\sum\limits_{k=1}^{\infty}(b_k-a_k) \leqslant \varepsilon$.

附录一 基数分别为 $a, c, 2^c$ 的集合举例

1. 基数为可数基数 $|\mathbf{N}| = a$ 的集合 (即可数集)

1.1. 有理数集 $\mathbf{Q}$;

1.2. 代数数集;

1.3. 有理系数代数多项式的全体;

1.4. $\mathbf{R}^1$ 上互不相交的开区间集 $\{G_\alpha\}$ 是至多可数集, $\mathbf{R}^1$ 上以有理点为端点的开区间集也是至多可数集;

1.5. 单调函数的间断点集是至多可数的;

1.6. $\mathbf{R}^1$ 上有限实函数的第一类间断点集是至多可数的 (其中第一类间断点还可减弱为只存在右极限 $f(x+0)$ (有限) 的间断点);

1.7. 可数集的所有有限子集所构成的集;

1.8. 设 f 为 (a,b) 上实值函数, 则 $\{x \in (a,b) :$ 单侧导数 $f'_-(x), f'_+(x)$ 存在但不相等 $\}$ 是至多可数集;

1.9. $\mathbf{R}^n$ 中的格点 (坐标均为整数的点) 集, $\mathbf{R}^n$ 中的有理点 (坐标均为有理数的点) 集;

1.10. $\mathbf{R}^n$ 中以有理点为球心、有理数为半径的球的全体;

1.11. 系数是代数数的多项式全体;

1.12. 分子、分母是整系数多项式的有理函数全体;

1.13. 凸函数的不可微点的集合是至多可数集;

1.14. $\mathbf{R}^1$ 中互不相交的具有正测度的可测子集构成的集族是至多可数的;

1.15. 设 $E \subset \mathbf{R}^1$, 若 E 的导集 E' 是可数集, 则 E 是可数集.

2. 基数为连续统基数 $|\mathbf{R}^1| = c$ 的集合

2.1. 无理数集;

2.2. 超越数集;

2.3. n 维欧氏空间 $\mathbf{R}^n$;

2.4. 实系数代数多项式的全体;

2.5. 实数列的全体, 记为 $\mathbf{R}^\infty$;

2.6. $[a,b]$ 上单调函数全体;

2.7. $[a,b]$ 上连续函数全体;

2.8. 可数集的所有子集所组成的集, 即可数集的幂集;

2.9. $\mathbf{R}^1$ 上开集全体或闭集全体, 或闭区间全体, 或 Borel 集 (定义见第三章定义 2.2);

2.10. 设 f 为 $[a,b]$ 上的实值函数, 则在 $[a,b]$ 上存在右极限 $f(x+0)$ (有限) 的 f 的集合;

2.11. $[a,b]$ 上连续函数列 $\{f_n\}$ 的极限函数 f 构成的集合;

2.12. Cantor 集 P;

2.13. $\mathbf{R}^n$ 中非空完备集;

2.14. 可分的距离空间;

2.15. $\mathbf{R}^1$ 中具有正测度的可测集;

2.16. $BV[a,b]$ (有界变差函数空间);

2.17. $R[a,b]$ (Riemann 可积函数空间).

3. 基数为超连续统基数 2^c 的集合

3.1. $\mathbf{R}^n$ 中实值函数的全体;

3.2. $\mathbf{R}^n$ 中不连续函数的全体;

3.3. $\mathbf{R}^n$ 中可测函数的全体;

3.4. $\mathbf{R}^n$ 中不可测函数的全体;

3.5. $\mathbf{R}^n$ 中可测集全体或不可测集全体;

3.6. $\mathbf{R}^n$ 的幂集 $P(\mathbf{R}^n)$;

3.7. $L^p(E), 1 \leqslant p \leqslant \infty$.

由于基数理论既深且广, 在我们的课程中只要求有一个初步的了解, 我们下面再对附录一中某些典型的证明技巧作一简介. 其中某些典型的证明和补充材料见作者的 “续论” [1] 第一章 §3.

定理 3.15 可数集 A 的所有有限子集所成的集 B 是可数集.

证 设 $A=\{a_1,\cdots,a_n,\cdots\}$. 对任意 n, 用 B_n 表示 $\{a_1,\cdots,a_n\}$ 的所有子集所成的集, 则 B_n 是有限集. 从而 $B=\bigcup\limits_{n=1}^{\infty}B_n$ 是可数集. 证毕.

定理 3.16 有理系数代数多项式全体 A 是可数集.

证 设 $\mathbf{Q}$ 为有理数集, $\mathbf{Z}$ 为整数集. 令

$$A_n=\left\{P_n(x):P_n(x)=\sum_{k=0}^{n}r_kx^k,r_k\in\mathbf{Z}\right\},$$

则整系数代数多项式集 $A=\bigcup\limits_{n=1}^{\infty}A_n$. 由定理 3.7, 只要证每个 A_n 是可数集, 作单射 $\varphi:A_n\to\mathbf{Q},P_n(x)\mapsto r_0\times2^{r_1}\times3^{r_2}\times\cdots\times(n+1)^{r_n}$, 则 $|A_n|\leqslant|\mathbf{Q}|=a$; 另一方面, 从 $A_n\supset\mathbf{Q}$, 得到 $|A_n|\geqslant|\mathbf{Q}|=a$, 所以 $|A_n|=a$. 而有理系数多项式总可以化为整系数多项式. 证毕.

推论 3.17 代数数集 A 是可数集.

证 由定理 3.16, 整系数代数多项式的全体也是可数集, 而每个多项式只有有限个根. 所以, 根据可数个有限集之并也是可数集, A 是可数集.

定理 3.18 $\mathbf{R}^1$ 上互不相交的开区间集 $\{G_\alpha\}$ 是至多可数集; $\mathbf{R}^1$ 上以有理点为端点的开区间全体是可数集.

证 (1) 对 $\forall\alpha\in\{G_\alpha\}$ 的指标集, 取有理数 $r_\alpha\in G_\alpha$. 对 $\alpha_1\neq\alpha_2$, 由 $G_{\alpha_1}\cap G_{\alpha_2}=\varnothing$, 有 $r_{\alpha_1}\neq r_{\alpha_2}$. 从而 $f:\{G_\alpha\}\to\mathbf{Q}$, $G_\alpha\mapsto r_\alpha$ 为单射. 于是, $|\{G_\alpha\}|\leqslant|\mathbf{Q}|=a$, 即 $\{G_\alpha\}$ 是至多可数集.

(2) 设开区间 G_α 的端点为有理数 (注意没有互不相交的条件). 因为有理数集 $\mathbf{Q}$ 可数, 即 $\mathbf{Q}=\{r_1,r_2,\cdots,r_n,\cdots\}$, 对 $\forall n\in\mathbf{N},G_n=\{(r_n,r):r\in\mathbf{Q}$ 且 $r>r_n\}$ 是可数集, 从而 $\bigcup\limits_{n=1}^{\infty}G_n$ 是可数集.

定理 3.19 $\mathbf{R}^1$ 上单调函数的间断点集是至多可数集.

证 不妨设 f 在 $\mathbf{R}^1$ 上递增, 则在 f 的间断点 x_0, 有 $f(x_0+0)-f(x_0-0)>0$, 所以, f 的每个间断点 x_0 对应一个开区间 $G_{x_0}=(f(x_0-0),f(x_0+0))$, 而且 f 的不同的间断点所对应的开区间是互不相交的, 由定理 3.18, 这些间断点构成的集是至多可数集.

定理 3.20 $\mathbf{R}^1$ 上函数 f 的右极限存在的间断点集 A 是可数集.

证 令 $E=\{x\in\mathbf{R}^1:$ 右极限 $f(x+0)$ 存在 (有限)$\}$, $E_n=\Big\{x\in\mathbf{R}^1:$ $\exists\delta>0$, 使得 $\forall x_1,x_2\in(x-\delta,x+\delta),|f(x_2)-f(x_1)|<\dfrac{1}{n}\Big\}$, 则 $\bigcap\limits_{n=1}^{\infty}E_n$ 是 f 的连续点集, $A=E-\bigcap\limits_{n=1}^{\infty}E_n=\bigcup\limits_{n=1}^{\infty}(E-E_n)$. 由定理 3.7, 只要证每个 $B_n=E-E_n$

是可数集. 对 $\forall x_0 \in E$, 由 E 的定义, $\lim\limits_{x\to x_0+0} f(x) = f(x_0+0)$, 即对 $\forall n, \exists \delta > 0$, 使得 $\forall x \in (x_0, x_0+\delta)$ 时, $|f(x) - f(x_0+0)| < \dfrac{1}{2n}$. 令 $G_{x_0} = (x_0, x_0+\delta)$. 对 $\forall x_1, x_2 \in G_{x_0}, |f(x_2) - f(x_1)| \leqslant |f(x_2) - f(x_0+0)| + |f(x_0+0) - f(x_1)| < \dfrac{1}{2n} + \dfrac{1}{2n} = \dfrac{1}{n}$, 这表明 $x \in E_n$, 从而 $G_{x_0} \subset E_n$, 且 G_{x_0} 与 B_n 不相交, 所以, 对 $\forall x_1, x_2 \in B_n, x_1 \neq x_2, G_{x_1} \cap G_{x_2} = \varnothing$, 于是 $\{G_x : x \in B_n\}$ 是可数集, 即 B_n 是可数集. 证毕.

定理 3.21 可数集 A 的所有子集, 即 A 的幂集 $B = P(A)$ 的基数是连续统基数 c.

证 设 E 是二进制小数全体, 由定理 3.14, $|E| = c$, 因为 A 可数, 即 $A = \{a_1, a_2, \cdots, a_n, \cdots\}$, $P(A) = \{A^* : A^* \subset A\}$, 作一一映射 $f : B \to E$, $A^* \mapsto \beta = 0.\beta_1\beta_2\cdots$, 式中

$$\beta_j = \begin{cases} 1, & 若\ a_j \in A^*; \\ 0, & 若\ a_j \notin A^*, \end{cases}$$

所以, $|B| = |E| = c$. 证毕.

定理 3.22 实数列的全体 $\mathbf{R}^\infty$ 的基数是 c.

证 利用 §1 直积的概念, $\mathbf{R}^\infty = \prod\limits_{k=1}^{\infty} \mathbf{R}_k^1$, 式中 $\mathbf{R}_k^1$ 是实数集. 再令 $G^\infty = \prod\limits_{k=1}^{\infty} G_k$, 式中 $G_k = (0,1) = G$. 作一一映射 $f : G^\infty \to \mathbf{R}^\infty$, $x \mapsto y = f(x)$, 式中 $x = (x_1, \cdots, x_n, \cdots) \in G^\infty$, $0 < x_k < 1, y = (y_1, \cdots, y_n, \cdots)$, $y_k = \tan\left(x_k - \dfrac{1}{2}\right)\pi$, 所以只要证 $|G^\infty| = c$, 又已知 $|G| = c$, 于是只要证 $G^\infty \sim G$. 因为每个 x_k 可用二进制小数表示为 $x_k = 0.\ \alpha_{k1}\ \alpha_{k2}\ \cdots\ \alpha_{kn}\ \cdots$. 作单射 $\varphi : G^\infty \to G, x \mapsto \varphi(x) = \alpha$, 式中 $\alpha = 0.\ \alpha_{11}\ \alpha_{12}\ \alpha_{21}\ \alpha_{31}\ \alpha_{22}\ \alpha_{13}\ \cdots$, 则 $0 < \alpha < 1$. 所以 $|G^\infty| \leqslant |G| = c$. 另一方面, 又可作单射 $g : G \to G^\infty, x \mapsto (x, x, \cdots, x, \cdots)$, 则 $|G| \leqslant |G^\infty|$. 由定理 3.3, $|G^\infty| = c$. 证毕.

定理 3.23 设 $A = \bigcup\limits_{n=1}^{\infty} A_n$. 若 $|A_n| \leqslant c$ 且至少有一个 A_n 的基数为 c, 则 $|A| = c$; 反之, 若 $|A| = c$, 则 $\{A_n\}$ 中至少有一个 A_n 的基数为 c.

证 (1) 不妨设 $|A_1| = c$, 令

$$A_n^* = \begin{cases} A_1, & n = 1; \\ A_n - \bigcup\limits_{k=1}^{n-1} A_k, & n \geqslant 2, \end{cases}$$

则 $A_k^* \cap A_j^* = \varnothing(k \neq j)$, 且 $\bigcup_{k=1}^{\infty} A_k^* = \bigcup_{k=1}^{\infty} A_k = A$, 令 $B_k = [k, k+1)$, 则 $|B_k| = c$, 又由 $|A_k| \leqslant c$, 有 $|A_k^*| \leqslant c$, 于是存在 $B_k^* \subset B_k$, 使得 $A_k^* \sim B_k^*$. 所以, $A = \bigcup_{k=1}^{\infty} A_k^* \sim \bigcup_{k=1}^{\infty} B_k^* \subset \bigcup_{k=1}^{\infty} B_k = [1, \infty) \sim \mathbf{R}^1$, 从而 $|A| \leqslant |\mathbf{R}^1| = c$. 另一方面, $\mathbf{R}^1 \sim [1, \infty) \sim A_1 \subset A$, 所以, $c = |\mathbf{R}^1| \leqslant |A|$, 从而 $|A| = c$.

(2) 设 $|A| = c$. 我们以 $A = A_1 \cup A_2, A_1 \cap A_2 = \varnothing$ 为例. 若 $|A_2| < c$, 只要证明 $|A_1| = c$, 事实上, 因为 $|A| = |\mathbf{R}^2| = c$, 所以存在一一映射 $\varphi : \mathbf{R}^2 \to A$, 使得 $\varphi(\mathbf{R}^2) = A$. 令 $E(x) = \{(x, y) \in \mathbf{R}^2 : x \text{ 固定}, y \in \mathbf{R}^1\}$, 则 $|E(x)| = c$, 又 $|A_2| < c$, 所以, A_2 不能和 $E(x)$ 的所有点对应, 即存在 $(x, y^*) \in E(x)$, 使得 $\varphi(x, y^*) \in A_1$. 让 x 在 x 轴上变化, 并将满足上述条件的 (x, y^*) 的全体记为 B, 则 $\varphi(B) \subset A_1$, 于是 $|A_1| \geqslant |\varphi(B)| = |\mathbf{R}^1| = c$. 另一方面, 从 $A \supset A_1$, 有 $|A_1| \leqslant |A| = c$, 所以 $|A_1| = c$. 证毕.

定理 3.24 n 维欧氏空间 $\mathbf{R}^n$ 的基数是 c.

证 作单射 $f : \mathbf{R}^n \to \mathbf{R}^\infty, x \mapsto \alpha$, 式中 $x = (x_1, \cdots, x_n)$, $\alpha = (x_1, \cdots, x_n, 0, \cdots)$, 则 $|\mathbf{R}^n| \leqslant |\mathbf{R}^\infty| = c$. 另一方面, 作单射 $g : \mathbf{R}^1 \to \mathbf{R}^n, x \mapsto y = (x, 0, \cdots, 0)$, 则 $c = |\mathbf{R}^1| \leqslant |\mathbf{R}^n|$, 由定理 3.3, $|\mathbf{R}^n| = c$. 证毕.

定理 3.25 实系数代数多项式的全体的基数是 c.

证 令 $A_n = \left\{ p_n(x) : p_n(x) = \sum\limits_{k=0}^{n} \alpha_k x^k, \alpha_k \in \mathbf{R}^1 \right\}$, 则实系数代数多项式的全体 $A = \bigcup_{n=1}^{\infty} A_n$. 由定理 3.23, 只要证有一个 A_n 的基数为 c, 为此, 作单射 $f : A_n \to \mathbf{R}^{n+1}, p_n(x) \mapsto \alpha = (\alpha_0, \alpha_1, \cdots, \alpha_n)$, 则 $|A_n| \leqslant |\mathbf{R}^{n+1}| = c$; 另一方面, 从 $A_n \supset \mathbf{R}^1$, 有 $|A_n| \geqslant |\mathbf{R}^1| = c$, 所以, $|A_n| = c$. 证毕.

定理 3.26 $[a, b]$ 上单调函数的全体 E 的基数为 c.

证 记 $B = \{\alpha x : 0 \leqslant \alpha \leqslant 1, x \in [a, b]\}$, 则 $B \subset E$, 所以, $|E| \geqslant |B| = c$. 另一方面, 将 $[a, b]$ 中有理数全体记为 $\mathbf{Q} = \{r_1, r_2, \cdots, r_n, \cdots\}$, 对 $\forall \varphi \in E$, 由 $(\varphi(r_1), \varphi(r_2), \cdots, \varphi(r_n), \cdots)$ 可唯一地确定 φ 在连续点上的函数值. 由定理 3.19, φ 的间断点集是至多可数集, 将 φ 的间断点记为 $x_1, x_2, \cdots, x_n, \cdots$. (若 φ 的间断点 $\{x_k\}$ 只有有限个, 记为 $x_1, \cdots, x_n$, 则对 $\forall k > n$, 记 $x_k = x_n$.) 令 $a_\varphi = (\varphi(r_1), x_1, \varphi(x_1), \cdots, \varphi(r_k), x_k, \varphi(x_k), \cdots)$, 作单射 $f : E \to \mathbf{R}^\infty, \varphi \mapsto a_\varphi$, 则 $|E| \leqslant |\mathbf{R}^\infty| = c$. 所以, $|E| = c$. 证毕.

定理 3.27 $[a, b]$ 上连续函数的全体 E 的基数是 c.

证 设 $A = \{f : f(x) = a(\text{常数})\}$, $\mathbf{R}^\infty$ 是实数列的全体, 因为 $A \subset E$, 且 $A \sim \mathbf{R}^1$, 所以, $|E| \geqslant |A| = c$. 另一方面, 将 $[a, b]$ 中全体有理数排列成 $\mathbf{Q} = \{r_1, \cdots, r_n, \cdots\}$. 作映射 $\varphi : E \to \mathbf{R}^\infty, f \mapsto \alpha$, 式中 $\alpha = \{f(r_1), f(r_2), \cdots, f(r_n), \cdots\}$, 由 f 的连续性知 φ 为单射. 所以, $|E| \leqslant |\mathbf{R}^\infty| = c$ (定

理 3.22), 于是, $|E| = c$. 证毕.

定理 3.28 $\mathbf{R}^n$ 上实值函数的全体 E 的基数为 2^c.

证 对任意 $A \subset \mathbf{R}^n$, 考虑 A 的特征函数

$$\varphi_A(x) = \begin{cases} 1, & x \in A; \\ 0, & x \notin A. \end{cases}$$

令 $B = \{\varphi_A : A \subset \mathbf{R}^n\}$, 则 $B \subset E$, 作单射 $f : P(\mathbf{R}^n) \to E$, $A \mapsto \varphi_A$. 所以, $|E| \geqslant |P(\mathbf{R}^n)| = 2^c$. 另一方面, 对 $\forall f \in E$, 令 $G_f = \{(x, y) : x \in \mathbf{R}^n, y = f(x)\}$, 则 $G_f \subset \mathbf{R}^{n+1}$, 作单射 $g : E \to P(\mathbf{R}^{n+1})$, $f \mapsto G_f$, 则 $|E| \leqslant |P(\mathbf{R}^{n+1})| = 2^c$, 所以, $|E| = 2^c$. 证毕.

定理 3.29 $\mathbf{R}^n$ 上 (L) 可测集的全体的基数为 2^c.

证 用 E 表示 $\mathbf{R}^n$ 上 (L) 可测集的全体, $P(\mathbf{R}^n)$ 表示 $\mathbf{R}^n$ 的幂集. 因为 $E \subset P(\mathbf{R}^n)$, 所以, $|E| \leqslant |P(\mathbf{R}^n)| = 2^c$. 另一方面, 在 $\mathbf{R}^n$ 中取非空完备集 F, 使得 $\mu(F) = 0$ (在 $\mathbf{R}^1$ 中可取 F 为 Cantor 集). 由于零测度集 F 的所有子集均可测且仍为零集, 则 $P(F) \subset E$, 又 $|F| = c$, 所以, $|E| \geqslant |P(F)| = 2^c$. 于是 $|E| = 2^c$. 证毕.

定理 3.30 $\mathbf{R}^n$ 上 (L) 可测函数的全体记为 M, 则 $|M| = 2^c$.

证 用 E 表示 $\mathbf{R}^n$ 上 (L) 可测集的全体, 由 (L) 可测函数 f 的定义, 对 $\forall \alpha \in \mathbf{R}^1$, $E_\alpha = \{x \in \mathbf{R}^n : f(x) > \alpha\}$ 为 (L) 可测集, 即 $E_\alpha \in E$. 作单射 $g : M \to E$, $f \mapsto E_\alpha$, 则由定理 3.29, $|M| \leqslant |E| = 2^c$. 另一方面, 对所有 (L) 可测集 $A \in E$, A 的特征函数 φ_A 是 (L) 可测函数, 令 $B = \{\varphi_A : A \in E\}$, 则 $B \subset M$. 作单射 $h : E \to M, A \mapsto \varphi_A$, 则 $|M| \geqslant |E| = 2^c$, 于是 $|M| = 2^c$. 证毕.

第二章　点集的拓扑概念

我们在第一章中只讨论了集合之间的关系, 还没有涉及集合内部元素之间的关系. 所以, 本章进一步讨论集合的内部结构.

§1　距离空间中的拓扑概念, 稠密性与可分性

微积分中数列或函数的极限概念的实质, 在于用欧氏距离去刻画“任意逼近”的思想. 为了在一般集合中引进极限的概念, 首先就要将 $\mathbf{R}^n$ 中的欧氏距离推广到一般集合中去, 人们在经历了六十多年的探索之后, 才发现 $\mathbf{R}^n$ 中任意两点 $x=(x_1,\cdots,x_n)$ 和 $y=(y_1,\cdots,y_n)$ 之间的距离

$$d(x,y)=\left(\sum_{k=1}^{n}|x_k-y_k|^2\right)^{1/2} \tag{1.1}$$

的本质特征是满足以下三个条件:

① 非负性: $d(x,y)\geqslant 0, d(x,y)=0\Leftrightarrow x=y$;

② 对称性: $d(x,y)=d(y,x)$;

③ 三角不等式: $d(x,y)\leqslant d(x,z)+d(z,y)$.

于是, 我们就可以脱离 $\mathbf{R}^n$ 的特殊的几何结构 (此处是 (1.1) 式右边的解析表达式), 直接用 ① 至 ③ 定义一般集合中的距离概念.

一、距离空间的概念

定义 1.1　设 X 为非空集, 若存在映射 $d: X\times X\to\mathbf{R}^1$, $(x,y)\mapsto d(x,y)$, 满足上述条件 ①, ②, ③, 则称 $d(x,y)$ 是元素 x 与 y 之间的距离. 在集 X 中

定义了距离 d 之后, 就称 X 为距离空间 (或度量空间), 记为 (X,d). 但在不引起混淆时, 仍简记为 X. (X,d) 中的元素又称为点.

设 A 为距离空间 (X,d) 的子集, 则 A 按 X 中的距离 d 也形成一个距离空间 (A,d), 称为 (X,d) 的子空间, 我们也简称 A 是 X 的子空间.

例 1.1 在同一个 n 维向量空间 X:

$$X=\{x=(x_1,\cdots,x_n):x_k\in\mathbf{R}^1,1\leqslant k\leqslant n\} \tag{1.2}$$

中可以定义不同的距离:

$$d_p(x,y)=\begin{cases}\left(\sum\limits_{k=1}^{n}|x_k-y_k|^p\right)^{1/p}, & 1\leqslant p<\infty;\\ \max\limits_{1\leqslant k\leqslant n}|x_k-y_k|, & p=\infty.\end{cases} \tag{1.3}$$

要验证上述 $d_p(x,y)$ 是距离, 关键是要用到 Hölder 不等式:

$$\sum_{k=1}^{n}|a_kb_k|\leqslant\left(\sum_{k=1}^{n}|a_k|^p\right)^{1/p}\left(\sum_{k=1}^{n}|b_k|^q\right)^{1/q} \tag{1.4}$$

(式中$\dfrac{1}{p}+\dfrac{1}{q}=1,1<p<\infty$) 和 Minkowski 不等式:

$$\left(\sum_{k=1}^{n}|a_k+b_k|^p\right)^{1/p}\leqslant\left(\sum_{k=1}^{n}|a_k|^p\right)^{1/p}+\left(\sum_{k=1}^{n}|b_k|^p\right)^{1/p},\quad 1\leqslant p<\infty. \tag{1.5}$$

当 $0<p<1$ 时,(1.3) 中的 $d_p(x,y)$ 不是距离, 是因为这时不等式 (1.4) 与 (1.5) 中的不等号均要反向. 但是这时成立

$$\sum_{k=1}^{n}|x_k+y_k|^p\leqslant\sum_{k=1}^{n}|x_k|^p+\sum_{k=1}^{n}|y_k|^p,$$

所以, 当 $0<p<1$ 时, 仍可按

$$d(x,y)=\sum_{k=1}^{n}|x_k-y_k|^p$$

定义距离.

这说明同一集合 X 中可以定义不同的距离, 形成不同的距离空间. 也说明定义的 $d(x,y)$ 一定要满足定义 1.1 中的三个条件才能称之为距离. (X,d_2) 就是 $\mathbf{R}^n$, 在信息论的编码理论中, 数字信息在传送过程中不可避免地要受到种种干扰, 于是接收到的数字信息和原信息之间就有了差错, 这种差错的大小可以在 (1.2) 中用一种 Hamming 距离

$$d(x,y) = \sum_{k:x_k \neq y_k} 1 \tag{1.6}$$

来衡量, 即 $d(x,y)$ 表示 x 与 y 的不同的对应分量的个数. 例如 $x=(1,0,\cdots,0)$ 与 $y=(0,1,0,\cdots,0)$ 之间的 Hamming 距离 $d(x,y)=2$, 而欧氏距离 $d_2(x,y)=\sqrt{2}$.

例 1.2 设 X 是任一非空集合, 对 $\forall x,\ y\in X$, 定义

$$d(x,y)=\begin{cases}1, & 若\ x\neq y;\\ 0, & 若\ x=y.\end{cases}$$

则 (X,d) 称为**离散距离空间**, 这说明在任何非空集合上都可以定义距离, 使之成为距离空间.

又如, 若将条件 (1) 中的 $d(x,y)=0\Leftrightarrow x=y$ 改为 $d(x,y)=0\Leftarrow x=y$, 即 $d(x,x)=0$, 但是 $d(x,y)=0\Rightarrow x=y$ 不能保证成立, 我们就称 (X,d) 为半距离空间.

最近几年, 人们尝试将三角不等式放宽为 b 三角不等式:

$$d_1(x,y)\leqslant s(d_1(x,z)+d_1(z,y)),\quad s\geqslant 1, \tag{1.7}$$

这时的 d_1 称为 b 距离, (X,d_1) 称为 b 距离空间, s 称为 (X,d_1) 的系数. 于是, 当 $0<p<1$ 时, d_p 是 b 距离. 这说明 b 距离空间是传统的距离空间的推广.

若将上述系数 s 改为 $h:X\times X\to[0,\infty)$, 即 (1.7) 式改为

$$d_2(x,y)\leqslant h(x,y)(d_2(x,z)+d_2(z,y)),\quad x,y,z\in X,$$

则称 (X,d_2) 为广义 b 距离空间.

设 $h:X\times X\to[0,\infty)$, 满足

$$d_3(x,y)\leqslant h(x,z)d_3(x,z)+h(z,y)d_3(z,y),\quad x,y,z\in X,$$

则称 (X,d_3) 为受控距离空间.

设 $h,g:X\times X\to[0,\infty)$, 满足

$$d_4(x,y)\leqslant h(x,z)d_4(x,z)+g(z,y)d_4(z,y),\quad x,y,z\in X,$$

则称 (X,d_4) 为二重受控距离空间. 注意它们之间的关系:

$$(X,d)\subset(X,d_1)\subset(X,d_2)\subset(X,d_3)\subset(X,d_4).$$

算术几何平均不等式启发我们将三角不等式右边的和改为积, 得到积性距离空间, 即设 X 是非空集, 常数 $c\geqslant 1$, 若映射 $d_5:X\times X\to[1,\infty)$ 满足: $\forall x,y,z\in X$, 成立

(1) 当 $x \neq y$ 时, $d_5(x,y) > 1$, 而 $d_5(x,y) = 1 \Leftrightarrow x = y$;

(2) $d_5(x,y) = d_5(y,x)$;

(3) $d_5(x,y) \leqslant (d_5(x,z) \cdot d_5(z,y))^c$,

则称 d_5 是具有系数 c 的 b 积性距离, (X,d_5) 为 b 积性距离空间 (简记为 BMMS). $\overline{B(x,r)} = \{y \in X : d_5(x,y) \leqslant r\}$ $(r>0)$ 称为 BMMS 中的闭球.

例如, $l^p = \left\{x = (x_1, \cdots, x_n, \cdots) : \sum\limits_{k=1}^{\infty} |x_k|^p < \infty\right\}$, $0 < p < 1$. 定义 $d_5 : l^p \times l^p \to [1, \infty)$:

$$d_5(x,y) = \exp\left\{\left(\sum_{k=1}^{\infty} |x_k - y_k|^p\right)^{1/p}\right\}.$$

则 d_5 是具有系数 $c = 2^{(1/p)-1}$ 的 b 积性距离. 注意 d_5 既不是通常的距离, 也不是 b 距离. 但是每个 b 距离空间 (X, d_1) 都可以通过令

$$d_5(x,y) = e^{d_1(x,y)}$$

生成一个 b 积性距离空间 (X, d_5).

若将三角不等式改为四角不等式:

$$d_6(x,y) \leqslant d_6(x,u) + d_6(u,v) + d_6(v,y), \quad x,y,u,v \in X,$$

则称 (X, d_6) 为广义距离空间.

设 $h : X \times X \to [0, \infty)$, 满足

$$d_7(x,y) \leqslant h(x,y)(d_7(x,u) + d_7(u,v) + d_7(v,y)), \quad x,y,u,v \in X,$$

则称 (X, d_7) 为广义 Branciari b 距离空间.

此外, 还有强 b 距离空间、S 距离空间、参数距离空间、G 距离空间、Hausdorff 乘积距离空间等. 这些推广的距离空间在不动点定理等许多领域都有广泛的应用. Riech 距离还成为攻克 Riemann 猜想 (RH) 的重要工具.

在信息论中, 给定一个凸函数 $f : (0, \infty) \to (0, \infty)$, $p = (p_1, \cdots, p_n)$, $q = (q_1, \cdots, q_n) \in \mathbf{R}_+^n$,

$$I_f(p,q) = \sum_{k=1}^{n} q_k f\left(\frac{p_k}{q_k}\right) \tag{1.8}$$

称为概率分布集上的距离函数 (也称为 f 偏差泛函, 或 f 偏差测度). 核函数 f 取不同的值, 可以得到不同的距离, 例如, Kullback–Leibler 距离、Hellinger 距离、α 阶熵、χ^2 距离、变差距离等.

注意: I_f 是 1967 年和 1978 年由 Csiszár 作为信息论中的广义测度引入的.

I_f 有 "距离性质", 但是它不满足三角不等式和对称性. f 称为核函数. (1.8) 可以对非凸函数定义, 但这时连 $I_f(p,q)$ 的正性都不能保证. 对于连续量概率分布也有类似的定义. 以上说明人们对距离概念的探索至今仍未停止 (见作者的 [2] PP. 4, 983–985). 如果只限于距离三公理, 我们就无法解释为什么有这么多距离的新定义. 作者在 "续论" [1] 上册 PP. 39–50 中还指出距离三公理中的三个条件不是相互独立的. 只要利用条件 (1) 中的 $d(x,y)=0 \Leftrightarrow x=y$ 和 (3) (三角不等式) 这两条就可以定义距离, 这是因为条件 (1) 中的非负性 ($d(x,y)\geqslant 0$) 和 (2) (对称性) 可以从这两条推出.

二、由距离导出的拓扑概念

设 $X=(X,d)$ 为距离空间, $x_0\in X$, $r>0$. 则

$$B(x_0,r)=\{x\in X: d(x,x_0)<r\}$$

称为以 x_0 为中心、r 为半径的**开球**, 也称为 x_0 的r **球形邻域**; 而

$$\tilde{B}(x_0,r)=\{x\in X: d(x,x_0)\leqslant r\}$$

称为以 x_0 为中心、r 为半径的**闭球**. (应注意的是这些球的形状与基本集 X 和距离 d 的定义有关, 读者可考虑例 1.1 中当 $p=1,2,\infty$, $r=1$, $n=2$ 时 $B(0,1)$ 的形状.)

$$S(x_0,r)=\{x\in X: d(x,x_0)=r\} \tag{1.9}$$

称为**球面**. 设 A, $B\subset X$, 则 $d(x,B)=\inf\{d(x,y): y\in B\}$ 称为 x 与集 B 之间的**距离**; $d(A,B)=\inf\{d(x,y): x\in A, y\in B\}$ 称为集 A, B 之间的距离.

$\operatorname{diam} A=\sup\{d(x,y): x,y\in A\}$ 称为集 A 的**直径**. 设 $A\subset X$, 若存在球 $B(x_0,r)\supset A$, 则称 A 是 X 中的**有界集**. (它等价于 $\operatorname{diam}A<\infty$.)

定义 1.2 设 x_n, $x_0\in X$, 若

$$\lim_{n\to\infty} d(x_n,x_0)=0,$$

即 $\forall\varepsilon>0$, $\exists N$, 使得 $\forall n\geqslant N$, 有 $d(x_n,x_0)<\varepsilon$, 则称点列 $\{x_n\}$ 收敛于 x_0, 记为 $\lim\limits_{n\to\infty} x_n=x_0$ 或 $x_n\to x_0 (n\to\infty)$.

注 1.1 记号 $\lim\limits_{n\to\infty} x_n=x_0$ 和 $x_n\to x_0$ $(n\to\infty)$ 在形式上与微积分中数列的极限相同, 却有实质的差别. 首先, 在距离空间中并没有定义线性运算 (即加法和数乘运算), 即使定义了线性运算, 从 $x_n\to a$, $y_n\to b$ 也不一定能推出 $x_n+y_n\to a+b$; 有界点列 $\{x_n\}$ 也不一定有收敛的子点列; Cauchy 点列 $\{x_n\}$ 也不一定收敛, 等等, 我们将在第七章 §1 详细讨论这些问题.

定义 1.3 设 (X,d) 为距离空间, 对于给定的集 $E\subset X, E\neq\varnothing$ 和 $x_0\in X$, 在考虑 x_0 与 E 的关系时, 有两种分类法. 第一分类法:

(1) 若 $\exists\delta>0$, 使得 $B(x_0,\delta)\subset E$, 则称 x_0 为 E 的**内点**;

(2) 若 $\exists\delta>0$, 使得 $B(x_0,\delta)\subset E^c$, 即 $B(x_0,\delta)\cap E=\varnothing$, 则称 x_0 为 E 的**外点**;

(3) 若对 $\forall\delta>0$, 有 $B(x_0,\delta)\cap E\neq\varnothing$, 且 $B(x_0,\delta)\cap E^c\neq\varnothing$, 则称 x_0 为 E 的**界点**. 注意 $x_0\in E$ 不一定成立.

但在研究点集间的逼近性质时, 内点与界点可能有相同的性质. 例如 E 中点列 $\{x_n\}$ 的极限点 x_0 可能是内点, 也可能是界点, 所以, 我们还需要下述第二分类法:

(1) 若对 $\forall\delta>0$, 有 $B(x_0,\delta)\cap(E-\{x_0\})\neq\varnothing$, 则称 x_0 是 E 的**极限点**(或**聚点**). 注意 $x_0\in E$ 不一定成立.

(2) 若 $\exists\delta>0$, 使得 $B(x_0,\delta)\cap(E-\{x_0\})=\varnothing$ 且 $x_0\in E$, 即 $B(x_0,\delta)\cap E=\{x_0\}$, 则称 x_0 是 E 的**孤立点**.

(3) 若 $\exists\delta>0$, 使得 $B(x_0,\delta)\cap E=\varnothing$, 则称 x_0 是 E 的**外点**.

注 1.2 在两种分类法中, 外点的定义是相同的, 它的反面, 即若对 $\forall\delta>0$, 有 $B(x_0,\delta)\cap E\neq\varnothing$, 则称 x_0 是 E 的**接触点**或**附着点**. 于是, x_0 为 E 的接触点 $\Leftrightarrow d(x_0,E)=0$. 所以, 接触点包括极限点和孤立点, 极限点和界点都不一定属于 E.

注意: 在距离空间中, 极限点与聚点的概念是一致的, 在一般的拓扑空间中, 它们却是两个不同的概念, 对此, 作者在 "续论" [1] 上册作了详细的分析. 但也有著作在距离空间中区别 $E=\{x_n\}$ 的极限点与聚点. x_0 是 E 的聚点的充要条件是在 E 中存在点列 $\{x_n\}$, $x_n\neq x_0$, 使得 $x_n\to x_0$ (其中 $x_n\to x_0$ 的定义是: $\forall\varepsilon>0$, $\exists n_0$, $\forall n\geqslant n_0$, $d(x_n,x_0)<\varepsilon$). x_0 是 $\{x_n\}$ 的聚点的定义是: $\forall\varepsilon>0$, $\forall n_0$, $\exists n\geqslant n_0$, $d(x_n,x_0)<\varepsilon$.

例 1.3 设 $E_1=\left\{1,\dfrac{1}{2},\cdots,\dfrac{1}{n},\cdots\right\},\quad E_2=\left\{0,1,\dfrac{1}{2},\cdots,\dfrac{1}{n},\cdots\right\},$

$$E_3=\left\{0,1,\frac{1}{2},\cdots,\frac{1}{n}\right\},$$

则 $\forall x_k=\dfrac{1}{k}$ 都是 E_1, E_2, E_3 的孤立点和界点, 而 $x_0=0$ 是 E_1, E_2 的极限点, 又是它们的界点, 但仍是 E_3 的孤立点. E_2 中的数都是 E_1, E_2 的接触点.

我们感兴趣的是 E 的内点或极限点所构成的集合具有什么性质, 于是我们先定义:

定义 1.4 设 E 为距离空间 (X,d) 的子集.

1. E 的内点全体称为 E 的**开核**, 记为 $\mathring{E}$.

注意 $\mathring{E}\subset E$. 特别地, 若 $\mathring{E}=E$, 即 E 中所有的点均为内点, 则称 E 为**开**

集. 所以, $\mathring{E}$ 实际上是含于 E 中的最大开集.

2. E 的极限点全体称为 E 的**导集**, 记为 E'.

3. 因为 E 的极限点不一定属于 E, 所以还要讨论 E' 与 E 的关系, 以下三种可能性都存在, 所以每种可能性都有相应的名称:

(1) 若 $E' \subset E$, 则称 E 是**闭集**, 它表明闭集是对极限运算封闭的;

(2) 若 $E \subset E'$, 则称 E 为**自密集**, 它表明 E 中所有的点都是极限点, 即 E 中不含孤立点;

(3) 若 $E' = E$, 则称 E 为**完备集**, 它表明 E 是不含孤立点的闭集.

4. $\overline{E} = E \cup E'$ 称为 E 的**闭包**, 闭包 $\overline{E}$ 实际上是包含 E 的最小闭集, 也是 E 的接触点全体.

5. E 的界点全体称为 E 的**边界**, 记为 ∂E. 注意 $\partial E = \overline{E} - \mathring{E}$, 而 $\mathring{E} = E - \partial E$. $\overline{E} = E \cup E' = E \cup (\partial E) = \mathring{E} \cup (\partial E)$. 因为界点本身不一定在 E 中, 所以不能写成 $\partial E = E - \mathring{E}$.

注 1.3 定义 1.3 和 1.4 中的拓扑概念与特定的基本空间 X 有关, 例如, 开区间 (a,b) 在 $\mathbf{R}^1$ 中所有的点都是内点, 因而是开集, 但 (a,b) 看成 $\mathbf{R}^2$ 的子集时, 就成了边界. 又如, 取 $X = [0,1)$, $0 < a < 1$, 按欧氏距离 d 形成距离空间 (X,d), 这时 $[0,a)$ 为 X 中开集, 而 $[a,1)$ 为 X 中闭集, 它们在 $\mathbf{R}^1$ 中都是非开非闭的.

例 1.4 在例 1.3 中的三个集 E_1, E_2, E_3, 因为 $\mathring{E}_1 = \varnothing$, 所以 E_1 非开; 又 $E_1' = \{0\}$, 不满足 $E_1' \subset E_1$, 所以 E_1 非闭. 同时它也不满足 $E_1 \subset E_1'$, 所以 E_1 也是非自密集. 但因 $E_2' = \{0\} \subset E_2$, 所以 E_2 为闭集 (仍为非开、非自密集). $E_3' = \varnothing$, 所以 $E_3' \subset E_3$, 因此, E_3 是闭集.

例 1.5 有理数集 $\mathbf{Q}$ 看成 $\mathbf{R}^1$ 的子集时, 由于 $\mathring{\mathbf{Q}} = \varnothing$, $Q' = \mathbf{R}^1$, 而 $\mathbf{Q} \subset \mathbf{R}^1 = \mathbf{Q}'$, 所以, $\mathbf{Q}$ 是非开非闭的自密集.

注 1.4 从以上几例可以看出, 要判断一个集 E 是开或闭, 关键是先求 $\mathring{E}$, E', 再看是否满足 $E \subset \mathring{E}$, $E' \subset E$. 而判断 x_0 是否为 E 的极限点时, 常利用定义 1.3 中的等价形式, 即在 E 中是否存在点列 $\{x_n\}$, 使得 $x_n \neq x_0$ 而且 $x_n \to x_0$. 若 $A \neq \varnothing$, 则 $x \notin \overline{A} \Leftrightarrow d(x,A) > 0$. 这是因为, 若 $d(x,A) = 0$, 则存在 $y_n \in A$, 使得 $y_n \to x$, 这表明 $x \in A' \subset \overline{A}$, 但这与假设 $x \notin \overline{A}$ 相矛盾. 若 $x \notin A$, 则 $d(x,A) > 0 \Leftrightarrow A$ 为闭集.

三、稠密性与可分性

我们将有理数集 $\mathbf{Q}$ 在实数集 $\mathbf{R}^1$ (或无理数集) 中稠密的概念推广到距离空间:

定义 1.5 设 (X,d) 为距离空间, A, $E \subset X$, 若 $E \subset \overline{A}$, 即 $\forall x \in E$, 存在 $\{x_n\} \subset A$, 使得 $x_n \to x\ (n \to \infty)$, 则称 A 在 E 中**稠密**. 它表明 E 中的所有元

素都可用 A 中的元素来逼近. 若 $(\overline{E})^\circ=\varnothing$, 即 E 的闭包 $\overline{E}$ 无内点, 则称 E 是 X 中的**疏集 (疏朗集)** 或**无处稠密集**. 若 (X,d) 中存在一个可数的稠密子集, 则称 (X,d) 是**可分的距离空间**.

评注: 设 $A,\ E\subset(X,d)$, 要注意 A 在 E 中稠密的等价条件:

(1) $E\subset\overline{A}$ (定义);

(2) 所有开集 $G\subset E, G\neq\varnothing\Rightarrow G\cap A\neq\varnothing$;

(3) $\forall\delta>0,\ \bigcup\limits_{y\in A}B(y,\delta)\supset E$, 即 $\forall\delta>0,\ \forall x\in E,\ \exists y\in A$, 使得 $y\in B(x,\delta)$.

例 1.6 n 维欧氏空间 $\mathbf{R}^n$ 中坐标为有理点的集 A 是 $\mathbf{R}^n$ 中可数的稠密子集, 所以, $\mathbf{R}^n$ 是可分的距离空间.

例 1.7 $C[a,b]$ 表示 $[a,b]$ 上连续函数全体, 对于 $\forall x,\ y\in C[a,b]$, 定义距离

$$d(x,y)=\max_{a\leqslant t\leqslant b}|x(t)-y(t)|, \tag{1.10}$$

则 $C[a,b]$ 按上述 d 成为距离空间, 下面证明这个空间也是可分的. 事实上, 由微积分中著名的 Weierstrass 逼近定理, 对于 $\forall f\in C[a,b],\ \forall\varepsilon>0$, 存在代数多项式 $P_n(x)$, 使得

$$d(f,P_n)=\max_{a\leqslant x\leqslant b}|f(x)-P_n(x)|<\varepsilon.$$

这表明代数多项式集 $P=\{P_n(x)\}$ 在 $C[a,b]$ 中是稠密的, 但它不是可数集. 我们利用有理数集 $\mathbf{Q}$ 在实数集 $\mathbf{R}^1$ 中的稠密性, 对于每个实系数代数多项式 $P_n(x)=\sum\limits_{k=0}^{n}a_kx^k$, 可用有理系数多项式 $Q_n(x)=\sum\limits_{k=0}^{n}r_kx^k$ 一致逼近. 即对 $\forall a_k\in\mathbf{R}^1,\ \exists r_k\in\mathbf{Q}$, 使得

$$|a_k-r_k|<\frac{\varepsilon}{M+1},$$

式中

$$M=\sum_{k=0}^{n}M_k,\ M_k=\max\{|a|^k,|b|^k\}.$$

从而

$$|P_n(x)-Q_n(x)|=\left|\sum_{k=0}^{n}(a_k-r_k)x^k\right|\leqslant\sum_{k=0}^{n}|a_k-r_k|M_k<\frac{\varepsilon}{M+1}M<\varepsilon,$$

从而 $d(P_n,Q_n)=\max\limits_{a\leqslant x\leqslant b}|P_n(x)-Q_n(x)|<\varepsilon$, 于是

$$d(f,Q_n)\leqslant d(f,P_n)+d(P_n,Q_n)<2\varepsilon,$$

这表明 $\{Q_n(x)\}$ 在 $C[a,b]$ 中也是稠密的, 但 $\{Q_n(x)\}$ 是可数集, 所以 $C[a,b]$ 是可分的距离空间.

我们在第七章将会看到更多的可分与不可分距离空间的例子.

四、开核 $\mathring{E}$, 导集 E', 闭包 $\overline{E}$ 的性质

定理 1.1 $x_0 \in E' \Leftrightarrow$ 在 E 中存在互异的点列 $x_k \to x_0\ (k \to \infty)$.

定理 1.2 设 $A \subset B$, 则 $A' \subset B'$, $\mathring{A} \subset \mathring{B}$, $\overline{A} \subset \overline{B}$.

定理 1.3 $(A \cup B)' = A' \cup B'$; $\overline{A \cup B} = \overline{A} \cup \overline{B}$.

由此推出对于有限并的情形也成立, 但对于无限并运算, 只能成立以下包含关系:

$$\bigcup_{\alpha\in I} E'_\alpha \subset \left(\bigcup_{\alpha\in I} E_\alpha\right)', \quad \bigcup_{\alpha\in I} \overline{E}_\alpha \subset \overline{\left(\bigcup_{\alpha\in I} E_\alpha\right)},$$

式中指标集为无限集. 而对于开核的并运算, 不论是否为有限并, 均只成立包含关系:

$$\mathring{A} \cup \mathring{B} \subset (A \cup B)^\circ, \quad \bigcup_{\alpha\in I} \mathring{E}_\alpha \subset \left(\bigcup_{\alpha\in I} E_\alpha\right)^\circ.$$

定理 1.4 $(A \cap B)' \subset A' \cap B'$; $\overline{A \cap B} \subset \overline{A} \cap \overline{B}$;

$$\mathring{A} \cap \mathring{B} = (A \cap B)^\circ \quad (\text{可推广到有限交});$$

但是, $\left(\bigcap\limits_{k=1}^{\infty} A_k\right)^\circ \subset \bigcap\limits_{k=1}^{\infty} \mathring{A}_k$.

定理 1.5 $\overline{E} = E \cup \partial E = \mathring{E} \cup \partial E$; $\partial E = \partial(E^c)$; $\partial E = \overline{E} \cap \overline{E^c}$.

定理 1.1 至 1.5 的证明留给读者, 也可见 "续论" [1] 上册.

定理 1.6 (闭包与开核的对偶性)

$$(\mathring{E})^c = \overline{E^c}; \quad (\overline{E})^c = (E^c)^\circ, \tag{1.11}$$

由此推出 $\overline{E} = ((E^c)^\circ)^c$.

证 利用定理 1.5 和第一章并交对偶公式 (1.6) 和 (1.7), 有

$$(\mathring{E})^c = (E - \partial E)^c = (E \cap (\partial E)^c)^c = E^c \cup \partial E = E^c \cup \partial(E^c) = \overline{E^c};$$

$$(\overline{E})^c = (\mathring{E} \cup \partial E)^c = (\mathring{E})^c \cap (\partial E)^c = \overline{E^c} - \partial E = \overline{E^c} - \partial(E^c) = (E^c)^\circ.$$

证毕.

五、开集与闭集的性质

定理 1.7 (开集与闭集的对偶性) E 为闭集 $\Leftrightarrow E^c$ 为开集.

证 设 E 为闭集, 即 $\overline{E}=E$, 于是由定理 1.6, $(E^c)^\circ=(\overline{E})^c=E^c$, 这表明 E^c 是开集. 反之, 设 E^c 为开集, 即 $(E^c)^\circ=E^c$, 则由定理 1.6, $\overline{E}=((E^c)^\circ)^c=(E^c)^c=E$, 即 E 为闭集. 证毕.

注 1.5 空集 $\varnothing$ 和全空间 X 既是开集又是闭集, 在 $\mathbf{R}^n$ 中既开且闭的集只有 $\varnothing$ 及 $\mathbf{R}^n$ 本身, 但在一般距离空间 (X,d) 中, 有可能 X 的任一子集都是既开又闭的. 例如, 例 1.2 中的离散距离空间就具有这种性质.

定理 1.8 设 $G_\alpha(\forall\alpha\in I)$ 为开集, 则 G_α 的任意并 $\bigcup\limits_{\alpha\in I}G_\alpha$ 和有限交 $\bigcap\limits_{k=1}^{n}G_k$ 为开集.

证 1) 令 $G=\bigcup\limits_{\alpha\in I}G_\alpha$, 为证 G 是开集, 只要证明 $\mathring{G}\supset G$. 由定理 1.3 和 G_α 为开集, 有

$$\mathring{G}=\left(\bigcup_{\alpha\in I}G_\alpha\right)^\circ\supset\left(\bigcup_{\alpha\in I}\mathring{G}_\alpha\right)=\bigcup_{\alpha\in I}G_\alpha=G.$$

2) 令 $G=\bigcap\limits_{k=1}^{n}G_k$, 由定理 1.4, 有

$$\mathring{G}=\left(\bigcap_{k=1}^{n}G_k\right)^\circ=\bigcap_{k=1}^{n}\mathring{G}_k=\bigcap_{k=1}^{n}G_k=G.$$

证毕.

从定理 1.7 和 1.8 立即推出:

推论 1.9 设 $F_\alpha\ (\forall\alpha\in I)$ 为闭集, 则 F_α 的有限并 $\bigcup\limits_{k=1}^{n}F_k$ 和任意交 $\bigcap\limits_{\alpha\in I}F_\alpha$ 均为闭集.

注 1.6 当 $\forall G_k$ 为开集时, $\bigcap\limits_{k=1}^{\infty}G_k$ 不一定仍为开集, 我们称之为 G_δ **型集** (**或内限点集**); 而当 $\forall F_k$ 为闭集时, $\bigcup\limits_{k=1}^{\infty}F_k$ 也不一定仍为闭集, 我们称之为 F_σ **型集** (**或外限点集**). 例如, $G_n=\left(0,1+\dfrac{1}{n}\right)$ 为开集, $\bigcap\limits_{n=1}^{\infty}G_n=(0,1]$ 就不是开集; 而 $F_n=\left[0,1-\dfrac{1}{n}\right]$ 为闭集, $\bigcup\limits_{n=2}^{\infty}F_n=[0,1)$ 也不是闭集. 因为 δ 表示交, σ 表示并, 所以, 今后为简便计, 我们就用 F_σ, G_δ 分别表示 F_σ 型集和 G_δ 型集, 它们仍有对偶性:

$$E\text{ 为 }G_\delta\text{ 型集}\Leftrightarrow E^c\text{ 为 }F_\sigma\text{ 型集}.$$

我们还可以继续定义 $G_{\delta\sigma}=\bigcup\limits_{k=1}^{\infty}G_{\delta,k}$, $F_{\sigma\delta}=\bigcap\limits_{k=1}^{\infty}F_{\sigma,k}$, 等等.

定理 1.10 闭集 F 可表示为 G_δ 型集, 即存在开集列 $\{G_k\}$, 使得 $F=\bigcap\limits_{k=1}^{\infty}G_k$; 开集 G 可表示为 F_σ 型集, 即存在闭集列 $\{F_k\}$, 使得 $G=\bigcup\limits_{k=1}^{\infty}F_k$.

证 我们根据给定的闭集 F 构造 G_k 为

$$G_k=\left\{x\in X:d(x,F)<\frac{1}{k}\right\}.$$

它可分解为开球 $B\left(y,\dfrac{1}{k}\right)(y\in F)$ 的并集:

$$G_k=\bigcup_{y\in F}B\left(y,\frac{1}{k}\right),\tag{1.12}$$

于是 G_k 是开集. 而且 $F\subset G_k(\forall k)$, 从而, $F\subset\bigcap\limits_{k=1}^{\infty}G_k$.

下面证反向的包含关系: $\bigcap\limits_{k=1}^{\infty}G_k\subset F$.

对 $\forall x\in\bigcap\limits_{k=1}^{\infty}G_k\Rightarrow x\in G_k(\forall k)$, 由 (1.12), 存在 $y_k\in F$, 使得 $x\in B\left(y_k,\dfrac{1}{k}\right)$, $\forall k$, 从而, $y_k\to x\ (k\to\infty)$, 于是 $x\in F'$, 又 F 为闭集, 即 $F'\subset F$, 所以 $x\in F$, 即 $\bigcap\limits_{k=1}^{\infty}G_k\subset F$, 从而 $F=\bigcap\limits_{k=1}^{\infty}G_k$. 再由定理 1.7 又得出 $G=\bigcup\limits_{k=1}^{\infty}F_k$. 证毕.

注 1.7 定理 1.10 表明, 开集与闭集都既是 F_σ 型集又是 G_δ 型集. 但注 1.6 中的两个例子表明, 定理 1.10 的逆命题不成立.

定理 1.11 (闭集套定理) 设 $\{F_k\}$ 是 $\mathbf{R}^n$ 中非空递减闭集列: $F_{k+1}\subset F_k$, $k=1,2,\cdots$, 若某个 F_{k_0} 有界, 则 $\bigcap\limits_{k=1}^{\infty}F_k\neq\varnothing$; 若再加上条件: $d_k=\operatorname{diam}F_k\to 0\ (k\to\infty)$, 则存在唯一的 x_0, 使得 $\bigcap\limits_{k=1}^{\infty}F_k=\{x_0\}$.

定理 1.11 对完备距离空间也成立. 因此, 它的证明放到第七章 §1 定理 1.3.

例 1.8 用定理 1.11 证明 $\triangle ABC$ 的三条中线必交于一点.

证 令 $F_0=\triangle ABC$, 设 A_1, B_1, C_1 是 $\triangle ABC$ 各边的中点, 一般地, A_{k+1}, B_{k+1}, C_{k+1} 是 $\triangle A_kB_kC_k$ 各边的中点, 记 $F_k=\triangle A_kB_kC_k$, 它也表示三角形 $A_kB_kC_k$ 所围区域的闭集. 因为这些三角形相似, 所以, F_0 的中线也是 F_k 的中线, 且 $d_k=\dfrac{1}{2^k}d_0\to 0\ (k\to\infty)$, 其中 $d_k=\operatorname{diam}F_k$, $k=0,1,2,\cdots$. 于是 $\{F_k\}$ 满足定理 1.11 的条件, 从而存在唯一的 x_0, 使得 $\bigcap\limits_{k=1}^{\infty}F_k=\{x_0\}$. 证毕.

习题 2.1

1.1 设 F 为闭集, G 为开集, 求证:

(1) $\mathring{F} \subset F$; $G \subset (\overline{G})^\circ$;

(2) $G - F$ 为开集, $F - G$ 为闭集.

1.2 证明有理数集 $\mathbf{Q}$ 是 F_σ 型集, 而无理数集 $\mathbf{B}$ 是 G_δ 型集, 它们均非开非闭. (以后若无特别声明, $\mathbf{Q}$, $\mathbf{B}$ 均指 $\mathbf{R}^1$ 的子集.)

1.3 设 E_1, E_2 是 $\mathbf{R}^n$ 中两个非空闭集且其中一个有界, 求证存在 $x_0 \in E_1$, $y_0 \in E_2$, 使得

$$d(x_0, y_0) = d(E_1, E_2).$$

1.4 设 E_1, E_2 是 $\mathbf{R}^n$ 中两个非空闭集且其中一个有界, 求证

$$E_1 \cap E_2 = \varnothing \Leftrightarrow d(E_1, E_2) > 0.$$

1.5 设 $d(A, B) > 0$, 证明存在开集 G, 使得 $A \subset G$, $B \subset G^c$.

1.6 A 在 E 中稠密 $\Leftrightarrow \forall$ 开集 $G \subset E$, $G \neq \varnothing$, 成立 $G \cap A \neq \varnothing$.

§2 连续性, 半连续性, 拓扑空间

一、连续性的概念

在微积分中, 我们已熟悉了连续函数的概念. f 在 x_0 连续, 是指对 $\forall \varepsilon > 0$, $\exists \delta = \delta(x_0, \varepsilon) > 0$, 使得 $\forall x : |x - x_0| < \delta$, 有 $|f(x) - f(x_0)| < \varepsilon$. 将欧氏距离换成距离空间中的距离, 就得到距离空间中连续性的概念, 即

定义 2.1 设 (X, d) 为距离空间, $E \subset X, x_0 \in E$, $f : E \to \mathbf{R}^1$. 若对 $\forall \varepsilon > 0$, $\exists \delta = \delta(x_0, \varepsilon) > 0$, 使得 $\forall x \in E : d(x, x_0) < \delta$, 有 $|f(x) - f(x_0)| < \varepsilon$, 则称 f 在点 x_0 (关于 E) **连续**, 记为 $\lim\limits_{x \to x_0} f(x) = f(x_0)$. 若 f 在 E 中每点都连续, 则称 f 在 E 上连续, 记为 $f \in C(E)$. 若对 $\forall \varepsilon > 0$, $\exists \delta = \delta(\varepsilon) > 0$, 使得 $\forall x_1, x_2 \in E$, 只要 $d(x_1, x_2) < \delta$, 就有 $|f(x_1) - f(x_2)| < \varepsilon$, 则称 f 在 E 上**一致连续**.

注 2.1 (1) 应注意定义 2.1 与微积分中的连续性概念有所区别. 例如, 我们说 Dirichlet 函数

$$f(x) = \begin{cases} 1, & x \in \mathbf{Q} \text{ (有理数集)}; \\ 0, & x \in \mathbf{Q}^c \text{ (无理数集)} \end{cases}$$

处处不连续, 是相对于 $\mathbf{R}^1$ 来说的, 但按定义 2.1, f 在任一有理点 r_0 关于有理数集 $\mathbf{Q}$ 都是连续的. 而 f 在任一无理点 α_0 关于无理数集 $\mathbf{Q}^c$ 也是连续的. 不

过为了简便起见, 以后谈到函数 f 的连续性时, 若没有特别指明是关于某集 E 时, 都应理解为关于其定义域的连续性, 并设 f 在其定义域上取有限值.

(2) $C^m(E)$ 表示定义在 E 上具有 m 阶连续导数的函数全体. $\forall f,g\in C^m(E)$, 定义距离

$$d(f,g)=\max_{0\leqslant k\leqslant m}\max_{x\in E}\left|f^{(k)}(x)-g^{(k)}(x)\right|,$$

则 $C^m(E)$ 按以上定义的距离成为距离空间. $C^0(E)$ 表示 $C(E)$.

定义 2.1 还可推广到距离空间之间的映射上去. 即

定义 2.2 设 $X=(X,d_1)$, $Y=(Y,d_2)$ 为距离空间, $E\subset X$, $x_0\in E$, $f:E\to Y$, 若对 $\forall\varepsilon>0$, $\exists\delta>0$, 使得 $\forall x\in E: d_1(x,x_0)<\delta$, 有 $d_2(f(x), f(x_0))<\varepsilon$, 则称 f 在点 x_0 连续, 仍记为 $\lim\limits_{x\to x_0}f(x)=f(x_0)$.

若 f 在 X 的每一点都连续, 则称 $f:X\to Y$ 为**连续映射**.

定义 2.1 和 2.2 中的 δ 一般与 x_0, ε 有关. 特别地, 若 δ 与 x_0 无关, 则称 f 在 E 上一致连续.

定义 2.1 和 2.2 可统一写成以下形式:

对 $\forall\varepsilon>0$, $\exists\delta=\delta(x_0,\varepsilon)>0$, 使得 $\forall x\in B(x_0,\delta)\cap E$, 有 $f(x)\in B(f(x_0),\varepsilon)$, 即

$$f(B(x_0,\delta)\cap E)\subset B(f(x_0),\varepsilon), \tag{2.1}$$

式中 $B(x_0,\delta)$ 仍表示以 x_0 为中心、δ 为半径的开球. 它又等价于:

对 $\forall x_k\in E$, $x_k\to x_0$ (即 $d_1(x_k,x_0)\to 0$), 有 $f(x_k)\to f(x_0)$ (即 $d_2(f(x_k), f(x_0))\to 0$, $k\to\infty$). 这种等价性就是 Heine 定理, 其证明留给读者.

二、用开、闭集刻画函数的连续性

形如 $\{x\in E: f(x)>\alpha\}$ 的集称为 f 的**水平集**. 在不致引起混淆时, 简记为 $\{f>\alpha\}$. 类似地, 用 $\{f\geqslant\alpha\}$ 表示 $\{x\in E: f(x)\geqslant\alpha\}$, 等等, 其中 E 均表示距离空间 (X,d) 的子集.

定理 2.1 f 在 E 上连续的充要条件是对 $\forall\alpha\in\mathbf{R}^1$, f 的水平集 $\{f\geqslant\alpha\}$ 和 $\{f\leqslant\alpha\}$ 均为 E 中闭集, 或等价地 $\{f>\alpha\}$ 和 $\{f<\alpha\}$ 为 E 中开集.

证 必要性: 设 $f\in C(E)$, 要证 $F=\{f\geqslant\alpha\}$ 为 E 中闭集. 若 $F'=\varnothing$, 则 $F'\subset F$, 即 F 为闭集; 若 $F'\neq\varnothing$, 则对 $\forall x_0\in F'$, $\exists x_n\in F$, 使得 $x_n\to x_0(n\to\infty)$. 又从 $x_n\in F$ 知 $f(x_n)\geqslant\alpha$. 由 f 在 x_0 的连续性, 有 $f(x_0)=\lim\limits_{n\to\infty}f(x_n)\geqslant\alpha$, 即 $x_0\in F$. 所以, $F'\subset F$, 即 F 为闭集, 从而 $F^c=\{f<\alpha\}$ 为开集. 同理可证 $\{f\leqslant\alpha\}$ 为 E 中闭集, 从而 $\{f>\alpha\}$ 为 E 中开集.

充分性: 设对 $\forall\alpha_1$, $\alpha_2\in\mathbf{R}^1$, $G_1=\{f<\alpha_1\}$ 与 $G_2=\{f>\alpha_2\}$ 为 E 中

开集. 特别地, 对 $\forall x_0 \in E$, $\forall \varepsilon > 0$, 取 $\alpha_1 = f(x_0) + \varepsilon$, $\alpha_2 = f(x_0) - \varepsilon$, 则 $x_0 \in G_1 \cap G_2$. 由 $G_1 \cap G_2$ 为开集, $\exists \delta > 0$, 使得 $B(x_0, \delta) \subset G_1 \cap G_2$, 则对 $\forall x \in B(x_0, \delta)$, 成立 $x \in G_1 \cap G_2$, 即 $f(x_0) - \varepsilon < f(x) < f(x_0) + \varepsilon$. 这表明 f 在点 x_0 连续. 由 x_0 的任意性, $f \in C(E)$. 证毕.

定理 2.2 设 $X = (X, d_1)$, $Y = (Y, d_2)$ 为距离空间, $f : X \to Y$, 则以下命题等价:

(1) f 为连续映射;

(2) Y 中任一开集 G 的原像集 $f^{-1}(G)$ 是 X 中的开集 (反射开集);

(3) Y 中任一闭集 F 的原像集 $f^{-1}(F)$ 是 X 中的闭集 (反射闭集);

(4) 对于 X 中任一集 A, $f(\overline{A}) \subset \overline{f(A)}$;

(5) 对于 Y 中任一集 B, $\overline{f^{-1}(B)} \subset f^{-1}(\overline{B})$. 注意: $f^{-1}(B^0) \subset (f^{-1}(B))^0$.

证 (1) $\Rightarrow$ (2): 设 G 为 Y 中任一开集, 若 $f^{-1}(G) = \varnothing$, 则结论成立. 若 $f^{-1}(G) \neq \varnothing$, 则对 $\forall x_0 \in f^{-1}(G)$, 即 $x_0 \in X$, $f(x_0) \in G$, 又 G 为开集, 所以 $\exists \varepsilon > 0$, 使得 $B(f(x_0), \varepsilon) \subset G$, 又 f 在 x_0 连续, 对上述 $\varepsilon > 0$, $\exists \delta > 0$, 使得 $f(B(x_0, \delta)) \subset B(f(x_0), \varepsilon)$. 从而 $f(B(x_0, \delta)) \subset G$, 即 $B(x_0, \delta) \subset f^{-1}(G)$. 这表明, $f^{-1}(G)$ 是开集.

(2) $\Rightarrow$ (3): 设 F 为 Y 中任一闭集, 则 $G = F^c$ 为开集, 由 (2), $f^{-1}(G) = f^{-1}(F^c)$ 为开集. 但是由第一章的 (2.3) 式, $f^{-1}(F^c) = (f^{-1}(F))^c$, 即 $(f^{-1}(F))^c$ 是开集, 于是 $f^{-1}(F)$ 为闭集.

(3) $\Rightarrow$ (4): 因为 $f(A) \subset \overline{f(A)}$, 所以 $A \subset f^{-1}(\overline{f(A)})$. 又 $\overline{f(A)}$ 是闭集, 由 (3), $f^{-1}(\overline{f(A)})$ 是闭集. 于是 $\overline{A} \subset \overline{f^{-1}(\overline{f(A)})} = f^{-1}(\overline{f(A)})$, 从而 $f(\overline{A}) \subset \overline{f(A)}$.

(4) $\Rightarrow$ (5): 对于 Y 中任一集 B, 由 (4), 有 $f(\overline{f^{-1}(B)}) \subset \overline{f(f^{-1}(B))} \subset \overline{B}$. 于是, $\overline{f^{-1}(B)} \subset f^{-1}(\overline{B})$.

(5) $\Rightarrow$ (1): 用反证法, 设 (1) 不成立, 即 $\exists x_0 \in X$, $\exists \varepsilon > 0$, 对 $\forall \delta > 0$, $\exists x_1 \in B(x_0, \delta) - \{x_0\}$, 使得

$$f(x_1) \notin B(f(x_0), \varepsilon).$$

记 $G = B(f(x_0), \varepsilon)$, 并令 $A = f^{-1}(G^c)$, 则 $f(x_1) \in G^c$, 即 $x_1 \in f^{-1}(G^c) = A$. 于是 $x_0 \in A' \subset \overline{A}$, 从而 $f(x_0) \in f(\overline{A})$. 由条件 (5), $\overline{f^{-1}(G^c)} \subset f^{-1}(\overline{G^c})$,

$$f(\overline{A}) = f(\overline{f^{-1}(G^c)}) \subset \overline{G^c} = G^c,$$

所以, $f(x_0) \in G^c$, 但这与 $f(x_0) \in G$ 相矛盾. 证毕.

例 2.1 设 G 为距离空间 (X, d) 中的开集, $f : G \to \mathbf{R}^1$, 则 f 的连续点集 A 为 G_δ 型集, 从而 f 的间断点集 A^c 为 F_σ 型集.

证 定义 f 在集 B 上的振幅为

$$\omega(f,B)=\sup_{x\in B}f(x)-\inf_{x\in B}f(x), \tag{2.2}$$

f 在点 x_0 的振幅为

$$\omega(f,x_0)=\inf\{\omega(f,B):x_0\in B\}. \tag{2.3}$$

利用下确界的性质, $-\inf\limits_{x\in B}f(x)=\sup\limits_{x\in B}(-f(x))$, (2.2) 等价于

$$\omega(f,B)=\sup\{|f(x_1)-f(x_2)|:x_1,x_2\in B\}, \tag{2.4}$$

于是 f 在点 x_0 连续 $\Leftrightarrow \omega(f,x_0)=0$. 由第一章习题 2.2, A 可分解为

$$\begin{aligned}A&=\{x\in G:f \text{ 在 } x \text{ 连续}\}=\{x\in G:\omega(f,x)=0\}\\&=\bigcap_{k=1}^{\infty}\left\{x\in G:\omega(f,x)<\frac{1}{k}\right\}.\end{aligned} \tag{2.5}$$

而 $G_k=\left\{x\in G:\omega(f,x)<\dfrac{1}{k}\right\}$ 为开集, 所以 A 为 G_δ 型集. 证毕. (请读者补充某些证明的细节.)

我们在微积分中已知下述 Riemann 函数 f 在有理点集 $\mathbf{Q}$ 上间断而在无理点集 $\mathbf{Q}^c$ 上连续:

$$f(x)=\begin{cases}\dfrac{1}{q}, & x=\dfrac{p}{q},\ q>0,\ p,\ q \text{ 为互质的整数};\\ 0, & x \text{ 为无理数}.\end{cases} \tag{2.6}$$

我们自然会问: 是否存在这样的函数 f, 在有理点集 $\mathbf{Q}$ 上连续而在无理点集 $\mathbf{Q}^c$ 上间断?

三、连续函数 (映射) 的性质

我们从微积分中知道, 连续函数的性质与它的定义域的性质有密切联系, 所以定义在距离空间 (X,d) 中的子集 E 上的连续函数, 也与 E 的性质有关.

1. 若 E 为闭集, 则闭集 E 上的连续函数的重要性质就是可以作延拓, 即下述

定理 2.3 (Tietze–Urysohn 定理, 即闭集上连续函数的延拓定理)　设 E 是距离空间 (X,d) 的闭子集, f 在 E 上连续, 则存在整个空间 X 上的连续函数 g, 使得

(1) 对 $\forall x\in E$, $g(x)=f(x)$ (延拓条件);

(2) $\sup\{g(x):x\in X\}=\sup\{f(x):x\in E\}$,
$\inf\{g(x):x\in X\}=\inf\{f(x):x\in E\}$.

证 ① 先设 f 在 E 上有界, 不妨设

$$\sup\{f(x) : x \in E\} = M > 0;$$
$$\inf\{f(x) : x \in E\} = -M.$$

对 E 作分解: $E = A_1 \cup A_2 \cup A_3$, 式中

$$A_1 = \{x \in E : -M \leqslant f(x) \leqslant -M/3\};$$
$$A_2 = \{x \in E : M/3 \leqslant f(x) \leqslant M\};$$
$$A_3 = \{x \in E : -M/3 < f(x) < M/3\}.$$

由 f 连续知, A_1, A_2 是 E 中互不相交的闭集. 又 E 是 X 中的闭集, 所以, A_1, A_2 也是 X 中的闭集.

记 $d_k = d(x, A_k)$, $k = 1, 2, 3$. 在 X 中定义

$$g_0(x) = \frac{M}{3}\left(\frac{d_1 - d_2}{d_1 + d_2}\right), \tag{2.7}$$

则 $g_0 \in C(X)$, 且 $|g_0(x)| \leqslant M/3$ $(\forall x \in X)$, 而当 $x \in X - E$ 时, $|g_0(x)| < M/3$. 若 $x \in A_1 \cup A_2$, 则

$$|f(x) - g_0(x)| \leqslant \frac{2}{3}M.$$

若 $x \in A_3$, 则

$$|f(x) - g_0(x)| \leqslant |f(x)| + |g_0(x)| < \frac{2}{3}M.$$

令 $f_1(x) = f(x) - g_0(x)$, $x \in E$. 重复上面的证明思路 (即将上述 f 换成 f_1, M 换成 $M_1 = \dfrac{2}{3}M$, g_0 换成下面的 g_1), $\exists g_1 \in C(X)$, 使得

$$\forall x \in X,\ |g_1(x)| \leqslant \frac{1}{3}M_1 = \frac{1}{3}\left(\frac{2}{3}M\right);$$
$$\forall x \in X - E,\ |g_1(x)| < \frac{1}{3}M_1 = \frac{1}{3}\left(\frac{2}{3}M\right);$$

而当 $x \in E$ 时,

$$|f_1(x) - g_1(x)| \leqslant \frac{2}{3}M_1 = \left(\frac{2}{3}\right)^2 M.$$

由此可归纳定义函数列 $\{g_n\}$, 其中 $g_n \in C(X)$ 并满足

$$\forall x \in X,\ |g_n(x)| \leqslant \frac{1}{3}\left(\frac{2}{3}\right)^n M; \tag{2.8}$$

$$\forall x \in X - E,\ |g_n(x)| < \frac{1}{3}\left(\frac{2}{3}\right)^n M; \tag{2.9}$$

$$\forall x \in E,\ |f_n(x) - g_n(x)| \leqslant \left(\frac{2}{3}\right)^{n+1} M, \tag{2.10}$$

式中 $f_n = f_{n-1} - g_{n-1} = (f_{n-2} - g_{n-2}) - g_{n-1} = \cdots = f - (g_0 + g_1 + \cdots + g_{n-1})$. 代入 (2.10), 得

$$\left| f - \sum_{k=0}^{n} g_k \right| \leqslant \left(\frac{2}{3}\right)^{n+1} M. \tag{2.11}$$

令

$$g(x) = \sum_{k=0}^{\infty} g_k(x), \quad x \in X, \tag{2.12}$$

则从 (2.8) 知 $\sum\limits_{k=0}^{\infty} g_k(x)$ 在 X 上一致收敛, 又 $g_k \in C(X)$, 所以 $g \in C(X)$, 于是在 (2.11) 中令 $n \to \infty$, 得到

$$g(x) = f(x), \quad x \in E.$$

而对 $\forall x \in X - E$, 从 (2.12) 和 (2.9), 有

$$|g(x)| \leqslant \sum_{k=0}^{\infty} |g_k(x)| < \frac{M}{3} \sum_{k=0}^{\infty} \left(\frac{2}{3}\right)^k = M.$$

② 设 f 在 E 上无界, 令 $h(x) = \dfrac{2}{\pi} \arctan x$, $x \in \mathbf{R}^1$, 则 $h : \mathbf{R}^1 \to (-1, 1)$ 是连续函数, 从而复合函数 $h \circ f$ 在 E 上有界连续. 由 ①, $h \circ f$ 可延拓成 X 上的连续函数 φ. 再令 $g = h^{-1}(\varphi)$, 则 $g \in C(X)$, 并且在 E 上, $g(x) = f(x)$. 证毕.

注 2.2 当 E 是 $\mathbf{R}^1$ 上闭子集时, 令 $G = E^c$, 则 G 为开集, 从而可分解为可数个互不相交的开区间的并: $G = \bigcup\limits_{k=1}^{\infty} (a_k, b_k)$. 再令

$$g(x) = \begin{cases} f(x), & x \in E, \\ f(a_k) + \dfrac{f(b_k) - f(a_k)}{b_k - a_k}(x - a_k), & x \in (a_k, b_k), \end{cases}$$

其中若 a_k 或 $b_k = \infty$, 则在相应的无限区间上令 $g(x)$ 为常数, 于是 $g \in C(\mathbf{R}^1)$.

2. 在微积分中, 已知有界闭区间 $[a, b]$ 上连续函数 f 必有界, 而且必有最大最小值, 自然想到 $[a, b]$ 可推广为 $\mathbf{R}^n$ 中有界闭集, 但在一般距离空间 (X, d) 中

有界集不一定有收敛子点列. 因此, 需要引入一个新的概念, 即若对于 (X,d) 中的子集 A, A 中任一点列都有子点列收敛于 X 中某一点, 则称 A 为**列紧集**, 列紧的闭集称为**紧集**. 所以, 有限闭区间上连续函数的基本性质可以推广到距离空间 (X,d) 中的紧集 A 上去, 即

定理 2.4 设 A 是距离空间 (X,d) 中的紧集, $f:A\to Y$ 为连续映射, 则 f 的像集 $f(A)$ 也是 Y 中的紧集.

证 设 $\{G_\alpha:\alpha\in I\}$ 是 $f(A)$ 的开覆盖. 由 f 连续, 知 $f^{-1}(G_\alpha)$ 仍为开集, 从而 $\{f^{-1}(G_\alpha):\alpha\in I\}$ 是 A 的开覆盖. 由 A 的紧性, 必存在有限子覆盖, 即 $\bigcup\limits_{k=1}^{n} f^{-1}(G_k)\supset A$, 从而 $f(A)\subset\left(\bigcup\limits_{k=1}^{n} f(f^{-1}(G_k))\right)\subset\left(\bigcup\limits_{k=1}^{n} G_k\right)$, 所以, $f(A)$ 是 Y 中紧集. 证毕.

注 2.3 在定义 2.1 中, $|f(x)-f(x_0)|<\varepsilon$ 等价于

$$f(x_0)-\varepsilon<f(x)<f(x_0)+\varepsilon. \tag{2.13}$$

若我们放松限制, 只要求 f 在 x_0 的邻域内满足其中一个不等式, 就得到半连续性的概念. 即若将 (2.13) 换成

$$f(x)<f(x_0)+\varepsilon,\ \forall x\in B(x_0,\delta)\cap E,$$

则称 f 在 x_0 (关于 E) 是上半连续的; 若将 (2.13) 换成

$$f(x)>f(x_0)-\varepsilon,\ \forall x\in B(x_0,\delta)\cap E,$$

则称 f 在 x_0 (关于 E) 是下半连续的.

在这里应该注意的是, $\{f>\alpha\}$ 刻画下半连续性, 但却不足以刻画连续性, 它可写成:

$$\{f>\alpha\}=\{x\in E:f(x)>\alpha\}=\{x\in E:f(x)\in(\alpha,\infty)\}=f^{-1}(\alpha,\infty).$$

进一步将开区间 (α,∞) 换成 Y 中开集 G, $f^{-1}(G)$ 仍为开集时, 才刻画了函数的连续性, 这就是定理 2.2.

定理 2.5 设 (X,d) 为距离空间, A 为 X 中紧集, $f:A\to\mathbf{R}^1$ 为连续函数. 则 f 在 A 上有界, 而且必有最大最小值, 即存在 $x_1,\ x_2\in A$, 使得

$$f(x_1)=\sup\{f(x):x\in A\}, \tag{2.14}$$

$$f(x_2)=\inf\{f(x):x\in A\}. \tag{2.15}$$

证 由定理 2.4, $f(A)$ 为紧集, 从而 $f(A)$ 是有界闭集, 即 $\exists M>0$, 使得 $|f(x)|\leqslant M, x\in A$, 而且 $\sup\{f(x):x\in A\}\in f(A)$, $\inf\{f(x):x\in A\}\in f(A)$, 从而 $\exists x_1,\ x_2\in A$, 使得 (2.14) 和 (2.15) 成立. 证毕.

定理 2.6　设 (X, d_1), (Y, d_2) 为距离空间, A 为 X 中紧集, $f: A \to Y$ 为连续映射, 则 f 为一致连续映射.

证一　对 $\forall x_0 \in A$, $\forall \varepsilon > 0$, 由 f 的连续性, $\exists \delta = \delta(x_0, \varepsilon) > 0$, 使得 $\forall x \in B(x_0, \delta_0)$ 有 $d_2(f(x), f(x_0)) < \dfrac{\varepsilon}{2}$, 其中 $B(x_0, \delta_0) = \{x \in A : d_1(x, x_0) < \delta_0\}$. 对 $\forall x \in A$, 令 $G_x = B\left(x, \dfrac{\delta_0}{2}\right)$, 则 $\bigcup\limits_{x \in A} G_x \supset A$, 又由 A 是紧集, A 的开覆盖 $\{G_x\}$ 中必有有限子覆盖 $\{G_k\}_{k=1}^m : \bigcup\limits_{k=1}^m G_k \supset A$. 取 $\delta = \min\left\{\dfrac{1}{2}\delta_k : 1 \leqslant k \leqslant m\right\}$, 则对 $\forall x, y \in A$, 只要 $d_1(x, y) < \delta$, 必存在 $G_{k_0} = B\left(x_{k_0}, \dfrac{1}{2}\delta_{k_0}\right)$, 使得 $x \in G_{k_0}$, 从而 $d_1(y, x_{k_0}) \leqslant d_1(y, x) + d_1(x, x_{k_0}) < \delta + \dfrac{1}{2}\delta_{k_0} < \delta_{k_0}$, 即 $y \in B(x_{k_0}, \delta_{k_0})$, 于是 $d_2(f(x), f(y)) \leqslant d_2(f(x), f(x_{k_0})) + d_2(f(x_{k_0}), f(y)) < \dfrac{\varepsilon}{2} + \dfrac{\varepsilon}{2} = \varepsilon$. 证毕.

证二　用反证法, 设 f 在 A 上不一致连续, 即 $\exists \varepsilon_0 > 0$, 使对 $\forall n$, $\exists x_n$, $y_n \in A$, 满足 $d_1(x_n, y_n) < \dfrac{1}{n}$, 而

$$d_2(f(x_n), f(y_n)) \geqslant \varepsilon_0. \tag{2.16}$$

因为 A 为紧集, 所以 $\{x_n\}$ 中必有收敛子列 $x_{n_k} \to x_0 \in A$. 于是从 $d_1(x_{n_k}, y_{n_k}) < \dfrac{1}{n_k}$, 有 $d_1(y_{n_k}, x_0) \leqslant d_1(y_{n_k}, x_{n_k}) + d_1(x_{n_k}, x_0) \to 0 (k \to \infty)$. 由 f 在 x_0 的连续性, $d_2(f(x_{n_k}), f(y_{n_k})) \leqslant d_2(f(x_{n_k}), f(x_0)) + d_2(f(x_0), f(y_{n_k})) \to 0 (k \to \infty)$, 但这与 (2.16) 相矛盾. 证毕.

定理 2.7 (闭集的可分离性)　设 (X, d) 为距离空间, F_1, F_2 是 X 中闭集. 若 $F_1 \cap F_2 = \varnothing$, 则存在开集 G_1, $G_2 \subset X$, 使得

$$G_1 \supset F_1,\ G_2 \supset F_2,\ \text{且}\ G_1 \cap G_2 = \varnothing. \tag{2.17}$$

证　令

$$f(x) = \frac{d(x, F_1)}{d(x, F_1) + d(x, F_2)},$$

则 $f: X \to \mathbf{R}^1$ 连续, 且 $0 \leqslant f(x) \leqslant 1$, 同时,

$$f(x) = \begin{cases} 0, & x \in F_1, \\ 1, & x \in F_2, \end{cases}$$

再令 $G_1 = \left\{f < \dfrac{1}{2}\right\}$, $G_2 = \left\{f > \dfrac{1}{2}\right\}$, 则 G_1, G_2 为 X 中开集, 且满足 (2.17). 证毕.

定义 2.3 设 (X,d_1), (Y,d_2) 为距离空间, $f:X\to Y$, 则

$$\omega(f,\delta)=\sup\{d_2(f(x),\ f(y)):d_1(x,y)<\delta,x,y\in X\} \tag{2.18}$$

称为 f 关于 X 的**连续模**; 若存在常数 M 和 $\alpha>0$, 使得 $\omega(f,\delta)\leqslant M\delta^\alpha$, 即

$$d_2(f(x),f(y))\leqslant M(d_1(x,y))^\alpha, \tag{2.19}$$

则称 f 满足 α 次 Lipschitz 条件, 记为 $f\in \mathrm{Lip}_M\alpha$. 特别地, 当 $\alpha=1$ 时, 简称为 f 满足 Lipschitz 条件.

设 (X,d) 是距离空间, 若 $f:X\to\mathbf{R}^1$, 则 $f\in\mathrm{Lip}_M\alpha$ 表示

$$|f(x)-f(y)|\leqslant M(d(x,y))^\alpha,\quad x,y\in X,\ 0<\alpha\leqslant 1.$$

若 $f:\mathbf{R}^1\to\mathbf{R}^1$, 则 $f\in\mathrm{Lip}_M\alpha$ 表示

$$|f(x)-f(y)|\leqslant M|x-y|^\alpha,\quad x,y\in\mathbf{R}^1,\ 0<\alpha\leqslant 1.$$

四、半连续性

下面均设 E 是距离空间 (X,d) 中的非空子集.

定义 2.4 设 $f:E\to\mathbf{R}^1$, $x_0\in E'$, 若

(1) $\forall\varepsilon>0$, $\forall\delta>0$, $\exists x\in E$, 使得 $0<d(x,x_0)<\delta$ 且 $f(x)>L-\varepsilon$;

(2) $\forall\varepsilon>0$, $\exists\delta>0$, 使得 $\forall x\in E:0<d(x,x_0)<\delta$, 有 $f(x)<L+\varepsilon$, 则称 L 是 f 在点 x_0(关于 E) 的**上极限**, 记为 $\limsup\limits_{x\to x_0,x\in E}f(x)=L$.

若 (1) $\forall\varepsilon>0$, $\forall\delta>0$, $\exists x\in E$, 使得 $0<d(x,x_0)<\delta$ 且 $f(x)<l+\varepsilon$;

(2) $\forall\varepsilon>0$, $\exists\delta>0$, 使得 $\forall x\in E:0<d(x,x_0)<\delta$, 有 $f(x)>l-\varepsilon$, 则称 l 是 f 在点 x_0 (关于 E) 的下极限, 记为 $\liminf\limits_{x\to x_0,x\in E}f(x)=l$.

f 在 x_0 的上、下极限 L,l 也可写成

$$L=\limsup_{x\to x_0,x\in E}f(x)=\inf_{r>0}\sup_{d(x,x_0)<r}f(x),$$

$$l=\liminf_{x\to x_0,x\in E}f(x)=\sup_{r>0}\inf_{d(x,x_0)<0}f(x).$$

令

$$M(x_0,\delta)=\sup\{f(x):x\in(B(x_0,\delta)-\{x_0\})\cap E\},$$

$$m(x_0,\delta)=\inf\{f(x):x\in(B(x_0,\delta)-\{x_0\})\cap E\},$$

则当 $\delta\to 0$ 时, $M(x_0,\delta)$ 递减而 $m(x_0,\delta)$ 递增, 而且上、下极限 L,l 分别为

$$L = \lim_{\delta \to 0} M(x_0, \delta), \tag{2.20}$$

$$l = \lim_{\delta \to 0} m(x_0, \delta). \tag{2.21}$$

定义 2.5　设 $f: E \to \mathbf{R}^1$, $x_0 \in E$, 若 $\limsup\limits_{x \to x_0, x \in E} f(x) \leqslant f(x_0)$, 则称 f 在点 x_0 (关于 E) 是上半连续函数; 若 $\liminf\limits_{x \to x_0, x \in E} f(x) \geqslant f(x_0)$, 则称 f 在点 x_0 (关于 E) 是下半连续函数. 若 f 在 E 的每一点都上 (或下) 半连续, 则称 f 是 E 上的上 (或下) 半连续函数. 显然, f 在 x_0 下半连续的充要条件是 $-f$ 在 x_0 上半连续. 若 f 在点 x_0 同时为上半连续和下半连续, 且 $|f(x_0)| < \infty$, 则 f 在点 x_0 连续.

注 2.4　当 E 为基本集 X 时, 定义 2.4 和 2.5 中 "关于 E" 的提法可省去.

例 2.2　我们已知 Riemann 函数

$$f(x) = \begin{cases} \dfrac{1}{n}, & x = \dfrac{m}{n}, m, n \text{ 为互质整数}, n > 0, \\ 0, & x \text{ 为无理数} \end{cases}$$

在有理点间断, 在无理点连续, 实际上它是处处上半连续函数.

例 2.3　Dirichlet 函数

$$\varphi(x) = \begin{cases} 1, & x \text{ 为有理数}, \\ 0, & x \text{ 为无理数} \end{cases}$$

处处不连续, 但它在有理点为上半连续, 在无理点为下半连续.

例 2.4　在 $[0,1]$ 上定义函数

$$f(x) = \begin{cases} (-1)^n \dfrac{n}{n+1}, & x = \dfrac{m}{n}, m, n \text{ 为互质整数}, n > 0, \\ 0, & x \text{ 为无理数}, \end{cases}$$

则 f 在 $[0,1]$ 上既不上半连续, 也不下半连续.

证　对于 $\forall x_0 \in [0,1]$, $\limsup\limits_{x \to x_0} f(x) = 1$, 而 $f(x_0) < 1$, 从而不满足 $\limsup\limits_{x \to x_0} f(x) \leqslant f(x_0)$, 即 f 在点 x_0 不是上半连续的. 同理可证 f 在点 x_0 也不是下半连续的.

定理 2.8　设 f 是 E 上实值函数, 则以下命题相互等价:

(1) f 是 E 上的下半连续函数;

(2) $\forall x_0 \in E$, $\forall x_n \to x_0 (n \to \infty)$, 有 $\liminf\limits_{n \to \infty} f(x_n) \geqslant f(x_0)$;

(3) $\forall \alpha \in \mathbf{R}^1$, $E_\alpha = \{x \in E : f(x) \leqslant \alpha\}$ 是 E 中闭集;

(4) $\forall \alpha \in \mathbf{R}^1$, $E_\alpha^c = \{x \in E : f(x) > \alpha\}$ 是 E 中开集.

证　我们仅证 (2) $\Leftrightarrow$ (3), 其余 (1) $\Leftrightarrow$ (2) 与 (3) $\Leftrightarrow$ (4) 的证明留给读者.

先证 (2) $\Rightarrow$ (3). 设 (2) 成立, 要证 E_α 为闭集, 即要证 $E'_\alpha \subset E_\alpha$. 对 $\forall x_0 \in E'_\alpha$, 存在 $x_k \in E_\alpha$, 使得 $x_k \to x_0$ 且 $f(x_k) \leqslant \alpha$. 从而由 (2), $f(x_0) \leqslant \liminf\limits_{k\to\infty} f(x_k) \leqslant \alpha$, 即 $x_0 \in E_\alpha$, 所以, E_α 是 E 中闭集.

下面证 (3) $\Rightarrow$ (2). 设 E_α 是 E 中闭集, 若 $\exists x_0 \in E$, f 在 x_0 不是下半连续的, 由定义 2.5, 存在 M 和 $\{x_k\} \subset E$, 使得 $x_k \to x_0$, $f(x_0) > M$. 但由 E_α 的闭性, 从 $f(x_k) \leqslant M$ 得 $f(x_0) \leqslant M$, 这就导致矛盾. 证毕.

利用 f 上半连续 $\Leftrightarrow -f$ 下半连续, 我们从定理 2.8 又推出

定理 2.9 设 f 是 E 上实值函数, 则以下命题相互等价:

(1) f 是 E 上的上半连续函数;

(2) $\forall x_0 \in E$, $\forall x_n \to x_0 (n\to\infty)$, 有 $\limsup\limits_{n\to\infty} f(x_n) \leqslant f(x_0)$;

(3) $\forall \alpha \in \mathbf{R}^1$, $F_\alpha = \{x \in E : f(x) \geqslant \alpha\}$ 是 E 中闭集;

(4) $\forall \alpha \in \mathbf{R}^1$, $F_\alpha^c = \{x \in E : f(x) < \alpha\}$ 是 E 中开集.

定理 2.10 设 $\{f_n\}$ 是 E 上递减的上半连续函数列, 则极限函数 $\lim\limits_{n\to\infty} f_n = f$ 在 E 上也是上半连续函数.

证 由 $f_n \searrow \Rightarrow \{f \geqslant \alpha\} = \bigcap\limits_{n=1}^{\infty} \{f_n \geqslant \alpha\}$.

因为 f_n 上半连续, 由定理 2.9, $\{f_n \geqslant \alpha\}$ 是 E 中闭集, 从而 $\{f \geqslant \alpha\}$ 为 E 中闭集, 再由定理 2.9, f 是 E 上的上半连续函数. 证毕.

推论 2.11 设 $\{f_n\}$ 是 E 上递增的下半连续函数列, 则极限函数 $\lim\limits_{n\to\infty} f_n = f$ 在 E 上也是下半连续函数.

注 2.5 若去掉 $\{f_n\}$ 单调性的条件, 定理 2.10 与推论 2.11 均不成立. 例如:

例 2.5 将有理数集 $\mathbf{Q}$ 排列成 $\mathbf{Q} = \{r_1, r_2, \cdots, r_n, \cdots\}$. 记 $\mathbf{Q}_n = \{r_1, r_2, \cdots, r_n\}$, 定义函数列

$$f_n(x) = \begin{cases} 1, & x \in \mathbf{Q}_n, \\ 0, & x \notin \mathbf{Q}_n, \end{cases}$$

则 f_n 是 $\mathbf{R}^1$ 上的上半连续函数, 但

$$\lim_{n\to\infty} f_n(x) = f(x) = \begin{cases} 1, & x \in \mathbf{Q}, \\ 0, & x \notin \mathbf{Q}, \end{cases}$$

由例 2.3, f 在 $\mathbf{R}^1$ 上并不是上半连续函数.

例 2.6 符号函数

$$f(x) = \begin{cases} -1, & x < 0, \\ 0, & x = 0, \\ 1, & x > 0 \end{cases}$$

在 $\mathbf{R}^1$ 上既不是上半连续, 也不是下半连续. 注意 $g=|f|$ 是下半连续的.

例 2.7 $[x]=\max\{n: n\leqslant x, n\in\mathbf{Z}\}$ 表示不大于 x 的最大整数, 即 x 的整数部分. Gauss 函数 $f(x)=[x]$ 在非整数点连续, 在整数点上半连续且右连续.

五、Baire 函数类

我们已知, 连续函数列 $\{f_n\}$ 的极限函数 f 不一定仍连续. 即若 $f_n\in C(E)$, 且 $\lim\limits_{n\to\infty}f_n(x)=f(x)$, f 在 E 上不一定连续, 即对 $\forall\alpha\in\mathbf{R}^1$, $\{f>\alpha\}$ 与 $\{f<\alpha\}$ 不能保证仍为开集, 但从本节习题 2.3 可推出, $\{f>\alpha\}$, $\{f<\alpha\}$ 必为 F_σ 型集, 而对 $\mathbf{R}^1$ 中所有开集 G, $f^{-1}(G)$ 不能保证仍为开集, 但从上面可推出 $f^{-1}(G)$ 也是 F_σ 型集. 这就表明, 虽然 f 不连续, 但仍有一些特殊的性质, 所以, 1899 年 Baire 在此基础上提出了一种函数的分类方法, 我们今天称之为 Baire 分类: 设 E 是距离空间 (X,d) 中的非空子集, 则 E 上连续函数 f 的全体, 即 $C(E)$ 称为第 0 类 Baire 函数, 记为 B_0. 设 $f_n\in B_0$, $\lim\limits_{n\to\infty}f_n(x)=f(x)$, $x\in E$, 但 $f\notin B_0$, 则称 f 是第 1 类 Baire 函数, 这种函数的全体记为 B_1, 例如在 E 上不连续但是半连续的函数就属于 B_1. 设 $f_n\in B_0\cup B_1$, $\lim\limits_{n\to\infty}f_n(x)=f(x)$, $x\in E$, 若 $f\notin B_0\cup B_1$, 则称 f 是第 2 类 Baire 函数, 这种函数的全体记为 B_2. 一般地, 设 $A_{n-1}=\bigcup\limits_{k=0}^{n-1}B_k$ 表示不超过 $n-1$ 类的 Baire 函数的全体, 若 $f_k\in A_{n-1}$, 使得 $\lim\limits_{k\to\infty}f_k(x)=f(x)$, $x\in E$, 但 $f\notin A_{n-1}$, 则称 f 是第 n 类 Baire 函数, 这种函数的全体记为 B_n. 若 $f_k\in\bigcup\limits_{k=1}^{\infty}B_k$, 使得 $\lim\limits_{k\to\infty}f_k(x)=f(x)$, $x\in E$, 但 $f\notin\bigcup\limits_{k=0}^{\infty}B_k$, 则称 f 是第 ω 类 Baire 函数, 用超限归纳法可定义 B_α (α 为序数), $B=\bigcup\limits_{\alpha}B_\alpha$ 称为 Baire 函数类. Baire 函数类的基数是连续统基数 c, 而我们已知 E 上实函数的全体的基数为 2^c, 这说明 E 上的实函数中有许多不是 Baire 函数. Baire 函数类的另一等价定义是: 包含 E 上所有连续函数而对点态收敛的极限运算封闭的最小函数类称为 Baire 函数类. 它等同于 Borel 可测函数类. 这个概念还可推广到拓扑空间中去.

例 2.8 具有至多可数个第一类间断点的函数和不连续的单调函数都是第 1 类 Baire 函数.

证 因为单调函数的间断点都是第一类的而且至多可数个, 记为 $\{x_k\}_{k=1}^{\infty}$, 构造连续函数列 $\{f_n\}$ 如下:

$$f_n(x)=\begin{cases} f(x_k), & x=x_k, k=1,\cdots,n,\\ f(x), & x\notin \bigcup\limits_{k=1}^{n}\left(x_k-\dfrac{1}{n},x_k+\dfrac{1}{n}\right),\\ \text{线性}, & x\in\left[x_k-\dfrac{1}{n},x_k\right]\cup\left[x_k,x_k+\dfrac{1}{n}\right], \end{cases}$$

其中线性连接是使 f_n 连续, 于是 $f_n\in B_0$, $\lim\limits_{n\to\infty}f_n(x)=f(x)$, 又 $f\notin B_0$, 所以 $f\in B_1$.

例 2.9 $[0,1]$ 上的 Dirichlet 函数

$$f(x)=\begin{cases}1, & x\in\mathbf{Q}\ (\text{[0,1] 中有理数集}),\\ 0, & x\in\mathbf{Q}^c\end{cases}$$

是第 2 类 Baire 函数, 这是因为在例 2.5 中的 f_n 只有有限个第一类间断点, 由例 2.8, $f_n\in B_1$, 但它的极限函数 f 可以写成 $f(x)=\lim\limits_{k\to\infty}\lim\limits_{n\to\infty}(\cos(k!\,\pi x))^{2n}$, 所以, $f\in B_2$.

六、拓扑空间

距离空间 (X,d) 比欧氏空间 $\mathbf{R}^n$ 广泛得多, 但分析中有些极限概念 (如函数列的点态收敛等) 不能用距离来描述. (反例见作者的 "续论" [1] 上册第二章 §2.) 为了建立不依赖于距离概念的极限理论, 我们将距离空间中开集的三条性质作为开集公理, 就可建立比 (X,d) 更广泛的拓扑空间的概念. 即

定义 2.6 设集 X 的子集族 Σ 满足:

(1) $X,\varnothing\in\Sigma$;

(2) $A, B\in\Sigma\Rightarrow A\cap B\in\Sigma$ (从而对有限交运算封闭);

(3) $A_\alpha\in\Sigma(\alpha\in I)\Rightarrow\bigcup\limits_{\alpha\in I}A_\alpha\in\Sigma$,

则子集族 Σ 称为集 X 的一个**拓扑**, Σ 中的每个集合称为 X 的一个**开集**, (X,Σ) 称为**拓扑空间**.

例 2.10 设 $X=\{a_1,a_2,a_3\}$, $\Sigma=\{X,\varnothing,\{a_1,a_2\},\{a_1,a_3\}\}$ 是否构成 X 的一个拓扑? 不能! 因为 $\{a_1,a_2\}\cap\{a_1,a_3\}=\{a_1\}\notin\Sigma$, 即不满足定义 2.6 中的条件 (2). 所以, 并不是 X 的任一子集族 Σ 都可以构成 X 的拓扑. 但在此例中, 在 X 上却可以定义 29 个不同的拓扑. 例如

$\Sigma_1=\{X,\varnothing\}$, $\Sigma_2=\{\varnothing,X,\{a_1\}\}$, $\Sigma_3=\{\varnothing,X,\{a_1\},\{a_1,a_2\}\}$, $\cdots$.

这就说明, 开集、闭集、连续性等概念都与拓扑的选择有关. 例如单点集在 $\mathbf{R}^n$ 中是闭集, 但单点集 $\{a_1\}$ 在 Σ_2,Σ_3 中却都是开集, 又如 $\{a_1,a_2\}$ 是 Σ_3 中的开集, 却不是 Σ_2 中的开集. 所以, 在同一个集合 X 中可以定义各种各样的拓

扑, 构成不同的拓扑空间. 但距离却不是拓扑概念, 这是因为在同一集合中, 不同的距离可以产生相同的拓扑结构. 距离空间 (X,d) 中的开集全体是 X 的一个拓扑, 称为由距离 d 导出的拓扑, 在这种意义下, 距离空间是拓扑空间, 特别地 $\mathbf{R}^n$ 是拓扑空间. 反之, 若拓扑空间 (X,Σ) 中存在一个距离 d, 使得 Σ 就是由 d 导出的距离空间 (X,d) 中的开集全体, 则称拓扑空间 (X,Σ) 可距离化. 所以, 在距离空间中成立的结论, 在一般拓扑空间中不一定仍成立.

当我们考虑拓扑空间之间的映射时, 因为一般的拓扑空间中没有距离的概念, 因而无法定义开球. 所以, 连续映射的概念不能像定义 2.2 (见 (2.1) 式) 那样用开球来定义. 但我们可以用定理 2.2 中的 (2) 至 (5) 来刻画拓扑空间之间映射的连续性. 例如, 设 (X,Σ_1), (Y,Σ_2) 为拓扑空间, 则 $f: X\to Y$ 连续 $\Leftrightarrow \forall G\in\Sigma_2$, $f^{-1}(G)\in\Sigma_1$ (即反射开集).

设 X, Y 为拓扑空间, $f: X\to Y$ 是连续映射, 若 f 是一一映射且它的逆映射 f^{-1} 也是连续的, 则称 f 是**同胚映射**, 这时称空间 X 与 Y 是**同胚**的. 例如, 球面和立方体表面同胚, 但和环面不同胚.

但是拓扑空间实在太广泛了, 使得欧氏空间中许多好的性质都未能保持下来. 在拓扑空间中, 不能定义 Cauchy 列, 聚点不一定是极限点, 收敛点列的极限点不一定唯一, 紧集也不一定是闭集. 这就需要对拓扑空间加上适当的限制条件, 由于拓扑空间中的元素都是开集, 就要对拓扑空间中开集的分布作出限制. 即设 (X,Σ) 是拓扑空间, 若 $\forall x,y\in X$, $x\neq y$, 存在开集 G_1, $G_2\in\Sigma$, 使得 $x\in G_1$, $y\in G_2$, 且 $G_1\cap G_2=\varnothing$, 则称 (X,Σ) 是 Hausdorff 空间. 在该空间中, 收敛点列的极限点是唯一的, 紧集是闭集, 且不相交的紧子集有不相交的邻域. 它包含距离空间, 是具有广泛应用的一种拓扑空间. 作者在 "续论" [1] 中还对开集作了其他限制.

习题 2.2

2.1 证明: f 在 (X,d) 上一致连续的充要条件是 $\lim\limits_{\delta\to 0}\omega(f,\delta)=0$.

2.2 设 φ_A 是集 A 的特征函数, 证明:

(1) φ_A 下半连续 $\Leftrightarrow A$ 为开集;

(2) φ_A 上半连续 $\Leftrightarrow A$ 为闭集.

2.3 设 $\{f_n(x)\}$ 是 E 上的上半连续函数列, $f(x)=\liminf\limits_{n\to\infty}f_n(x)$, 证明: 对 $\forall\alpha\in\mathbf{R}^1$, $\{f>\alpha\}=\{x\in E: f(x)>\alpha\}$ 是 F_σ 型集, $\{f<\alpha\}$ 是 G_δ 型集.

2.4 设 $\{f_n(x)\}$ 是 E 上的下半连续函数, $g(x)=\limsup\limits_{n\to\infty}f_n(x)$, 证明: 对 $\forall\alpha\in\mathbf{R}^1$, $\{g>\alpha\}=\{x\in E: g(x)>\alpha\}$ 是 G_δ 型集, $\{g<\alpha\}$ 是 F_σ 型集.

2.5 设 (X,d) 是距离空间, $\{f_k\}$ 是 X 上的连续函数列, 且 $\lim\limits_{k\to\infty}f_k(x)=$

$f(x), x \in X$, 则 f 的连续点集 A 是 $G_{\delta\sigma}$ 集.

§3 $\mathbf{R}^n$ 中开集、闭集的构造, Cantor 集

欧氏空间 $\mathbf{R}^n$ 作为特殊的距离空间, 有着丰富的几何结构, 因而 $\mathbf{R}^n$ 中的开集、闭集有特殊的构造性质.

令 $a = (a_1, \cdots, a_n)$, $b = (b_1, \cdots, b_n)$, 则 $[a, b] = \{x = (x_1, \cdots, x_n) : a_k \leqslant x_k \leqslant b_k, 1 \leqslant k \leqslant n\}$ 称为 n **维区间**, 特别地, 当所有 $b_k - a_k$ 相等时, $[a, b]$ 称为 (n 维) 方体, 通常记为 Q. (但后面为简便计, 也将 $[a, b]$ 记为 Q.)

一、开集的构造

定理 3.1 直线上非空开集 G 可分解为至多可数个互不相交的开区间的并.

证 对 $\forall x \in G$, 由 G 为开集, $\exists \delta > 0$, 使得 $(x - \delta, x + \delta) \subset G$. 设 l_x 表示含于 G 中的包含 x 的开区间, 并令

$$D_x = \bigcup_{l_x \subset G} l_x, \tag{3.1}$$

则 D_x 是含于 G 中的包含 x 的最大开区间, 于是, $\bigcup\limits_{x \in G} D_x \subset G$. 为证 $G = \bigcup\limits_{x \in G} D_x$, 只要证明反向包含关系:

$$G \subset \bigcup_{x \in G} D_x. \tag{3.2}$$

事实上, $\forall x \in G$, 从 (3.1), $\exists D_x$, 使得 $x \in D_x \Rightarrow x \in \bigcup\limits_{x \in G} D_x \Rightarrow G \subset \bigcup\limits_{x \in G} D_x$.

下面证明 $\{D_x\}$ 互不相交. 对 $\forall x_1, x_2 \in G$, $x_1 \neq x_2$, 则 D_{x_1} 与 D_{x_2} 必互不相交或全等. 而当 D_{x_1} 与 D_{x_2} 全等时, 表示 x_1, x_2 在同一个区间内, 否则必有 $D_{x_1} \cap D_{x_2} = \varnothing$. 这是因为, 若 $D_{x_1} \cap D_{x_2} \neq \varnothing$, 则 $D_{x_1} \cup D_{x_2}$ 构成一个开区间, 而且 $D_{x_1} \cup D_{x_2} \supset D_{x_1}$. 但这与 D_{x_1} 是含于 G 中的包含 x_1 的最大开区间相矛盾. 由第一章 §3 附录一 1.4, $\{D_x\}$ 是至多可数集, 从而可记为 $\{(\alpha_k, \beta_k) : k = 1, 2, \cdots\}$, 于是

$$G = \bigcup_{k=1}^{\infty} (\alpha_k, \beta_k), \tag{3.3}$$

式中 $\{(\alpha_k, \beta_k)\}$ 互不相交. 证毕.

当 $n \geqslant 2$ 时, 两个互不重叠的区间的并集不一定仍为区间, 所以定理 3.1 不适用于 $n \geqslant 2$ 的情形. 反例见 [20] PP. 399–401.

定理 3.2　n 维欧氏空间 $\mathbf{R}^n$ $(n \geqslant 2)$ 中每个开集 G 可分解为可数个互不重叠 (指内部不相交) 的 (闭) 方体 $\{Q_k\}$ 的并, 即

$$G = \bigcup_{k=1}^{\infty} Q_k, \tag{3.4}$$

式中 $\mathring{Q}_k \cap \mathring{Q}_j = \varnothing$ $(k \neq j)$.

证　将 $\mathbf{R}^n$ 分解为边长为 1 的方体, 记为 $K_0 = \{Q_{0k}\}_{k=1}^{\infty}$. 再对每个方体 Q_{0k} 的边长二等分, 得到边长为 $\frac{1}{2}$ 的子方体, 记为 $K_1 = \{Q_{1k}\}$, 继续如此等分下去, 得到方体列 $\{K_j\}$. 其中, K_j 中每个方体 Q_{jk} 的边长为 $\frac{1}{2^j}$. 而且每个 Q_{jk} 都是 K_{j+1} 中 2^n 个互不重叠的方体的并.

现在设 G 是 $\mathbf{R}^n$ 中任一开集. 将 K_0 中全部含在 G 内的方体全体记为 S_0, 即 $S_0 = \bigcup\limits_{k=1}^{m_0} Q_{0k} \subset G$. 将 K_1 中全部含在 $G - S_0$ 内的方体全体记为 S_1, 即

$$S_1 = \bigcup_{k=1}^{m_1} Q_{1k} \subset G - S_0.$$

一般地, 记 $S_j = \bigcup\limits_{k=1}^{m_j} Q_{jk} \subset G - \{S_0 \cup S_1 \cup \cdots \cup S_{j-1}\}$, 下面证明

$$G = \bigcup_{j=0}^{\infty} S_j. \tag{3.5}$$

因为 $\forall S_j \subset G$, 所以, $\bigcup\limits_{j=0}^{\infty} S_j \subset G$.

为证 $G \subset \bigcup\limits_{j=0}^{\infty} S_j$. 对 $\forall x \in G$, 由 G 是开集, $\exists \delta > 0$, 使得 $B(x,\delta) \subset G$. 因为 Q_{jk} 的边长为 $\frac{1}{2^j} \to 0$ $(j \to \infty)$, 所以, $\exists m$, 使得 K_m 中某个方体 Q_{mk_0} 满足 $x \in Q_{mk_0} \subset B(x,\delta) \subset G$. 于是 $x \in Q_{mk_0} \subset \bigcup\limits_{j=0}^{m} S_j \subset \bigcup\limits_{j=0}^{\infty} S_j$. 这就表明 $G \subset \bigcup\limits_{j=0}^{\infty} S_j$. 从而 (3.5) 成立. 即

$$G = \bigcup_{j=0}^{\infty} S_j = \bigcup_{j=0}^{\infty} \left(\bigcup_{k=1}^{m_j} Q_{jk} \right).$$

证毕.

注 3.1　定理 3.2 实际上是说, $\mathbf{R}^n$ $(n \geqslant 2)$ 中开集 G 可分解为可数个互不

重叠的二进方体的并. 二进方体 Q 可写成

$$Q = [m_1 2^k, (m_1+1)2^k] \times \cdots \times [m_n 2^k, (m_n+1)2^k],$$

其中 m_j, k 均为整数, $j = 1, 2, \cdots$. 二进方体有好的性质: 任意两个二进方体要么有包含关系, 要么就互不相交 (指其内部不相交).

注 3.2 闭集的构造比开集复杂. 例如, 从定理 3.1, 直线上互不相交的开集仍至多可数, 但直线上互不相交的闭集就不一定是可数的. 因此, 我们碰到闭集 F 的分解时, 可以利用开集与闭集的对偶关系 (§1 定理 1.7), 转到开集 $G = F^c$ 的分解.

注 3.3 若开区间 (α, β) 满足:

(1) $(\alpha, \beta) \subset G$, G 为 $\mathbf{R}^1$ 中开集;

(2) $\alpha, \beta \notin G$,

则称 (α, β) 是 G 的一个**构成区间**. 从定理 3.1 的证明可知, $\mathbf{R}^1$ 上非空开集 G 的不同的构成区间必互不相交. 因而, 当 G 的分解式 (3.3) 中的 (α_k, β_k) 是 G 的构成区间时, 这种分解是唯一的. 而

$$F = \mathbf{R}^1 - G = \mathbf{R}^1 - \bigcup_{k=1}^{\infty} (\alpha_k, \beta_k)$$

表明 α_k, $\beta_k \in F$. 所以, (α_k, β_k) 称为 F 的**邻接区间**或**余区间**. 由此可以推出, 若 x 为闭集 F 的孤立点, 则该 x 必为 F 的两个邻接区间的公共端点. 由于完备集是不含孤立点的闭集, 所以, 我们又得出: $\mathbf{R}^1$ 中 F 是完备集的充要条件是 F 的任何两个邻接区间都是没有公共端点的闭集.

应注意的是, 当 $n \geqslant 2$ 时, $\mathbf{R}^n$ 中非空开集分解为可数个互不重叠的方体的并集. 这种分解却不是唯一的. 我们还可以进一步证明:

Whitney 分解 设 G 为 $\mathbf{R}^n$ 中非空真开子集, 且 $\mu(G) < \infty$, 则 G 可分解为

$$G = \bigcup_{k=1}^{\infty} Q_k,$$

式中方体 Q_k 的边平行于坐标轴, 且互不重叠. 即 $\mathring{Q}_k \cap \mathring{Q}_j = \varnothing\ (k \neq j)$, 还存在两个常数 c_1, c_2, 使得

$$c_1(\operatorname{diam} Q_k) \leqslant d(Q_k, G^c) \leqslant c_2(\operatorname{diam} Q_k),$$

式中 $\operatorname{diam} Q_k$ 为 Q_k 的直径, $d\,(Q_k, G^c)$ 是 Q_k 与 G 的余集 G^c 之间的距离.

利用 Whitney 分解, 我们得到 Calderón–Zygmund 分解: 设 $f \in L^p(\mathbf{R}^n)$, $1 \leqslant p < \infty$, 则 $\forall \alpha > 0$, 存在 $\mathbf{R}^n$ 的 Calderón–Zygmund 分解, 即满足:

(1) $\mathbf{R}^n = F \cup G$, $F \cap G = \varnothing$, 式中, F 是闭集, G 是开集, 且 $G = \bigcup\limits_{k=1}^{\infty} Q_k$, $\{Q_k\}$ 是互不重叠的方体列;

(2) $\forall Q_k$, 有 $\alpha < \dfrac{1}{\mu(Q_k)} \displaystyle\int_{Q_k} |f(x)|\,\mathrm{d}x \leqslant 2^n\alpha$;

(3) $|f(x)| \leqslant \alpha$, *a.e.* $x \in F$;

(4) $\mu(G) \leqslant \dfrac{1}{\alpha} \displaystyle\int_{\mathbf{R}^n} |f(x)|\,\mathrm{d}x$.

注意: 若将条件 $f \in L^p(\mathbf{R}^n)$, $1 \leqslant p < \infty$, 减弱为 $f \in L^1_{\mathrm{loc}}(\mathbf{R}^n)$, 则还要加上条件: 对于任意方体 $Q \subset \mathbf{R}^n$, 成立 $\lim\limits_{\mu(Q)\to\infty} \dfrac{1}{\mu(Q)} \displaystyle\int_Q |f(x)|\,\mathrm{d}x = 0$.

(证明见 [21] PP. 247–253.)

二、Cantor 集, 雪花曲线

1. Cantor 集的构造

将闭区间 $[0,1]$ 三等分, 去掉居中的开区间 $G_1 = \left(\dfrac{1}{3}, \dfrac{2}{3}\right)$, 留下两个闭区间 $F_{11} = \left[0, \dfrac{1}{3}\right]$ 和 $F_{12} = \left[\dfrac{2}{3}, 1\right]$, 记 $F_1 = F_{11} \cup F_{12}$. 将 F_{11}, F_{12} 分别再三等分, 各去掉居中的开区间 $G_{21} = \left(\dfrac{1}{3^2}, \dfrac{2}{3^2}\right)$, $G_{22} = \left(\dfrac{7}{3^2}, \dfrac{8}{3^2}\right)$, 记 $G_2 = G_{21} \cup G_{22}$.

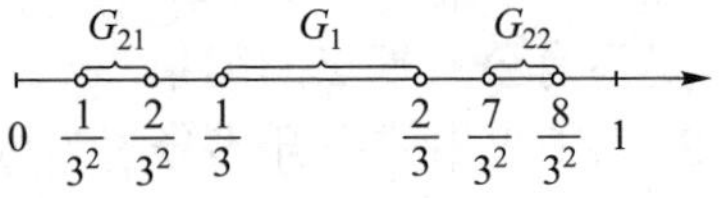

如此继续下去, 在第 n 次三等分时去掉的开区间的并记为 G_n:

$$G_n = \bigcup_{k=1}^{2^{n-1}} G_{nk}, \tag{3.6}$$

式中 $G_{n1} = \left(\dfrac{1}{3^n}, \dfrac{2}{3^n}\right)$, $G_{n2} = \left(\dfrac{7}{3^n}, \dfrac{8}{3^n}\right)$, $\cdots$, $G_{n2^{n-1}} = \left(\dfrac{3^n-2}{3^n}, \dfrac{3^n-1}{3^n}\right)$. G_n 的长度 $= 2^{n-1} \times \dfrac{1}{3^n} = \dfrac{1}{3}\left(\dfrac{2}{3}\right)^{n-1}$; 而留下的 2^n 个闭区间的并为

$$F_n = \bigcup_{k=1}^{2^n} F_{nk}, \tag{3.7}$$

式中 $F_{n1} = \left[0, \dfrac{1}{3^n}\right]$, $F_{n2} = \left[\dfrac{2}{3^n}, \dfrac{3}{3^n}\right]$, $\cdots$, $F_{n2^n} = \left[\dfrac{3^n-1}{3^n}, 1\right]$. F_n 的长度

$=2^n\times\dfrac{1}{3^n}$. 于是从 $[0,1]$ 中去掉的所有开区间的并 $G=\bigcup\limits_{n=1}^{\infty}G_n$ 称为 **Cantor 开集**, 而留下的

$$P=[0,1]-G=\bigcap_{n=1}^{\infty}G_n^c=\bigcap_{n=1}^{\infty}F_n\ (\text{式中 } G_n^c=F_{n-1}-G_n) \tag{3.8}$$

称为 **Cantor 三分集**, 通常简称为 **Cantor 集**.

评注: 注意到 $F_{n-1}=G_n\cup F_n$, 而 $F_n=G_n^c$.

2. Cantor 集的性质

(1) Cantor 开集 G 的总长度 $=\sum\limits_{n=1}^{\infty}(G_n$ 的长度$)=\dfrac{1}{3}\sum\limits_{n=1}^{\infty}\left(\dfrac{2}{3}\right)^{n-1}=1$, 而 Cantor 集 $P=[0,1]-G$ 的 "长度" 为零. (2) P 为非空有界闭集. 这是因为 G 为开集, 所以 P 为闭集, 又 $\{F_n\}$ 是非空递减有界闭集列, 由定理 1.11, $\bigcap\limits_{n=1}^{\infty}F_n\neq\varnothing$. 所以 P 非空有界.

(3) P 为自密集, 即 $P\subset P'$.

证 对 $\forall x\in P$, 从 (3.8), $x\in F_n(\forall n)$, 再从 (3.7), $\exists F_{nk}$, 使得 $x\in F_{nk}$, 而 F_{nk} 的长度为 3^{-n}, 所以, 对于 $\forall\delta>0$, $\exists n_0$, 使得 $\forall n>n_0$, 有 $3^{-n}<\delta$, 从而

$$x\in F_{nk}\subset(x-\delta,x+\delta).$$

又因为 F_{nk} 的两个端点都属于 P, 所以, $((x-\delta,x+\delta)-\{x\})\cap P\neq\varnothing$, 即 $x\in P'$. 于是 $P\subset P'$. 证毕.

从 (2), (3) 知, P 是完备集.

(4) P 是疏集, 即 $(\overline{P})^\circ=\varnothing$.

证 因为 P 是闭集, 所以只要证 $\mathring{P}=\varnothing$. 用反证法. 设 $\mathring{P}\neq\varnothing$, 则 $\exists c\in\mathring{P}$, 从而 $\exists\delta>0$, 使得

$$(c-\delta,c+\delta)\subset P. \tag{3.9}$$

取 n 充分大, 使得 $\dfrac{2}{3^n}<\delta$, 又从 $c\in P$, $\exists F_{nk}$, 使得 $c\in F_{nk}$, 而 F_{nk} 的长度为 3^{-n}, 所以, $F_{nk}\subset\left(c-\dfrac{2}{3^n},c+\dfrac{2}{3^n}\right)\subset(c-\delta,c+\delta)$. 但在构造 Cantor 集 P 的第 $n+1$ 步时, 还要去掉 F_{nk} 的居中三等分开区间 $G_{(n+1)k}$, 这表明 $(c-\delta,c+\delta)$ 中含有不属于 P 的点, 与 (3.9) 相矛盾. 证毕.

(5) P 的基数 $|P|$ 是连续统基数 c.

证 对 $\forall x \in [0,1]$, 用三进制小数表示:

$$x = \sum_{k=1}^{\infty} \frac{x_k}{3^k}. \tag{3.10}$$

我们约定三进制有理小数用有限位小数表示. 例如 $\frac{1}{3}$ 记为 0.1 而不是 $0.\,022\cdots$, 于是

$$G_{nk} = (0.\,x_1 \cdots x_{n-1}1, 0.\,x_1 \cdots x_{n-1}2), \quad k = 1, \cdots, 2^{n-1},$$

其中 $x_1, \cdots, x_{n-1}$ 都是 0 或 2, 即 G 中的数表示成三进制小数时, 至少有一位是 1.

记 $E = \{x = 0.\,x_1x_2\cdots x_n\cdots : \forall x_k = 0$ 或 $2\}$, 则 $E \subset P \subset [0,1]$, 于是, 只要证 $|E| = c$. 设 A 是 $[0,1]$ 中二进制小数全体, 对于 $\forall y \in A$, y 可表示为 $y = 0.\,y_1y_2\cdots y_n\cdots$, 式中 $y_k = 0$ 或 1. 令 $x_k = 2y_k$, 则 $f : A \to E$, $y \mapsto x$ 是一一映射. 由第一章定理 3.14, $|A| = c$. 所以, $|E| = c$. 证毕.

注 3.4 在构造 Cantor 集 P 时, 分点都是有理点, 这些分点都属于 P, 而且是可数的. 但 P 还包含这些分点集的极限点, 由 P 的完备性和 (5) 知, P 是不可数集. 因而 P 有许多独特的性质. 例如, 有理数集 $\mathbf{Q}$ 是 $\mathbf{R}^1$ 中稠密集, 而且是可数集, 然而 P 是疏集反而不可数, P 的"长度"为零, 但由 (5), $|P| = c$. 说明 P 仍能与 [0,1] 建立一一对应关系. 我们还熟知, 一点为 0 维, 直线 $\mathbf{R}^1$ 为 1 维, 平面 $\mathbf{R}^2$ 为 2 维, 而 Cantor 集的维数则是分数维:

$$\frac{\ln 2}{\ln 3} = 0.\,6309\cdots,$$

具有分数维的图形称为**分形**. 分数维是介于无序与有序之间的混沌状态, 是自然界最广泛分布的状态, 这种状态是不稳定的, 这恰好是自然界运动发展变化的根本原因. 混沌现象几乎无处不在, 例如, 人体的心脏系统、脑神经系统、血小板生成系统、免疫系统等生理器官都是混沌系统, 人衰老时, 这些器官的混沌程度就会降低; 气候的变化也是一个混沌系统, 此外, 还有星云的分布、海岸的形状、湍流、股票的波动、计算机的研制等, 混沌理论与相对论、量子力学并列为 20 世纪的三大发现.

注 3.5 (1) 我们可以构造更一般形式的 Cantor 集: 设 $\{a_k\}$ 是正的数列, 令 $S_n = \sum_{k=1}^{n} a_k$, $\lim_{n\to\infty} S_n = \sum_{k=1}^{\infty} a_k = S \leqslant 1$. 记 $G_1 = \left(\frac{1-a_1}{2}, \frac{1+a_1}{2}\right)$, $F_{11} = \left[0, \frac{1-a_1}{2}\right]$, $F_{12} = \left[\frac{1+a_1}{2}, 1\right]$, $F_1 = [0,1] - G_1 = F_{11} \cup F_{12}$. 再分别从 F_{11} 和 F_{12} 中去掉 $G_{21} = \left(\frac{1-a_1-a_2}{2^2}, \frac{1-a_1+a_2}{2^2}\right)$, $G_{22} = \left(\frac{3+a_1-a_2}{2^2}, \frac{3+a_1+a_2}{2^2}\right)$,

记 $G_2 = G_{21} \cup G_{22}$. 如此继续下去, 第 n 次去掉的开区间的并为

$$G_n = \bigcup_{k=1}^{2^{n-1}} G_{nk},\ G = \bigcup_{k=1}^{\infty} G_k.$$

$P = [0,1] - G$ 称为广义 Cantor 集. $\mu(G_1) = \dfrac{1+a_1}{2} - \dfrac{1-a_1}{2} = a_1,$

$$\mu(G_2) = \mu(G_{11}) + \mu(G_{22}) = \frac{a_2}{2} + \frac{a_2}{2} = a_2, \cdots, \mu(G_n) = a_n,$$

$\mu(G) = \sum\limits_{n=1}^{\infty} \mu(G_n) = \sum\limits_{n=1}^{\infty} a_n = S$. 于是, $\mu(P) = 1 - \mu(G) = 1 - S$.

(2) 利用 Cantor 集的性质, 我们可以在距离空间 (X,d) 中定义 Cantor 型集: 设 P 是 (X,d) 中的紧子集, 若 ① P 不含孤立点; ② $\forall x, y \in P$, 存在闭集 F_1, F_2, 使得 $x \in F_1$, $y \in F_2$, 且 $P = F_1 \cup F_2$, 则称 P 是 Cantor 型集.

教育部 2000 年制定的《义务教育阶段国家数学课程标准》中, 将雪花曲线列为要 "了解并欣赏一些有趣的图形" 之一, 这种雪花曲线可用计算机演示. 而它的构造思想与 Cantor 集的构造类似. 即在边长为 1 的等边三角形每边都作三等分, 在每边居中的三分之一段上向外各作一边长为 $\dfrac{1}{3}$ 的等边三角形, 并把每个这样的三角形底边去掉, 然后在新的图形中, 在长为 $\dfrac{1}{3}$ 的每条外部的线段上, 在它居中的三分之一段上再作一个边长为 $\dfrac{1}{9}$ 的等边三角形 (共有 12 个), 然后将这 12 个等边三角形中每个的底边去掉, 如此继续下去, 得到的极限曲线就是 1906 年瑞典数学家 Von Koch 构造的雪花曲线, 到第 n 步时所得曲线的周长 $L_n = 3 \times \left(\dfrac{4}{3}\right)^{n-1}$, 从而 $L_n \to \infty\ (n \to \infty)$. 然而这种周长无穷大的曲线所围成图形的面积 S 却是有限值:

$$S = \frac{\sqrt{3}}{4} + \frac{\sqrt{3}}{4} \times 3 \times \left(\frac{1}{3}\right)^2 + \frac{\sqrt{3}}{4} \times 3 \times 4 \times \left(\frac{1}{3^2}\right)^2 + \cdots = \frac{2\sqrt{3}}{5}.$$

雪花曲线的维数是 $\dfrac{\ln 4}{\ln 3} = 1.2618\cdots$.

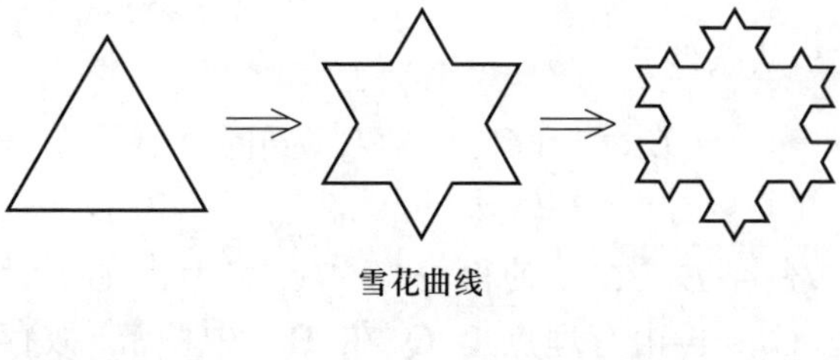

雪花曲线

习题 2.3

3.1 设 E 是 Cantor 集 P 的邻接区间 (即 Cantor 开集 G 的构成区间) 的中点集, 求证: E 的导集 $E' = P$.

3.2 证明 Cantor 开集 G 在 [0,1] 中稠密.

3.3 在构造 Cantor 集 P 的第 n 次三等分时, 去掉的开区间的长度由 3^{-n} 改为 $(1-\alpha)3^{-n}$ $(0<\alpha<1)$, 得到的 Cantor 集称为正测度 Cantor 集或胖 Cantor 集, 记为 P_α. 证明 P_α 的 "长度" 为 α. 而其余的性质与 P 相同.

§4 覆盖 (一): 有限覆盖与可数覆盖

定义 4.1 集族 $\mathscr{F}=\{A_\alpha\}_{\alpha\in I}$ 是集 E 的一个**覆盖**, 是指

$$E\subset\bigcup_{\alpha\in I}A_\alpha. \tag{4.1}$$

特别地, 若 $\mathscr{F}$ 中的集 A_α 都是开集 G_α, 则称 $\mathscr{F}$ 是 E 的一个**开覆盖**, 即

$$E\subset\bigcup_{\alpha\in I}G_\alpha. \tag{4.2}$$

设 $\mathscr{F}_1$, $\mathscr{F}_2$ 都是 E 的覆盖. 若 $\mathscr{F}_1\subset\mathscr{F}_2$, 则称 $\mathscr{F}_1$ 是 $\mathscr{F}_2$ 的**子覆盖**; 若 $\forall A_1\in\mathscr{F}_1$, $\exists A_2\in\mathscr{F}_2$, 使得 $A_1\subset A_2$, 则称 $\mathscr{F}_1$ 是 $\mathscr{F}_2$ 的**加细**. 若指标集 I 为有限集或可数集, 则 $\mathscr{F}$ 分别称为 E 的**有限覆盖**或**可数覆盖**.

若 E 的每个开覆盖都有有限子覆盖, 则称 E 为**紧集**.

定理 4.1 设 $E\subset\mathbf{R}^n$, 则 E 为有界闭集 $\Leftrightarrow$ E 为紧集.

定理 4.1 是微积分中著名的 Heine–Borel–Lebesgue 有限覆盖定理. 若将 E 为有界闭集的条件去掉, 则定理 4.1 中的有限覆盖应换成至多可数覆盖, 即下述 Lindelöf 定理.

定理 4.2 (Lindelöf) 设 $E\subset\mathbf{R}^n$, $\mathscr{F}=\{G_\alpha\}_{\alpha\in I}$ 是 E 的开覆盖, 则 $\mathscr{F}$ 中必可找出至多可数个开集 $\{G_k\}_{k=1}^\infty$, 使得

$$E\subset\bigcup_{k=1}^\infty G_k. \tag{4.3}$$

我们先证定理 4.2. 从条件

$$E\subset\bigcup_{\alpha\in I}G_\alpha\quad(\forall G_\alpha\text{ 为开集}), \tag{4.4}$$

可以推出: 对于 $\forall x\in E$, $\exists G_\alpha$, 使得 $x\in G_\alpha$. 又因为 G_α 为开集, 于是存在开球 $B(x,\delta_x)\subset G_\alpha$. 再由有理点集 $\mathbf{Q}$ 在 $\mathbf{R}^n$ 中稠密, 故存在有理点 $a_x\in$

$B\left(x, \frac{1}{4}\delta_x\right)$. 然后取有理数 r_x, 使得 $\frac{1}{4}\delta_x < r_x < \frac{1}{2}\delta_x$. 于是

$$x \in B(a_x, r_x) \subset B(x, \delta_x) \subset G_\alpha. \tag{4.5}$$

从而 $E \subset \bigcup\limits_{x\in E} B(a_x, r_x)$. 因为 $\{B(a_x, r_x)\}_{x\in E}$ 是至多可数的, 再由 (4.5), 相应的 G_α 是 $\mathscr{F}$ 的至多可数子集族, 并覆盖 E. 证毕.

下面利用定理 4.2 证明定理 4.1:

"⇒": 先设 E 是有界闭集. 若 $E \subset \bigcup\limits_{\alpha\in I} G_\alpha$, 式中 $\forall G_\alpha$ 为开集, 由定理 4.2, $\{G_\alpha\}_{\alpha\in I}$ 中必可找出至多可数个开集 $\{G_k\}_{k=1}^\infty$, 使得 $E \subset \bigcup\limits_{k=1}^\infty G_k$. 令

$$G = \bigcup_{k=1}^\infty G_k, H_n = \bigcup_{k=1}^n G_k, F_n = E \cap H_n^c, \tag{4.6}$$

则 H_n 是开集, 而 $\{F_n\}$ 是递减有界闭集列. 若 $\forall F_n \neq \varnothing$, 则由定理 1.11 (闭集套定理), $\exists x_0 \in F_n(\forall n)$, 由 (4.6), $x_0 \in E$, 且 $x_0 \in H_n^c$. 而 $x_0 \in H_n^c \Rightarrow x_0 \notin H_n(\forall n) \Rightarrow x_0 \notin \bigcup\limits_{n=1}^\infty H_n = \bigcup\limits_{n=1}^\infty G_n = G$. 而这与 $E \subset G$ 的假设相矛盾, 所以, 存在 n_0, 使得 $F_{n_0} = \varnothing$. 即 $E \cap H_{n_0}^c = \varnothing$, 所以 $E \subset H_{n_0} = \bigcup\limits_{k=1}^{n_0} G_k$.

"⇐": 设 E 为紧集. 若 $y \in E^c$, 则对于 $\forall x \in E$, $\exists \delta_x > 0$, 使得

$$B(x, \delta_x) \cap B(y, \delta_x) = \varnothing.$$

于是 $E \subset \bigcup\limits_{x\in E} B(x, \delta_x)$, 由 E 的紧性, 存在有限子覆盖 $\{B(x_k, \delta_{x_k})\}_{k=1}^m$, 所以 E 为有界集, 再令 $\delta = \min\{\delta_{x_1}, \cdots, \delta_{x_m}\}$, 则 $B(y, \delta) \cap E = \varnothing$, 即 $y \notin E'$, 所以 $E' \subset E$, 即 E 为闭集. 证毕.

注 4.1 我们在 §2 中已指出, 在距离空间 (X, d) 中, 有界集不一定是列紧的, 因而有界闭集不一定是紧集, 我们在第七章证明, E 为列紧闭集的充要条件是 E 为紧集. 所以, 在距离空间中, 也把列紧的闭集称为紧集.

我们在第六章 §1 再继续讨论其他形式的覆盖.

第三章　测　度　论

§1　$\mathbf{R}^n$ 中的 Lebesgue 外测度

在第二章 §3 中, 证明了 Cantor 集 P 的“长度”为零. 我们自然要问: 如何将线段长度、平面区域的面积和立体体积的概念推广到 $\mathbf{R}^n$ 中一般的点集上去?

我们回忆在微积分中定义 Riemann 积分 $(R)\int_a^b f(x)\mathrm{d}x$ 时, 对积分区间 $[a,b]$ 分割求和的实质是要用小矩形 S_k 的并集去覆盖曲边梯形 S:

设 $[a,b]$ 的分割 $T=\{a=x_0<x_1<\cdots<x_n=b\}$, 令 $M_k=\sup\{f(x):x_{k-1}\leqslant x\leqslant x_k\}$, 则矩形的面积 (仍记为 S_k): $S_k=M_k\Delta x_k$, 式中 $\Delta x_k=x_k-x_{k-1}$. 而 (R) 上积分 $(R)\overline{\int_a^b} f(x)\mathrm{d}x=\inf\limits_T\left\{\sum\limits_{k=1}^n M_k\Delta x_k\right\}$ 可写成

$$S^*=\inf\left\{\sum_{k=1}^n S_k:\bigcup_{k=1}^n S_k\supset S\right\}. \tag{1.1}$$

由此启发我们也可以用覆盖方法, 从 $\mathbf{R}^n$ 中 n 维区间的量度 (体积) 得到 $\mathbf{R}^n$ 中任一子集 E 的量度.

首先, 我们在第二章 §3 定义了 n 维区间 Q:

$$Q=\{x=(x_1,\cdots,x_n):a_k\leqslant x_k\leqslant b_k,1\leqslant k\leqslant n\},$$

它的体积自然可定义为

$$v(Q)=\prod_{k=1}^n(b_k-a_k). \tag{1.2}$$

定义 1.1 $E\subset\mathbf{R}^n$ 的 Lebesgue 外测度定义为

$$\mu^*(E)=\inf\left\{\sum_{k=1}^{\infty}v(Q_k):\bigcup_{k=1}^{\infty}Q_k\supset E,Q_k\text{ 为 }n\text{ 维区间}\right\}. \tag{1.3}$$

在本书中我们简称为 E 的外测度.

注 1.1 因为 n 维开区间 $\mathring{Q}$:

$$\mathring{Q}=\{x=(x_1,\cdots,x_n):a_k<x_k<b_k,1\leqslant k\leqslant n\}$$

的体积 $v(\mathring{Q})=v(Q)$, 所以, (1.3) 中的 Q_k 可换成 $\mathring{Q}_k$. 若将 (1.3) 中 Q_k 的可数并改为有限并, 就得到 Jordan 外测度, 从 (1.1) 式知, 它只能导致 Riemann 积分.

评注: 我们在理解和使用外测度的定义时, 要注意使用下确界的定义 (见第一章 §1), 即

(1) 任意 $\sum\limits_{k=1}^{\infty}v(Q_k)\geqslant\mu^*(E)$;

(2) $\forall\varepsilon>0$, 存在 $\sum\limits_{k=1}^{\infty}v(Q_k)<\mu^*(E)+\varepsilon$.

在证明有关外测度的等式时, 利用外测度的次可数可加性得到一个不等式, 要证明相反的不等式, 则要利用上述的 (2).

定理 1.1 外测度 $\mu^*(E)$ 有以下基本性质:

(1) 非负性: $\mu^*(E)\geqslant 0$, $\mu^*(\varnothing)=0$;

(2) 单调性: $E_1\subset E_2\Rightarrow\mu^*(E_1)\leqslant\mu^*(E_2)$;

(3) 次可数可加性: $\mu^*\left(\bigcup\limits_{k=1}^{\infty}E_k\right)\leqslant\sum\limits_{k=1}^{\infty}\mu^*(E_k)$. (1.4)

证 (1) 从定义 1.1 得出.

(2) 设 $E_1\subset E_2$, 若 $E_2\subset\bigcup\limits_{k=1}^{\infty}Q_k$, 则 $E_1\subset\bigcup\limits_{k=1}^{\infty}Q_k$, 由定义 1.1,

$$\mu^*(E_1)\leqslant\sum_{k=1}^{\infty}v(Q_k),$$

在不等式的两边对于所有 $\bigcup\limits_{k=1}^{\infty}Q_k\supset E_2$ 取下确界, 得到

$$\mu^*(E_1)\leqslant\inf\left\{\sum_{k=1}^{\infty}v(Q_k):\bigcup_{k=1}^{\infty}Q_k\supset E_2\right\}=\mu^*(E_2).$$

(3) 不妨设 $\sum\limits_{k=1}^{\infty}\mu^*(E_k)<\infty$. 对每个 $E_k,\forall\varepsilon>0$, 由定义 1.1, 存在 $\{Q_{k,j}\}$,

使得 $E_k \subset \bigcup\limits_{j=1}^{\infty} Q_{k,j}$, 且 $\sum\limits_{j=1}^{\infty} v(Q_{k,j}) < \mu^*(E_k) + \dfrac{\varepsilon}{2^k}$, 从而 $\bigcup\limits_{k=1}^{\infty} E_k \subset \bigcup\limits_{k=1}^{\infty}\bigcup\limits_{j=1}^{\infty} Q_{k,j}$, 且

$$\mu^*\left(\bigcup_{k=1}^{\infty} E_k\right) \leqslant \sum_{k=1}^{\infty}\sum_{j=1}^{\infty} v(Q_{k,j}) < \sum_{k=1}^{\infty} \mu^*(E_k) + \varepsilon,$$

由 $\varepsilon > 0$ 的任意性, 得到 (1.4) 式.

定理 1.2 设 Q 是 $\mathbf{R}^n$ 中闭区间, 则

$$\mu^*(Q) = v(Q).$$

证 因为 $Q \supset Q$, 由定义 1.1, $\mu^*(Q) \leqslant v(Q) < \infty$. 为证反向不等式, 由 $\mu^*(Q) < \infty$, $\forall \varepsilon > 0$, 存在闭区间列 $\{Q_k\}$, 使得 $Q \subset \bigcup\limits_{k=1}^{\infty} Q_k$, 且 $\sum\limits_{k=1}^{\infty} v(Q_k) \leqslant \mu^*(Q) + \varepsilon$. 对 $\forall \eta > 0$, 存在开区间 $Q_k^* \supset Q_k$, 使得

$$v(Q_k^*) \leqslant (1+\eta)v(Q_k), \forall k.$$

因为 $Q \subset \bigcup\limits_{k=1}^{\infty} Q_k \subset \bigcup\limits_{k=1}^{\infty} Q_k^*$, 由有限覆盖定理 (第二章定理 4.1), Q 的开覆盖 $\{Q_k^*\}_{k=1}^{\infty}$ 中包含有限子覆盖, 不妨记为 $\{Q_k^*\}_{k=1}^{m}$, 即 $Q \subset \bigcup\limits_{k=1}^{m} Q_k^*$, 所以

$$v(Q) \leqslant \sum_{k=1}^{\infty}(1+\eta)v(Q_k) < (1+\eta)(\mu^*(Q) + \varepsilon).$$

由 $\varepsilon > 0, \eta > 0$ 的任意性, 得到 $v(Q) \leqslant \mu^*(Q)$. 证毕.

设 Q 是 $\mathbf{R}^n$ 中任意区间, 请读者证明

$$\mu^*(Q) = v(Q). \tag{1.5}$$

定理 1.3 设 $E \subset \mathbf{R}^n$, 则对于 $\forall \varepsilon > 0$, 存在开集 $G \supset E$, 使得

$$\mu^*(E) \leqslant \mu^*(G) < \mu^*(E) + \varepsilon, \tag{1.6}$$

从而

$$\mu^*(E) = \inf\{\mu^*(G) : G \supset E, G \text{ 为开集}\}. \tag{1.7}$$

证 不妨设 $\mu^*(E) < \infty$, 由定义 1.1, 对 $\forall \varepsilon > 0$, 存在闭区间列 $\{Q_k\}$, 使得

$$E \subset \bigcup_{k=1}^{\infty} Q_k \quad 且 \quad \sum_{k=1}^{\infty} v(Q_k) < \mu^*(E) + \frac{\varepsilon}{2}.$$

对每个 Q_k, 存在开区间 Q_k^*, 使得

$$Q_k \subset Q_k^* \quad 且 \quad v(Q_k^*) \leqslant v(Q_k) + \frac{\varepsilon}{2^{k+1}}.$$

令 $G = \bigcup_{k=1}^{\infty} Q_k^*$, 则 G 为开集且 $G \supset E$, 由定理 1.1 和 (1.5), 有

$$\begin{aligned}\mu^*(E) &\leqslant \mu^*(G) \leqslant \sum_{k=1}^{\infty} \mu^*(Q_k^*) = \sum_{k=1}^{\infty} v(Q_k^*) \\ &\leqslant \sum_{k=1}^{\infty} \left(v(Q_k) + \frac{\varepsilon}{2^{k+1}} \right) = \sum_{k=1}^{\infty} v(Q_k) + \frac{\varepsilon}{2} < \mu^*(E) + \varepsilon.\end{aligned}$$

证毕.

由于 $\mathbf{R}^n$ 特殊的几何结构, $\mathbf{R}^n$ 的子集 E 的外测度 $\mu^*(E)$ 还有以下依赖于 $\mathbf{R}^n$ 几何结构的性质:

定理 1.4 $\mu^*(E)$ 具有平移和旋转不变性, 即

(1) 设 $x_0 \in \mathbf{R}^n$, 令

$$E + \{x_0\} = \{x + x_0 : x \in E\}, \tag{1.8}$$

则

$$\mu^*(E + \{x_0\}) = \mu^*(E). \tag{1.9}$$

(2) 设 Q^* 是其边平行于旋转后的坐标轴的区间, 令

$$\mu^{**}(E) = \inf \left\{ \sum_{k=1}^{\infty} v(Q_k^*) : \bigcup_{k=1}^{\infty} Q_k^* \supset E \right\}, \tag{1.10}$$

则

$$\mu^{**}(E) = \mu^*(E). \tag{1.11}$$

证 (1) 因为 n 维区间的体积有平移不变性, 所以, 对于, $\bigcup_{k=1}^{\infty} Q_k \supset E$, 有

$$\bigcup_{k=1}^{\infty} (Q_k + \{x_0\}) \supset (E + \{x_0\}).$$

于是

$$\mu^*(E + \{x_0\}) \leqslant \sum_{k=1}^{\infty} v(Q_k + \{x_0\}) = \sum_{k=1}^{\infty} v(Q_k).$$

从而 $\mu^*(E+\{x_0\}) \leqslant \mu^*(E)$. 反之, 对 $E+\{x_0\}$ 作向量 $-x_0$ 平移, 得到 E, 于是又有

$$\mu^*(E) \leqslant \mu^*(E+\{x_0\}).$$

这就证明了 (1.9) 式.

(2) 的证明分为两步:

1) 先证对每个 Q^*, $\forall \varepsilon > 0$, 存在方体列 $\{Q_k\}$, 使得 $\bigcup\limits_{k=1}^{\infty} Q_k \supset Q^*$, 且

$$\sum_{k=1}^{\infty} v(Q_k) \leqslant v(Q^*) + \varepsilon. \tag{1.12}$$

为此, 设 n 维区间 A 的内部 $\mathring{A}$ (开核) 包含 Q^*, 即 $Q^* \subset \mathring{A}$, 且

$$v(A) < v(Q^*) + \varepsilon.$$

由开集的构造 (第二章 §3), $\mathring{A}$ 可分解为

$$\mathring{A} = \bigcup_{k=1}^{\infty} Q_k,$$

其中 $\{Q_k\}$ 互不重叠, 对 $\forall m$, 有

$$\bigcup_{k=1}^{m} Q_k \subset \bigcup_{k=1}^{\infty} Q_k = \mathring{A} \subset A,$$

从而

$$\sum_{k=1}^{m} v(Q_k) \leqslant v(A) < v(Q^*) + \varepsilon.$$

令 $m \to \infty$, 即得 (1.12).

2) 从 (1.10) 式, 对 $\forall \varepsilon > 0$, 存在区间列 Q_k^*, 使得 $E \subset \bigcup\limits_{k=1}^{\infty} Q_k^*$ 且

$$\sum_{k=1}^{\infty} v(Q_k^*) < \mu^{**}(E) + \frac{\varepsilon}{2}. \tag{1.13}$$

而对于每个 Q_k^*, 由 (1.12), 存在方体列 $\{Q_{k,j}\}$, 使得 $\bigcup\limits_{j=1}^{\infty} Q_{k,j} \supset Q_k^*$, 而且

$$\sum_{j=1}^{\infty} v(Q_{k,j}) \leqslant v(Q_k^*) + \frac{\varepsilon}{2^{k+1}}. \tag{1.14}$$

于是, 从 $\bigcup\limits_{k,j} Q_{k,j} \supset \bigcup\limits_{k=1}^{\infty} Q_k^* \supset E$ 以及 (1.14) 和 (1.13), 有

$$\mu^*(E) \leqslant \sum_{k,j} v(Q_{k,j}) < \sum_{k=1}^{\infty} v(Q_k^*) + \frac{\varepsilon}{2} < \mu^{**}(E) + \varepsilon.$$

由 $\varepsilon > 0$ 的任意性, 得到

$$\mu^*(E) \leqslant \mu^{**}(E).$$

由论证的对称性, 将 $\mu^*(E)$ 与 $\mu^{**}(E)$ 互换, 得 $\mu^{**}(E) \leqslant \mu^*(E)$. 证毕.

定理 1.5 设 E_1, E_2 为 $\mathbf{R}^n$ 中两个集合, 若 E_1 与 E_2 之间的距离 $d(E_1, E_2) = d > 0$, 则

$$\mu^*(E_1 \cup E_2) = \mu^*(E_1) + \mu^*(E_2). \tag{1.15}$$

证 由外测度的次可加性, 只要证反向不等式:

$$\mu^*(E_1 \cup E_2) \geqslant \mu^*(E_1) + \mu^*(E_2). \tag{1.16}$$

不妨设 $\mu^*(E_1 \cup E_2) < \infty$. 由外测度的定义 1.1, 对 $\forall \varepsilon > 0$, 存在区间列 $\{Q_k\}$, 使得

$$\bigcup_{k=1}^{\infty} Q_k \supset E_1 \cup E_2, \text{ 且 } \sum_{k=1}^{\infty} v(Q_k) < \mu^*(E_1 \cup E_2) + \varepsilon,$$

其中所有 Q_k 的直径 $\operatorname{diam} Q_k < d$, 则每个 Q_k 不能同时含有 E_1, E_2 的点. 于是可对 $\bigcup\limits_{k=1}^{\infty} Q_k$ 作分解:

$$\bigcup_{k=1}^{\infty} Q_k = \left(\bigcup_{j} Q_{k,j}\right) \cup \left(\bigcup_{m} Q_{k,m}\right),$$

式中 $\bigcup\limits_{j} Q_{k,j} \supset E_1, \bigcup\limits_{m} Q_{k,m} \supset E_2$, 所以

$$\begin{aligned}\mu^*(E_1 \cup E_2) + \varepsilon > \sum_{k=1}^{\infty} v(Q_k) &= \sum_{j} v(Q_{k,j}) + \sum_{m} v(Q_{k,m}) \\ &\geqslant \mu^*(E_1) + \mu^*(E_2).\end{aligned}$$

由 $\varepsilon > 0$ 的任意性, 即得 (1.16). 证毕.

注 1.2 定理 1.5 中的条件 $d(E_1, E_2) > 0$ 不能减弱为 $E_1 \cap E_2 = \varnothing$, 但这时可加上 E_1, E_2 均为非空闭集且其一有界, 即

推论 1.6 设 E_1, E_2 为 $\mathbf{R}^n$ 中非空闭集, 且至少一个有界, 若 $E_1 \cap E_2 = \varnothing$,

则

$$\mu^*(E_1 \cup E_2) = \mu^*(E_1) + \mu^*(E_2).$$

证　由第二章习题 1.4 可推出 $d(E_1, E_2) > 0$, 从而利用定理 1.5 即可得证.

例 1.1　设 $E = \{x_0\}$ 为 $\mathbf{R}^n$ 中的单点集, 则

$$\mu^*(E) = 0.$$

证　对 $\forall \varepsilon > 0$, 可作开区间 Q, 使得 $x_0 \in Q$, 且 $v(Q) < \varepsilon$. 于是

$$0 \leqslant \mu^*(E) \leqslant \mu^*(Q) = v(Q) < \varepsilon.$$

由 $\varepsilon > 0$ 的任意性, $\mu^*(E) = 0$.

例 1.2　设 E 为 $\mathbf{R}^n$ 中可数集, 则 $\mu^*(E) = 0$.

证　因为可数集 E 可写成

$$E = \{x_1, x_2, \cdots, x_k, \cdots\} = \bigcup_{k=1}^{\infty} \{x_k\},$$

所以 $0 \leqslant \mu^*(E) \leqslant \sum\limits_{k=1}^{\infty} \mu^*\{x_k\} = 0$, 即 $\mu^*(E) = 0$.

由此推出 $\mathbf{R}^n$ 中有理坐标点集 E 的外测度为零. 特别地 $\mathbf{R}^1$ 中有理数集 $\mathbf{Q}$ 的外测度为零. 应注意它的逆否命题: 若 $\mu^*(E) > 0$, 则 E 必为不可数集.

习题 3.1

1.1　设 $\mu^*(E_1), \mu^*(E_2)$ 中至少一个有限, 求证

$$\mu^*(E_2 - E_1) \geqslant \mu^*(E_2) - \mu^*(E_1).$$

1.2　若 $\mu^*(A) = 0$, 求证对任意集 B, 成立

$$\mu^*(A \cup B) = \mu^*(B).$$

由此证明 $[0, 1]$ 中无理数集 $\mathbf{Q}^c$ 的外测度为 1.

1.3　设 $\mu^*(E_1 - E_2) = \mu^*(E_2 - E_1) = 0$, 求证

$$\mu^*(E_1) = \mu^*(E_2) = \mu^*(E_1 \cup E_2) = \mu^*(E_1 \cap E_2).$$

1.4　设 $E \subset \mathbf{R}^1$, $0 < \mu^*(E) < \infty$, 求证对任意正数 $c < \mu^*(E)$, 存在 $A \subset E$, 使得 $\mu^*(A) = c$ (外测度的介值性质).

(提示: 令 $f(x) = \mu^*(E \cap (-\infty, x])$, 先证 f 是连续函数, 再用闭区间上连续函数的介值定理.)

§2 $\mathbf{R}^n$ 中的 Lebesgue 测度

一、可测集的定义

定理 1.2 和 (1.5) 式表明, $\mathbf{R}^n$ 中 n 维区间 Q 的外测度 $\mu^*(Q)$ 等于 Q 的体积 $v(Q)$, 但因为外测度 $\mu^*(E)$ 是用下确界定义的, 它没有可加性, 即不满足:

$$E_j \cap E_k = \varnothing\ (k \neq j) \Rightarrow \mu^*\left(\bigcup_{k=1}^{\infty} E_k\right) = \sum_{k=1}^{\infty} \mu^*(E_k). \tag{2.1}$$

这说明 $\mu^*(E)$ 还不能作为体积概念的推广, 为此, 就要对 $\mu^*(E)$ 加上某种限制, 使之满足可加性 (2.1), 这时的 $\mu^*(E)$ 就称为 E 的测度, 记为 $\mu(E)$. 对 $\mu^*(E)$ 作这种限制, 有多种等价方法, 我们选取使读者容易理解的下述方式.

从定理 1.3, 对 $\forall E \subset \mathbf{R}^n$, $\forall \varepsilon > 0$, 都存在开集 $G \supset E$, 使得

$$0 \leqslant \mu^*(G) - \mu^*(E) < \varepsilon. \tag{2.2}$$

因为 $G = E \cup (G - E)$, 由外测度的次可加性, $\mu^*(G) \leqslant \mu^*(E) + \mu^*(G - E)$, 从而

$$\mu^*(G) - \mu^*(E) \leqslant \mu^*(G - E). \tag{2.3}$$

因此, 若将 (2.2) 加强为

$$\mu^*(G - E) < \varepsilon,$$

就是对 $\mu^*(E)$ 的一种附加的限制, 于是, 我们得到定义 2.1:

定义 2.1 设 $E \subset \mathbf{R}^n$, 若对 $\forall \varepsilon > 0$, 存在开集 $G \supset E$, 使得

$$\mu^*(G - E) < \varepsilon, \tag{2.4}$$

则称 E 是 **Lebesgue 可测集**, 这时 $\mu^*(E)$ 称为 E 的 **Lebesgue 测度**. 在本书中简称为 (L) 测度或测度, 记为 $\mu(E)$. 即对于可测集 E, $\mu(E) = \mu^*(E)$.

注 2.1 定义 2.1 中开集 G 与 ε 有关. 它表明, 若 E 是可测集, 则对 $\forall k$, 存在开集 $G_k \supset E$, 使得

$$\mu^*(G_k - E) < \frac{1}{k}. \tag{2.5}$$

例 2.1 所有开集 $G \subset \mathbf{R}^n$ 都是可测集.

证 因为 $G = E$ 时, 对 $\forall \varepsilon > 0$, 有

$$\mu^*(G - E) = \mu^*(\varnothing) = 0 < \varepsilon.$$

例 2.2 若 $\mu^*(E) = 0$, 则 E 可测, 且 $\mu(E) = 0$.

证 从 (2.2), $\mu^*(G) < \varepsilon$, 又因为 $G - E \subset G$, 所以 $\mu^*(G - E) \leqslant \mu^*(G) < \varepsilon$, 即 E 为可测集, 从而 $\mu(E) = \mu^*(E) = 0$.

评注: 对于一般的集合 E, $\mu(E) = 0$ 不能推出 $E = \varnothing$. 但是对于开集 G,

$$\mu(G) = 0 \Rightarrow G = \varnothing.$$

可用反证法证明: 若 $G \neq \varnothing$, 则 $\exists x_0 \in G$, 又 G 是开集, 于是 $\exists \delta > 0$, 使得 $B(x_0, \delta) \subset G$. 从而 $0 < \mu(B(x_0, \delta)) \leqslant \mu(G) = 0$, 导致矛盾. 它的逆否命题是

$$G \neq \varnothing \Rightarrow \mu(G) > 0.$$

例 2.3 设 $\mu^*(E) = 0$, 则 E 的所有子集 A 都是可测集, 且 $\mu(A) = 0$.

例 2.4 (Borel–Cantelli 引理) 设 $\sum\limits_{k=1}^{\infty} \mu^*(E_k) < \infty$, 求证

$$\mu\left(\limsup_{k\to\infty} E_k\right) = 0, \tag{2.6}$$

从而

$$\mu\left(\liminf_{k\to\infty} E_k\right) = 0. \tag{2.7}$$

例 2.3 和 2.4 的证明留给读者.

二、可测集的性质

定理 2.1 设 $\{E_k\}$ 是可测集列, 则 $E = \bigcup\limits_{k=1}^{\infty} E_k$ 也是可测集, 且

$$\mu\left(\bigcup_{k=1}^{\infty} E_k\right) \leqslant \sum_{k=1}^{\infty} \mu(E_k). \tag{2.8}$$

证 对于 $\forall \varepsilon > 0$, 由 E_k 可测, 存在开集 $G_k \supset E_k$, 使得 $\mu^*(G_k - E_k) < \dfrac{\varepsilon}{2^k}$. 令 $G = \bigcup\limits_{k=1}^{\infty} G_k$, 则 G 为开集, 且 $G \supset E$. 再从

$$G - E \subset \bigcup_{k=1}^{\infty} (G_k - E_k)$$

得

$$\mu^*(G - E) \leqslant \sum_{k=1}^{\infty} \mu^*(G_k - E_k) < \varepsilon.$$

于是 E 是可测集, 从而 (2.8) 可由 (1.4) 推出. 证毕.

评注: 若 I 是不可数集, $\alpha \in I$, $\forall E_\alpha$ 可测, 不能推出 $\bigcup\limits_{\alpha\in I} E_\alpha$ 可测.

推论 2.2 n 维闭区间 Q 是可测集, 且

$$\mu(Q) = v(Q).$$

证 $Q = \mathring{Q} \cup (\partial Q)$. 因为 Q 的边界 ∂Q 的外测度 $\mu^*(\partial Q) = 0$, 从而 ∂Q 可测且 $\mu(\partial Q) = 0$. 又由例 2.1, 开集 $\mathring{Q}$ 可测. 于是由定理 2.1, Q 可测并且由定理 1.2,

$$\mu(Q) = \mu^*(Q) = v(Q).$$

例 2.5 设 $\{Q_k\}_{k=1}^m$ 是有限多个互不重叠的 n 维区间列, 求证 $E = \bigcup\limits_{k=1}^{m} Q_k$ 是可测集, 且

$$\mu\left(\bigcup_{k=1}^{m} Q_k\right) = \sum_{k=1}^{m} \mu(Q_k). \tag{2.9}$$

证明留给读者.

定理 2.3 闭集 F 是可测集.

证 (1) 先设 F 是有界闭集, 由定理 1.3, 对 $\forall \varepsilon > 0$, 存在开集 $G \supset F$, 使得

$$\mu(G) < \mu^*(F) + \varepsilon.$$

因为 $G - F$ 为开集, 由第二章定理 3.2, 它可分解为互不重叠的闭区间列 $\{Q_k\}$ 的并集:

$$G - F = \bigcup_{k=1}^{\infty} Q_k.$$

所以

$$\mu^*(G - F) = \mu^*\left(\bigcup_{k=1}^{\infty} Q_k\right) \leqslant \sum_{k=1}^{\infty} \mu(Q_k).$$

只要证明

$$\sum_{k=1}^{\infty} \mu(Q_k) < \varepsilon. \tag{2.10}$$

为此, 对 $\forall m \in \mathbf{N}$,

$$G = F \cup (G - F) = F \cup \left(\bigcup_{k=1}^{\infty} Q_k\right) \supset F \cup \left(\bigcup_{k=1}^{m} Q_k\right).$$

又 $F \cap \left(\bigcup\limits_{k=1}^{m} Q_k\right) = \varnothing$, 于是, 从推论 1.6 和例 2.5, 有

$$\mu^*(G) \geqslant \mu^*\left(F \cup \left(\bigcup_{k=1}^{m} Q_k\right)\right) = \mu^*(F) + \mu^*\left(\bigcup_{k=1}^{m} Q_k\right) = \mu^*(F) + \sum_{k=1}^{m} \mu^*(Q_k),$$

从而

$$\sum_{k=1}^{m} \mu(Q_k) \leqslant \mu(G) - \mu^*(F) < \varepsilon.$$

令 $m \to \infty$, 即得 (2.10). 这表明 F 是可测集.

(2) 若 F 是无界闭集, 则可对 F 作分解:

$$F = \bigcup_{k=1}^{\infty} F_k,$$

式中 $F_k = F \cap B(0,k)$, 而

$$B(0,k) = \left\{x \in \mathbf{R}^n : |x| = \left(\sum_{k=1}^{n} |x_k|^2\right)^{1/2} \leqslant k\right\}.$$

所以, F_k 为有界闭集, 从 (1) 可知 F_k 可测. 再由定理 2.1, F 可测. 证毕.

定理 2.4　设 E 可测, 则 E 的余集 E^c 可测.

证　由 E 可测, 对 $\forall k \in \mathbf{N}$, 存在开集 $G_k \supset E$, 使得 $\mu^*(G_k - E) < \dfrac{1}{k}$. G_k^c 为闭集, 由定理 2.3, G_k^c 可测且 $G_k^c \subset E^c$, 从而由定理 2.1, $H = \bigcup\limits_{k=1}^{\infty} G_k^c$ 可测, 且 $H \subset E^c$. 令 $A = E^c - H$, 则 $A = E^c - H = E^c \cap H^c = E^c \cap \left(\bigcap\limits_{k=1}^{\infty} G_k\right) \subset E^c \cap G_k = G_k - E$, 从而 $\mu^*(A) < \dfrac{1}{k}$, 于是 $\mu^*(A) = 0$. 由例 2.2, A 可测, 从而 $E^c = A \cup H$ 可测. 证毕.

定理 2.5　设 $\{E_k\}$ 是可测集列, 则 $E = \bigcap\limits_{k=1}^{\infty} E_k$ 是可测集.

证　E_k 可测 $\Rightarrow E_k^c$ 可测 $\Rightarrow E^c = \bigcup\limits_{k=1}^{\infty} E_k^c$ 可测 $\Rightarrow E$ 可测. 证毕.

定理 2.6　设 E_1, E_2 可测, 则 $E_1 - E_2$ 可测.

证　E_2 可测 $\Rightarrow E_2^c$ 可测 $\Rightarrow E_1 - E_2 = E_1 \cap E_2^c$ 可测. 证毕.

定理 2.7 E 可测 $\Leftrightarrow \forall\varepsilon>0$, 存在闭集 $F\subset E$, 使得

$$\mu^*(E-F)<\varepsilon. \tag{2.11}$$

证 E 可测 $\Leftrightarrow E^c$ 可测, 由定义 2.1, 对 $\forall\varepsilon>0$, 存在开集 $G\supset E^c$, 使得 $\mu^*(G-E^c)<\varepsilon$. 令 $F=G^c$, 则 $F\subset E$ 且 $E-F=E-G^c=E\cap G=G-E^c$, 于是 $\mu^*(E-F)=\mu^*(G-E^c)<\varepsilon$. 证毕.

定理 2.8 设 $\{E_k\}$ 是互不相交的可测集列, 则

$$\mu\left(\bigcup_{k=1}^{\infty}E_k\right)=\sum_{k=1}^{\infty}\mu(E_k). \tag{2.12}$$

证 (1) 先设所有 E_k 都是有界集, 对于 $\forall\varepsilon>0$, 由定理 2.7, 存在闭集 $F_k\subset E_k$, 使得 $\mu^*(E_k-F_k)<\varepsilon/2^k$, 从而 $\mu^*(E_k)\leqslant\mu^*(F_k)+\varepsilon/2^k$. 因为 $\{E_k\}$ 有界且互不相交, 所以, $\{F_k\}$ 是互不相交的有界闭集列. 由推论 1.6 , 对 $\forall m$, 有 $\mu\left(\bigcup\limits_{k=1}^{m}F_k\right)=\sum\limits_{k=1}^{m}\mu(F_k)$. 于是, 从 $\bigcup\limits_{k=1}^{m}F_k\subset\bigcup\limits_{k=1}^{\infty}E_k$ 可推出

$$\mu\left(\bigcup_{k=1}^{\infty}E_k\right)\geqslant\mu\left(\bigcup_{k=1}^{m}F_k\right)=\sum_{k=1}^{m}\mu(F_k)\geqslant\sum_{k=1}^{m}\mu(E_k)-\varepsilon,$$

由 $\varepsilon>0$ 的任意性, 得 $\mu\left(\bigcup\limits_{k=1}^{\infty}E_k\right)\geqslant\sum\limits_{k=1}^{m}\mu(E_k)$. 令 $m\to\infty$, 得

$$\mu\left(\bigcup_{k=1}^{\infty}E_k\right)\geqslant\sum_{k=1}^{\infty}\mu(E_k).$$

再由 (2.8) 式, 即得 (2.12) 式.

(2) 对于一般的 E_k, 取递增到 $\mathbf{R}^n$ 的区间列 $\{Q_k\}$, 并令 $A_1=Q_1$, $A_k=Q_k-Q_{k-1}$, $k\geqslant2$, 则 $E_{k,j}=E_k\cap A_j$ 是互不相交的有界可测集列, 而且 $E_k=\bigcup\limits_{j=1}^{\infty}E_{k,j}$, 所以

$$\mu\left(\bigcup_{k=1}^{\infty}E_k\right)=\mu\left(\bigcup_{k,j}E_{k,j}\right)=\sum_{k,j}\mu(E_{k,j})=\sum_{k=1}^{\infty}\mu(E_k).$$

证毕.

推论 2.9 设 $\{Q_k\}$ 是互不重叠的区间列, 则

$$\mu\left(\bigcup_{k=1}^{\infty}Q_k\right)=\sum_{k=1}^{\infty}\mu(Q_k). \tag{2.13}$$

证　因为 $\{\mathring{Q}_k\}$ 互不相交, 所以, 由定理 2.8,

$$\mu\left(\bigcup_{k=1}^{\infty} Q_k\right) \geqslant \mu\left(\bigcup_{k=1}^{\infty} \mathring{Q}_k\right) = \sum_{k=1}^{\infty} \mu(\mathring{Q}_k) = \sum_{k=1}^{\infty} \mu(Q_k).$$

再由 (2.8), 即得 (2.13) 式. 证毕.

推论 2.10　设 E_1, E_2 为可测集, $E_1 \subset E_2$, $\mu(E_1) < \infty$, 则

$$\mu(E_2 - E_1) = \mu(E_2) - \mu(E_1). \tag{2.14}$$

证　$E_2 = E_1 \cup (E_2 - E_1)$, 由定理 2.8, $\mu(E_2) = \mu(E_1) + \mu(E_2 - E_1)$. 又 $\mu(E_1) < \infty$, 于是 $\mu(E_2 - E_1) = \mu(E_2) - \mu(E_1)$. 证毕.

定理 2.11　设 $\{E_k\}$ 是可测集列, $\lim\limits_{k\to\infty} E_k = E$.

(1) (下连续性) 若 $\{E_k\}$ 递增, 则 $E = \bigcup\limits_{k=1}^{\infty} E_k$ 可测, 且

$$\lim_{k\to\infty} \mu(E_k) = \mu\left(\lim_{k\to\infty} E_k\right) = \mu(E). \tag{2.15}$$

(2) (上连续性) 若 $\{E_k\}$ 递减, 且存在某个 k, 使得 $\mu(E_k) < \infty$, 则 $E = \bigcap\limits_{k=1}^{\infty} E_k$ 可测, 且

$$\lim_{k\to\infty} \mu(E_k) = \mu(E). \tag{2.16}$$

证　(1) 若有某个 $\mu(E_k) = \infty$, 则 $\mu(E) = \infty$, 这时 (2.15) 成立, 下面设所有 $\mu(E_k) < \infty$. 令 $A_1 = E_1$, $A_k = E_k - E_{k-1} (k \geqslant 2)$, 则 $\{A_k\}$ 互不相交且 $E = \bigcup\limits_{k=1}^{\infty} A_k$. 由推论 2.10, $\mu(A_k) = \mu(E_k) - \mu(E_{k-1})$, 所以, 由定理 2.8, 有

$$\mu(E) = \sum_{k=1}^{\infty} \mu(A_k) = \lim_{m\to\infty} \sum_{k=1}^{m} \mu(A_k) = \lim_{m\to\infty} \mu\left(\bigcup_{k=1}^{m} A_k\right) = \lim_{m\to\infty} \mu(E_m).$$

(2) 不妨设 $\mu(E_1) < \infty$, $\{E_k\}$ 递减 $\Rightarrow \{E_k^c = E_1 - E_k\}$ 递增, 而且

$$E^c = \left(\bigcap_{k=1}^{\infty} E_k\right)^c = \bigcup_{k=1}^{\infty} E_k^c.$$

从 (1) 可知 $\mu(E^c) = \lim\limits_{k\to\infty} \mu(E_k^c)$, 即

$$\mu(E_1 - E) = \lim_{k\to\infty} \mu(E_1 - E_k).$$

又 $\mu(E_1) < \infty$, 所以 $\mu(E_1) - \mu(E) = \mu(E_1) - \lim\limits_{k\to\infty} \mu(E_k)$, 即 $\mu(E) = \lim\limits_{k\to\infty} \mu(E_k)$.

证毕.

注 2.2 在 (2.16) 中, 某个 $\mu(E_k)<\infty$ 的条件不能少. 例如, 设 $B_k=B(0,k)$ 表示以原点为中心、k 为半径的球. 令 $E_k=B_k^c$, 则 $E_k\searrow\varnothing$, $\mu(E_k)=\infty(\forall k)$. $\mu(\varnothing)=0$, 但 $\lim\limits_{k\to\infty}\mu(E_k)=\infty\neq\mu(\varnothing)$.

注 2.3 在定理 2.11 中分别去掉 $\{E_k\}$ 可测和单调的条件, 相应的结论放在下面的习题 2.4 和 2.5 中.

定义 2.2 $\mathbf{R}^n$ 中 (或一般拓扑空间 X 中) 包含开集的最小 σ 代数称为 $\mathbf{R}^n$ (或 X) 的 Borel σ 代数. (包含开集的最小 σ 代数 Σ_0 是指: 对任一包含开集的 σ 代数 Σ, 若 $G\in\Sigma_0$, 则 $G\in\Sigma$.) Borel σ 代数中的集称为 Borel 集, 由第一章 §1 中 σ 代数的定义 1.5, 从开集出发, 反复运用求可数并、可数交及取余运算所得的集都是 Borel 集. 因此, 从可测集的上述性质立即得出:

定理 2.12 Borel 集必为 (L) 可测集.

注 2.4 (L) 可测集不一定是 Borel 集. 在下面定理 2.13 中, 我们将进一步证明 (L) 可测集与 Borel 集只相差一个零测度集.

例 2.6 设 P 是 $[0,1]$ 中有正测度的 Cantor 集 (见第二章习题 3.3), A 是 P 的不可测子集. 令 $G=[0,1]-P$, 定义函数 f:

$$f(x)=\frac{\mu([0,x]\cap G)}{\mu(G)},\quad x\in[0,1],$$

则 $f(0)=0$, $f(1)=1$, 且 f 是 $[0,1]\to[0,1]$ 的严格递增的连续函数, 从而是同胚映射. 对开集 G 作分解: $G=\bigcup\limits_{k=1}^{\infty}(\alpha_k,\beta_k)$, 式中 $\{(\alpha_k,\beta_k)\}_{k=1}^{\infty}$ 互不相交. 从而 $\mu(G)=\sum\limits_{k=1}^{\infty}(\beta_k-\alpha_k)$. 注意到 $f(\beta_k)-f(\alpha_k)=\dfrac{\beta_k-\alpha_k}{\mu(G)}$, 于是 $\mu(f(G))=\sum\limits_{k=1}^{\infty}(f(\beta_k)-f(\alpha_k))=1$. 从而 $\mu(f(P))=1-\mu(f(G))=1-1=0$. 另一方面, 由 f 在 $[0,1]$ 上严格递增连续, 所以, 对 $[0,1]$ 中任一开区间 (α,β), 它的像集 $f((\alpha,\beta))=(f(\alpha),f(\beta))$ 也是开区间, 从而 $f(P)$ 是完备的疏集, 于是 $f(P)$ 也是 Borel 可测的, 而且 $f(P)$ 的 Borel 测度也是零. 由于 $f(A)\subset f(P)$, 所以 $\mu(f(A))=0$, 但 $f(A)$ 不是 Borel 集, 这是因为同胚映射将 Borel 集映成 Borel 集, 因此, 若 $f(A)$ 为 Borel 集, 则 A 也为 Borel 集, 从而 A 为 (L) 可测集, 与假设矛盾 (详见 [20] PP. 227–228).

定义 2.3 定义在一切 Borel 集上的测度, 若每个紧集的测度是有限的, 则称为 Borel 测度.

习题 3.2 (一)

2.1 证明例 2.3、2.4、2.5.

2.2 开集 G 的闭包 $\overline{G}$ 的测度 $\mu(\overline{G})$ 是否等于 $\mu(G)$?

2.3 在 $\mathbf{R}^1$ 中构造一个只含无理点的闭集 F, 使得 $\mu(F)>0$.

2.4 (1) **外测度的下连续性**: 设 $\{E_k\}$ 是递增集列, 证明:

$$\lim_{k\to\infty}\mu^*(E_k)=\mu^*\left(\bigcup_{k=1}^{\infty}E_k\right); \tag{2.17}$$

(2) **外测度的上连续性**: 设 $\{E_k\}$ 是递减集列, 且存在某个 k, 使得 $\mu^*(E_k)<\infty$, 证明:

$$\lim_{k\to\infty}\mu^*(E_k)=\mu^*\left(\bigcap_{k=1}^{\infty}E_k\right).$$

2.5 设 $\{E_k\}$ 是可测集列, 求证: $\liminf\limits_{k\to\infty}E_k$, $\limsup\limits_{k\to\infty}E_k$ 为可测集, 而且成立

(1) $\mu(\liminf\limits_{k\to\infty}E_k)\leqslant\liminf\limits_{k\to\infty}\mu(E_k)$; (2.18)

(2) 令 $A_k=\bigcup\limits_{j=k}^{\infty}E_j$, 若存在 k_0, 使得 $\mu(A_{k_0})<\infty$, 则

$$\mu(\limsup_{k\to\infty}E_k)\geqslant\limsup_{k\to\infty}\mu(E_k); \tag{2.19}$$

(3) 若 $\lim\limits_{k\to\infty}E_k$ 存在, 且 $\mu\left(\bigcup\limits_{k=1}^{\infty}E_k\right)<\infty$, 则 $\lim\limits_{k\to\infty}E_k$ 可测, 且

$$\mu\left(\lim_{k\to\infty}E_k\right)=\lim_{k\to\infty}\mu(E_k). \tag{2.20}$$

(提示: 注意利用第一章 (1.21) 和 (1.22) 式.)

注 2.5 若去掉所有 E_k 可测的条件, 则只要在 (2.18) 至 (2.20) 中将所有测度 μ 换成外测度 μ^*.

2.6 设 $\{A_k\}$ 或 $\{B_k\}$ 为可测集列, 且 $A_k\subset E\subset B_k$, $\mu^*(B_k-A_k)\to 0$ $(k\to\infty)$, 证明: E 是可测集.

2.7 设 $\mu(E)<\infty$, E_k $(1\leqslant k\leqslant n)$ 是 E 的可测子集, 且

$$\sum_{k=1}^{n}\mu(E_k)>(n-1)\mu(E),$$

证明: $\mu\left(\bigcap\limits_{k=1}^{n}E_k\right)>0$.

2.8 设 $\mu(E)<\infty$, $\{E_k\}$ 是 E 的可测子集列.

(1) 若对 $\forall\varepsilon>0$, 存在某个 E_{k_0}, 使得 $\mu(E_{k_0})>\mu(E)-\varepsilon$, 证明:

$$\mu\left(\bigcup_{k=1}^{\infty} E_k\right) = \mu(E);$$

(2) 若对 $\forall k, \mu(E_k) = \mu(E)$, 证明

$$\mu\left(\bigcap_{k=1}^{\infty} E_k\right) = \mu(E).$$

2.9 证明: (1) 对 $\mathbf{R}^n$ 的任何子集 E, 都存在 G_δ 型集 $G_\delta \supset E$, 使得

$$\mu(G_\delta) = \mu^*(E); \tag{2.21}$$

(2) 对 $\mathbf{R}^n$ 的任何子集 E, 都存在 F_σ 型集 $F_\sigma \subset E$, 使得

$$\mu(F_\sigma) = \mu^*(E).$$

2.10 设 $A, B \subset \mathbf{R}^n$, $\mu^*(A\triangle B) = 0$, 若 A 可测, 证明: B 可测, 且 $\mu(B) = \mu(A)$.

三、可测集的特征性质 (充要条件)

$\mathbf{R}^n$ 中子集 E 的可测性有多种等价的刻画. 定义 2.1 是用开集 G 从 E 的外部来逼近 E; 定理 2.7 则是用 E 的闭子集 F 从 E 的内部来逼近 E. 我们由此可导出更多的等价刻画.

定理 2.13 $\mathbf{R}^n$ 中子集 E 可测还与下列任一命题相互等价:

(1) $\forall \varepsilon > 0$, 存在开集 G 和闭集 F, 使得 $F \subset E \subset G$, 且 $\mu^*(G - F) < \varepsilon$;

(2) $\forall \varepsilon > 0$, 存在开集 G_1, G_2, 使得 $G_1 \supset E, G_2 \supset E^c$, 且 $\mu^*(G_1 \cap G_2) < \varepsilon$;

(3) 存在 G_δ 型集, 仍记为 G_δ, 使得 $G_\delta \supset E$, 而且

$$\mu^*(G_\delta - E) = 0; \tag{2.22}$$

(4) 存在 F_σ 型集, 仍记为 F_σ, 使得 $F_\sigma \subset E$, 而且

$$\mu^*(E - F_\sigma) = 0.$$

(这时 G_δ 称为 E 的**等测包**, F_σ 称为 E 的**等测核**.)

证 (1)、(2) 的证明留给读者.

首先证 E 可测 $\Leftrightarrow$ (3) 成立.

设 E 可测, 由定义 2.1, 对 $\forall k \in \mathbf{N}$, 存在开集 $G_k \supset E$, 使得 $\mu^*(G_k - E) < \frac{1}{k}$. 令 $G_\delta = \bigcap_{k=1}^{\infty} G_k$, 则 G_δ 为 G_δ 型集且 $E \subset G_\delta \subset G_k$, 从而 $G_\delta - E \subset G_k - E$, 于是 $\mu^*(G_\delta - E) \leqslant \mu^*(G_k - E) < \frac{1}{k}$, 令 $k \to \infty$, 得 $\mu^*(G_\delta - E) = 0$.

反之, 设 (3) 成立, 令 $A = G_\delta - E$, 则由 (2.22), $\mu^*(A) = 0$, 由例 2.2, A 可测, 又 G_δ 可测, 从而 $E = G_\delta - A$ 可测.

其次证 E 可测 $\Leftrightarrow$ (4) 成立.

设 E 可测 $\Rightarrow E^c$ 可测, 从 (3) 可知存在 G_δ 型集 $G_\delta \supset E^c$, 使得 $\mu^*(G_\delta - E^c) = 0$. 令 $F_\sigma = G_\delta^c$, 则 F_σ 为 F_σ 型集, 且 $F_\sigma \subset E$, 再注意 $E - F_\sigma = E - G_\delta^c = E \cap G_\delta = G_\delta - E^c$, 于是

$$\mu^*(E - F_\sigma) = \mu^*(G_\delta - E^c) = 0.$$

反之, 设 (4) 成立, 令 $B = E - F_\sigma$, 则 $\mu^*(B) = 0$, 从而 B 可测, 又已知 F_σ 可测, 所以 $E = F_\sigma \cup B$ 可测. 证毕.

定理 2.14 (Caratheodory) E 可测的充要条件是对任一集 A, 有

$$\mu^*(A) = \mu^*(A \cap E) + \mu^*(A - E). \tag{2.23}$$

这时 A 称为**试验集**.

证 "$\Rightarrow$": 设 E 可测. 由习题 2.9, 对任给的集 A, 存在 $G_\delta \supset A$, 使得 $\mu(G_\delta) = \mu^*(A)$. 因为 $G_\delta = (G_\delta \cap E) \cup (G_\delta - E)$, 而 $G_\delta \cap E$ 与 $G_\delta - E$ 是互不相交的可测集, 所以, $\mu(G_\delta) = \mu(G_\delta \cap E) + \mu(G_\delta - E)$, 从而

$$\mu^*(A) \geqslant \mu^*(A \cap E) + \mu^*(A - E).$$

由定理 1.1, 反向不等式成立. 于是 (2.23) 得证.

"$\Leftarrow$": 设 (2.23) 成立. 先设 $\mu^*(E) < \infty$, 则由习题 2.9, 存在 G_δ 型集 $G_\delta \supset E$, 使得 $\mu(G_\delta) = \mu^*(E)$. 另一方面, 由 $G_\delta = E \cup (G_\delta - E)$ 及 (2.23), 得到

$$\mu(G_\delta) = \mu^*(E) + \mu^*(G_\delta - E).$$

于是从 $\mu^*(E) < \infty$ 得 $\mu^*(G_\delta - E) = 0$. 由定理 2.13 (3), E 可测.

若 $\mu^*(E) = \infty$, 设 $B_k = B(0, k)$ 是中心在原点、半径为 k 的球. 令 $E_k = E \cap B_k$, 则 $E = \bigcup\limits_{k=1}^{\infty} E_k$ 且 $\mu^*(E_k) < \infty$. 由习题 2.9, 对每个 E_k, 存在 G_δ 型集 $G_k \supset E_k$, 使得 $\mu(G_k) = \mu^*(E_k)$. 再由 (2.23),

$$\mu(G_k) = \mu^*(G_k \cap E) + \mu^*(G_k - E) \geqslant \mu^*(E_k) + \mu^*(G_k - E),$$

于是 $\mu^*(G_k - E) \leqslant \mu(G_k) - \mu^*(E_k) = 0$, 从而

$$\mu^*(G_k - E) = 0. \tag{2.24}$$

(应注意的是, 因为不满足 $G_k \supset E$, 所以, 还不能从 (2.24) 推出 E 可测.)

令 $G = \bigcup\limits_{k=1}^{\infty} G_k$, 则 G 可测 (G 是 $G_{\delta\sigma}$ 型集). $G \supset E$, 且 $G - E = \bigcup\limits_{k=1}^{\infty} (G_k -$

E). 于是

$$\mu^*(G-E) \leqslant \sum_{k=1}^{\infty} \mu^*(G_k - E) = 0,$$

即 $\mu^*(G-E)=0$, 所以 $G-E$ 可测. 再由 $E=G-(G-E)$ 推出 E 可测. 证毕.

注 2.6 定理 2.14 中的试验集 A 可换成任一开集 G, 即: E 可测的充要条件是对所有开集 G, 成立

$$\mu(G) = \mu^*(G \cap E) + \mu^*(G - E). \tag{2.25}$$

证明与定理 2.14 类似.

推论 2.15 设 $E \subset A$, 若 E 可测, 则

$$\mu^*(A) = \mu^*(E) + \mu^*(A - E).$$

特别地, 当 $\mu^*(E) < \infty$ 时, 有

$$\mu^*(A - E) = \mu^*(A) - \mu^*(E). \tag{2.26}$$

E 可测的充要条件还可举出如下结果:

定理 2.16 设 $\mu^*(E) < \infty$, 则 E 可测的充要条件是对 $\forall \varepsilon > 0$, 存在集 A_1, A_2, 使得 $\mu^*(A_1) < \varepsilon$, $\mu^*(A_2) < \varepsilon$, 而且

$$A_2 \cup E = S \cup A_1. \tag{2.27}$$

式中 $S = \bigcup\limits_{k=1}^{m} Q_k$ 是有限个互不重叠的区间 $\{Q_k\}_{k=1}^{m}$ 的并集.

证 "$\Rightarrow$": 设 E 可测, 则由定义 2.1, 存在开集 $G \supset E$, 使得 $\mu^*(G-E) < \varepsilon$. 令 $A_2 = G - E$, 则 $\mu^*(A_2) < \varepsilon$. 又由开集 G 的分解 (第二章定理 3.2), $G = \bigcup\limits_{k=1}^{\infty} Q_k$, 式中 $\{Q_k\}_{k=1}^{\infty}$ 是互不重叠的区间列. 令 $S_m = \bigcup\limits_{k=1}^{m} Q_k$, 则 $S_m \nearrow G$. 由定理 2.11, $\lim\limits_{m\to\infty} \mu(S_m) = \mu(G)$. 即对 $\forall \varepsilon > 0$, $\exists m_0$, 使得 $\forall m > m_0$, 有 $\mu(G) - \mu(S_m) < \varepsilon$. 再令 $A_1 = G - S_m$, 则 $\mu^*(A_1) \leqslant \mu(G) - \mu(S_m) < \varepsilon$. 因此, 只要记 $S = S_m$, 就有 $E \cup A_2 = G = S \cup A_1$.

"$\Leftarrow$": 设 (2.27) 成立. 由 S 可测, 对 $\forall \varepsilon > 0$, 存在开集 $G_1 \supset S$, 使得 $\mu(G_1 - S) < \varepsilon$. 另一方面, 从定理 1.3, 又存在开集 $G_2 \supset A_1$, 使得 $\mu(G_2) \leqslant \mu^*(A_1) + \varepsilon$. 于是, $\mu^*(G_2 - A_1) \leqslant \mu(G) - \mu^*(A_1) < \varepsilon$. 又从假设 $S \cup A_1 = E \cup A_2$, 得出

$$G_1 \supset S, G_2 \supset A_1 \Rightarrow G \overset{\text{def}}{=\!=} G_1 \cup G_2 \supset S \cup A_1 = E \cup A_2,$$

从而有

$$\begin{aligned} G-E=G\cap E^c &\subset (G\cap E^c)\cup A_2=(G\cup A_2)\cap(E^c\cup A_2)\\ &=(G\cup A_2)\cap(E^c\cup A_2)\cap(A_2^c\cup A_2)=(G\cap E^c\cap A_2^c)\cup A_2\\ &=(G\cap(E\cup A_2)^c)\cup A_2=(G-(E\cup A_2))\cup A_2\\ &=((G_1\cup G_2)-(S\cup A_1))\cup A_2\subset((G_1-S)\cup(G_2-A_1))\cup A_2. \end{aligned}$$

所以

$$\mu^*(G-E)\leqslant\mu^*(G_1-S)+\mu^*(G_2-A_1)+\mu^*(A_2)<3\varepsilon.$$

由定义 2.1, E 是可测集. 证毕.

评注: (1) (2.27) 不能写成 $E=(S\cup A_1)-A_2$.

(2) 由可测集 E 的定义 2.1, 若 $\forall\varepsilon>0$, 存在开集 $G\supset E$, 使得 $\mu^*(G-E)<\varepsilon$. 此处开集可改成 $G=\bigcup\limits_{k=1}^{\infty}Q_k$, 即 G 是可数个互不重叠的区间 $\{Q_k\}_{k=1}^{\infty}$ 的并集. 而定理 2.16 则表明可测集 E 与区间并集 $S=\bigcup\limits_{k=1}^{n}Q_k$ 的关系, 可测集 "差不多" 就是区间的并集.

在定理 2.14 的证明和许多问题中, 习题 2.9 起着重要作用, 满足 (2.21) 式的 G_δ 仍称为 E 的等测包, 它可以推广为:

定理 2.17 设 E 是 $\mathbf{R}^n$ 中任一子集, 则存在 G_δ 型集 $G_\delta\supset E$, 使得对任何可测集 A, 成立

$$\mu^*(E\cap A)=\mu(G_\delta\cap A). \tag{2.28}$$

特别地当 $A=\mathbf{R}^n$ 时, 就得到 (2.21) 式.

证 (1) 先设 $\mu^*(E)<\infty$, 从 $E\cap A\subset G_\delta\cap A$, 有 $\mu^*(E\cap A)\leqslant\mu(G_\delta\cap A)$. 为证反向不等式. 由习题 2.9, 存在 G_δ 型集 $G_\delta\supset E$, 使得 $\mu^*(E)=\mu(G_\delta)$. 因为 A 可测, 由定理 2.14, 有 $\mu^*(E)=\mu^*(E\cap A)+\mu^*(E-A)$, 以及 $\mu(G_\delta)=\mu^*(G_\delta\cap A)+\mu^*(G_\delta-A)$. 所以 $\mu^*(E\cap A)+\mu^*(E-A)=\mu(G_\delta\cap A)+\mu^*(G_\delta-A)$. 又从 $E-A\subset G_\delta-A$, 有 $\mu^*(E-A)\leqslant\mu(G_\delta-A)$. 所以 $\mu^*(E\cap A)\geqslant\mu(G_\delta\cap A)$. 于是 (2.28) 成立.

(2) 再设 $\mu^*(E)=\infty$, 令 $B_k=B(0,k)$ 表示中心在原点、半径为 k 的球, $E_k=E\cap B_k$, 则 $E=\bigcup\limits_{k=1}^{\infty}E_k$, 且 $\mu^*(E_k)<\infty$. 由 (1), 对每个 E_k, 存在 G_δ 型集 $G_k\supset E_k$, 使得对任何可测集 A, 有 $\mu^*(E_k\cap A)=\mu(G_k\cap A)$. 再令 $H_k=\bigcap\limits_{m=k}^{\infty}G_m$ 则 H_k 可测且 $H_k\nearrow H=\bigcup\limits_{k=1}^{\infty}H_k$. 由 $E_k\subset H_k\subset G_k$, 有

$E_k \cap A \subset H_k \cap A \subset G_k \cap A$. 从而 $\mu^*(E_k \cap A) = \mu(H_k \cap A)$. 又由 $E_k \nearrow E, H_k \nearrow H$, 有 $(E_k \cap A) \nearrow (E \cap A)$, 而且 $(H_k \cap A) \nearrow (H \cap A)$. 由习题 2.4, 有 $\mu^*(E \cap A) = \mu(H \cap A)$. 注意 H 是 $G_{\delta\sigma}$ 型集, 为了找出一个 G_δ 型集 G_δ, 我们利用定理 2.13, 将 H 写成 $H = G_\delta - B$, 式中 $\mu(B) = 0$, 则 $E \subset G_\delta$, 而且 $H = G_\delta - B \Rightarrow G_\delta = H \cup B$, 于是

$$G_\delta \cap A = (H \cup B) \cap A = (H \cap A) \cup (B \cap A).$$

所以, $\mu(G_\delta \cap A) = \mu(H \cap A)$. 于是 $\mu^*(E \cap A) = \mu(G_\delta \cap A)$. 证毕.

定理 2.18 设 $f: \mathbf{R}^n \to \mathbf{R}^n$ 是连续映射. 若 f 具有 Luzin 性质, 即对于 $\mathbf{R}^n$ 中任一零测度集 A, $f(A)$ 仍为零测度集, 则对于 $\mathbf{R}^n$ 中任一可测集 E, $f(E)$ 仍为可测集. (注意: 若不加上 f 具有 Luzin 性质, 仅 E 可测, 不能保证 $f(E)$ 仍为可测集. 反之, 若 E 可测可推出 $f(E)$ 可测, 则 f 具有 Luzin 性质, 这时不要求 f 连续.)

证 因 E 可测, 由定理 2.13, 存在 F_σ 型集 $F_\sigma \subset E$, 使得 $\mu(E - F_\sigma) = 0$, 令 $A = E - F_\sigma$, 则 $E = F_\sigma \cup A$, 从而 $f(E) = f(F_\sigma) \cup f(A)$, 由假设 $f(A)$ 为零测度集, 所以, 只要证 $f(F_\sigma)$ 可测. 不妨设 $F_\sigma = \bigcup\limits_{k=1}^{\infty} F_k$, 式中所有 F_k 为有界闭集. 从而 $f(F_\sigma) = \bigcup\limits_{k=1}^{\infty} f(F_k)$, 若能证每个 $f(F_k)$ 都是有界闭集, 则 $f(F_\sigma)$ 为 F_σ 型集, 从而可测. 为此设 $\{G_\alpha\}_{\alpha \in I}$ 是 $f(F_k)$ 的任一开覆盖, 即 $f(F_k) \subset \bigcup\limits_{\alpha \in I} G_\alpha$. 从而 $F_k \subset f^{-1}(f(F_k)) \subset \bigcup\limits_{\alpha \in I} f^{-1}(G_\alpha)$. 由 f 连续知 $f^{-1}(G_\alpha)$ 为开集. 由有限覆盖定理, $\{f^{-1}(G_\alpha)\}$ 中存在有限个开集仍覆盖 F_k, 即 $F_k \subset \bigcup\limits_{j=1}^{m} f^{-1}(G_j)$, 从而 $f(F_k) \subset f\left(\bigcup\limits_{j=1}^{m} f^{-1}(G_j)\right) = \bigcup\limits_{j=1}^{m} f\left(f^{-1}(G_j)\right) \subset \bigcup\limits_{j=1}^{m} G_j$, 所以, $f(F_k)$ 为 $\mathbf{R}^n$ 中有界闭集. 证毕.

四、(L) 不可测集的存在性

(L) 不可测集的构造要用到选择公理, 我们分为两步进行:

1. 首先构造 $[0,1]$ 中的子集 A: 对 $\forall x \in [0,1]$, 令 $E_x = \{y : y = x + r \in [0,1], r \text{ 为有理数}\}$, 则 E_x 是可数集且 $E_x \cap E_y = \varnothing$ $(x - y \notin \mathbf{Q})$. 于是 $[0,1] = \bigcup\limits_{x \in [0,1]} E_x$. 由选择公理, 在每个 E_x 中任取一个数组成一个集合, 记为 A. 将 $[-1,1]$ 中全体有理数排列为 $Q = \{r_1, r_2, \cdots, r_n, \cdots\}$, 令 $A_n = \{x + r_n : x \in A\}$, 则 $\{A_n\}$ 具有以下性质:

(1) $\{A_n\}$ 互不相交. 事实上, 若存在 m, n, 使得 $A_m \cap A_n \neq \varnothing$ $(m \neq n)$, 则

存在 $z \in A_m \cap A_n$, 即 $z = x + r_m = y + r_n$, $x, y \in A$. 于是, $x - y = r_n - r_m \in Q$, 这表明 x, y 属于同一类, 与 A 的构成相矛盾.

(2) $[0,1] \subset \bigcup\limits_{n=1}^{\infty} A_n \subset [-1,2]$. 事实上, 从 $A \subset [0,1], r_n \in [-1,1]$, 得 $A_n = \{x + r_n : x \in A\} \subset [-1,2]$, 从而 $\bigcup\limits_{n=1}^{\infty} A_n \subset [-1,2]$. 另一方面, 对 $\forall x \in [0,1] \cap E_x$, 由 A 的定义, $E_x \cap A$ 仅含一个数, 记为 y, 则 $y \in E_x$. 从而 $x - y$ 为有理数且 $x - y \in [-1,1]$, 即 $[-1,1]$ 中必存在有理数 r_n, 使得 $x - y = r_n$, 即 $x = y + r_n$. 这表明 $x \in A_n \subset \bigcup\limits_{n=1}^{\infty} A_n$. 所以 $[0,1] \subset \bigcup\limits_{n=1}^{\infty} A_n$.

2. 证 A 不可测. 用反证法, 假设 A 可测. 由 (L) 测度的平移不变性, 有

$$\mu(A_n) = \mu(A) \quad (\forall n). \tag{2.29}$$

从性质 (1), $\mu\left(\bigcup\limits_{n=1}^{\infty} A_n\right) = \sum\limits_{n=1}^{\infty} \mu(A_n)$, 再从性质 (2), 有

$$1 \leqslant \sum_{n=1}^{\infty} \mu(A_n) \leqslant 3. \tag{2.30}$$

于是, 从 (2.29) 和 (2.30), 得

$$1 \leqslant \sum_{n=1}^{\infty} \mu(A) \leqslant 3. \tag{2.31}$$

若 $\mu(A) = 0$, 则 $\sum\limits_{n=1}^{\infty} \mu(A) = 0$, 但这与 (2.31) 的左边不等式相矛盾; 若 $\mu(A) > 0$, 则 $\sum\limits_{n=1}^{\infty} \mu(A) = \infty$, 但这又与 (2.31) 的右边不等式相矛盾. 所以, A 是不可测集.

评注: 以上是 1905 年 Vitali 利用 (L) 测度的平移不变性和 Zermelo 选择公理构造出的不可测集. 用有理数的全体所形成的加法群对实数加法群加以分类, 从每个类中各取一个元素所得的集就是不可测集. 从这个证明过程可以看出, 任何集 E, 只要外测度 $\mu^*(E) > 0$, E 中必含有不可测子集. 我们证明了: 选择公理 $\Rightarrow$ 存在不可测集, 反之, 1970 年 Soloray 证明其逆也成立, 即 $\mathbf{R}^1$ 中存在不可测集 $\Rightarrow$ 选择公理.

习题 3.2 (二)

2.11 证明定理 2.13 中的 (1)、(2).

2.12 求证 E 可测的充要条件是对所有 $A_1 \subset E$, $A_2 \subset E^c$, 成立

$$\mu^*(A_1 \cup A_2) = \mu^*(A_1) + \mu^*(A_2). \tag{2.32}$$

2.13 设 $\{E_k\}$ 是互不相交的可测集列, $A_k \subset E_k$ $(\forall k)$. 求证

$$\mu^*\left(\bigcup_{k=1}^{\infty} A_k\right) = \sum_{k=1}^{\infty} \mu^*(A_k). \tag{2.33}$$

2.14 设 $f : \mathbf{R}^n \to \mathbf{R}^n$ 是满单射, 且对所有集 $A \subset \mathbf{R}^n$, 成立

$$\mu^*(f(A)) = \mu^*(A). \tag{2.34}$$

求证: E 可测的充要条件是 $f(E)$ 可测.

因为 $\mathbf{R}^n$ 中的平移变换是满单射, 所以由习题 2.14 可直接推出 (L) 测度的平移不变性, 即对 $x_0 \in \mathbf{R}^n$, 令 $E + \{x_0\} = \{x + x_0 : x \in E\}$, 则 $E + \{x_0\}$ 可测的充要条件是 E 可测, 且

$$\mu(E + \{x_0\}) = \mu(E). \tag{2.35}$$

2.15 求证: E 可测的充要条件是对 $\forall \varepsilon > 0$, 存在开集 G, 使得 $\mu^*(G \triangle E) < \varepsilon$.

2.16 求证: E 可测的充要条件是存在 G_δ 型集 G_δ, 使得 $\mu^*(G_\delta \triangle E) = 0$.

(在习题 2.15 和 2.16 中 $A \triangle B$ 表示 A 与 B 的对称差.)

2.17 设 A 为可测集, 求证对任一集 B, 成立

$$\mu(A) + \mu^*(B) = \mu^*(A \cup B) + \mu^*(A \cap B). \tag{2.36}$$

2.18 求证: E 可测的充要条件是存在递减开集列 $\{G_k\}$ 和递增闭集列 $\{F_k\}$, 使得

$$F_k \subset E \subset G_k \quad 且 \quad \mu(G_k - F_k) \to 0 (k \to \infty).$$

2.19 求证: E 可测的充要条件是存在 G_δ 型集和 F_σ 型集, 使得 $F_\sigma \subset E \subset G_\delta$, 且 $\mu(G_\delta - F_\sigma) = 0$.

§3 抽象外测度与测度

一、抽象外测度

$\mathbf{R}^n$ 中 Lebesgue 外测度 $\mu^*(E)$ 实质上是定义在 $\mathbf{R}^n$ 的幂集 $P(\mathbf{R}^n)$ 上的集合函数, 即 $\mathbf{R}^n$ 的任一子集 E 都对应于一个广义实数 $\mu^*(E)$ (可取 ∞). 将 $\mu^*(E)$ 由 $\mathbf{R}^n$ 推广到一般集合 X 上, 就称为抽象外测度, 这时要脱离欧氏空间 $\mathbf{R}^n$ 特殊的几何结构, 直接利用 §1 中定理 1.1 所满足的三条性质来定义抽象外测度:

定义 3.1 设 X 是非空集合, μ^* 是定义在 X 的幂集 $P(X)$ 上的取广义实值的集函数, 且满足:

(1) 非负性: $\mu^*(E) \geqslant 0, \forall E \subset X; \mu^*(\varnothing) = 0$;

(2) 单调性: $E_1 \subset E_2 \subset X \Rightarrow \mu^*(E_1) \leqslant \mu^*(E_2)$;

(3) 次可数可加性: 对 $\forall E_k \subset X$, 有

$$\mu^*\left(\bigcup_{k=1}^{\infty} E_k\right) \leqslant \sum_{k=1}^{\infty} \mu^*(E_k), \tag{3.1}$$

则称 μ^* 是 X 上的**抽象外测度**.

特别地, 当 X 为距离空间 (X,d) 时, 若 μ^* 还满足: $E_1, E_2 \subset X$, 从 $d(E_1, E_2) > 0$ 可推出

$$\mu^*(E_1 \cup E_2) = \mu^*(E_1) + \mu^*(E_2), \tag{3.2}$$

则称 μ^* 是 (X,d) 上的**距离外测度**, 又称为 **Caratheodory 外测度**.

注 3.1 当 $X = \mathbf{R}^n$ 时, (3.2) 就是 §1 中定理 1.5, 但对一般距离空间 (X,d) 中的 E_1, E_2, 定理 1.5 不一定成立. 因此我们利用 (3.2) 作为距离外测度的条件之一.

下面是两种重要的距离外测度:

(1) Lebesgue–Stieltjes 外测度 Λ^*: 设 f 是 $\mathbf{R}^1$ 上递增有限函数, 对于有限半开区间 $(a,b]$, 令 $\lambda(a,b] = f(b) - f(a)$, 则 $\mathbf{R}^1$ 的子集 A 的 $(L-S)$ 外测度 $\Lambda^*(A)$ 定义为: $\Lambda^*(\varnothing) = 0$, 而当 $A \neq \varnothing$ 时,

$$\Lambda^*(A) = \inf\left\{\sum_{k=1}^{\infty} \lambda(a_k, b_k] : A \subset \bigcup_{k=1}^{\infty} (a_k, b_k)\right\}. \tag{3.3}$$

(2) Hausdorff 外测度 $H_\alpha(A)$: 设 $X = (X,d)$ 为距离空间, $\alpha \geqslant 0$, $\varepsilon > 0$, $A \subset X$, 令

$$H_{\alpha,\varepsilon}(A) = \inf\left\{\sum_{k=1}^{\infty} (\mathrm{diam}\ A_k)^\alpha : A \subset \bigcup_{k=1}^{\infty} A_k, \mathrm{diam}(A_k) < \varepsilon\right\}, \tag{3.4}$$

式中 diam A_k 表示 A_k 的直径.

当 $\varepsilon \searrow 0$ 时, $H_{\alpha,\varepsilon}$ (A) 关于 $\varepsilon \nearrow$, 于是可定义

$$H_\alpha(A) = \lim_{\varepsilon \to 0} H_{\alpha,\varepsilon}(A), \tag{3.5}$$

则 $H_\alpha(A)$ 称为集 A 的 α 维 Hausdorff 外测度.

特别地, 当 $X = \mathbf{R}^n$ 时, $H_\alpha(A)$ 与 Lebesgue 外测度 $\mu^*(A)$ 等价, 即存在常数 $c_2 > c_1 > 0$, 使得对于 $\forall A \subset \mathbf{R}^n$, $c_1 H_n(A) \leqslant \mu^*(A) \leqslant c_2 H_n(A)$, 而当 $\alpha > n$

时, $H_\alpha(A)=0$. 所以, 在 $\mathbf{R}^n$ 中, $H_\alpha(A)$ 的独特功能全在 $0<\alpha<n$ 的情形中.

二、抽象测度

为了将 $\mathbf{R}^n$ 上的 Lebesgue 测度推广到更一般的集合上去, 就要分析 (L) 测度中哪些是不依赖于 $\mathbf{R}^n$ 的特殊几何结构的本质特征. 从测度的构造性质看, 无非是用 $\mathbf{R}^n$ 的拓扑性质 (开集、闭集等) 去刻画 $\mathbf{R}^n$ 中集 E 的可测性; 从测度的运算性质看, 它对于代数运算和极限运算都是封闭的. 因此, 可以从这两方面去推广 (L) 测度.

1. 距离测度

$\mathbf{R}^n$ 的自然推广就是距离空间, 但在 (X,d) 中可能出现不存在有限测度的开集, 为此, 我们先引入定义:

定义 3.2 设 μ^* 是距离空间 (X,d) 上的距离外测度, 若 X 可分解为 $X=\bigcup\limits_{k=1}^{\infty}G_k$, 其中所有 G_k 为开集且 $\mu^*(G_k)<\infty$, 则称 (X,d) 是**具有 σ 有限开集的距离空间**.

定义 3.3 设 (X,d) 是具有 σ 有限开集的距离空间, 若对 $\forall\varepsilon>0$, 存在开集 $G\supset E$, 使得 $\mu^*(G-E)<\varepsilon$, 则称 E 是**可测集**, 这时的 μ^* 称为**距离测度**, 改记为 $\mu(E)$.

定理 3.1 设 (X,d) 是具有 σ 有限开集的距离空间, 则下述条件等价:

(1) E 是 X 中可测集;

(2) $\forall\varepsilon>0$, 存在闭集 $F\subset E$, 使得 $\mu^*(E-F)<\varepsilon$;

(3) 存在 G_δ 型集 $G_\delta\supset E$, 使得 $\mu^*(G_\delta-E)=0$;

(4) 存在 F_σ 型集 $F_\sigma\subset E$, 使得 $\mu^*(E-F_\sigma)=0$.

定理 3.1 的证明与 §2 中 $\mathbf{R}^n$ 上相应的结果的证明是类似的.

评注: Hausdorff 测度是定义在距离空间的 Borel σ 代数 Σ 上的一类测度的总名称. 作者在 "续论" 上册中给出了 Hausdorff 测度的定义及其应用. 第二章 §3 讲的分数维适用于自相似性的图形, 若无自相似性, 就要用 Hausdorff 测度的维数. 当 $k<n$ 时, $\mathbf{R}^n$ 上 k 维 Hausdorff 测度是非 σ 有限测度.

2. 抽象测度

我们从 §2 已知, $\mathbf{R}^n$ 中的可测子集类对于集合的代数运算和极限运算都是封闭的, 即 $\mathbf{R}^n$ 中可测子集类构成一个 σ 代数. 由 $\mathbf{R}^n$ 中一切开集构成的开集族所生成的最小 σ 代数, 称为 Borel σ 代数, 其中的元素称为 Borel 集. 由定理 2.12, 所有的 Borel 集都是 (L) 可测集. 而定理 2.13 则进一步指出, (L) 可测集与 Borel 集至多相差一个零测度集; 反之, 任一 Borel 集与零测度集的并必为

(L) 可测集. 所以, (L) 可测集就是全体 Borel 集与零 (测度) 集的可加集合类. 由此可见, 从外测度到测度的实质就是对集 X 的子集族 $P(X)$ 作了某种限制, 即测度是针对 σ 代数这种特殊的集类来定义的. 我们利用可测集类构成一个 σ 代数这一本质特征, 就可将 $\mathbf{R}^n$ 中子集 E 的可测性推广到一般集合中去.

定义 3.4 设 X 为基本集, Σ 是 X 的某些子集所构成的 σ 代数, 则 Σ 中的元素就称为关于 Σ 的**可测集**, (X,Σ) 称为**可测空间**.

在可测空间 (X,Σ) 中, 原则上并不涉及测度. 但我们可以在它上面定义测度.

定义 3.5 设 Σ 是基本集 X 上的 σ 代数, 若定义在 Σ 上的集函数 $\mu(E)$ 满足:

(1) 非负性: $0 \leqslant \mu(E) \leqslant \infty$, $\mu(\varnothing) = 0$;

(2) 可数可加性: 对 $\forall E_k \in \Sigma, E_k \cap E_j = \varnothing\ (k \neq j)$, 有

$$\mu\left(\bigcup_{k=1}^{\infty} E_k\right) = \sum_{k=1}^{\infty} \mu(E_k), \tag{3.6}$$

则称 μ 为 Σ 上的一个**测度**, $E \in \Sigma$ 称为 μ **可测集** (以后仍简称为**可测集**), $\mu(E)$ 称为 E 的**测度**, (X,Σ,μ) 称为**测度空间**.

特别地, 当 $X = \mathbf{R}^n, \Sigma$ 为 (L) 可测集类, μ 为 (L) 测度时, (X,Σ,μ) 就是 §2 中的 (L) 测度空间. 若将 (L) 可测改为 Borel 可测, 就得到 Borel 测度空间. 此外, 我们还可以根据理论和实际应用的需要, 构造出满足定义 3.5 的其他抽象测度, 下面仅举几个简单的例子.

例 3.1 设 X 为任一非空集, Σ 为 X 上的 σ 代数, 在 Σ 上定义集函数 μ 为: 对 $\forall E \in \Sigma$, 令

$$\mu(E) = \begin{cases} E \text{ 中元素的个数}, & \text{若 } E \text{ 为有限集}, \\ \infty, & \text{若 } E \text{ 为无限集}, \\ 0, & \text{若 } E = \varnothing, \end{cases} \tag{3.7}$$

则 (X,Σ,μ) 称为**计数测度空间**, μ 称为**计数测度**.

注 3.2 该例中的 Σ 实际上是幂集 $P(X)$, 即 X 中每个集都可测, 这表明 X 中的可测集是最多的. 利用集 $E \in \Sigma$ 的基数 $|E|$ (见第一章 §3), 也可将上述计数测度定义为

$$\mu(E) = \begin{cases} |E|, & \text{若 } E \text{ 为有限集}, \\ \infty, & \text{若 } E \text{ 为无限集}. \end{cases}$$

例 3.2 设 X 为任一非空集, Σ 为 X 上的 σ 代数, 对 $\forall E \in \Sigma$, 令

$$\delta_x(E) = \begin{cases} 0, & 若\ x \notin E, \\ 1, & 若\ x \in E, \end{cases}$$

则 δ_x 称为 E 在 x 点的 Dirac 测度 (集中在 x 点的单位质量), (X, Σ, δ_x) 为测度空间.

例 3.3 设 $X = \mathbf{N}$ 为自然数集, Σ 是 X 上的 σ 代数. 若 $\{p_k\}$ 是非负数列, 且 $\sum\limits_{k=1}^{\infty} p_k = 1, E \in \Sigma$, 定义

$$\mu(E) = \sum_{k \in E} p_k, \tag{3.8}$$

则 (X, Σ, μ) 称为**离散的概率测度空间**.

由此可见, 抽象测度是 (L) 测度的推广和发展. 我们自然要问: (L) 测度空间中的哪些性质在一般测度空间中仍成立? 哪些不成立? 很明显, 因为定义 3.4 和 3.5 中并没有要求基本集 X 具有代数结构和拓扑结构, 所以, 依赖于 $\mathbf{R}^n$ 特殊的几何结构的 (L) 测度的平移不变性等在一般测度空间中不再成立. 此外, 在一般测度空间 (X, Σ, μ) 中, 零测度集的子集不一定仍为可测集等.

本章 §2 例 2.6 也表明, 不可测集 A 的像集 $f(A)$ 也可能是可测集, 该例还求出 $\mu(f(A)) = 0$. $f(P)$ 是 Borel 集, 但它的子集 $f(A)$ 却不是 Borel 集. 第四章 §1 注 1.4 中的反例还表明, A 是可测集, f 是可测函数, 但 A 的原像集 $f^{-1}(A)$ 却不是可测集.

为此, 需要引入一些新的概念.

定义 3.6 设 (X, Σ, μ) 是测度空间, 若 $A \in \Sigma$, $\mu(A) = 0$, 则称 A 为 μ **零集**. 若 (X, Σ, μ) 中任何一个 μ 零集的任何子集都是可测集, 则称 (X, Σ, μ) 为**完全测度空间**.

从例 3.4 知, Borel 测度空间是不完全的测度空间. 而 $\mathbf{R}^n$ 中 (L) 测度空间则是完全测度空间. 我们可以证明, 每个测度空间 (X, Σ, μ) 都可外加一个零测度集的子集成为完全测度空间.

定义 3.7 设 (X, Σ, μ) 是测度空间, $E \in \Sigma$. 若存在集列 $\{A_k\}$, 使得 $A_k \in \Sigma$, 且 $\mu(A_k) < \infty$, 而 $E \subset \bigcup\limits_{k=1}^{\infty} A_k$, 则称 E 是 σ **有限集**. 若 σ 代数 Σ 中所有的集都是 σ 有限的, 则称 (X, Σ, μ) 是**全 σ 有限的测度空间**, 并称 μ 是**全 σ 有限测度**. 若将 σ 代数改为 σ 环, 即 X 本身不一定在 Σ 中, 则相应的 (X, Σ, μ) 称为 σ **有限测度空间**, μ 称为 σ **有限测度**. 若 Σ 是 σ 环, 并对 $\forall E \in \Sigma$, $\mu(E) < \infty$, 则称 μ 是 σ 环 Σ 上的有限测度, 并称 (X, Σ, μ) 是有限测度空间. 特别地, 若

$X \in \Sigma, \mu(X) < \infty$, 则称 (X, Σ, μ) 是**全有限测度空间**, 而当 $\mu(X) = 1$ 时, (X, Σ, μ) 称为**概率测度空间**.

评注: 若 μ 是 σ 有限测度, 则 $X = \bigcup\limits_{k=1}^{\infty} E_k$, $\forall E_k \in \Sigma$, $\mu(E_k) < \infty$. 若 $\forall E \in \Sigma$, $\mu(E) = \infty$, 都存在 $A \subset E$, $A \in \Sigma$, $0 < \mu(A) < \infty$, 则称 μ 是半有限测度. μ 是 σ 有限测度 $\Rightarrow \mu$ 是半有限测度, 其逆不成立.

例如 $X = \mathbf{R}^n, \Sigma$ 为 (L) 可测集类, μ 为 (L) 测度时, (X, Σ, μ) 就是全 σ 有限测度空间. (L) 测度的许多性质, 只要不涉及 $\mathbf{R}^n$ 特殊的代数和几何结构, 都可推广到一般测度空间中去, 例如 §2 中的定理 2.1、2.4、2.8、2.11 等, 为了以后引用方便, 我们将一些主要结果列在以下定理中, 而将类似的证明略去.

定理 3.2 设 (X, Σ, μ) 为测度空间.

(1) **单调性**: 若 $A, B \in \Sigma$, $A \subset B$, 则

$$\mu(A) \leqslant \mu(B).$$

此外, 若 $\mu(A) < \infty$, 则

$$\mu(B - A) = \mu(B) - \mu(A). \tag{3.9}$$

(2) **次可数可加性**: 若 $\forall E_k \in \Sigma$, 则

$$\mu\left(\bigcup_{k=1}^{\infty} E_k\right) \leqslant \sum_{k=1}^{\infty} \mu(E_k). \tag{3.10}$$

(3) **下连续性**: 若 $\forall E_k \in \Sigma$, $\{E_k\}$ 递增, 则

$$\mu\left(\bigcup_{k=1}^{\infty} E_k\right) = \lim_{k\to\infty} \mu(E_k). \tag{3.11}$$

(4) **上连续性**: 若 $\forall E_k \in \Sigma$, $\{E_k\}$ 递减, 且存在 k_0, 使得 $\mu(E_{k_0}) < \infty$, 则

$$\mu\left(\bigcap_{k=1}^{\infty} E_k\right) = \lim_{k\to\infty} \mu(E_k). \tag{3.12}$$

(5) **Borel–Cantelli 定理**: 设 $\forall E_k \in \Sigma$, $\sum\limits_{k=1}^{\infty} \mu(E_k) < \infty$, 则

$$\mu\left(\limsup_{k\to\infty} E_k\right) = 0. \tag{3.13}$$

当 (X, Σ, μ) 为完全测度空间时, 还从 (3.13) 推出

$$\mu\left(\liminf_{k\to\infty} E_k\right) = 0. \tag{3.14}$$

(6) 设 $\forall E_k \in \Sigma$, 则

$$\mu\left(\liminf_{k\to\infty} E_k\right) \leqslant \liminf_{k\to\infty} \mu(E_k);$$

若 $\mu\left(\bigcup_{k=1}^{\infty} E_k\right) < \infty$, 则

$$\mu\left(\limsup_{k\to\infty} E_k\right) \geqslant \limsup_{k\to\infty} \mu(E_k).$$

注 3.3 我们还可以在环上建立测度. 但因为环对极限运算不封闭, 在环上测度的基础上建立的积分, 其极限性质就不好, 但由于环的结构比 σ 环简单, 因此, 在环上给出一个测度或验证环上的某个非负集函数是否为测度要比在 σ 环上简单得多. 我们自然要问: 环上的测度能否延拓成包含它的最小 σ 环上的 σ 有限测度?

定义 3.8 设 Σ_0 是 X 上的环, μ_0 是 Σ_0 上的测度. 若存在 X 上的 σ 环 $\Sigma \supset \Sigma_0$, 以及 Σ 上的测度 μ, 使得对 $\forall E \in \Sigma_0$, $\mu(E) = \mu_0(E)$, 则称 μ 是 μ_0 在 Σ 上的**延拓** (或**扩张**).

我们可以证明, 对任何环 Σ_0 上的测度 μ_0, μ_0 在 σ 环 Σ 上的延拓 μ 必存在, 并且若 μ_0 是环 Σ_0 上的 σ 有限测度, 则 μ_0 必可唯一地延拓成包含它的最小 σ 环上的 σ 有限测度 μ. 我们还可以先在半环上定义测度, 再从半环延拓到 σ 代数上.

若对基本集 X 还赋予某种拓扑结构或代数结构. 我们还可以得到有广泛应用的 Radon 测度、Haar 测度等. 而本节的抽象测度则是理解各种具体测度的共同特性的基础.

评注 1: 概率空间的定义及与测度空间的对比

设 Ω 是抽象点 ω 的集, 若 $P : \Omega \to \mathbf{R}^1$ 满足

(1) $\forall A \in \Omega, 0 \leqslant P(A) \leqslant 1$;

(2) $P(\Omega) = 1$;

(3) 若 $A_k \cap A_j = \varnothing\ (k \neq j)$, 有

$$P\left(\bigcup_{k=1}^{\infty} A_k\right) = \sum_{k=1}^{\infty} P(A_k),$$

则称 ω 为基本事件, Ω 中的集 A 称为事件, $P(A)$ 称为事件 A 的概率, 三元总体 (Ω, Σ, P) 称为概率空间. 我们可以将概率论与实分析的基本概念作一对比:

测度论与概率论相应概念的对比

概率论	实分析 (测度与积分)
1. 基本事件空间 $\Omega=\{\omega\}$	1. 基本集 X
2. 基本事件 ω	2. 元素 x
3. 不可能事件	3. $\varnothing$ (空集)
4. 必然事件	4. X
5. 事件 A 发生引起事件 B 发生	5. $A\subset B$
6. 事件 A, B 同时发生	6. $A\cap B$
7. 事件 A, B 至少有一个发生	7. $A\cup B$
8. 事件 A 发生而事件 B 不发生	8. $A-B$
9. 事件 A 不发生 (A 的对立事件)	9. A^c (A 的余集)
10. 事件 A,B 不能同时发生 (A,B 不相容)	10. $A\cap B=\varnothing$
11. 事件 A 构成 σ 域	11. 可测集构成 σ 代数
12. 事件 A 的概率 $P(A)$	12. 集 A 的测度 $\mu(A)$
13. 概率空间 (Ω,Σ,P)	13. 测度空间 (X,Σ,μ)
14. 随机变量 $\xi=\xi(\omega)$	14. $a.e.$ 有限的可测的实值函数 f
15. ξ 的数学期望 $E(\xi)$	15. f 的积分 $\int f\mathrm{d}\mu$
16. 具有有限 p 次矩的随机变量	16. L^p 函数
17. 依概率收敛	17. 依测度收敛
18. 几乎必然 ($a.s.$)	18. 几乎处处 ($a.e.$)
19. 概率分布函数 $F(x)=P\{\xi(\omega)\leqslant x\}$	19. $\mathbf{R}^1$ 上 Borel 测度
20. 分布的特征函数	20. $\mathbf{R}^1$ 上测度的 Fourier 变换
21. (随机) 事件 A	21. 可测集 A
22. 随机事件列 $\{A_n\}$ 中有无限多个事件发生	22. $\limsup\limits_{n\to\infty} A_n=\bigcap\limits_{k=1}^{\infty}\left(\bigcup\limits_{n=k}^{\infty} A_n\right)$
23. 随机事件列 $\{A_n\}$ 中至多有限个不发生	23. $\liminf\limits_{n\to\infty} A_n=\bigcup\limits_{k=1}^{\infty}\left(\bigcap\limits_{n=k}^{\infty} A_n\right)$

从以上对比可以看出, 概率的公理化定义是将事件 A 的概率 $P(A)$ 看作可测集 A 的测度 $\mu(A)$. 它克服了概率的古典定义 (等可能性)、几何定义和频率定义的局限性, 抽出了它们的共同本质特征. 要注意的是, 独立性的概念却是概率论所特有的. 实际上, 正是这一点, 才把概率论从测度与积分理论中分离出来,

形成新的学科, 随着人们对非独立性的认识逐步深入, 用简单情形的条件概率已不能满意地刻画深化了的非独立性, 而要用测度论才能严格给出条件概率的定义. 因此, 要掌握概率论的本质, 必须采用测度论的观点.

评注 2: 拓扑空间与测度空间

拓扑结构与测度结构是不同的结构. 有的著作在定义测度结构时, 特别强调基本集 X 中没有拓扑. 也就是说. 在拓扑空间中没有测度, 即基本集 X 中的子集族 Σ 不构成一个 σ 代数, 在测度空间中也没有拓扑. 因此, 在拓扑空间中引入测度概念后所形成的空间必然是拓扑空间的子空间.

基本集 X 中的子集族 Σ 只要构成一个 σ 代数, Σ 中的元素就称为可测集 (见定义 3.4). 再看看 σ 代数的定义: 若 X 中的子集族 Σ 满足以下条件:

① $X \in \Sigma$;

② $A \in \Sigma \Rightarrow A^c = X - A \in \Sigma$;

③ $\forall k, A_k \in \Sigma \Rightarrow \bigcup\limits_{k=1}^{\infty} A_k \in \Sigma$,

则称子集族 Σ 构成一个 σ 代数, (X, Σ) 称为可测空间.

评注: 从 ①, ② 可推出 $\varnothing \in \Sigma$, 事实上, $\varnothing = X^c = X - X \in \Sigma$. 从 ②, ③ 可推出 $\bigcap\limits_{k=1}^{\infty} A_k \in \Sigma$. 事实上, 对于 $\forall A_k \in \Sigma$, 令 $A = \bigcap\limits_{k=1}^{\infty} A_k$, 则 $A^c = \bigcup\limits_{k=1}^{\infty} A_k^c$. 由 ②, $A_k \in \Sigma \Rightarrow A_k^c \in \Sigma$, 再由 ③, $\bigcup\limits_{k=1}^{\infty} A_k^c \in \Sigma$, 即 $A^c \in \Sigma$. 再由 ②, $A = (A^c)^c \in \Sigma$.

若 X 中的子集族 Σ 满足以下条件:

④ $X, \varnothing \in \Sigma$;

⑤ $A, B \in \Sigma \Rightarrow A \cap B \in \Sigma$;

⑥ $\forall \alpha \in I, A_\alpha \in \Sigma \Rightarrow \bigcup\limits_{\alpha \in I} A_\alpha \in \Sigma$,

则子集族 Σ 称为集 X 的一个拓扑, Σ 中的每个集合称为 X 的一个开集, (X, Σ) 称为拓扑空间.

比较这两个空间的定义, 我们可以看出, 拓扑空间不满足②, 而可测空间不满足⑥, 所以这两个空间是互不包含的. 将两个空间的条件合并, 就可以得到一个新的定义:

定义 3.9 若 X 中的子集族 Σ 满足以下条件:

① $X \in \Sigma$;

② $A \in \Sigma \Rightarrow A^c = X - A \in \Sigma$;

③ $\forall \alpha \in I,\ A_\alpha \in \Sigma \Rightarrow \bigcup\limits_{\alpha \in I} A_\alpha \in \Sigma$,

则称 (X, Σ) 是一个可测的拓扑空间.

所以, 一个可测的拓扑空间中的元素既是开集, 也是可测集. 于是, 就可以不改变测度空间中原有的测度的定义, 即在 Σ 中按定义 3.5 来定义测度.

作者在 "续论" [1] 上册还介绍了 Radon 测度:

定义 3.10 设 μ 是拓扑空间 X 的 Borel σ 代数 Σ 上的有限测度, 具有以下性质:

$$\forall\varepsilon > 0,\ \text{存在紧集 } A \subset X,\ \text{使得 } \mu(X - A) < \varepsilon,$$

则称 μ 是 Radon 测度. 若定义在 σ 代数 Σ 上的任一有限测度都是 Radon 测度, 则称该拓扑空间 X 是 Radon 空间.

第四章　可 测 函 数

从本章开始, 都设 (X, Σ, μ) 是测度空间, 其中 Σ 是由 X 的子集族所构成的 σ 代数, Σ 中的元素称为可测集, $E \in \Sigma$ 表示 E 可测, $\mu(E)$ 表示 Σ 上的测度, f 是 E 上广义实值函数 (即 f 可取 $\pm\infty$), $\{f > \alpha\}$ 表示 $\{x \in E : f(x) > \alpha\}$, 称为 f 的**水平集**.

在第二章 §2 中, 我们曾用 $\{f > \alpha\}$ 与 $\{f < \alpha\}$ 均为开集来刻画 f 的连续性, 而开集为可测集, 自然想到 $\{f > \alpha\}$ 是可测集时, 也应该刻画 f 的某种性质, 我们称之为函数 f 的可测性. 既然用集合 $\{f > \alpha\}$ 的可测性来刻画函数 f 的可测性, 所以, 就可以在不同测度意义下来讨论函数 f 相应的可测性, 而且函数的可测性就承袭了集合可测性的相应性质.

§1　可测函数的定义及其基本性质

一、基本概念

定义 1.1　设 (X, Σ) 为可测空间, $E \in \Sigma$, f 是定义在 E 上的广义实值函数, 若对 $\forall \alpha \in \mathbf{R}^1$, $\{f > \alpha\} \in \Sigma$, 即 $\{f > \alpha\}$ 是可测集, 则称 f 是 E 上 Σ **可测函数**, 简称为 f 在 E 上**可测**.

注 1.1　同一集 X 可以产生不同的 σ 代数, 如 Σ_1、Σ_2 等, 所以同一个 f 在 E 上就有不同的可测性. 然而可测空间 (X, Σ) 中没有定义测度, 使得相应的可测函数的性质及其应用都大受限制, 所以, 我们要进一步在测度空间 (X, Σ, μ) 中定义可测函数, 即

定义 1.2　设 (X, Σ, μ) 为测度空间, $E \in \Sigma$, f 是定义在 E 上的广义实值函数, 若对 $\forall \alpha \in \mathbf{R}^1$, $\{f > \alpha\} \in \Sigma$, 即 $\{f > \alpha\}$ 是 μ 可测集, 则称 f 是 E

上 μ **可测函数**, 特别, 当 X 为欧氏空间 $\mathbf{R}^n$ (可推广到距离空间或拓扑空间), $\{f>\alpha\}$ 为 (L) 可测集时, 称 f 是 E 上 (L) **可测函数**, 当 $\{f>\alpha\}$ 为 Borel 集时, 称 f 是 E 上 Borel 可测函数, 简称为 (B) **可测函数**. 在本书中谈到 f 可测时, 若无特殊声明, 总是指 f 是 μ 可测函数.

注 1.2　利用第一章 §2 习题 2.2 中集合的分解式和 Σ 为 σ 代数的性质, 可以将定义 1.1 和 1.2 中的 $\{f>\alpha\}$ 换成 $\{f\geqslant\alpha\}$, 或 $\{f<\alpha\}$, 或 $\{f\leqslant\alpha\}$. 利用这一性质容易推出: 若 f 在 E 上可测, 则 $-f$, $|f|$ 也在 E 上可测. 这是因为对 $\forall\alpha\in\mathbf{R}^1$, 从 $\{f>a\}\in\Sigma$, 可推出 $\{-f<-a\}\in\Sigma$; 又从 $\{f>\alpha\}$, $\{f<-a\}\in\Sigma$ 可推出 $\{|f|>\alpha\}=\{f>\alpha\}\cup\{f<-\alpha\}\in\Sigma$.

因为 $E=\{f=-\infty\}\cup\{f>-\infty\}$, 而 $\{f>-\infty\}=\bigcup\limits_{k=1}^{\infty}\{f>-k\}$, 当 f 可测时, $\{f>-\infty\}=\bigcup\limits_{k=1}^{\infty}\{f>-k\}$ 可测, 所以 E 的可测性就等价于 $\{f=-\infty\}$ 的可测性.

同理, 利用 E 的分解式:

$$E=\{f=\infty\}\cup\{f<\infty\}=\{f=\infty\}\cup\left(\bigcup_{k=1}^{\infty}\{f<k\}\right).$$

E 的可测性也等价于 $\{f=\infty\}$ 的可测性, 所以, 本书为简便计, 总假定 $\{f=-\infty\}$ 与 $\{f=\infty\}$ 都可测, 即 $\{f=-\infty\}, \{f=\infty\}\in\Sigma$, 在这个前提下, 在谈到 f 在 E 上可测时, 总设 E 本身是可测集, 即 $E\in\Sigma$.

定理 1.1　f 可测 $\Leftrightarrow\forall\alpha\in\mathbf{R}^1$, $\{\alpha<f<\infty\}\in\Sigma$.

证　由定义 1.2, f 可测, 即对 $\forall\alpha\in\mathbf{R}^1$, $\{f>\alpha\}\in\Sigma$, 而 $\{f>\alpha\}=\{\alpha<f<\infty\}\cup\{f=\infty\}$. 由于我们总假设 $\{f=\infty\}\in\Sigma$ (即 $\{f=\infty\}$ 可测), 所以 $\{f>\alpha\}\in\Sigma\Leftrightarrow\{\alpha<f<\infty\}\in\Sigma$. 证毕.

注 1.3　注意 $\{\alpha<f<\infty\}=\{x\in E: f(x)\in(a,\infty)\}=f^{-1}(a,\infty)\cap E$, 所以 $\{f>\alpha\}$ 可测就等价于开区间 (a,∞) 的原像集 $f^{-1}(a,\infty)$ 可测, 而开区间可推广到开集 G、闭集 F 以至 Borel 集, 所以函数的可测性依赖于原像集的测度性质, 即

定理 1.2　以下五个命题都是等价的:

(1) f 可测 (即 $\forall\alpha\in\mathbf{R}^1$, $\{f>\alpha\}\in\Sigma$);

(2) $\forall$ 开集 $G\subset\mathbf{R}^1$, $f^{-1}(G)\in\Sigma$, 即 $\mathbf{R}^1$ 中所有开集 G 的原像集 $f^{-1}(G)$ 可测;

(3) $\forall$ 闭集 $F\subset\mathbf{R}^1$, $f^{-1}(F)\in\Sigma$, 即 $\mathbf{R}^1$ 中所有闭集 F 的原像集 $f^{-1}(F)$ 可测;

(4) $\forall$ Borel 集 $B\subset\mathbf{R}^1$, $f^{-1}(B)\in\Sigma$, 即 $\mathbf{R}^1$ 中所有 Borel 集 B 的原像集

$f^{-1}(B)$ 可测;

评注: 本定理中的可测都指的是 (L) 可测. 所以, $f^{-1}(B)$ 可测, 指的是 (L) 可测, 而不是 (B) 可测.

(5) 设 Q 为 $\mathbf{R}^1$ 中任一稠密子集 (例如 Q 为有理数集), $\forall r \in Q$, $\{f > r\} \in \Sigma$.

证 (2) ⇒ (1): 取 $G = (\alpha, \infty)$, $\forall \alpha \in \mathbf{R}^1$, 则 $f^{-1}(G) = \{\alpha < f < \infty\}$, 由定理 1.1, f 可测.

(1) ⇒ (2): 设 f 可测, 对 $\forall$ 开集 $G \subset \mathbf{R}^1$, 由第二章 §3 定理 3.1, G 可分解为互不相交的开区间 (α_k, β_k) 的并集:

$$G = \bigcup_{k=1}^{\infty} (\alpha_k, \beta_k) = \bigcup_{k=1}^{\infty} G_k,$$

式中 $G_k = (\alpha_k, \beta_k)$, 注意到 $f^{-1}(G) = \bigcup\limits_{k=1}^{\infty} f^{-1}(G_k)$, 而 $f^{-1}(G_k) = \{\alpha_k < f < \beta_k\} = \{f > \alpha_k\} \cap \{f < \beta_k\}$. 所以, f 可测 ⇒ $\{f > \alpha_k\}$, $\{f < \beta_k\}$ 可测 ⇒ $f^{-1}(G_k)$ 可测 ⇒ $f^{-1}(G)$ 可测. 其余命题的等价性的证明留给读者. 证毕.

注 1.4 从上述 f 可测的等价条件自然会问, 定理 1.2 中的 Borel 集 B 是否还可减弱为可测集 A? 即 f 可测时, 是否对 $\mathbf{R}^1$ 中任意可测集 A, 它的原像集 $f^{-1}(A)$ 仍为可测集? 回答是否定的, 反例如下:

设 P 为 Cantor 集, $G = [0,1] - P = \bigcup\limits_{n=1}^{\infty} G_n$ 为 Cantor 开集, 式中 $G_n = \bigcup\limits_{k=1}^{2^{n-1}} G_{n,k}$ (见第二章 §3). 定义

$$\varphi(x) = \begin{cases} x + \dfrac{2k-1}{2^n}, & x \in G_{n,k} \\ x + g(x), & x \in P, \end{cases} \quad (n = 1, 2, \cdots; k = 1, \cdots, 2^{n-1}),$$

式中 $g(x) = \sup\{\varphi(y) : y < x, y \in G\}$, 则 φ 是 $[0,1]$ 上严格递增的连续函数. 令 $\varphi(P) = F$, 则 $\mu(F) = 1$. 设 E 是 F 的任一不可测子集, φ 的反函数 f 在 $[0,2]$ 上可测且 $A = f(E) \subset P$, 则 A 可测, 但 $f^{-1}(A) = E$ 却不是可测集.

推论 1.3 设 $X = \mathbf{R}^n$, 则 f 为 Borel 可测 ⇔ $\forall$ 开集 $G \subset \mathbf{R}^1$, $f^{-1}(G)$ 为 Borel 集.

在概率论中, 称 $\mu(X) = 1$ 时的测度空间 (X, Σ, μ) 为概率空间. 定义在概率空间上的可测 (实) 函数称为随机变量, 通常记为 $\xi(x)$, 而 $F(\alpha) = \mu\{\xi < \alpha\}$ 称为 ξ 的分布函数. 我们在上一章 §3 中已经详细比较了测度论与概率论的相应概念, 这表明要掌握概率论的本质, 必须采用测度论的观点, 而以测度论为基

础的概率论, 又是保险数学的理论基础.

我们还希望将 $f: X \to \mathbf{R}^1$ 的可测函数推广到集合间的映射 $f: X \to Y$ 上去.

设 X, Y 为任意非空集, $f: X \to Y$, 令 $f^{-1}(E) = \{x \in X : f(x) \in E\}$. 若 Σ_2 是 Y 上的 σ 代数, 则 $\{f^{-1}(E) : E \in \Sigma_2\}$ 就是 X 上的 σ 代数, 记为 Σ_1, 于是 (X, Σ_1) 和 (Y, Σ_2) 分别构成可测空间.

定义 1.3 设 $f: X \to Y, (X, \Sigma_1), (Y, \Sigma_2)$ 为可测空间, 若对 $\forall E \in \Sigma_2$, $f^{-1}(E) \in \Sigma_1$, 则称映射 $f: X \to Y$ 是 (Σ_1, Σ_2) 可测映射, 我们仍简称 f 是可测映射.

注 1.5 我们还应注意函数的可测性与连续性之间的关系. 从可测的定义和定理 1.2 可看出, 函数的可测性依赖于原像集的可测性质, 而函数的连续性则依赖于原像集的拓扑性质, 然而可测空间 (X, Σ) 中并没有拓扑结构, 所以函数的连续性与可测性之间并无包含关系. 当我们考虑可测空间 (X, Σ) 到拓扑空间 Y 的映射 f 时, 若对 Y 中的每个开集 G, 它的原像集 $f^{-1}(G)$ 是 X 中可测集, 则 f 是可测映射, 这时可测映射与连续映射之间仍无包含关系. 当 X, Y 都是拓扑空间时, $f: X \to Y$ 为连续映射, 即 Y 中所有开集 G 的原像集 $f^{-1}(G)$ 均为 X 中开集, 还不能保证 f 可测. 为此, 作者在上一章 §3 最后引入了可测的拓扑空间的新概念, 这时, X 中开集可测, 从而 f 是可测映射, 即只有在这种情形下连续映射才是可测映射.

二、可测函数的基本性质

下面主要讨论测度空间 (X, Σ, μ) 上可测函数的性质, $E \in \Sigma$.

1. f 可测与 f 的定义域的变化的关系

定理 1.4 (1) 设 f 在 E 上可测, 则 f 在 E 的任一可测子集 A 上也可测;

(2) 若 $E = \bigcup\limits_{k=1}^{\infty} E_k, \forall E_k$ 可测, 则 f 在 E 上可测 $\Leftrightarrow f$ 在每个 E_k 上都可测.

证 (1) 因为对 $\forall \alpha \in \mathbf{R}^1$, $\{x \in A : f(x) > \alpha\} = A \cap \{x \in E : f(x) > \alpha\}$, 所以, f 和 A 可测 $\Rightarrow \{x \in A : f(x) > \alpha\}$ 可测, 即 f 在 A 上可测.

(2) "$\Rightarrow$" 由 (1) 推出, 而 "$\Leftarrow$" 则利用 $\{x \in E : f(x) > \alpha\} = \bigcup\limits_{k=1}^{\infty} \{x \in E_k : f(x) > \alpha\}$ 推出. 证毕.

注 1.6 若 $E = \bigcup\limits_{\alpha \in I} E_\alpha$, 式中指标集 I 是不可数集, 则 f 在所有 E_α ($\forall \alpha \in I$) 上可测并不能推出 f 在 E 上可测.

例 1.1 取指标集 $I = [0, 1]$, $\alpha \in I$, 令 $E_\alpha = \{\alpha\}$, 设 A 是 $E = [0, 1]$ 的任一不可测子集, 定义 f 为

$$f(x)=\begin{cases}1, & x\in A,\\ -1, & x\in[0,1]-A,\end{cases}$$

则 f 在每个 E_α 上可测, 但 f 在 $E=\bigcup\limits_{\alpha\in I}E_\alpha$ 上不可测.

定理 1.5 设 (X,Σ,μ) 是完全测度空间, $E\in\Sigma$, 且 $\mu(E)=0$, 则定义在 E 上的任意函数都是可测的.

证 因为对 $\forall\alpha\in\mathbf{R}^1$, $\{f>\alpha\}\subset E$, 由 (X,Σ,μ) 空间的完全性, 从 $\mu(E)=0$ 推出 $\{f>\alpha\}$ 可测, 这表示 f 在 E 上可测. 证毕.

定义 1.4 设 (X,Σ,μ) 为测度空间. 若 $\mu(E)=0$, 则称 E 为 μ 零测度集, 简称为**零集**. 若命题 $P(x)$ 在 E 中除去一个零集外处处成立, 则称 $P(x)$ 在 E 上关于 μ **几乎处处成立**, 记为 $P(x)$ $\mu.a.e.$ 于 E, 在不引起混淆时, 也简记为 $P(x)$ $a.e.x\in E$.

例 1.2 "$f=g$ $a.e.$ 于 E" 表示集合 $A=\{x\in E: f(x)\neq g(x)\}$ 是零集, 而对 $\forall x\in E-A$, $f(x)=g(x)$; "$f_n\to f$ $a.e.$ 于 E" 则表示 $A=\{x\in E:\lim\limits_{n\to\infty}f_n(x)\neq f(x)\}$ 是零集, 而对 $\forall x\in E-A$, $\lim\limits_{n\to\infty}f_n(x)=f(x)$.

定义 1.5 设 (X,Σ,μ) 为测度空间, $E\in\Sigma$, 若 $\mu\{|f|=\infty\}=0$, 则称 f 在 E 上 $\mu.a.e.$ 有限, 记为 $|f|<\infty$ $\mu.a.e.$ 于 E; 若存在常数 $M>0$, 使得 $\mu\{|f|>M\}=0$, 则称 f 在 E 上 $\mu.a.e.$ 有界, 记为 $|f(x)|\leqslant M$ $\mu.a.e.$ 于 E.

例 1.3 下面几例说明: f 有界 $\Rightarrow$ f $a.e.$ 有界 $\Rightarrow$ f $a.e.$ 有限, 但其逆不成立. 还应注意 "$a.e.$ 有界" 与 "处处有限" 是互不包含的.

(1) $f(x)=\tan x$ 在 $\mathbf{R}^1$ 上 $a.e.$ 有限却无界;

(2) $f(x)=\dfrac{1}{x}$ 在 $(0,1)$ 上处处有限但无界;

(3) $f(x)=\begin{cases}\sin x, & x\text{ 为 }\mathbf{R}^1\text{ 中无理数},\\ \infty, & x\text{ 为 }\mathbf{R}^1\text{ 中有理数}\end{cases}$ 在 $\mathbf{R}^1$ 中 $a.e.$ 有界, $|f(x)|\leqslant 1$ $a.e.$ 于 $\mathbf{R}^1$, 但在 $\mathbf{R}^1$ 上无界.

下面的定理 1.6 表明, 当 $\mu(E)<\infty$ 时, 一个在 E 上 $a.e.$ 有限的函数在 E 上去掉一个测度任意小的集 A 后, 就可成为一个有界函数.

定理 1.6 设 $\mu(E)<\infty$, f 在 E 上 $a.e.$ 有限可测, 则对 $\forall\varepsilon>0$, 存在 E 的可测子集 A 及常数 $M>0$, 使得

(1) $\mu(A)<\varepsilon$;

(2) $|f(x)|\leqslant M$, $x\in E-A$.

证 令 $B=\{|f|=\infty\}$, $A_n=\{|f|>n\}$. 若对 $\forall\varepsilon>0$, $\forall n$, $\mu(A_n)\geqslant\varepsilon$, 则因为 $B=\bigcap\limits_{n=1}^{\infty}A_n$, 且 $\{A_n\}$ 是 E 中递减可测集列, $\mu(A_n)\leqslant\mu(E)<\infty$, 于是,

由第三章定理 3.2, $\mu(B)=\lim\limits_{n\to\infty}\mu(A_n)\geqslant\varepsilon$, 这与 $\mu(B)=0$ 的假设相矛盾. 所以, 一定存在某个 m, 使得 $\mu(A_m)<\varepsilon$, 而且 $\forall x\in E-A_m$, $|f(x)|\leqslant m$. 于是取 $A=A_m$, $M=m$, 就得到所需的结论. 证毕.

定理 1.6 的等价叙述是: 若 $\mu(E)<\infty$, 且 f 在 E 上 *a.e.* 有限可测, 则对 $\forall\varepsilon>0$, 存在 E 上有界可测函数 g, 使得

$$\mu\{f\neq g\}<\varepsilon. \tag{1.1}$$

定理 1.7 设 (X,Σ,μ) 是完全测度空间, f, g 是定义在 E 上的广义实值函数, $E\in\Sigma$, 若 f 在 E 上可测且 $g=f$ *a.e.* 于 E, 则 g 也在 E 上可测, 且对 $\forall\alpha\in\mathbf{R}^1$, 成立

$$\mu\{g>\alpha\}=\mu\{f>\alpha\}. \tag{1.2}$$

证 令 $A=\{g\neq f\}$, 则 $\mu(A)=0$. 由定理 1.5, g 在 A 上可测, 又在 $E-A$ 上 $g=f$, 从而 g 在 $E-A$ 上可测, 由定理 1.4, g 在 $A\cup(E-A)=E$ 上可测. 再令 $B=\{x\in A:g(x)>\alpha\}$, 则由 $B\subset A$, $\mu(A)=0$ 和 μ 的完全性有 $\mu(B)=0$, 同理 $\mu\{x\in A:f(x)>\alpha\}=0$, 于是,

$$\begin{aligned}\mu\{g>\alpha\}&=\mu\{x\in A:g(x)>\alpha\}+\mu\{x\in E-A:g(x)>\alpha\}\\&=\mu\{x\in A:f(x)>\alpha\}+\mu\{x\in E-A:f(x)>\alpha\}=\mu\{f>\alpha\}.\end{aligned}$$

证毕.

2. 可测函数列对于确界运算和极限运算都是封闭的

定理 1.8 设 $\{f_n\}$ 是 E 上广义实值可测函数列, 则 $\inf\limits_n\{f_n\}$, $\sup\limits_n\{f_n\}$, $\liminf\limits_{n\to\infty}f_n$, $\limsup\limits_{n\to\infty}f_n$ 都在 E 上可测. 特别, 若对 $\forall x\in E$, $\lim\limits_{n\to\infty}f_n(x)=f(x)$, 则 f 在 E 上可测.

证 利用第一章 §2 习题 2.5, 从 $\{\sup\limits_n f_n>\alpha\}=\bigcup\limits_{n=1}^{\infty}\{f_n>\alpha\}$ 和 f_n 可测, 可推出 $\sup\limits_n f_n$ 可测, 再利用 $\inf\limits_n f_n=-\sup\limits_n\{-f_n\}$ 得出 $\inf\limits_n f_n$ 可测, 然后利用第一章 §2 的 (2.17) 和 (2.18) 式, 即

$$\limsup_{n\to\infty}f_n=\inf_{k\geqslant1}\{\sup_{n\geqslant k}f_n\}, \tag{1.3}$$

$$\liminf_{n\to\infty}f_n=\sup_{k\geqslant1}\{\inf_{n\geqslant k}f_n\} \tag{1.4}$$

推出 $\limsup\limits_{n\to\infty}f_n$ 和 $\liminf\limits_{n\to\infty}f_n$ 可测.

若 $\{f_n\}$ 收敛, 则 $f(x)=\lim\limits_{n\to\infty}f_n(x)=\liminf\limits_{n\to\infty}f_n(x)=\limsup\limits_{n\to\infty}f_n(x)$, 所以 f 在 E 上也可测. 证毕.

注 1.7 定理 1.8 中函数列 $\{f_n\}$ 不能改成不可数的函数族 $\{f_\alpha\}$, $\alpha\in I$, 指标集 I 是不可数的, 即从 $\forall f_\alpha(\alpha\in I)$ 在 E 上可测不能推出 $\sup\limits_{\alpha\in I}f_\alpha$, $\inf\limits_{\alpha\in I}f_\alpha$ 在 E 上可测.

例 1.4 设 A 是 $\mathbf{R}^1$ 中不可测集, 在 $\mathbf{R}^1$ 上定义

$$f_\alpha(x)=\begin{cases}1, & x=x_\alpha\in A,\\ 0, & x\neq x_\alpha,\end{cases}$$

则 f_α 在 $\mathbf{R}^1$ 上可测, 但 $\sup\limits_{\alpha\in\mathbf{R}}f_\alpha(x)=\varphi_A(x)$ 是 A 的特征函数, 它与 A 同时不可测.

推论 1.9 设 (X,Σ,μ) 是完全测度空间, $E\in\Sigma$, $\{f_n\}$ 是 E 上可测函数列, 且 $\lim\limits_{n\to\infty}f_n(x)=f(x)\ a.e.x\in E$, 则 f 在 E 上可测.

推论 1.10 设 f 在 E 上可测, 则 f^+, f^-, $|f|$ 都在 E 上可测, 其中

$$\begin{aligned}f^+(x)&=\begin{cases}f(x), & \text{若 } f(x)\geqslant 0,\\ 0, & \text{若 } f(x)<0\end{cases}\\ &=\max\{f,0\},\end{aligned}\tag{1.5}$$

称为 f 的**正部**; 而

$$f^-(x)=f^+(x)-f(x)=\max\{-f,0\},\tag{1.6}$$

称为 f 的**负部**.

3. 复合函数的可测性

定理 1.11 设 f 是 X 上可测函数, 若 φ 是 $\mathbf{R}^1$ 上 Borel 可测函数, 则复合函数 $\varphi\circ f$ 是 X 上可测函数.

证 因为 φ 在 $\mathbf{R}^1$ 上 Borel 可测, 由推论 1.3, 对 $\mathbf{R}^1$ 中所有开集 G, $\varphi^{-1}(G)$ 为 Borel 集, 再由 f 可测和定理 1.2 的 (4), $f^{-1}(\varphi^{-1}(G))$ 是可测集, 而由第一章 §2 定理 2.4, 有

$$(\varphi\circ f)^{-1}(G)=f^{-1}(\varphi^{-1}(G)).\tag{1.7}$$

所以 $(\varphi\circ f)^{-1}(G)$ 是可测集, 再由定理 1.2, $\varphi\circ f$ 是可测函数. 证毕.

推论 1.12 设 f 是 X 上可测函数, 若 φ 是 $\mathbf{R}^1$ 上连续函数, 则 $\varphi\circ f$ 在

X 上可测.

在推论 1.12 中, 取特殊的 φ, 就得到包含 f 的表达式的可测性. 为查阅方便, 我们列表如下, 其中 f 可测, φ 连续, $\alpha \in \mathbf{R}^1$.

$\varphi(t)$	$(\varphi \circ f)(x) = \varphi(f(x))$
$t \pm \alpha$	$f(x) \pm \alpha$
αt	$\alpha f(x)$
$t^p\ (p \geqslant 1)$	$(f(x))^p$
$\|t\|^\alpha$	$\|f(x)\|^\alpha(\alpha < 0$ 时, 设 $f \neq 0$ $a.e.)$
t^+	$f^+(x)$
t^-	$f^-(x)$
$\log t$	$\log f(x)$
e^t	$\mathrm{e}^{f(x)}$

应注意的是, 设 f, φ 均可测, 甚至 φ 可测, f 连续, 它们的复合函数 $\varphi \circ f$ 也不能保证可测, 若用 B 表示 Borel 可测, L 表示 (L) 可测, 则以上结果可表示为

$$B \circ B = B, \quad B \circ L = L,$$

但 $L \circ B$、$L \circ L$ 都不一定可测.

4. 可测函数类对代数运算是封闭的

定理 1.13 设 f, g 在 E 上可测, 且 $f \pm g$ 在 E 上 $a.e.$ 有意义, 则 $f \pm g$ 也在 E 上可测.

证 由推论 1.12, 对 $\forall \alpha \in \mathbf{R}^1$, $g + \alpha$ 可测, 再由本节习题 1.2, $\{f > g + \alpha\}$ 可测, 即 $\{f - g > \alpha\}$ 是可测集, 于是 $f - g$ 是 E 上可测函数; 同理 $f + g$ 可测. 证毕.

推论 1.14 设 f, g 在 E 上可测, 且它们的线性组合 $c_1 f + c_2 g$ 在 E 上 $a.e.$ 有意义, 则 $c_1 f + c_2 g$ 在 E 上可测 (其中 c_1, c_2 为任意常数).

定理 1.15 设 f, g 在 E 上可测, 且 fg, f/g 在 E 上 $a.e.$ 有意义, 则 fg, f/g 在 E 上可测.

证 由定理 1.13 可知 $f \pm g$ 在 E 上可测, 再由推论 1.12, $(f \pm g)^2$ 可测, 从而 $fg = \dfrac{1}{4}((f+g)^2 - (f-g)^2)$ 可测. 又由推论 1.12, $1/g$ 可测, 所以 $f/g = f(1/g)$ 可测. 证毕.

5. 可测函数的逼近性质

定义 1.6 设 f 在集 E 上只取有限个有限实数值, 则称 f 是 E 上的**简单**

函数.

设 $E=\bigcup\limits_{k=1}^{n}E_k$, $E_j\cap E_k=\varnothing\ (j\neq k)$, $f(x)=c_k$, $x\in E_k$, 则简单函数 f 可表示为特征函数的有限线性组合, 即

$$f(x)=\sum_{k=1}^{n}c_k\varphi_{E_k}(x),\quad x\in E. \tag{1.8}$$

若 $\forall E_k$ 可测, 则称 f 是 E 上可测的简单函数.

例 1.5 对区间 $E=[a,b]$ 作分划: $T=\{a=x_0<x_1<\cdots<x_n=b\}$, 令 $E_1=[x_0,x_1]$, $E_k=(x_{k-1},x_k]$, $k=2,\cdots,n$, 则 (1.8) 式就是微积分中 $[a,b]$ 上的阶梯函数. 所以, 简单函数是阶梯函数的推广.

容易看出, 两个简单函数的和、差、积仍为简单函数.

定理 1.16 设 E 上简单函数 f 用 (1.8) 式表示, 则 $\forall E_k$ 可测 $\Leftrightarrow$ f 在 E 上可测.

证 由本节习题 1.3, φ_{E_k} 可测 $\Leftrightarrow$ E_k 可测. 所以, 当 $\forall E_k$ 可测时, 由推论 1.14, $f=\sum\limits_{k=1}^{n}c_k\varphi_{E_k}$ 在 E 上可测. 反之, 设 f 在 E 上可测, 则 $\forall\varphi_{E_k}$ 可测, 从而 $\forall E_k$ 可测. 证毕.

我们从微积分中得知, 有限闭区间 $[a,b]$ 上的连续函数 $f(x)$ 可用代数多项式 $P_n(x)$ 一致逼近, 即对于 $\forall f\in C[a,b]$, $\forall\varepsilon>0$, 存在多项式 P_n, 使得

$$\|f-P_n\|_C=\max_{x\in[a,b]}|f(x)-P_n(x)|<\varepsilon.$$

而在定义 Riemann 积分时, 实际上是用阶梯函数来逼近 (R) 可积函数. 从定理 1.8 知, 集 E 上可测的简单函数列 $\{f_n\}$ 的极限函数 f 也在 E 上可测. 也就是说, 可测函数可以用可测的简单函数来逼近. 下面进一步证明它的逆命题也成立, 从而有

定理 1.17 f 在 E 上可测的充要条件是 f 可表示为 E 上可测的简单函数列 $\{f_n\}$ 的极限.

为此, 只要证明下述定理 1.18.

定理 1.18 (1) 对于 E 上任何函数 f, 都存在简单函数列 $\{f_n\}$, 使得

$$\lim_{n\to\infty}f_n(x)=f(x),\quad x\in E;$$

(2) 对于 E 上任何非负函数 f, 都存在非负递增的简单函数列 $\{f_n\}$ 收敛于 f;

(3) 若 (1)、(2) 中的 f 是可测的, 则所取的简单函数列 $\{f_n\}$ 也是可测的;

(4) 若 f 在 E 上有界, 则上述函数列 $\{f_n\}$ 一致收敛于 f.

证 我们先证 (2). 证明的关键在于利用 f 的水平集来构造 $\{f_n\}$, 设 $f\geqslant 0$,

对任意固定的 $n \geqslant 1$, 将 $[0,n)$ 作 $n \times 2^n$ 等分, 记

$$E_{n,k} = \{x \in E : (k-1)2^{-n} \leqslant f(x) < k \times 2^{-n}\}, \quad E_n = \{x \in E : f(x) \geqslant n\},$$

$$\begin{aligned} f_n(x) &= \begin{cases} (k-1)2^{-n}, & x \in E_{n,k}, \quad 1 \leqslant k \leqslant n \times 2^n, \\ n, & x \in E_n \end{cases} \\ &= \sum_{k=1}^{n \times 2^n} (k-1)2^{-n}\varphi_{E_{n,k}}(x) + n\varphi_{E_n}(x), \end{aligned} \tag{1.9}$$

因为 f_{n+1} 是对 f_n 在每个区间 $[(k-1)2^{-n}, k \times 2^{-n})$ 再作二等分所得, 所以, $\{f_n\}$ 满足:

① $\{f_n\}$ 递增: $f_n \leqslant f_{n+1} \leqslant f$;

② $0 \leqslant f_n(x) \leqslant n$, $x \in E$;

③ 对 $\forall x \in E$, 若 $f(x) = \infty$, 则 $x \in E_n$, $f_n(x) = n \to f(x)$ $(n \to \infty)$; 若 $f(x) < \infty$, 则对 $\forall n > f(x)$, 有

$$0 \leqslant f(x) - f_n(x) \leqslant 2^{-n}, \tag{1.10}$$

于是 $\lim\limits_{n\to\infty} f_n(x) = f(x)$, $x \in E$.

若 f 有界, 即存在 $M > 0$, 使得 $|f(x)| \leqslant M(\forall x \in E)$, 则对 $\forall n > M$, (1.10) 对 $\forall x \in E$ 一致成立, 于是 $\{f_n\}$ 在 E 上一致收敛于 f. 若 f 在 E 上可测, 则 $E_{n,k}$, E_n 都是可测集, 从而由 (1.9), f_n 在 E 上可测.

为证 (1), 只要将 (2) 的结论分别用于非负函数 f^+, f^-, 就得到非负递增简单函数列 $\{f_n^+\}$, $\{f_n^-\}$, 使得 $f_n^+ \to f^+$, $f_n^- \to f^-$, 令 $f_n = f_n^+ - f_n^-$, 则 f_n 是 E 上简单函数列, 且 $f_n \to f = f^+ - f^-$. 证毕.

例 1.6 设 $E \subset \mathbf{R}^n$ 为可测集, f 是 E 上 (L) 可测函数, 则存在 $\mathbf{R}^n$ 上 (B) 可测函数 g, 使得

$$\mu\{g \neq f\} = 0. \tag{1.11}$$

证 设 f 在 E 上 (L) 可测, 由定理 1.18, 存在 E 上 (L) 可测的简单函数列 $f_k \to f$, 式中

$$f_k = \sum_{j=1}^{m_k} c_{k,j}\varphi_{E_{k,j}}, \quad E = \bigcup_{j=1}^{m_k} E_{k,j}, \tag{1.12}$$

而且对每个 k, $\{E_{k,j}\}$ 互不相交. 由 $E_{k,j}$ 可测, 根据第三章定理 2.13, 存在 F_σ 型集 $B_{k,j}$ (因而是 (B) 可测集), 使得 $\mu(E_{k,j} - B_{k,j}) = 0$. 令

$$A = \bigcup_{k=1}^{\infty}\bigcup_{j=1}^{m_k}(E_{k,j} - B_{k,j}),$$

则 $\mu(A)=0$, 从第三章习题 2.9, 存在 G_δ 型集 $B\supset A$, 使得 $\mu(B)=\mu^*(A)=0$. 在 $\mathbf{R}^n$ 上构造 (B) 可测简单函数列

$$g_k=\sum_{j=1}^{m_k}c_{k,j}\varphi_{B_{k,j}},\quad h_k=\begin{cases}g_k, & x\in\mathbf{R}^n-B,\\ 0, & x\in B,\end{cases}$$

则在 $\mathbf{R}^n-B$ 上, $h_k=g_k=f_k$. 所以 $\{h_k\}$ 在 $\mathbf{R}^n$ 上收敛, 记其极限函数为 g, 即 $\lim\limits_{k\to\infty}h_k=g$, 则 g 为 $\mathbf{R}^n$ 上 (B) 可测函数, 且在 $E-B$ 上 $g=f$, 于是 (1.11) 成立. 证毕.

习题 4.1

1.1 设 f 为距离空间 (X,d) 中连续函数, 求证对 $\mathbf{R}^1$ 中所有 Borel 集 B, $f^{-1}(B)$ 仍为 Borel 集.

1.2 设 f,g 在 E 上可测, 求证 $\{f>g\}$, $\{f\geqslant g\}$, $\{f=g\}$ 均为可测集.

1.3 证明: 集 E 的特征函数 φ_E 可测的充要条件是 E 可测.

1.4 证明: $\mathbf{R}^1$ 上单调函数 Borel 可测.

1.5 设 $\mu(E)<\infty$, f 在 E 上 *a.e.* 有限可测, 令 $E_n=\{|f|\geqslant n\}$, 证明

$$\lim_{n\to\infty}\mu(E_n)=0.$$

1.6 设 f 在 E 上连续, $g=f$ *a.e.* 于 E, 问 g 是否在 E 上 *a.e.* 连续?

1.7 设 f 是距离空间 X 上 Borel 可测函数, φ 是 $\mathbf{R}^1$ 上 Borel 可测函数, 证明: 复合函数 $\varphi\circ f$ 也是 X 上 Borel 可测函数.

1.8 设 f 在 E 上可测, φ 在 f 的值域上单调, 证明: 复合函数 $\varphi\circ f$ 在 E 上可测.

1.9 设 f 在 $[a,b]$ 上可导, 证明: f 的导函数 f' 在 $[a,b]$ 上可测.

1.10 设 f^2 或 $|f|$ 在 E 上可测, 能否推出 f 在 E 上可测? 设 f^2 在 E 上可测, 而且 $\{f>0\}$ 是可测集, 证明: f 在 E 上可测.

1.11 设 $\{f_n\}$ 是 E 上可测函数列, 证明: $\{f_n\}$ 的收敛点集

$$A=\{x\in E:\lim_{n\to\infty}f_n(x)=f(x)\}$$

和发散点集 B 都是可测集.

(提示: 利用第一章 §2 的 (2.15) 和 (2.16) 式.)

1.12 设 f 在 E 上可测, 证明 $g=\operatorname{sgn}f$ 也在 E 上可测.

§2 可测函数列的收敛性

一、不同意义下的收敛性

我们在微积分中已经熟悉了函数列 $\{f_n\}$ 的两种不同的收敛性, 即

定义 2.1 设 f_k, f 定义在 $\mathbf{R}^n$ 的某子集 E 上, 若对 $\forall\varepsilon>0$, $\forall x\in E$, $\exists N=N(\varepsilon,x)$, 使得 $\forall k\geqslant N$, 有

$$|f_k(x)-f(x)|<\varepsilon, \tag{2.1}$$

则称 $\{f_k\}$ 在 E 上**点态收敛**于 f, 记为 $f_k\to f\ (k\to\infty)$ 或 $\lim\limits_{k\to\infty}f_k(x)=f(x)$, $x\in E$.

定义 2.2 设 f_k, f 定义在 $E\subset\mathbf{R}^n$ 上, 若对 $\forall\varepsilon>0$, $\forall x\in E$, $\exists N=N(\varepsilon)$ (与 x 无关), 使得 $\forall k\geqslant N$, 有 $|f_k(x)-f(x)|<\varepsilon$, 即

$$\lim_{k\to\infty}\sup_{x\in E}|f_k(x)-f(x)|=0, \tag{2.2}$$

则称 $\{f_k\}$ 在 E 上**一致收敛**于 f, 记为 $f_k\rightrightarrows f\ (k\to\infty)$.

注意: 以上两种收敛性都可以推广到完全测度空间上去. 在一般测度空间中, 函数列还有以下三种常用的收敛性. 但是从 $\{f_n\}$ 可测和 $f_n\to f$ *a.e.* 不能推出 f 也可测, 根据推论 1.9, 为了简化讨论, 在本节中, 我们总设 (X,Σ,μ) 是完全测度空间, $E\in\Sigma$, $\{f_k\}$ 和 f 都是 E 上 *a.e.* 有限的可测函数.

定义 2.3 设 f_k, f 定义在 E 上, 若存在 $A\in\Sigma$, $A\subset E$, $\mu(A)=0$, 而对于 $\forall x\in E-A$, $\lim\limits_{k\to\infty}f_k(x)=f(x)$, 则称 $\{f_k\}$ 在 E 上 *a.e.* **收敛于** f, 记为 $f_k\to f$ *a.e.* 于 E.

定义 2.4 若对 $\forall\delta>0$, 存在 E 的一个可测子集 A (与 δ 有关), 使得 $\mu(A)<\delta$, 而且 $\{f_k\}$ 在 $E-A$ 上一致收敛于 f, 则称 $\{f_k\}$ 在 E 上**几乎一致收敛于** f, 记为

$$f_k\xrightarrow{a.un.}f\quad(k\to\infty).$$

定义 2.5 若对 $\forall\eta>0$, 使得

$$\lim_{k\to\infty}\mu\{|f_k-f|\geqslant\eta\}=0, \tag{2.3}$$

即 $\forall\eta>0$, $\forall\varepsilon>0$, $\exists N=N(\eta,\varepsilon)$, 使得对 $\forall k>N$, 有

$$\mu\{|f_k-f|\geqslant\eta\}<\varepsilon, \tag{2.4}$$

则称 $\{f_k\}$ 在 E 上**依测度** μ **收敛于** f, 记为

$$f_k\xrightarrow{\mu}f\quad(k\to\infty).$$

当 μ 为概率测度时, 依测度收敛也称为依概率收敛.

评注: 利用 $\alpha > 0$ 时, $\{\varphi_E > \alpha\} = \begin{cases} E, & 0 < \alpha < 1, \\ \varnothing & \alpha \geqslant 1, \end{cases}$ 得出 $\mu(E_k) \to 0$ $(k \to \infty) \Leftrightarrow \varphi_{E_k} \xrightarrow{\mu} 0$.

下面讨论这些不同收敛性之间的关系.

二、几乎处处收敛与几乎一致收敛的关系

定理 2.1 设 $f_n \xRightarrow{a.un.} f$, 则 $f_n \to f$ $a.e.$ 于 E.

证 因为设 f_n, f 在 E 上 $a.e.$ 有限, 即 $\mu\{|f| = \infty\} = \mu\{|f_n| = \infty\} = 0$. 所以, 不妨设 $f, \{f_n\}$ 在 E 上处处有限. $f_n \xRightarrow{a.un.} f$, 即 $\forall k \in \mathbf{N}$, $\exists E_k \subset E$, 使得 $\mu(E_k) < \dfrac{1}{k}$, 而且在 $E - E_k$ 上 $f_n \rightrightarrows f$. 令 $B = \bigcup\limits_{k=1}^{\infty}(E - E_k)$, 则对 $\forall x \in B$, $f_n(x) \to f(x)$, $n \to \infty$, 剩下只要证 $\mu(E - B) = 0$. 事实上, $E - B = E \cap B^c = E \cap \left(\bigcup\limits_{k=1}^{\infty} E_k^c\right)^c = E \cap \left(\bigcap\limits_{k=1}^{\infty} E_k\right) = \bigcap\limits_{k=1}^{\infty} E_k \subset E_k$. 于是 $\mu(E - B) \leqslant \mu(E_k) < \dfrac{1}{k}$, 令 $k \to \infty$, 得 $\mu(E - B) = 0$, 于是 $f_n \to f$ $a.e.$ 于 E. 证毕.

一个更为深刻的结论是, 当 $\mu(E) < \infty$ 时, 上述定理 2.1 的逆命题也成立, 此即著名的 Egorov 定理:

定理 2.2 (Egorov) 设 $\mu(E) < \infty$, 则从 $f_n \to f$ $a.e.$ 于 E 可推出 $f_n \xRightarrow{a.un.} f$.

证 与定理 2.1 一样, 不妨仍设 $f, \{f_n\}$ 在 E 上处处有限. 令

$$E_n(\varepsilon_r) = \{|f_n - f| \geqslant \varepsilon_r\}, \quad B_k(\varepsilon_r) = \bigcup_{n=k}^{\infty} E_n(\varepsilon_r), \quad A_r = \bigcap_{k=1}^{\infty} B_k(\varepsilon_r),$$

式中正数 $\varepsilon_r \searrow 0$. 由第一章 §2 中 (2.16) 式, $\{f_n\}$ 的发散点集 D 为

$$D = \{x \in E : \lim_{n\to\infty} f_n(x) \neq f(x)\} = \bigcup_{r=1}^{\infty} A_r, \tag{2.5}$$

而且 $B_k(\varepsilon_r)$ 满足:

(1) $B_k(\varepsilon_r)$ 关于 k 单调递减, 即 $B_{k+1}(\varepsilon_r) \subset B_k(\varepsilon_r)$;

(2) $B_k(\varepsilon_r)$ 是可测集;

(3) $B_1(\varepsilon_r) \subset E$, 从而 $\mu(B_1(\varepsilon_r)) \leqslant \mu(E) < \infty$.

由第三章 §3 定理 3.2, 有

$$\lim_{k\to\infty} \mu(B_k(\varepsilon_r)) = \mu(A_r). \tag{2.6}$$

由假设, $f_n \to f$ $a.e.$ 于 E, 从 (2.5) 可知 $\mu(D) = 0$, 又 $A_r \subset D$, 由 A_r 可测,

$\mu(A_r)=0$, 从而由 (2.6) 式, 有

$$\lim_{k\to\infty}\mu(B_k(\varepsilon_r))=0. \tag{2.7}$$

即对 $\forall\delta>0$, $\forall r>0$, $\exists k_0=k(r,\delta)$, 使得 $\forall k\geqslant k_0$, 有

$$\mu(B_k(\varepsilon_r))<\frac{\delta}{2^r}. \tag{2.8}$$

令 $E_\delta=\bigcup\limits_{r=1}^{\infty}B_k(\varepsilon_r)$, 则 E_δ 可测, 且由 (2.8), 有

$$\mu(E_\delta)\leqslant\sum_{r=1}^{\infty}\mu(B_k(\varepsilon_r))<\delta.$$

对 $\forall\varepsilon>0$, $\exists\varepsilon_r\searrow 0$, 使得 $0<\varepsilon_r<\varepsilon$, 则 $\forall x\in E-E_\delta\Rightarrow x\notin E_\delta\Rightarrow x\notin B_k(\varepsilon_r)(\forall r)\Rightarrow\forall n\geqslant k$, $x\notin E_n(\varepsilon_r)$, 即 $|f_n(x)-f(x)|<\varepsilon_r<\varepsilon$, 这表明 $\{f_n\}$ 在 $E-E_\delta$ 上一致收敛于 f. 证毕.

当 $X=\mathbf{R}^n$, Σ 为 Borel 族或 (L) 可测集族, μ 为 (L) 测度时, 定理 2.2 的证明中的 $E-E_\delta$ 可取为闭集. 为此, 我们先证一个引理:

引理 2.3 设 $E\subset\mathbf{R}^n$, $\mu(E)<\infty$, 若 $f_k\to f$ *a.e.* 于 E, 则对 $\forall\varepsilon>0$, $\forall\eta>0$, 存在闭集 $F\subset E$ 及 k_0, 使得 $\mu(E-F)<\eta$, 且对 $\forall x\in F$, $\forall k\geqslant k_0$, 有

$$|f(x)-f_k(x)|<\varepsilon. \tag{2.9}$$

证 因为我们在本节中已事先假设了 $\{f_k\}$, f 都在 E 上 *a.e.* 有限可测, 此处不妨设 $\{f_k\}$, f 在 E 上处处有限. 对 $\forall\varepsilon>0$, $\forall\eta>0$, 令 $E_m=\{|f-f_k|<\varepsilon,\forall k\geqslant m\}$, 则 $E_m=\bigcap\limits_{k=m}^{\infty}\{|f-f_k|<\varepsilon\}$, 从而 $\{E_m\}$ 是递增的可测集列, 由假设 $f_k\to f$ *a.e.* 于 E, 于是 $\exists A\subset E$, 使得 $\mu(A)=0$, 且 $E_m\nearrow(E-A)$. 由第三章定理 2.11, $\lim\limits_{m\to\infty}\mu(E_m)=\mu(E-A)=\mu(E)$. 又 $\mu(E)<\infty$, 所以 $\lim\limits_{m\to\infty}\mu(E-E_m)=0$, 即对上述 $\eta>0$, $\exists k_0$, 使得 $\mu(E-E_{k_0})<\eta/2$. 又由 E_{k_0} 可测, 利用第三章定理 2.7, 存在闭集 $F\subset E_{k_0}$ 使得 $\mu(E_{k_0}-F)<\eta/2$, 从而 $\mu(E-F)\leqslant\mu(E-E_{k_0})+\mu(E_{k_0}-F)<\eta$, 而且对 $\forall k\geqslant k_0$, $\forall x\in F$, $|f(x)-f_k(x)|<\varepsilon$. 证毕.

应该强调指出, 引理 2.3 中的闭集 F、k_0 都与 ε、η 有关, 所以, 从 (2.9) 还不能得出 $\{f_k\}$ 在 F 上一致收敛于 f 的结论, 但它本身仍有一定意义, 而且是证明下述定理的基础.

定理 2.4 (Egorov) 设 $E\subset\mathbf{R}^n$, $\mu(E)<\infty$, 若 $f_k\to f$ *a.e.* 于 E, 则对 $\forall\eta>0$, 存在闭集 $F\subset E$, 使得 $\mu(E-F)<\eta$ 且 $\{f_k\}$ 在 F 上一致收敛于 f.

证 对 $\forall\eta>0$, 由引理 2.3, 存在闭集 $F_m\subset E$ 和 $k_0=k(m,\eta)$, 使得 $\mu(E-F_m)<\dfrac{\eta}{2^m}$, 而且对 $\forall k\geqslant k_0$, $\forall x\in F_m$, $|f(x)-f_k(x)|<\dfrac{1}{m}$. 令 $F=\bigcap\limits_{m=1}^{\infty}F_m$, 则 F 为闭集. 因为对 $\forall m$, $F\subset F_m$, 所以, $\{f_k\}$ 在 F 上一致收敛于 f, 又 $E-F=\bigcup\limits_{m=1}^{\infty}(E-F_m)$, 所以 $\mu(E-F)\leqslant\sum\limits_{m=1}^{\infty}\mu(E-F_m)<\eta$. 证毕.

注 2.1 ① 定理 2.2 至 2.4 中 $\mu(E)<\infty$ 的条件不能去掉, 否则, 即使 $\{f_k\}$ 是 E 上的连续函数列, $\{f_k\}$ 处处收敛于连续函数 f, 仍不能保证定理成立, 例如:

例 2.1 设 $E=(-\infty,\infty)$, 令

$$f_n(x)=\begin{cases}0, & |x|\leqslant n,\\ 1, & |x|\geqslant n+1,\\ \text{线性}, & \text{其他},\end{cases}$$

则 $\{f_n\}$ 在 E 上连续且处处收敛于 $f\equiv 0$, 取可测集 A, 使得 $\mu(A)<\delta=1$, 则存在 $x_n\in E_\delta=E-A$, 使得 $f_n(x_n)=1$, 所以, $\{f_n\}$ 在 E_δ 上不一致收敛于 f, 我们在下面证明, 条件 "$\mu(E)<\infty$" 可用 "$|f_n|\leqslant g$ *a.e.* 于 E, g 在 E 上 (L) 可积" 代替.

定理 2.4–1 设 $\{f_n\}$, f 均在 E 上 *a.e.* 有限可测, $f_n\to f$ *a.e.* 于 E. 若存在 $g\in L(E)$, 使得 $|f_n|\leqslant g$ *a.e.* 于 E, 则在 E 上成立

(1) $f_n\xrightarrow{a.un.}f\ (n\to\infty)$;

(2) $f_n\xrightarrow{\mu}f\ (n\to\infty)$.

证 (1) 用 $E_k=\left\{g\geqslant\dfrac{1}{k}\right\}$ 表示集 $\left\{x\in E:g(x)\geqslant\dfrac{1}{k}\right\}$, 则 $\{E_k\}$ 是递增可测集列, 且 $\mu(E_k)<\infty$. 由 Egorov 定理, 对 $\forall\varepsilon>0$, 存在可测集 $A_k\subset E_k$, 使得 $\mu(A_k)<\dfrac{\varepsilon}{2^k}$, 而且 $f_n\rightrightarrows f$ 于 E_k-A_k. 令 $A=\bigcup\limits_{k=1}^{\infty}A_k$, 则 $\mu(A)\leqslant\sum\limits_{k=1}^{\infty}\mu(A_k)<\varepsilon$. $\forall\eta>0$, 令 $k_0=\left[\dfrac{2}{\eta}\right]+1$, 由于 $\{f_n\}$ 在 $E_{k_0}-A\subset E_{k_0}-A_{k_0}$ 上一致收敛于 f, 于是 $\exists n_{k_0}$, 使得 $\forall n\geqslant n_{k_0}$, $\forall x\in E_{k_0}-A$, 成立

$$|f_n(x)-f(x)|<\eta.$$

另一方面, 不妨设 $f_n\to f$ 和 $|f_n|\leqslant g$ 在 E 上处处成立. 于是 $\forall x\in E-E_{k_0}$, $g(x)<\dfrac{1}{k_0}$. 从而

$$|f_n(x)-f(x)|\leqslant|f_n(x)|+|f(x)|\leqslant\frac{1}{k_0}+\frac{1}{k_0}<\eta.$$

又因为

$$E - A \subset (E - E_{k_0}) \cup (E_{k_0} - A),$$

所以, $\forall x \in E - A$, $\forall n \geqslant n_{k_0}$, 成立

$$|f_n(x) - f(x)| < \eta.$$

于是 $\{f_n\}$ 在 $E - A$ 上一致收敛于 f, 即在 E 上成立 $f_n \xrightarrow{a.un.} f\ (n \to \infty)$.

(2) 令 $A = \{x \in E : |f(x)| > g(x)$ 或 $|f_n(x)| > g(x)\}$, 则 $\mu(A) = 0$, 由 (L) 控制收敛定理 (第五章定理 3.10), 有 $\lim\limits_{n\to\infty} \int_{E-A} |f_n - f| \mathrm{d}\mu = 0$. 再由 Chebyshev 不等式 (第五章定理 2.10), 对 $\forall \alpha > 0$, 有

$$\mu\{x \in E - A : |f_n(x) - f(x)| > \alpha\} \leqslant \frac{1}{\alpha} \int_{E-A} |f_n - f| \mathrm{d}\mu \to 0\ (n \to \infty),$$

从而 $\mu\{x \in E : |f_n(x) - f(x)| > \alpha\} \to 0\ (n \to \infty)$, 即 $f_n \xrightarrow{\mu} f$. 证毕.

② Egorov 定理可推广到连续参数情形, 例如, 设 $f(x, y)$ 是正方形 $Q = [0, 1] \times (0, 1]$ 上的连续函数, E 是 $[0, 1]$ 中可测子集, 若对 $\forall x \in E$, 极限

$$\lim_{y \to 0} f(x, y) = f(x)$$

存在并有限, 则对 $\forall \delta > 0$, 存在闭集 $F \subset E$, 使得 $\mu(E - F) < \delta$, 而且当 $y \to 0$ 时, $f(x, y)$ 在 F 上一致收敛于 $f(x)$.

③ Egorov 定理 2.2 还可推广到在距离空间中取值的可测映射, 即

定理 2.5 (Egorov)　设 (X, Σ, μ) 为测度空间, $E \in \Sigma$, $\mu(E) < \infty$, (Y, d) 为距离空间. $\{f_n\}$ 为从 E 到 Y 内的可测映射列, 若 $f_n \to f$ *a.e.* 于 E, 则 $f_n \xrightarrow{a.un.} f$.

三、依测度收敛与几乎处处收敛的关系

首先值得注意的是, 我们在定理 2.2 的证明过程中, 已经证明了 (2.7) 式, 即 $\lim\limits_{k\to\infty} \mu(B_k(\varepsilon_r)) = 0$. 若将 $\varepsilon_r > 0$ 改为 $\forall \eta > 0$, 并注意到 $E_k(\eta)$ 可测和 $E_k(\eta) \subset B_k(\eta)$, 即得 $\lim\limits_{k\to\infty} \mu(E_k(\eta)) = 0$, 这就表明 $f_k \xrightarrow{\mu} f$. 于是, 我们就证明了下述著名的 Lebesgue 定理:

定理 2.6 (Lebesgue)　设 $\mu(E) < \infty$, 若 $f_n \to f$ *a.e.* 于 E, 则 $f_n \xrightarrow{\mu} f$.

注 2.2　定理 2.6 的逆命题不成立, 即使在 $\mu(E) < \infty$ 的条件下, 也不能从 $f_n \xrightarrow{\mu} f$ 推出 $f_n \to f$ *a.e.* 于 E. 例如

例 2.2　对集 $E = [0, 1)$ 作 k 等分, 令 $E_{k,j} = \left[\dfrac{j-1}{k}, \dfrac{j}{k}\right)$, $j = 1, 2, \cdots, k$,

$n = \frac{1}{2}k(k-1)+j$, 再令 $f_n(x) = \varphi_{E_{k,j}}(x)$, 则 $\{f_n\}$ 在 E 上处处不收敛, 这是因为对于 $\forall x_0 \in E$, $f_n(x_0)$ 中有无穷多项取值为 1, 也有无穷多项取值为 0, 但 $f_n \xrightarrow{\mu} 0$ $(f \equiv 0)$. 事实上, 对于 $\forall \eta > 0$, 令 $n = \frac{1}{2}k(k-1)+j$, 则

$$\{|f_n - f| \geqslant \eta\} = \begin{cases} \varnothing, & \eta > 1, \\ E_{k,j}, & 0 < \eta \leqslant 1, \end{cases}$$

从而

$$\mu\{|f_n - f| \geqslant \eta\} = \begin{cases} 0, & \eta > 1, \\ \dfrac{1}{k}, & 0 < \eta \leqslant 1, \end{cases}$$

即 $\mu\{|f_n - f| \geqslant \eta\} \to 0$ $(n \to \infty)$.

注 2.3 当 $\mu(E) = \infty$ 时, 定理 2.6 也不成立, 即不能从 $f_n \to f$ *a.e.* 于 E, 推出 $f_n \xrightarrow{\mu} f$. 例如

例 2.3 取 $E = (0, \infty)$, 并令

$$f_n(x) = \begin{cases} 1, & x \in (0, n), \\ 0, & x \in [n, \infty), \end{cases}$$

则 $f_n \to f = 1$ 于 E. 但对 $0 < \eta < 1$, 由 $\{|f_n - f| \geqslant \eta\} = [n, \infty)$, 得到 $\mu\{|f_n - f| \geqslant \eta\} = \infty$, 即 $\{f_n\}$ 在 E 上不依测度收敛于 f.

从例 2.2 与例 2.3 说明, $\{f_n\}$ 的几乎处处收敛与依测度收敛是互不包含的.

定理 2.7 (Riesz) 设 $f_n \xrightarrow{\mu} f$ 于 E, 则存在 $\{f_n\}$ 的子列 f_{n_k}, 使得

$$f_{n_k} \to f \ a.e. \text{ 于 } E.$$

证 从 $f_n \xrightarrow{\mu} f$ 于 E, 对于 $\forall \eta > 0$, $\forall \varepsilon > 0$, $\exists N = N(\varepsilon, \eta)$, 使得对 $\forall n > N$, 有

$$\mu\{|f_n - f| \geqslant \eta\} < \varepsilon.$$

特别地, 取 $\varepsilon = \eta = \frac{1}{2^k}$, 则 $\exists m_k$ 使得对 $\forall n \geqslant m_k$, 有 $\mu\left\{|f_n - f| \geqslant \frac{1}{2^k}\right\} < \frac{1}{2^k}$, 令 $n_1 = m_1$, $n_k = \max\{m_k, 1 + n_{k-1}\}$, $k = 2, 3, \cdots$, 则 $\{n_k\}$ 单调递增, 即 $n_{k-1} < n_k$, 且

$$\mu\left\{|f_{n_k} - f| \geqslant \frac{1}{2^k}\right\} < \frac{1}{2^k}. \tag{2.10}$$

令 $B_k = \left\{|f_{n_k} - f| \geqslant \frac{1}{2^k}\right\}$, $B = \limsup\limits_{k\to\infty} B_k$. 从 (2.10), $\mu(B_k) < \frac{1}{2^k}$, 从而

$$\sum_{k=1}^{\infty}\mu(B_k) < \sum_{k=1}^{\infty}\frac{1}{2^k} < \infty.$$

由第三章定理 3.2, $\mu(B) = 0$. 于是, 对 $\forall x \in E - B$, $\lim\limits_{k\to\infty} f_{n_k}(x) = f(x)$. 证毕.

四、依测度收敛与几乎一致收敛的关系

定理 2.8 设 $f_n \xrightarrow{a.un.} f$, 则 $f_n \xrightarrow{\mu} f$.

证 $f_n \xrightarrow{a.un.} f$, 即对 $\forall \eta > 0$, $\forall \delta > 0$, 存在 E 的一个可测子集 A, 使得 $\mu(A) < \delta$, 而且 $f_n \rightrightarrows f$ 于 $E - A$, 即 $\exists k_0 = k_0(\eta, \delta)$, 使得 $\forall k \geqslant k_0$, $\forall x \in E - A$, 有 $|f_k(x) - f(x)| < \eta$. 令 $E_k = \{|f_k - f| < \eta\}$, $B_{k_0} = \bigcap\limits_{k=k_0}^{\infty} E_k$, 则 $x \in B_{k_0}$. 这表明 $E - A \subset B_{k_0}$, 即 $B_{k_0}^c \subset A$. 从而 $\mu(B_{k_0}^c) \leqslant \mu(A) < \delta$. 又因为对 $\forall k \geqslant k_0$, $E_k \supset B_{k_0} \Rightarrow E_k^c \subset B_{k_0}^c \Rightarrow \mu(E_k^c) < \delta$, 即 $\forall k \geqslant k_0$, $\mu\{|f_k - f| \geqslant \eta\} < \delta$, 这表明 $f_n \xrightarrow{\mu} f$. 证毕.

注 2.4 定理 2.8 的逆命题不成立, 即从 $f_n \xrightarrow{\mu} f$ 不能推出 $f_n \xrightarrow{a.un.} f$.

五、依测度收敛的其他性质

定义 2.6 若对 $\forall \eta > 0$,

$$\lim_{m,n\to\infty} \mu\{|f_m - f_n| \geqslant \eta\} = 0, \tag{2.11}$$

即对 $\forall \eta > 0$, $\forall \varepsilon > 0$, $\exists k_0 = k_0(\eta, \varepsilon)$, 使得对 $\forall m, n \geqslant k_0$, 有 $\mu\{|f_m - f_n| \geqslant \eta\} < \varepsilon$, 则称 $\{f_n\}$ 是 E 上的依测度的 Cauchy 列.

定理 2.9 $f_n \xrightarrow{\mu} f$ 的充要条件是 $\{f_n\}$ 在 E 上是依测度的 Cauchy 列.

证 必要性可从 $f_n \xrightarrow{\mu} f$ 和关系式

$$\{|f_m - f_n| \geqslant \eta\} \subset \left\{|f_m - f| \geqslant \frac{\eta}{2}\right\} \cup \left\{|f_n - f| \geqslant \frac{\eta}{2}\right\}$$

推出. 为证其充分性, 取 $\eta = \varepsilon = \frac{1}{2^j}$, 由假设, $\exists k_0 = k_0(j)$, 使得对 $\forall m, n \geqslant k_0$, 有 $\mu\left\{|f_m - f_n| \geqslant \frac{1}{2^j}\right\} < \frac{1}{2^j}$. $\forall k_j \geqslant k_0$, 我们记 k_j 为 $k(j)$. 不妨设 $k(j)$ 关于 j 递增, 即 $k(j) < k(j+1)$, 并记 $E_j = \left\{|f_{k(j+1)} - f_{k(j)}| \geqslant \frac{1}{2^j}\right\}$, 则 $\mu(E_j) < \frac{1}{2^j}$. 令 $A_i = \bigcup\limits_{j=i}^{\infty} E_j$, $A = \bigcap\limits_{i=1}^{\infty} A_i$, 于是 $A = \bigcap\limits_{i=1}^{\infty} A_i = \bigcap\limits_{i=1}^{\infty}\bigcup\limits_{j=i}^{\infty} E_j = \limsup\limits_{k\to\infty} E_k$, 再注意到

$\sum\limits_{k=1}^{\infty}\mu(E_k)<\sum\limits_{k=1}^{\infty}\frac{1}{2^k}<\infty$, 利用第三章 §2, Borel–Cantelli 引理, $\mu(A)=0$. 而对于 $\forall x\in E-A, \exists i$, 使得 $x\notin A_i$, 所以, 对 $\forall j\geqslant i$, 有 $|f_{k(j+1)}(x)-f_{k(j)}(x)|<\frac{1}{2^j}$, 从而

$$\sum_{j=i}^{\infty}|f_{k(j+1)}(x)-f_{k(j)}(x)|<\sum_{j=i}^{\infty}\frac{1}{2^j}=\frac{1}{2^{i-1}}.$$

这说明 $f_{k(1)}(x)+\sum\limits_{i=1}^{\infty}(f_{k(i+1)}(x)-f_{k(i)}(x))$ 在 $E-A$ 上绝对收敛, 从而 $\{f_{k(i)}\}$ 在 E 上 *a.e.* 收敛, 设其极限函数为 f, 于是 f 在 E 上 *a.e.* 有限可测. 又 $\{f_{k(i)}\}$ 在 $E-A_i$ 上一致收敛于 f, 而 $\mu(A_i)<\frac{1}{2^{i-1}}$, 由定理 2.8 可知 $f_{k(i)}\xrightarrow{\mu}f$. 再由

$$\{|f_n-f|\geqslant\eta\}\subset\left\{|f_n-f_{k(i)}|\geqslant\frac{\eta}{2}\right\}\cup\left\{|f_{k(i)}-f|\geqslant\frac{\eta}{2}\right\},$$

即得 $\lim\limits_{n\to\infty}\mu\{|f_n-f|\geqslant\eta\}=0$, 于是 $f_n\xrightarrow{\mu}f$. 证毕.

定理 2.10 设 f_n, f 在 E 上 *a.e.* 有限可测, 若 $f_n\xrightarrow{\mu}f$ 于 E, 同时 $f_n\xrightarrow{\mu}g$ 于 E, 则 $g=f$ *a.e.* 于 E. (这说明在 *a.e.* 的意义下, 依测度收敛的极限函数是唯一的.)

证一 从 $f_n\xrightarrow{\mu}f$, 由定理 2.7 (Riesz), 存在 $\{f_n\}$ 的子列 $\{f_{n_k}\}$ 和 $A_1\subset E$, 使得 $\mu(A_1)=0$ 而在 $E-A_1$ 上 $f_{n_k}\to f$. 又由 $f_n\xrightarrow{\mu}g$ 和习题 2.2, 存在 $\{f_{n_k}\}$ 的子列 $\{f_{n_{k_j}}\}$ 及 $A_2\subset E$, 使得 $\mu(A_2)=0$ 且在 $E-A_2$ 上 $f_{n_{k_j}}\to g$. 令 $A=A_1\cup A_2$, 则在 $E-A$ 上 $g=f$ 而 $\mu(A)=0$, 所以 $g=f$ *a.e.* 于 E. 证毕.

证二 对于 *a.e.* $x\in E, \forall\varepsilon>0$, 从不等式

$$|f(x)-g(x)|\leqslant|f(x)-f_n(x)|+|f_n(x)-g(x)|$$

得到

$$\{|f-g|>\varepsilon\}\subset\left\{|f-f_n|>\frac{\varepsilon}{2}\right\}\cup\left\{|f_n-g|>\frac{\varepsilon}{2}\right\}.$$

两边取测度, 得到

$$\mu\{|f-g|>\varepsilon\}\leqslant\mu\left\{|f-f_n|>\frac{\varepsilon}{2}\right\}+\mu\left\{|f_n-g|>\frac{\varepsilon}{2}\right\}.$$

令 $n\to\infty$, 得到 $\mu\{|f-g|>\varepsilon\}=0$ 对 $\forall\varepsilon>0$ 成立, 即 $f=g$ *a.e.* 于 E. 证毕.

定理 2.11 设 $f_n\xrightarrow{\mu}f$ 于 E, $f_n=g_n$ *a.e.* 于 E, 则 $g_n\xrightarrow{\mu}f$.

证 令 $A=\bigcup\limits_{n=1}^{\infty}\{f_n\neq g_n\}$, 则 $\mu(A)=0$. 对于 $\forall\eta>0$, 从

$$\{|g_n-f|\geqslant\eta\}\subset\{|f_n-f|\geqslant\eta\}\cup A,$$

得到 $\mu\{|g_n - f| \geqslant \eta\} \leqslant \mu\{|f_n - f| \geqslant \eta\} \to 0\ (n \to \infty)$, 即 $g_n \xrightarrow{\mu} f$. 证毕.

定理 2.12　设 $f_n \xrightarrow{\mu} f$, $g_n \xrightarrow{\mu} g$, 则

(1) $\forall \alpha, \beta \in \mathbf{R}^1, \alpha f_n + \beta g_n \xrightarrow{\mu} \alpha f + \beta g$;

(2) $|f_n| \xrightarrow{\mu} |f|$;

(3) 若 $\mu(E) < \infty$, 则 $f_n g_n \xrightarrow{\mu} fg$.

证　(1) 从不等式

$$\eta \leqslant |(\alpha f_k + \beta g_k) - (\alpha f + \beta g)| \leqslant |\alpha||f_k - f| + |\beta||g_k - g|,$$

得到

$$\{|(\alpha f_k + \beta g_k) - (\alpha f + \beta g)| \geqslant \eta\} \subset \left\{|\alpha||f_k - f| \geqslant \frac{\eta}{2}\right\} \cup \left\{|\beta||g_k - g| \geqslant \frac{\eta}{2}\right\}.$$

当 α, β 中有一个为 0 时, 上式右边相应的集可略去, 所以, 不妨设 $\alpha\beta \neq 0$, 则

$$\begin{aligned}&\mu\{|(\alpha f_k + \beta g_k) - (\alpha f + \beta g)| \geqslant \eta\}\\ \leqslant\ &\mu\left\{|f_k - f| \geqslant \frac{\eta}{2|\alpha|}\right\} + \mu\left\{|g_k - g| \geqslant \frac{\eta}{2}|\beta|\right\} \to 0 \quad (k \to \infty).\end{aligned}$$

即 $\alpha f_k + \beta g_k \xrightarrow{\mu} \alpha f + \beta g$.

(2) $|f_n - f| \geqslant ||f_n| - |f|| \geqslant \eta \Rightarrow \{||f_n| - |f|| \geqslant \eta\} \subset \{|f_n - f| \geqslant \eta\} \Rightarrow \mu\{||f_n| - |f|| \geqslant \eta\} \leqslant \mu\{|f_n - f| \geqslant \eta\} \to 0, n \to \infty$, 即 $|f_n| \xrightarrow{\mu} |f|$.

(3) 从 $f_n \xrightarrow{\mu} f$, 由 Riesz 定理, 存在 $f_{n_k} \to f$ *a.e.* 于 E. 又由 $g_{n_k} \xrightarrow{\mu} g$, 再由 Riesz 定理, 存在 $g_{n_{k_j}} \to g$ *a.e.* 于 E, 于是 $f_{n_{k_j}} g_{n_{k_j}} \to f\ g$ *a.e.* 于 E. 而对 $\{f_n g_n\}$ 的任一子列也有同样结论. 由习题 2.2 知 $f_n g_n \xrightarrow{\mu} fg$. 证毕.

评注: 在定理 2.12 的 (3) 中, 条件 $\mu(E) < \infty$ 不能去掉, 因为我们在证明中用到了本节习题 2.2. 事实上, 我们可以举出反例: 在 $E = [0, \infty)$ 上定义函数:

$$f_n(x) = \begin{cases} 0, & x \in [0, n), \\ \dfrac{1}{x}, & x \in [n, \infty), \end{cases} \qquad g_n(x) = x, \quad f(x) = 0, \quad g(x) = x.$$

因为 $\forall \eta > 0$, 当 n 充分大时, $\{|f_n - f| \geqslant \eta\} = \varnothing \Rightarrow f_n \xrightarrow{\mu} f$, 又显然 $g_n \xrightarrow{\mu} g$. 由于 $\{|f_n g_n - fg| \geqslant 1\} = \{|1 - 0| \geqslant 1\} = [n, \infty)$, 所以 $\lim\limits_{n\to\infty} \mu\{|f_n g_n - fg| \geqslant 1\} = \infty$, 即 $f_n g_n \xrightarrow{\mu} fg$ 不能成立.

我们还要强调指出, 本节的定理中出现的函数都事先假设了几乎处处有限且可测, 否则结论不成立, 例如, 令 $E = [0, 1]$,

$$f_n(x)=\begin{cases} n, & x\in\left[\dfrac{1}{n},1\right],\\ 0, & x\in\left[0,\dfrac{1}{n}\right),\end{cases}$$

则 $f_n\to f=\infty$ 于 E. 但 $\mu\{|f_n-f|\geqslant\varepsilon\}=\mu(E)=1$, 并不收敛于 0. 所以 $\{f_n\}$ 在 E 上不依测度收敛于 f.

评注: 可测函数列的收敛性小结

方框图 4–1: 设 f, $\{f_k\}$ 在 E 上 $a.e.$ 有限可测

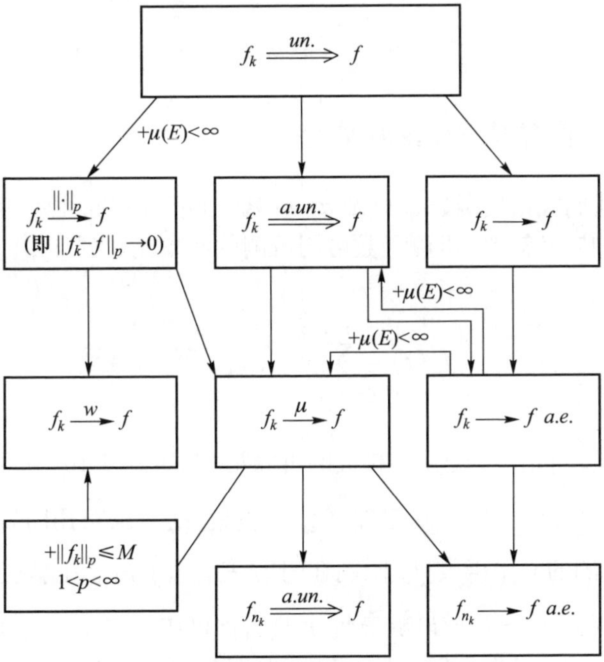

习题 4.2

2.1 设 $f_n \xrightarrow{\mu} f$ 于 E, 且 $f_n\leqslant f_{n+1}$ $a.e.$ 于 E, 求证 $f_n\to f$ $a.e.$ 于 E. (**评注**: 条件 $f_n\leqslant f_{n+1}$ $a.e.$ 于 E 可换成 $f_n\in\mathrm{Lip}1$.)

2.2 设 $\mu(E)<\infty$, 求证 $f_n \xrightarrow{\mu} f$ 的充要条件是 $\{f_n\}$ 的任一子列 $\{f_{n_k}\}$ 中都能找出一个子列 $\{f_{n_{k_j}}\}$, 使得 $\{f_{n_{k_j}}\}\to f$ $a.e.$ 于 E. (注意条件的必要性不要求 $\mu(E)<\infty$.)

2.3 若存在 E 上的可测函数 f, 使得对 $\forall\eta>0$, 成立

$$\sum_{n=1}^{\infty}\mu\{|f_n-f|\geqslant\eta\}<\infty, \tag{2.12}$$

证明: $f_n \to f$ $a.e.$ 于 E.

评注: $f_n \xrightarrow{\mu} f \Leftrightarrow \mu\{|f_n - f| \geqslant \eta\} \to 0$, 这相当于级数 (2.12) 的通项 $\to 0$, 还不能保证级数的收敛性. 这说明从 $f_n \xrightarrow{\mu} f$ 还不能推出 $f_n \to f$ $a.e.$ 于 E. 本题的意义在于将级数 (2.12) 的通项 $\to 0$ 加强为级数 (2.12) 收敛, 才能推出 $f_n \to f$ $a.e.$ 于 E.

2.4 设 $f_n \xrightarrow{\mu} f$ 于 E, 而且 $f_n(x) \leqslant g(x)$ $a.e.x \in E$, 证明:

$$f(x) \leqslant g(x) \ a.e.x \in E.$$

2.5 设 $f_n \xrightarrow{\mu} f$, 则存在 $\{f_n\}$ 的一个子列 $\{f_{n_k}\}$, 使得

$$f_{n_k} \xrightarrow{a.un.} f.$$

§3 可测函数的结构 (Luzin 定理)

在 §1 中我们曾指出函数 $f:(X,d) \to \mathbf{R}^1$ 连续时一定可测, 反之则不成立, 我们从定理 1.17 又知道, 可测函数可用可测的简单函数列 $\{f_n\}$ 来逼近, 式中 f_n 可表示为

$$f_n(x) = \sum_{k=1}^{m_n} c_{k,n}\varphi_{E_{k,n}}(x), \tag{3.1}$$

而 $E = \bigcup\limits_{k=1}^{m_n} E_{k,n}$, $\{E_{k,n}\}$ 是互不相交的可测集. 从定理 1.16, f_n 可测的充要条件是所有 $E_{k,n}$ 可测, 从第三章定理 3.1, 可测集 $E_{k,n}$ 又可用闭集 $F_{k,n}$ 从内部逼近. 那么, 可测的简单函数 f_n 限制在闭集 $F = \bigcup\limits_{k=1}^{m_n} F_{k,n}$ 上就应该连续. 我们自然会问: 可测集 E 上任何可测函数 f 是否都可用闭集 F 上的连续函数来逼近? 1912 年, Luzin 发现, 任何可测函数 "差不多" 都是连续函数, 这就是说, 任何可测函数只要改变测度任意小的集上的函数值, 就可变成连续函数, 这个著名结果揭露了可测函数与连续函数之间的深刻联系, 成了研究可测函数的有力工具.

定理 3.1 (Luzin) 设 (X,d) 是具有 σ 有限开集的距离空间, E 为 X 中可测子集, f 在 E 上 $a.e.$ 有限, 若 f 在 E 上可测, 则对 $\forall\delta > 0$, 存在 E 中闭子集 F_δ, 使得 f 在 F_δ 上连续, 而 $\mu(E - F_\delta) < \delta$.

证 设 f 在 E 上可测, 不妨设 f 在 E 上处处有限. 记有理数集 $\mathbf{Q} = \{r_k\}_{k=1}^{\infty}$, 对 $\forall n,\ k \in \mathbf{N}$, 令

$$E_{n,k} = \left\{x \in E : r_n \leqslant f(x) < r_n + \frac{1}{k}\right\}. \tag{3.2}$$

从 f 在 E 上可测知 $E_{n,k}$ 是 E 的可测子集, 于是, 由第三章 §3, 对 $\forall\delta>0$, 存在开集 $G_{n,k}\supset E_{n,k}$, 使得

$$\mu(G_{n,k}-E_{n,k})<\frac{\delta}{2^{n+k+1}}.\tag{3.3}$$

令

$$A=\bigcup_{n,k=1}^{\infty}(G_{n,k}-E_{n,k}),\quad E_\delta=E-A,\tag{3.4}$$

则 $E_\delta\subset E$, 且由 (3.3) 和 (3.4), 有

$$\mu(E-E_\delta)\leqslant\mu(A)\leqslant\delta\sum_{n=1}^{\infty}\sum_{k=1}^{\infty}\frac{1}{2^{n+k+1}}=\frac{\delta}{2}.$$

注意 E_δ 还不是闭集, 但因它可测, 所以存在闭集 $F_\delta\subset E_\delta$, 使得 $\mu(E_\delta-F_\delta)<\dfrac{\delta}{2}$, 从而 $\mu(E-F_\delta)\leqslant\mu(E-E_\delta)+\mu(E_\delta-F_\delta)<\dfrac{\delta}{2}+\dfrac{\delta}{2}=\delta$. 剩下只要证 f 在 F_δ 上连续. 实际上, 我们可以进一步证明 f 在 E_δ 上连续.

对 $\forall x_0\in E_\delta$, $\forall\varepsilon>0$, 取自然数 $k>\dfrac{1}{\varepsilon}$, 再取自然数 m, 使得

$$r_m\leqslant f(x_0)<r_m+\frac{1}{k}.$$

于是 $x_0\in E_{m,k}\subset G_{m,k}$, 又 $G_{m,k}$ 为开集, 所以, $\exists r>0$, 使得球 $B(x_0,r)\subset G_{m,k}$. 从而对 $\forall x\in B(x_0,r)\cap E_{m,k}$, 有

$$|f(x)-f(x_0)|<\frac{1}{k}<\varepsilon.\tag{3.5}$$

另一方面,

$$\begin{aligned}E_\delta&=E-A=E\cap\bigcap_{n,k=1}^{\infty}(G_{n,k}-E_{n,k})^c\\&=\bigcap_{n,k=1}^{\infty}(E\cap(G_{n,k}^c\cup E_{n,k}))\subset E\cap(G_{m,k}^c\cup E_{m,k})=(E\cap G_{m,k}^c)\cup E_{m,k}.\end{aligned}$$

从 $B(x_0,r)\subset G_{m,k}$ 得 $B(x_0,r)\cap G_{m,k}^c=\varnothing$, 从而 $B(x_0,r)\cap E_\delta\subset B(x_0,r)\cap((E\cap G_{m,k}^c)\cup E_{m,k})=(B(x_0,r)\cap E_{m,k})\cup(B(x_0,r)\cap E\cap G_{m,k}^c))=B(x_0,r)\cap E_{m,k}$. 于是, 对 $\forall x\in B(x_0,r)\cap E_\delta$, 有 $|f(x)-f(x_0)|<\varepsilon$, 即 f 在 E_δ 上连续. 证毕.

下面证明, 当 μ 是完全测度时, 定理 3.1 的逆命题也成立.

定理 3.2 设 (X,d) 为距离空间, E 为 X 中可测子集, f 在 E 上 *a.e.* 有

限, μ 为完全测度, 若对 $\forall\delta>0$, 存在 E 的闭子集 F_δ, 使得 f 在 F_δ 上连续且 $\mu(E-F_\delta)<\delta$, 则 f 在 E 上可测.

证　由条件, 对 $\forall k\in\mathbf{N}$, 存在 E 的闭子集 F_k, 使得 f 在 F_k 上连续, 且 $\mu(E-F_k)<\dfrac{1}{k}$. 令 $F=\bigcup\limits_{k=1}^{\infty}F_k$, 则 f 在 F 上可测. 另一方面, $E-F=\bigcap\limits_{k=1}^{\infty}(E-F_k)\subset E-F_k(\forall k)$, 从而

$$\mu(E-F)\leqslant\mu(E-F_k)<\frac{1}{k}.$$

令 $k\to\infty$, 得 $\mu(E-F)=0$, 由定理 1.5, f 在 $E-F$ 上可测, 从而在 $(E-F)\cup F=E$ 上可测. 证毕.

注 3.1　定理 3.1 中的 $\delta>0$ 虽可任意小, 但不能换成 0, 例如

例 3.1　设 $E=(0,2)$, 定义

$$f(x)=\begin{cases}0, & x\in(0,1),\\ 1, & x\in[1,2).\end{cases}$$

若 F 为 E 的闭子集, 则 $E-F=G$ 为开集, 而当 $\mu(G)=0$ 时, $G=\varnothing$, 从而 $F=E$ 也是开集, 而导致矛盾, 所以对于开区间 E 上任何可测函数, 都不存在 E 的闭子集 F, 使得 $\mu(E-F)=0$ 而 f 在 F 上连续.

注 3.2　定理 3.1 和 3.2 中 f 在闭集 F_δ 上连续, 是指 f 关于 F_δ 连续, 并不是 f 关于 E 的连续点集是 F_δ, 例如

例 3.2　设 $E=[0,1]$, 定义 Dirichlet 函数为

$$f(x)=\begin{cases}1, & x\in\mathbf{Q}\ (\text{有理数集}),\\ 0, & x\in\mathbf{Q}^c\ (\text{无理数集}).\end{cases}$$

将 $\mathbf{Q}$ 中有理数排列为 $\{r_1,r_2,\cdots,r_n,\cdots\}$. 取 $\delta>0$ 充分小, 并令

$$G=\bigcup_{k=1}^{\infty}\left(r_k-\frac{\delta}{2^{k+1}},r_k+\frac{\delta}{2^{k+1}}\right),$$

则 G 为开集且 $\mu(G)<\delta$. 再令 $F=E-G$, 则 F 为闭集, 且 $\mu(E-F)=\mu(G)<\delta$. 因为 F 中只含无理数, 所以, f 在 F 上为 0, 即 f 关于 F 连续, 但 f 关于 E 则处处不连续.

评注: 设函数 $f:E\to\mathbf{R}^1$ 满足 $\forall\delta>0$, 存在闭集 $F_\delta\subset E$, 使得 f 在 F_δ 上连续, 而 $\mu(E-F_\delta)<\delta$, 则称 f 是 E 上的拟连续函数 (quasi-continuous function).

从定理 3.1 和 3.2 我们得出: 设 (X,d) 是距离空间, E 是 X 中可测子集, f 在 E 上 $a.e.$ 有限, μ 是完全测度, 则 f 在 E 上可测 $\Leftrightarrow$ f 是 E 上的拟连续函数.

我们可以说, 可测函数 "差不多" 就是连续函数, 就是指在 E 上可测函数 f 可以用在 E 的闭子集 F_δ 上的连续函数来逼近. 例 3.2 表明, Dirichlet 函数是 $E=[0,1]$ 上的拟连续函数, 却在 E 上是处处不连续的. 还应该注意, Luzin 定理不能推广到一般的测度空间 (X,Σ,μ) 中去.

我们还可以构造 $[0,1]$ 上的可测函数 f, 使得对 $[0,1]$ 的任意可测子集 E, $\mu(E)=0$, 而 f 在 $[0,1]-E$ 上不连续. 这说明 Luzin 定理不能再改进.

利用距离空间 (X,d) 中的闭集 F 上的连续函数 f 可以延拓到整个空间 X 上的性质 (见第二章定理 2.3), 可以将定理 3.1 写成一种常用的形式. 为此, 我们先定义:

定义 3.1 设 (X,d) 为距离空间, $E\subset X$, f 定义在 E 上, 则 E 中使 $f(x)\neq 0$ 的点 x 的集合在 E 中的闭包

$$\operatorname{supp} f=\overline{\{x\in E: f(x)\neq 0\}} \tag{3.6}$$

称为 f 的支集, 若 $\operatorname{supp} f$ 是列紧集, 则称 f 有紧支集. 若 $\forall x\in X$, 存在包含 x 的开集 G, 使得 $\overline{G}$ 为紧集, 则称 (X,d) 是**局部紧的距离空间**.

推论 3.3 设 (X,d) 是具有 σ 有限开集和局部紧的距离空间, E 是 X 中可测子集, f 是 E 上 $a.e.$ 有限的可测函数, 则对 $\forall\varepsilon>0$, 存在 X 上的连续函数 g, 使得

$$\mu\{x\in E: g(x)\neq f(x)\}<\varepsilon. \tag{3.7}$$

若 E 还是有界集, 则上述 g 还可以具有紧支集.

证 由定理 3.1, 对 $\forall\delta>0$, 存在 E 中的闭集 F, 使得 f 在 F 上连续, 且 $\mu(E-F)<\delta$. 再由第二章定理 2.3, 存在 X 上连续函数 g, 使得 $x\in F$ 时, $g(x)=f(x)$. 于是, $\{f\neq g\}\subset E-F$, 从而 $\mu\{f\neq g\}\leqslant\mu(E-F)<\delta$.

若 E 是有界集, 不妨设 $E\subset B(x_0,r)$, 式中 $B=B(x_0,r)$ 是以某点 x_0 为中心、r 为半径的球. 令

$$h(x)=\begin{cases}1, & x\in F,\\ \text{线性}, & x\in\overline{B}-F,\\ 0, & x\notin\overline{B},\end{cases}$$

使得 h 在 X 上连续, 而且 $0\leqslant h(x)\leqslant 1$, $x\in X$. 再令 $g_1(x)=g(x)h(x)$, 则 g_1 在 X 上连续且有紧支集. 当 $x\in F$ 时, $g_1(x)=g(x)=f(x)$. 所以 $\{f\neq g_1\}\subset E-F$, 从而 $\mu\{f\neq g_1\}\leqslant\mu(E-F)<\delta$. 证毕.

推论 3.4 设 (X,d) 是具有 σ 有限开集和局部紧的距离空间, μ 是完全测

度, E 是 X 中可测子集, f 是 E 上 $a.e.$ 有限的函数, 则 f 在 E 上可测的充要条件是存在 X 上的连续函数列 $\{g_k\}$, 使得

$$g_k \to f \ a.e. \text{ 于 } E.$$

证 "⇒": 设 f 在 E 上可测, 由推论 3.3, 对 $\forall \varepsilon_k \searrow 0, \forall \delta_k \searrow 0\ (\varepsilon_k, \delta_k > 0)$, 存在 X 上的连续函数列 $\{g_k\}$, 使得 $\mu\{|f-g_k| \geqslant \varepsilon_k\} < \delta_k(\forall k)$, 这表明 $g_k \xrightarrow{\mu} f$ 于 E, 由 Riesz 定理 (定理 2.7), 存在 $\{g_k\}$ 的子列 $\{g_{k_j}\}$, 使得 $g_{k_j} \to f \ a.e.$ 于 E.

"⇐": 设 $g_k \in C(X)$, $g_k \to f \ a.e.$ 于 E, 从 g_k 连续推出 g_k 可测, 由推论 1.9, g_k 的极限函数 f 在 E 上可测. 证毕.

注 3.3 推论 3.4 中证 "⇒" 时不要求 μ 的完全性, 特别当 $X = \mathbf{R}^n$, μ 为 (L) 测度时, 推论 3.4 是 f 可测的充要条件, 所以, 有的著作中就用它作为 f 可测的定义.

同理当 $X = \mathbf{R}^n$, μ 为 (L) 测度时, 从定理 3.1 与定理 3.2 也得出, f 在 E 上可测的充要条件是对 $\forall \delta > 0$, 存在闭集 $F \subset E$, 使得 $f \in C(F)$ 而且 $\mu(E-F) < \delta$, 有的著作也用它作为 f 可测的定义, 然后从它出发去推导可测函数的其他性质.

以后我们会陆续看到, Luzin 定理有广泛而深刻的应用, 下面仅以求解最简单的函数方程为例.

例 3.3 求解函数方程

$$f(x+y) = f(x) + f(y), \quad x, y \in \mathbf{R}^1. \tag{3.8}$$

容易看出 $f(x) = cx$ (c 为常数) 就是 (3.8) 式的解, 问题在于 (3.8) 式还有没有别的解? 我们尝试对 f 加上不同的条件来进行分析.

(1) 先设 f 在 $\mathbf{R}^1$ 上可导, 于是在 (3.8) 式中, 任意固定 y, 在两边对 x 求导数, 得到 $f'(x+y) = f'(x)$ 对 $\forall y$ 成立, 从而 $f'(x) = c$, 即 $f(x) = cx + c_1$. 又 $f(0) = 0$, 所以 $c_1 = f(0) = 0$. 于是得出在 f 可导的条件下, 方程 (3.8) 只能有唯一的解:

$$f(x) = cx \quad (c \text{ 为常数}). \tag{3.9}$$

(2) 设 f 在 $\mathbf{R}^1$ 上连续, 上述证法就不能用, 从 (3.8) 很容易推出对有限个 x_k $(1 \leqslant k \leqslant n)$, 成立

$$f(x_1 + \cdots + x_n) = f(x_1) + \cdots + f(x_n). \tag{3.10}$$

在 (3.10) 中取所有 $x_k = x$, 得

$$f(nx) = nf(x). \tag{3.11}$$

将上式中 x 换成 $\frac{1}{n}x$, 得 $f\left(\frac{1}{n}x\right)=\frac{1}{n}f(x)$, 再将上式中 x 换成 mx $(m\in\mathbf{N})$, 又得

$$f\left(\frac{m}{n}x\right)=\frac{1}{n}f(mx)=\frac{m}{n}f(x). \tag{3.12}$$

在 (3.8) 中, 若令 $x=y=0$, 得 $f(0)=0$; 若令 $y=-x$, 得 $f(-x)=-f(x)$. 从而可得出 $f\left(-\frac{m}{n}x\right)=-\frac{m}{n}f(x)$.

从以上关系就得出 $\forall r\in\mathbf{Q}$ (有理数集), $\forall x\in\mathbf{R}^1$,

$$f(rx)=rf(x). \tag{3.13}$$

取 $x=1$, 并令 $c=f(1)$, 就得出

$$f(r)=cr. \tag{3.14}$$

对任一无理数 α, 存在有理数列 $r_k\to\alpha$, $k\to\infty$. 从 (3.14), 有

$$f(r_k)=cr_k.$$

令 $k\to\infty$ 并利用 f 的连续性, 得

$$f(\alpha)=c\alpha. \tag{3.15}$$

所以, 在 f 连续的条件下, 方程 (3.8) 也只有唯一的解 (3.9).

(3) 设 f 是 $\mathbf{R}^1$ 上实值可测函数, 那么 (2) 中的证法又不能用, 我们若能证明可测函数 f 满足 (3.8) 式时必连续, 问题就解决了, 这就要用到 Luzin 定理.

因为 $f(x+h)-f(x)=f(h)$ 以及 $f(0)=0$, 只要证 f 在 $x=0$ 点连续, 为此, 取 $E=[-a,a]$, $a>0$. 由 Luzin 定理, 对 $\forall\eta>0$ (限制 $\eta<\frac{a}{2}$), 存在 E 的闭子集 F, 使得 $\mu(E-F)<\eta$, 且 f 在 F 上连续, 即对 $\forall\varepsilon>0$, $\exists\delta>0$ (限制 $\delta<\frac{a}{2}$), 使得对 $\forall x_1,x_2\in F$, 只要 $|x_2-x_1|<\delta$, 就有 $|f(x_2)-f(x_1)|<\varepsilon$.

下面进一步证明: 对 $\forall y_1,y_2\in E$, 只要 $|y_2-y_1|<\delta$, 仍有 $|f(y_2)-f(y_1)|<\varepsilon$. 为此, 令 $y_2=y_1+d$, 这时 $d<\delta<\frac{a}{2}$, 只要证明对上述 y_1, y_2, 存在 x_1, $x_2\in F$, 使得 $x_2-x_1=d$, 这只要证明

$$A\overset{\text{def}}{=}F\cap(F+\{d\})\neq\varnothing, \tag{3.16}$$

式中 $F+\{d\}=\{x+d:x\in F\}$ 是 F 的平移 (见第三章 §2). 利用 (L) 测度的平移不变性 (见第三章 §2 的 (2.35)), 有

$$\mu(A)=\mu(F)+\mu(F+\{d\})-\mu(F\cup(F+\{d\}))$$

$$= 2\mu(F) - \mu(F \cup (F + \{d\})). \tag{3.17}$$

注意到 $F \cup (F + \{d\}) \subset [-a, a+d]$, 所以 $\mu(F \cup (F + \{d\})) \leqslant 2a + d$, 而

$$\mu(F) = \mu(E) - \mu(E - F) > 2a - \frac{a}{2} = \frac{3}{2}a,$$

所以,

$$\mu(A) > 3a - (2a + d) = a - d > 0.$$

这说明 $A \neq \varnothing$, 于是 $\exists x_1, x_2 \in F$, 使得 $x_2 - x_1 = d$, 从而

$$|f(y_2) - f(y_1)| = |f(d)| = |f(x_2 - x_1)| = |f(x_2) - f(x_1)| < \varepsilon.$$

这表明 f 在 E 上连续, 从而在 $x = 0$ 点连续. 证毕.

习题 4.3

3.1 设 E 是 $\mathbf{R}^1$ 中有界集, 证明: f 在 E 上可测的充要条件是存在多项式列 $\{P_n(x)\}$, 使得

$$P_n(x) \to f(x) \quad a.e. x \in E.$$

由此想到, 在 Luzin 定理 3.1 中当 $X = \mathbf{R}^1$ 时, 是否可将 F_δ 上的连续函数改为多项式?

3.2 设 f 是 (a, b) 上可测的中点凸函数, 即 $\forall x, y \in (a, b)$, 成立

$$f\left(\frac{x+y}{2}\right) \leqslant \frac{1}{2}(f(x) + f(y)).$$

证明 f 是 (a, b) 上的凸函数, 即 $\forall x, y \in (a, b), t \in [0, 1]$, 成立

$$f(tx + (1-t)y) \leqslant tf(x) + (1-t)f(y).$$

3.3 设 $f : \mathbf{R}^1 \to \mathbf{R}^1$ 是可测的中点凸函数, 证明 f 是连续函数.

第五章　积　分　论

微积分诞生的初期，主要研究光滑曲线和可微函数. 进入 19 世纪后人们有一系列奇怪的发现, 例如处处不可微的连续函数; 连续函数列的极限函数不连续; Riemann 可积函数列的极限函数也可能不可积; 1875 年, 法国数学家 Darboux 证明, 不连续函数也可求定积分, 而且这种函数的间断点可以有无限多个; 而 Dirichlet 函数却不可积; 可求长的曲线却不符合微积分中弧长的定义; 等等. Riemann 积分愈来愈表现出严重缺陷, 对 Riemann 积分的改造已势在必行. 一位年仅 27 岁的法国中学数学教师 Lebesgue (1875—1941) 试图从推广长度的概念入手, 对他的老师 Borel 引入的测度 (今天称之为 Borel 测度) 进行推广, 在他的 1902 年的博士论文《积分、长度和面积》中, 第一次系统阐述了关于今天称之为 (L) 测度与 (L) 积分的思想, 使得在 Riemann 意义下不可积的函数, 在 Lebesgue 意义下变得可积了, 从而导致了积分学的一场革命. 到 20 世纪 30 年代, Lebesgue 积分理论已趋成熟, 并显示出强大的生命力, 被列为 20 世纪的伟大成就而载入数学史册.

§1　Lebesgue 积分的定义

有多种等价的方法定义 Lebesgue 积分, 为了使读者易于理解 (L) 积分的实质, 我们用与 (R) 积分对比的方式从不同角度引入 (L) 积分的概念.

一、从 (R) 积分到 (L) 积分

我们先回顾微积分中 Riemann 积分 $(R)\int_a^b f(x)\mathrm{d}x$ 的定义:

定义 1.1 设 f 在 $[a,b]$ 上有界, 对 $[a,b]$ 作分划 $T^* = \{a = x_0 < x_1 < \cdots < x_n = b\}$, 即令 $[a,b] = \bigcup\limits_{k=1}^{n} E_k$, 式中 $E_1 = [x_0, x_1]$, $E_k = (x_{k-1}, x_k]$, $k = 2, \cdots, n$. 令 $M_k = \sup\{f(x) : x \in E_k\}$, $m_k = \inf\{f(x) : x \in E_k\}$, $\Delta x_k = x_k - x_{k-1}$, $\overline{S}(f,T^*) = \sum\limits_{k=1}^{n} M_k \Delta x_k$, $\underline{S}(f,T^*) = \sum\limits_{k=1}^{n} m_k \Delta x_k$.

$(R)\overline{\int_a^b} f = \inf\limits_{T^*}\{\overline{S}(f,T^*)\}$ 称为 f 的 (R) 上积分;

$(R)\underline{\int_a^b} f = \sup\limits_{T^*}\{\underline{S}(f,T^*)\}$ 称为 f 的 (R) 下积分.

因为 $(R)\underline{\int_a^b} f \leqslant (R)\overline{\int_a^b} f$, 所以, 若 $(R)\underline{\int_a^b} f < (R)\overline{\int_a^b} f$, 则称 f 在 $[a,b]$ 的 (R) 积分不存在, 或者 (R) 不可积, 记为 $f \notin R[a,b]$; 若 $(R)\underline{\int_a^b} f = (R)\overline{\int_a^b} f$, 则称 f 在 $[a,b]$ 上 Riemann 可积, 简称 (R) 可积, 记为 $f \in R[a,b]$, 并称 f 的 (R) 上、下积分的公共值为 f 在 $[a,b]$ 上的 Riemann 积分, 简称为 (R) 积分, 记为 $(R)\int_a^b f$.

评注: 定义 1.1 用的是 (R) 积分的确界定义, 有的文献中称之为 Darboux 积分, 简称为 (D) 积分. 而我国微积分教材中定义 Riemann 积分时, 用的是积分和取极限的办法. 这两种定义的等价性在文献 [32] PP. 632–637 中给出了一个详细的证明. 事实上, 它是 Darboux 定理的一个直接推论. 所以, 我们在实际使用时对这两种积分不加区分. 但是, 对于 (L) 积分, 确界式与极限式的定义却不等价. 这是因为, 对于 (L) 积分, Darboux 定理不成立, 见作者的 [1] 上册第五章 §1.

Lebesgue 在他的博士论文《积分、长度和面积》中, 将 (R) 积分中对区间 $[a,b]$ 作分划 T^* 改为对包含函数的值域的区间 $[\alpha,\beta]$ 作分划 $D = \{\alpha = y_0 < y_1 < \cdots < y_n = \beta\}$. 令

$$E_k = \{x \in [a,b] : y_{k-1} \leqslant f(x) < y_k\}, \tag{1.1}$$

当 f 在 $[a,b]$ 上可测时, 所有 E_k 都是可测集, 而且 $[a,b] = \bigcup\limits_{k=1}^{n} E_k$, $E_k \cap E_j = \varnothing$ $(k \neq j)$. 这表明 $[a,b]$ 也得到相应的分划 T, 而

$$\overline{S}(f,T) = \sum_{k=1}^{n} y_k \mu(E_k) \quad 与 \quad \underline{S}(f,T) = \sum_{k=1}^{n} y_{k-1}\mu(E_k)$$

分别称为 f 的 (L) 大和与 (L) 小和.

$$(L)\overline{\int_a^b} f=\inf_T\{\overline{S}(f,T)\} \quad 与 \quad (L)\underline{\int_a^b} f=\sup_T\{\underline{S}(f,T)\}$$

分别称为 f 的 (L) 上积分与 (L) 下积分. 当 $(L)\underline{\int_a^b} f<(L)\overline{\int_a^b} f$ 时, 称 f 在 $[a,b]$ 上 (L) 不可积, 记为 $f\notin L[a,b]$. 当 $(L)\underline{\int_a^b} f=(L)\overline{\int_a^b} f$ 时, 称 f 在 $[a,b]$ 上 (L) 可积, 记为 $f\in L[a,b]$, 并称它们的公共值为 f 在 $[a,b]$ 上的 Lebesgue 积分, 简称为 (L) 积分, 记为 $(L)\int_a^b f$.

我们比较这两种积分就会发现, (R) 积分分割定义域, (L) 积分分割值域, 并不是它们的本质区别, (L) 积分通过对值域的分划, 最终归结为对函数定义区间的分划, 不过这种分划, 不是将 $[a,b]$ 分成许多小区间, 而是分成互不相交的可测子集, 而测度是长度的推广, 定义 1.1 中的 Δx_k 就是 E_k 的测度 $\mu(E_k)$, 这就启发我们, 为了推广 (R) 积分, 可以考虑将区间 $[a,b]$ 的分划推广为测度空间 (X,Σ,μ) 中具有有限测度的集 E 的分划, 就得 (L) 积分的一般定义:

定义 1.2 设 (X,Σ,μ) 为测度空间, $E\in\Sigma$, $\mu(E)<\infty$, f 在 E 上有界, 对 E 作可测分划 $T: E=\bigcup\limits_{k=1}^n E_k$, 其中所有 E_k 可测且 $E_k\cap E_j=\varnothing$ $(k\neq j)$. 令

$$M_k=\sup\{f(x):x\in E_k\},\quad m_k=\inf\{f(x):x\in E_k\};$$

$$\overline{S}(f,T)=\sum_{k=1}^n M_k\mu(E_k); \tag{1.2}$$

$$\underline{S}(f,T)=\sum_{k=1}^n m_k\mu(E_k). \tag{1.3}$$

$$(L)\overline{\int_E} f\mathrm{d}\mu=\inf_T\{\overline{S}(f,T)\} \tag{1.4}$$

称为 f 在 E 上的 **(L) 上积分**;

$$(L)\underline{\int_E} f\mathrm{d}\mu=\sup_T\{\underline{S}(f,T)\} \tag{1.5}$$

称为 f 在 E 上的 **(L) 下积分**.

从确界的性质知, $(L)\underline{\int_E} f\mathrm{d}\mu\leqslant(L)\overline{\int_E} f\mathrm{d}\mu$. 若 $(L)\underline{\int_E} f\mathrm{d}\mu<(L)\overline{\int_E} f\mathrm{d}\mu$, 则

称 f 在 E 上不可积, 记为 $f \notin L(E)$; 若 $(L)\underline{\int_E} f\mathrm{d}\mu = (L)\overline{\int_E} f\mathrm{d}\mu$, 则称 f 在 E 上 Lebesgue 可积, 简称为 **(*L*) 可积**, 记为 $f \in L(E)$, 并称 (L) 上、下积分的公共值为 f(关于测度 μ) 在 E 上的 **(*L*) 积分**, 记为 $(L)\int_E f(x)\mathrm{d}\mu(x)$, 我们常简写成 $\int_E f\mathrm{d}\mu$ 或 $\int_E f$. 特别当 E 是欧氏空间 $\mathbf{R}^n$ 中可测子集时, 又记为 $\int_E f(x)\mathrm{d}x$; 当 $E=[a,b]$ 时, 也记为 $\int_a^b f(x)\mathrm{d}x$ 或 $\int_a^b f$. 应注意的是, 在本书中, 若不特别声明, 我们总用 $\int_a^b f(x)\mathrm{d}x$ 表示 Lebesgue 积分 $(L)\int_a^b f(x)\mathrm{d}x$, 而将 Riemann 积分特别记为 $(R)\int_a^b f(x)\mathrm{d}x$.

比较定义 1.1 与 1.2 就可发现, 定义 1.1 中将 $[a,b]$ 分划成小区间 (记此分划为 T^*) 是定义 1.2 中当 $E=[a,b]$ 时, 将 $[a,b]$ 分划成可测子集 E_k (记此分划为 T) 的特殊情况, 所以

$$\sup_{T^*}\{\underline{S}(f,T^*)\} \leqslant \sup_{T}\{\underline{S}(f,T)\} \leqslant \inf_{T}\{\overline{S}(f,T)\} \leqslant \inf_{T^*}\{\overline{S}(f,T^*)\},$$

即

$$(R)\underline{\int_a^b} f \leqslant (L)\underline{\int_a^b} f \leqslant (L)\overline{\int_a^b} f \leqslant (R)\overline{\int_a^b} f. \tag{1.6}$$

当 $f \in R[a,b]$, 即 $(R)\underline{\int_a^b} f = (R)\overline{\int_a^b} f$ 时, 从 (1.6) 式, 得出

$$(L)\underline{\int_a^b} f = (L)\overline{\int_a^b} f, \tag{1.7}$$

即 $f \in L[a,b]$. 但反过来从 $f \in L[a,b]$ 就推不出 $f \in R[a,b]$.

若将上述积分区间 $[a,b]$ 改为 $\mathbf{R}^n$ 中的 n 维区间, 就得到相应的 n 重 (L) 积分与 n 重 (R) 积分的关系.

我们已经看到, 有了测度的概念, 从定义 1.1 到定义 1.2, 似乎是 “平凡” 的推广, 却被称为积分学的革命.

例 1.1 定义在 $E=[0,1]$ 上的 Dirichlet 函数

$$f(x)=\begin{cases}1, & x\in Q\ (Q \text{ 为 } E \text{ 中有理数集}),\\ 0, & x\in E-Q=Q^c.\end{cases}$$

我们从微积分中熟知 $f \notin R[0,1]$, 但由定义 1.2, $f \in L[0,1]$ 且 $(L)\int_0^1 f = 0$, 事实上, 取 $E=[0,1]$ 的一个特殊的分划 $T_0: E = Q \cup Q^c$, 则

$$\overline{S}(f,T_0) = 1 \times \mu(Q) + 0 \times \mu(Q^c) = 0.$$

同理 $\underline{S}(f,T_0)=0$. 所以,

$$0 = \underline{S}(f,T_0) \leqslant \sup_T\{\underline{S}(f,T)\} \leqslant \inf_T\{\overline{S}(f,T)\} \leqslant \overline{S}(f,T_0) = 0.$$

所以, $f \in L[0,1]$, 且 $(L)\int_0^1 f = 0$.

设 $E \subset X$, $\mu(E) < \infty$, A 是 E 的可测子集, 同理可证集 A 的特征函数 $\varphi_A \in L(E)$, 且

$$(L)\int_E \varphi_A(x)\mathrm{d}\mu(x) = \mu(A). \tag{1.8}$$

若 A 不满足 $A \subset E$, 则 $(L)\int_E \varphi_A(x)\mathrm{d}\mu(x) = \mu(E \cap A)$.

注 1.1 我们在定义 1.2 中没有要求 f 的可测性, 但是该积分的许多熟悉的性质只对可测函数才成立, 所以, 后面所讨论的函数都假定是可测的.

在微积分中, 定义 1.1 是常义 (R) 积分, 因为它加上了 f 在 $[a,b]$ 上有界和区间 $[a,b]$ 有限的限制, 通过极限过程将这两个限制去掉, 就得反常 (R) 积分 (包括积分区间为无限和被积函数在积分区间上无界的积分). 我们将这种思想用于 (L) 积分, 即去掉定义 1.2 中 f 在 E 上有界和 $\mu(E) < \infty$ 的限制, 我们分两种情形进行讨论.

1. 设 f 是 E 上非负可测函数

(1) 若 $\mu(E) < \infty$, 令

$$\{f(x)\}_n = \min\{f(x), n\} = \begin{cases} f(x), & 若\ f(x) \leqslant n, \\ n, & 若\ f(x) > n, \end{cases}$$

则 $\{f\}_n$ 称为 f 的**截断函数**, 并且满足:

① $\{f\}_n$ 在 E 上非负有界: $0 \leqslant \{f(x)\}_n \leqslant n$;

② $\{f\}_n$ 在 E 上关于 n 递增, 即 $\{f(x)\}_n \leqslant \{f(x)\}_{n+1} \leqslant f(x)$, $x \in E$;

③ $\lim\limits_{n\to\infty}\{f(x)\}_n = f(x)$, $x \in E$. (1.9)

于是 $I_n(f) = \int_E \{f\}_n$ 是递增数列, 从而 $\lim\limits_{n\to\infty} I_n(f)$ 存在 (可能为 ∞), 故可定义

$$\lim_{n\to\infty}\int_E \{f\}_n = \int_E f. \tag{1.10}$$

若 $\int_E f < \infty$, 则称 f 在 E 上 (L) 可积, 记为 $f \in L(E)$; 若 $\int_E f = \infty$, 则称 f 在 E 上有积分值, 或 $\int_E f$ 存在, 但我们在习惯上又往往说 f 在 E 上不可积, 即 $f \notin L(E)$.

(2) 若 $\mu(E) = \infty$, 且对 $\forall A \subset E$, $\mu(A) < \infty$, $\int_A f$ 都存在, 则定义

$$\int_E f = \sup\left\{\int_A f : A \subset E, \mu(A) < \infty\right\}. \tag{1.11}$$

特别地, 当 (X, Σ, μ) 是 σ 有限的测度空间时 (见第三章定义 3.7), 可对 E 作分解:

$$E = \bigcup_{k=1}^{\infty} E_k, \text{ 式中 } \mu(E_k) < \infty, \quad E_k \subset E_{k+1}, \tag{1.12}$$

则 $I_k(f) = \int_{E_k} f$ 是递增数列, 从而可定义:

$$\int_E f = \lim_{k\to\infty}\int_{E_k} f. \tag{1.13}$$

应该注意上述积分与 E_k 的选取无关. 还应说明的是上述定义用到非负有界可测函数的 (L) 可积性和 (L) 积分的单调性. 我们将在下节证明.

2. 对于一般的 f, 可作分解 $f = f^+ - f^-$

若 $\int_E f^+$, $\int_E f^-$ 中至少有一个是有限的, 则定义

$$\int_E f = \int_E f^+ - \int_E f^-, \tag{1.14}$$

并称 f 在 E 上有积分值, 或 $\int_E f$ 存在.

若 $\int_E f^+$, $\int_E f^-$ 两个均为有限的, 即 $f^+, f^- \in L(E)$, 则称 f 在 E 上 (L) 可积, 记为 $f \in L(E)$.

注 1.2 当 $\int_E f^+$ 与 $\int_E f^-$ 均为 ∞ 时, (1.14) 式右边没有意义, 这时我们称 $\int_E f$ 不存在或 f 在 E 上没有积分值, 例如

$$f(x)=\begin{cases}1, & x\geqslant 0,\\ -1, & x<0\end{cases}$$

在 $\mathbf{R}^1$ 上的积分 $\int_{\mathbf{R}^1} f$ 就不存在.

二、(*L*) 积分的逼近定义

我们进一步分析定义 1.1 与 1.2 后, 还可以看出, (R) 积分的实质是用阶梯函数去逼近 (R) 可积函数, 而简单函数是阶梯函数的推广, 我们自然想到是否可用可测的简单函数去逼近 (L) 可积函数, 对于非负函数 f, 由 (1.5) 式定义的 (L) 下积分就是它的积分, 这时 f 在 E 上有界和 $\mu(E)<\infty$ 的限制都可以去掉, 即

定义 1.3 设 (X,Σ,μ) 是测度空间, $E\in\Sigma$, f 是 E 上非负函数, 则定义

$$\int_E f=\sup_T\{\underline{S}(f,T)\}, \tag{1.15}$$

式中 $\underline{S}(f,T)=\sum\limits_{k=1}^{n} m_k\mu(E_k)$ 由 (1.3) 式确定, 然后再按 (1.14) 式定义一般函数的积分.

定理 1.1 设 (X,Σ,μ) 为测度空间, $E\in\Sigma$, f 是 E 上非负可测的简单函数, 即

$$f(x)=\sum_{k=1}^{n} c_k\varphi_{E_k}(x), \tag{1.16}$$

则

$$\int_E f=\sum_{k=1}^{n} c_k\mu(E_k). \tag{1.17}$$

证 因为 f 在 E 上可测, 由第四章定理 1.16, 所有 E_k 可测, 于是, 从定义 1.3, 有

$$\int_E f\geqslant\sum_{k=1}^{n} c_k\mu(E_k). \tag{1.18}$$

为证反向不等式, 考虑 E 的任意可测分划 $E=\bigcup\limits_{j=1}^{m} A_j$, 式中 $\{A_j\}$ 是互不相交的可测集. 记 $a_j=\inf\{f(x):x\in A_j\}$. 若 $A_j\cap E_k\neq\varnothing$, 则 $a_j\leqslant c_k$, 由 μ 的可加性, 并注意到

$$A_j = A_j \cap E = A_j \cap \left(\bigcup_{k=1}^{n} E_k \right) = \bigcup_{k=1}^{n} (A_j \cap E_k), \tag{1.19}$$

同理

$$E_k = E_k \cap \left(\bigcup_{j=1}^{m} A_j \right) = \bigcup_{j=1}^{m} (E_k \cap A_j), \tag{1.20}$$

于是得到

$$\begin{aligned} \sum_{j=1}^{m} a_j \mu(A_j) &= \sum_{j=1}^{m} a_j \left(\sum_{k=1}^{n} \mu(A_j \cap E_k) \right) \\ &\leqslant \sum_{k=1}^{n} c_k \left(\sum_{j=1}^{m} \mu(A_j \cap E_k) \right) = \sum_{k=1}^{n} c_k \mu(E_k). \end{aligned}$$

对 E 的所有这种分划取上确界, 得到

$$\int_E f \leqslant \sum_{k=1}^{n} c_k \mu(E_k). \tag{1.21}$$

证毕.

定理 1.2　设 (X, Σ, μ) 为测度空间, $E \in \Sigma$, f, g 是 E 上非负可测的简单函数, 则

(1) $\int_E (f + cg) = \int_E f + c \int_E g$ (**正线性**), 式中 c 为非负常数;

(2) 若 $E = \bigcup\limits_{k=1}^{n} E_k$, $\{E_k\}$ 是互不相交的可测集, 则

$$\int_E f = \sum_{k=1}^{n} \int_{E_k} f \quad (\textbf{积分区域的可加性}).$$

证　(1) 设 $E = \bigcup\limits_{k=1}^{n} E_k$ 与 $E = \bigcup\limits_{j=1}^{m} A_j$ 是 E 的两个不同的可测分划, 即 $\{E_k\}$, $\{A_j\}$ 分别是互不相交的可测集, 而且

$$g(x) = \sum_{k=1}^{n} a_k \varphi_{E_k}(x), \quad f(x) = \sum_{j=1}^{m} b_j \varphi_{A_j}(x). \tag{1.22}$$

利用 (1.19) 和 (1.20), 可知 $f + cg$ 在 $E_k \cap A_j$ 上取值 $b_j + ca_k$, 于是, 由定理 1.1,

$$\int_E (f + cg) = \sum_{k=1}^{n} \sum_{j=1}^{m} (b_j + ca_k) \mu(A_j \cap E_k)$$

$$
\begin{aligned}
&= \sum_{j=1}^{m} b_j \left(\sum_{k=1}^{n} \mu(A_j \cap E_k) \right) + c \sum_{k=1}^{n} a_k \left(\sum_{j=1}^{m} \mu(A_j \cap E_k) \right) \\
&= \sum_{j=1}^{m} b_j \mu(A_j) + c \sum_{k=1}^{n} a_k \mu(E_k) = \int_E f + c \int_E g.
\end{aligned}
$$

(2) 设 f 由 (1.22) 确定, 则由定理 1.1,

$$
\begin{aligned}
\sum_{k=1}^{n} \int_{E_k} f &= \sum_{k=1}^{n} \left(\sum_{j=1}^{m} b_j \mu(E_k \cap A_j) \right) \\
&= \sum_{j=1}^{m} b_j \left(\sum_{k=1}^{n} \mu(E_k \cap A_j) \right) = \sum_{j=1}^{m} b_j \mu(A_j) = \int_E f.
\end{aligned}
$$

证毕.

定理 1.3 (单调收敛定理) 设 (X, Σ, μ) 为测度空间, $E \in \Sigma$, $\{f_k\}$, g 都是 E 上非负可测的简单函数, 且 $f_k(x) \nearrow f(x)$, $x \in E$, 则

(1) 若 $f \geqslant g$, 则

$$
\lim_{k \to \infty} \int_E f_k \geqslant \int_E g; \tag{1.23}
$$

(2) $\lim\limits_{k \to \infty} \int_E f_k = \int_E f.$ (1.24)

证 (1) 设 $g(x) = \sum\limits_{j=1}^{n} a_j \varphi_{E_j}(x)$, 式中 $E = \bigcup\limits_{k=1}^{n} E_k$, $\{E_k\}$ 是互不相交的可测集, 由定理 1.2, 只要对每个 E_j, 证明

$$
\lim_{k \to \infty} \int_{E_j} f_k \geqslant \int_{E_j} a_j = a_j \mu(E_j).
$$

所以, 不妨设 $g(x) = a \geqslant 0$, $x \in E$, 只要证

$$
\lim_{k \to \infty} \int_E f_k \geqslant a\mu(E). \tag{1.25}
$$

若 $a = 0$, 则上式成立; 若 $0 < a < \infty$, 取 $0 < \varepsilon < a$, 令

$$
A_k = \{x \in E : f_k(x) \geqslant a - \varepsilon\},
$$

由 $f_k \nearrow f$, 有 $A_k \nearrow E$, 从而 $\mu(A_k) \to \mu(E)$ $(k \to \infty)$. 于是,

$$
\int_E f_k \geqslant \int_{A_k} f_k \geqslant (a - \varepsilon)\mu(A_k),
$$

两边取极限, 得

$$\lim_{k\to\infty}\int_E f_k \geqslant (a-\varepsilon)\mu(E),$$

再令 $\varepsilon\to 0$, 得

$$\lim_{k\to\infty}\int_E f_k \geqslant a\mu(E)=\int_E g.$$

(2) $f_k \nearrow f \Rightarrow \int_E f_k$ 单调递增且 $\int_E f_k \leqslant \int_E f$, 从而 $\lim\limits_{k\to\infty}\int_E f_k \leqslant \int_E f$. 为证反向不等式, 考虑 E 的可测分划 $E=\bigcup\limits_{j=1}^{n} E_j$, 其中 $\{E_j\}$ 是互不相交的可测集, 令

$$a_j=\inf\{f(x): x\in E_j\},\quad g(x)=\sum_{j=1}^{n} a_j\varphi_{E_j}(x),$$

则 $\int_E g=\sum\limits_{j=1}^{n} a_j\mu(E_j)$, 且 $\lim\limits_{k\to\infty} f_k = f \geqslant g$.

从 (1), $\lim\limits_{k\to\infty}\int_E f_k \geqslant \int_E g$. 对在 E 上的所有分划所产生的这种 $\int_E g$ 取上确界, 就得到 $\lim\limits_{k\to\infty}\int_E f_k \geqslant \sup\limits_T\left\{\int_E g\right\} = \sup\limits_T\left\{\sum\limits_{j=1}^{n} a_j\mu(E_j)\right\} = \sup\limits_T\{\underline{S}(f,T)\} = \int_E f$. 证毕.

注 1.3 在 f 是 E 上非负可测函数的条件下, 利用上述几个定理, 下面证明定义 1.2 与定义 1.3 是等价的.

为了证明 (1.15), 即

$$\int_E f=\sup_T\{\underline{S}(f,T)\},$$

式中 $\underline{S}(f,T)=\sum\limits_{k=1}^{n} m_k\mu(E_k)$, 其中 $m_k=\inf\{f(x): x\in E_k\}$, $E=\bigcup\limits_{k=1}^{n} E_k$, $E_k\cap E_j=\varnothing\ (k\neq j)$. 我们令 $g=\sum\limits_{k=1}^{n} m_k\varphi_{E_k}$, 则 $0\leqslant g\leqslant f$. 于是

$$\int_E g=\sum_{k=1}^{n} m_k\mu(E_k)\leqslant \int_E f,$$

从而

$$\sup_T\{\underline{S}(f,T)\}=\sup_T\int_E g\leqslant\int_E f.$$

为证反向不等式, 令

$$E_{n,k}=\{(k-1)2^{-n}\leqslant f<k2^{-n}\},\quad k=1,2,\cdots,n2^n,$$

$$E_n=\{f\geqslant n\}.$$

$$f_n(x)=\sum_{k=1}^{n2^n}(k-1)2^{-n}\varphi_{E_{n,k}}(x)+n\varphi_{E_n}(x).$$

则 $0\leqslant f_n\nearrow f$, 由单调收敛定理 1.3, $\lim\limits_{n\to\infty}\int_E f_n=\int_E f$, 式中

$$\int_E f_n=\sum_{k=1}^{n2^n}(k-1)2^{-n}\mu(E_{n,k})+n\mu(E_n).$$

从而 $\sup\limits_T\{\underline{S}(f,T)\}\geqslant\int_E f_n$. 令 $n\to\infty$, 得到

$$\sup_T\{\underline{S}(f,T)\}\geqslant\int_E f.$$

证毕.

三、用测度定义积分

我们在微积分中熟知, 对于非负函数 f, Riemann 积分 $(R)\int_a^b f(x)\mathrm{d}x$ 的几何解释是 f 在 $[a,b]$ 上的曲边梯形

$$G(f,[a,b])=\{(x,y):x\in[a,b],0\leqslant y\leqslant f(x)\}$$

的面积. 自然会想到将 $[a,b]$ 改为可测集 E, 将面积推广为集的测度, 就得到下述定义:

定义 1.4 设 (X,Σ,μ) 为测度空间, $E\in\Sigma$, f 是 E 上非负函数, 则

$$\Gamma(f,E)=\{(x,y):x\in E,y=f(x)<\infty\}\tag{1.26}$$

称为 f 在 E 上的**图像**, 而

$$G(f,E)=\{(x,y):x\in E,0\leqslant y<f(x)\}\tag{1.27}$$

称为 f 在 E 上的**下方区域**.

因为 $G(f,E)\subset X\times\mathbf{R}^1$, 我们定义

$$\mu(E\times[0,t])=t\mu(E).\tag{1.28}$$

若 $G(f,E)$ 在 $X\times\mathbf{R}^1$ 中可测, 我们仍将它的测度记为 $\mu\{G(f,E)\}$, 这时, 我们定义

$$\int_E f=\mu\{G(f,E)\}. \tag{1.29}$$

我们要用到 $G(f,E)$ 的下述性质:

定理 1.4 设 f 是 E 上非负函数, $E=\bigcup\limits_{k=1}^{\infty}E_k$, 则

$$G(f,E)=\bigcup_{k=1}^{\infty}G(f,E_k). \tag{1.30}$$

若 $\{E_k\}$ 互不相交, 则相应的 $\{G(f,E_k)\}$ 也互不相交.

证明留给读者.

定理 1.5 设 $\{f_k\}$ 是 E 上非负递增函数列, 且 $\lim\limits_{k\to\infty}f_k(x)=f(x)$, $x\in E$, 则 $\{G(f_k,E)\}$ 是递增集列, 而且

$$\lim_{k\to\infty}G(f_k,E)=G(f,E). \tag{1.31}$$

证 因为 $\{G(f_k,E)\}$ 为递增集列, 所以

$$\lim_{k\to\infty}G(f_k,E)=\bigcup_{k=1}^{\infty}G(f_k,E).$$

于是, 只要证明

$$\bigcup_{k=1}^{\infty}G(f_k,E)=G(f,E). \tag{1.32}$$

从条件 $f_k(x)\leqslant f(x)$, $x\in E$, 对 $\forall(x,y)\in G(f_k,E)\Rightarrow x\in E$, 且 $0\leqslant y<f_k(x)\leqslant f(x)$, 即 $(x,y)\in G(f,E)$, 从而对 $\forall k, G(f_k,E)\subset G(f,E)$. 于是

$$\bigcup_{k=1}^{\infty}G(f_k,E)\subset G(f,E).$$

下面证明相反的包含关系. 对 $\forall(x,y)\in G(f,E)$, 即 $x\in E$, $0\leqslant y<f(x)$. 因为 $\{f_k(x)\}$ 非负 $\nearrow f(x)$, 所以 $\exists k_0\in\mathbf{N}$, 使得 $0\leqslant y<f_{k_0}(x)\leqslant f(x)$, 从而 $(x,y)\in G(f_{k_0},E)\subset\bigcup\limits_{k=1}^{\infty}G(f_k,E)$. 于是, $G(f,E)\subset\bigcup\limits_{k=1}^{\infty}G(f_k,E)$. 证毕.

我们从 (1.27) 和 (1.28) 还可看出, f 在 E 上非负可测 $\Leftrightarrow G(f,E)$ 是 $X\times\mathbf{R}^1$ 中的可测集.

下面证明定义 1.3 与定义 1.4 的等价性.

设 $E=\bigcup\limits_{k=1}^{n}E_k$ 是 E 的可测分划, 即 $\{E_k\}$ 是互不相交的可测集, f 是 E 上非负可测的简单函数, 即

$$f(x)=\sum_{k=1}^{n}c_k\varphi_{E_k}(x). \tag{1.33}$$

则

$$G(f,E)=\{(x,y):x\in E,0\leqslant y<f(x)\}=\bigcup_{k=1}^{n}A_k,$$

式中 $A_k=\{(x,y):x\in E_k,0\leqslant y<c_k\}=E_k\times[0,c_k)$.

从 (1.28) 知 $\mu(A_k)=c_k\mu(E_k)$, 所以

$$\mu\{G(f,E)\}=\sum_{k=1}^{n}c_k\mu(E_k). \tag{1.34}$$

比较 (1.34) 与 (1.17) 得到

$$\int_E f=\mu\{G(f,E)\}.$$

这表明, 对于非负可测的简单函数 f, 定义 1.3 与定义 1.4 是等价的, 然后, 利用定理 1.3, 用非负可测的简单函数的积分列去逼近非负可测函数的积分, 即知定义 1.3 与定义 1.4 对于非负可测函数也等价, 最后利用 $f=f^+-f^-$ 推广到一般可测函数的积分上去, 就完全证明了定义 1.3 与定义 1.4 的等价性.

当 $1\leqslant p<\infty$ 时, 我们令

$$\|f\|_p=\left(\int_E|f|^p\mathrm{d}\mu\right)^{1/p}. \tag{1.35}$$

$$\|f\|_\infty=\inf_{\mu(A)=0}\{\sup_{x\in E-A}|f(x)|\}. \tag{1.36}$$

于是, 常用的函数空间定义为 $L^p(E)=\{f$ 在 E 上可测: $\|f\|_p<\infty,1\leqslant p\leqslant\infty\}$, 有时记为 $L^p(E,\Sigma,\mathrm{d}\mu)$. 特别当 $X=\mathbf{R}^n$, Σ 为 (L) 可测集类, μ 为 (L) 测度时, $L^p(E)$ 就是通常所谓的连续形式的 L^p 空间; 而当 X 为整数集, Σ 是 X 的所有子集构成的 σ 代数, $\mu(E)$ 是 E 的元素个数时, $L^p(E)$ 就是通常所谓的离散形式的 ℓ^p 空间, 即

$$\ell^p=\{x=(x_1,\cdots,x_n,\cdots):\|x\|_p<\infty\},$$

式中

$$\|x\|_p = \begin{cases} \left(\sum\limits_{k=1}^{\infty} |x_k|^p\right)^{1/p}, & 1 \leqslant p < \infty, \\ \sup\limits_k \{|x_k|\}, & p = \infty. \end{cases} \tag{1.37}$$

所以, 我们在一般的测度空间 (X, Σ, μ) 中讨论积分, 就可以统一处理连续量的积分和离散量的求和问题.

注 1.4 从以上定义容易看出 f 在 E 上可积与可测的关系, 我们分几种情形讨论:

(1) **定理 1.6** 设 $\mu(E) < \infty$, f 在 E 上有界, 则 f 在 E 上 (L) 可积的充要条件是 f 在 E 上 (L) 可测.

证 充分性: 设 f 在 E 上 (L) 可测. 因为 f 在 E 上有界, 不妨设 $c_1 < f(x) \leqslant c_2$, $x \in E$. 对 $\forall \varepsilon > 0$, 取 δ 满足 $0 < \delta < \dfrac{\varepsilon}{\mu(E)+1}$, 作 $[c_1, c_2]$ 的任一分划 $T = \{c_1 = y_0 < y_1 < \cdots < y_n = c_2\}$, 使得 $\|T\| = \max\limits_{1 \leqslant k \leqslant n} \{y_k - y_{k-1}\} < \delta$. 令 $E_k = \{x \in E : y_{k-1} < f(x) \leqslant y_k\}$. 由 f 在 E 上 (L) 可测知, $\{E_k\}$ 是互不相交的可测集, $E = \bigcup\limits_{k=1}^{n} E_k$. 记 $M_k = \sup\{f(x) : x \in E_k\}$, $m_k = \inf\{f(x) : x \in E_k\}$, 所以 $y_{k-1} \leqslant m_k \leqslant M_k \leqslant y_k$, 从而 $M_k - m_k \leqslant y_k - y_{k-1} < \delta$, 于是 $\overline{S}(f, T) - \underline{S}(f, T) = \sum\limits_{k=1}^{n} (M_k - m_k)\mu(E_k) < \delta\mu(E) < \varepsilon$. 所以 $\overline{\int}_E f - \underline{\int}_E f < \varepsilon$. 由 $\varepsilon > 0$ 的任意性, 得 $\overline{\int}_E f = \underline{\int}_E f$, 即 $f \in L(E)$.

必要性: 设 $f \in L(E)$. T_n 是 E 的可测分划序列, T_{n+1} 是 T_n 的加细 (即对 $\forall A_j \in T_{n+1}$, $\exists E_k \in T_n$, 使得 $A_j \subset E_k$). $E = \bigcup\limits_{k=1}^{m_n} E_{k,n}$, $\{E_{k,n}\}$ 是互不相交的可测集. 令

$$\begin{aligned} M_{k,n} &= \sup\{f(x) : x \in E_{k,n}\}, \\ m_{k,n} &= \inf\{f(x) : x \in E_{k,n}\}, \\ L_n(x) &= \sum_{k=1}^{m_n} m_{k,n} \varphi_{E_{k,n}}(x), \\ U_n(x) &= \sum_{k=1}^{m_n} M_{k,n} \varphi_{E_{k,n}}(x), \end{aligned}$$

则 L_n, U_n 在 E 上有界可测, 而且 L_n 单调递增, U_n 单调递减, 于是存在极限:

$$\lim_{n \to \infty} L_n(x) = L(x), \quad \lim_{n \to \infty} U_n(x) = U(x).$$

从而, L, U 是 E 上 (L) 可测函数, 而且 $L(x) \leqslant f(x) \leqslant U(x), x \in E$. 注意到

$$\int_E L_n(x)\mathrm{d}\mu = \sum_{k=1}^{m_n} m_{k,n}\mu(E_{k,n}) = \underline{S}(f, T_n),$$

$$\int_E U_n(x)\mathrm{d}\mu = \sum_{k=1}^{m_n} M_{k,n}\mu(E_{k,n}) = \overline{S}(f, T_n).$$

因为 f 在 E 上有界, U_n, L_n 在 E 上一致有界, 于是由有界收敛定理, 有

$$\int_E L(x)\mathrm{d}\mu = \lim_{n\to\infty}\int_E L_n(x)\mathrm{d}\mu,$$

$$\int_E U(x)\mathrm{d}\mu = \lim_{n\to\infty}\int_E U_n(x)\mathrm{d}\mu.$$

由 $f \in L(E)$ 知 $\displaystyle\int_E L(x)\mathrm{d}\mu = \int_E U(x)\mathrm{d}\mu = \int_E f\mathrm{d}\mu$. 又因为 $L(x) \leqslant U(x)$, 故由唯一性定理 (下一节定理 2.13), $L(x) = U(x) = f(x)$ *a.e.* 于 E, 从而 f 在 E 上可测. 证毕.

(2) 设 f 在 E 上非负, 则

1° $f \in L(E) \Rightarrow f$ 在 E 上可测, 但其逆不成立, 因为可能 $\displaystyle\int_E f = \infty$.

2° **定理 1.7** 设 f 在 E 上非负, 则 $\displaystyle\int_E f\mathrm{d}\mu$ 存在 $\Leftrightarrow f$ 在 E 上 (L) 可测.

证 当 f 在 E 上非负时, 可定义

$$\int_E f\mathrm{d}\mu = \lim_{n\to\infty}\int_E \{f\}_n. \tag{1.38}$$

因为 $\{f\}_n = \min\{f, n\}$ 为非负有界函数, 而且 $\lim\limits_{n\to\infty}\{f\}_n = f$, 由定理 1.6, $\{f\}_n \in L(E) \Leftrightarrow \{f\}_n$ 在 E 上 (L) 可测. 但 (1.38) 中的极限可能为 ∞. 所以, $\displaystyle\int_E f\mathrm{d}\mu$ 存在 $\Leftrightarrow f$ 在 E 上非负 (L) 可测. 证毕.

(3) 若 $\displaystyle\int_E f$ 存在, 则 f 在 E 上可测, 但逆命题也不成立, 因为当 f 在 E 上可测时, 可能 $\displaystyle\int_E f^+$ 与 $\displaystyle\int_E f^-$ 同时为 ∞, 见注 1.2.

总之, 当 f 在 E 上可测时, 总还要加上某些附加条件才能保证 $f \in L(E)$. 下面给出函数可积性的判别法的若干结果.

定理 1.8 设 $\mu(E) < \infty$, f 在 E 上 *a.e.* 有限可测. 令 $E_k = \{k-1 \leqslant |f| < k\}$, $A_k = \{|f| \geqslant k-1\}$, 则 $f \in L(E) \Leftrightarrow \sum\limits_{k=1}^{\infty} k\mu(E_k) < \infty \Leftrightarrow \sum\limits_{k=1}^{\infty} \mu(A_k) < \infty$.

注 1.5 当 $\mu(E)=\infty$ 时, $f\in L(E)\Rightarrow\sum\limits_{k=1}^{\infty}\mu(A_k)<\infty$, 但逆命题不成立.

定理 1.9 设 f 在 E 上 a.e. 有限可测, 令 $E_n=\{2^{n-1}<|f|\leqslant 2^n\}$, 则 $f\in L(E)\Leftrightarrow\sum\limits_{k=-\infty}^{\infty}2^k\mu(E_k)<\infty$.

定理 1.8 和 1.9 的证明留给读者.

定理 1.10 设 f 在 E 上有界可测, 且存在常数 $c>0$ 和 $\alpha<1$, 使得对 $\forall\varepsilon>0$, 有

$$\mu\{x\in E:|f(x)|>\varepsilon\}<\frac{c}{\varepsilon^{\alpha}}, \tag{1.39}$$

则 $f\in L(E)$.

证 设 $|f(x)|\leqslant M$, $x\in E$, 则

$$\begin{aligned}\int_E|f|\mathrm{d}\mu&\leqslant\sum_{k=1}^{\infty}\left(\frac{M}{2^{k-1}}-\frac{M}{2^k}\right)\mu\left\{x\in E:|f(x)|>\frac{M}{2^k}\right\}\\&\leqslant CM^{1-\alpha}\sum_{k=1}^{\infty}2^{(\alpha-1)k}<\infty,\end{aligned}$$

即 $f\in L(E)$.

定理 1.11 设 $\{f_n\}$ 是 E 上 a.e. 有限的非负可测函数列, 且 $f_n\xrightarrow{\mu}f$. 若 $\sup\limits_n\left\{\int_E f_n\mathrm{d}\mu\right\}<\infty$, 则 $f\in L(E)$.

证 设 $f_n\xrightarrow{\mu}f$, 由 Riesz 定理 (第四章定理 2.7), 存在子列 $f_{n_k}\to f$ a.e. 于 E. 再由 Fatou 引理 (定理 3.7), 有

$$\int_E f\mathrm{d}\mu=\int_E(\lim_{k\to\infty}f_{n_k})\mathrm{d}\mu\leqslant\liminf_{k\to\infty}\left\{\int_E f_{n_k}\mathrm{d}\mu\right\}\leqslant\sup_n\left\{\int_E f_n\mathrm{d}\mu\right\}<\infty,$$

即 $f\in L(E)$. 证毕.

§2 (L) 积分的初等性质

一、积分区域的可加性

定理 2.1 设 $\int_E f$ 存在, $E=\bigcup\limits_{k=1}^{\infty}E_k$, 式中 $\{E_k\}$ 是互不相交的可测集列, 则

$$\int_E f=\sum_{k=1}^{\infty}\int_{E_k}f. \tag{2.1}$$

证 (1) 先设 f 在 E 上非负可测, 由定理 1.4, $G(f,E)=\bigcup\limits_{k=1}^{\infty}G(f,E_k)$, 再由 $\{E_k\}$ 是互不相交的可测集和 f 在 E 上非负可测, 得出 $\{G(f,E_k)\}$ 是互不相交的可测集, 由测度 μ 的可数可加性 (见第三章 (3.6) 式), 有

$$\mu\{G(f,E)\}=\sum_{k=1}^{\infty}\mu\{G(f,E_k)\}. \tag{2.2}$$

由定义 1.4, (2.2) 即为 (2.1) 式.

(2) 对任意可测函数 f, $f=f^+-f^-$, 式中 f^+, $f^-\geqslant 0$, 从而由 (1) 得

$$\int_E f^+=\sum_{k=1}^{\infty}\int_{E_k}f^+, \tag{2.3}$$

$$\int_E f^-=\sum_{k=1}^{\infty}\int_{E_k}f^-. \tag{2.4}$$

由假设 $\int_E f$ 存在, 即 (2.3) 与 (2.4) 中至少有一个有限, 两式相减即得 (2.1) 式. 证毕.

注 2.1 设 $E=\bigcup\limits_{k=1}^{\infty}E_k$, $\{E_k\}$ 是互不相交的可测集, 我们从第四章定理 1.4 知, f 在 E 上可测的充要条件是 f 在每个 E_k 上可测, 但此处从 $f\in L(E_k)(\forall k)$ 推不出 $f\in L(E)$, 例如:

例 2.1 设 $E=(0,1]$, $E_k=\left(\dfrac{1}{k+1},\dfrac{1}{k}\right]$, 令 $x_k=\dfrac{1}{2}\left(\dfrac{1}{k}+\dfrac{1}{k+1}\right)$,

$$f(x)=\begin{cases}-k, & \dfrac{1}{k+1}<x\leqslant x_k,\\ k, & x_k<x\leqslant\dfrac{1}{k}.\end{cases}$$

则对 $\forall k$, $\int_{E_k}f=0$, 但 $\int_E f^+=\infty$, $\int_E f^-=\infty$, 所以 $\int_E f$ 不存在.

我们在下一节, 利用 (*L*) 积分的极限定理, 进一步证明: $f\in L(E)$ 的充要条件是 $f\in L(E_k)(\forall k)$ 且 $\sum\limits_{k=1}^{\infty}\int_{E_k}|f|<\infty$. 上面例 2.1 还说明, 上述 $\sum\limits_{k=1}^{\infty}\int_{E_k}|f|<\infty$ 不能换成 $\sum\limits_{k=1}^{\infty}\left|\int_{E_k}f\right|<\infty$.

二、零集上的积分

定理 2.2 设 (X,Σ,μ) 为完全测度空间, 若 $\mu(E)=0$, 则 $\int_E f=0$.

证 由第四章定理 1.5, 从 $\mu(E)=0$ 知, f 在 E 上可测.

(1) 若 $f(x)\geqslant 0$, $x\in E$, 对 E 的任一可测分划: $E=\bigcup\limits_{k=1}^{n}E_k$, 式中 $\{E_k\}$ 是互不相交的可测集, 从 $\forall E_k\subset E$ 知 $\mu(E_k)\leqslant\mu(E)=0$, 即对 $\forall k$, $\mu(E_k)=0$. 于是,$\underline{S}(f,T)=\sum\limits_{k=1}^{n}m_k\mu(E_k)=0$, 由定义 1.3, $\int_E f=0$.

(2) 对于一般的可测函数 f, $f=f^+-f^-$, 式中 f^+, $f^-\geqslant 0$, 从 (1) 知 $\int_E f^+=0$, $\int_E f^-=0$, 从而 $\int_E f=\int_E f^+-\int_E f^-=0$. 证毕.

注 2.2 当 $\mu(E)=\infty$ 而 $f(x)=0$ $(\forall x\in E)$, 或 $\mu(E)=0$ 而 $f(x)=\infty$ $(\forall x\in E)$ 时, 我们都约定 $\int_E f=0$.

三、单调性

定理 2.3 (关于被积函数的单调性) 设 (X,Σ,μ) 为完全测度空间, $\int_E f$, $\int_E g$ 都存在, 且 $f(x)\leqslant g(x)$ $a.e.$ 于 E, 则

$$\int_E f\leqslant\int_E g. \tag{2.5}$$

特别地, 若 $f(x)=g(x)$ $a.e.x\in E$, 则

$$\int_E f=\int_E g. \tag{2.6}$$

证 (1) 先设 f, g 在 E 上非负可测, 由定理 2.2, 不妨设 $0\leqslant f(x)\leqslant g(x)$, $\forall x\in E$, 于是 $G(f,E)\subset G(g,E)$, 从而 $\mu\{G(f,E)\}\leqslant\mu\{G(g,E)\}$. 因此, 从定义 1.4, 得

$$\int_E f\leqslant\int_E g.$$

(2) 从 $f\leqslant g$ $a.e.$ 于 E, 可推出 $0\leqslant f^+\leqslant g^+$ $a.e.$ 于 E, $0\leqslant g^-\leqslant f^-$ $a.e.$ 于 E. 于是从 (1) 得 $\int_E f^+\leqslant\int_E g^+$, $\int_E f^-\geqslant\int_E g^-$, 两式相减即得 (2.5) 式. 证毕.

注 2.3 (2.6) 式表明若 $f(x)=g(x)$ $a.e.$ 于 E, 则从 $f\in L(E)$ 可推出

$g \in L(E)$, 而且两个积分相等. 这个性质对于 (R) 积分是不成立的, 例如设 $f(x)$ 为 Dirichlet 函数, $g(x)=0$, $x\in[0,1]$, 则 $f=g$ *a.e.* 于 $[0,1]$, 但 $g\in R[0,1]$ 而 $f\notin R[0,1]$.

推论 2.4 设 f 在 E 上可测且 $f(x)\geqslant 0$ *a.e.* $x\in E$, 则 $\int_E f\geqslant 0$.

推论 2.5 设 f 在 E 上可测, 若存在 $g\in L(E)$, $g(x)\geqslant 0$ *a.e.* $x\in E$, 使得

$$|f(x)|\leqslant g(x)\ a.e.x\in E, \tag{2.7}$$

则 $f\in L(E)$ (这时称 g 为 f 的**控制函数**).

注 2.4 (2.7) 式中的绝对值符号不可去掉. 例如:

例 2.2 设 $E=[0,1]$, $E_k=\left(\frac{1}{2^k},\frac{1}{2^{k-1}}\right]$, $f(x)=\begin{cases}-2^k, & x\in E_k,\\ 0, & x=0,\end{cases}$ 取 $g(x)=0$, 则 $f(x)\leqslant g(x)$, 且 $g\in L[0,1]$, 但 $f\notin L[0,1]$, 事实上, 从定理 2.1, 有

$$\int_E f=\sum_{k=1}^{\infty}\int_{E_k} f=\sum_{k=1}^{\infty}(-2^k)\mu(E_k)=-\infty.$$

定理 2.6 (关于积分区域的单调性) 设 A 是 E 的可测子集, 若 $\int_E f$ 存在, 则 $\int_A f$ 存在. 特别地, 若 f 在 E 上非负可测, 则

$$\int_A f\leqslant\int_E f. \tag{2.8}$$

证 (1) 先设 f 在 E 上非负可测, 则从 $A\subset E$ 得 $G(f,A)\subset G(f,E)$, 从而 $\mu\{G(f,A)\}\leqslant\mu\{G(f,E)\}$, 于是由定义 1.4, 得 $\int_A f\leqslant\int_E f$.

(2) 设 $\int_E f$ 存在, 则 $\int_E f^+$, $\int_E f^-$ 中至少有一个有限, 从 (1), $\int_A f^+$, $\int_A f^-$ 中至少有一个有限, 即 $\int_A f$ 存在.

四、线性性质

定理 2.7 设 $f,g\in L(E)$, c_1, c_2 为常数, 则 $c_1f+c_2g\in L(E)$, 而且

$$\int_E(c_1f+c_2g)=c_1\int_E f+c_2\int_E g. \tag{2.9}$$

证 (1) 先设 $f,g\geqslant 0$, $c_1,c_2>0$. 由 $f,g\in L(E)$ 知 f, g 在 E 上可测, 因此, 根据第四章定理 1.18, 存在 E 上非负递增可测的简单函数列 $\{f_k\}$, $\{g_k\}$, 使

得 $f_k \nearrow f$, $g_k \nearrow g$, 而 $\{c_1f_k + c_2g_k\}$ 仍为 E 上非负递增可测的简单函数列, 而且

$$(c_1f_k + c_2g_k) \nearrow (c_1f + c_2g).$$

于是, 由定理 1.3 和定理 1.2 得到

$$\begin{aligned}\int_E (c_1f + c_2g) &= \lim_{k\to\infty} \int_E (c_1f_k + c_2g_k) \\ &= c_1 \lim_{k\to\infty} \int_E f_k + c_2 \lim_{k\to\infty} \int_E g_k \\ &= c_1 \int_E f + c_2 \int_E g.\end{aligned}$$

(2) 对于一般可积函数 f, 只要分别证明:

$$\int_E (cf) = c\int_E f \quad (c \text{ 为常数}), \tag{2.10}$$

$$\int_E (f+g) = \int_E f + \int_E g. \tag{2.11}$$

为证 (2.10), 我们对常数 c 分三种情形讨论:

① 若 $c \geqslant 0$, 则 $(cf)^+ = cf^+$, $(cf)^- = cf^-$, 从 (1), 得 $\int_E (cf)^+ = c\int_E f^+$, $\int_E (cf)^- = c\int_E f^-$, 所以 $\int_E (cf) = \int_E (cf)^+ - \int_E (cf)^- = c\left(\int_E f^+ - \int_E f^-\right) = c\int_E f$;

② 若 $c = -1$, 则因 $(-f)^+ = f^-$, $(-f)^- = f^+$, 而且 $f^+, f^- \in L(E)$, 所以 $\int_E (-f) = \int_E (-f)^+ - \int_E (-f)^- = \int_E f^- - \int_E f^+ = -\int_E f$;

③ 若 $c < 0$, 则 $\int_E (cf) = \int_E (-|c|)f = -\int_E |c|f = -|c|\int_E f = c\int_E f$.

于是, 对任意常数 c, (2,10) 均成立.

为证 (2.11), 注意到 $(f+g)^+ \leqslant f^+ + g^+$, $(f+g)^- \leqslant f^- + g^-$, 于是由定理 2.3, 从 $f, g \in L(E)$ 可得 $f + g \in L(E)$.

$$(f+g)^+ - (f+g)^- = f + g = (f^+ - f^-) + (g^+ - g^-),$$

移项得

$$(f+g)^+ + f^- + g^- = f^+ + g^+ + (f+g)^-,$$

从 (1), 得

$$\int_E (f+g)^+ + \int_E f^- + \int_E g^- = \int_E f^+ + \int_E g^+ + \int_E (f+g)^-.$$

因为每项均为有限, 所以

$$\int_E (f+g)^+ - \int_E (f+g)^- = \left(\int_E f^+ - \int_E f^-\right) + \left(\int_E g^+ - \int_E g^-\right),$$

即

$$\int_E (f+g) = \int_E f + \int_E g.$$

证毕.

注 2.5 从定理 2.7 的证明过程可看出, $f, g \in L(E)$ 可减弱为 $\int_E f$, $\int_E g$ 存在而且 $c_1 \int_E f + c_2 \int_E g$ 也存在, 则 $\int_E (c_1 f + c_2 g)$ 存在且 (2.9) 式成立.

推论 2.8 设 f, g 在 E 上可测, $f \geqslant g$, $g \in L(E)$, 则

$$\int_E (f-g) = \int_E f - \int_E g. \tag{2.12}$$

证 从 $f \geqslant g$ 知 $f^- \leqslant g^-$, 又 $g^- \in L(E)$, 所以 $f^- \in L(E)$, 从而 $\int_E f$ 存在. 又从 $f - g \geqslant 0$ 知 $\int_E (f-g)$ 存在, 所以, 若 $f \in L(E)$, 则由定理 2.7 知 (2.12) 成立; 若 $f \notin L(E)$, 则由 $f^- \in L(E)$ 知 $\int_E f = \infty$. 又从 $g \in L(E)$, 得到 $f - g \notin L(E)$, 然而 $f - g \geqslant 0$, 所以 $\int_E (f-g) = \infty$, 这种情形下, (2.12) 仍成立. 证毕.

注 2.6 从 $f, g \in L(E)$ 并不能推出 $fg \in L(E)$, 例如:

例 2.3 取 $E = [0,1]$, $f(x) = \begin{cases} \dfrac{1}{\sqrt{x}}, & 0 < x \leqslant 1, \\ 0, & x = 0, \end{cases}$ 则 $f \in L(E)$, 但 $f^2 \notin L(E)$.

五、绝对可积性

定理 2.9 $f \in L(E)$ 的充要条件是 f 在 E 上可测且 $|f| \in L(E)$, 而且

$$\left|\int_E f\right| \leqslant \int_E |f|. \tag{2.13}$$

证 必要性: 设 $f \in L(E)$, 则 $f^+, f^- \in L(E)$, 从而 $f^+ + f^- = |f| \in L(E)$,

且 f 在 E 上可测.

充分性: 设 f 在 E 上可测且 $|f| \in L(E)$, 由 $f^- \leqslant |f|$, $f^+ \leqslant |f|$ 和推论 2.5, 知 $f^+, f^- \in L(E)$, 从而 $f = f^+ - f^- \in L(E)$, 而且

$$\left|\int_E f\right| \leqslant \int_E f^+ + \int_E f^- = \int_E |f|.$$

证毕.

注 2.7 从第四章习题 1.10 知 $|f|$ 在 E 上可测并不能推出 f 在 E 上可测, 所以, 从 $|f| \in L(E)$ 并不能推出 $f \in L(E)$.

六、Chebyshev 不等式和唯一性定理

定理 2.10 设 f 在 E 上可测, 则对于 $\forall \alpha > 0$, 成立 Chebyshev 不等式:

$$\mu\{|f| > \alpha\} \leqslant \frac{1}{\alpha^p} \int_E |f|^p \quad (p > 0). \tag{2.14}$$

证 令 $A_\alpha = \{|f| > \alpha\}$, 则从 f 在 E 上可测可得出 A_α 可测而且 $A_\alpha \subset E$, 由定理 2.6, 有

$$\int_E |f|^p \geqslant \int_{A_\alpha} |f|^p \geqslant \alpha^p \mu(A_\alpha).$$

由此即得 (2.14) 式. 证毕.

若在 (2.14) 式中取 $\alpha = t\,\|f\|_1$, $0 \leqslant t \leqslant 1$, 则

$$\mu\{|f| > t\,\|f\|_1\} \leqslant \left(\frac{\|f\|_p}{t\,\|f\|_1}\right)^p.$$

利用 Hölder 不等式, 我们还可以证明它的反向不等式:

$$\mu\{|f| \geqslant t\,\|f\|_1\} \geqslant (1 - t\mu(E))^q \left(\frac{\|f\|_1}{\|f\|_p}\right)^q,$$

式中 $1 < p < \infty$, $\dfrac{1}{p} + \dfrac{1}{q} = 1$, $0 < t < \dfrac{1}{\mu(E)}$.

证 令 $A = \{x \in E : |f(x)| \geqslant t\,\|f\|_1\}$, $g = |f|\varphi_A$, 式中 φ_A 是 A 的特征函数. 于是, 当 $x \in A^c$ 时, $|f(x)| < t\,\|f\|_1$, 从而

$$\int_{A^c} |f| \leqslant t \int_{A^c} \|f\|_1 \leqslant t\mu(E)\,\|f\|_1.$$

注意到

$$\|f\|_1 = \int_E |f| = \int_A |f| + \int_{A^c} |f| < \int_E |g| + t\mu(E)\,\|f\|_1,$$

从而 $\|g\|_1 > (1-t\mu(E))\|f\|_1$. 再利用 Hölder 不等式, 就得到

$$\|g\|_1 = \int_A |f| \leqslant \left(\int_A |f|^p\right)^{1/p} \left(\int_A 1\mathrm{d}\mu\right)^{1/q} \leqslant \|f\|_p (\mu(A))^{1/q},$$

于是, 有

$$\mu(A) \geqslant \left(\frac{\|g\|_1}{\|f\|_p}\right)^q \geqslant \left(\frac{(1-t\mu(E))\|f\|_1}{\|f\|_p}\right)^q.$$

证毕.

推广: 设 f 在 E 上可测, φ 是 $(0,\infty)$ 上非负递增函数, 且 $\varphi(x)=0$ 时 $x=0$, 则

$$\mu\{|f|>\alpha\} \leqslant \frac{1}{\varphi(\alpha)} \int_E \varphi(|f|)\mathrm{d}\mu.$$

证 令 $A_\alpha = \{|f|>\alpha\}$, 则

$$\int_E \varphi(|f|)\mathrm{d}\mu \geqslant \int_{A_\alpha} \varphi(|f|)\mathrm{d}\mu \geqslant \int_{A_\alpha} \varphi(\alpha)\mathrm{d}\mu = \varphi(\alpha)\mu(A_\alpha),$$

即

$$\mu(A_\alpha) \leqslant \frac{1}{\varphi(\alpha)} \int_E \varphi(|f|)\mathrm{d}\mu.$$

证毕.

推论 2.11 设 $f \in L^P(E)$, $0<p<\infty$, 则

$$\lim_{n\to\infty} \mu\{|f|>n\} = 0. \tag{2.15}$$

注 2.8 若 $\mu(E)<\infty$, 则从 (2.15) 可得 $\mu\{|f|=\infty\} = \lim\limits_{n\to\infty} \mu\{|f|>n\} = 0$. 它表明 f 在 E 上 *a.e.* 有限. 下面进一步证明, 去掉 $\mu(E)<\infty$ 的限制, 这个可积的必要条件仍成立, 即

定理 2.12 设 $f \in L(E)$, 则 $f(x)$ 在 E 上 *a.e.* 有限.

证 设 $f \in L(E)$, 由定理 2.9, f 在 E 上可测, 且 $|f| \in L(E)$. 令 $A = \{|f|=\infty\}$, 只要证 $\mu(A)=0$. 用反证法, 设 $\mu(A)>0$, 则对 $\forall k$,

$$\int_E |f| = \int_{E-A} |f| + \int_A |f| \geqslant \int_A |f| \geqslant k\mu(A),$$

令 $k\to\infty$, 得 $\int_E |f| = \infty$, 与假设相矛盾, 所以 $\mu(A)=0$. 证毕.

定理 2.13 (唯一性定理) 设 f 在 E 上可测且 $\mu(E)>0$, 则 $\int_E |f|^p =$

0 ($0 < p < \infty$) 的充要条件是 $f(x) = 0$ $a.e.x \in E$.

证 必要性: 从 Chebyshev 不等式 (2.14), 对 $\forall \alpha > 0$, 有

$$\mu\{|f| > \alpha\} \leqslant \frac{1}{\alpha^p}\int_E |f|^p = 0,$$

从而 $\mu\{|f| > \alpha\} = 0$, 又 $\mu(E) > 0$, 所以 $f(x) = 0$ $a.e.x \in E$.

充分性: 设 $f(x) = 0$ $a.e.x \in E$, 令 $A = \{f \neq 0\}$, 则 $\mu(A) = 0$. 由定理 2.2, $\int_A |f|^p = 0$. 而 $x \in E - A$ 时, $f(x) = 0$, 所以

$$\int_E |f|^p = \int_A |f|^p + \int_{E-A} |f|^p = 0.$$

证毕.

推论 2.14 设 $f \in L(E)$, $\mu(E) > 0$, 若对于所有有界可测函数 g, 都有 $\int_E fg = 0$, 则 $f(x) = 0$ $a.e.x \in E$.

证 设 A 是 E 中任一有界可测集, $\mu(A) > 0$, $g = \varphi_A$ 是 A 的特征函数, 根据假设, 得到

$$\int_E fg = \int_A f = 0.$$

由定理 2.13, 得到 $f(x) = 0$ $a.e.x \in E$. 证毕.

注 2.9 从 $\int_E f = 0$ 不能推出 $f(x) = 0$ $a.e.x \in E$, 例如:

例 2.4 取 $E = [-1, 1]$, 令

$$f(x) = \begin{cases} -2, & 若\ -1 \leqslant x < 0, \\ 2, & 若\ 0 \leqslant x \leqslant 1, \end{cases}$$

则 $\int_E f = 0$, 但 $f(x) \neq 0$.

七、积分的绝对连续性

定理 2.15 设 $f \in L(E)$, 则对 $\forall \varepsilon > 0$, $\exists \delta > 0$, 使得对 E 中任意可测子集 A, 只要 $\mu(A) < \delta$, 就有

$$\left|\int_A f\right| \leqslant \int_A |f| < \varepsilon. \tag{2.16}$$

证 令 $g = |f|$, 由定理 2.9, g 在 E 上非负可积, 对 E 的任意可测子集 A,

不妨设 $\mu(E)<\infty$, $\{g\}_n$ 是 g 的截断函数, 则由 (1.10),

$$\int_A g=\lim_{n\to\infty}\int_A\{g\}_n,$$

即对 $\forall\varepsilon>0$, $\exists n=n(\varepsilon)$, 使得

$$\int_A g-\int_A\{g\}_n=\int_A(g-\{g\}_n)<\frac{\varepsilon}{2}.$$

取 $\delta=\dfrac{\varepsilon}{2n}$, 则当 $\mu(A)<\delta$ 时, 有 $\left|\int_A f\right|\leqslant\int_A g=\int_A(g-\{g\}_n)+\int_A\{g\}_n<\dfrac{\varepsilon}{2}+n\mu(A)<\dfrac{\varepsilon}{2}+n\times\dfrac{\varepsilon}{2n}=\varepsilon$. 证毕.

注 2.10 定理 2.15 可以写成: $\lim\limits_{\mu(A)\to0}\int_A|f|\mathrm{d}\mu=0$, 或集列的极限形式: 设 $f\in L(E)$, 若对 E 中所有可测集列 $\{A_n\}$, $\lim\limits_{n\to\infty}\mu(A_n)=0$, 则 $\lim\limits_{n\to\infty}\int_{A_n}f=0$.

定理 2.15 可以推广为: 设 $f\in L^p(E)$, $1\leqslant p<\infty$, 则 $\forall\varepsilon>0$, $\exists\delta>0$, 使得 $\forall A\subset E$, 只要 $\mu(A)<\delta$, 就有

$$\int_A|f|^p\mathrm{d}\mu<\varepsilon,\quad 即\quad \lim_{\mu(A)\to0}\int_A|f|^p\mathrm{d}\mu=0,\quad 1\leqslant p<\infty.$$

推论 2.16 设 $f\in L(E)$, $\{E_n\}$ 为 E 中可测集列, 且 $\lim\limits_{n\to\infty}\mu(E_n)=\mu(E)<\infty$, 则

$$\lim_{n\to\infty}\int_{E_n}f=\int_E f.\tag{2.17}$$

证明留给读者.

注 2.11 定理 2.15 有逆命题: 设定义在可测集 E 的可测子集族上的集函数 $F(A)$ 具有可加性, 即对每个可测集 $A\subset E$, $F(A)<\infty$; 而对 E 中任意互不相交的可测集列 $\{A_k\}$, 有 $F\left(\bigcup\limits_{k=1}^{\infty}A_k\right)=\sum\limits_{k=1}^{\infty}F(A_k)$; μ 是 E 上的 σ 有限测度, 若 $F(A)$ 关于测度 μ 是绝对连续的, 即 $\forall\varepsilon>0$, $\exists\delta>0$, 使得对 E 中所有可测子集 A, $\mu(A)<\delta$, 有 $|F(A)|<\varepsilon$, 则存在唯一的可积函数 f, 使得对 E 中任何可测子集 A, 成立

$$F(A)=\int_A f.\tag{2.18}$$

这就是著名的 Radon–Nikodym 定理, 这时 f 称为 F 关于 μ 的 $R-N$ 导数, 记为

$$f = \frac{\mathrm{d}F}{\mathrm{d}\mu}. \tag{2.19}$$

特别取 $E=[a,b]$, $A=[a,x]$, $a \leqslant x \leqslant b$, $F(A)=\int_a^x f(t)\mathrm{d}t$, 这时 $F(A)$ 可记为 $F(x)$, 即 $F(x)=\int_a^x f(t)\mathrm{d}t$. 于是 (2.19) 就变成 $f(x)=\dfrac{\mathrm{d}F(x)}{\mathrm{d}x}$.

我们将这些问题放到第六章讨论.

八、可积函数的逼近性质

我们在 Riemann 积分的定义 1.1 中, 若令 $g(x)=\sum\limits_{k=1}^n m_k\varphi_{E_k}(x)$, $h(x)=\sum\limits_{k=1}^n M_k\varphi_{E_k}(x)$, 则 $g(x)\leqslant f(x)\leqslant h(x)$, $x\in[a,b]$, 并且

$$\begin{aligned}(R)\int_a^b(h(x)-g(x))\mathrm{d}x &= \sum_{k=1}^n (R)\int_{E_k}(h(x)-g(x))\mathrm{d}x\\ &= \sum_{k=1}^n (M_k-m_k)\mu(E_k)\\ &= \overline{S}(f,T^*)-\underline{S}(f,T^*).\end{aligned}$$

于是, 我们得到 (R) 积分的逼近定理:

定理 2.17 设 $f\in R[a,b]$, 则对 $\forall\varepsilon>0$, 存在 $[a,b]$ 上的阶梯函数 g, h, 使得 $g(x)\leqslant f(x)\leqslant h(x)$, $x\in[a,b]$ 且

$$(R)\int_a^b(h(x)-g(x))\mathrm{d}x<\varepsilon. \tag{2.20}$$

将 $[a,b]$ 换成测度空间 (X,Σ,μ) 中的可测集 E, $\mu(E)<\infty$, $f\in R[a,b]$ 换成 f 在 E 上有界 (L) 可积, 阶梯函数换成可测的简单函数, 利用定义 1.2, 我们得到 (L) 积分的逼近定理:

定理 2.18 设 (X,Σ,μ) 为测度空间, $E\in\Sigma$, $\mu(E)<\infty$, f 在 E 上有界 (L) 可积, 则对 $\forall\varepsilon>0$, 存在 E 上可测的简单函数 g, h, 使得 $g(x)\leqslant f(x)\leqslant h(x)$ $a.e.x\in E$, 而且

$$\int_E(f-g)\mathrm{d}\mu\leqslant\int_E(h-g)\mathrm{d}\mu<\varepsilon. \tag{2.21}$$

下面进一步证明, 当 (X,d) 为距离空间时, 可积函数 f 还可用具有紧支集的连续函数 g 来逼近. 紧支集的定义见第四章定义 3.1.

定理 2.19 设 (X,d) 是具有 σ 有限开集和局部紧的距离空间, E 是 X 中

μ 可测子集, 若 $f\in L(E)$, 则对 $\forall\varepsilon>0$, 存在 X 上有紧支集的连续函数 g, 使得

$$\int_E |f-g|\mathrm{d}\mu<\varepsilon. \tag{2.22}$$

证 因为 $f-g=(f^+-g^+)+(g^--f^-)$, 所以, 不妨设 $f\geqslant 0$.

(1) 先设 $\mu(E)<\infty$, 由 $f\in L(E)$ 知 f 在 E 上 *a.e.* 有限可测, 且 $\lim\limits_{n\to\infty}\int_E\{f\}_n=\int_E f$, 即对 $\forall\varepsilon>0$, $\exists n=n(\varepsilon)$, 使得

$$\int_E (f-\{f\}_n)\mathrm{d}\mu<\frac{\varepsilon}{3}. \tag{2.23}$$

因为 $\{f\}_n$ 在 E 上非负有界可测, 由 Luzin 定理 (第四章定理 3.1), 对上述 $\varepsilon>0$, 存在闭集 $F\subset E$, 使得 $\{f\}_n$ 在 F 上连续, 且

$$\mu(E-F)<\frac{\varepsilon}{3n}. \tag{2.24}$$

由第二章定理 2.3, 闭集 F 上的连续函数 $\{f\}_n$ 可延拓成整个 X 上的连续函数 g, 并满足:

① $x\in F$ 时, $g(x)=\{f(x)\}_n$.

② $\{f(x)\}_n\leqslant n$, $x\in E$; $|g(x)|\leqslant n$, $x\in X$.

于是

$$\begin{aligned}\int_E |\{f\}_n-g|\mathrm{d}\mu&=\int_{E-F}|\{f\}_n-g|\mathrm{d}\mu\leqslant\int_{E-F}(\{f\}_n+|g|)\mathrm{d}\mu\\&\leqslant 2n\mu(E-F)<\frac{2}{3}\varepsilon.\end{aligned} \tag{2.25}$$

从而由 (2.23) 和 (2.25) 得到

$$\begin{aligned}\int_E |f-g|\mathrm{d}\mu&\leqslant\int_E (f-\{f\}_n)\mathrm{d}\mu+\int_E |\{f\}_n-g|\mathrm{d}\mu\\&<\frac{\varepsilon}{3}+\frac{2}{3}\varepsilon=\varepsilon.\end{aligned}$$

(2) 若 $\mu(E)=\infty$, 则可对 E 作分解: $E=\bigcup\limits_{k=1}^{\infty}E_k$, 式中 $\mu(E_k)<\infty$, $E_k\subset E_{k+1}$, $\int_E f=\lim\limits_{k\to\infty}\int_{E_k}f$, 即对 $\forall\varepsilon>0$, $\exists k_0$, 使得

$$\left|\int_E f-\int_{E_{k_0}}f\right|=\left|\int_{E-E_{k_0}}f\right|<\frac{\varepsilon}{2}.$$

而对 E_{k_0}, 因为 $\mu(E_{k_0})<\infty$, 由 (1), 存在 X 上有紧支集的连续函数 g, 使得

$\int_{E_{k_0}}|f-g|<\frac{\varepsilon}{2}$. 不妨设 supp $g\subset E_{k_0}$, 于是 $\int_E|f-g|\mathrm{d}\mu=\int_{E_{k_0}}|f-g|\mathrm{d}\mu+\int_{E-E_{k_0}}|f|\mathrm{d}\mu<\frac{\varepsilon}{2}+\frac{\varepsilon}{2}=\varepsilon$. 证毕.

注 2.12 定理 2.19 表明, 对 $\forall f\in L(E)$, $\forall\varepsilon>0$, f 都可分解为

$$f=f_1+f_2, \tag{2.26}$$

式中 $f_1=g$ 是 X 上有紧支集的连续函数, 而 $f_2=f-g$ 满足 $\int_E|f_2|<\varepsilon$. 我们以后还可类似地进一步证明, 对于 $\forall f\in L^p(E)$, $1\leqslant p<\infty$, $\forall\varepsilon>0$, f 仍可分解为 (2.26), 其中 f_2 满足 $\int_E|f_2|^p<\varepsilon$.

定理 2.20 ((L) 积分的平均连续性) 设 (X,d) 是具有 σ 有限开集和局部紧的线性距离空间, 若 $f\in L^p(X)$, $1\leqslant p<\infty$, 则 $\forall\varepsilon>0$, $\exists\delta>0$, 使得 $\forall x,y\in X$, $d(x,y)<\delta$ 时,

$$\left\{\int_X|f(y+t)-f(x+t)|^p\,\mathrm{d}\mu(t)\right\}^{1/p}<\varepsilon. \tag{2.27}$$

证 从注 2.12, $\forall f\in L^p(X)$ 有分解式: $f=f_1+f_2$, 式中 f_1 是 X 上有紧支集的连续函数, 而

$$\left\{\int_X|f_2(x+t)|^p\,\mathrm{d}\mu(t)\right\}^{1/p}<\frac{\varepsilon}{4}.$$

记 $A=\operatorname{supp}f_1$, 则 A 为紧集, 从而 f_1 在 A 上一致连续 (见第二章定理 2.6), 即 $\forall\varepsilon>0$, $\exists\delta>0$, 使得 $\forall x,y\in X$, $d(x,y)<\delta$ 时, 由线性距离空间中距离的平移不变性, 有 $d(x+t,y+t)=d(x,y)<\delta$, 从而

$$|f_1(y+t)-f_1(x+t)|<\frac{\varepsilon}{2(\mu(A)+1)}.$$

于是,

$$\begin{aligned}\left\{\int_X|f_1(y+t)-f_1(x+t)|^p\,\mathrm{d}\mu(t)\right\}^{1/p}&=\left\{\int_A|f_1(y+t)-f_1(x+t)|^p\,\mathrm{d}\mu(t)\right\}^{1/p}\\&<\frac{\varepsilon}{2(\mu(A)+1)}\mu(A)<\frac{\varepsilon}{2}.\end{aligned}$$

利用 Minkowski 不等式, 我们得到

$$\left\{\int_X|f(y+t)-f(x+t)|^p\,\mathrm{d}\mu(t)\right\}^{1/p}$$

$$\leqslant \left\{\int_X (|f_1(y+t)-f_1(x+t)|+|f_2(y+t)|+|f_2(x+t)|)^p \mathrm{d}\mu(t)\right\}^{1/p}$$

$$\leqslant \left\{\int_X |f_1(y+t)-f_1(x+t)|^p \,\mathrm{d}\mu(t)\right\}^{1/p} + \left\{\int_X |f_2(y+t)|^p \,\mathrm{d}\mu(t)\right\}^{1/p}$$

$$+ \left\{\int_X |f_2(x+t)|^p \,\mathrm{d}\mu(t)\right\}^{1/p}$$

$$< \frac{\varepsilon}{2} + 2\times\frac{\varepsilon}{4} = \varepsilon.$$

证毕.

定理 2.21 (Vitali–Caratheodory) 设 $f \in L(E)$, 则对 $\forall \varepsilon > 0$, 存在 E 上的上有界的上半连续函数 $g(x)$ 和下有界的下半连续函数 $h(x)$, 使得 $g(x) \leqslant f(x) \leqslant h(x)$, $x \in E$, 而且 $\int_E (h-g)\mathrm{d}\mu < \varepsilon$.

证 (1) 先设 $f \geqslant 0$, $f \not\equiv 0$, 则存在递增的可测简单函数列 $f_n \to f$. 令 $g_k = f_k - f_{k-1}$ (取 $f_0 = 0$), 则 $f = \sum\limits_{k=1}^{\infty} g_k$, 又 g_k 是特征函数的线性组合, 所以, 不妨设

$$f(x) = \sum_{k=1}^{\infty} c_k \varphi_{E_k}(x), \quad x \in E,$$

式中 $c_k > 0$, $\{E_k\}$ 为互不相交的可测集. 于是, $\int_E f\mathrm{d}\mu = \sum\limits_{k=1}^{\infty} c_k\mu(E_k)$. 又由 E_k 可测, 所以, 存在开集 G_k 和闭集 F_k, 使得 $F_k \subset E_k \subset G_k$, 且 $\mu(G_k - F_k) < \dfrac{\varepsilon}{c_k 2^{k+1}}$. 令 $h(x) = \sum\limits_{k=1}^{\infty} c_k \varphi_{G_k}(x)$, $g(x) = \sum\limits_{k=1}^{m} c_k \varphi_{F_k}(x)$, 式中选择 $m \geqslant 2$, 使得 $\sum\limits_{k=m+1}^{\infty} c_k\mu(E_k) < \dfrac{\varepsilon}{4}$ (因为 $f \in L(E)$, 即 $\sum\limits_{k=1}^{\infty} c_k\mu(E_k) < \infty$), 则 h 为下半连续函数, g 为上半连续函数, 且 $g \leqslant f \leqslant h$,

$$h - g = \sum_{k=1}^{m} c_k(\varphi_{G_k} - \varphi_{F_k}) + \sum_{k=m+1}^{\infty} c_k\varphi_{G_k} \leqslant \sum_{k=1}^{\infty} c_k(\varphi_{G_k} - \varphi_{F_k}) + \sum_{k=m+1}^{\infty} c_k\varphi_{G_k}.$$

注意到

$$\sum_{k=m+1}^{\infty} c_k\mu(G_k) \leqslant \sum_{k=m+1}^{\infty} c_k\mu(G_k - E_k) + \sum_{k=m+1}^{\infty} c_k\mu(E_k)$$

$$< \sum_{k=m+1}^{\infty} c_k \frac{\varepsilon}{2^{k+1}c_k} + \frac{\varepsilon}{4} \leqslant \frac{\varepsilon}{4} + \frac{\varepsilon}{4} = \frac{\varepsilon}{2}.$$

于是

$$\int_E (h-g)\mathrm{d}\mu \leqslant \sum_{k=1}^{\infty} c_k\mu(G_k-F_k)+\sum_{k=m+1}^{\infty} c_k\mu(G_k)<\varepsilon.$$

(2) 对一般的 f, 令 $f=f^+-f^-$. 对非负函数 f^+, f^-, 由 (1) , 分别存在上半连续函数 g^+, g^- 和下半连续函数 h^+, h^-, 使得

$$\int_E (h^+-g^+)\mathrm{d}\mu<\frac{\varepsilon}{2},\quad \int_E (h^--g^-)\mathrm{d}\mu<\frac{\varepsilon}{2}.$$

注意到 h^- 下半连续 $\Rightarrow -h^-$ 上半连续, 从而 $g=g^+-h^-$ 为上半连续函数, 同理, $h=h^+-g^-$ 为下半连续函数, 于是

$$\begin{aligned}\int_E (h-g)&=\int_E ((h^+-g^-)-(g^+-h^-))\\&=\int_E (h^+-g^+)+\int_E (h^--g^-)<\frac{\varepsilon}{2}+\frac{\varepsilon}{2}=\varepsilon.\end{aligned}$$

证毕.

例 2.5 设 $0<\mu(E)<\infty$, 则对 $\forall f\in L^p(E)$, $1\leqslant p<\infty$, 成立

$$\lim_{p\to\infty}\|f\|_p=\|f\|_\infty. \tag{2.28}$$

证 对 $\forall A\subset E$, $\mu(A)=0$,

$$\|f\|_p^p=\int_E |f|^p\mathrm{d}\mu=\int_{E-A}|f|^p\mathrm{d}\mu\leqslant(\sup_{x\in E-A}|f(x)|)^p\mu(E-A),$$

两边对 $\forall A\subset E$ 取下确界, 得 $\|f\|_p^p\leqslant\|f\|_\infty^p\mu(E)$. 于是

$$\limsup_{p\to\infty}\|f\|_p\leqslant\|f\|_\infty\lim_{p\to\infty}(\mu(E))^{1/p}=\|f\|_\infty.$$

另一方面, 令

$$B=\{x\in E:|f(x)|>\|f\|_\infty-\varepsilon\},$$

则 $\mu(B)>0$, 且

$$\|f\|_p\geqslant\left(\int_B|f|^p\mathrm{d}\mu\right)^{1/p}\geqslant(\|f\|_\infty-\varepsilon)(\mu(B))^{1/p}.$$

于是 $\liminf\limits_{p\to\infty}\|f\|_p\geqslant\|f\|_\infty-\varepsilon$. 由 $\varepsilon>0$ 的任意性, 得 $\liminf\limits_{p\to\infty}\|f\|_p\geqslant\|f\|_\infty$.

所以 $\lim\limits_{p\to\infty}\|f\|_p=\|f\|_\infty$. 证毕.

评注: (L) 积分的 Newton–Leibniz 公式、换元法、积分中值定理见第六

章 §5.

习题 5.2

2.1 设 f 在 E 上可测, $g,h \in L(E)$, 若 $h \leqslant f \leqslant g$ *a.e.* 于 E, 求证 $f \in L(E)$.

评注: 若在习题 2.1 中, 减弱 f 的条件, 加强 g,h 的条件, 结论仍成立, 即

设 f 定义在 E 上, 若 $\forall \varepsilon > 0, \exists g,h \in L(E)$, 使得 $h \leqslant f \leqslant g$ *a.e.* 于 E, 而且

$$\int_E (g-h) < \varepsilon,$$

则 $f \in L(E)$.

2.2 设 $f \in L(E)$, g 在 E 上可测且 $|g(x)| \leqslant M < \infty$ *a.e.*$x \in E$, 证明 $fg \in L(E)$.

2.3 设 $f_n, h \in L(E)$, $\mu(E) < \infty$, 若

(1) $|f_n(x)| \leqslant h(x)$ *a.e.*$x \in E$;

(2) $\forall g \in C(E)$, 有 $\lim\limits_{n\to\infty}\int_E f_n g \mathrm{d}\mu = 0$,

则对于任意可测集 $A \subset E$, 成立 $\lim\limits_{n\to\infty}\int_A f_n \mathrm{d}\mu = 0$.

2.4 设 $f,g \in L(E)$, 且 $f(x) > g(x)$ *a.e.*$x \in E$, 若 $\mu(E) > 0$, 证明 $\int_E f > \int_E g$.

与习题 2.4 等价的逆否命题是: 设 $f,g \in L(E)$, $f(x) > g(x)$ *a.e.*$x \in E$, 若 $\int_E f = \int_E g$, 则 $\mu(E) = 0$. 特别地, 若 $f(x) > 0$ *a.e.*$x \in E$, 则从 $\int_E f = 0$ 可推出 $\mu(E) = 0$.

2.5 设 f,g 在 E 上非负可测, 且对于所有 E 的可测子集 A, 有 $\int_A g \leqslant \int_A f$, 证明: $g(x) \leqslant f(x)$ *a.e.*$x \in E$.

2.6 证明推论 2.16.

2.7 设 $f \in L^p(E)$, $0 < p < \infty$, $E_\alpha = \{|f| \geqslant \alpha\}$, $\alpha > 0$, 证明:

(1) $\lim\limits_{\alpha\to\infty} \mu(E_\alpha) = 0$;

(2) $\lim\limits_{\alpha\to\infty} \int_{E_\alpha} |f|^p \mathrm{d}\mu = 0$;

(3) $\lim\limits_{\alpha\to\infty} \alpha^p \mu(E_\alpha) = 0$.

2.8 设 $f_k, f \in L^p(E)$, 且 $\lim\limits_{k\to\infty}\int_E |f_k - f|^p = 0, 0 < p < \infty$, 证明 $f_k \xrightarrow{\mu} f$

(依测度收敛).

2.9 设

$$f(x)=\begin{cases}\sin x^2, & 若\ x\in P,\\ n, & 若\ x\in G_n,\end{cases}$$

式中 P 为 Cantor 集, $G=\bigcup\limits_{n=1}^{\infty}G_n$ 为 Cantor 开集 (见第二章 §3), 证明 $f\in L[0,1]$, 并计算 $(L)\int_0^1 f(x)\mathrm{d}x$.

2.10 设由 $E=[0,1]$ 中取出 n 个可测子集 $E_1,\cdots,E_n$, 若 E 中任一点 x 至少属于这 n 个集中的 q 个, 证明: 必有一集 E_{k_0}, 使得

$$\mu(E_{k_0})\geqslant q/n.$$

§3 (L) 积分列的极限定理

在本节中假设 (X,Σ,μ) 为完全测度空间, $E\in\Sigma$, $f_k\to f$ *a.e.* 于 E. 我们在第四章中已知, 从 f_k 的可测性可推出它的极限函数 f 的可测性. 自然要问: 能否从 $f_k\in L(E)$ 推出 $f\in L(E)$? 或者反过来, 能否从 $\lim\limits_{k\to\infty}\int_E f_k\mathrm{d}\mu=\int_E f\mathrm{d}\mu$ 推出 $f_k\to f$ *a.e.* 于 E? 我们先考察几个例子.

例 3.1 设 $E=[-1,1]$, $E_n=\left(-\dfrac{1}{n},\dfrac{1}{n}\right)$, 令

$$f_n(x)=\begin{cases}\dfrac{1}{x}, & x\in E-E_n,\\ 0, & x\in E_n,\end{cases}$$

则 $f_n\in L(E)$, 且

$$\lim_{n\to\infty}f_n(x)=f(x)=\begin{cases}\dfrac{1}{x}, & x\in E-\{0\},\\ 0, & x=0.\end{cases}$$

因为 $\int_E f_n\mathrm{d}\mu=0$, 所以 $\lim\limits_{n\to\infty}\int_E f_n\mathrm{d}\mu=0$, 但 $\int_E|f|\mathrm{d}\mu=\infty$, 即 $f\notin L(E)$.

问: f 是否在 E 上 (R) 可积? 是否存在主值 (R) 积分?

例 3.2 设 $E=[0,1]$, 对 $\forall x\in E$, $f_n(x)=\dfrac{n^2x}{(1+n^2x^2)^2}\to f(x)=0$ $(n\to\infty)$, $\lim\limits_{n\to\infty}\int_E f_n\mathrm{d}\mu=\dfrac{1}{2}$, 而 $\int_E f\mathrm{d}\mu=0$.

以上两例说明, 当 $f_k \to f$ $a.e.$ 于 E 时, 从 $f_k \in L(E)$ 并不能推出 $f \in L(E)$, 即使 $f \in L(E)$, 也不能保证极限和积分运算能换序, 即不一定能成立下式:

$$\lim_{k\to\infty}\int_E f_k \mathrm{d}\mu = \int_E f\mathrm{d}\mu = \int_E (\lim_{k\to\infty} f_k)\mathrm{d}\mu. \tag{3.1}$$

例 3.3 设 $E=[0,1]$, $E_{k,j}=\left[\frac{j}{2^k},\frac{j+1}{2^k}\right)$, $n=2^k+j$, $k=0,1,2,\cdots$, $0\leqslant j\leqslant 2^k-1$, 令

$$f_n(x)=\begin{cases}1, & 若\ x\in E_{k,j},\\ 0, & 若\ x\in E-E_{k,j},\end{cases}$$

这时 $\lim\limits_{n\to\infty}\int_0^1 f_n\mathrm{d}\mu=0$, 但 $\{f_n\}$ 并不收敛于 0.

在微积分中, 我们熟知当 f_k Riemann 可积时, 也不能保证它的极限函数 $f(R)$ 可积, 这时往往要加上 $\{f_k\}$ 一致收敛于 f 的苛刻条件, 下面若干著名的极限定理表明, 虽然从 $f_k\to f$ $a.e.$ 于 E 和 $f_k\in L(E)$, 还要加上某些限制条件, 才能保证 $f\in L(E)$ 并且 (3.1) 成立, 但并不要求 $\{f_k\}$ 一致收敛于 f.

一、基本的极限定理

1885 年, 意大利数学家 Arzela 首先将 (R) 积分中所要求的一致收敛减弱为一致有界, 即

定理 3.1 (Arzela) 设 $f_k, f\in R[a,b]$, $f_k\to f$ 于 $[a,b]$, 若对 $\forall x\in[a,b]$, 有 $|f_k(x)|\leqslant M$, 则

$$\lim_{k\to\infty}(R)\int_a^b f_k(x)\mathrm{d}x=(R)\int_a^b f(x)\mathrm{d}x.$$

但这个定理的证明却很复杂, Lebesgue 由此得到启发, 建立了相应的 (L) 积分定理.

定理 3.2 (Lebesgue 有界收敛定理) 设 $\mu(E)<\infty$, $f_k\in L(E)$, 且 $|f_k(x)|\leqslant M$, $x\in E$, 若 $f_k\to f$ $a.e.$ 于 E, 则 $f\in L(E)$ 且

$$\lim_{k\to\infty}\int_E f_k\mathrm{d}\mu=\int_E f\mathrm{d}\mu. \tag{3.2}$$

证 利用 Egorov 定理 (第四章 §2), $\forall\varepsilon>0$, $\exists A\subset E$, 使得 $\mu(A)<\delta$, $\{f_k\}$ 在 $E-A$ 上一致收敛, 即 $\exists k\in N$, 使得 $\forall n\geqslant k$, $\forall x\in E-A$, $|f_n(x)-f(x)|<\dfrac{\varepsilon}{2(\mu(E)+1)}$, 从而有

$$\int_{E-A} |f_n(x) - f(x)|\,\mathrm{d}\mu(x) < \frac{\varepsilon}{2(\mu(E)+1)}\mu(E-A) < \frac{\varepsilon}{2}.$$

再由积分的绝对连续性, 有

$$\int_A |f_n(x) - f(x)|\,\mathrm{d}\mu(x) < \frac{\varepsilon}{2}.$$

从而

$$\begin{aligned}\left|\int_E f_n \mathrm{d}\mu - \int_E f \mathrm{d}\mu\right| &\leqslant \int_E |f_n - f|\,\mathrm{d}\mu \\ &\leqslant \int_{E-A} |f_n - f|\,\mathrm{d}\mu + \int_A |f_n - f|\,\mathrm{d}\mu < \frac{\varepsilon}{2} + \frac{\varepsilon}{2} = \varepsilon.\end{aligned}$$

证毕.

而定理 3.1 就成了定理 3.2 的直接推论, 因此, 传统教材都用定理 3.2 作为出发点, 去证明其他极限定理, 但由于定理 3.2 有 $\mu(E) < \infty$ 和 $\{f_k\}$ 有界的限制, 在推导其他极限定理时仍有不便, 我们下面给出一个十分简洁的推导模式.

定理 3.3 (Levi 单调收敛定理) 设 $\{f_k\}$ 是 E 上 $a.e$ 非负递增的可测函数列, 且

$$\lim_{k\to\infty} f_k(x) = f(x) \quad a.e. x \in E, \tag{3.3}$$

则 f 在 E 上非负可测而且

$$\lim_{k\to\infty} \int_E f_k = \int_E f. \tag{3.4}$$

证 由定理 2.2 和定理 2.3, 不妨设 $\{f_k\}$ 在 E 上处处非负递增可测. 从 $0 \leqslant f_k(x) \leqslant f_{k+1}(x)$, $x \in E$ 知 $G(f_k, E) \subset G(f_{k+1}, E)$, 由本章定理 1.5, 有 $\lim\limits_{k\to\infty} G(f_k, E) = \bigcup\limits_{k=1}^{\infty} G(f_k, E) = G(f, E)$. 由第三章定理 3.2, 有

$$\lim_{k\to\infty} \mu\{G(f_k, E)\} = \mu\{G(f, E)\}.$$

由定义 1.4 即得 (3.4). 证毕.

注 3.1 利用第四章习题 2.1, 定理 3.3 的条件可改为: 设 $\{f_k\}$ 是 E 上非负 $a.e.$ 递增的可测函数列, 且 $f_k \xrightarrow{\mu} f$, 则 (3.4) 成立.

若将定理 3.3 中的函数列 $\{f_n\}$ 看成正项级数的部分和: $f_n(x) = \sum\limits_{k=1}^{n} u_k(x)$, 式中 $u_k(x)$ 是 E 上非负可测函数, 则

$$\lim_{n\to\infty} f_n(x) = f(x) = \sum_{k=1}^{\infty} u_k(x).$$

再由定理 3.3, 有

$$\int_E \left(\sum_{k=1}^{\infty} u_k(x)\right) \mathrm{d}\mu = \int_E (\lim_{n\to\infty} f_n(x))\mathrm{d}\mu = \lim_{n\to\infty} \int_E f_n(x)\mathrm{d}\mu$$
$$= \lim_{n\to\infty} \sum_{k=1}^{n} \int_E u_k(x)\mathrm{d}\mu = \sum_{k=1}^{\infty} \int_E u_k(x)\mathrm{d}\mu.$$

于是就得到逐项积分定理:

定理 3.4 (逐项积分定理) 设 $\{u_k(x)\}$ 是 E 上非负可测函数列, 则

$$\int_E \left(\sum_{k=1}^{\infty} u_k(x)\right) \mathrm{d}\mu = \sum_{k=1}^{\infty} \int_E u_k(x)\mathrm{d}\mu. \tag{3.5}$$

例 3.4 计算 $(R)\displaystyle\int_0^1 \frac{\ln(1-x)}{x}\mathrm{d}x.$

由于 $f(x) = \dfrac{\ln(1-x)}{x}$ 的原函数不是初等函数, 若对 $\ln(1-x)$ 作 Taylor 级数展开, 所得的 $f(x) = \sum\limits_{k=1}^{\infty} \dfrac{-1}{k} x^{k-1}$ 在 $[0,1]$ 上并不一致收敛, 因此, 在 (R) 积分的框架内是不能逐项积分的, 但由于 $u_k(x) = \dfrac{1}{k}x^{k-1}$ 在 $[0,1]$ 内非负可测, 所以, 将 (R) 积分转到 (L) 积分, 就可用定理 3.4, 得出

$$(R)\int_0^1 \frac{\ln(1-x)}{x}\mathrm{d}x = -(L)\int_0^1 \sum_{k=1}^{\infty}\left(\frac{1}{k}x^{k-1}\right)\mathrm{d}x = -\sum_{k=1}^{\infty}\frac{1}{k}\int_0^1 x^{k-1}\mathrm{d}x$$
$$= -\sum_{k=1}^{\infty}\frac{1}{k^2} = -\frac{\pi^2}{6}.$$

我们容易举出反例说明定理 3.3 和定理 3.4 对 (R) 积分不成立, 例如:

例 3.5 设 $[0,1]$ 中有理数集 Q 写成 $Q = \{r_1, r_2, \cdots, r_n, \cdots\}$. 令 $Q_n = \{r_1, r_2, \cdots, r_n\}$,

$$f_n(x) = \begin{cases} 1, & x \in Q_n, \\ 0, & x \in [0,1] - Q_n, \end{cases}$$

则 $f_n \geqslant 0$, f_n 递增且 $f_n \in R[0,1]$. 但

$$\lim_{n\to\infty} f_n(x) = f(x) = \begin{cases} 1, & x \in Q, \\ 0, & x \in Q^c \end{cases}$$

就是 Dirichlet 函数, 我们已知 $f \notin R[0,1]$.

评注: Dirichlet 函数可以写成 $f(x)=\sum_{k=1}^{\infty}\varphi_{r_k}(x)$, 式中

$$\varphi_{r_k}(x)=\begin{cases}1, & x=r_k,\\ 0, & x\neq r_k,\end{cases}$$

$\varphi_{r_k}(x)\geqslant 0$. 但对于 (R) 积分, 逐项积分定理不成立.

定理 3.3 中 $\{f_k\}$ 非负的条件可用下述推论 3.5 中的条件代替:

推论 3.5　(1) 设 $f_k\nearrow f$ *a.e.* 于 E, 且存在 $g\in L(E)$, 使得 $f_k\geqslant g$ *a.e.* $(\forall k)$, 则 (3.4) 成立;

(2) 设 $f_k\searrow f$ *a.e.* 于 E, 且存在 $g\in L(E)$, 使得 $f_k\leqslant g$ *a.e.* $(\forall k)$, 则 (3.4) 成立.

证　(1) 由定理 2.2, 不妨设 $f_k\nearrow f$ 在 E 上处处成立, 从而

$$0\leqslant(f_k-g)\nearrow(f-g).$$

由定理 3.3, $\lim\limits_{k\to\infty}\int_E(f_k-g)=\int_E(f-g)$. 再由 $g\in L(E)$ 和推论 2.8, 即得 (3.4) 式.

将 (1) 用于 $(-f_k)$ 即得 (2). 证毕.

推论 3.6 ((*L*) 积分的弱连续性)　设 $\{f_k\}$ 在 E 上非负递减可积, 且 $f_k\to 0$ *a.e.* 于 E, 则

$$\lim_{k\to\infty}\int_E f_k\mathrm{d}\mu=0. \tag{3.6}$$

证　在推论 3.5 的 (2) 中令 $f=0$, 即可得证.

评注: 设 $\{f_k\}$ 是 E 上非负递减函数列, 则 $f_k\searrow 0$ *a.e.* $\Leftrightarrow\int_E f_k\mathrm{d}\mu\searrow 0$.

若在定理 3.3 中, 去掉 $\{f_k\}$ 单调性的条件, 只假设 $\{f_k\}$ 在 E 上非负可测, 这时可令 $g_n=\inf\limits_{k\geqslant n}f_k$, 则 $\{g_n\}$ 在 E 上非负递增可测, 且 $\lim\limits_{n\to\infty}g_n=\liminf\limits_{k\to\infty}f_k$, $g_n\leqslant f_n$, 于是对 $\{g_n\}$ 用定理 3.3, 即得

$$\int_E(\liminf_{k\to\infty}f_k)=\int_E(\lim_{n\to\infty}g_n)=\lim_{n\to\infty}\int_E g_n\leqslant\liminf_{n\to\infty}\int_E f_n.$$

于是, 我们就得到著名的 Fatou 引理:

定理 3.7 (Fatou 引理)　设 $\{f_k\}$ 在 E 上非负可测, 则

$$\int_E(\liminf_{k\to\infty}f_k)\leqslant\liminf_{k\to\infty}\int_E f_k. \tag{3.7}$$

我们有时用 "$f_k \geqslant g,\ g \in L(E)$" 代替 " $f_k \geqslant 0$", 虽不是本质上的改进, 使用起来却有其方便之处, 于是我们有以下的推论:

推论 3.8 设 $\{f_k\}$ 在 E 上可测, 且存在 $h \in L(E)$, 使得 $f_k \geqslant h$ *a.e.* 于 E, 则 (3.7) 成立.

证 令 $h_k = f_k - h$, 则 $\{h_k\}$ 在 E 上非负可测, 于是由定理 3.7, 有

$$\int_E \liminf_{k\to\infty}(f_k - h) = \int_E \liminf_{k\to\infty} h_k \leqslant \liminf_{k\to\infty}\int_E h_k = \liminf_{k\to\infty}\int_E (f_k - h).$$

再由 $h \in L(E)$ 和推论 2.8, 即得 (3.7) 式. 证毕.

评注: 利用 §2 中的推论 2.8, 条件 "h 可积" 可以减弱为 "h 可测且 $h^- \in L(E)$".

推论 3.9 设 $\{f_k\}$ 在 E 上可测, 且存在 $g \in L(E)$, 使得 $f_k \leqslant g$ *a.e.* 于 E, 则

$$\int_E (\limsup_{k\to\infty} f_k) \geqslant \limsup_{k\to\infty}\int_E f_k. \tag{3.8}$$

证 从 $f_k \leqslant g$ 可知 $-f_k \geqslant -g \in L(E)$. 由推论 3.8, 有

$$-\int_E (\limsup_{k\to\infty} f_k) = \int_E \liminf_{k\to\infty}(-f_k) \leqslant \liminf_{k\to\infty}\int_E (-f_k) = -\limsup_{k\to\infty}\int_E f_k.$$

由此即得 (3.8) 式. 证毕.

评注: 利用 §2 中的推论 2.8, 条件 "g 可积" 可以减弱为 "g 可测且 $g^+ \in L(E)$".

综合推论 3.8 与推论 3.9, 我们得到: 设 $\{f_k\}$ 在 E 上可测, 且存在 $g, h \in L(E)$, 使得 $h \leqslant f_k \leqslant g$ *a.e.* 于 E, 则

$$\int_E (\liminf_{k\to\infty} f_k) \leqslant \liminf_{k\to\infty}\int_E f_k \leqslant \limsup_{k\to\infty}\int_E f_k \leqslant \int_E (\limsup_{k\to\infty} f_k). \tag{3.9}$$

将上述 "$h \leqslant f_k \leqslant g$" 换成 " $|f_k| \leqslant g,\ g \in L(E)$" 就得到著名的 Lebesgue 控制收敛定理:

定理 3.10 ((*L*) 控制收敛定理) 设 $\{f_k\}$ 是 E 上可测函数列, 若存在非负的 $g \in L(E)$, 使得 $|f_k| \leqslant g$ *a.e.* 于 E (这时 g 称为 $\{f_k\}$ 的**控制函数**), 则 (3.9) 式成立. 特别地, 若 $f_k \to f$ *a.e.* 于 E, 则从 (3.9) 得出 $f \in L(E)$, 而且

$$\lim_{k\to\infty}\int_E f_k = \int_E f. \tag{3.10}$$

若 $\mu(E) < \infty$, $f_k \in L(E)$, 且 $f_k \to f$ *a.e.* 于 E, 则可在定理 3.10 中取 $g = M$ (常数), 即 $|f_k(x)| \leqslant M$ *a.e.*$x \in E$. 于是, 从定理 3.10 就得到定理 3.2

(有界收敛定理).

应该注意的是, 定理 3.10 实际上包含了更强的结论:

$$\lim_{n\to\infty}\int_E |f_n - f|\,\mathrm{d}\mu = 0. \tag{3.10$'$}$$

由此推出 $f_n \xrightarrow{\mu} f$ 于 E. 从而由 Riesz 定理 (见第四章 §2 定理 2.7), 存在 $\{f_n\}$ 的子列 $f_{n_j} \to f$ *a.e.* 于 E. 但是不能从 (3.10′) 推出 $f_n \to f$ *a.e.* 于 E.

注 3.2 (3.9) 式中三个 "$\leqslant$" 都可能出现 "$<$", 例如:

例 3.6 设 $E=[0,1]$, $A=\left[0,\dfrac{3}{4}\right]$, $B=E-A=\left(\dfrac{3}{4},1\right]$,

$$f_n(x)=\begin{cases}\varphi_A(x), & n\ \text{为奇数},\\ \varphi_B(x), & n\ \text{为偶数},\end{cases}$$

式中 $\varphi_A(x)$ 表示 A 的特征函数, 容易看出

$$\int_E(\liminf_{n\to\infty} f_n)=0,\quad \liminf_{n\to\infty}\int_E f_n=\frac{1}{4},$$
$$\limsup_{n\to\infty}\int_E f_n=\frac{3}{4},\quad \int_E(\limsup_{n\to\infty} f_n)=1.$$

注 3.3 例 3.5 表明, 上述 (L) 积分列的极限定理对于 (R) 积分均不成立.

注 3.4 利用微积分中的 Heine 定理 (数列极限与函数极限的关系), 容易将定理 3.10 中的函数列 $\{f_k\}$ 推广到函数族 $\{f_\alpha\}$ $(\alpha\in I)$, 下面设指标集 I 是 $\mathbf{R}$ 中不可数集.

定理 3.11 设 $\{f_\alpha\}(\alpha\in I)$ 是 E 上可测函数族, 且 $f_\alpha(x)\to f(x)$ *a.e.*$x\in E$ $(\alpha\to\alpha_0)$, 若存在 $g\in L(E)$, 使得

$$|f_\alpha(x)|\leqslant g(x)\ a.e.x\in E,$$

则 $f\in L(E)$, 且

$$\lim_{\alpha\to\alpha_0}\int_E f_\alpha=\int_E f. \tag{3.11}$$

证 从 $\lim\limits_{\alpha\to\alpha_0} f_\alpha(x)=f(x)$ 和 Heine 定理, 对 $\forall\alpha_n\to\alpha_0$ $(n\to\infty)$, 有 $\lim\limits_{n\to\infty} f_{\alpha_n}(x)=f(x)$, 且 $|f_{\alpha_n}(x)|\leqslant g(x)$ *a.e.*$x\in E$. 于是由定理 3.10, $f\in L(E)$, 且 $\lim\limits_{n\to\infty}\displaystyle\int_E f_{\alpha_n}=\int_E f$. 再由 Heine 定理, $\lim\limits_{\alpha\to\alpha_0}\displaystyle\int_E f_\alpha=\int_E f$. 证毕.

例 3.7 设 $\alpha_k>0$, $\displaystyle\sum_{k=1}^{\infty}\frac{1}{\alpha_k}=\alpha$, 证明 $\displaystyle\lim_{t\to+0}\sum_{k=1}^{\infty}\frac{\cos kt}{\alpha_k+t^k}=\alpha$.

证 设 $\mu(A)$ 表示集 A 中元素的个数, 则

$$\sum_{k=1}^{\infty}\frac{\cos kt}{\alpha_k+t^k}=\int_{\mathbf{N}}\frac{\cos tx}{\alpha_x+t^x}\mathrm{d}\mu(x).$$

令 $f_t(x)=\dfrac{\cos tx}{\alpha_x+t^x}, g(x)=\dfrac{1}{\alpha_x}$, 则 $|f_t(x)|\leqslant\dfrac{1}{\alpha_x}=g(x)$. 而 $\displaystyle\int_{\mathbf{N}}g(x)\mathrm{d}\mu(x)=\sum_{k=1}^{\infty}\frac{1}{\alpha_k}=\alpha$, $\displaystyle\lim_{t\to+0}f_t(x)=g(x)$. 于是, 由定理 3.11, 有

$$\lim_{t\to+0}\sum_{k=1}^{\infty}\frac{\cos kt}{\alpha_k+t^k}=\lim_{t\to+0}\int_{\mathbf{N}}f_t(x)\mathrm{d}\mu(x)=\int_{\mathbf{N}}g(x)\mathrm{d}\mu(x)=\alpha.$$

证毕.

注 3.5 从方框图 5–3 可以看出, 本节几个极限定理的证明次序是: 定理 3.3 (Levi) ⇒ 定理 3.4 (逐项积分定理) ⇒ 定理 3.7 (Fatou) ⇒ 定理 3.10 ((L) 控制收敛定理) ⇒ 定理 3.2 (有界收敛定理), 我们下面证明, 从定理 3.2 也可推出定理 3.3. 因此, 以上几个极限定理是等价的, 但在实际应用时, 各有方便之处.

方框图 5–3: (*L*) 积分列的极限定理的关系

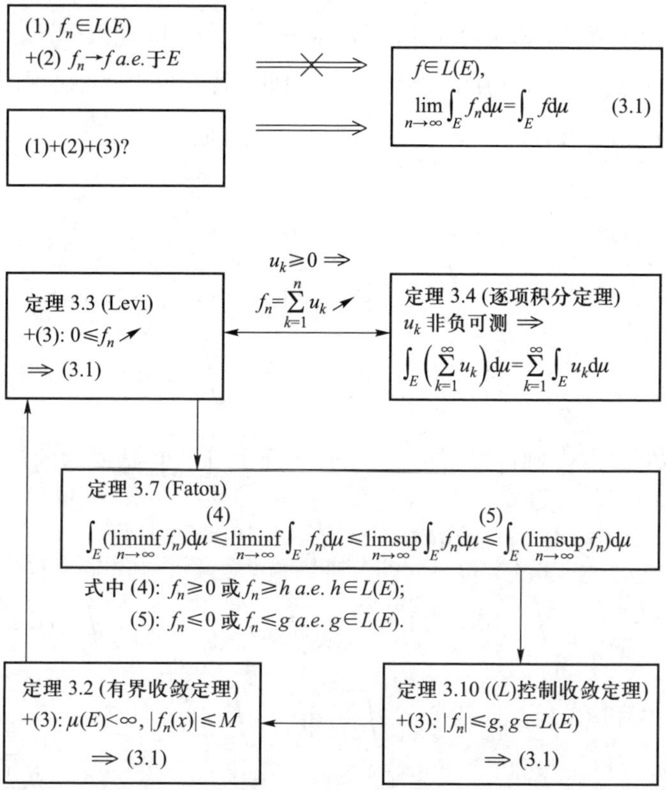

引理 3.12 设 $\lim\limits_{k\to\infty} f_k(x_0)=f(x_0)$, 则对 $\forall n\in\mathbf{N}$, 有

$$\lim_{k\to\infty}\{f_k(x_0)\}_n=\{f(x_0)\}_n.$$

证 (1) 若 $f(x_0)>n$, 则 $\exists k_0$, 使得 $\forall k\geqslant k_0$, 有 $f_k(x_0)>n$, 从而 $\{f(x_0)\}_n=\{f_k(x_0)\}_n=n$. 于是 $\lim\limits_{k\to\infty}\{f_k(x_0)\}_n=n=\{f(x_0)\}_n$.

(2) 若 $f(x_0)<n$, 则 $\exists k_0$, 使得 $\forall k\geqslant k_0$, 有 $f_k(x_0)<n$, 从而 $\{f_k(x_0)\}_n=f_k(x_0)$, $\{f(x_0)\}_n=f(x_0)$, 于是 $\lim\limits_{k\to\infty}\{f_k(x_0)\}_n=\lim\limits_{k\to\infty}f_k(x_0)=f(x_0)=\{f(x_0)\}_n$.

(3) 当 $f(x_0)=n$ 时, 结论显然成立. 证毕.

定理 3.13 设 (X,Σ,μ) 是 σ 有限的测度空间, $E\in\Sigma$, 则从有界收敛定理可推出 Levi 单调收敛定理.

证 设 $\{f_k\}$ 是 E 上非负递增的可测函数列, 且 $\lim\limits_{k\to\infty}f_k=f$. 于是, $0\leqslant f_k\leqslant f$, 从而 $\displaystyle\int_E f_k\mathrm{d}\mu\leqslant\int_E f\mathrm{d}\mu$, 所以

$$\lim_{k\to\infty}\int_E f_k\mathrm{d}\mu\leqslant\int_E f\mathrm{d}\mu. \tag{3.12}$$

为证反向不等式, 由引理 3.12, 对 $\forall x\in E$, $\forall n$, $\lim\limits_{k\to\infty}\{f_k(x)\}_n=\{f(x)\}_n$. 又因为 $\{f_k(x)\}_n=\min\{f_k(x),n\}\leqslant n$, 因此, 若 $\mu(E)<\infty$, 则由有界收敛定理, 有 $\displaystyle\lim_{k\to\infty}\int_E\{f_k\}_n\mathrm{d}\mu=\int_E\{f\}_n\mathrm{d}\mu$. 另一方面, $\{f_k(x)\}_n\leqslant f_k(x)$, 从而 $\displaystyle\int_E\{f_k\}_n\mathrm{d}\mu\leqslant\int_E f_k\mathrm{d}\mu$. 于是

$$\begin{aligned}\int_E f\mathrm{d}\mu&=\lim_{n\to\infty}\int_E\{f\}_n\mathrm{d}\mu=\lim_{n\to\infty}\left(\lim_{k\to\infty}\int_E\{f_k\}_n\mathrm{d}\mu\right)\\&\leqslant\lim_{n\to\infty}\lim_{k\to\infty}\int_E f_k\mathrm{d}\mu=\lim_{k\to\infty}\int_E f_k\mathrm{d}\mu.\end{aligned} \tag{3.13}$$

若 $\mu(E)=\infty$, 则可令 $E=\bigcup\limits_{k=1}^{\infty}E_k$, 式中 $\{E_k\}$ 是递增的可测集列, 且 $\mu(E_k)<\infty$. 由 (3.13), $\displaystyle\int_{E_n}f\mathrm{d}\mu\leqslant\lim_{k\to\infty}\int_{E_n}f_k\mathrm{d}\mu(\forall n)$, 从而

$$\int_E f\mathrm{d}\mu=\lim_{n\to\infty}\int_{E_n}f\mathrm{d}\mu\leqslant\lim_{k\to\infty}\lim_{n\to\infty}\int_{E_n}f_k\mathrm{d}\mu=\lim_{k\to\infty}\int_E f_k\mathrm{d}\mu. \tag{3.14}$$

从 (3.12) 和 (3.14), 得到 $\displaystyle\lim_{k\to\infty}\int_E f_k\mathrm{d}\mu=\int_E f\mathrm{d}\mu$. 证毕.

评注: 若函数 f 的积分区域是 E_k, 利用 E_k 的特征函数 φ_{E_k} 将积分区域转到 E 上, 即

$$\int_{E_k} f = \int_E f\varphi_{E_k}.$$

例如:

定理 3.14 设 $\{E_k\}$ 是递增的可测集列, $E = \bigcup\limits_{k=1}^{\infty} E_k$. 若 $f \in L(E_k)$, 且 $\lim\limits_{k\to\infty}\int_{E_k}|f|$ 存在 (有限), 则 $f \in L(E)$, 且

$$\lim_{k\to\infty}\int_{E_k} f = \int_E f.$$

证 令 $f_k = |f|\varphi_{E_k}$, 则 $\{f_k\}$ 在 E 上递增收敛于 $|f|$. 又由条件知 $\left\{\int_E f_k = \int_{E_k}|f|\right\}$ 有界, 由 Levi 单调收敛定理 3.3, $|f| \in L(E) \Rightarrow f \in L(E)$.

再记 $g_k = f\varphi_{E_k}$, 则 $g_k \to f$ 且 $|g_k| \leqslant |f|$, 由 (L) 控制收敛定理 3.10, 有

$$\lim_{k\to\infty}\int_{E_k} f = \lim_{k\to\infty}\int_E g_k = \int_E(\lim_{k\to\infty} g_k) = \int_E f.$$

证毕.

注 3.6 定理 3.4 (逐项积分定理) 中 $u_k(x)$ 非负的条件可用 $\sum\limits_{k=1}^{\infty}\int_E |u_k| < \infty$ 代替, 即

定理 3.15 设 $\{u_k(x)\}$ 是 E 上可测函数列, 且 $\sum\limits_{k=1}^{\infty}\int_E |u_k| < \infty$, 则

(1) $\lim\limits_{k\to\infty} u_k(x) = 0\ a.e. x \in E$;

(2) 令 $f(x) = \sum\limits_{k=1}^{\infty} u_k(x)$, 则 $f \in L(E)$, 且

$$\int_E f = \sum_{k=1}^{\infty}\int_E u_k.$$

证 令 $f_n = \sum\limits_{k=1}^{n} u_k$, $g_n = \sum\limits_{k=1}^{n} |u_k|$, $g = \sum\limits_{k=1}^{\infty} |u_k|$.

(1) 因为 $|u_k|$ 在 E 上非负可测, 由定理 3.4, $\int_E g = \sum\limits_{k=1}^{\infty}\int_E |u_k| < \infty$, 即 $g \in L(E)$, 由定理 2.12,

$$g(x)=\sum_{k=1}^{\infty}|u_k(x)|<\infty \quad a.e.x\in E.$$

从而

$$f(x)=\sum_{k=1}^{\infty}u_k(x)<\infty \quad a.e.x\in E.$$

由收敛的必要条件, $u_k(x)\to 0\ a.e.x\in E\ (k\to\infty)$.

(2) $|f_n|\leqslant \sum\limits_{k=1}^{n}|u_k|=g_n\leqslant g$, 又 $g\in L(E)$. 由定理 3.10, 有

$$\int_E f=\int_E(\lim_{n\to\infty}f_n)=\lim_{n\to\infty}\int_E f_n=\lim_{n\to\infty}\sum_{k=1}^{n}\int_E u_k=\sum_{k=1}^{\infty}\int_E u_k.$$

证毕.

在定理 3.15 中, 若 $\sum\limits_{k=1}^{\infty}\int_E|u_k|=\infty$, 则结论不成立. 例如, 设 $u_k(x)=\mathrm{e}^{-kx}-2\mathrm{e}^{-2kx}$, 因为

$$\sum_{k=1}^{\infty}u_k(x)=\frac{\mathrm{e}^{-x}}{1-\mathrm{e}^{-x}}-2\frac{\mathrm{e}^{-2x}}{1-\mathrm{e}^{-2x}}=\frac{1}{\mathrm{e}^{x}+1}<\infty,$$

$$\int_0^{\infty}\left(\sum_{k=1}^{\infty}u_k(x)\right)\mathrm{d}x=\int_0^{\infty}\frac{1}{\mathrm{e}^{x}+1}\mathrm{d}x=\ln 2.$$

$$\sum_{k=1}^{\infty}\int_0^{\infty}u_k(x)\mathrm{d}x=\sum_{k=1}^{\infty}\left(\frac{1}{k}-2\times\frac{1}{2k}\right)=0.$$

这表明 $\int_0^{\infty}\left(\sum\limits_{k=1}^{\infty}u_k(x)\right)\mathrm{d}x\neq\sum\limits_{k=1}^{\infty}\int_0^{\infty}u_k(x)\mathrm{d}x$.

我们在注 3.1 曾指出 Levi 单调收敛定理中 $f_k\to f\ a.e.$ 可改为 $f_k\xrightarrow{\mu}f$ (依测度收敛). 下面, 将此条件用于 Lebesgue 控制收敛定理, 得到

定理 3.16 设 (X,Σ,μ) 是全 σ 有限的测度空间, $E\in\Sigma$, $\{f_n\}$ 是 E 上几乎处处有限的可测函数列, 且 $f_n\xrightarrow{\mu}f$. 若存在非负的 $g\in L(E)$, 使得 $|f_n(x)|\leqslant g(x)\ a.e.$ 于 E, 则 $f\in L(E)$, 且 $\lim\limits_{n\to\infty}\int_E|f_n-f|\mathrm{d}\mu=0$, 从而 $\lim\limits_{n\to\infty}\int_E f_n\mathrm{d}\mu=\int_E f\mathrm{d}\mu$.

证 (1) 先设 $\mu(E)<\infty$, 因为 $f_n\xrightarrow{\mu}f$, 由 Riesz 定理 (第四章定理 2.7), 存在 $\{f_n\}$ 的一个子列 $f_{n_k}\to f\ a.e.$ 于 E. 于是从 $|f_{n_k}(x)|\leqslant g(x)\ a.e.$ 于 E, 可推出 $|f(x)|\leqslant g(x)\ a.e.$ 于 E. 再由 f 在 E 上可测, 所以 $f\in L(E)$. 又由条件得

$f_n \in L(E)$. 对于 $\forall \eta > 0$, 从 $f_n \xrightarrow{\mu} f$, 有 $\mu\{A_n(\eta)\} \overset{\text{def}}{=\!=} \mu\{|f_n - f| \geqslant \eta\} \to 0\ (n \to \infty)$, 即对 $\forall \delta > 0$, $\exists n_0$, 使得对 $\forall n \geqslant n_0$, 有 $\mu\{A_n(\eta)\} < \delta$. 因为 $g \in L(E)$, 由积分的绝对连续性, 对于 $\forall \varepsilon > 0$, $\exists \delta > 0$, 使得对 E 的所有可测子集 A, $\mu(A) < \delta$, 有 $\int_A g \mathrm{d}\mu < \frac{\varepsilon}{4}$. 特别对于 $A = A_n(\eta)$, 有 $\int_{A_n(\eta)} |f_n - f| \mathrm{d}\mu \leqslant 2 \int_{A_n(\eta)} g \mathrm{d}\mu < \frac{\varepsilon}{2}$. 令 $B_n(\eta) = E - A_n(\eta) = \{|f_n - f| < \eta\}$, 取 $\eta = \dfrac{\varepsilon}{2(\mu(E)+1)}$, 于是

$$\int_{B_n(\eta)} |f_n - f| \mathrm{d}\mu \leqslant \eta \mu(B_n(\eta)) < \eta \mu(E) < \frac{\varepsilon}{2},$$

从而 $\int_E |f_n - f| \mathrm{d}\mu = \int_{A_n(\eta)} + \int_{B_n(\eta)} < \frac{\varepsilon}{2} + \frac{\varepsilon}{2} = \varepsilon$.

(2) 若 $\mu(E) = \infty$, 可令 $E = \bigcup\limits_{k=1}^{\infty} E_k$, 式中 $\{E_k\}$ 是递增的可测集列, 且 $\mu(E_k) < \infty$, 由 $\int_E g \mathrm{d}\mu = \lim\limits_{k \to \infty} \int_{E_k} g \mathrm{d}\mu$, 即对于 $\forall \varepsilon > 0$, $\exists k_0$, 使得 $\forall k \geqslant k_0$, 有

$$\left| \int_E g \mathrm{d}\mu - \int_{E_k} g \mathrm{d}\mu \right| = \int_{E - E_k} g \mathrm{d}\mu < \frac{\varepsilon}{4},$$

从而 $\int_{E-E_k} |f_n - f| \mathrm{d}\mu \leqslant 2 \int_{E-E_k} g \mathrm{d}\mu < \frac{\varepsilon}{2}$.

又由 $\mu(E_k) < \infty$, 从 (1), $\exists n_0$, 使得 $\forall n \geqslant n_0$, 有 $\int_{E_k} |f_n - f| \mathrm{d}\mu < \frac{\varepsilon}{2}$, 从而对 $\forall n \geqslant n_0$, 有 $\int_E |f_n - f| \mathrm{d}\mu = \int_{E_k} |f_n - f| \mathrm{d}\mu + \int_{E-E_k} |f_n - f| \mathrm{d}\mu < \frac{\varepsilon}{2} + \frac{\varepsilon}{2} = \varepsilon$. 证毕.

定理 3.17 (Vitali) 设 (1) $\mu(E) < \infty$; (2) $\{f_n\}$ 是 E 上 (L) 可积函数列; (3) $f_n \xrightarrow{\mu} f (n \to \infty)$; (4) f_n 的积分具有等度绝对连续性, 即对 $\forall \varepsilon > 0$, $\exists \delta > 0$, 使得 $\forall A \subset E$, $\mu(A) < \delta$, 有

$$\left| \int_A f_n \mathrm{d}\mu \right| < \varepsilon\ (\forall n), \tag{3.15}$$

则 $f \in L(E)$, 且

$$\lim_{n \to \infty} \int_E f_n \mathrm{d}\mu = \int_E f \mathrm{d}\mu. \tag{3.16}$$

证 1° 先证 $f \in L(E)$. 为此, 只要由 f 构造一个 $g \in L(E)$, 使得 $|f(x)| \leqslant g(x)$ *a.e.* 于 E. 令 $E_n = \{|f_n - f| \geqslant \varepsilon\}$, $A = \{|f_n - f_k| \geqslant 2\varepsilon\}$.

因为 $|f_n - f_k| \leqslant |f_n - f| + |f - f_k|$, 所以 $A \subset E_n \cup E_k$. 由 $f_n \xrightarrow{\mu} f$, 对

于 (4) 中的 ε, δ, $\exists k_0$, 使得 $\forall k \geqslant k_0$, 有 $\mu(E_k) < \dfrac{\delta}{2}$, 从而当 n, $k \geqslant k_0$ 时, 有 $\mu(A) \leqslant \mu(E_n) + \mu(E_k) < \dfrac{\delta}{2} + \dfrac{\delta}{2} = \delta$, 于是, 由 (4), 有

$$\begin{aligned}\left|\int_E f_k - \int_E f_n\right| &\leqslant \int_E |f_k - f_n| = \int_{E-A} |f_k - f_n| + \int_A |f_k - f_n| \\ &\leqslant 2\varepsilon\mu(E-A) + \int_A |f_k| + \int_A |f_n| \\ &< 2\varepsilon\mu(E) + \varepsilon + \varepsilon = 2\varepsilon(\mu(E)+1),\end{aligned}$$

即

$$\lim_{k,n\to\infty} \int_E |f_k - f_n| \mathrm{d}\mu = 0. \tag{3.17}$$

任取收敛的正项级数 $\sum\limits_{k=1}^{\infty} \alpha_k$, 从 (3.17), $\{f_n\}$ 中存在子列 $\{f_{n_k}\}$, 使得

$$\int_E |f_{n_{k+1}} - f_{n_k}| \mathrm{d}\mu < \alpha_k.$$

由 $f_n \xrightarrow{\mu} f$ 知 $f_{n_k} \xrightarrow{\mu} f$. 由 Riesz 定理, $\{f_{n_k}\}$ 中存在子列几乎处处收敛于 f, 我们不妨设此子列就是 $\{f_{n_k}\}$, 于是 $f(x) = \sum\limits_{k=1}^{\infty} (f_{n_{k+1}}(x) - f_{n_k}(x)) + f_{n_1}(x)$. 令

$$g(x) = \sum_{k=1}^{\infty} |f_{n_{k+1}}(x) - f_{n_k}(x)| + |f_{n_1}(x)|,$$

则 $|f(x)| \leqslant g(x)$ $a.e.$ 于 E, 而且

$$\begin{aligned}\int_E g \mathrm{d}\mu &= \sum_{k=1}^{\infty} \int_E |f_{n_{k+1}} - f_{n_k}| \mathrm{d}\mu + \int_E |f_{n_1}| \mathrm{d}\mu \\ &< \sum_{k=1}^{\infty} \alpha_k + \int_E |f_{n_1}| \mathrm{d}\mu < \infty,\end{aligned}$$

即 $g \in L(E)$.

2° 从 1° 知, 对 $\forall \varepsilon > 0$, $\exists k_0$, 使得对 $\forall n \geqslant k_0$, 有

$$\begin{aligned}\left|\int_E f \mathrm{d}\mu - \int_E f_n \mathrm{d}\mu\right| &\leqslant \int_E |f - f_n| \mathrm{d}\mu \\ &= \int_{E_n} |f - f_n| \mathrm{d}\mu + \int_{E-E_n} |f - f_n| \mathrm{d}\mu\end{aligned}$$

$$\leqslant \int_{E_n}|f|\mathrm{d}\mu+\int_{E_n}|f_n|\mathrm{d}\mu+\varepsilon\mu(E-E_n)<\varepsilon(2+\mu(E)),$$

由 $\varepsilon>0$ 的任意性, 知 (3.16) 成立. 证毕.

注 3.7 定理 3.17 中条件 $\mu(E)<\infty$ 不能少, 例如:

例 3.8 设 $E=[0,\infty)$,

$$f_n(x)=\begin{cases}\dfrac{1}{n}, & 0\leqslant x<n,\\ 0, & n\leqslant x<\infty,\end{cases}$$

则 $f_n\in L(E)$, $f_n\xrightarrow{\mu}0$, 且 f_n 的积分在 E 上等度绝对连续, 即定理 3.17 中的条件除 (1) 外均满足, 但 $\displaystyle\int_0^{\infty}f_n\mathrm{d}\mu=1$ 并不收敛于 $\displaystyle\int_0^{\infty}f\mathrm{d}\mu=0$.

定理 3.18 设 $\{f_k\}$ 是 E 上 (L) 可积函数列, 而且 $f_k\to f$ *a.e.* 于 E.

(1) 若 $f\in L(E)$, 且 $\displaystyle\lim_{k\to\infty}\int_E f_k\mathrm{d}\mu=\int_E f\mathrm{d}\mu$, 则对 $\forall\varepsilon>0$, 存在 E 的可测子集 A, 使得 $\mu(A)<\infty$, 以及 E 上非负 (L) 可积函数 g 和自然数 k_0, 使得对 $\forall k\geqslant k_0$, 有

$$\left|\int_{E-A}f_k\mathrm{d}\mu\right|<\varepsilon \tag{3.18}$$

和

$$|f_k(x)|\leqslant g(x),\quad x\in A. \tag{3.19}$$

(2) 若对 $\forall\varepsilon>0$, 存在 E 的可测子集 A, 以及 E 上非负 (L) 可积函数 g 和自然数 k_0, 使得对 $\forall k\geqslant k_0$, 有

$$\int_{E-A}|f_k|\mathrm{d}\mu<\varepsilon \tag{3.20}$$

和

$$|f_k(x)|\leqslant g(x),\quad x\in A, \tag{3.21}$$

则 $f\in L(E)$, 且

$$\lim_{k\to\infty}\int_E f_k\mathrm{d}\mu=\int_E f\mathrm{d}\mu. \tag{3.22}$$

证 (1) 令 $B_k=\left\{\dfrac{1}{k}\leqslant|f|\leqslant k\right\}$, $k\geqslant1$, $B_0=\{|f|=0\}$, $B_\infty=\{|f|=\infty\}$, 则 $\{B_k\}$ 递增, 且 $\displaystyle\bigcap_{k=1}^{\infty}(E-B_k)=B_0\cup B_\infty$. 因为 $f\in L(E)$, 所以 $\mu(B_\infty)=0$,

从而

$$\lim_{k\to\infty}\int_{E-B_k}|f|\mathrm{d}\mu=\int_{B_0}|f|\mathrm{d}\mu+\int_{B_\infty}|f|\mathrm{d}\mu=0.$$

于是, $\exists k_0$, 记 $B=B_{k_0}$, 使得

$$\int_{E-B}|f|\mathrm{d}\mu<\frac{\varepsilon}{4}.$$

再注意到 $\dfrac{1}{k_0}\mu(B)\leqslant\displaystyle\int_B|f|\mathrm{d}\mu<\infty$, 得到 $\mu(B)<\infty$, 且 $M=\sup\limits_{x\in B}|f(x)|<\infty$. 由 Egorov 定理 (第四章定理 2.2), 存在 $A\subset B$, 使得 $\mu(B-A)<\dfrac{\varepsilon}{4M}$, 而且 $\{f_k\}$ 在 A 上一致收敛于 f. 于是, $\exists k_1$, 使得对 $\forall k\geqslant k_1$, $\forall x\in A$, 有

$$|f_k(x)-f(x)|<\frac{\varepsilon}{4\mu(A)},$$

而且

$$\left|\int_E(f_k-f)\mathrm{d}\mu\right|<\frac{\varepsilon}{4}.$$

注意到

$$\int_{E-A}f_k\mathrm{d}\mu=\int_E(f_k-f)\mathrm{d}\mu-\int_A(f_k-f)\mathrm{d}\mu+\int_{E-B}f\mathrm{d}\mu+\int_{B-A}f\mathrm{d}\mu.$$

于是, 对 $\forall k\geqslant k_1$, 有

$$\left|\int_{E-A}f_k\mathrm{d}\mu\right|\leqslant\frac{\varepsilon}{4}+\frac{\varepsilon}{4\mu(A)}\times\mu(A)+\frac{\varepsilon}{4}+M\mu(B-A)<\varepsilon.$$

令

$$g(x)=\begin{cases}|f(x)|+\dfrac{\varepsilon}{4\mu(A)}, & x\in A,\\[2mm] 0, & x\in E-A,\end{cases}$$

则 $g\in L(E)$, $g(x)\geqslant 0$, $x\in E$, 且对于 $\forall k\geqslant k_1$, 有 $|f_k(x)|\leqslant g(x)$, $x\in A$.

(2) 设 (3.20) 和 (3.21) 成立, 由 Fatou 引理 (定理 3.7), 有

$$\int_{E-A}|f|\mathrm{d}\mu\leqslant\liminf_{k\to\infty}\int_{E-A}|f_k|\mathrm{d}\mu\leqslant\varepsilon.$$

再由 (L) 控制收敛定理 (定理 3.10), 有 $\lim\limits_{k\to\infty}\displaystyle\int_A|f_k-f|\mathrm{d}\mu=0$. 于是, 从不等式

$$\int_E |f_k - f|\mathrm{d}\mu \leqslant \int_{E-A} |f_k|\mathrm{d}\mu + \int_{E-A} |f|\mathrm{d}\mu + \int_A |f_k - f|\mathrm{d}\mu$$

得出 $\limsup\limits_{k\to\infty} \int_E |f_k - f|\mathrm{d}\mu \leqslant 2\varepsilon$. 这就证明了 $f \in L(E)$ 且 (3.22) 成立. 证毕.

注 3.8 对于 $f \in L(E)$ 和 (3.22) 的结论, 条件 (3.18) 和 (3.19) 并不是充分的; 而条件 (3.20) 和 (3.21) 并不是必要的.

例 3.9 设 $k \geqslant 2$,

$$f_k(x) = \begin{cases} -\dfrac{k-2}{2}, & 0 \leqslant x \leqslant \dfrac{1}{k}, \\ 1, & \dfrac{1}{k} < x \leqslant 1, \end{cases}$$

则 $f_k \to 1$ *a.e.* 于 $[0,1]$. 记 $E = [0,1]$, 取 $A = \left[\dfrac{1}{2}, 1\right]$, 则 $|f_k(x)| \leqslant 1$, $x \in A$, 且 $\int_{E-A} f_k\mathrm{d}\mu = 0$, 但 $\int_E f_k\mathrm{d}\mu = \dfrac{1}{2}$.

例 3.10 取 $E = [0,1]$, 记

$$f_k(x) = \begin{cases} \dfrac{1}{x}\sin\dfrac{1}{x}, & \dfrac{1}{k} < x \leqslant 1, \\ 0, & 0 \leqslant x \leqslant \dfrac{1}{k}, \end{cases}$$

$$f(x) = \begin{cases} \dfrac{1}{x}\sin\dfrac{1}{x}, & 0 < x \leqslant 1, \\ 0, & x = 0, \end{cases}$$

则 $\lim\limits_{k\to\infty} f_k(x) = f(x)$, $x \in E$. 因为 $\lim\limits_{\alpha\to+0} \int_\alpha^1 \left(\dfrac{1}{x}\sin\dfrac{1}{x}\right)\mathrm{d}x$ 存在, 所以, 对 $\forall\varepsilon > 0$, $\exists\alpha > 0$, 使得当 $A = [\alpha, 1]$ 时, 有 $\left|\int_{E-A} f_k\mathrm{d}x\right| < \varepsilon$, 而且 $|f_k|$ 在 A 上一致有界, 但 $f \notin L(E)$.

二、极限定理的应用举例

我们在微积分中讨论含参变量的 (R) 积分 $F(t) = (R)\int_a^b f(x,t)\mathrm{d}x$ 在 $[\alpha,\beta]$ 上的连续性、可微性时, 对常义积分要求 f, f_t' 连续, 而对反常 (R) 积分, 还要求积分关于 t 一致收敛, 对于含参变量的 (L) 积分 $F(t) = \int_E f(x,t)\mathrm{d}\mu(x)$, 相应问题所要求的条件则要弱得多, 即

定理 3.19　设 $A=\{(x,t):x\in E,t\in(\alpha,\beta)\}$,

$$F(t)=\int_E f(x,t)\mathrm{d}\mu(x). \tag{3.23}$$

若 (1) $f(x,t)$ 定义在 A 上, 对 $\forall t\in(\alpha,\beta)$, f 作为 x 的函数在 E 上可积; f 对 t 的偏导数 $f_t'(x,t)$ 存在; (2) 存在 $g\in L(E)$, 使得对 $\forall(x,t)\in A$, $|f_t'(x,t)|\leqslant g(x)$, 则 F 在 (α,β) 上可导, 且

$$F'(t)=\int_E f_t'(x,t)\mathrm{d}\mu(x).$$

证　任取 $t\in(\alpha,\beta)$, 对 $h_k\to 0\ (k\to\infty)$, $h_k\neq 0$, 使得 $t+h_k\in(\alpha,\beta)$, 于是

$$f_t'(x,t)=\lim_{k\to\infty}\frac{f(x,t+h_k)-f(x,t)}{h_k},\quad x\in E.$$

由微分中值定理, 有

$$f(x,t+h_k)-f(x,t)=f_t'(x,t+\theta_k h_k)h_k,\quad 0<\theta_k<1,$$

所以

$$\left|\frac{f(x,t+h_k)-f(x,t)}{h_k}\right|=|f_t'(x,t+\theta_k h_k)|\leqslant g(x),\quad x\in E,$$

由定理 3.10, 得到

$$\begin{aligned}\int_E f_t'(x,t)\mathrm{d}\mu(x)&=\int_E\lim_{k\to\infty}\frac{f(x,t+h_k)-f(x,t)}{h_k}\mathrm{d}\mu(x)\\&=\lim_{k\to\infty}\int_E\frac{f(x,t+h_k)-f(x,t)}{h_k}\mathrm{d}\mu(x)\\&=\lim_{k\to\infty}\frac{F(t+h_k)-F(t)}{h_k}=F'(t).\end{aligned}$$

证毕.

例 3.11　计算 Laplace 积分

$$F(t)=\int_0^\infty \mathrm{e}^{-x^2}\cos(2xt)\mathrm{d}x,\quad -\infty<t<\infty. \tag{3.24}$$

解一　令 $f(x,t)=\mathrm{e}^{-x^2}\cos(2xt)$, 在 (R) 积分范围内, 要证 $\int_0^\infty f(x,t)\mathrm{d}x$ 在 $(-\infty,\infty)$ 上收敛, 当 $\int_0^\infty f_t'(x,t)\mathrm{d}x$ 在 $(-\infty,\infty)$ 上一致收敛时, 才能利用积分号下求导的方法得

$$F'(t) = \int_0^{\infty} f'_t(x,t)\mathrm{d}x, \tag{3.25}$$

求出 $F'(t) = -2tF(t)$, 然后从以上微分方程解出 $F(t)$.

我们利用下一节 (R) 积分与 (L) 积分的关系, 可将 (3.24) 看成 (L) 积分, 只要找出 $f'_t(x,t)$ 的控制函数 $g(x)$, 就可用定理 3.19 求出 (3.25), 事实上, 从

$$f'_t(x,t) = -2x\mathrm{e}^{-x^2}\sin(2xt), \quad |f'_t(x,t)| \leqslant 2x\mathrm{e}^{-x^2},$$

只要取 $g(x) = 2x\mathrm{e}^{-x^2}$, $\displaystyle\int_0^{\infty} g(x)\mathrm{d}x = 1$.

解二 对 $\cos(2tx)$ 作 Taylor 级数展开, 得到

$$f(x,t) = \mathrm{e}^{-x^2}\cos(2tx) = \sum_{n=0}^{\infty}(-1)^n\frac{(2t)^{2n}}{(2n)!}x^{2n}\mathrm{e}^{-x^2},$$

令

$$u_n(x) = (-1)^n\frac{(2t)^{2n}}{(2n)!}x^{2n}\mathrm{e}^{-x^2},$$

注意到

$$\int_0^{\infty} x^{2n}\mathrm{e}^{-x^2}\mathrm{d}x = \frac{1}{2}\Gamma\left(n+\frac{1}{2}\right) = \frac{(2n)!}{2^{2n+1}n!}\sqrt{\pi},$$

所以

$$\sum_{n=0}^{\infty}\int_0^{\infty}|u_n(x)|\mathrm{d}x = \sum_{n=0}^{\infty}\frac{(2t)^{2n}}{(2n)!}\int_0^{\infty}x^{2n}\mathrm{e}^{-x^2}\mathrm{d}x = \frac{\sqrt{\pi}}{2}\mathrm{e}^{t^2} < \infty,$$

于是, 利用定理 3.15, 有

$$\int_0^{\infty}\mathrm{e}^{-x^2}\cos(2tx)\mathrm{d}x = \sum_{n=0}^{\infty}\int_0^{\infty}u_n(x)\mathrm{d}x = \frac{\sqrt{\pi}}{2}\mathrm{e}^{-t^2}.$$

特别地, 取 $t = 0$, 得到概率积分

$$\int_0^{\infty}\mathrm{e}^{-x^2}\mathrm{d}x = \frac{\sqrt{\pi}}{2}.$$

评注: 用同样的方法可求出

$$\int_0^{\infty}\mathrm{e}^{-\alpha x^2}\cos(\beta tx)\mathrm{d}x = \frac{1}{2}\sqrt{\frac{\pi}{\alpha}}\mathrm{e}^{-\frac{\beta^2}{4\alpha}t^2},$$

式中 $\alpha > 0$, $t, \beta \in \mathbf{R}^1$.

定理 3.20 设 (X,Σ,μ) 是测度空间, $E\in\Sigma$, f 是 E 上非负可测函数, 则

(1) 集函数 $\nu(E)=\int_E f\mathrm{d}\mu$ 是 (X,Σ) 上的一个测度;

(2) 对 X 上任意非负的可测函数 g, 有

$$\int_X g\mathrm{d}\nu=\int_X gf\mathrm{d}\mu. \tag{3.26}$$

证 (1) 从 $\nu(E)=\int_E f\mathrm{d}\mu$ 知 $\nu(E)\geqslant 0$, $\nu(\varnothing)=0$, 所以, 只要证明 ν 满足 σ 可加性.

设 $E=\bigcup\limits_{k=1}^{\infty}E_k$, 式中 $\{E_k\}$ 是 X 上互不相交的可测集列, 令 $f_k=f\varphi_{E_k}$, φ_{E_k} 为 E_k 的特征函数, 则 $\{f_k\}$ 在 E 上非负可测且 $f=\sum\limits_{k=1}^{\infty}f_k$. 由定理 3.4,

$$\begin{aligned}\sum_{k=1}^{\infty}\nu(E_k)&=\sum_{k=1}^{\infty}\int_X(f\varphi_{E_k})\mathrm{d}\mu=\sum_{k=1}^{\infty}\int_X f_k\mathrm{d}\mu=\int_X\left(\sum_{k=1}^{\infty}f_k\right)\mathrm{d}\mu\\&=\int_X\left(\sum_{k=1}^{\infty}f\varphi_{E_k}\right)\mathrm{d}\mu=\int_X(f\varphi_E)\mathrm{d}\mu=\int_E f\mathrm{d}\mu=\nu(E).\end{aligned}$$

(2) 先设 g 为 E 的特征函数, 即 $g=\varphi_E$, 则

$$\int_X g\mathrm{d}\nu=\nu(E)=\int_E f\mathrm{d}\mu,\quad \int_X gf\mathrm{d}\mu=\int_X(\varphi_E f)\mathrm{d}\mu=\int_E f\mathrm{d}\mu.$$

所以, 当 $g=\varphi_E$ 时, (3.26) 成立, 由积分的线性知, 当 g 为非负可测的简单函数时, (3.26) 成立.

其次, 设 g 为非负可测函数, 由第四章定理 1.18, 存在非负递增可测的简单函数列 $g_k\to g\ (k\to\infty)$, 从而 $(g_kf)\to(gf)\ (k\to\infty)$, 于是

$$\int_X(gf)\mathrm{d}\mu=\lim_{k\to\infty}\int_X(g_kf)\mathrm{d}\mu=\lim_{k\to\infty}\int_X g_k\mathrm{d}\nu=\int_X g\mathrm{d}\nu.$$

证毕.

注 3.9 当 g 为任意可测函数时, (3.26) 仍成立. 事实上, 从 $(gf)^+=g^+f$, $(gf)^-=g^-f$ (因为 $f\geqslant 0$), 有

$$\int_X(gf)^+\mathrm{d}\mu=\int_X g^+f\mathrm{d}\mu=\int_X g^+\mathrm{d}\nu,\quad \int_X(gf)^-\mathrm{d}\mu=\int_X g^-f\mathrm{d}\mu=\int_X g^-\mathrm{d}\nu,$$

于是

$$\int_X g\mathrm{d}\nu = \int_X g^+\mathrm{d}\nu - \int_X g^-\mathrm{d}\nu = \int_X (gf)^+\mathrm{d}\mu - \int_X (gf)^-\mathrm{d}\mu = \int_X gf\mathrm{d}\mu.$$

上述等式的意义是, 当等式的一边的积分存在时, 另一边的积分也存在且相等.

习题 5.3

3.1 设 $E = \bigcup\limits_{k=1}^{\infty} E_k$, 式中 $\{E_k\}$ 是互不相交的可测集列, 证明: $f \in L(E)$ 的充要条件是 $f \in L(E_k)$ $(\forall k)$, 且 $\sum\limits_{k=1}^{\infty} \int_{E_k} |f| < \infty$.

3.2 设 $\mu(E) < \infty$, f 在 E 上 a.e. 有限可测, $E_k = \{x \in E : k-1 \leqslant |f(x)| < k\}$, $A_k = \{x \in E : |f(x)| \geqslant k-1\}$, 证明: $f \in L(E) \Leftrightarrow \sum\limits_{k=1}^{\infty} k\mu(E_k) < \infty \Leftrightarrow \sum\limits_{k=1}^{\infty} \mu(A_k) < \infty$.

3.3 设 $\mu(E) < \infty$, $\{f_k\}$ 是 E 上 a.e. 有限可测函数列, 证明: $f_k \xrightarrow{\mu} f$ 于 E 的充要条件是

$$\lim_{k\to\infty} \int_E \frac{|f-f_k|}{1+|f-f_k|} = 0.$$

3.4 设 $\mu(E) < \infty$, $f \in L(E)$, $f(x) > 0$ a.e.$x \in E$, 证明:

$$\lim_{k\to\infty} \int_E f^{1/k} = \mu(E).$$

3.5 设 $\{f_k\}$ 在 E 上非负可测, 且 $f_k \to f$ a.e.$x \in E$. 若对 $\forall k$, $\int_E f_k \mathrm{d}\mu \leqslant M$, 证明: $f \in L(E)$, 且 $\int_E f\mathrm{d}\mu \leqslant M$.

3.6 设 $f(x) = \begin{cases} x^{-\frac{1}{2}}, & 0 < x < 1, \\ 0, & x \notin (0,1), \end{cases}$ 将有理数集 $\mathbf{Q}$ 排列成 $\mathbf{Q} = \{r_k\}_{k=1}^{\infty}$, 令 $g(x) = \sum\limits_{k=1}^{\infty} 2^{-k} f(x - r_k)$, 证明 $g \in L(\mathbf{R}^1)$ 并计算 $\int_{\mathbf{R}^1} g(x)\mathrm{d}x$.

3.7 设 $\{f_k\}$ 是 E 上单调函数列, 若 $f_1 \in L(E)$, 证明: $\lim\limits_{k\to\infty} \int_E f_k = \int_E (\lim\limits_{k\to\infty} f_k)$.

3.8 设 $f(x,t)$ 定义在集 $A = \{(x,t) : x \in E, t \in (\alpha,\beta)\}$ 上, 设对 $\forall t \in (\alpha,\beta)$, $f(x,t)$ 关于 x 在 E 上可测, 且对于 a.e.$x \in E$, $f(x,t)$ 关于 t 在 (α,β) 上连续, 若存在 $g \in L(E)$, 使得 $|f(x,t)| \leqslant g(x)$ a.e.$x \in E$, 证明: $F(t) =$

$\int_E f(x,t)\mathrm{d}\mu(x)$ 在 (α,β) 上连续.

3.9 设 $f_n \in L(E)$, 若对 $\forall\varepsilon>0, \exists N$, 使 $\forall m,n \geqslant N$, 有 $\int_E |f_m-f_n|\mathrm{d}\mu<\varepsilon$, 证明: 存在 $f\in L(E)$, 使得 $\lim\limits_{n\to\infty}\int_E|f-f_n|\mathrm{d}\mu=0$.

3.10 设 $\{f_n\}$ 是 E 上可测函数列, g 是 E 上可测函数.

(1) 若 $f_n \geqslant g$ *a.e.* 于 E, 且 $g^-\in L(E)$, 则

$$\int_E(\liminf_{n\to\infty} f_n)\mathrm{d}\mu \leqslant \liminf_{n\to\infty}\int_E f_n\mathrm{d}\mu;$$

(2) 若 $f_n \leqslant g$ *a.e.* 于 E, 且 $g^+\in L(E)$, 则

$$\int_E(\limsup_{n\to\infty} f_n)\mathrm{d}\mu \geqslant \limsup_{n\to\infty}\int_E f_n\mathrm{d}\mu.$$

3.11 设 $\mu(E)<\infty$, f, f_n 在 E 上非负可积, 且 $f_n \xrightarrow{\mu} f$ 于 E, 则

$$\lim_{n\to\infty}\int_E f_n\mathrm{d}\mu=\int_E f\mathrm{d}\mu$$

成立的充要条件是: 函数列 $\{f_n\}$ 的积分满足等度绝对连续性, 即 $\forall\varepsilon>0, \exists\delta>0$, 使得 $\forall A\subset E$, $\mu(A)<\delta$, $\forall n\in\mathbf{N}$, 有

$$\left|\int_A f_n\mathrm{d}\mu\right|<\varepsilon.$$

§4 (L) 积分与 (R) 积分的关系

我们从例 1.1 中已知, Dirichlet 函数 f 在 $[0,1]$ 上处处不连续, 却能 (L) 可积, 下面用 (L) 测度与积分理论导出 f Riemann 可积的充要条件.

一、(R) 可积的充要条件

定理 4.1 设 f 是有限闭区间 $E=[a,b]$ 上的有界函数, 则 $f\in R[a,b]$ 的充要条件是 f 在 $[a,b]$ 上 *a.e.* 连续.

证 对 $\forall x\in[a,b]$, 定义

$$\omega_n(x)=\sup\left\{|f(y)-f(x)|: y\in[a,b], |y-x|<\frac{1}{n}\right\},\quad \omega(x)=\lim_{n\to\infty}\omega_n(x).$$

于是 f 在 x 点连续 $\Leftrightarrow \omega(x)=0$.

令 $A=\{x\in[a,b]: f$ 在 x 点间断$\}=\{\omega>0\}$, 由假设, 存在 $M>0$, 使得

$|f(x)| \leqslant M,\ x \in [a,b]$.

"$\Leftarrow$": 设 f 在 $[a,b]$ 上 a.e. 连续, 即 $\mu(A)=0$, 由第三章 §1 定理 1.3, 对 $\forall \varepsilon>0$, 存在开集 $G \supset A$, 使得 $\mu(G)<\mu(A)+\varepsilon=\varepsilon$. 从而对 $\forall x \in E-G$, f 在 x 点连续, 即 $\omega(x)=\lim\limits_{n\to\infty}\omega_n(x)=0$.

由 Egorov 定理 (见第四章定理 2.4), 存在闭集 $F \subset E-G$, 使得 $\mu(E-G-F)<\varepsilon$, 且 $\omega_n(x)$ 在 F 上一致收敛于 0, 即对上述 $\varepsilon>0$, $\exists n_0$, 使 $\forall n \geqslant n_0$, $\forall x \in F$, 有 $\omega_n(x)<\varepsilon$. 对 $[a,b]$ 的任一分划 $T: E=\bigcup\limits_{k=1}^{m} E_k$, 式中 $E_1=[x_0,x_1]$, $E_k=(x_{k-1},x_k]$, $2 \leqslant k \leqslant m$, 令

$$M_k=\sup\{f(x): x\in E_k\}, \quad m_k=\inf\{f(x): x \in E_k\},$$

只要分划 T 的范数 $\|T\|=\max\limits_{1\leqslant k\leqslant m}\{\mu(E_k)\}<\dfrac{1}{n_0}$, 对 $\forall x \in E_k \cap F$, 有

$$M_k-m_k \leqslant |M_k-f(x)|+|f(x)-m_k| \leqslant \omega_k(x)+\omega_k(x)<2\varepsilon,$$

从而

$$\begin{aligned}\overline{S}(f,T)-\underline{S}(f,T)&=\sum_{k=1}^{m}(M_k-m_k)\mu(E_k)\\&\leqslant \sum_{k:E_k\cap F\neq\varnothing}2\varepsilon\mu(E_k)+\sum_{k:E_k\subset E-F}2M\mu(E_k)\\&\leqslant 2\varepsilon\mu(E)+2M\mu(E-F)<2\varepsilon(\mu(E)+2M),\end{aligned}$$

式中利用了 $\mu(E-F)\leqslant\mu(E-F-G)+\mu(G)<\varepsilon+\varepsilon=2\varepsilon$. 所以 $f\in R[a,b]$.

"$\Rightarrow$": 设 $f \in R[a,b]$, 要证 f 在 $E=[a,b]$ 上 a.e. 连续, 即要证 $\mu(A)=0$. 用反证法, 设 $\mu(A)>0$, 对集 A 作分解:

$$A=\{x\in E:\omega(x)>0\}=\bigcup_{n=1}^{\infty}\left\{\omega\geqslant\frac{1}{n}\right\}\ (\text{见第一章习题 2.2}).$$

于是, 至少存在一个 $\alpha=\dfrac{1}{k_0}$, 使得 $\mu\{\omega\geqslant\alpha\}>0$, 令 $F=\{\omega\geqslant\alpha\}$, 对 E 的任一可测分划 $T: E=\bigcup\limits_{k=1}^{m}E_k$,

$$\begin{aligned}\overline{S}(f,T)-\underline{S}(f,T)&=\sum_{k=1}^{m}(M_k-m_k)\mu(E_k)\geqslant\sum_{k:E_k\cap F\neq\varnothing}(M_k-m_k)\mu(E_k)\\&\geqslant\alpha\sum_{k:E_k\cap F\neq\varnothing}\mu(E_k)\geqslant\alpha\mu(F)>0.\end{aligned}$$

这表明 $f \notin R[a,b]$, 与假设矛盾. 证毕.

注 4.1 定理 4.1 的上述简明证法是王昆扬教授在湖南讲学时给出的. 与传统证法相比, 这种证法更容易将 $[a,b]$ 推广到 $\mathbf{R}^n$ 中的方体 Q 上去.

例 4.1 从第一章知, $[a,b]$ 上单调函数 f 至多有可数个间断点, 从而 f 在 $[a,b]$ 上 $a.e.$ 连续, 由定理 4.1, $f \in R[a,b]$. 定理 4.1 中的条件 "f 在 $[a,b]$ 上 $a.e.$ 连续" 还可减弱为 "f 在 $[a,b]$ 上 $a.e.$ 存在有限的右极限", 证明见作者的 "续论" [1] 上册第五章 §4.

例 4.2 Riemann 函数

$$f(x)=\begin{cases}\dfrac{1}{q}, & x=\dfrac{p}{q},\ p,q \text{ 为互质整数}, q>0,\\ 0, & x \text{ 为无理数},\\ 1, & x=0 \text{ 或 } 1\end{cases}$$

在 $[0,1]$ 中的有理点处间断, 在无理点处连续, 这表明 f 在 $[0,1]$ 上 $a.e.$ 连续.

由定理 4.1, $f \in R[0,1]$, 用 Q 表示 $[0,1]$ 中有理点集, 则

$$(R)\int_0^1 f=(L)\int_0^1 f=(L)\int_Q f+(L)\int_{Q^c} f=0.$$

例 4.3 设 f 在 $[a,b]$ 上有界, 若对满足 $a<\alpha<\beta<b$ 的所有 α,β, $f \in R[\alpha,\beta]$, 求证: $f \in R[a,b]$.

证 取 $\alpha_n=a+\dfrac{1}{n}$, $\beta_n=b-\dfrac{1}{n}$, 由假设, $f \in R[\alpha_n,\beta_n]$, 所以, 由定理 4.1, f 在 $[\alpha_n,\beta_n]$ 上 $a.e.$ 连续, 设 A_n 是 f 在 $[\alpha_n,\beta_n]$ 上的间断点集, E 是 f 在 $[a,b]$ 上的间断点集, 则从 $(a,b)=\bigcup\limits_{n=n_0}^{\infty}[\alpha_n,\beta_n]$ 知 $E \subset \left(\bigcup\limits_{n=n_0}^{\infty} A_n\right)\cup\{a\}\cup\{b\}$, 式中 $n_0=\left[\dfrac{2}{b-a}\right]$ 是 $\dfrac{2}{b-a}$ 的整数部分, 于是, 从所有 $\mu(A_n)=0$ 可知 $\mu(E)=0$, 即 f 在 $[a,b]$ 上 $a.e.$ 连续, 由定理 4.1, $f \in R[a,b]$.

二、(L) 积分与 (R) 积分的关系

我们在微积分教学中得知, $f \in R[a,b] \Rightarrow |f| \in R[a,b]$, 反之不成立; $|f| \in R[a,\infty) \Rightarrow f \in R[a,\infty)$, 反之不成立; 但是, 我们不能回答: $f \in R[a,\infty)+(?) \Rightarrow |f| \in R[a,\infty)$. 下面的定理 4.2 回答了这个问题.

1. 设 f 为常义 (R) 可积和反常 (R) 绝对可积, 则 $f(L)$ 可积

定理 4.2 $f \in R[a,\infty)$ 且 $f \in L[a,\infty) \Leftrightarrow |f| \in R[a,\infty)$ 且 f 在 $[a,\infty)$ 上可测, 且

$$(L)\int_a^{\infty} f = (R)\int_a^{\infty} f. \tag{4.1}$$

证 "⇒": 设 $f \in L[a,\infty)$, 则 $|f| \in L[a,\infty)$ 且 f 在 $[a,\infty)$ 上可测. 又从 $f \in R[a,\infty)$, 对 $\forall b > a$, 有 $(R)\int_a^b |f| = (L)\int_a^b |f| \leqslant (L)\int_a^{\infty} |f| < \infty$, 令 $b \to \infty$, 得

$$(R)\int_a^{\infty} |f| \leqslant (L)\int_a^{\infty} |f| < \infty, \text{ 即 } |f| \in R[a,\infty).$$

"⇐": 设 f 在 $[a,\infty)$ 上可测且 $|f| \in R[a,\infty)$, 对 $\forall b_n > a$, $b_n \nearrow \infty$, 令 $E_n = [a, b_n]$,

$$f_n(x) = f(x)\varphi_{E_n}(x) = \begin{cases} f(x), & x \in E_n, \\ 0, & x \notin E_n, \end{cases}$$

则 $|f_n| \nearrow |f|$, 且

$$(L)\int_a^{\infty} |f_n| = (L)\int_a^{b_n} |f| = (R)\int_a^{b_n} |f| \leqslant (R)\int_a^{\infty} |f| < \infty.$$

所以, $|f_n| \in L[a,\infty)$. 由定理 3.3, 有

$$(L)\int_a^{\infty} |f| = (L)\int_a^{\infty} (\lim_{n\to\infty} |f_n|) = \lim_{n\to\infty} (L)\int_a^{\infty} |f_n| \leqslant (R)\int_a^{\infty} |f| < \infty,$$

即 $|f| \in L[a,\infty)$, 又 $|f_n| \leqslant |f|$, 由 (L) 控制收敛定理 (定理 3.10), 有

$$(L)\int_a^{\infty} f = \lim_{n\to\infty} (L)\int_a^{\infty} f_n = \lim_{n\to\infty} (L)\int_a^{b_n} f = \lim_{n\to\infty} (R)\int_a^{b_n} f = (R)\int_a^{\infty} f.$$

证毕.

对于 $[a,b]$ 上无界函数的积分, 可作变换, 化为无穷区间上的反常积分.

2. 若 $(R)\int_a^{\infty} f$ 条件收敛, 则 $f \notin L[a,\infty)$

例 4.4 取 $E = (0,\infty)$, $f(x) = \dfrac{\sin x}{x}$, $(R)\int_0^{\infty} f = \dfrac{\pi}{2}$, 但因 $(R)\int_0^{\infty} |f| = \infty$, 所以, $f \notin L[0,\infty)$.

在下面例 4.9 中, 我们求出著名的 Fresnel 积分

$$\int_0^{\infty} \sin x^2 \mathrm{d}x = \int_0^{\infty} \cos x^2 \mathrm{d}x = \frac{1}{2}\sqrt{\frac{\pi}{2}}.$$

但是这两个积分都是条件收敛的. 令 $g(x)=\sin x^2$, $h(x)=\cos x^2$, 则 $g,h\notin L(0,\infty)$.

又如, 令 $E=[0,1]$, $f(x)=\dfrac{1}{x}\sin\dfrac{1}{x}$, $x\neq 0$, $f(0)=0$, 则 $f\in R[0,1]$, 但是 $f\notin L[0,1]$. 证明见 [1] 上册第五章 §4.

3. 存在 (L) 可积但反常 (R) 积分发散的函数

例 4.5 设 $\mathbf{Q}$ 为 $\mathbf{R}^1$ 中有理数集, f 是 $\mathbf{Q}$ 的特征的函数:

$$f(x)=\varphi_{\mathbf{Q}}(x)=\begin{cases}1, & x\in\mathbf{Q},\\ 0, & x\notin\mathbf{Q}.\end{cases}$$

$$(L)\int_{\mathbf{R}}f=\int_{\mathbf{Q}}f+\int_{\mathbf{Q}^c}f=0,\ 但\ f\notin R(-\infty,\infty).$$

下面用 (L) 积分去处理 (R) 积分中较难的问题.

例 4.6 计算概率积分 $(R)\displaystyle\int_0^{\infty}\mathrm{e}^{-x^2}\mathrm{d}x$.

我们在微积分中利用二重积分、含参变量积分, 以及复分析中的留数定理等多种方法计算过这个积分, 下面用 (L) 积分极限定理给出一个更简洁的计算.

令 $f_n(x)=\left(1+\dfrac{x^2}{n}\right)^{-n}$, $f(x)=\mathrm{e}^{-x^2}$, 则 $\lim\limits_{n\to\infty}f_n(x)=f(x)$. f_n 在 $(0,\infty)$ 上非负递减, 而且

$$0\leqslant f_n(x)\leqslant f_1(x)=\frac{1}{1+x^2}.$$

记 $g(x)=f_1(x)$, 则 $g\in L[0,\infty)$, 由定理 3.10, 有

$$\begin{aligned}(R)\int_0^{\infty}f(x)\mathrm{d}x&=(L)\int_0^{\infty}f(x)\mathrm{d}x=\lim_{n\to\infty}(L)\int_0^{\infty}f_n(x)\mathrm{d}x\\&=\lim_{n\to\infty}(R)\int_0^{\infty}f_n(x)\mathrm{d}x\quad(令\ x=\sqrt{n}\tan t)\\&=\lim_{n\to\infty}(R)\int_0^{\pi/2}\sqrt{n}(\cos t)^{2n-2}\mathrm{d}t\\&=\lim_{n\to\infty}\sqrt{n}\left(\frac{(2n-3)!!}{(2n-2)!!}\frac{\pi}{2}\right)=\frac{\sqrt{\pi}}{2}.\end{aligned}$$

三、(L) 积分的推广

定义 4.1 设 f 定义在 $E=[a,b]$ 上, 若存在 F, 使得 $F'(x)=f(x)$, $x\in E$, 则称 f 在 E 上 **Newton 可积**, 简称为 **(N) 可积**, 记为 $f\in N(E)$, 这

时 $F(b)-F(a)$ 称为 f 在 E 上的 (N) 积分, 记为

$$(N)\int_a^b f=F(b)-F(a). \tag{4.2}$$

例 4.7 令 $E=[0,1]$,

$$F(x)=\begin{cases}x^2\cos\dfrac{\pi}{x^2}, & x\neq 0,\\ 0, & x=0,\end{cases}$$

$$F'(x)=f(x)=\begin{cases}2x\cos\dfrac{\pi}{x^2}+\dfrac{2\pi}{x}\sin\dfrac{\pi}{x^2}, & x\neq 0,\\ 0, & x=0,\end{cases}$$

因此, $f\in N[0,1]$, 但 $f\notin R[0,1]$, $f\notin L[0,1]$. 事实上, 取 $[\alpha,\beta]\subset E$, 使 $0\notin[\alpha,\beta]$, 则

$$\int_\alpha^\beta f=F(\beta)-F(\alpha)=\beta^2\cos\frac{\pi}{\beta^2}-\alpha^2\cos\frac{\pi}{\alpha^2}.$$

取 $\alpha_n=\sqrt{\dfrac{2}{4n+1}}$, $\beta_n=\dfrac{1}{\sqrt{2n}}$, 则 $\displaystyle\int_{\alpha_n}^{\beta_n} f=\frac{1}{2n}$, 令 $E_n=[\alpha_n,\beta_n]$, 则 $\{E_n\}$ 是互不相交的可测集, 于是

$$\int_0^1|f|\geqslant\int_{\bigcup\limits_{n=1}^{\infty}E_n}|f|\geqslant\sum_{n=1}^{\infty}\left|\int_{E_n}f\right|=\sum_{n=1}^{\infty}\frac{1}{2n}=\infty.$$

这说明 $f\notin L[0,1]$.

例 4.7 说明, 在 (L) 积分范围内, 从导函数 F' 的积分不一定能获得原函数 F, 说明 (L) 积分还有推广的余地.

利用 Cantor 集, 我们还可以构造有界函数 $f\in N[0,1]$ 而 $f\notin R[0,1]$.

例 4.8 Dirichlet 函数

$$f(x)=\begin{cases}1, & x\in Q([0,1]\text{ 中有理数集}),\\ 0, & x\in Q^c.\end{cases}$$

我们已知 $f\in L[0,1]$, 但 $f\notin N[0,1]$, $f\notin R[0,1]$.

例 4.4、例 4.7 和例 4.8 表明, (N) 积分、(R) 积分、(L) 积分三者都互不包含, 自然要问: 能否提出一种新的积分理论, 使之能包含以上三种积分? 人们为此作了长期的探索, 先后出现了 Denjoy 积分、Perron 积分、Burkill 积分、James 积分、A 积分、Henstock 积分、Mcshane 积分、S 积分等 (见 [9] 和 [10],

以及下面的 §6). 但目前理论上最成熟且使用上最广泛方便的, 仍然是 (L) 积分, 而且 (L) 积分还是积分概念的各种推广的基础.

例 4.9　Dirichlet 积分

$$\int_0^\infty \frac{\sin x}{x}\mathrm{d}x. \tag{4.3}$$

的应用十分广泛, 特别在无线电技术和有阻尼的机械运动等研究中都是不可缺少的工具.

我们在微积分学中已知 (4.3) 有多种解法. 下面利用 (L) 积分的极限定理再给出几种不同的计算方法.

解一　令 $g(t)=\int_0^\infty f(x,t)\mathrm{d}x$, 式中 $f(x,t)=\mathrm{e}^{-tx}\frac{\sin x}{x}$, $t>0$, 因为 $|f_t'(x,t)|\leqslant \mathrm{e}^{-tx}\in L[0,\infty)$, 所以由定理 3.19, 有

$$g'(t)=\int_0^\infty f_t'(x,t)\mathrm{d}x=-\int_0^\infty \mathrm{e}^{-tx}\sin x\mathrm{d}x=\frac{-1}{t^2+1},$$

从而 $g(t)=-\arctan t+c$. 再从 $\lim\limits_{t\to\infty}g(t)=0$ 得 $c=\frac{\pi}{2}$, 于是 $g(t)=-\arctan t+\frac{\pi}{2}$, 特别 $\lim\limits_{t\to 0}g(t)=\int_0^\infty\frac{\sin x}{x}\mathrm{d}x=\frac{\pi}{2}$.

解二　从恒等式 $\frac{1}{2}+\sum\limits_{k=1}^{n}\cos kt=\frac{\sin\left(n+\frac{1}{2}\right)t}{2\sin\frac{t}{2}}$ 积分得

$$\int_0^\pi \frac{\sin\left(n+\frac{1}{2}\right)t}{2\sin\frac{t}{2}}\mathrm{d}t=\frac{\pi}{2}.$$

令 $x=\left(n+\frac{1}{2}\right)t$, 得

$$\int_0^{\left(n+\frac{1}{2}\right)\pi}\frac{\sin x}{(2n+1)\sin\frac{x}{2n+1}}\mathrm{d}x=\frac{\pi}{2}. \tag{4.4}$$

记 $E_n=\left[0,\left(n+\frac{1}{2}\right)\pi\right]$, $f_n(x)=\frac{\sin x}{(2n+1)\sin\frac{x}{2n+1}}\varphi_{E_n}(x)$, 则 $\lim\limits_{n\to\infty}f_n(x)=\frac{\sin x}{x}$, 这时 (4.4) 变成 $\int_0^\infty f_n(x)\mathrm{d}x=\frac{\pi}{2}$. 令

$$g(x)=\begin{cases}\dfrac{|\sin x|}{x}\dfrac{2}{\pi}, & x\in E_n,\\ 0, & x\notin E_n,\end{cases}$$

则 $|f_n(x)|\leqslant g(x)$, 且 $g\in L[0,\infty)$. 由 (L) 控制收敛定理, 有

$$\int_0^{\infty}\frac{\sin x}{x}\mathrm{d}x=\int_0^{\infty}\lim_{n\to\infty}f_n(x)\mathrm{d}x=\lim_{n\to\infty}\int_0^{\infty}f_n(x)\mathrm{d}x=\frac{\pi}{2}.$$

解三 设 a 不是整数, 在 $[-\pi,\pi]$ 上对 $\cos ax$ 作 Fourier 级数展开:

$$\cos ax=\frac{\sin a\pi}{a\pi}+\sum_{k=1}^{\infty}(-1)^k\frac{2a\sin a\pi}{\pi(a^2-k^2)}\cos kx,$$

令 $a\pi=t$, $x=0$, $u_k(t)=(-1)^k\dfrac{2t}{t^2-(k\pi)^2}$. 于是, 有 $\dfrac{1}{\sin t}=\dfrac{1}{t}+\sum\limits_{k=1}^{\infty}u_k(t)$. 从而

$$\int_0^{\infty}\frac{\sin x}{x}\mathrm{d}x=\sum_{k=0}^{\infty}\int_{\frac{k\pi}{2}}^{\frac{(k+1)\pi}{2}}\frac{\sin x}{x}\mathrm{d}x=\int_0^{\frac{\pi}{2}}\left(\frac{1}{t}+\sum_{k=1}^{\infty}u_k(t)\right)\sin t\mathrm{d}t=\frac{\pi}{2}.$$

解四 利用积分恒等式

$$\frac{1}{x^{\lambda}}=\frac{1}{\Gamma(\lambda)}\int_0^{\infty}t^{\lambda-1}\mathrm{e}^{-xt}\mathrm{d}t,\quad 0<\lambda<2,$$

并注意到

$$\int_0^{b}\left(\int_0^{\infty}\mathrm{e}^{xt}\,|\sin x|\,\mathrm{d}t\right)\mathrm{d}x\leqslant\int_0^{b}\left(\int_0^{\infty}t\mathrm{e}^{-xt}\mathrm{d}t\right)\mathrm{d}x=b<\infty,$$

于是, 由下节的 Fubini 定理, 我们有

$$\begin{aligned}\int_0^{b}\frac{\sin x}{x^{\lambda}}\mathrm{d}x&=\frac{1}{\Gamma(\lambda)}\int_0^{b}\left(\int_0^{\infty}t^{\lambda-1}\mathrm{e}^{-xt}\sin x\mathrm{d}t\right)\mathrm{d}x\\&=\frac{1}{\Gamma(\lambda)}\int_0^{\infty}t^{\lambda-1}\left(\int_0^{b}\mathrm{e}^{-xt}\sin x\mathrm{d}x\right)\mathrm{d}t\\&=\frac{1}{\Gamma(\lambda)}\int_0^{\infty}t^{\lambda-1}\left(\frac{1}{1+t^2}-\frac{\mathrm{e}^{-bt}(t\sin b+\cos b)}{1+t^2}\right)\mathrm{d}t=I_1+I_2,\end{aligned}$$

式中

$$I_1=\frac{1}{\Gamma(\lambda)}\int_0^{\infty}\frac{t^{\lambda-1}}{1+t^2}\mathrm{d}t=\frac{\pi}{2\Gamma(\lambda)\sin\dfrac{\lambda\pi}{2}};$$

$$I_2 = \frac{1}{\Gamma(\lambda)} \int_0^{\infty} \frac{t^{\lambda-1}\mathrm{e}^{-bt}(t\sin b + \cos b)}{1+t^2}\mathrm{d}t.$$

因为

$$\lim_{b\to\infty} I_2 = \int_0^{\infty} \lim_{b\to\infty} \frac{t^{\lambda-1}\mathrm{e}^{-bt}(t\sin b + \cos b)}{1+t^2}\mathrm{d}t = 0,$$

所以

$$\int_0^{\infty} \frac{\sin x}{x^{\lambda}}\mathrm{d}x = \lim_{b\to\infty} \int_0^{b} \frac{\sin x}{x^{\lambda}}\mathrm{d}x = \frac{\pi}{2\Gamma(\lambda)\sin\dfrac{\lambda\pi}{2}}.$$

特别地, 当 $\lambda = 1$ 时, 我们得到

$$\int_0^{\infty} \frac{\sin x}{x}\mathrm{d}x = \frac{\pi}{2};$$

当 $\lambda = 1/2$ 时, 我们得到

$$\int_0^{\infty} \frac{\sin x}{x^{1/2}}\mathrm{d}x = \sqrt{\frac{\pi}{2}}.$$

从而通过令 $t = x^2$ 求出 Fresnel 积分

$$\int_0^{\infty} \sin x^2 \mathrm{d}x = \frac{1}{2}\int_0^{\infty} \frac{\sin t}{t^{1/2}}\mathrm{d}t = \frac{1}{2}\sqrt{\frac{\pi}{2}}.$$

类似地, 可以求出

$$\int_0^{\infty} \frac{\cos x}{x^{\lambda}}\mathrm{d}x = \frac{1}{\Gamma(\lambda)}\int_0^{\infty} \frac{t^{\lambda}}{1+t^2}\mathrm{d}t = \frac{\pi}{2\Gamma(\lambda)\cos\dfrac{\lambda\pi}{2}}, \quad 0 < \lambda < 1.$$

当 $\lambda = 1/2$ 时, 我们得到

$$\int_0^{\infty} \frac{\cos x}{x^{1/2}}\mathrm{d}x = \sqrt{\frac{\pi}{2}}.$$

从而通过令 $t = x^2$ 求出 Fresnel 积分

$$\int_0^{\infty} \cos x^2 \mathrm{d}x = \frac{1}{2}\int_0^{\infty} \frac{\cos t}{t^{1/2}}\mathrm{d}t = \frac{1}{2}\sqrt{\frac{\pi}{2}}.$$

评注: Dirichlet 积分 $\displaystyle\int_0^{\infty} \frac{\sin x}{x}\mathrm{d}x$ 是条件收敛的广义 (R) 积分, 所以 $f(x) = \dfrac{\sin x}{x}$ 在 $[0,\infty)$ 上不是 (L) 可积的, 不能直接利用 (L) 积分的极限定理, 要利用

本节 (R) 积分和 (L) 积分的关系, 设法转到 (L) 积分上去. 解一是通过引入收敛因子 $\mathrm{e}^{-tx}(t>0)$, 得到的 $\int_0^{\infty} f(x,t)\mathrm{d}t$ 看成 (L) 积分, 就可以利用定理 3.19. 解二中的 $\int_0^{\infty} f_n(x)\mathrm{d}x$ 看成 (L) 积分, 才可以用 (L) 控制收敛定理. 解三中用 (L) 积分的逐项积分定理时, 等式两边的积分都是指的 (L) 积分. 同理, 解四中用下节的 Fubini 定理换序时, 等式两边的积分也都是指的 (L) 积分.

习题 5.4

4.1 证明: Cantor 集 P 的特征函数 $f(x)=\varphi_P(x)$ 在 $[0,1]$ 上 (R) 可积.

4.2 计算积分 $(R)\int_0^1 \frac{\ln x}{1-x^2}\mathrm{d}x$.

4.3 计算积分 $(R)\int_0^{\infty} \frac{x^{\alpha-1}}{\mathrm{e}^x+1}\mathrm{d}x\ (\alpha>0)$.

4.4 求极限 $\lim\limits_{n\to\infty}(R)\int_0^{\infty}\left(1+\frac{x}{n}\right)^{-n} x^{-\frac{1}{n}}\mathrm{d}x$.

4.5 证明: 当 $\alpha>0$ 时,

$$\lim_{n\to\infty}\int_0^n\left(1-\frac{x}{n}\right)^n x^{\alpha-1}\mathrm{d}x=\int_0^{\infty}\mathrm{e}^{-x}x^{\alpha-1}\mathrm{d}x,$$

进而证明 Euler–Gauss 公式:

$$\Gamma(\alpha)=\int_0^{\infty}\mathrm{e}^{-x}x^{\alpha-1}\mathrm{d}x=\lim_{n\to\infty}\frac{n!n^{\alpha}}{\alpha(\alpha+1)\cdots(\alpha+n)}.$$

4.6 设 $f\in R[a,b]$, $f(x)>0$, $x\in[a,b]$, 求证 $(R)\int_a^b f(x)\mathrm{d}x>0$.

4.7 设 $f(x)=\operatorname{sgn}\left(\sin\frac{\pi}{x}\right)$, 求证 $f\in R[0,1]$, 并计算 $(R)\int_0^1 f$.

4.8 求极限 $\lim\limits_{n\to\infty}\int_{-\infty}^{\infty}(n\pi)^{-1/2}\mathrm{e}^{-x^2/n}\mathrm{d}x$.

§5 Fubini 定理与广义测度

在微积分中, 计算重积分的基本方法是将它们化为累次积分, 例如设 $D=[a,b]\times[c,d]$, $f\in C(D)$, 则

$$\iint\limits_D f(x,y)\mathrm{d}x\mathrm{d}y=\int_a^b\left(\int_c^d f(x,y)\mathrm{d}y\right)\mathrm{d}x=\int_c^d\left(\int_a^b f(x,y)\mathrm{d}x\right)\mathrm{d}y. \quad (5.1)$$

我们自然要问: f 连续的条件能否减弱? 我们首先要解决 (5.1) 中内层积分作为含参变量积分的可积性, 然后解决积分的换序问题, 为了统一处理重积分化为累次积分及累次积分换序问题, 我们考虑在 (L) 积分框架内的相应问题:

$\mathbf{R}^{n+m}=\mathbf{R}^n\times\mathbf{R}^m$ ($\mathbf{R}^n$ 与 $\mathbf{R}^m$ 的直积), 对于 $x\in\mathbf{R}^n$, $y\in\mathbf{R}^m$, $f(x,y)$ 看成 $\mathbf{R}^{n+m}$ 上的函数时, 相应的积分

$$\int_{\mathbf{R}^{n+m}} f(x,y)\mathrm{d}x\mathrm{d}y \tag{5.2}$$

称为**重积分**.

另一方面, 固定 $x\in\mathbf{R}^n$, $f(x,y)$ 看成 $y\in\mathbf{R}^m$ 的函数, 令

$$F(x)=\int_{\mathbf{R}^m} f(x,y)\mathrm{d}y\ (\text{若存在}),$$

则

$$\int_{\mathbf{R}^n} F(x)\mathrm{d}x=\int_{\mathbf{R}^n}\left(\int_{\mathbf{R}^m} f(x,y)\mathrm{d}y\right)\mathrm{d}x \tag{5.3}$$

称为**累次积分**.

我们要考察在什么条件下, 成立

$$\begin{aligned}\int_{\mathbf{R}^{n+m}} f(x,y)\mathrm{d}x\mathrm{d}y&=\int_{\mathbf{R}^n}\left(\int_{\mathbf{R}^m} f(x,y)\mathrm{d}y\right)\mathrm{d}x\\&=\int_{\mathbf{R}^m}\left(\int_{\mathbf{R}^n} f(x,y)\mathrm{d}x\right)\mathrm{d}y.\end{aligned}\tag{5.4}$$

为此, 先看几个例子:

例 5.1 设 $D=(0,1)$, $E=D\times D$, $f(x,y)=\dfrac{x^2-y^2}{(x^2+y^2)^2}$, $(x,y)\in E$. 则

$$\int_0^1\left(\int_0^1 f(x,y)\mathrm{d}y\right)\mathrm{d}x=\frac{\pi}{4},\quad \int_0^1\left(\int_0^1 f(x,y)\mathrm{d}x\right)\mathrm{d}y=-\frac{\pi}{4},$$

但 $f\notin L(E)$. 事实上, 对 $x\in D$, $\displaystyle\int_0^x f(x,y)\mathrm{d}y=\frac{1}{2x}$, 从而 $\displaystyle\int_0^1|f(x,y)|\mathrm{d}y\geqslant\frac{1}{2x}$. 因此,

$$\int_0^1\left(\int_0^1|f(x,y)|\mathrm{d}y\right)\mathrm{d}x=\infty.$$

另一方面, 令 $A=\{(x,y)\in E:|x|>\sqrt{3}|y|\}$, 则对 $\forall(x,y)\in A$, 有

$$|f(x,y)|\geqslant\frac{1}{2(x^2+y^2)},$$

于是,

$$\int_E |f(x,y)|\mathrm{d}x\mathrm{d}y \geqslant \int_A |f(x,y)|\mathrm{d}x\mathrm{d}y = \infty,$$

即 $f \notin L(E)$.

评注: $f \notin L(E)$ 的证法二: 令 $B = \{(x,y) : 0 < x^2 + y^2 \leqslant 1\}$, 则 $B \subset E$. 对二重积分作极坐标变换, 得到

$$\begin{aligned}\int_E |f(x,y)|\,\mathrm{d}x\mathrm{d}y \geqslant \int_B |f(x,y)|\,\mathrm{d}x\mathrm{d}y &= \int_0^1 \int_0^{\pi/2} \frac{\cos 2\theta}{r^2} r\mathrm{d}r\mathrm{d}\theta \\ &\geqslant \int_0^1 \int_0^{\pi/4} \frac{\cos 2\theta}{r}\mathrm{d}r\mathrm{d}\theta = \frac{1}{2}\int_0^1 \frac{\mathrm{d}r}{r} = \infty.\end{aligned}$$

例 5.2 设 $D = [-1,1]$, $E = D \times D$,

$$f(x,y) = \begin{cases} \dfrac{xy}{(x^2+y^2)^2}, & (x,y) \neq (0,0), \\ 0, & (x,y) = (0,0), \end{cases}$$

则 $\displaystyle\int_{-1}^1 \left(\int_{-1}^1 f(x,y)\mathrm{d}y\right)\mathrm{d}x = \int_{-1}^1 \left(\int_{-1}^1 f(x,y)\mathrm{d}x\right)\mathrm{d}y = 0$, 但 $f \notin L(E)$. 事实上, 若 $f \in L(E)$, 则 f 在 E 的子集 $A = [0,1] \times [0,1]$ 上 (L) 可积, 从而应该存在有限积分 $\displaystyle\int_0^1 \left(\int_0^1 f(x,y)\mathrm{d}y\right)\mathrm{d}x$. 然而, 当 $x \neq 0$ 时,

$$F(x) = \int_0^1 f(x,y)\mathrm{d}y = \frac{1}{2x} - \frac{x}{2(x^2+1)} \notin L[0,1].$$

从而导致矛盾.

例 5.3 令 $A = [0,\pi] \times (0,1]$, $f(x,y) = \dfrac{\cos x}{y}$, $(x,y) \in A$, 则

$$\int_0^1 \left(\int_0^\pi f(x,y)\mathrm{d}x\right)\mathrm{d}y = 0, \text{ 但 } \int_0^\pi \left(\int_0^1 f(x,y)\mathrm{d}y\right)\mathrm{d}x \text{ 不存在,}$$

所以 $f \notin L(A)$.

以上三例说明, (5.4) 的成立是需要一定的条件的. 这就是下面的 Fubini 定理, 它和 Lebesgue 控制收敛定理是分析数学的奠基石.

评注: 在 (5.4) 中, 换序的两个积分都是 (L) 积分, 若换序的两个积分都是 (R) 积分, 换序的条件已在微积分中讨论过了. 若换序的两个积分中, 一个是 (L) 积分, 另一个是 (R) 积分, 它们换序的条件是什么? Lichtenstein (1910) 和 Fichtenholz (1913) 给出了以下结果:

设 f 在 $Q=[0,1]\times[0,1]$ 上有界, 使得 $\forall y$, 函数 $g: x\mapsto f(x,y)$ 是 (R) 可积的, 而 $\forall x$, 函数 $h: y\mapsto f(x,y)$ 是 (L) 可积的, 令

$$F_1(x)=\int_0^1 f(x,y)\mathrm{d}y,\quad F_2(y)=\int_0^1 f(x,y)\mathrm{d}x,$$

则 $F_1\in R[0,1]$, $F_2\in L[0,1]$, 而且这两个积分相等, 即

$$(R)\int_0^1 F_1(x)\mathrm{d}x=(L)\int_0^1 F_2(y)\mathrm{d}y,$$

即

$$(R)\int_0^1\left(\int_0^1 f(x,y)\mathrm{d}y\right)\mathrm{d}x=(L)\int_0^1\left(\int_0^1 f(x,y)\mathrm{d}x\right)\mathrm{d}y.$$

基本的证明思路: $F_2(y)=\lim\limits_{n\to\infty}\dfrac{1}{n}\sum\limits_{k=1}^{n} f\left(\dfrac{k}{n},y\right)$, 作 $[0,1]$ 的分划:

$$P=\{0=x_0<x_1<\cdots<x_n\leqslant 1\},\quad \|P\|=\max\{x_k-x_{k-1}\},$$

作积分和 $\sigma_n(y)=\sum\limits_{k=1}^{n} f(\xi_k,y)\Delta x_k$, 式中 $\Delta x_k=x_k-x_{k-1}$, $\forall\xi_k\in[x_{k-1},x_k]$, 则

$$\lim_{\|P\|\to 0}\sigma_n(y)=F_2(y).$$

由 (L) 控制收敛定理,

$$\begin{aligned}(R)\int_0^1 F_1(x)\mathrm{d}x&=\lim_{n\to\infty}\sum_{k=1}^{n}F_1(\xi_k)\Delta x_k=\lim_{n\to\infty}(L)\int_0^1\sigma_n(y)\mathrm{d}y\\&=(L)\int_0^1\lim_{\|P\|\to 0}\sigma_n(y)\mathrm{d}y=(L)\int_0^1 F_2(y)\mathrm{d}y.\end{aligned}$$

应注意可能 $f\notin L(Q)$ (见 [36] Vol. 1, P. 234).

一、Fubini 定理

定理 5.1 (Fubini) 设区间 $Q_1\subset\mathbf{R}^n$, $Q_2\subset\mathbf{R}^m$, $Q=Q_1\times Q_2$, $f\in L(Q)$, 则

(1) 对于 $a.e.x\in Q_1$, $f(x,y)$ 作为 y 的函数在 Q_2 上可测且可积 (指关于 $\mathbf{R}^m$ 中的 (L) 测度与 (L) 积分);

(2) $\displaystyle\int_{Q_2} f(x,y)\mathrm{d}y$ 作为 $x\in Q_1$ 的函数, 在 Q_1 上可测且可积;

(3) $$\int_Q f(x,y)\mathrm{d}x\mathrm{d}y=\int_{Q_1}\left(\int_{Q_2} f(x,y)\mathrm{d}y\right)\mathrm{d}x. \tag{5.5}$$

定理 5.1 的证明较长, 但这个证明中所体现出的一步步化繁为简的思想却是十分典型的. 为此, 我们先定义

定义 5.1 若 $f \in L(Q)$ 使得定理 5.1 成立, 则称 f 具有性质 F, 记为 $f \in F$.

若对于 $(x,y) \notin Q$, 令 $f(x,y)=0$, 就可以只对 $Q_1=\mathbf{R}^n$, $Q_2=\mathbf{R}^m$, $Q=\mathbf{R}^n\times\mathbf{R}^m$ 证明定理 5.1. 为简便起见, 用 $\displaystyle\int f\mathrm{d}x$ 表示 $\displaystyle\int_{\mathbf{R}^n} f(x,y)\mathrm{d}x$, 用 $\displaystyle\int f\mathrm{d}y$ 表示 $\displaystyle\int_{\mathbf{R}^m} f(x,y)\mathrm{d}y$, 用 $\displaystyle\int f\mathrm{d}x\mathrm{d}y$ 表示 $\displaystyle\int_{\mathbf{R}^{n+m}} f(x,y)\mathrm{d}x\mathrm{d}y$, φ_E 表示 E 的特征函数.

由可测函数与可积函数的线性性质即可推出下述引理 5.1.

引理 5.1 设 $f_k \in F(1 \leqslant k \leqslant N)$, 则 $\{f_k\}$ 的有限线性组合 $\sum\limits_{k=1}^{N} c_k f_k \in F$.

引理 5.2 设 $f_k \in F$, $f_k \nearrow f$ 或 $f_k \searrow f$, $f \in L(\mathbf{R}^{n+m})$, 则 $f \in F$.

证 不妨设 $f_k \nearrow f$. 由 $f_k \in F$, 根据定理 5.1 的条件 (1), 存在 $A_k \subset \mathbf{R}^n$, 使得 $\mu(A_k)=0$, 而且对于 $\forall x \notin A_k$, $f_k(x,y)$ 作为 y 的函数可测且可积. 令 $A=\bigcup\limits_{k=1}^{\infty} A_k$, 则 $\mu(A)=0$. 于是, 当 $x \notin A$ 时, $f_k(x,y) \nearrow f(x,y)$, 从而 $f(x,\cdot)$ 可测. 因为对 $\forall k$, $f_k(\cdot,y) \in L(\mathbf{R}^m)$, 由 Levi 单调收敛定理, $h_k(x)=\displaystyle\int f_k(x,y)\mathrm{d}y \nearrow h(x)=\displaystyle\int f(x,y)\mathrm{d}y$. 又由定理 5.1 的条件 (2), $h_k \in L(\mathbf{R}^n)$, 所以, 再由 Levi 单调收敛定理, $h \in L(\mathbf{R}^n)$, 于是 h *a.e.* 有限, 而且

$$\lim_{k\to\infty}\int h_k(x)\mathrm{d}x=\int h(x)\mathrm{d}x,$$

即

$$\lim_{k\to\infty}\int\left(\int f_k(x,y)\mathrm{d}y\right)\mathrm{d}x=\int\left(\int f(x,y)\mathrm{d}y\right)\mathrm{d}x. \tag{5.6}$$

另一方面, 从 $f_k \nearrow f$, $f_k \in F$, 由 Levi 单调收敛定理, $f \in L(\mathbf{R}^{n+m})$, 且

$$\lim_{k\to\infty}\int f_k(x,y)\mathrm{d}x\mathrm{d}y=\int f(x,y)\mathrm{d}x\mathrm{d}y. \tag{5.7}$$

由定理 5.1 的条件 (3), 有

$$\int f_k(x,y)\mathrm{d}x\mathrm{d}y=\int\left(\int f_k(x,y)\mathrm{d}y\right)\mathrm{d}x. \tag{5.8}$$

于是, 从 (5.6)、(5.7) 和 (5.8), 有 $\displaystyle\int f(x,y)\mathrm{d}x\mathrm{d}y=\int\left(\int f(x,y)\mathrm{d}y\right)\mathrm{d}x$, 即

$f \in F$. 证毕.

引理 5.3 设 $E \subset \mathbf{R}^{n+m}$, $\mu(E) = 0$, 令 $E_x = \{y \in \mathbf{R}^m : (x, y) \in E\}$, 则 $\varphi_E \in F$, 且 $\mu(E_x) = 0$ $a.e.x \in \mathbf{R}^n$.

证 因为 $E \subset \mathbf{R}^{n+m}$, 由第三章习题 2.9, 存在 G_δ 型集 $H \supset E$, 使得 $\mu(H) = \mu(E) = 0$. 根据下面定理 5.1 的证明步骤 (5) 至 (10), 得出 $\varphi_H \in F$, 从而

$$\int \left(\int \varphi_H(x, y) \mathrm{d}y \right) \mathrm{d}x = \int \varphi_H(x, y) \mathrm{d}x\mathrm{d}y = \mu(H) = 0. \tag{5.9}$$

令 $h(x) = \int \varphi_H(x, y) \mathrm{d}y$, 则从 (5.9), 有 $\int h(x) \mathrm{d}x = 0$. 又 $h(x) \geqslant 0$, 所以, 由唯一性定理 (定理 2.13), $h(x) = 0$ $a.e.x \in \mathbf{R}^n$. 令 $B = \{y \in \mathbf{R}^m : (x, y) \in H\}$, 则

$$\int \varphi_H(x, y) \mathrm{d}y = \mu(B) = 0 \quad a.e.x \in \mathbf{R}^n.$$

又因为 $E \subset H$, 所以 $E_x \subset B$, 于是 $\mu(E_x) = 0$ $a.e.x \in \mathbf{R}^n$, 从而

$$\int \varphi_E(x, y) \mathrm{d}y = \mu(E_x) = 0 \quad a.e.x \in \mathbf{R}^n.$$

所以,

$$\int \left(\int \varphi_E(x, y) \mathrm{d}y \right) \mathrm{d}x = 0. \tag{5.10}$$

另一方面,

$$\int \varphi_E(x, y) \mathrm{d}x\mathrm{d}y = \mu(E) = 0. \tag{5.11}$$

比较 (5.10) 与 (5.11), 得

$$\int \varphi_E(x, y) \mathrm{d}x\mathrm{d}y = \int \left(\int \varphi_E(x, y) \mathrm{d}y \right) \mathrm{d}x,$$

此即 $\varphi_E \in F$. 证毕.

定理 5.1 的证明: 分成以下 10 个化繁为简的步骤:

(1) 设 $f \in L(\mathbf{R}^{n+m})$, 要证 $f \in F$.

因为 $f = f^+ - f^-$, 由引理 5.1, 只要分别证 f^+, $f^- \in F$, 因为 f^+, $f^- \geqslant 0$, 所以, 只要对所有非负可积函数 f, 证 $f \in F$.

(2) 设对 $\forall f \geqslant 0$, $f \in L(\mathbf{R}^{n+m})$, 由第四章定理 1.18, 存在非负可测的简单函数列 $f_k \nearrow f$, 由引理 5.2, 只要证 $f_k \in F$.

(3) 设 f 是 $\mathbf{R}^{n+m}$ 上非负可测的简单函数, 对于 $\mathbf{R}^{n+m}$ 可作分解: $\mathbf{R}^{n+m}=\bigcup\limits_{k=1}^{\infty}E_k$, 式中 $\{E_k\}$ 是递增可测集列, 且 $\mu(E_k)<\infty$. 例如 E_k 可取为以坐标原点为球心, k 为半径的球 $B(0,k)$. 令 $f_k=f\varphi_{E_k}$, 式中 φ_{E_k} 为 E_k 的特征函数, 则 $f_k\nearrow f$. 由引理 5.2, 只要证 $f_k\in F$. 所以, 不妨设 f 是 E 上非负可测的简单函数, 其中 E 是 $\mathbf{R}^{n+m}$ 中测度有限的可测集. 于是, f 可表示为

$$f=\sum_{j=1}^{N}c_j\varphi_{E_j},$$

式中 $E=\bigcup\limits_{j=1}^{N}E_j$, $\{E_j\}$ 是 E 中互不相交的可测集, 且所有的 $\mu(E_j)<\infty$.

由引理 5.1, 只要证 $\varphi_{E_j}\in F$.

(4) 所以定理 5.1 归结为对 $\mathbf{R}^{n+m}$ 中的可测集 E, $\mu(E)<\infty$, 证 E 的特征函数 $\varphi_E\in F$.

下面对可测集 E 再进行简化.

(5) 设 E 可测, 由第三章定理 2.13, $E=G_\delta-A$, 式中 $G_\delta=\bigcap\limits_{k=1}^{\infty}G_k$ (G_k 为开集), $\mu(A)=0$. 因为 $A\subset G_\delta$, 由第一章定理 2.7, $\varphi_E=\varphi_{G_\delta}-\varphi_A$, 由引理 5.1, 只要分别证 $\varphi_A\in F$, $\varphi_{G_\delta}\in F$. 但由引理 5.3, $\varphi_A\in F$. 所以, 只要证 $\varphi_{G_\delta}\in F$.

(6) 定理 5.1 归结为证 $\varphi_{G_\delta}\in F$. 因为 $G_\delta=\bigcap\limits_{k=1}^{\infty}G_k$ (G_k 为开集), 令 $A_k=\bigcap\limits_{j=1}^{k}G_j$, 则 A_k 为开集且 $A_k\searrow G_\delta$, 从而相应的特征函数 $\varphi_{A_k}\searrow\varphi_{G_\delta}$. 所以, 由引理 5.2 只要证 $\varphi_{A_k}\in F$.

(7) 定理 5.1 归结为当 $E=G$ (开集), 且 $\mu(G)<\infty$ 时, 证 $\varphi_G\in F$.

由开集 G 的分解定理 (第二章定理 3.2), $G=\bigcup\limits_{k=1}^{\infty}Q_k$, 式中 Q_k 为方体, 且 $\mathring{Q}_k\cap\mathring{Q}_j=\varnothing$ $(k\neq j)$. 令 $G_k=\bigcup\limits_{j=1}^{k}Q_j$. 则 $G_k\nearrow G$, 从而 $\varphi_{G_k}\nearrow\varphi_G$, 由引理 5.2, 只要证 $\varphi_{G_k}\in F$. 又因为 $\varphi_{G_k}=\sum\limits_{j=1}^{k}\varphi_{Q_j}$, 由引理 5.1, 只要证 $\varphi_{Q_j}\in F$.

(8) 定理 5.1 归结为当 E 是 $\mathbf{R}^{n+m}$ 中部分开区间, 即 $E=\mathring{Q}\cup A_0$, 式中 $\mathring{Q}$ 为 $\mathbf{R}^{n+m}$ 中区间的内部, A_0 在 Q 的边界 ∂Q 上, 证 $\varphi_E\in F$. 事实上, 因为 $\mathring{Q}\cap A_0=\varnothing$, 所以 $\varphi_E=\varphi_{\mathring{Q}}+\varphi_{A_0}$. 由引理 5.1, 问题又归结为分别证明 $\varphi_{\mathring{Q}}\in F$ 和 $\varphi_{A_0}\in F$.

(9) 证 $\varphi_{A_0}\in F$, 因为 $A_0\subset\partial Q$, 而 $\mu(\partial Q)=0$, 所以由引理 5.3, $\varphi_{A_0}\in F$.

(10) 最后, 定理 5.1 归结为当 E 是有界开区间 Q 时, 证 $\varphi_Q\in F$. 为此, 令

$Q = Q_1 \times Q_2$, 式中 Q_1, Q_2 分别是 $\mathbf{R}^n$, $\mathbf{R}^m$ 中的开区间. 于是

$$\mu(Q) = \mu(Q_1) \cdot \mu(Q_2). \tag{5.12}$$

令

$$h(x) = \int \varphi_Q(x, y)\mathrm{d}y, \tag{5.13}$$

则

$$h(x) = \begin{cases} \mu(Q_2), & \text{若 } x \in Q_1, \\ 0, & \text{若 } x \notin Q_1, \end{cases}$$

从而

$$\begin{aligned} \int_{\mathbf{R}^n} \left(\int_{\mathbf{R}^m} \varphi_Q(x, y)\mathrm{d}y \right) \mathrm{d}x &= \int h(x)\mathrm{d}x = \int_{Q_1} \mu(Q_2)\mathrm{d}x \\ &= \mu(Q_2)\mu(Q_1) = \mu(Q) = \int \varphi_Q \mathrm{d}x\mathrm{d}y, \end{aligned}$$

这表明 $\varphi_Q \in F$. 证毕.

我们从定理 5.1 已证明, 当 $f \in L(\mathbf{R}^{n+m})$ 时, 对 $a.e.x \in \mathbf{R}^n$, $f(x, y)$ 是 y 的可测函数. 我们下面进一步证明, f 可积的条件可减弱为 f 在 $\mathbf{R}^{n+m}$ 上可测. 为此, 先定义:

定义 5.2 设 E 为 $\mathbf{R}^{n+m}$ 中可测集, 则

$$E_x = \{y \in \mathbf{R}^m : (x, y) \in E\} \tag{5.14}$$

称为 E 在 x 的**截集**, 而

$$E^y = \{x \in \mathbf{R}^n : (x, y) \in E\} \tag{5.15}$$

称为 E 在 y 的**截集**. 记 $E(\alpha) = \{(x, y) \in \mathbf{R}^{n+m} : f(x, y) > \alpha\}$.

定理 5.2 设 f 在 $\mathbf{R}^{n+m}$ 上可测, 则对于 $a.e.x \in \mathbf{R}^n$, $f(x, y)$ 是 y 的可测函数; 而对于 $a.e.y \in \mathbf{R}^m$, $f(x, y)$ 是 x 的可测函数. 特别地, 若 $E \subset \mathbf{R}^{n+m}$ 是可测集, 则对于 $a.e.x \in \mathbf{R}^n$, E_x 是 $\mathbf{R}^m$ 中可测子集, 而对于 $a.e.y \in \mathbf{R}^m$, E^y 是 $\mathbf{R}^n$ 中可测子集.

证 设 $f = \varphi_E$ (E 的特征函数), 由第四章习题 1.3, 对于 $a.e.x \in \mathbf{R}^n$, f 是 y 的可测函数的充要条件是 E_x 为 $\mathbf{R}^m$ 中的可测子集. 再由第三章定理 2.13, $E = H \cup B$, 式中 H 为 $\mathbf{R}^{n+m}$ 中 F_σ 型集, 而 $\mu(B) = 0$, 所以 $E_x = H_x \cup B_x$, 式中 H_x 为 $\mathbf{R}^m$ 中 F_σ 型集. 于是由引理 5.3, 对 $a.e.x \in \mathbf{R}^n$, $\mu(B_x) = 0$.

若 f 是 $\mathbf{R}^{n+m}$ 中任一可测函数, 则对于 $\forall \alpha \in \mathbf{R}^1$, $E(\alpha)$ 是 $\mathbf{R}^{n+m}$ 中可测子

集, 从而对于 $a.e.x \in \mathbf{R}^n$, $E(\alpha)_x$ 是 $\mathbf{R}^m$ 中可测子集. 将不满足上述条件的 x 构成的集记为 A_α, 则 $\mu(A_\alpha)=0$. 取 α 为有理数 r, 并令 $A=\bigcup_r A_r$, 则 $\mu(A)=0$. 所以, 对于 $\forall x \notin A$ 及所有有理数 r, $E(r)_x$ 为可测集. 再利用有理数集在实数集中的稠密性和第四章定理 1.2, 对 $\forall \alpha \in \mathbf{R}^1$, $\forall x \notin A$, $\{y \in \mathbf{R}^m : f(x,y)>\alpha\}$ 是可测集, 即对于 $a.e.x \in \mathbf{R}^n$, $f(x,y)$ 是 y 的可测函数. 对 E^y 可作类似的证明. 证毕.

下面将 Fubini 定理 5.1 推广到定义在 $\mathbf{R}^{n+m}$ 的子集 E 上的函数上去.

定理 5.3 (Fubini) 设 E 是 $\mathbf{R}^{n+m}$ 的可测子集, $f(x,y)$ 是 E 上的可测函数, 则

(1) 对于 $a.e.x \in \mathbf{R}^n$, $f(x,y)$ 是 E_x 上 y 的可测函数;

(2) 对于 $a.e.y \in \mathbf{R}^m$, $f(x,y)$ 是 E^y 上 x 的可测函数;

(3) 若 $f \in L(E)$, 则对于 $a.e.x \in \mathbf{R}^n$, $f(x,\cdot) \in L(E_x)$, $\int_{E_x} f(x,y)\mathrm{d}y$ 是 x 的可积函数, 而且

$$\int_E f=\int_{\mathbf{R}^n}\left(\int_{E_x} f(x,y)\mathrm{d}y\right)\mathrm{d}x; \tag{5.16}$$

(4) 若 $f \in L(E)$, 则对于 $a.e.y \in \mathbf{R}^m$, $f(\cdot,y) \in L(E^y)$, $\int_{E^y} f(x,y)\mathrm{d}x$ 是 y 的可积函数, 而且

$$\int_E f=\int_{\mathbf{R}^m}\left(\int_{E^y} f(x,y)\mathrm{d}x\right)\mathrm{d}y. \tag{5.17}$$

证 (1) 令

$$\tilde{f}(x,y)=\begin{cases} f(x,y), & (x,y)\in E, \\ 0, & (x,y)\notin E, \end{cases}$$

因为 f 在 E 上可测, 所以, $\tilde{f}$ 在 $\mathbf{R}^{n+m}$ 上可测. 由定理 5.2, 对于 $a.e.x \in \mathbf{R}^n$, $\tilde{f}(x,y)$ 是 y 的可测函数, 而且对于 $a.e.x \in \mathbf{R}^n$, E_x 是可测集, 从而, $f(x,y)$ 是 E_x 上 y 的可测函数.

(3) 若 $f \in L(E)$, 则 $\tilde{f} \in L(\mathbf{R}^{n+m})$, 由定理 5.1, 有

$$\int_E f=\int_{\mathbf{R}^{n+m}}\tilde{f}=\int_{\mathbf{R}^n}\left(\int_{\mathbf{R}^m}\tilde{f}\mathrm{d}y\right)\mathrm{d}x. \tag{5.18}$$

另一方面, 对于 $a.e.x \in \mathbf{R}^n$, E_x 是可测集, 由定理 5.1, 对于 $a.e.x \in \mathbf{R}^n$, 有

$$\int_{\mathbf{R}^m}\tilde{f}\mathrm{d}y=\int_{E_x} f\mathrm{d}y. \tag{5.19}$$

于是, 从 (5.18) 与 (5.19) 即得 (5.16).

(2)、(4) 的证明与上述类似. 证毕.

二、Fubini 定理的逆命题

例 5.2 与例 5.3 表明, 在一般情形下, Fubini 定理的逆命题并不成立, 但对于非负函数 f, Fubini 定理的逆命题仍成立, 即

定理 5.4 (Tonelli) 设 f 是 $\mathbf{R}^{n+m}$ 上非负可测函数, 则

$$\int_{\mathbf{R}^{n+m}} f=\int_{\mathbf{R}^n}\int_{\mathbf{R}^m} f(x,y)\mathrm{d}y\mathrm{d}x=\int_{\mathbf{R}^m}\int_{\mathbf{R}^n} f(x,y)\mathrm{d}x\mathrm{d}y. \tag{5.20}$$

(5.20) 式作如下理解: 三个积分式中任何一个是无穷的, 可推出另外两个也无穷, 而从任何一个的有限性可推出另外两个的有限性, 并且这三个积分相等.

证 设 $\{f_k\}$ 是 $\mathbf{R}^{n+m}$ 上非负递增可积函数列, 且 $f_k\to f$ *a.e.* 例如可取

$$f_k=\min\{f,k\}\varphi_{Q_k}, \tag{5.21}$$

式中 φ_{Q_k} 为 Q_k 的特征函数, 而 $Q_k=Q_1(0,k)\times Q_2(0,k)$, 其中 $Q_1(0,k)$, $Q_2(0,k)$ 分别表示 $\mathbf{R}^n$, $\mathbf{R}^m$ 中边长为 $2k$ 且中心在原点的开区间. 对每个 f_k 用 Fubini 定理, 并注意到在 $\mathbf{R}^n$ 的一个零子集 A_k 的外面, $\int_{\mathbf{R}^m} f_k\mathrm{d}y$ 是有定义的, 而且

$$\int_{\mathbf{R}^{n+m}} f_k\mathrm{d}x\mathrm{d}y=\int_{\mathbf{R}^n}\left(\int_{\mathbf{R}^m} f_k(x,y)\mathrm{d}y\right)\mathrm{d}x. \tag{5.22}$$

令 $A=\bigcup\limits_{k=1}^{\infty}A_k$, 则 $\mu(A)=0$, 于是, 对 $x\in\mathbf{R}^n-A$, 由定理 3.3 (Levi 单调收敛定理), 得到

$$\lim_{k\to\infty}\int_{\mathbf{R}^m} f_k\mathrm{d}y=\int_{\mathbf{R}^m} f\mathrm{d}y.$$

于是, 再次利用 Levi 单调收敛定理, 得到

$$\lim_{k\to\infty}\int_{\mathbf{R}^n}\left(\int_{\mathbf{R}^m} f_k\mathrm{d}y\right)\mathrm{d}x=\int_{\mathbf{R}^n}\left(\int_{\mathbf{R}^m} f\mathrm{d}y\right)\mathrm{d}x. \tag{5.23}$$

同理, 有

$$\lim_{k\to\infty}\int_{\mathbf{R}^{n+m}} f_k\mathrm{d}x\mathrm{d}y=\int_{\mathbf{R}^{n+m}} f\mathrm{d}x\mathrm{d}y. \tag{5.24}$$

于是从 (5.22)、(5.23) 和 (5.24), 得出

$$\int_{\mathbf{R}^{n+m}} f\mathrm{d}x\mathrm{d}y = \int_{\mathbf{R}^n}\left(\int_{\mathbf{R}^m} f\mathrm{d}y\right)\mathrm{d}x.$$

另一等式可类似推得. 证毕.

推论 5.5 设 E 是 $\mathbf{R}^{n+m}$ 中可测集, 则

$$\mu(E) = \int_{\mathbf{R}^n}\mu(E_x)\mathrm{d}x = \int_{\mathbf{R}^m}\mu(E^y)\mathrm{d}y. \tag{5.25}$$

特别地, $\mu(E)=0 \Leftrightarrow \mu(E_x)=0\ a.e.x\in\mathbf{R}^n \Leftrightarrow \mu(E^y)=0\ a.e.y\in\mathbf{R}^m$.

证 注意到对每个固定的 $x\in\mathbf{R}^n$, $\varphi_E(x,y)\neq 0 \Leftrightarrow \varphi_{E_x}(y)\neq 0$. 由定理 5.4, 有

$$\begin{aligned}\mu(E) &= \int_{\mathbf{R}^{n+m}}\varphi_E(x,y)\mathrm{d}x\mathrm{d}y\\ &= \int_{\mathbf{R}^n}\left(\int_{\mathbf{R}^m}\varphi_{E_x}(y)\mathrm{d}y\right)\mathrm{d}x\\ &= \int_{\mathbf{R}^n}\mu(E_x)\mathrm{d}x.\end{aligned}$$

另一等式可类似证明. 证毕.

推论 5.5 表明, 可利用低维的截集 E_x 和 E^y 来计算高维点集 E 的测度.

推论 5.6 设 A 是 $\mathbf{R}^n$ 中可测集, B 是 $\mathbf{R}^m$ 中可测集, 则 $E=A\times B$ 是 $\mathbf{R}^{n+m}$ 中可测集, 而且

$$\mu(A\times B)=\mu(A)\times\mu(B). \tag{5.26}$$

证 因为 $E_x=\begin{cases}B, & x\in A,\\ \varnothing, & x\notin A,\end{cases}$ 从 (5.25), 有 $\mu(E)=\displaystyle\int_A\mu(B)\mathrm{d}x=\mu(B)\mu(A)$. 证毕.

注 5.1 (1.28) 是 (5.26) 的特殊情形, 从而也说明了定义 (1.28) 的合理性.

三、抽象 Fubini 定理

Fubini 定理可推广到一般的测度空间中去, 我们称之为抽象 Fubini 定理. 这时只要分别将 $\mathbf{R}^n$, $\mathbf{R}^m$ 换成 (X,Σ_1,μ_1) 和 (Y,Σ_2,μ_2). 而 $X\times Y=\{(x,y): x\in X, y\in Y\}$ 称为 X 与 Y 的直积或笛卡儿乘积.

定义 5.3 设 (X,Σ_1,μ_1), (Y,Σ_2,μ_2) 为两个测度空间, 若 $A\in\Sigma_1$, $B\in\Sigma_2$, 则 $A\times B$ 称为 $X\times Y$ 的**可测矩形**. 包含 $X\times Y$ 的所有可测矩形的子集族的最小 σ 代数, 称为**乘积 σ 代数**, 记为 $\Sigma_1\times\Sigma_2$. 设 $E\subset X\times Y$, 则

$$E_x = \{y \in Y : (x, y) \in E\}, \quad x \in X \tag{5.27}$$

称为 E 在 x 的**截集**, 而

$$E^y = \{x \in X : (x, y) \in E\}, \quad y \in Y \tag{5.28}$$

称为 E 在 y 的**截集**.

下面, 我们只叙述与 $\mathbf{R}^n$ 中相平行的基本结果而略去其证明.

定理 5.7　设 (X, Σ_1, μ_1), (Y, Σ_2, μ_2) 是 σ 有限的测度空间, $E \in \Sigma_1 \times \Sigma_2$, 则对于 $\forall x \in X$, $\mu_2(E_x)$ 是 (X, Σ_1, μ_1) 上可测函数, 而对于 $\forall y \in Y$, $\mu_1(E^y)$ 是 (Y, Σ_2, μ_2) 上可测函数, 而且成立

$$\int_X \mu_2(E_x) \mathrm{d}\mu_1 = \int_Y \mu_1(E^y) \mathrm{d}\mu_2. \tag{5.29}$$

我们将 (5.29) 的公共值定义为测度 μ_1 与 μ_2 之积, 记为 $\mu_1 \times \mu_2$, 即

$$(\mu_1 \times \mu_2)(E) = \int_X \mu_2(E_x) \mathrm{d}\mu_1 = \int_Y \mu_1(E^y) \mathrm{d}\mu_2 \tag{5.30}$$

称为**乘积测度**. 应注意的是, 即使 (X, Σ_1, μ_1) 和 (Y, Σ_2, μ_2) 都是完全的测度空间, 它们的乘积测度空间 $(X \times Y, \Sigma_1 \times \Sigma_2, \mu_1 \times \mu_2)$ 也不一定仍为完全的测度空间.

定理 5.8 (Tonelli)　设 (X, Σ_1, μ_1) 和 (Y, Σ_2, μ_2) 是 σ 有限测度空间, f 是 $(X \times Y, \Sigma_1 \times \Sigma_2)$ 上非负广义实值可测函数, 则

(1) $\displaystyle\int_Y f(x, y) \mathrm{d}\mu_2$ 是 (X, Σ_1) 上可测函数, $\displaystyle\int_X f(x, y) \mathrm{d}\mu_1$ 是 (Y, Σ_2) 上可测函数;

(2)
$$\begin{aligned}\int_{X \times Y} f \mathrm{d}(\mu_1 \times \mu_2) &= \int_X \left(\int_Y f(x, y) \mathrm{d}\mu_2 \right) \mathrm{d}\mu_1 \\ &= \int_Y \left(\int_X f(x, y) \mathrm{d}\mu_1 \right) \mathrm{d}\mu_2.\end{aligned} \tag{5.31}$$

定理 5.9 (Fubini)　设 (X, Σ_1, μ_1) 和 (Y, Σ_2, μ_2) 是 σ 有限测度空间, $f \in L(X \times Y, \mu_1 \times \mu_2)$, 则

$$\int_Y f(x, y) \mathrm{d}\mu_2 \in L(X, \mu_1), \quad \int_X f(x, y) \mathrm{d}\mu_1 \in L(Y, \mu_2),$$

且 (5.31) 成立.

推论 5.10　设 (X, Σ_1, μ_1) 和 (Y, Σ_2, μ_2) 是 σ 有限测度空间, $A \subset X$, $B \subset Y$, f 在 $E = A \times B$ 上可测, 若

$$\int_A \left(\int_B |f(x, y)| \mathrm{d}\mu_2(y) \right) \mathrm{d}\mu_1(x) < \infty \tag{5.32}$$

或

$$\int_B \left(\int_A |f(x,y)| \, \mathrm{d}\mu_1(x) \right) \mathrm{d}\mu_2(y) < \infty, \tag{5.33}$$

则

$$\int_A \left(\int_B f(x,y) \mathrm{d}\mu_2(y) \right) \mathrm{d}\mu_1(x) = \int_B \left(\int_A f(x,y) \mathrm{d}\mu_1(x) \right) \mathrm{d}\mu_2(y). \tag{5.34}$$

分析: 例 5.2 表明, (5.34) 两边的累次积分都存在而且相等, 还不能保证重积分存在. 但只要 (5.32) 和 (5.33) 中有一个成立, 就可保证 $f \in L(E)$, 而且成立

$$\begin{aligned}\int_E f(x,y) \mathrm{d}(\mu_1 \times \mu_2)(x,y) &= \int_A \left(\int_B f(x,y) \mathrm{d}\mu_2(y) \right) \mathrm{d}\mu_1(x) \\ &= \int_B \left(\int_A f(x,y) \mathrm{d}\mu_1(x) \right) \mathrm{d}\mu_2(y). \end{aligned} \tag{5.35}$$

证 设 (5.32) 成立, 记

$$M = \int_A \left(\int_B f(x,y) \mathrm{d}\mu_2(y) \right) \mathrm{d}\mu_1(x),$$

令

$$f_n(x,y) = \min\{|f(x,y)|, n\}, \quad \mu = \mu_1 \times \mu_2,$$

则 f_n 在 E 上有界可测, 从而 $f_n \in L(E)$. 由 Fubini 定理, 有

$$\int_E f_n(x,y) \mathrm{d}\mu = \int_A \left(\int_B f_n(x,y) \mathrm{d}\mu_2(y) \right) \mathrm{d}\mu_1(x) \leqslant M. \tag{5.36}$$

又因为 f_n 是 E 上非负递增序列, 且 *a.e.* 收敛于 $|f(x,y)|$, 由 Levi 单调收敛定理和 (5.36), 有

$$\int_E f(x,y) \mathrm{d}\mu = \lim_{n \to \infty} \int_E f_n(x,y) \mathrm{d}\mu \leqslant M,$$

即 $f \in L(E)$. 由定理 5.9, 就得到 (5.35). 证毕.

四、Fubini 定理的应用举例

在两个 σ 有限测度空间的完全乘积测度空间中, 即使 $f(x,y)$ 分别作为 x, y 的函数是可测的, 但作为 x, y 的二元函数并不一定可测, 但在 $\mathbf{R}^n$ 中, 我们有以下结果:

定理 5.11 设 f 是 $\mathbf{R}^n$ 上可测函数, 则 $f(x-y)$ 是 $\mathbf{R}^n \times \mathbf{R}^n = \mathbf{R}^{2n}$ 上可测函数.

证　因为 f 是 $\mathbf{R}^n$ 上可测函数, 即对 $\forall\alpha\in\mathbf{R}^1$, $A=\{z\in\mathbf{R}^n: f(z)>\alpha\}$ 是 $\mathbf{R}^n$ 中可测集, 我们要证对 $\forall\alpha\in\mathbf{R}^1$, $E=\{(x,y)\in\mathbf{R}^n\times\mathbf{R}^n: f(x-y)>\alpha\}$ 是 $\mathbf{R}^{2n}$ 中可测集. 为此, 令 $g(x,y)=x-y$, 并注意到 $E=\{(x,y)\in\mathbf{R}^n\times\mathbf{R}^n: x-y\in A\}=g^{-1}(A)$, 于是只要证 $g^{-1}(A)$ 是 $\mathbf{R}^{2n}$ 中可测集.

我们分三种情形进行讨论:

(1) 若 A 为 $\mathbf{R}^n$ 中 Borel 集, 由于 $g:\mathbf{R}^{2n}\to\mathbf{R}^n$ 是连续映射, 于是 $g^{-1}(A)$ 为 $\mathbf{R}^{2n}$ 中 Borel 集 (参考第四章习题 1.1), 从而 $g^{-1}(A)$ 是可测集.

(2) 若 A 是 $\mathbf{R}^n$ 中任一零集, 即 $\mu(A)=0$, 由第三章 §2 习题 2.9, 存在 G_δ 型集 $G_\delta\supset A$, 使得 $\mu(G_\delta)=\mu^*(A)$, 于是 $\mu(G_\delta)=0$. 令 $B=g^{-1}(G_\delta)$, 则 B 的特征函数 φ_B 是 $\mathbf{R}^{2n}$ 上非负可测函数, 且由定理 5.4 及 $\mu\{G_\delta+\{y\}\}=\mu(G_\delta)=0$, 有

$$\begin{aligned}\mu(B)&=\int_{\mathbf{R}^{2n}}\varphi_B\mathrm{d}x\mathrm{d}y=\int_{\mathbf{R}^n}\left(\int_{\mathbf{R}^n}\varphi_B(x,y)\mathrm{d}y\right)\mathrm{d}x\\&=\int_{\mathbf{R}^n}\left(\int_{G_\delta+\{y\}}\mathrm{d}x\right)\mathrm{d}y=\int_{\mathbf{R}^n}\mu(G_\delta+\{y\})\mathrm{d}y=0.\end{aligned}$$

再从 $G_\delta\supset A$ 可知 $g^{-1}(A)\subset g^{-1}(G_\delta)$, 因此 $\mu(g^{-1}(A))=0$, 从而 $g^{-1}(A)$ 可测.

(3) 设 A 是 $\mathbf{R}^n$ 中任一可测集, 则由第三章定理 2.13, 存在 F_σ 型集 $F_\sigma\subset A$, 使得 $\mu(A-F_\sigma)=0$. 因为 F_σ 型集 F_σ 为 Borel 集, 从 (1) 知 $g^{-1}(F_\sigma)$ 是可测集, 又从 (2), $g^{-1}(A-F_\sigma)$ 可测. 从而 $g^{-1}(A)=g^{-1}(F_\sigma)\cup g^{-1}(A-F_\sigma)$ 是可测集. 证毕.

定义 5.4　设 f, g 是 $\mathbf{R}^n$ 上可测函数, 若对 $a.e.x\in\mathbf{R}^n$, 积分

$$\int_{\mathbf{R}^n}f(x-y)g(y)\mathrm{d}y$$

存在, 则

$$(f*g)(x)=\int_{\mathbf{R}^n}f(x-y)g(y)\mathrm{d}y$$

称为 f 与 g 的卷积.

定理 5.12　设 f, $g\in L(\mathbf{R}^n)$, 则 $(f*g)(x)$ 对 $a.e.x\in\mathbf{R}^n$ 存在, 而且

$$\int_{\mathbf{R}^n}|(f*g)(x)|\mathrm{d}x\leqslant\left(\int_{\mathbf{R}^n}|f(x)|\mathrm{d}x\right)\left(\int_{\mathbf{R}^n}|g(x)|\mathrm{d}x\right).$$

证　(1) 先设 f, $g\geqslant 0$, 由定理 5.11, $f(x-y)g(y)$ 在 $\mathbf{R}^n\times\mathbf{R}^n$ 上可测, 于是由定理 5.4,

$$\int_{\mathbf{R}^n}(f*g)(x)\mathrm{d}x=\int_{\mathbf{R}^n}\left(\int_{\mathbf{R}^n}f(x-y)g(y)\mathrm{d}y\right)\mathrm{d}x$$

$$= \int_{\mathbf{R}^n} g(y) \left(\int_{\mathbf{R}^n} f(x-y) \mathrm{d}x \right) \mathrm{d}y$$
$$= \left(\int_{\mathbf{R}^n} f(x) \mathrm{d}x \right) \left(\int_{\mathbf{R}^n} g(y) \mathrm{d}y \right).$$

(2) 对一般的 f, g, 有

$$\int_{\mathbf{R}^n} (f * g)(x) \mathrm{d}x \leqslant \int_{\mathbf{R}^n} (|f| * |g|)(x) \mathrm{d}x$$
$$= \left(\int_{\mathbf{R}^n} |f(x)| \mathrm{d}x \right) \left(\int_{\mathbf{R}^n} |g(x)| \mathrm{d}x \right).$$

证毕.

推论 5.13 设 f, g 是 $\mathbf{R}^n$ 上非负可测函数, 则

$$\int_{\mathbf{R}^n} (f * g)(x) \mathrm{d}x = \left(\int_{\mathbf{R}^n} f(x) \mathrm{d}x \right) \left(\int_{\mathbf{R}^n} g(x) \mathrm{d}x \right).$$

定理 5.14 设 (X, Σ, μ) 是 σ 有限的完全测度空间, $E \in \Sigma$, f 是 E 上可测函数, 记

$$E_\alpha = \{x \in E : |f(x)| > \alpha\} \quad (\alpha > 0),$$

$\omega(\alpha) = \mu(E_\alpha)$ 称为 f 的分布函数. 则对于 $0 < p < \infty$, 成立

$$\int_E |f(x)|^p \mathrm{d}\mu = p \int_0^\infty \alpha^{p-1} \omega(\alpha) \mathrm{d}\alpha.$$

证 由 Fubini 定理, 有

$$p \int_0^\infty \alpha^{p-1} \omega(\alpha) \mathrm{d}\alpha = p \int_0^\infty \alpha^{p-1} \left(\int_E \varphi_{E_\alpha}(x) \mathrm{d}\mu \right) \mathrm{d}\alpha$$
$$= p \int_E \left(\int_0^\infty \alpha^{p-1} \varphi_{E_\alpha}(x) \mathrm{d}\alpha \right) \mathrm{d}\mu$$
$$= p \int_E \left(\int_0^{|f|} \alpha^{p-1} \mathrm{d}\alpha \right) \mathrm{d}\mu = \int_E |f|^p \mathrm{d}\mu.$$

证毕.

例 5.4 设 $D = [a, b] \times [a, b]$, $f \in L(D)$, 则

$$\int_a^b \left(\int_a^x f(x, y) \mathrm{d}y \right) \mathrm{d}x = \int_a^b \left(\int_y^b f(x, y) \mathrm{d}x \right) \mathrm{d}y.$$

证 令 $A = \{(x, y) : y \leqslant x\}$, 利用 Fubini 定理, 得到

$$\int_a^b \left(\int_a^x f(x,y)\mathrm{d}y\right)\mathrm{d}x = \int_a^b \left(\int_a^b f(x,y)\varphi_A(x,y)\mathrm{d}y\right)\mathrm{d}x$$
$$= \int_a^b \left(\int_a^b f(x,y)\varphi_A(x,y)\mathrm{d}x\right)\mathrm{d}y$$
$$= \int_a^b \left(\int_y^b f(x,y)\mathrm{d}x\right)\mathrm{d}y.$$

证毕.

定理 5.15 设 $f \in L(\mathbf{R}^1)$, $|g(x)| \leqslant M\ a.e.x \in \mathbf{R}^1$, 则 $F = f * g$ 在 $\mathbf{R}^1$ 上一致连续.

证
$$|F(x+h)-F(x)| = \left|\int_{\mathbf{R}^1} (f(x+h-y)-f(x-y))\,g(y)\mathrm{d}y\right|$$
$$\leqslant \int_{\mathbf{R}^1} |f(x+h-y)-f(x-y)|\cdot|g(y)|\,\mathrm{d}y$$
$$\leqslant M\int_{\mathbf{R}^1} |f(x+h-y)-f(x-y)|\,\mathrm{d}y$$
$$\xlongequal{(u=x-y)} M\int_{\mathbf{R}^1} |f(u+h)-f(u)|\,\mathrm{d}u \to 0\ (|h|\to 0).$$

证毕.

五、广义测度与 $R-N$ 导数

我们在 §3 定理 3.19 中证明了, 若 (X,Σ,μ) 是测度空间, $E \in \Sigma$, f 是 E 上非负可测函数, 则集函数 $\nu(E) = \int_E f\mathrm{d}\mu$ 是 (X,Σ) 上的一个测度. 对一般的可积函数 f, 利用 $f = f^+ - f^-$, 可令 $\nu_1(E) = \int_E f^+\mathrm{d}\mu$, $\nu_2(E) = \int_E f^-\mathrm{d}\mu$. 于是可定义

$$\nu(E) = \int_E f\mathrm{d}\mu = \int_E f^+\mathrm{d}\mu - \int_E f^-\mathrm{d}\mu = \nu_1(E) - \nu_2(E). \tag{5.37}$$

由于在 (5.37) 式中的 $\nu(E)$ 不一定是非负的, 所以, $\nu(E)$ 不一定是第三章中定义的测度, 于是, 需要将测度的概念进一步推广, 下面就是它的一种推广.

定义 5.5 设 (X,Σ) 是可测空间, 若定义在 Σ 上的广义集函数 $\mu : \Sigma \to [-\infty,\infty]$ 满足:

(1) $\mu(\varnothing) = 0$;

(2) μ 可取 ∞ 或 $-\infty$, 但至多取其中的一个 (例如可规定 $-\infty < \mu(E) \leqslant \infty$);

(3) μ 是可数可加的, 即对于 Σ 中任意互不相交的集列 $\{A_n\}$, 有

$$\mu\left(\bigcup_{n=1}^{\infty} A_n\right) = \sum_{n=1}^{\infty} \mu(A_n),$$

式中规定, 当 $\mu\left(\bigcup\limits_{n=1}^{\infty} A_n\right)$ 是有限值时, $\sum\limits_{n=1}^{\infty} \mu(A_n)$ 绝对收敛, 则称 μ 是 (X,Σ) 上的**广义测度** (或**带符号测度**), (X,Σ,μ) 称为**广义测度空间**.

根据定义 5.5, 由 (5.37) 定义的 ν 就是一个广义测度, 这时只要求 $\nu_1(E)$ 与 $\nu_2(E)$ 中至少一个取有限值就行了.

定义 5.6 设 μ 是可测空间 (X,Σ) 上的广义测度, $E \in \Sigma$, 若对 $\forall A \in \Sigma$, 且 $A \subset E$, 都有 $\mu(A) \geqslant 0$, 则称 E 是 μ **正集**; 若 $\mu(A) > 0$, 则称 E 是 μ **严格正集**; 若 $\mu(A) \leqslant 0$ (或 $\mu(A) < 0$) 则称 E 是 μ **负集** (或 μ **严格负集**); 若 E 既是 μ 正集, 又是 μ 负集, 则称 E 是 μ 零集. 在不致引起混淆时, 我们也分别简称为正集、负集、严格正集、严格负集.

定理 5.16 设 μ 是可测空间 (X,Σ) 上的广义测度, 则对于 $\forall E \in \Sigma$, E 具有有限负测度, 即 $-\infty < \mu(E) < 0$, 都存在 μ 负集 $A \subset E$, 而且 $\mu(A) < 0$.

证 若 E 是负集, 则只要取 $A = E$, 否则, 若 E 包含有正测度的子集, 即存在 E 的可测子集 B_1, 使得 $\mu(B_1) > \dfrac{1}{n}$. 用 n_1 表示存在 E 的可测子集 E_1, 使得 $\mu(E_1) > \dfrac{1}{n}$ 成立的最小正整数, 即 $n_1 = \min\left\{n : \mu(E_1) > \dfrac{1}{n}, E_1 \subset E\right\}$. 因为 E_1 与 $E - E_1$ 互不相交, 由定义 5.5, 有 $\mu(E) = \mu(E_1) + \mu(E - E_1)$. 又因为 $\mu(E)$ 是有限的, 所以, $\mu(E_1)$ 与 $\mu(E - E_1)$ 也是有限的. 于是, 从 $\mu(E) < 0$ 和 $\mu(E_1) > 0$ 得到 $\mu(E - E_1) = \mu(E) - \mu(E_1) < 0$.

若 $E - E_1$ 是负集, 则只要取 $A = E - E_1$, 定理得证. 否则, 若 $E - E_1$ 仍包含有正测度的子集, 即存在 $E - E_1$ 的可测子集 B_2, 使得 $\mu(B_2) > \dfrac{1}{n}$. 用 n_2 表示存在 $E - E_1$ 的可测子集 E_2, 使得 $\mu(E_2) > \dfrac{1}{n}$ 成立的最小正整数, 即令 $n_2 = \min\left\{n : \mu(E_2) > \dfrac{1}{n}, E_2 \subset E - E_1\right\}$. 同理可证 $\mu(E - (E_1 \cup E_2)) = \mu(E) - \mu(E_1) - \mu(E_2) < 0$.

继续这个步骤, 若到某一步, 存在 E 上的负子集 A, 使 $\mu(A) < 0$, 则定理得证. 否则, 存在 E 的互不相交的可测子集列 $\{E_k\}$ 和数列 $\{n_k\}$, 使得对 $\forall k$, $\dfrac{1}{n_k} < \mu(E_k) < \infty$. 令 $A = E - \bigcup\limits_{k=1}^{\infty} E_k$, 则

$$\mu(E) = \mu(A) + \mu\left(\bigcup_{k=1}^{\infty} E_k\right) = \mu(A) + \sum_{k=1}^{\infty} \mu(E_k) > \mu(A) + \sum_{k=1}^{\infty} \frac{1}{n_k}.$$

由 $\mu(E)$ 的有限性知 $\mu(A)$ 也有限, 且 $\sum\limits_{k=1}^{\infty}\dfrac{1}{n_k}<\infty$. 所以 $\mu(A)<\mu(E)-\sum\limits_{k=1}^{\infty}\dfrac{1}{n_k}<0$. 剩下只要证 A 是负集. 对 $\forall B\in\Sigma$, $B\subset A$ 和 $\forall m\in\mathbf{N}$, 有 $B\subset A\subset E-\bigcup\limits_{k=1}^{m}E_k$. 根据对 $\{n_k\}$ 的构造, 有 $\mu(B)\leqslant\dfrac{1}{n_m}$. 令 $n_m\to\infty$, 得 $\mu(B)\leqslant 0$, 所以, A 是负集. 证毕.

推论 5.17 设 (X,Σ,μ) 是一个测度空间, μ 是广义测度, 则对于 $\forall E\in\Sigma$, $0<\mu(E)<\infty$, 都存在子集 $A\subset E$, 使得 $\mu(A)>0$.

定理 5.18 (Hahn 分解) 设 μ 是可测空间 (X,Σ) 上的广义测度, 则存在 X 中的正集 A 和负集 B, 使得

$$X=A\cup B,\quad A\cap B=\varnothing.$$

证 不妨设 μ 不取 $-\infty$ (否则可考虑 $-\mu$). 令

$$\alpha=\inf\{\mu(B):B\text{ 为负集}\},\tag{5.38}$$

则存在负集列 $\{B_n\}$, 使得 $\lim\limits_{n\to\infty}\mu(B_n)=\alpha$. 记 $B=\bigcup\limits_{n=1}^{\infty}B_n$, 则 B 仍为负集, 而且 $\alpha\leqslant\mu(B)$. 另一方面, 因为 B 为负集, 所以, 对 $\forall n$, $\mu(B-B_n)\leqslant 0$, 从而 $\mu(B)=\mu(B_n)+\mu(B-B_n)\leqslant\mu(B_n)$. 令 $n\to\infty$, 得 $\mu(B)\leqslant\alpha$. 于是, $\mu(B)=\alpha$. 令 $A=X-B$, 剩下只要证明 A 为正集. 用反证法, 若存在 $A_1\subset A$, 使得 $-\infty<\mu(A_1)<0$. 于是由定理 5.16, 必存在负集 $D\subset A_1$, 且 $\mu(D)<0$. 因为 D 与 B 互不相交, 且 $D\cup B$ 为负集, 所以 $\mu(D\cup B)=\mu(D)+\mu(B)<\mu(B)=\alpha$, 但这与 (5.38) 相矛盾. 证毕.

注 5.2 上述 Hahn 分解式不是唯一的, 这是因为对于任一非空的零集, 我们总可以将它从 A 中移到 B 中而保持 Hahn 分解不变, 但在下述定理 5.19 的意义下可以说这些分解是唯一的.

定理 5.19 设 μ 是 (X,Σ) 上的广义测度, 若 $X=A_1\cup B_1$, $X=A_2\cup B_2$ 是 X 的两个 Hahn 分解, 则对 $\forall E\in\Sigma$, 有

$$\mu(E\cap A_1)=\mu(E\cap A_2),\tag{5.39}$$

$$\mu(E\cap B_1)=\mu(E\cap B_2).\tag{5.40}$$

证 因为 $E\cap(A_1-A_2)\subset(E\cap A_1)\subset A_1$, 所以 $\mu(E\cap(A_1-A_2))\geqslant 0$. 同理, 从 $E\cap(A_1-A_2)\subset(E\cap B_2)\subset B_2$ 可得 $\mu(E\cap(A_1-A_2))\leqslant 0$. 于是 $\mu(E\cap(A_1-A_2))=0$. 同理可证 $\mu(E\cap(A_2-A_1))=0$. 因为 $A_1\cup A_2=A_1\cup(A_2-A_1)=A_2\cup(A_1-A_2)$, 所以 $\mu(E\cap A_1)=\mu(E\cap(A_1\cup A_2))=\mu(E\cap A_2)$. 同理可证 (5.40) 成立. 证毕.

定义 5.7 设 μ 是 (X,Σ) 上的广义测度, $X=A\cup B$ 是 X 的 Hahn 分解, 对 $\forall E\in\Sigma$, 令

$$\mu^+(E)=\mu(E\cap A), \tag{5.41}$$

$$\mu^-(E)=-\mu(E\cap B), \tag{5.42}$$

$$|\mu|(E)=\mu^+(E)+\mu^-(E), \tag{5.43}$$

则 μ^+, μ^-, $|\mu|$ 分别称为 μ 的**正变差**、**负变差**和**全变差**.

利用定理 5.18 和 5.19, 我们得到广义测度的 Jordan 分解定理:

定理 5.20 设 μ 是 (X,Σ) 上的广义测度, 则对 $\forall E\in\Sigma$, 有

$$\mu(E)=\mu^+(E)-\mu^-(E), \tag{5.44}$$

而且 μ^+ 与 μ^- 中至少有一个是有限测度.

定义 5.8 设 μ_1,μ_2 是可测空间 (X,Σ) 上的测度, 若对 $\forall E\in\Sigma$, 从 $\mu_1(E)=0$ 可推出 $\mu_2(E)=0$, 则称 μ_2 关于 μ_1 **是绝对连续的**, 记为 $\mu_2\ll\mu_1$; 若 μ_1, μ_2 是广义测度, 从 $|\mu_1|(E)=0$ 可推出 $|\mu_2|(E)=0$, 即 $|\mu_2|\ll|\mu_1|$, 则称 μ_2 关于 μ_1 是绝对连续的, 仍记为 $\mu_2\ll\mu_1$.

若存在 $A\in\Sigma$, 使得 $|\mu_1|(A)=0$, 且 $|\mu_2|(X-A)=0$, 则称 μ_2 关于 μ_1 是**奇异的**, 记为 $\mu_2\perp\mu_1$. 若 $\mu_2\ll\mu_1$, 且 $\mu_1\ll\mu_2$, 则称 μ_2 与 μ_1 是**等价的**.

由 (L) 积分的绝对连续性知, 对于 $f\in L(X)$, $E\in\Sigma$, $\nu(E)=\displaystyle\int_E f\mathrm{d}\mu$ 关于 μ 是绝对连续的. 它的逆命题就是下述定理 5.21:

定理 5.21 (Radon–Nikodym) 设 (X,Σ) 是可测空间, μ,ν 是 Σ 上两个 σ 有限广义测度. 若 $\nu\ll\mu$, 则存在 X 上的可测函数 f, 使得对 $\forall E\in\Sigma$, 有

$$\nu(E)=\int_E f\mathrm{d}\mu. \tag{5.45}$$

注 5.3 (5.45) 是 Newton–Leibniz 公式的推广, 通常称 f 是 ν 关于 μ 的$\boldsymbol{R-N}$ **导数**, 记为 $f=\dfrac{\mathrm{d}\nu}{\mathrm{d}\mu}$. $R-N$ 导数具有通常导数的某些性质, (5.45) 中的 f 在 $a.e.$ 意义下是唯一的.

证 (1) 先设 ν 与 μ 都是 Σ 上的有限测度, 令

$$\mathscr{F}=\left\{f: f\ \text{在}\ E\ \text{上非负可测}, \int_E f\mathrm{d}\mu\leqslant\nu(E), \forall E\in\Sigma\right\}. \tag{5.46}$$

因为 $f=0\in\mathscr{F}$, 所以 $\mathscr{F}\neq\varnothing$. 记

$$\alpha=\sup\left\{\int_X f\mathrm{d}\mu: f\in\mathscr{F}\right\}, \tag{5.47}$$

则 $\exists\{f_k\}\subset\mathscr{F}$, 使得

$$\lim_{k\to\infty}\int_X f_k\mathrm{d}\mu=\alpha. \tag{5.48}$$

对 $\forall E\in\Sigma$, 令 $E_1=\{x\in E: f_2(x)>f_1(x)\}$, $E_2=E-E_1$, $g_2=\max\{f_1,f_2\}$, 则 $\int_E g_2\mathrm{d}\mu=\int_{E_1}f_2\mathrm{d}\mu+\int_{E_2}f_1\mathrm{d}\mu\leqslant\nu(E_1)+\nu(E_2)=\nu(E)$, 这表明 $g_2\in\mathscr{F}$. 由归纳法, 可推出

$$g_n=\max_{1\leqslant k\leqslant n}\{f_k\}\in\mathscr{F}. \tag{5.49}$$

令 $f=\sup\limits_n\{f_n\}$, 则 $g_n\nearrow f$, 由 Levi 单调收敛定理, 有

$$\int_E f\mathrm{d}\mu=\lim_{n\to\infty}\int_E g_n\mathrm{d}\mu. \tag{5.50}$$

因为 $g_n\in\mathscr{F}$, 所以

$$\int_E g_n\mathrm{d}\mu\leqslant\alpha. \tag{5.51}$$

另一方面, 由 $\int_X g_n\mathrm{d}\mu\geqslant\int_X f_n\mathrm{d}\mu$, 得到

$$\lim_{n\to\infty}\int_X g_n\mathrm{d}\mu\geqslant\lim_{n\to\infty}\int_X f_n\mathrm{d}\mu=\alpha. \tag{5.52}$$

于是, 从 (5.50) 至 (5.52), 得到

$$\int_E f\mathrm{d}\mu=\lim_{n\to\infty}\int_E g_n\mathrm{d}\mu=\alpha.$$

再由

$$g_n\in\mathscr{F}\Rightarrow\int_E g_n\mathrm{d}\mu\leqslant\nu(E)\Rightarrow\int_E f\mathrm{d}\mu\leqslant\nu(E), \tag{5.53}$$

即 $f\in\mathscr{F}$.

下面证明 (5.53) 中只能成立等号, 即 (5.45) 成立, 为此, 令

$$\lambda(E)=\nu(E)-\int_E f\mathrm{d}\mu,\quad\forall E\in\Sigma, \tag{5.54}$$

则 λ 是 Σ 上有限测度, 且 $\lambda\ll\mu$. 剩下只要证明 λ 为 "零测度". 用反证法, 若存在 $A\in\Sigma$, 使得 $\lambda(A)>0$, 从而 $\lambda(X)\geqslant\lambda(A)>0$. 因为 μ 为 Σ 上的有限测度, 即 $\mu(X)<\infty$, 所以, $\exists\delta>0$, 使得

$$\lambda(X) > \delta\mu(X). \tag{5.55}$$

于是, 得到广义测度 $\lambda_0(E) = \lambda(E) - \delta\mu(E)$. 由 (5.55), $\lambda_0(X) > 0$. 于是, 由定理 5.18, 存在 X 的 Hahn 分解: $X = A \cup A^c$, 式中 A 为正集, A^c 为负集. 从而对 $\forall E \in \Sigma$, 有

$$\lambda_0(E \cap A) = \lambda(E \cap A) - \delta\mu(E \cap A) \geqslant 0. \tag{5.56}$$

令 $B = E \cap A$, 则从 (5.56) 和 (5.54), 得 $\delta\mu(B) \leqslant \lambda(B) = \nu(B) - \int_B f\mathrm{d}\mu$, 从而对于 A 的特征函数 φ_A, 有

$$\begin{aligned}\int_E (f + \delta\varphi_A)\mathrm{d}\mu &= \int_E f\mathrm{d}\mu + \delta\mu(B) \leqslant \int_E f\mathrm{d}\mu + \nu(B) - \int_B f\mathrm{d}\mu \\ &= \int_{E-A} f\mathrm{d}\mu + \nu(E \cap A) \leqslant \nu(E - A) + \nu(E \cap A) = \nu(E).\end{aligned}$$

即 $f + \delta\varphi_A \in \mathscr{F}$, 但因 $\int_X (f + \delta\varphi_A)\mathrm{d}\mu = \int_X f\mathrm{d}\mu + \delta\mu(A) > \int_X f\mathrm{d}\mu = \alpha$, 这与 α 的定义 ((5.47) 式) 相矛盾, 所以 $\lambda \equiv 0$, 即 (5.45) 成立.

(2) 设 ν 与 μ 都是 Σ 上的 σ 有限测度, 于是存在互不相交的集列 $\{A_n\}$, $\{B_n\}$, 使得 $X = \bigcup\limits_{n=1}^{\infty} A_n$, $\mu(A_n) < \infty$ 和 $X = \bigcup\limits_{n=1}^{\infty} B_n$, $\nu(B_n) < \infty$, 于是 $X = \bigcup\limits_{n,j=1}^{\infty} (A_n \cap B_j)$, 将所有非空集 $A_n \cap B_j$ 重新编号, 并改记为 E_k, 即

$$X = \bigcup_{k=1}^{\infty} E_k, \quad E_k \cap E_j = \varnothing \ (k \neq j), \tag{5.57}$$

式中 $\mu(E_k) < \infty$, $\nu(E_k) < \infty$. 令 $\Sigma_n = \{E_n \cap E : E \in \Sigma\}$, 则 Σ_n 仍为 X 上的 σ 代数. 因为 ν, μ 是 Σ 上的 σ 有限测度, 从而是 Σ_n 上的有限测度, 于是, 从 (1) 存在 E_n 上的非负可测函数 f_n, 使得对 $\forall E \in \Sigma_n$, 有

$$\nu(E) = \int_E f_n\mathrm{d}\mu. \tag{5.58}$$

令 $f(x) = \sum\limits_{k=1}^{\infty} f_k(x)\varphi_{E_k}(x)$, 则 f 是 X 上非负可测函数, 且对 $\forall E \in \Sigma$, 有

$$\nu(E) = \sum_{k=1}^{\infty} \nu(E \cap E_k) = \sum_{k=1}^{\infty} \int_{E \cap E_k} f_k\mathrm{d}\mu = \sum_{k=1}^{\infty} \int_{E \cap E_k} f\mathrm{d}\mu = \int_E f\mathrm{d}\mu.$$

即 (5.45) 式成立.

(3) 设 μ 是 Σ 上的 σ 有限测度, ν 是 Σ 上的 σ 有限广义测度, 由定理 5.20, 对 ν 可作 Jordan 分解: $\nu=\nu^+-\nu^-$, 式中 ν^+, ν^- 是 Σ 上的 σ 有限测度, 且至少有一个是有限的. 于是, 从 (2), 存在 X 上非负可测函数 f^+, f^-, 使得对 $\forall E\in\Sigma$, 有

$$\nu^+(E)=\int_E f^+\mathrm{d}\mu,\quad \nu^-(E)=\int_E f^-\mathrm{d}\mu,$$

从而 $\nu(E)=\nu^+(E)-\nu^-(E)=\int_E(f^+-f^-)\mathrm{d}\mu=\int_E f\mathrm{d}\mu$, 式中 $f=f^+-f^-$.

(4) 证 (5.45) 中的 f 在 $a.e.$ 意义下的唯一性. 设 g 也满足 (5.45), 即对 $\forall E\in\Sigma$,

$$\nu(E)=\int_E g\mathrm{d}\mu. \tag{5.59}$$

因为 μ 是 σ 有限的, 所以

$$X=\bigcup_{n=1}^{\infty}E_n,\quad \mu(E_n)<\infty. \tag{5.60}$$

令 $A_n=\{x\in E_n:f(x)>g(x)\}$, 则 $f,g\in L(A_n)$, 且由 (5.45) 和 (5.59), 有 $\int_{A_n}(f-g)\mathrm{d}\mu=0$, 从而 $\mu(A_n)=0$, 即 $f\leqslant g$ $a.e.$ 于 E_n. 将 f, g 互换, 又可类似推出 $g\leqslant f$ $a.e.$ 于 E_n. 从而 $f=g$ $a.e.$ 于 E_n, 再由 (5.60), 得 $f=g$ $a.e.$ 于 X. 证毕.

习题 5.5

5.1　设 $f\in L(\mathbf{R}^n)$, f 的 Fourier 变换定义为

$$\hat{f}(x)=\int_{\mathbf{R}^n}f(y)\mathrm{e}^{-2\pi\mathrm{i}xy}\mathrm{d}y.$$

若 $f,g\in L(\mathbf{R}^n)$, 求证

(1) $\widehat{(f*g)}(x)=\hat{f}(x)\hat{g}(x)$;

(2) $\int_{\mathbf{R}^n}f(x)\hat{g}(x)\mathrm{d}x=\int_{\mathbf{R}^n}\hat{f}(x)g(x)\mathrm{d}x$ (乘法公式).

5.2　Gamma 函数与 Beta 函数分别定义为:

$$\Gamma(\alpha)=\int_0^{\infty}x^{\alpha-1}\mathrm{e}^{-x}\mathrm{d}x,\quad 0<\alpha<\infty;$$

$$\mathrm{B}(\alpha,\beta)=\int_0^1 x^{\alpha-1}(1-x)^{\beta-1}\mathrm{d}x,\quad 0<\alpha,\quad \beta<\infty.$$

求证 Jacobi 公式:

$$\mathrm{B}(\alpha,\beta)=\frac{\Gamma(\alpha)\Gamma(\beta)}{\Gamma(\alpha+\beta)},\quad 0<\alpha,\quad \beta<\infty.$$

5.3 设 $\alpha>0$, 计算积分

$$I(\alpha)=\int_0^{\pi/2}(\sin x)^{\alpha-1}\mathrm{d}x=\int_0^{\pi/2}(\cos x)^{\alpha-1}\mathrm{d}x.$$

5.4 设 F 是 $\mathbf{R}^n$ 中有界闭集, x 到 F 的距离为 $\delta(x)=\inf\{|x-y|:y\in F\}$. $\lambda>0$, Q 是包含 F 的方体, 记 $A=Q-F$, 则关于 F 与 λ 的 Marcinkiewicz 积分定义为

$$M_\lambda(x)=\int_Q\frac{(\delta(y))^\lambda}{|x-y|^{n+\lambda}}\mathrm{d}y.$$

求证 $M_\lambda\in L(F)$, $\displaystyle\int_F M_\lambda(x)\mathrm{d}x\leqslant\frac{v(B)}{\lambda}\mu(A)$, 式中 $v(B)$ 是 $\mathbf{R}^n$ 中单位球 B 的体积.

5.5 计算积分 $I(\alpha)=\displaystyle\int_0^\infty\frac{(\arctan x)^2}{x^\alpha}\mathrm{d}x$, $1<\alpha<3$.

5.6 计算 Raabe 积分:

$$R(t)=\int_0^1\log\Gamma(t+x)\mathrm{d}x,\quad t\geqslant 0.$$

§6 积分概念的推广

我们在 §4 曾指出, (L) 积分、(N) 积分和 (R) 积分三者互不包含. (L) 积分是一种绝对积分, 而且还不能解决从有限导数 $F'=f$ 去求原函数 F 的问题, 此问题是以狭义 Denjoy 积分为基础解决的 (1912 年), 它是 (L) 积分的推广. 1916 年 Denjoy 等还构造了更一般的广义 Denjoy 积分. 此外, 为适应不同问题的需要, 还产生了 A 积分, Bochner 积分, Boks 积分, Burkill 积分, Daniell 积分, Kolmogorov 积分, Perron 积分, Perron–Stieltjes 积分, Pettis 积分, Radon 积分, Stieltjes 积分, Strong 积分, Wiener 积分, Henstock 积分, Mcshane 积分, 等等. 下面仅介绍在理论上和实践上都有广泛应用的几种积分.

一、$R-S$ 积分 (Riemann–Stieltjes 积分)

定义 6.1 设 f,g 是定义在有限区间 $[a,b]$ 上的两个有限函数. 对 $[a,b]$ 的任一分划 $T=\{a=x_0<x_1<\cdots<x_n=b\}$, $\forall\xi_k\in[x_{k-1},x_k]$, $\Delta g(x_k)=$

$g(x_k)-g(x_{k-1})$, $S(f,g,T)=\sum\limits_{k=1}^{n}f(\xi_k)\Delta g(x_k)$ 称为 f 关于 g, T 的 $R-S$ 积分和.

若存在数 I, 使得对 $\forall\varepsilon>0$, $\exists\delta>0$, $\forall T:\|T\|=\max\{\Delta x_k\}<\delta$, 有

$$|S(f,g,T)-I|<\varepsilon,$$

则称 I 是 f 在 $[a,b]$ 上关于 g 的 $R-S$ 积分, 记为 $I=\displaystyle\int_a^b f\mathrm{d}g$, $f\in R(g,[a,b])$.

在开区间 (a,b) 或无穷区间上的 $R-S$ 积分可通过极限过程定义, 例如

$$\int_{-\infty}^{\infty}f\mathrm{d}g=\lim_{\substack{a\to-\infty\\ b\to\infty}}\int_a^b f\mathrm{d}g.$$

当 $g(x)=x$ 时, $\displaystyle\int_a^b f\mathrm{d}g$ 归结为 (R) 积分 $(R)\displaystyle\int_a^b f\mathrm{d}x$. 容易证明: 若 $f\in C[a,b]$, $g\in BV[a,b]$, 则 $\displaystyle\int_a^b f\mathrm{d}g$ 存在.

注 6.1　由于 Δx_k 与 $\Delta g(x_k)$ 有不同性质, 导致 (R) 积分与 $R-S$ 积分有不同的性质, 例如 $\displaystyle\int_a^b f\mathrm{d}g$ 存在时, f 与 g 没有公共间断点; 又如存在连续单调函数 g 和连续函数 f, 使得

$$\int_0^1 f(x)\mathrm{d}g(x)\neq\int_0^1 f(x)g'(x)\mathrm{d}x.$$

再如 $a<c<b$, $\displaystyle\int_a^c f\mathrm{d}g$ 与 $\displaystyle\int_c^b f\mathrm{d}g$ 都存在, 但 $\displaystyle\int_a^b f\mathrm{d}g$ 不一定存在, 等等.

下面列出 $R-S$ 积分的主要性质, 而略去它们的证明 (例如, 可参看 [6] PP. 23–32, 76–83).

(1) **线性**:

1° 设 $f_1,f_2,f\in R(g,[a,b])$, c,c_1,c_2 为常数, 则 $f\in R(cg,[a,b]),c_1f_1+c_2f_2\in R(g,[a,b])$ 且

$$\int_a^b(cf)\mathrm{d}g=\int_a^b f\mathrm{d}(cg)=c\int_a^b f\mathrm{d}g;$$

$$\int_a^b(c_1f_1+c_2f_2)\mathrm{d}g=c_1\int_a^b f_1\mathrm{d}g+c_2\int_a^b f_2\mathrm{d}g.$$

2° 设 $f\in R(g_1,[a,b])$, $f\in R(g_2,[a,b])$, 则 $f\in R(g_1+g_2,[a,b])$, 且

$$\int_a^b f\mathrm{d}(g_1+g_2)=\int_a^b f\mathrm{d}g_1+\int_a^b f\mathrm{d}g_2.$$

(2) **单调性**: 设 $f_1, f_2 \in R(g,[a,b])$, g 递增, $f_1 \leqslant f_2$, 则

$$\int_a^b f_1 \mathrm{d}g \leqslant \int_a^b f_2 \mathrm{d}g \quad (a<b).$$

(3) **积分区间的可加性**: 设 $a<c<b$, $f \in R(g,[a,b])$, 则 $f \in R(g,[a,c])$, $f \in R(g,[c,b])$, 而且 $\int_a^b f \mathrm{d}g = \int_a^c f\mathrm{d}g + \int_c^b f\mathrm{d}g$.

(4) 设 $f_1, f_2, f \in R(g,[a,b])$, 则

1° $f_1 f_2 \in R(g,[a,b])$;

2° $|f| \in R(g,[a,b])$, 且当 g 在 $[a,b]$ 上递增时成立

$$\left|\int_a^b f\mathrm{d}g\right| \leqslant \int_a^b |f|\mathrm{d}g \quad (a<b).$$

(5) 设 $f \in C[a,b]$, $g \in BV[a,b]$, 则 $f \in R(g,[a,b])$, 且 $\left|\int_a^b f\mathrm{d}g\right| \leqslant \|f\|_c V_a^b(g)$, 式中 $\|f\|_c = \sup\{|f(x)| : x \in [a,b]\}$.

(6) **分部积分**: 设 $f \in R(g,[a,b])$, 则 $g \in R(f,[a,b])$, 且

$$\int_a^b f\mathrm{d}g = f(b)g(b) - f(a)g(a) - \int_a^b g\mathrm{d}f.$$

(7) **换元法**: 设 $f \in R(g,[a,b])$, $x=\varphi(y)$ 在 $[a,b]$ 上严格递增连续, 则 $\int_a^b f(x)\mathrm{d}g(x) = \int_\alpha^\beta f(\varphi(y))\mathrm{d}g(\varphi(y))$, 式中 $\alpha=\varphi^{-1}(a)$, $\beta=\varphi^{-1}(b)$.

(8) **中值定理**: 设 $f \in R(g,[a,b])$, g 递增, 则存在 $\eta \in [m,M]$, 使得

$$\int_a^b f(x)\mathrm{d}g(x) = \eta(g(b)-g(a)),$$

式中 $m=\inf\{f(x): x\in[a,b]\}$, $M=\sup\{f(x): x\in[a,b]\}$. 特别当 $f \in C[a,b]$ 时, $\exists \xi \in [a,b]$, 使得 $f(\xi)=\eta$.

设 $f, \varphi \in R(g,[a,b])$, $g \in C[a,b]\cap BV[a,b]$, 则存在 $x_0 \in [a,b]$, 使得

$$\int_a^b f\varphi\mathrm{d}g = f(a)\int_a^{x_0}\varphi(x)\mathrm{d}g(x) + f(b)\int_{x_0}^b \varphi(x)\mathrm{d}g(x).$$

(9) **极限性质**: 设 f_n 在 $[a,b]$ 上一致收敛于 f, $g_n \in BV[a,b]$ 且 $V_a^b(g_n) \leqslant M$ $(\forall n)$, $\lim\limits_{n\to\infty} g_n(x) = g(x)$ (在 g 的连续点处), 则 $f \in R(g,[a,b])$, 且

$$\lim_{n\to\infty}\int_a^b f_n(x)\mathrm{d}g_n(x) = \int_a^b f(x)\mathrm{d}g(x).$$

(10) **$\boldsymbol{R-S}$ 积分与 ($\boldsymbol{L}$) 积分的联系**:

设 $E\subset\mathbf{R}^n$, $\mu(E)<\infty$, f 是 E 上 $a.e.$ 有限的可测函数. $\omega(\alpha)=\mu\{x\in E:|f(x)|>\alpha\}$ 称为 f 在 E 上的**分布函数** (见定理 5.14).

若 $x\in E$ 时, $a<f(x)\leqslant b$, 则

$$\int_E f\mathrm{d}\mu=-\int_a^b \alpha\mathrm{d}\omega(\alpha).$$

若去掉 $\mu(E)<\infty$ 的限制, 则当 $\int_E f\mathrm{d}\mu$ 或 $\int_{-\infty}^{\infty}\alpha\mathrm{d}\omega(\alpha)$ 之一是有限时, 另一个也存在并有限, 而且

$$\int_E f\mathrm{d}\mu=-\int_{-\infty}^{\infty}\alpha\mathrm{d}\omega(\alpha).$$

设 $f\in C[a,b]$ 或 $f\in BV[a,b]$, $g\in AC[a,b]$, 则

$$\int_a^b f\mathrm{d}g=(L)\int_a^b f(x)g'(x)\mathrm{d}x.$$

评注: $BV[a,b]$, $AC[a,b]$ 的定义见第六章 §4.

二、$\boldsymbol{L-S}$ 积分 (Lebesgue–Stieltges 积分)

设 $g(x)$ 是 $\mathbf{R}^1$ 上有限递增函数, 对任何开区间 $I_k=(a_k,b_k)$, $|I_k|=g(b_k)-g(a_k)$ 称为区间 I_k 的“权”; 若 $E\subset\mathbf{R}^1$, 则 $\mu_g^*(E)=\inf\left\{\sum\limits_{k=1}^{\infty}|I_k|:E\subset\bigcup\limits_{k=1}^{\infty}I_k\right\}$ 称为集 E 关于分布函数 $g(x)$ 的 $L-S$ 外测度. 特别地, 当 $g(x)=x$ 时, $L-S$ 外测度归结为 L 外测度.

$L-S$ 外测度的基本性质:

(1) $\mu_g^*(E)\geqslant 0$, $\mu_g^*(\varnothing)=0$;

(2) $E_1\subset E_2\Rightarrow\mu_g^*(E_1)\leqslant\mu_g^*(E_2)$;

(3) $\mu_g^*\left(\bigcup\limits_{k=1}^{\infty}E_k\right)\leqslant\sum\limits_{k=1}^{\infty}\mu_g^*(E_k)$;

(4) $\mu_g^*(a,b)=g(b-0)-g(a+0)$,

$\mu_g^*(a,b]=g(b+0)-g(a+0)$,

$\mu_g^*[a,b]=g(b+0)-g(a-0)$,

$\mu_g^*[a,b)=g(b-0)-g(a-0)$.

若对 $\forall\varepsilon>0$, 存在开集 $G\supset E$, 使得 $\mu_g^*(G-E)<\varepsilon$, 则称 E 是关于 $g(x)$ 的 $L-S$ 可测集, 这时 $\mu_g^*(E)$ 称为 E 关于 $g(x)$ 的 $L-S$ 测度, 记为 $\mu_g(E)$. f 关于 $L-S$ 测度的 (L) 积分, 称为 f 关于 g 的 $L-S$ 积分, 记为

$\int_a^b f\mathrm{d}\mu_g = (L-S)\int_a^b f\mathrm{d}g.$

$L-S$ 积分与 $R-S$ 积分的联系: 设 g 是 $[a,b]$ 上递增右连续函数, 若 $f\in R(g,[a,b])$, 则 $f\in L(g,[a,b])$, 且

$$(L-S)\int_a^b f\mathrm{d}g = (R-S)\int_a^b f\mathrm{d}g.$$

三、H 积分 (Henstock 积分)

定义 6.2 设 f 是定义在有限区间 $[a,b]$ 上的有限函数. 若对 $\forall\varepsilon>0$, 存在 $\delta(x)>0$, 使得对 $[a,b]$ 的所有分划 $T: T=\{a=x_0<x_1<\cdots<x_n=b\}$ 和结点 $\{\xi_k\}$, 只要对 $\forall k$, 有 $\xi_k\in[x_{k-1},x_k]\subset(\xi_k-\delta(\xi_k),\xi_k+\delta(\xi_k))$, 以及 $\left|\sum\limits_{k=1}^{n} f(\xi_k)\Delta x_k - I\right|<\varepsilon$, 则称 f 在 $[a,b]$ 上 ***H* 可积**, 记为 $f\in H[a,b]$, 并称 I 是 f 在 $[a,b]$ 上的 ***H* 积分**, 记为 $(H)\int_a^b f=I$.

H 积分包括了 (R) 积分、(N) 积分和 (L) 积分, 特别当 $\delta(x)$ 为连续函数时, H 积分归结为 (R) 积分. 若定义 6.2 中不要求 $\xi_k\in[x_{k-1},x_k]$, 只要求 $[x_{k-1},x_k]\subset(\xi_k-\delta(\xi_k),\xi_k+\delta(\xi_k))$, 则相应的积分称为 Mcshane 积分, 它与 (L) 积分等价 (参看 [9], [10]).

例 6.1 考虑 Dirichlet 函数

$$f(x)=\begin{cases}1, & x\text{ 为 }[0,1]\text{ 中有理数},\\ 0, & x\text{ 为 }[0,1]\text{ 中无理数},\end{cases}$$

$Q=\{r_1,r_2,\cdots,r_n,\cdots\}$ 为 $[0,1]$ 中有理数全体. 对 $\forall\varepsilon>0$, 取

$$\delta(x)=\begin{cases}1, & x\notin Q,\\ \dfrac{\varepsilon}{2^{k+1}}, & x=r_k,\end{cases}$$

当 $\xi_k=r_k\in[x_{k-1},x_k]$ 时, 从 $[x_{k-1},x_k]\subset(r_k-\delta(r_k),r_k+\delta(r_k))$, 得 $\Delta x_k<2\delta(r_k)\leqslant\dfrac{\varepsilon}{2^k}$; 而当 ξ_k 为无理数时, $f(\xi_k)=0$. 所以, 对 $m\leqslant n$, 有

$$\left|\sum_{k=1}^{n} f(\xi_k)\Delta x_k - 0\right|\leqslant\sum_{k=1}^{m}\Delta x_k<\varepsilon\sum_{k=1}^{\infty}\frac{1}{2^k}=\varepsilon,$$

即 $f\in H[0,1]$, 且 $(H)\int_0^1 f=0$.

例 6.2 设 $f(x)=\begin{cases}\dfrac{1}{x}\sin\dfrac{1}{x^2}, & x\in(0,1],\\ 0, & x=0,\end{cases}$ 则 $f\notin R(0,1]$, $f\notin L(0,1]$, 但 $f\in H(0,1]$.

证明见 Amer. Math. Monthly, 2001, 108(6): 578 和 Lee Peng Yee and Rudolf Výborný, The Integral: An Easy Approach after Kurzweil and Henstock, Cambridge University Press, 2000.

评注: H 积分 (Henstock 积分) 又称为 Henstock–Kurzweil 积分, 简称为 $H-K$ 积分, 或 $K-H$ 积分, 或广义 (R) 积分, 度规 (gauge) 积分等. 见 [36] Vol. 1, PP. 353–361.

四、积性积分

1967 年, Grossman 和 Katz 首先创立了非 Newton 计算系统, 称为几何计算. 几年后他们又创立了非 Newton 微积分, 或积性微积分. 2008 年, Bashirov 等对积性微积分作了完整的数学描述:

(1) $f:\mathbf{R}^1\to(0,\infty)$ 的积性导数定义为

$$f^*(t)=\frac{\mathrm{d}^*f}{\mathrm{d}t}=\lim_{h\to 0}\left(\frac{f(t+h)}{f(t)}\right)^{1/h}.$$

若 $f:\mathbf{R}^1\to(0,\infty)$ 在 t 常义可微, 则 f^* 存在, 且

$$f^*(t)=\exp\{(\ln f(t))'\}=\exp\left\{\frac{f'(t)}{f(t)}\right\}.$$

积性导数的四则运算性质: 设 f,g 是积性可微函数, 则

(1–1) $(cf)^*(t)=f^*(t)$, c 是任意常数;

(1–2) $(fg)^*(t)=f^*(t)g^*(t)$;

(1–3) $(f+g)^*(t)=(f^*(t))^{\alpha(t)}(g^*(t))^{\beta(t)}$, 式中

$$\alpha(t)=\frac{f(t)}{f(t)+g(t)},\quad \beta(t)=\frac{g(t)}{f(t)+g(t)};$$

(1–4) $\left(\dfrac{f}{g}\right)^*(t)=\dfrac{f^*(t)}{g^*(t)}$;

(1–5) $(f^g)^*(t)=f^*(t)^{g(t)}f(t)^{g'(t)}$.

(2) 设 $f\in R[a,b]$, 则 f 在 $[a,b]$ 上的积性积分定义为

$$\int_a^b (f(t))^{\mathrm{d}t}=\exp\left\{\int_a^b \ln f(t)\mathrm{d}t\right\}.$$

积性积分的性质: 设 $f:[a,b]\to(0,\infty)$, $f\in R[a,b]$, 则 f 在 $[a,b]$ 上积性可积, 且

(2–1) $\displaystyle\int_a^b ((f(t))^p)^{\mathrm{d}t}=\left(\int_a^b (f(t))^{\mathrm{d}t}\right)^p$;

(2–2) $\displaystyle\int_a^b (f(t)g(t))^{\mathrm{d}t}=\int_a^b (f(t))^{\mathrm{d}t}\int_a^b (g(t))^{\mathrm{d}t}$;

(2–3) $\displaystyle\int_a^b \left(\frac{f(t)}{g(t)}\right)^{\mathrm{d}t}=\frac{\displaystyle\int_a^b (f(t))^{\mathrm{d}t}}{\displaystyle\int_a^b (g(t))^{\mathrm{d}t}}$;

(2–4) $\displaystyle\int_a^b (f(t))^{\mathrm{d}t}=\int_a^c (f(t))^{\mathrm{d}t}\int_c^b (f(t))^{\mathrm{d}t},\ a<c<b$;

(2–5) $\displaystyle\int_a^a (f(t))^{\mathrm{d}t}=1$;

(2–6) $\displaystyle\int_b^a (f(t))^{\mathrm{d}t}=\left(\int_a^b (f(t))^{\mathrm{d}t}\right)^{-1}$.

(3) 积性积分的分部积分: 设 $f:[a,b]\to\mathbf{R}^1$ 积性可微, $g:[a,b]\to\mathbf{R}^1$ 常义可微, 使得 f^g 是积性可积的, 则

$$\int_a^b (f^*(t)^{g(t)})^{\mathrm{d}t}=\frac{f(b)^{g(b)}}{f(a)^{g(a)}}\times\frac{1}{\displaystyle\int_a^b (f(t)^{g'(t)})^{\mathrm{d}t}}.$$

(4) 设 $f:[a,b]\to\mathbf{R}^1$ 积性可微, $g,h:[a,b]\to\mathbf{R}^1$ 常义可微, 则

$$\int_a^b (f^*(h(t))^{h'(t)g(t)})^{\mathrm{d}t}=\frac{f(b)^{g(b)}}{f(a)^{g(a)}}\times\frac{1}{\displaystyle\int_a^b (f(h(t))^{g'(t)})^{\mathrm{d}t}}.$$

积性微积分对于处理指数函数特别有用. 更多的细节可参看 J. Math. Anal. Appl., 2008, 337(1): 36–48; Filomat, 2023, 37(22): 7673–7683, MR4585803; J. Integral. Appl., 2023: 121.

五、时间尺度微积分 (time scales calculus)

1988 年, Stefan Hilger 在他的博士论文中首先引入时间尺度的概念, 时间尺度的研究建立了一种有效实用的方式试图统一标准的离散数学和连续数学的概念.

时间尺度 T 是实数集 $\mathbf{R}^1$ 的一个任意非空闭子集, $[a,b]_T$ 表示实数区间

$[a,b]$ 与 T 的交. 设 $0 \leqslant \alpha \leqslant 1$, $P = \{a = t_0, t_1, \cdots, t_n = b\} \subset [a,b]_T$ 是 $[a,b]_T$ 的任意分划, $\xi_k \in [t_{k-1}, t_k)_T$, $\eta_k \in (t_{k-1}, t_k]_T$, $\|P\| = \max\{t_k - t_{k-1} : 1 \leqslant k \leqslant n\}$, $f : [a,b]_T \to \mathbf{R}^1$ 有界. f 的 Riemann $\Diamond_\alpha$ 和定义为

$$S(f,P) = \sum_{k=1}^{n} (\alpha f(\xi_k) + (1-\alpha) f(\eta_k))\,(t_k - t_{k-1}).$$

若存在实数 J, 使得 $\forall \varepsilon > 0$, $\exists \delta > 0$, $\|P\| < \delta$, 成立

$$|S(f,P) - J| < \varepsilon,$$

则称 f 在 $[a,b]_T$ 上 Riemann $\Diamond_\alpha$ 可积, 记为 $f \in R([a,b]_T)$, $J = \displaystyle\int_a^b f(t) \Diamond_\alpha t$.

最近 10 多年来, 时间尺度微积分的研究引起了越来越多的研究者的兴趣, 人们发现时间尺度微积分的应用越来越广泛, 研究成果也越来越多. 读者可以参考最近的文献: Bohner M., etc., Inequalities for interval-valued Riemann diamond-alpha integrals, J. Inequal. Appl., 2023: 86, 再从该文引用的参考文献中进一步找出时间尺度微积分的理论和广泛的应用.

六、量子微积分 (分数次微积分)

作者在 [2] 中还介绍了当前热门研究方向的量子微积分 (分数次微积分), 本书第九章 §3 对此作了简要介绍.

第六章　微　分　论

在微积分中, 有两个基本定理揭露了积分和微分的互逆运算关系:

(1) 设 $f \in R[a,b]$, 令 $F(x) = (R)\int_a^x f(t)\mathrm{d}t, x \in [a,b]$, 若 f 在 $[a,b]$ 上连续, 则

$$F'(x) = f(x). \tag{0.1}$$

(2) 设 f 的导函数 $f' \in R[a,b]$, 则成立 Newton–Leibniz 公式:

$$(R)\int_a^x f'(t)\mathrm{d}t = f(x) - f(a), \quad x \in [a,b]. \tag{0.2}$$

我们自然要问, 在 (L) 积分理论中是否有相应的结论? 我们在本章证明, 对于 (L) 积分

$$F(x) = (L)\int_a^x f(t)\mathrm{d}t, \tag{0.3}$$

只要 $f \in L[a,b]$, 就能保证 $F'(x) = f(x)$, $a.e. x \in [a,b]$ 成立; 而使得 (L) 积分的 Newton–Leibniz 公式

$$(L)\int_a^x f'(t)\mathrm{d}t = f(x) - f(a) \tag{0.4}$$

成立的充要条件则是 f 是 $[a,b]$ 上的绝对连续函数. 为此, 在本章前几节中, 我们需要引入新的实变工具、新的概念和方法, 我们仍沿用第五章的约定, 即用 $\int_a^b f$ 表示 $(L)\int_a^b f$.

§1 覆盖 (二) 与极大函数

我们在第二章 §4 中讨论了 $\mathbf{R}^n$ 中的有限覆盖和可数覆盖. 而在第三章中定义测度时, 用有限覆盖只能定义 Jordan 外测度, 用可数覆盖才能定义 Lebesgue 外测度, 在 (L) 积分及其各种推广以至许多问题中, 不同形式的覆盖始终都是基本的工具. 本节讨论的就是一种特殊形式的覆盖.

一、Vitali 型覆盖引理

定理 1.1 设 $E \subset \mathbf{R}^n$, 球族 $\{B_\alpha\}$ 覆盖 E, 即 $\bigcup\limits_{\alpha\in I} B_\alpha \supset E$, 且球族 $\{B_\alpha\}$ 的直径 $\{d(B_\alpha)\}$ 有界, 则 $\{B_\alpha\}$ 中存在互不相交的可数球列 $\{B_k\}$, 使得

$$\mu^*(E) \leqslant c\sum_{k=1}^{\infty} v(B_k), \tag{1.1}$$

式中常数 $c = c(n)$ 与 $\mathbf{R}^n$ 的维数 n 有关, 例如可取 $c = 5^n$, $v(B_k)$ 表示球 B_k 的体积. (**评注**: 在有的文献中, 定理 1.1 称为 Wiener 覆盖引理.)

证 由假设 $\sup\limits_{\alpha}\{d(B_\alpha)\} < \infty$, 所以, 可从 $\{B_\alpha\}$ 中按如下方式选取球列 $\{B_k\}$: 选取 B_1, 使之满足: $d(B_1) > \dfrac{1}{2}\sup\limits_{\alpha}\{d(B_\alpha)\}$, 设 $B_1, \cdots, B_k$ 是已选好的互不相交的球列, 在集 $\left\{B_\alpha : B_\alpha \cap \left(\bigcup\limits_{j=1}^{k} B_j\right) = \varnothing\right\}$ 中选取 B_{k+1}, 使得

$$d(B_{k+1}) > \frac{1}{2}\sup\{d(B_\alpha) : B_\alpha \cap \left(\bigcup_{j=1}^{k} B_j\right) = \varnothing\}. \tag{1.2}$$

若 $\sum\limits_{j=1}^{\infty} v(B_j) = \infty$, 则 (1.1) 显然成立.

若 $\sum\limits_{j=1}^{\infty} v(B_j) < \infty$, 由级数收敛的必要条件, 知 $d(B_j) \to 0\ (j \to \infty)$. 对任取的 B_α, 若 $d(B_{k+1}) \leqslant \dfrac{1}{2}d(B_\alpha)$, 则从 (1.2), 有 $B_\alpha \cap \left(\bigcup\limits_{j=1}^{k} B_j\right) \neq \varnothing$, 即 $\bigcup\limits_{j=1}^{k}(B_\alpha \cap B_j) \neq \varnothing$, 从而存在 $j_0 : 1 \leqslant j_0 \leqslant k$, 使得 $B_\alpha \cap B_{j_0} \neq \varnothing$. 不妨设 j_0 是使得 $B_\alpha \cap B_{j_0} \neq \varnothing$ 的第一个指标, 即对 $\forall j < j_0$, $B_\alpha \cap B_j = \varnothing$, 从而 $B_\alpha \cap \left(\bigcup\limits_{j=1}^{j_0-1} B_j\right) = \varnothing$. 由 (1.2) 知, $d(B_{j_0}) > \dfrac{1}{2}d(B_\alpha)$, 从而 $B_\alpha \subset 5B_{j_0}$, 其中 $5B_j$ 表示与 B_j 同心、半径扩大至 5 倍的球. 于是 $E \subset \bigcup\limits_{\alpha\in I} B_\alpha \subset \bigcup\limits_{j=1}^{\infty}(5B_j)$, 从

而 $\mu^*(E) \leqslant \sum\limits_{j=1}^{\infty} v(5B_j) \leqslant 5^n \sum\limits_{j=1}^{\infty} v(Q_j)$. 证毕.

推论 1.1-1 设 $E \subset \mathbf{R}^n, \mu(E) < \infty$, 方体族 $\{Q_\alpha\}$ 覆盖 E, 即 $\bigcup\limits_{\alpha \in I} Q_\alpha \supset E$, 则 $\forall \varepsilon > 0$, $\{Q_\alpha\}$ 中存在有限个互不相交的方体 $\{Q_1, \cdots, Q_m\}$, 使得

$$5^{-n}\mu(E) - \varepsilon \leqslant \sum_{j=1}^{m} \mu(Q_j).$$

定义 1.1 设 $E \subset \mathbf{R}^n$, $\mathscr{F} = \{Q_\alpha\}_{\alpha \in I}$ 是覆盖 E 的方体族, 即 $E \subset \bigcup\limits_{\alpha \in I} Q_\alpha$, 若对于 $\forall x \in E, \forall \delta > 0$, 存在 $Q_\alpha \in \mathscr{F}$, 使得 $x \in Q_\alpha$ 且 $v(Q_\alpha) < \delta$, 则称 $\{Q_\alpha\}$ 是 E 在 Vitali 意义下的覆盖, 简称为 E 的 **V 覆盖**. 它表明 E 中每一点 x 都属于 $\{Q_\alpha\}$ 中某个体积任意小的方体.

定理 1.2 设 $E \subset \mathbf{R}^n, \mu^*(E) < \infty$, $\{Q_\alpha\}$ 是 E 的 V 覆盖, 则对于 $\forall \varepsilon > 0$, $\{Q_\alpha\}$ 中存在有限个互不相交的 $\{Q_k\}$ $(1 \leqslant k \leqslant m)$, 使得

$$\mu^*\left(E - \bigcup_{j=1}^{m} Q_j\right) < \varepsilon, \tag{1.3}$$

从而

$$\mu\left(E - \bigcup_{j=1}^{\infty} Q_j\right) = 0. \tag{1.4}$$

证 不妨设 $\{Q_\alpha\}$ 为闭方体族, 取开集 $G \supset E$, 使得 $\mu(G) < \infty$. 因为 $\{Q_\alpha\}$ 是 E 的 V 覆盖, 所以不妨设所有 $Q_\alpha \subset G$. 在 $\{Q_\alpha\}$ 中任取一个方体, 记为 Q_1, 令 $G_1 = G - Q_1$, $\delta_1 = \sup\{v(Q_\alpha) : Q_\alpha \subset G_1\}$, 则从 $\{Q_\alpha\}$ 中可以取一个方体, 记为 Q_2, 使得 $Q_2 \subset G_1$, 且 $v(Q_2) > \delta_1/2$, 一般地, 令

$$G_k = G - \bigcup_{j=1}^{k} Q_j, \tag{1.5}$$

和

$$\delta_k = \sup\{v(Q_\alpha) : Q_\alpha \subset G_k\} > 0. \tag{1.6}$$

从 $\{Q_\alpha\}$ 中选取一个方体, 记为 Q_{k+1}, 使得

$$Q_{k+1} \subset G_k, \text{且 } v(Q_{k+1}) > \frac{1}{2}\delta_k. \tag{1.7}$$

于是 $Q_{k+1} \cap \left(\bigcup\limits_{j=1}^{k} Q_j\right) = \varnothing$. 这表明 $\{Q_k\}$ 是互不相交的方体列.

若 $\exists m$, 使得 $E \subset \bigcup\limits_{j=1}^{m} Q_j$, 则 (1.3) 成立, 否则, 从 $\forall Q_\alpha \subset G$ 可知 $\bigcup\limits_{j=1}^{\infty} Q_j \subset G$, 且 $\sum\limits_{j=1}^{\infty} v(Q_j) \leqslant \mu(G) < \infty$. 于是, 从级数收敛的必要条件, 对 $\forall \varepsilon > 0$, $\exists m = m(\varepsilon)$, 使得

$$\sum_{j=m+1}^{\infty} v(Q_j) < \frac{\varepsilon}{5^n} \tag{1.8}$$

令

$$A_m = E - \bigcup_{j=1}^{m} Q_j, \tag{1.9}$$

则对 $\forall x \in A_m$ 有 $x \in G_m$, 从而存在 $Q \in \mathscr{F}$, 使得 $x \in Q$, 且

$$Q \cap \left(\bigcup_{j=1}^{m} Q_j \right) = \varnothing. \tag{1.10}$$

下面证明, $\exists N > m$, 使得

$$Q \cap Q_N \neq \varnothing. \tag{1.11}$$

用反证法, 若对 $\forall k, Q \cap Q_k = \varnothing$, 则 $v(Q) \leqslant \delta_k < 2v(Q_{k+1}) \to 0\ (k \to \infty)$, 即 $v(Q) = 0$, 这是不可能的. 所以 (1.11) 成立. 设 N 是使 $Q \cap Q_k \neq \varnothing$ 的最小指标, 则 $N > m$, 且 $v(Q) \leqslant \delta_{N-1} < 2v(Q_N)$. 令 $Q_N^* = 5Q_N$ 表示与 Q_N 同心、而其边长为 Q_N 的 5 倍的方体, 则 $x \in Q_N^*$, 且 $A_m \subset \bigcup\limits_{j=m+1}^{\infty} Q_j^*$. 从而由 (1.8), 有

$$\mu^*(A_m) \leqslant \sum_{j=m+1}^{\infty} v(Q_j^*) = 5^n \sum_{j=m+1}^{\infty} v(Q_j) < \varepsilon,$$

此即 (1.3) 式. 而从

$$\mu^* \left(E - \bigcup_{j=1}^{\infty} Q_j \right) \leqslant \mu^* \left(E - \bigcup_{j=1}^{m} Q_j \right) < \varepsilon$$

和 $\varepsilon > 0$ 的任意性, 得到 $\mu^* \left(E - \bigcup\limits_{j=1}^{\infty} Q_j \right) = 0$. 从而 (1.4) 成立. 证毕.

推论 1.2–1 设 $E \subset \mathbf{R}^n, \mu(E) < \infty$, 方体族 $\{Q_\alpha\}$ 是 E 的 V 覆盖, 则 $\forall \varepsilon > 0$, $\{Q_\alpha\}$ 中存在有限个内部互不相交的方体 $\{Q_1, \cdots, Q_m\}$, 使得

$$\sum_{k=1}^{\infty}\mu(Q_k)-\varepsilon\leqslant\mu(E)\leqslant\mu\left(\bigcup_{k=1}^{m}(E\cap Q_k)\right)+\varepsilon.$$

注 1.1 在定义 1.1 中, $v(Q_\alpha)<\delta$ 是对 $\forall x\in E$ 一致成立的, 若将它减弱为点态成立, 即对 $\forall x\in E$, $\exists\delta(x)>0$ (即 δ 与 x 有关), 使得 $x\in Q_\alpha$ 且 $v(Q_\alpha)<\delta(x)$, 则称 $\mathscr{F}=\{Q_\alpha\}$ 是 E 的全覆盖 (full cover). 利用这种覆盖, 可对第二章 §4 中的有限覆盖定理, 以及 $\mathbf{R}^n$ 中有界闭集上的连续函数的性质等重新给出十分简洁的新证明.

我们谈到 $\mathbf{R}^n$ 中的方体时, 若无特殊声明, 均指其边与坐标轴平行的方体 (见第二章 §3), 显然, 定义 1.1 和定理 1.2 中的方体族可换成球族. 对于覆盖 $\mathbf{R}^n$ 中子集 E 的方体族或球族, 如何挑选出满足不同需要的子覆盖, 是覆盖理论所要研究的中心问题. V 覆盖只适用于 (L) 测度, 作者在 "续论" [1] 下册 PP. 4–7 介绍的 B 覆盖 (Besicovitch 覆盖) 则与测度无关, 因而可用于抽象测度.

二、极大函数

我们先分析本章开头提出的第一个问题, 即令 $F(x)=\int_a^x f(t)\mathrm{d}t$, 将 $F'(x)=f(x)$ 改写成

$$\frac{\mathrm{d}}{\mathrm{d}x}\int_a^x f(t)\mathrm{d}t=\lim_{r\to 0}\frac{1}{r}\int_x^{x+r}f(t)\mathrm{d}t=f(x),$$

再写成对称形式:

$$\lim_{r\to+0}\frac{1}{2r}\int_{x-r}^{x+r}f(t)\mathrm{d}t=f(x).\tag{1.12}$$

将它推广到 $\mathbf{R}^n$ 中, 就应该有

$$\lim_{r\to 0}\frac{1}{\mu(B(x,r))}\int_{B(x,r)}f(y)\mathrm{d}y=f(x),\tag{1.13}$$

其中 f 是 $\mathbf{R}^n$ 上局部可积函数, 即 f 在 $\mathbf{R}^n$ 的每个有界可测子集上都可积, 以后记为 $f\in L_{\mathrm{loc}}(\mathbf{R}^n)$, $B(x,r)$ 是以 x 为中心、r 为半径的球.

为了研究极限 (1.13), 在 (1.13) 左边用 "$\sup\limits_{r>0}$" 代替 "$\lim\limits_{r\to 0}$", 再用 $|f|$ 代替 f, 就得到 f 的极大函数的概念:

定义 1.2 设 $f\in L_{\mathrm{loc}}(\mathbf{R}^n)$, 则

$$M(f,x)=\sup_{r>0}\frac{1}{\mu(B(x,r))}\int_{B(x,r)}|f(y)|\mathrm{d}y\tag{1.14}$$

称为 f 的 Hardy–Littlewood (球形) **极大函数**, 简称为H–L **极大函数**.

注 1.2 (1.14) 中的球 $B(x,r)$ 可换成其边平行于坐标轴的方体 Q, 只要 $x\in Q$. 但若换成其边不平行于坐标轴的任意方体时, 性质就大不相同了. 下面仅讨论由定义 1.2 所定义的极大函数的性质.

定理 1.3 设 $f\in L_{\text{loc}}(\mathbf{R}^n)$, 则

(1) $M(f)$ 是下半连续函数, 即对 $\forall\alpha>0$, $\{M(f)>\alpha\}$ (即 $\{x\in\mathbf{R}^n: M(f,x)>\alpha\}$) 为开集; 特别地, $M(f)$ 是可测函数;

(2) 若 $f\in L^p(\mathbf{R}^n)$, $1\leqslant p\leqslant\infty$, 则 $M(f,x)$ *a.e.* 有限;

(3) 若 $f\in L(\mathbf{R}^n)$, 则对于 $\forall\alpha>0$, 有

$$\mu\{M(f)>\alpha\}\leqslant\frac{c}{\alpha}\|f\|_1, \tag{1.15}$$

式中 $c=c(n)$ 是与维数 n 有关的常数, (1.15) 式称为 $M(f)$ 满足弱 (1,1) 型, 记为 $M(f)\in W$ (1,1);

(4) 若 $f\in L^p(\mathbf{R}^n)$, $1<p\leqslant\infty$, 则 $M(f)\in L^p(\mathbf{R}^n)$, 且存在与 n,p 有关的常数 $c=c(n,p)$, 使得

$$\|M(f)\|_p\leqslant c\|f\|_p, \tag{1.16}$$

(1.16) 称为 $M(f)$ 满足强 (p,p) 型, 通常简称为 (p,p) 型, 记为 $M(f)\in(p,p)$, 式中

$$\|f\|_p=\left(\int_{\mathbf{R}^n}|f(x)|^p\mathrm{d}x\right)^{1/p}.$$

证 记 $G_\alpha=\{M(f)>\alpha\}$.

(1) 对 $\forall x_0\in G_\alpha$, 有 $M(f,x_0)>\alpha$, 由定义 1.2, 存在 $B_0=B(x_0,r_0)$, 使得

$$\frac{1}{\mu(B_0)}\int_{B_0}|f(y)|\mathrm{d}y>\alpha.$$

由积分的绝对连续性, $\exists r>0$, 使得 $0<r<r_0$, 且对 $\forall x\in B(x_0,r)\subset B_0$, 有

$$M(f,x)\geqslant\frac{1}{\mu(B_0)}\int_{B_0}|f(y)|\mathrm{d}y>\alpha,$$

即 $B(x_0,r)\subset G_\alpha$, 所以, G_α 是开集.

(3) 因为 G_α 为开集, 所以, 对于 $\forall x\in G_\alpha$, 存在球 $B_x=B(x,r)$, 使得

$$\frac{1}{\mu(B_x)}\int_{B_x}|f(y)|\mathrm{d}y>\alpha,$$

从而

$$\mu(B_x) < \frac{1}{\alpha}\int_{B_x}|f(y)|\mathrm{d}y \leqslant \frac{1}{\alpha}\|f\|_1 < \infty. \tag{1.17}$$

又因为 $\bigcup\limits_{x\in G_\alpha} B_x \supset G_\alpha$, 所以, 由定理 1.1, $\{B_x\}$ 中存在互不相交的可数球列 $\{B_k\}$, 使得

$$\begin{aligned}\mu(G_\alpha) &\leqslant c\sum_{k=1}^{\infty}\mu(B_k) \leqslant \frac{c}{\alpha}\sum_{k=1}^{\infty}\int_{B_k}|f(y)|\mathrm{d}y\\ &= \frac{c}{\alpha}\int_{\bigcup\limits_{k=1}^{\infty}B_k}|f(y)|\mathrm{d}y \leqslant \frac{c}{\alpha}\|f\|_1.\end{aligned}$$

于是 (1.15) 得证.

(4) 对 $\forall\alpha>0$, 记 $A=\left\{|f|>\dfrac{\alpha}{2}\right\}$, 将 f 分解为 $f=f_1+f_2$, 式中 $f_1=f\varphi_A$, $f_2=f\varphi_{A^c}$, 因为 $M(f_2)\leqslant\dfrac{\alpha}{2}$, 所以 $G_\alpha\subset\left\{M(f_1)>\dfrac{\alpha}{2}\right\}$, 从而由 (1.15) 有

$$\mu(G_\alpha) \leqslant \mu\left\{M(f_1)>\frac{\alpha}{2}\right\} \leqslant \frac{2c}{\alpha}\|f_1\|_1 = \frac{2c}{\alpha}\int_A|f|\mathrm{d}x. \tag{1.18}$$

对于 $f\in L^p(\mathbf{R}^n)$, $1<p<\infty$, 由第五章定理 5.14, 有

$$\begin{aligned}\|M(f)\|_p^p &= p\int_0^\infty \alpha^{p-1}\mu(G_\alpha)\mathrm{d}\alpha\\ &\leqslant 2pc\int_0^\infty \alpha^{p-2}\left(\int_A|f|\mathrm{d}x\right)\mathrm{d}\alpha\\ &= 2pc\int_{\mathbf{R}^n}\left(\int_0^{2|f|}\alpha^{p-2}\mathrm{d}\alpha\right)|f|\mathrm{d}x\\ &= \left(\frac{pc}{p-1}\right)2^p\int_{\mathbf{R}^n}|f|^p\mathrm{d}x.\end{aligned}$$

令 $C_p=2\left(\dfrac{pc}{p-1}\right)^{1/p}$, 则从上式得 $\|M(f)\|_p\leqslant C_p\|f\|_p$. 于是 (1.16) 得证. 而 (2) 则是 (3)、(4) 的推论. 证毕.

注 1.3 从 (1.14), 有

$$|f(x)| \leqslant M(f,x) \quad a.e.x, \tag{1.19}$$

即可用极大函数来控制 f 本身, 但由定理 1.3, 极大函数 $M(f)$ 又不比 f 本身大得太多 (如 $1<p<\infty$, $\|M(f)\|_p\leqslant c\|f\|_p$). 另一方面, $M(f)$ 总比 f 的性质要好, 如 $M(f)$ 总是下半连续函数, 即 $\{M(f)>\alpha\}$ 恒为开集, 所以, 若对函数 f 本身大小的估计代之以对 $M(f)$ 的估计, 就成为一种非常有效的分析技巧.

习题 6.1

1.1 设 $f \in L_{\text{loc}}(\mathbf{R}^n)$, f 在球 $B(x,r)$ 上的平均定义为

$$f_r(x) = \frac{1}{\mu(B(x,r))} \int_{B(x,r)} f(y)\mathrm{d}y. \tag{1.20}$$

证明: (1) $f_r(x)$ 是 x 的连续函数;

(2) 若 $f \in L^p(\mathbf{R}^n)$, $1 < p < \infty$, 则 $f_r \in L^p(\mathbf{R}^n)$, 而且

$$\|f_r\|_p \leqslant \|f\|_p. \tag{1.21}$$

§2 Lebesgue 微分定理

有了 §1 的准备, 我们就可以回答 (1.13) 成立的条件. 首先, 设 f 在点 x 连续, 即对于 $\forall \varepsilon > 0, \exists \delta > 0$, 使得 $\forall r : 0 < r < \delta, \forall y \in B(x,r)$, 有 $|f(y)-f(x)| < \varepsilon$. 于是,

$$\begin{aligned}&\left|\frac{1}{\mu(B(x,r))} \int_{B(x,r)} f(y)\mathrm{d}y - f(x)\right| \\ \leqslant{}& \frac{1}{\mu(B(x,r))} \int_{B(x,r)} |f(y) - f(x)|\mathrm{d}y < \varepsilon,\end{aligned} \tag{2.1}$$

即 (1.13) 成立. 但若将 f 的连续性减弱为局部可积, 我们可推出 (1.13) *a.e.* 成立, 它的证明就要用到 §1 所提供的新的工具和方法.

定理 2.1 (Lebesgue 微分定理) 设 $f \in L_{\text{loc}}(\mathbf{R}^n)$, 则

$$\lim_{r\to 0} \frac{1}{\mu(B(x,r))} \int_{B(x,r)} f(y)\mathrm{d}y = f(x) \quad a.e. x \in \mathbf{R}^n. \tag{2.2}$$

证 由于极限的局部性质, 不妨设在任意有限球的外部, $f = 0$, 这时 $f \in L(\mathbf{R}^n)$. 由第五章定理 2.19, 对 $\forall \varepsilon > 0$, 可将 f 分解为 $f = g + h$, 式中 $g \in C_0(\mathbf{R}^n)$ (即 $\mathbf{R}^n$ 上有紧支集的连续函数), $\|h\|_1 = \int_{\mathbf{R}^n} |h(x)|\mathrm{d}x < \varepsilon$. 令

$$F_r(x) = \frac{1}{\mu(B(x,r))} \int_{B(x,r)} f(y)\mathrm{d}y,$$

$$G_r(x) = \frac{1}{\mu(B(x,r))} \int_{B(x,r)} g(y)\mathrm{d}y,$$

$$H_r(x) = \frac{1}{\mu(B(x,r))} \int_{B(x,r)} h(y)\mathrm{d}y,$$

则

$$F_r(x) = G_r(x) + H_r(x). \tag{2.3}$$

因为 $g \in C_0(\mathbf{R}^n)$, 所以可将 (2.1) 中的 f 换成 g, 就得到

$$\lim_{r\to 0} G_r(x) = g(x). \tag{2.4}$$

剩下只要证 $\lim\limits_{r\to 0} H_r(x) = h(x)\ a.e. x \in \mathbf{R}^n$. 即要证

$$\limsup_{r\to 0} |H_r(x) - h(x)| = 0 \quad a.e. x \in \mathbf{R}^n. \tag{2.5}$$

令

$$A = \{x \in \mathbf{R}^n : \limsup_{r\to 0} |H_r(x) - h(x)| > 0\},$$

则 (2.5) 等价于 $\mu(A) = 0$.

设 $Q^+ = \{\alpha_k\}$ 是正有理数集, 令

$$A_k = \{x \in \mathbf{R}^n : \limsup_{r\to 0} |H_r(x) - h(x)| > \alpha_k\},$$

则 $A = \bigcup\limits_{k=1}^{\infty} A_k$. 于是只要证对 $\forall \alpha_k \in Q^+$, $\mu(A_k) = 0$. 下面将 α_k 记为 $\alpha \in Q^+$, A_k 记为 A_α, 即令

$$A_\alpha = \{x \in \mathbf{R}^n : \limsup_{r\to 0} |H_r(x) - h(x)| > \alpha\},$$

要证 $\mu(A_\alpha) = 0$. 事实上, 因为

$$\alpha < \limsup_{r\to 0} |H_r(x) - h(x)| \leqslant M(h, x) + |h(x)|,$$

所以, 当 $x \in A_\alpha$ 时, $M(h, x) > \dfrac{\alpha}{2}$ 与 $|h(x)| > \dfrac{\alpha}{2}$ 至少有一个成立, 即

$$A_\alpha \subset \left\{M(h) > \frac{\alpha}{2}\right\} \cup \left\{|h| > \frac{\alpha}{2}\right\},$$

由定理 1.3 和第五章定理 2.10 (Chebyshev 不等式), 有

$$\begin{aligned}
\mu(A_\alpha) &\leqslant \mu\left\{M(h) > \frac{\alpha}{2}\right\} + \mu\left\{|h| > \frac{\alpha}{2}\right\} \\
&\leqslant \frac{2c}{\alpha}\|h\|_1 + \frac{2}{\alpha}\|h\|_1 = \frac{c_1}{\alpha}\|h\|_1 < \frac{c_1}{2}\varepsilon.
\end{aligned}$$

由 $\varepsilon > 0$ 的任意性, 得到 $\mu(A_\alpha) = 0$. 证毕.

注 2.1 当 $f \in L^p(\mathbf{R}^n)$, $1 < p < \infty$ 时, (2.2) 仍成立. 事实上, 由第五章注 2.13, f 可分解为 $f = g + h$, 式中 $g \in C_0(\mathbf{R}^n)$, $\|h\|_p < \varepsilon$. 只要将定理 2.1 的证

明作如下改动:

$$\mu\left\{M(h)>\frac{\alpha}{2}\right\}\leqslant\left(\frac{2}{\alpha}\right)^{p}\|M(h)\|_{p}^{p}\leqslant\left(\frac{2}{\alpha}\right)^{p}c\|h\|_{p}^{p}<\left(\frac{2}{\alpha}\right)^{p}c\varepsilon^{p},$$

同样可推出 $\mu(A_\alpha)=0$.

注 2.2 (2.2) 式中的球 $B(x,r)$ 可换成其边平行于坐标轴的 n 维方体 $Q=Q(x,r)$, 式中 x 为 Q 的中心, $2r$ 为 Q 的边长. 当 $n=1$ 时, (2.2) 式就变成

$$\lim_{r\to 0}\frac{1}{2r}\int_{x-r}^{x+r}f(y)\mathrm{d}y=f(x)\quad a.e.x\in\mathbf{R}^1.$$

而它又等价于

$$\lim_{r\to 0}\frac{1}{r}\int_{x}^{x+r}f(y)\mathrm{d}y=f(x)\quad a.e.x\in\mathbf{R}^1,$$

即

$$F'(x)=f(x)\quad a.e.x\in\mathbf{R}^1. \tag{2.6}$$

这就回答了本章开头提出的第一个问题, 即只要 f 在 $\mathbf{R}^1$ 上局部可积, 就能保证 (2.6) 成立.

但在高维情形, 即在 $\mathbf{R}^n(n\geqslant 2)$ 中, (2.2) 式中的球 $B(x,r)$ 就不能换成其边不平行于坐标轴的任意矩形. 利用初等数学中为解决古老的转针问题所引进的 Perron 树, 可以证明这一点. 可见高维问题远比一维问题复杂. 对于高维的微分定理, 哪些形状的区域必成立, 而哪些形状的区域不能成立, 仍有许多问题未解决 (参看邓东皋, 吴声钟, 转针问题与积分的微分定理, 曲阜师范大学学报, 1990 年第 1 期).

定义 2.1 设 $f\in L_{\mathrm{loc}}(\mathbf{R}^n)$, 若

$$\lim_{r\to 0}\frac{1}{\mu(B(x,r))}\int_{B(x,r)}|f(y)-f(x)|\mathrm{d}y=0, \tag{2.7}$$

则称 x 是 f 的 **Lebesgue 点**, 简称为 (L) 点.

定理 2.2 设 $f\in L_{\mathrm{loc}}(\mathbf{R}^n)$, 则 $\mathbf{R}^n$ 中几乎所有的点都是 f 的 (L) 点.

证 将有理数集 $\mathbf{Q}$ 排列成 $\mathbf{Q}=\{r_1,\cdots,r_k,\cdots\}$, 对 $\forall\varepsilon>0$, 当 $|f(x)|<\infty$ 时, 存在 $r_k\in\mathbf{Q}$, 使得 $|f(x)-r_k|<\varepsilon$. 令 $g_k(x)=|f(x)-r_k|$, 则 $g_k(x)<\varepsilon$ 且 $g_k\in L_{\mathrm{loc}}(\mathbf{R}^n)$, 由定理 2.1, 有

$$\lim_{r\to 0}\frac{1}{\mu(B(x,r))}\int_{B(x,r)}g_k(y)\mathrm{d}y=g_k(x)\quad a.e.x\in\mathbf{R}^n. \tag{2.8}$$

令

$$A_k=\left\{x\in\mathbf{R}^n:\lim_{r\to 0}\frac{1}{\mu(B(x,r))}\int_{B(x,r)}g_k(y)\mathrm{d}y\neq g_k(x)\right\},\tag{2.9}$$

于是 $\mu(A_k)=0$. 再令

$$A=\left(\bigcup_{k=1}^{\infty}A_k\right)\cup\{|f|=\infty\},$$

则 $\mu(A)=0$. 于是只要证明对于 $\forall x\notin A$, (2.7) 式成立. 事实上, 当 $x\notin A$ 时,

$$\frac{1}{\mu(B(x,r))}\int_{B(x,r)}|f(y)-f(x)|\mathrm{d}y\leqslant\frac{1}{\mu(B(x,r))}\int_{B(x,r)}g_k(y)\mathrm{d}y+g_k(x),$$

式中利用了

$$|f(y)-f(x)|\leqslant|f(y)-r_k|+|r_k-f(x)|=g_k(y)+g_k(x),$$

于是

$$\begin{aligned}&\limsup_{r\to 0}\frac{1}{\mu(B(x,r))}\int_{B(x,r)}|f(y)-f(x)|\mathrm{d}y\\ \leqslant&\lim_{r\to 0}\frac{1}{\mu(B(x,r))}\int_{B(x,r)}g_k(y)\mathrm{d}y+g_k(x)=2g_k(x)<2\varepsilon.\end{aligned}$$

由 $\varepsilon>0$ 的任意性, 得 (2.7) 式成立. 证毕.

评注 1: 设 $f\in L_{\mathrm{loc}}(\mathbf{R}^n)$, 则

(1) x 是 f 的连续点 $\Rightarrow$ (2) x 是 f 的 Lebesgue 点 $\Rightarrow$ (3) x 是 f 的可微点, 即

$$\lim_{r\to 0}\frac{1}{\mu(B(x,r))}\int_{B(x,r)}f(y)\mathrm{d}y=f(x).$$

其逆均不成立. 证明及其反例见 [1] 下册第六章 §2.

评注 2: $\mathbf{R}^n$ 中测度的可微性的概念还可以推广:

设 μ,υ 是 $\mathbf{R}^n$ 中非负 Borel 测度, 它们在所有球 $B(x,r)$ 上有界, 记

$$\overline{D_\mu}\upsilon(x)=\limsup_{r\to 0}\frac{\upsilon(B(x,r))}{\mu(B(x,r))};$$

$$\underline{D_\mu}\upsilon(x)=\liminf_{r\to 0}\frac{\upsilon(B(x,r))}{\mu(B(x,r))}.$$

若对于 $r>0$, $\mu(B(x,r))=0$, 则记为 $\overline{D_\mu}\upsilon(x)=\underline{D_\mu}\upsilon(x)=\infty$, 若 $\overline{D_\mu}\upsilon(x)=\underline{D_\mu}\upsilon(x)<\infty$, 则称它们的公共值是 υ 关于 μ 在点 x 的导数, 记为

$$D_\mu\upsilon(x)=\overline{D_\mu}\upsilon(x)=\underline{D_\mu}\upsilon(x).$$

习题 6.2

2.1 设 E 是 $\mathbf{R}^n$ 中可测集, 若

$$\lim_{r\to 0}\frac{\mu(E\cap B(x,r))}{\mu(B(x,r))}=1,$$

则称 x 为 E 的稠密点; 若

$$\lim_{r\to 0}\frac{\mu(E\cap B(x,r))}{\mu(B(x,r))}=0,$$

则称 x 为 E 的稀疏点.

证明: 可测集 E 的几乎所有点都是 E 的稠密点, 而 E 的余集 E^c 的几乎所有点都是 E 的稀疏点.

§3 单调函数

定义 3.1 设 f 定义在区间 $I=(a,b)$ 上, 对于 $\forall x\in I$, $h\neq 0$, $x+h\in I$, 令

$$Df(x,h)=\frac{f(x+h)-f(x)}{h},$$

则 f 在 x 点的 Dini (导) 数定义为

$$D^+f(x)=\limsup_{h\to+0}Df(x,h)\quad(\text{右上导数}),$$

$$D_+f(x)=\liminf_{h\to+0}Df(x,h)\quad(\text{右下导数}),$$

$$D^-f(x)=\limsup_{h\to-0}Df(x,h)\quad(\text{左上导数}),$$

$$D_-f(x)=\liminf_{h\to-0}Df(x,h)\quad(\text{左下导数}).$$

由定义 3.1 和上、下极限的性质立即得出

$$D_+f(x)\leqslant D^+f(x), D_-f(x)\leqslant D^-f(x); \tag{3.1}$$

$$D^+(-f)=-D_+f, D^-(-f)=-D_-f. \tag{3.2}$$

f 在 x 点可导 (存在且有限) 的充要条件是 f 在 x 点的四个 Dini (导) 数相等.

若 $D^+f(x)=D_+f(x)=f'_+(x)$, 则称 $f'_+(x)$ 是 f 在 x 点的右导数;

若 $D^-f(x)=D_-f(x)=f'_-(x)$, 则称 $f'_-(x)$ 是 f 在 x 点的左导数.

定理 3.1 (Lebesgue) 设 f 在开区间 $I=(a,b)$ 上单调, 则导数 f' 在 I

上 a.e. 存在 (指有限导数 a.e. 存在).

证 (1) 先设 I 是有界开区间, 不妨设 f 在 I 上递增, 于是, 只要证

$$D_-f \leqslant D^-f \leqslant D_+f \leqslant D^+f \leqslant D_-f \quad a.e. x \in I. \tag{3.3}$$

令 $A = \{x \in I : D^-f(x) > D_+f(x)\}, B = \{x \in I : D^+f(x) > D_-f(x)\}$. 由 (3.1) 知, 只要证 $\mu(A) = 0$, $\mu(B) = 0$, 但由 (3.2) 知, $x \in B \Leftrightarrow x \in A$, 所以, 实际上只要证明 $\mu(B) = 0$. 任取 $r, s \in \mathbf{Q}^+$ (正有理数集), 使得 $0 < s < r$. 令

$$B_{r,s} = \{x \in I : D^+f(x) > r > s > D_-f(x)\}, \tag{3.4}$$

则 $B = \bigcup\limits_{r,s \in \mathbf{Q}^+} B_{r,s}$, 于是只要对 $\forall B_{r,s}$ 证明 $\mu(B_{r,s}) = 0$. 为此, 我们先设 $\mu(B_{r,s}) = \eta$, 再证 $\eta = 0$.

从 (3.4) 知, $\mu(B_{r,s}) = \eta \leqslant |I| < \infty$, 由第三章定理 1.3, 对 $\forall \varepsilon > 0$, 存在开集 $G \supset B_{r,s}$, 使得

$$\mu(G) < \mu^*(B_{r,s}) + \varepsilon = \eta + \varepsilon. \tag{3.5}$$

对 $\forall x \in B_{r,s}$, 有 $D_-f(x) < s$, 于是存在收敛于零的正数列 $\{h_n\}$, 使得 $[x - h_n, x] \subset G$, 且

$$f(x) - f(x - h_n) < sh_n. \tag{3.6}$$

则 $\mathscr{F}_1 = \{[x - h_n, x]\}$ 是 $B_{r,s}$ 的 V 覆盖, 由定理 1.2, $\mathscr{F}_1$ 中存在有限个互不相交的区间 $\{I_j\}_{j=1}^N$, 使得

$$\mu^*\left(B_{r,s} - \bigcup_{j=1}^N I_j\right) < \varepsilon, \tag{3.7}$$

式中 $I_j = [x_j - h_j, x_j]$, 记相应的开区间为 $\mathring{I}_j = (x_j - h_j, x_j)$, 并令

$$B_{r,s}^* = B_{r,s} \cap \left(\bigcup_{j=1}^N \mathring{I}_j\right). \tag{3.8}$$

则对 $\forall y \in B_{r,s}^*$, 有 $D^+f(y) > r$, 所以, 又存在一个收敛于零的正数列 $\{k_m\}$, 使得 $[y, y + k_m] \subset \mathring{I}_j$, 且

$$f(y + k_m) - f(y) > rk_m. \tag{3.9}$$

于是, $\mathscr{F}_2 = \{[y, y + k_m]\}$ 是 $B_{r,s}^*$ 的 V 覆盖. 再由定理 1.2, $\mathscr{F}_2$ 中存在有限个互不相交的区间 $\{D_i\}_{i=1}^M$, 使得

$$\mu^*\left(B_{r,s}^*-\bigcup_{i=1}^{M}D_i\right)<\varepsilon, \tag{3.10}$$

式中 $D_i=[y_i,y_i+k_i]$. 令

$$\Delta_1=\sum_{j=1}^{N}[f(x_j)-f(x_j-h_j)],\quad \Delta_2=\sum_{i=1}^{M}[f(y_i+k_i)-f(y_i)].$$

由 f 递增及 $[y_i,y_i+k_i]$ 含于某个 (x_j-h_j,x_j) 内, 所以,

$$0<\Delta_2<\Delta_1. \tag{3.11}$$

因为 $\forall I_j\subset G$, 所以, 从 (3.6) 和 (3.5), 得到

$$\Delta_1<\sum_{j=1}^{N}s\mu(I_j)\leqslant s\mu(G)<s(\eta+\varepsilon). \tag{3.12}$$

另一方面, 从 (3.9), 有

$$\Delta_2>r\sum_{i=1}^{M}\mu(D_i). \tag{3.13}$$

下面找出 (3.13) 右边的下界. 为此, 令 $E=\{I_j \text{ 的端点}\}$, 这是有限集, 所以,

$$B_{r,s}=\left(B_{r,s}-\bigcup_{j=1}^{N}I_j\right)\cup B_{r,s}^*\cup E,$$

从而有

$$B_{r,s}\subset\left(B_{r,s}-\bigcup_{j=1}^{N}I_j\right)\cup\left(B_{r,s}^*-\bigcup_{i=1}^{M}D_i\right)\cup\left(\bigcup_{i=1}^{M}D_i\right)\cup E,$$

于是, 由 (3.7) 和 (3.10) 得到 $\eta=\mu^*(B_{r,s})\leqslant\varepsilon+\varepsilon+\sum\limits_{i=1}^{M}|D_i|$, 即 $\sum\limits_{i=1}^{M}|D_i|>\eta-2\varepsilon$. 所以,

$$r(\eta-2\varepsilon)<r\sum_{i=1}^{M}|D_i|<\Delta_2\leqslant\Delta_1<s(\eta+\varepsilon).$$

由 $\varepsilon>0$ 的任意性, 得 $r\eta\leqslant s\eta$. 但 $r-s>0$, 所以只能 $\eta=0$.

(2) 若 I 为无界区间, 令 $I_k=I\cap(-k,k)$, 则 $I=\bigcup\limits_{k=1}^{\infty}I_k$. 由 (1), f' 在每个有界开区间 I_k 上 a.e. 存在, 从而 f' 在 I 上 a.e. 存在. 证毕.

注 3.1 定理 3.1 关于单调函数 a.e. 可微的结论不能再改进. 这是因为

对 (a,b) 中任意的零集 A, 都可以在 $[a,b]$ 上构造一个递增的函数 f, 使得对 $\forall x \in A$, $f'(x)=\infty$. 事实上, 存在开集列 $\{G_n\}$, 使得 $A \subset G_n \subset (a,b)$, 且 $\mu(G_n) < \dfrac{1}{2^n}$. 对于 $x \in [a,b]$, 令

$$f_n(x)=\mu(G_n \cap [a,x]), \quad f(x)=\sum_{n=1}^{\infty} f_n(x), \tag{3.14}$$

则 $f_n(x) < \dfrac{1}{2^n}$, 而且 f_n 非负递增连续, 从而 f 在 $[a,b]$ 上递增连续. 对于 $\forall x \in A$ 及任意自然数 N, $\exists \delta > 0$, 使得 $(x-\delta, x+\delta) \subset G_k \cap (a,b)$, 于是当 $|h| < \delta$ 时, 有

$$\frac{f_k(x+h)-f_k(x)}{h}=1, \quad k=1,\cdots,N.$$

从而得到

$$\frac{f(x+h)-f(x)}{h} \geqslant \sum_{k=1}^{N} \frac{f_k(x+h)-f_k(x)}{h}=N.$$

由 N 的任意性, 得 $f'(x)=\infty$.

注 3.2 若 f 在 (a,b) 上连续, 则只要定义 3.1 中的四个 Dini 导数有一个连续, 就可保证 f 可导.

注 3.3 我们提出一个研究性的问题: 若 $A \subset (a,b)$, $\mu(A)=0$, 是否存在 (a,b) 上的单调函数 f, 使得该 f 在 $A^c \cap (a,b)$ 上可导? 我们已知的结果是, $\mathbf{R}^1$ 上处处可导的函数 f 也不能保证 f 在任何区间上单调.

定理 3.2 (Lebesgue) 设 f 在有限区间 $I=(a,b)$ 上递增, 则 $f' \in L(I)$, 而且

$$0 \leqslant \int_a^b f'(x)\mathrm{d}x \leqslant f(b-0)-f(a+0), \tag{3.15}$$

式中 $f(a+0)$, $f(b-0)$ 分别表示 f 在 a 点的右极限和在 b 点的左极限.

证 令

$$F(x)=\begin{cases} f(a+0), & x \leqslant a, \\ f(x), & a<x<b, \\ f(b-0), & x \geqslant b, \end{cases}$$

则 F 是 f 的延拓, 不妨仍将 F 记为 f, 令 $f_n(x)=n\left[f\left(x+\dfrac{1}{n}\right)-f(x)\right]$, $x \in I$. 由定理 3.1, f' 在 I 上 a.e. 存在, 又由 f 递增知 $f'(x) \geqslant 0$ a.e.$x \in I$, 从

而 $\lim\limits_{n\to\infty} f_n(x) = f'(x)\ a.e. x \in I$. 由 Fatou 引理 (见第五章定理 3.7), 有

$$\begin{aligned}\int_a^b f'(x)\mathrm{d}x &\leqslant \liminf_{n\to\infty}\int_a^b f_n(x)\mathrm{d}x = \liminf_{n\to\infty}\int_a^b n\left[f\left(x+\frac{1}{n}\right)-f(x)\right]\mathrm{d}x \\ &= \liminf_{n\to\infty}\left[n\int_b^{b+\frac{1}{n}} f(x)\mathrm{d}x - n\int_a^{a+\frac{1}{n}} f(x)\mathrm{d}x\right] \\ &= \liminf_{n\to\infty}\left[f(b-0) - n\int_a^{a+\frac{1}{n}} f(x)\mathrm{d}x\right] \\ &\leqslant f(b-0) - f(a+0),\end{aligned}$$

式中利用了

$$f(a+0) \leqslant n\int_a^{a+\frac{1}{n}} f(x)\mathrm{d}x \leqslant f\left(a+\frac{1}{n}\right).$$

证毕.

注 3.4 当 (a,b) 为无穷区间时, 定理 3.2 不成立, 例如 $f(x)=\ln x$ 在 $(1,\infty)$ 上递增, 但 $f'(x)=\dfrac{1}{x}\notin L(1,\infty)$.

若 f 在有限区间 $I=(a,b)$ 上递减, 则

$$\int_a^b f'(x)\mathrm{d}x \geqslant f(b-0)-f(a+0). \tag{3.16}$$

注 3.5 (3.15) 和 (3.16) 中可能成立严格不等号, 即存在 (a,b) 上递增的函数 f, 使得

$$\int_a^b f'(x)\mathrm{d}x < f(b-0)-f(a+0). \tag{3.17}$$

这时 Newton–Leibniz 公式不成立.

例 3.1 设 $f(x)=\operatorname{sgn} x$, 则 f 在 $[-1,1]$ 上递增, 且 $f'(x)=0\ a.e. x\in[-1,1]$. 所以 $\displaystyle\int_{-1}^1 f'(x)\mathrm{d}x=0$, 但 $f(1)-f(-1)=2$.

下面的例 3.2 则进一步表明, 即使是连续的递增函数 f, 仍可能使 (3.17) 成立.

例 3.2 利用第二章 §3 构造 Cantor 集 P 时所使用的符号, 即 $G=\bigcup\limits_{n=1}^{\infty} G_n$ 为 Cantor 开集, 式中

$$G_n=\bigcup_{k=1}^{2^{n-1}} G_{n,k}, G_{n,1}=\left(\frac{1}{3^n},\frac{2}{3^n}\right),\cdots,G_{n,2^{n-1}}=\left(1-\frac{2}{3^n},1-\frac{1}{3^n}\right);$$

$$P=[0,1]-G=\bigcap_{n=1}^{\infty}F_n.$$

我们将 G_1 至 G_n 中所有开区间 (一共有 2^n-1 个) 从左至右重新编号, 并记为 $D_{n,k}$, 令

$$f_n(x)=\begin{cases}0, & x=0,\\ 1, & x=1,\\ \dfrac{k}{2^n}, & x\in D_{n,k}, k=1,\cdots,2^n-1,\\ \text{线性}, & x\in F_n,\end{cases}$$

其中 "线性" 是为了保持 f_n 在 $[0,1]$ 上的连续性. 于是每个 f_n 都在 $[0,1]$ 上递增连续而且

$$|f_{n+1}(x)-f_n(x)|<\frac{1}{2^n},\quad x\in[0,1].$$

所以, $\sum\limits_{k=1}^{\infty}(f_{k+1}-f_k)$ 在 $[0,1]$ 上一致绝对收敛, 即 $f_n=\sum\limits_{k=1}^{n-1}(f_{k+1}-f_k)+f_1$ 在 $[0,1]$ 上一致收敛, 令 $\lim\limits_{n\to\infty}f_n=f$, 则 f 也在 $[0,1]$ 上递增连续. f 称为 **Cantor–Lebesgue 函数**, 又 f 在 G 的每个构成区间 $G_{n,k}$ 上为常数, 所以

$$f'(x)=0\quad a.e.x\in[0,1],$$

从而

$$\int_0^1 f'(x)\mathrm{d}x=0,\ \text{但}\ f(1)-f(0)=1,$$

所以

$$\int_0^1 f'(x)\mathrm{d}x=0<f(1)-f(0)=1.$$

注 3.6 例 3.2 还表明, 从 $f'(x)=0\ a.e.x\in[a,b]$, 还不能得出 f 在 $[a,b]$ 上为常值函数. 于是, 我们定义:

定义 3.2 若 f 的导函数 f' 在 $[a,b]$ 上几乎处处为零且 f 在 $[a,b]$ 上不恒为常数, 则称 f 是 $[a,b]$ 上的**奇异函数**.

例 3.2 中的 Cantor–Lebesgue 函数 f 就是 $[0,1]$ 上非常值的奇异函数.

定理 3.3 (逐项求导的 Fubini 定理) 设 $f_n(x)$ 在 $[a,b]$ 上 (关于 x) 单调, 而且 $\sum\limits_{n=1}^{\infty}f_n(x)$ 在 $[a,b]$ 上点态收敛于 $f(x)$, 则 f 也在 $[a,b]$ 上单调且

$$f'(x)=\sum_{n=1}^{\infty}f_n'(x)\quad a.e.x\in[a,b]. \tag{3.18}$$

证 不妨设对 $\forall n$, f_n 在 $[a,b]$ 上 (关于 x) 递增, 并且 $f_n(a)=0$ (否则可用 $f_n(x)-f_n(a)$ 代替). 从而 $\forall f_n(x)\geqslant f_n(a)=0$, 于是 $S_n(x)=\sum\limits_{k=1}^{n}f_k(x)$ 和 $f(x)$ 都在 $[a,b]$ 上递增, 而且 $f_k'(x)\geqslant 0\ a.e.x\in[a,b]$. 令

$$E_k=\{x\in[a,b]:f_k'(x)\text{ 不存在}\},\quad A=\{x\in[a,b]:f'(x)\text{ 不存在}\},$$

$E=\left(\bigcup\limits_{k=1}^{\infty}E_k\right)\cup A$, 则 $\mu(E)=0$. 于是, 对 $\forall x\notin E, S_{n-1}'(x)\leqslant S_n'(x)\leqslant f'(x)$, 即 $\{S_n'(x)\}$ (关于 n) 递增且有上界, 从而极限存在, 即对 $x\in[a,b]-E$, $\sum\limits_{k=1}^{\infty}f_k'(x)=\lim\limits_{n\to\infty}S_n'(x)$ 收敛. 也即

$$\sum_{k=1}^{\infty}f_k'(x)<\infty\quad a.e.x\in[a,b]. \tag{3.19}$$

由 $\{S_n'\}$ 的单调性, 只要证明存在一个子列 $\{S_{n_k}'\}$, 使得

$$\lim_{k\to\infty}S_{n_k}'(x)=f'(x)\quad a.e.x\in[a,b]. \tag{3.20}$$

由假设, $\lim\limits_{n\to\infty}S_n(x)=f(x)$, 特别当 $x=b$ 时, 对 $\forall k$, $\exists n_k$, 使得

$$f(b)-S_{n_k}(b)<\frac{1}{2^k}.$$

令 $\varphi_k(x)=f(x)-S_{n_k}(x)$, 则 $\varphi_k(x)$ 关于 x 递增, 且 $\varphi_k(a)=0$, 所以, 对 $x\in[a,b]$,

$$0\leqslant\sum_{k=1}^{\infty}\varphi_k(x)\leqslant\sum_{k=1}^{\infty}\varphi_k(b)<\sum_{k=1}^{\infty}\frac{1}{2^k}=1,$$

这表明 $\sum\limits_{k=1}^{\infty}\varphi_k(x)$ 也是由递增函数列 $\{\varphi_k\}$ 所构成的收敛级数, 它与 $\sum\limits_{k=1}^{\infty}f_k(x)$ 有相同的性质, 所以, 可在 (3.19) 中将 f_k' 换成 φ_k', 得到

$$\sum_{k=1}^{\infty}\varphi_k'(x)<\infty\quad a.e.x\in[a,b].$$

由收敛的必要条件, 知

$$\varphi_k'(x)=f'(x)-S_{n_k}'(x)\to 0\quad a.e.x\in[a,b],$$

即 (3.20) 得证. 证毕.

评注: 定理 3.3 中的条件 $\sum\limits_{n=1}^{\infty} f_n(x) = f(x)$, $x \in [a,b]$ 可减弱为

$$\sum_{n=1}^{\infty} f_n(a) < \infty \text{ 和 } \sum_{n=1}^{\infty} f_n(b) < \infty.$$

这是因为 $u_n(x) = f_n(x) - f_n(a)$ 非负递增, 且 $u_n(x) \leqslant f_n(b) - f_n(a)$, 而 $\sum\limits_{n=1}^{\infty} (f_n(b) - f_n(a)) < \infty$, 于是 $\sum\limits_{n=1}^{\infty} f_n(x)$ 在 $[a,b]$ 上处处收敛.

习题 6.3

3.1 设 $\{r_n\}$ 是有理数列, 在 $\mathbf{R}^1$ 上定义

$$f(x) = \sum_{r_n < x} a_n, \text{式中}, a_n > 0, S = \sum_{n=1}^{\infty} a_n < \infty. \tag{3.21}$$

证明: f 是 $\mathbf{R}^1$ 上严格递增的左连续函数, 它在每个有理点间断, 而在每个无理点连续, 而且 $\lim\limits_{x \to -\infty} f(x) = 0$, $\lim\limits_{x \to \infty} f(x) = S$.

3.2 设 $f \in C(\mathbf{R}^1)$, 若对于所有开集 $G \subset \mathbf{R}^1, f(G)$ 是 $\mathbf{R}^1$ 中开集, 则 f 是 $\mathbf{R}^1$ 上严格单调函数.

3.3 设 $f \in C[a,b]$, 若 $\forall x \in (a,b)$, 单侧导数 $f'_+(x) \geqslant 0$ 或 $f'_-(x) \geqslant 0$, 则 f 在 $[a,b]$ 上递增; 若 $\forall x \in (a,b)$, 单侧导数 $f'_+(x) > 0$ 或 $f'_-(x) > 0$, 则 f 在 $[a,b]$ 上严格递增.

3.4 设 $f \in C[a,b]$, $E \subset (a,b)$, $\mu(E) = 0$, 若 $\forall x \in (a,b) - E$, Dini 导数 $D^+ f(x) \geqslant 0$ (可能为 ∞), 而 $\forall x \in E$ (可能要去掉 E 中一个可数集 A), $D^+ f(x) \neq -\infty$, 则 f 是 $[a,b]$ 上递增函数.

3.5 证明 Riemann ζ 函数 $f(x) = \sum\limits_{n=1}^{\infty} \dfrac{1}{n^x}$ 是 $(1,\infty)$ 上无穷次可微函数.

3.6 设 $\{f_n\}$ 是 $(0,1)$ 上递增的函数列, 若 $\lim\limits_{n \to \infty} f_n(x) = 1$ $a.e. x \in (0,1)$, 则

$$\liminf_{n \to \infty} f'_n(x) = 0 \quad a.e. x \in (0,1).$$

§4 有界变差函数和绝对连续函数

一、有界变差函数

在历史上, 有界变差函数是在研究曲线弧长时引进的, 为此先考虑曲线求长问题.

例 4.1 设 $\mathbf{R}^n$ 中由方程组

$$x_k = x_k(t),\ t \in [\alpha, \beta],\ 1 \leqslant k \leqslant n, \tag{4.1}$$

所确定的曲线 (C), 对于 $[\alpha, \beta]$ 的分划 T:

$$T = \{\alpha = t_0 < t_1 < \cdots < t_m = \beta\},$$

(C) 的图像上相应的点为

$$P_j = (x_1(t_j), x_2(t_j), \cdots, x_n(t_j)), 0 \leqslant j \leqslant m,$$

相应的折线长为

$$l(T) = \sum_{j=1}^{m} P_{j-1}P_j = \sum_{j=1}^{m} \left[\sum_{k=1}^{n} (x_k(t_j) - x_k(t_{j-1}))^2\right]^{1/2}. \tag{4.2}$$

令 $L = \sup\limits_T l(T)$, 若 $L < \infty$, 则称曲线 (C) 是**可求长的**, L 就是 (C) 的**长度**, 利用初等不等式

$$|x_k| \leqslant \left(\sum_{k=1}^{n} |x_k|^2\right)^{1/2} \leqslant \sum_{k=1}^{n} |x_k| \tag{4.3}$$

可知, (C) 可求长即 $L < \infty$ 的充要条件是对 $\forall k : 1 \leqslant k \leqslant n$,

$$\sup_T \sum_{j=1}^{m} |x_k(t_j) - x_k(t_{j-1})| < \infty. \tag{4.4}$$

定义 4.1 设 f 是区间 $[a, b]$ 上的有限函数, 对于 $[a, b]$ 的任一分划 T:

$$T = \{a = x_0 < x_1 < \cdots < x_n = b\},$$

作和式

$$V_a^b(f, T) = \sum_{k=1}^{n} |f(x_k) - f(x_{k-1})|, \tag{4.5}$$

并称它为 f 在 $[a, b]$ 上关于 T 的**变差**, 而

$$V_a^b(f) = \sup_T \{V_a^b(f, T)\} \tag{4.6}$$

则称为 f 在 $[a, b]$ 上的**全变差**, 式中上确界是对 $[a, b]$ 的所有分划 T 而取的. 若 $V_a^b(f) < \infty$, 则称 f 是 $[a, b]$ 上有界变差函数, 记为 $f \in BV[a, b]$, 若 $V_a^b(f) = \infty$, 则称 f 是 $[a, b]$ 上**无界变差函数**.

开区间 (a,b) 和无穷区间上的有界变差函数可通过极限过程来定义, 例如取 $[\alpha,\beta]\subset(a,b)$.

设 $f\in BV[\alpha,\beta]$, 若 $\lim\limits_{\substack{\alpha\to a\\ \beta\to b}} V_\alpha^\beta(f)<\infty$, 则称 f 是开区间 (a,b) 上有界变差函数, 记为 $f\in BV(a,b)$; 同理, 若 $\lim\limits_{\substack{\alpha\to a\\ \beta\to\infty}} V_\alpha^\beta(f)<\infty$, 则记为 $f\in BV(a,\infty)$, 等等.

利用定义 4.1, 我们从例 4.1 得出

定理 4.1 设 (C) 是由 (4.1) 所确定的曲线, 则 (C) 为可求长曲线的充要条件是, 所有 $x_k=x_k(t)$ 都是 $[\alpha,\beta]$ 上有界变差函数.

例 4.2 设平面曲线 (C) 由下述函数 f 所确定:

$$f(x)=\begin{cases}x\cos\dfrac{\pi}{2x}, & 0<x\leqslant 1,\\ 0, & x=0.\end{cases}\tag{4.7}$$

对 $[0,1]$ 作分划 $T_n:T_n=\left\{0<\dfrac{1}{2n}<\dfrac{1}{2n-1}<\cdots<\dfrac{1}{3}<\dfrac{1}{2}<1\right\}$, 相应的变差 $V_0^1(f,T_n)=\sum\limits_{k=1}^{n}\dfrac{1}{k}$, 从而 $V_0^1(f)=\sup\limits_T V_0^1(f,T)\geqslant\sup\limits_n V_0^1(f,T_n)=\infty$, 由定理 4.1, (C) 是不可求长的曲线. 从例 4.2 还可看出, f 在 $[0,1]$ 上连续, 却不是 $[0,1]$ 上的有界变差函数.

反之, 存在 $f\in BV[a,b]$ 但是 $f\notin C[a,b]$, 例如, 设

$$f(x)=\begin{cases}0, & x\in[-1,0)\cup(0,1],\\ 1, & x=0,\end{cases}$$

则 $V_{-1}^1(f)=2$, 即 $f\in BV[-1,1]$, 但 f 在 $[-1,1]$ 上间断.

例 4.3 设 f 在 $[a,b]$ 上满足 Lipschitz 条件, 即存在常数 $M>0$, 使得对任意 $x_1,\ x_2\in[a,b]$, 有 $|f(x_2)-f(x_1)|\leqslant M|x_2-x_1|$ (记为 $f\in\mathrm{Lip}1$), 则 $f\in BV[a,b]$.

证 对于 $[a,b]$ 的任意分划 T, 有

$$\begin{aligned}V_a^b(f,T)&=\sum_{k=1}^{n}|f(x_k)-f(x_{k-1})|\\ &\leqslant M\sum_{k=1}^{n}|x_k-x_{k-1}|=M(b-a),\end{aligned}$$

所以 $V_a^b(f)\leqslant M(b-a)<\infty$, 即 $f\in BV[a,b]$.

例 4.4 (1) 设 f 是 $[a,b]$ 上单调函数, 求证 $f\in BV[a,b]$;

(2) 设 f 在 $[a,b]$ 上具有有界导数, 求证 $f\in BV[a,b]$. (证明留给读者.)

下面讨论有界变差函数的基本性质.

定理 4.2 设 $f\in BV[a,b]$, 则 f 在 $[a,b]$ 上有界.

证 对 $\forall x\in[a,b]$, 作 $[a,b]$ 的分划 $T=\{a\leqslant x\leqslant b\}$, 则

$$V_a^b(f,T)=|f(x)-f(a)|+|f(b)-f(x)|\leqslant V_a^b(f)<\infty,$$

从而

$$|f(x)|-|f(a)|\leqslant|f(x)-f(a)|\leqslant V_a^b(f).$$

令 $M=|f(a)|+V_a^b(f)$, 则对 $\forall x\in[a,b]$, $|f(x)|\leqslant M$. 证毕.

定理 4.3 设 $f,g\in BV[a,b]$, 则

(1) $c_1f+c_2g\in BV[a,b]$, 且

$$V_a^b(c_1f+c_2g)\leqslant|c_1|V_a^b(f)+|c_2|V_a^b(g),\tag{4.8}$$

c_1,c_2 为常数.

(2) $fg\in BV[a,b]$.

评注: 我们事实上证明了: $V_a^b(fg)\leqslant M_1V_a^b(g)+M_2V_a^b(f)$, 式中

$$M_1=\sup_{x\in[a,b]}\{|f(x)|\},M_2=\sup_{x\in[a,b]}\{|g(x)|\}.$$

若 $f(a)=g(a)=0$, 则 $V_a^b(fg)\leqslant V_a^b(f)V_a^b(g)$ (证明见作者的“续论”[1] 下册 PP. 43–44.)

(3) 若 $|g(x)|\geqslant c>0$, c 为常数, 则 $\dfrac{f}{g}\in BV[a,b]$.

证 (1) 对 $[a,b]$ 的任一分划 $T:T=\{a=x_0<x_1<\cdots<x_n=b\}$,

$$\begin{aligned}V_a^b(c_1f+c_2g,T)&=\sum_{k=1}^n|(c_1f+c_2g)(x_k)-(c_1f+c_2g)(x_{k-1})|\\&\leqslant|c_1|\sum_{k=1}^n|f(x_k)-f(x_{k-1})|+|c_2|\sum_{k=1}^n|g(x_k)-g(x_{k-1})|\\&\leqslant|c_1|V_a^b(f)+|c_2|V_a^b(g).\end{aligned}$$

两边对 $[a,b]$ 的所有分划 T 取上确界, 得到 (4.8).

(2) 因为 f, $g\in BV[a,b]$, 由定理 4.2, f, g 在 $[a,b]$ 上有界; $|f(x)|\leqslant M_1$, $|g(x)|\leqslant M_2$, $x\in[a,b]$. 令 $h=fg$, 则对 (1) 中任一分划 T, 从

$$\begin{aligned}|h(x_k)-h(x_{k-1})|&\leqslant|f(x_k)g(x_k)-f(x_k)g(x_{k-1})|\\&\quad+|f(x_k)g(x_{k-1})-f(x_{k-1})g(x_{k-1})|\end{aligned}$$

$$\leqslant M_1|g(x_k)-g(x_{k-1})|+M_2|f(x_k)-f(x_{k-1})|$$

可得

$$V_a^b(h)\leqslant M_1V_a^b(g)+M_2V_a^b(f)<\infty,$$

即 $h=fg\in BV[a,b]$.

证二 我们利用 Jordan 分解定理 (见后面定理 4.6): $f=f_1-f_2$, $g=g_1-g_2$, 式中 f_k,g_k $(k=1,2)$ 非负递增, 于是 $h=fg$ 可分解为 $h=h_1-h_2$, 式中 $h_1=f_1g_1+f_2g_2$, $h_2=f_1g_2+f_2g_1$, 由 $f_k,g_k(k=1,2)$ 非负递增可推出 h_1,h_2 非负递增, 再由 Jordan 分解定理, $h=fg\in BV[a,b]$.

(3) 只要对于 $|g(x)|\geqslant c>0$, 证明 $\dfrac{1}{g}\in BV[a,b]$. 事实上, 从

$$\left|\frac{1}{g(x_k)}-\frac{1}{g(x_{k-1})}\right|=\frac{|g(x_{k-1})-g(x_k)|}{|g(x_k)g(x_{k-1})|}\leqslant\frac{1}{c^2}|g(x_k)-g(x_{k-1})|$$

可得 $V_a^b\left(\dfrac{1}{g}\right)\leqslant\dfrac{1}{c^2}V_a^b(g)<\infty$, 即 $\dfrac{1}{g}\in BV[a,b]$. 证毕.

定理 4.3 表明, 有界变差函数类对于四则运算是封闭的.

注 4.1 定理 4.3 中条件 $|g(x)|\geqslant c>0$ 不能换成 $g(x)\neq 0$, $x\in[a,b]$. 例如, 取

$$g(x)=\begin{cases}x, & x\neq 0,\\ -1, & x=0,\end{cases}$$

则 g 在 $[0,1]$ 上递增, 从而由例 4.4, $g\in BV[0,1]$, 但

$$h(x)=\frac{1}{g(x)}=\begin{cases}\dfrac{1}{x}, & x\neq 0,\\ -1, & x=0\end{cases}$$

在 $[0,1]$ 上无界, 由定理 4.2, $h\notin BV[0,1]$.

定理 4.4 设 $a<c<b$, 则 $f\in BV[a,b]$ 的充要条件是 $f\in BV[a,c]$ 和 $f\in BV[c,b]$, 而且

$$V_a^b(f)=V_a^c(f)+V_c^b(f).\tag{4.9}$$

证 设 $f\in BV[a,b]$, 将 $[a,c]$ 的任一分划 $T_1=\{a=x_0<x_1<\cdots<x_m=c\}$ 和 $[c,b]$ 的任一分划 $T_2=\{c=y_0<y_1<\cdots<y_n=b\}$ 合并得到 $[a,b]$ 的一个分划 $T=T_1\cup T_2$, 于是 $V_a^c(f,T_1)+V_c^b(f,T_2)=V_a^b(f,T)\leqslant V_a^b(f)$, 从而

$$V_a^c(f)+V_c^b(f)\leqslant V_a^b(f).\tag{4.10}$$

这表明 $f \in BV[a,c]$, $f \in BV[c,b]$.

反之, 设 $f \in BV[a,c]$ 和 $f \in BV[c,b]$, 则对 $[a,b]$ 的任一分划 $T = \{a = x_0 < x_1 < \cdots < x_n = b\}$, 不妨设 $x_m \leqslant c < x_{m+1}$, 于是就得到 $[a,c]$ 的分划 $T_1 = \{a = x_0 < x_1 < \cdots < x_m \leqslant c\}$ 和 $[c,b]$ 的分划 $T_2 = \{c < x_{m+1} < \cdots < x_n = b\}$, 从而

$$\begin{aligned} V_a^b(f,T) &= \sum_{k=1}^{n} |f(x_k) - f(x_{k-1})| \\ &\leqslant \sum_{k=1}^{m} |f(x_k) - f(x_{k-1})| + |f(c) - f(x_m)| \\ &\quad + |f(x_{m+1}) - f(c)| + \sum_{k=m+2}^{n} |f(x_k) - f(x_{k-1})| \\ &= V_a^c(f,T_1) + V_c^b(f,T_2) \leqslant V_a^c(f) + V_c^b(f). \end{aligned}$$

所以,

$$V_a^b(f) \leqslant V_a^c(f) + V_c^b(f). \tag{4.11}$$

这表明 $f \in BV[a,b]$. 从 (4.10) 和 (4.11) 得出 (4.9) 成立. 证毕.

推论 4.5 设 $f \in BV[a,b]$, 则

$$g(x) = \begin{cases} V_a^x(f), & a < x \leqslant b, \\ 0, & x = a \end{cases} \tag{4.12}$$

是 $[a,b]$ 上递增函数.

证 对 $\forall x_1, x_2 \in [a,b]$, $x_2 > x_1$, 由 (4.9), 有

$$g(x_2) - g(x_1) = V_a^{x_2}(f) - V_a^{x_1}(f) = V_{x_1}^{x_2}(f) \geqslant 0.$$

证毕.

例 4.5 设 $f \in BV[a,b]$, 证明: $|f| \in BV[a,b]$ 而且成立

$$V_a^b(|f|) \leqslant V_a^b(f); \tag{4.13}$$

反之, 若 $|f| \in BV[a,b]$, 是否必有 $f \in BV[a,b]$?

提示: 可考虑定义在 $[0,1]$ 上的函数

$$f(x) = \begin{cases} 1, & x \in Q \quad ([0,1]\ \text{中有理数集}), \\ -1, & x \in Q^c \quad ([0,1]\ \text{中无理数集}). \end{cases}$$

定理 4.6 (Jordan 分解) $f \in BV[a,b] \Leftrightarrow f = g - h$, 式中 g, h 是 $[a,b]$

上递增函数.

证 “$\Leftarrow$”: 设 $f=g-h, g, h$ 递增, 由例 4.4, $g, h \in BV[a,b]$, 再由定理 4.3, 推出 $f \in BV[a,b]$.

“$\Rightarrow$”: 设 $f \in BV[a,b]$, 从推论 4.5, $g(x)=V_a^x(f)$ 在 $[a,b]$ 上递增, 只要再令

$$h(x)=V_a^x(f)-f(x), \tag{4.14}$$

就得到 $f=g-h$. 下面只要证 h 递增. 事实上, 对 $\forall x_1, x_2 \in [a,b], x_1<x_2$, 从 $|f(x_2)-f(x_1)| \leqslant V_{x_1}^{x_2}(f)=V_a^{x_2}(f)-V_a^{x_1}(f)$, 得出

$$f(x_2)-f(x_1) \leqslant V_a^{x_2}(f)-V_a^{x_1}(f),$$

即

$$V_a^{x_1}(f)-f(x_1) \leqslant V_a^{x_2}(f)-f(x_2),$$

此即 $h(x_1) \leqslant h(x_2)$, 所以 h 在 $[a,b]$ 上递增. 证毕.

函数 f 的 Jordan 分解不是唯一的. 我们可以通过对 g, h 同时增加一个常数或递增函数, 使得 g, h 都非负严格递增.

利用定理 4.6 和 §3 单调函数的性质, 我们立即得到如下推论:

推论 4.7 设 $f \in BV[a,b]$, 则

(1) f 在 $[a,b]$ 上至多有可数个第一类间断点;

(2) 导数 f' *a.e.* 存在且 $f' \in L[a,b]$.

我们自然要问, 有界变差函数列 $\{f_n\}$ 对极限运算是否封闭? 下面例 4.6 表明, 即使 $\{f_n\}$ 一致收敛于 f, 仍不能保证 f 是有界变差函数.

例 4.6 设

$$f_n(x)=\begin{cases} x\sin\dfrac{\pi}{x}, & \dfrac{1}{n} \leqslant x \leqslant 1, \\ 0, & 0 \leqslant x < \dfrac{1}{n}; \end{cases}$$

$$f(x)=\begin{cases} x\sin\dfrac{\pi}{x}, & 0<x \leqslant 1, \\ 0, & x=0, \end{cases}$$

则 $\{f_n\}$ 在 $[0,1]$ 上一致收敛于 f.

当 $x \in \left[\dfrac{1}{n}, 1\right]$ 时, $|f_n'(x)| \leqslant 1+\dfrac{\pi}{x} \leqslant 1+n\pi$. 由例 4.4, $f_n \in BV\left[\dfrac{1}{n}, 1\right]$, 又 $f_n \in BV\left[0, \dfrac{1}{n}\right]$. 由定理 4.4, $f_n \in BV[0,1]$, 但 $f \notin BV[0,1]$.

事实上, 取 $[0,1]$ 的分划 $T_n=\{0=x_0<x_1<\cdots<x_n=1\}$, 式中 $x_0=0, x_n=1$, $x_k=\dfrac{2}{2k+1}, k=1,\cdots,n-1$.

$$V_0^1(f,T_n)=\sum_{k=1}^{n}|f(x_k)-f(x_{k-1})|=\frac{2}{3}+\sum_{k=2}^{n-1}\left(\frac{2}{2k+1}+\frac{2}{2k-1}\right)+\frac{2}{2n-1}$$
$$=4\sum_{k=1}^{n}\frac{1}{2k-1}\to\infty\quad(n\to\infty),$$

所以, $V_0^1(f)=\sup\limits_{T}V_0^1(f,T)\geqslant\sup\limits_{T_n}V_0^1(f,T_n)=\infty$.

定理 4.8 设 $f_k\in BV[a,b]$, $\lim\limits_{k\to\infty}f_k(x)=f(x)$, $|f(x)|<\infty$, $x\in[a,b]$, 若存在常数 $M>0$, 使得 $V_a^b(f_k)\leqslant M$ $(\forall k)$, 则 $f\in BV[a,b]$ 且 $V_a^b(f)\leqslant M$.

证 对 $[a,b]$ 的任一分划 $T=\{a=x_0<x_1<\cdots<x_n=b\}$.

$$V_a^b(f_k,T)=\sum_{j=1}^{n}|f_k(x_j)-f_k(x_{j-1})|\leqslant V_a^b(f_k)\leqslant M.$$

令 $k\to\infty$, 得 $V_a^b(f,T)\leqslant M$, 从而 $V_a^b(f)\leqslant M$, 即 $f\in BV[a,b]$. 证毕.

评注 1: 例 4.5 证明了: $f\in BV[a,b]\Rightarrow|f|\in BV[a,b]$, 而且成立

$$V_a^b(|f|)\leqslant V_a^b(f).\tag{①}$$

反之, 我们可以证明:$|f|\in BV[a,b]$ 且 $f\in C[a,b]\Rightarrow f\in BV[a,b]$, 而且成立

$$V_a^b(|f|)=V_a^b(f).\tag{②}$$

事实上, 对于 $[a,b]$ 的任一分划: $T_1=\{a=x_0<x_1<\cdots<x_n=b\}$, 它的变差是

$$V_a^b(f,T_1)=\sum_{k=1}^{n}|f(x_k)-f(x_{k-1})|.$$

(1) 若 $f(x_k)$ 与 $f(x_{k-1})$ 同号, 则

$$|f(x_k)-f(x_{k-1})|=||f(x_k)|-|f(x_{k-1})||;$$

(2) 若 $f(x_k)$ 与 $f(x_{k-1})$ 异号, 则由 f 的连续性, 必存在 $\zeta_k\in(a,b)$, 使得 $f(\zeta_k)=0$, 于是

$$|f(x_k)-f(x_{k-1})|\leqslant||f(x_k)|-|f(\zeta_k)||+||f(\zeta_k)|-|f(x_{k-1})||.$$

对于 $[a,b]$ 的分划 $T_2=\{a=x_0<x_1<\cdots<x_{k-1}<\zeta_k<x_k<\cdots<x_n=b\}$,

$$V_a^b(f,T_1)\leqslant V_a^b(|f|,T_2)\leqslant V_a^b(|f|).$$

从而有

$$V_a^b(f) = \sup_{T_1} V_a^b(f, T_1) \leqslant V_a^b(|f|). \qquad ③$$

从 ① 和 ③, 我们得到 ②.

评注 2: (4.5) 式中的变差称为 f 在 $[a,b]$ 上的 Jordan 变差. 可以将 (4.5) 换成更一般的变差, 例如:

(1) $\left(\sum\limits_{k=1}^{n} |f(x_k) - f(x_{k-1})|^p\right)^{1/p}, 1 \leqslant p < \infty$ (Wiener 变差);

(2) $\sum\limits_{k=1}^{n} \frac{|f(x_k)-f(x_{k-1})|^p}{|x_k - x_{k-1}|^{p-1}}, 1 \leqslant p < \infty$ (Riesz 变差);

(3) $\sum\limits_{k=1}^{\infty} \lambda_k |f(b_k) - f(a_k)|$, 式中 $\{\lambda_k\}$ 是正的递减数列, 使得 $\lambda_k \to 0$ $(k \to \infty)$, $\sum\limits_{k=1}^{\infty} \lambda_k = \infty$, $\{[a_k, b_k]\}$ 是 $[a,b]$ 中互不相交的区间列 (Waterman 变差);

(4) $\sum\limits_{k=1}^{n} \varphi(|f(x_k) - f(x_{k-1})|)$, 式中 $\varphi : [0,\infty) \to [0,\infty)$ 是 Young 函数, 即 φ 是严格递增的凸函数, 且 $\varphi(0) = 0$.

相应的 BV 型空间依次记为 $WBV_p[a,b], RBV_p[a,b], \Lambda BV[a,b]$ 和 $YBV_\varphi[a,b]$.

我们可以将区间 $[a,b]$ 上的有界变差函数推广到一般集合 $E \subset \mathbf{R}^1$ 上. 为此, 我们只要在 E 中作分划 $T = \{x_0 < x_1 < \cdots < x_n : x_k \in E, 0 \leqslant k \leqslant n\}$. f 在 E 上关于 T 的变差定义为

$$V_E(f, T) = \sum_{k=1}^{n} |f(x_k) - f(x_{k-1})|,$$

而

$$V_E(f) = \sup_{T} V_E(f, T)$$

则称为 f 在 E 上的全变差. 当 $V_E(f) < \infty$ 时, 称 f 是在 E 上的有界变差函数, 记为 $f \in BV(E)$. 特别地, 若 $E = [a,b]$, 则 $V_{[a,b]}(f) = V_a^b(f)$.

二元有界变差函数可类似定义. 设 $E = E_1 \times E_2, f : E \to \mathbf{R}^1$, 作 E 的分划 $T = T_1 \times T_2$, 式中

$$T_1 = \{x_0 < x_1 < \cdots < x_n : x_k \in E_1, 0 \leqslant k \leqslant n\},$$

$$T_2 = \{y_0 < y_1 < \cdots < y_m : y_j \in E_2, 0 \leqslant j \leqslant m\}.$$

记

$$\Delta f(x_k, y_j) = f(x_k, y_j) - f(x_{k-1}, y_j) - f(x_k, y_{j-1}) + f(x_{k-1}, y_{j-1}).$$

若

$$V_E(f)=\sup_T\left\{\sum_{k=1}^n\sum_{j=1}^m|\Delta f(x_k,y_j)|\right\}<\infty,$$

则称 f 是 E 上有界变差函数, 记为 $f\in BV(E)$.

有界变差函数概念和下面的绝对连续函数概念的进一步推广见作者的 "续论" [1] 下册第六章 §4.

二、绝对连续函数

定义 4.2 设 f 是 $[a,b]$ 上有限函数, 若对 $\forall\varepsilon>0$, 存在 $\delta>0$, 使得对 $[a,b]$ 中任意有限个互不相交的开区间 $\{(a_k,b_k)\}_{k=1}^n$, 只要总长度 $\sum\limits_{k=1}^n(b_k-a_k)<\delta$, 就有

$$\sum_{k=1}^n|f(b_k)-f(a_k)|<\varepsilon, \tag{4.15}$$

则称 f 是 $[a,b]$ 上**绝对连续函数**, 记为 $f\in AC[a,b]$.

特别地, 当 $n=1$ 时, 就得到 f 在 $[a,b]$ 上一致连续. 于是, 我们就得到

定理 4.9 设 $f\in AC[a,b]$, 则 f 在 $[a,b]$ 上一致连续.

定理 4.10 设 $f\in AC[a,b]$, 则 $f\in BV[a,b]$.

证 设 $f\in AC[a,b]$, 在定义 4.2 中限制 $\varepsilon<1$, 然后取 n_0, 使得 $\dfrac{b-a}{n_0}<\delta$, 将 $[a,b]$ 作 n_0 等分, 得分点组 $a=x_0<x_1<\cdots<x_{n_0}=b$, 式中 $x_k-x_{k-1}=\dfrac{b-a}{n_0}$. 对 $[x_{k-1},x_k]$ 的任一分划 $T_k=\{x_{k-1}=t_0<t_1<\cdots<t_m=x_k\}$, 则

$$\sum_{j=1}^m(t_j-t_{j-1})=x_k-x_{k-1}<\delta,$$

$$V_{x_{k-1}}^{x_k}(f,T_k)=\sum_{j=1}^m|f(t_j)-f(t_{j-1})|<\varepsilon<1,$$

从而

$$V_{x_{k-1}}^{x_k}(f)=\sup_{T_k}V_{x_{k-1}}^{x_k}(f,T_k)\leqslant 1,$$

于是, $V_a^b(f)=\sum\limits_{k=1}^{n_0}V_{x_{k-1}}^{x_k}(f)\leqslant n_0$, 即 $f\in BV[a,b]$. 证毕.

定理 4.11 绝对连续函数 f 具有有界变差函数的所有性质.

例如, 绝对连续函数关于四则运算是封闭的, 绝对连续函数 f *a.e.* 可微且 $f'\in L[a,b]$.

定理 4.12 设 $f \in \mathrm{Lip}1$, 则 $f \in AC[a,b]$.

定理 4.11 和定理 4.12 的证明留给读者.

注 4.2 定理 4.9、4.10、4.12 的逆命题均不成立. 例如在例 3.2 中的 Cantor–Lebesgue 函数 f 是连续函数, 但不是绝对连续函数, 这是因为在构造 Cantor 集 P 时, 第 n 步所留下的区间 $F_n = \bigcup\limits_{j=1}^{2^n} [a_{n,j}, b_{n,j}]$ 的长度 $\mu(F_n) = \left(\dfrac{2}{3}\right)^n \to 0\ (n \to \infty)$, 而对 $\forall n$,

$$\sum_{j=1}^{2^n} |f(b_{n,j}) - f(a_{n,j})| = f(1) - f(0) = 1.$$

在例 4.6 中, f 在 $[0,1]$ 上一致连续, 但 $f \notin BV[0,1] \Rightarrow f \notin AC[0,1]$.

定理 4.13 $f \in \mathrm{Lip}1 \Leftrightarrow \forall \varepsilon > 0, \exists \delta > 0$, 使得对 $[a,b]$ 中任意有限个开区间 $\{(a_k, b_k)\}_{k=1}^n$, 只要 $\sum\limits_{k=1}^n (b_k - a_k) < \delta$, 就有

$$\sum_{k=1}^n |f(b_k) - f(a_k)| < \varepsilon. \tag{4.16}$$

证 "$\Rightarrow$": 设 $f \in \mathrm{Lip}1$, 即存在常数 $M > 0$, 使得对 $\forall x_1,\ x_2 \in [a,b]$, 有

$$|f(x_2) - f(x_1)| \leqslant M|x_2 - x_1|.$$

对 $\forall \varepsilon > 0$, 取 $\delta = \dfrac{\varepsilon}{M}$, 对 $[a,b]$ 中任意有限个开区间 $\{(a_k, b_k)\}_{k=1}^n$ (不论是否互不相交), 只要 $\sum\limits_{k=1}^n (b_k - a_k) < \delta$, 就有

$$\sum_{k=1}^n |f(b_k) - f(a_k)| \leqslant \sum_{k=1}^n M(b_k - a_k) < M\delta = \varepsilon.$$

"$\Leftarrow$": 设条件 (4.16) 成立, 限制 $0 < \varepsilon < 1$, 取 $M = \dfrac{2}{\delta}$, 对 $\forall x_1, x_2 \in [a,b]$, 不妨设 $x_1 < x_2$, 要证 $f \in \mathrm{Lip}1$, 即要证

$$|f(x_2) - f(x_1)| \leqslant M|x_2 - x_1|. \tag{4.17}$$

分两种情形讨论:

(1) 若 $x_2 - x_1 \geqslant \delta$, 则将 $[x_1, x_2]$ 作 m 等分: $x_1 = t_0 < t_1 < \cdots < t_m = x_2\ (m \geqslant 2)$, 使得 $\dfrac{\delta}{2} \leqslant \dfrac{x_2 - x_1}{m} < \delta$, 则对 $\forall j : 1 \leqslant j \leqslant m, t_j - t_{j-1} < \delta$, 从而由 (4.16),

$$|f(x_2)-f(x_1)|\leqslant\sum_{j=1}^{m}|f(t_j)-f(t_{j-1})|<m\leqslant\frac{2}{\delta}(x_2-x_1)=M|x_2-x_1|.$$

(2) 若 $x_2-x_1<\delta$, 则 $\exists m\geqslant 1$, 使得 $\frac{\delta}{2}\leqslant m|x_2-x_1|<\delta$, 从而 $m|f(x_2)-f(x_1)|<1$. 于是, $|f(x_2)-f(x_1)|<\frac{1}{m}\leqslant\frac{2}{\delta}|x_2-x_1|=M|x_2-x_1|$. 证毕.

注 4.3 从定理 4.13 可知, 在定义 4.2 中, 开区间 $\{(a_k,b_k)\}_{k=1}^n$ 互不相交的条件不能去掉, 否则就等价为 $f\in \mathrm{Lip}1$; 此外, 从 $f\in BV[a,b]$ 不能推出 $f\in AC[a,b]$. 反例: 设

$$f(x)=\begin{cases}-1, & 0\leqslant x<\frac{1}{2},\\ 0, & x=\frac{1}{2},\\ 1, & \frac{1}{2}<x\leqslant 1,\end{cases}$$

f 在 $[0,1]$ 上递增, 所以 $f\in BV[0,1]$. 但是 f 在 $x=\frac{1}{2}$ 间断, 所以 $f\notin AC[a,b]$. 但我们有以下结果:

定理 4.14 $f\in AC[a,b]$ 的充要条件是 $f\in BV[a,b]$ 且 $g(x)=V_a^x(f)\in AC[a,b]$.

证 "$\Rightarrow$": 设 $f\in AC[a,b]$, 从定理 4.10, $f\in BV[a,b]$, 只要证 $g\in AC[a,b]$. 从定义 4.2, 对 $\forall\varepsilon>0$, $\exists\delta>0$, 使得对 $[a,b]$ 中任意有限个互不相交的开区间 $\{(a_k,b_k)\}_{k=1}^n$, 只要 $\sum\limits_{k=1}^{n}(b_k-a_k)<\delta$, 就有

$$\sum_{k=1}^{n}|f(b_k)-f(a_k)|<\frac{\varepsilon}{2}. \tag{4.18}$$

对每个 $[a_k,b_k]$, 可作分划 $T_k=\{a_k=t_{0,k}<t_{1,k}<\cdots<t_{m,k}=b_k\}$, 使得

$$V_{a_k}^{b_k}(f)-V_{a_k}^{b_k}(f,T_k)<\frac{\varepsilon}{2^{k+1}}. \tag{4.19}$$

又因为 $\sum\limits_{k=1}^{n}\sum\limits_{j=1}^{m}(t_{j,k}-t_{(j-1),k})=\sum\limits_{k=1}^{n}(b_k-a_k)<\delta$, 于是从 (4.19), 有

$$\begin{aligned}\sum_{k=1}^{n}|g(b_k)-g(a_k)|&=\sum_{k=1}^{n}V_{a_k}^{b_k}(f)<\sum_{k=1}^{n}\left(V_{a_k}^{b_k}(f,T_k)+\frac{\varepsilon}{2^{k+1}}\right)\\&<\sum_{k=1}^{n}\sum_{j=1}^{m}|f(t_{j,k})-f(t_{(j-1),k})|+\sum_{k=1}^{\infty}\frac{\varepsilon}{2^{k+1}}\end{aligned}$$

$$< \frac{\varepsilon}{2} + \frac{\varepsilon}{2} = \varepsilon,$$

即 $g \in AC[a,b]$.

"$\Leftarrow$": 设 $f \in BV[a,b]$ 且 $g \in AC[a,b]$, 则对 $\forall \varepsilon > 0$, $\exists \delta > 0$, 使得对 $[a,b]$ 中任意有限个互不相交的开区间 $\{(a_k,b_k)\}_{k=1}^n$, 只要 $\sum\limits_{k=1}^n (b_k - a_k) < \delta$, 就有 $\sum\limits_{k=1}^n |g(b_k) - g(a_k)| < \varepsilon$. 又因为 $|f(b_k) - f(a_k)| \leqslant V_{a_k}^{b_k}(f)$, 所以,

$$\begin{aligned}\sum_{k=1}^n |f(b_k) - f(a_k)| &\leqslant \sum_{k=1}^n V_{a_k}^{b_k}(f) = \sum_{k=1}^n (g(b_k) - g(a_k)) \\ &\leqslant \sum_{k=1}^n |g(b_k) - g(a_k)| < \varepsilon,\end{aligned}$$

即 $f \in AC[a,b]$. 证毕.

我们在微积分中已知, 设 $\forall x \in [a,b]$, $f'(x) = 0$, 则 $f(x) = C$ (常数). 例 3.2 表明 $f'(x) = 0$ 不能减弱为 $f'(x) = 0$ $a.e.x \in [a,b]$. 但若加上 f 绝对连续的条件, 就可得出以下结论:

定理 4.15 设导函数 $f'(x) = 0$ $a.e.x \in [a,b]$, 若 $f \in AC[a,b]$, 则 f 为常值函数.

证 只要对 $\forall c \in [a,b]$, 证明 $f(c) = f(a)$.

令 $B = \{x \in (a,c) : f'(x) \neq 0$ 或 $f'(x)$ 不存在$\}$, $A = (a,c) - B$, 则 $\mu(B) = 0$, $\mu(A) = c - a$, 且当 $x \in A$ 时, $f'(x) = 0$, 即对 $\forall \varepsilon > 0$, $\exists h > 0$, 使得 $[x, x+h] \subset (a,c)$, 而且

$$\frac{f(x+h) - f(x)}{h} < \frac{\varepsilon}{2(c-a)}. \tag{4.20}$$

令 $M = \{[x, x+h] : x \in A, [x, x+h] \subset (a,c)$ 且 (4.20) 成立$\}$, 则 M 是 A 的 V 覆盖, 由定理 1.2, 对于定义 4.2 中的 $\delta > 0$, M 中存在有限个互不相交的区间族 $\{I_j = [x_j, x_j + h_j]\}_{j=1}^n$, 使得

$$\mu\left(A - \bigcup_{j=1}^n I_j\right) < \delta. \tag{4.21}$$

不妨设这些区间的端点可排列为

$$a = x_0 < x_1 < x_1 + h_1 < x_2 < x_2 + h_2 < \cdots < x_n + h_n < x_{n+1} = c.$$

令 $h_0 = 0$, 则

$$\bigcup_{j=0}^{n}([x_j+h_j,x_{j+1}]-B)\subset A-\bigcup_{j=0}^{n}I_j,$$

从而由 (4.21), $\sum\limits_{j=0}^{n}(x_{j+1}-(x_j+h_j))<\delta$, 于是, 由 $f\in AC[a,b]$, 有

$$\sum_{j=0}^{n}|f(x_{j+1})-f(x_j+h_j)|<\frac{\varepsilon}{2}. \tag{4.22}$$

另一方面, 由 $I_j=[x_j,x_j+h_j]\in M$, 有

$$|f(x_j+h_j)-f(x_j)|<\frac{\varepsilon}{2(c-a)}h_j,$$

从而

$$\sum_{j=1}^{n}|f(x_j+h_j)-f(x_j)|<\frac{\varepsilon}{2(c-a)}\sum_{j=1}^{n}h_j<\frac{\varepsilon}{2}. \tag{4.23}$$

所以, 从 (4.22) 和 (4.23), 有

$$|f(c)-f(a)|\leqslant\sum_{j=0}^{n}|f(x_{j+1})-f(x_j+h_j)|+\sum_{j=1}^{n}|f(x_j+h_j)-f(x_j)|<\varepsilon.$$

由 $\varepsilon>0$ 的任意性, 得出 $f(c)=f(a)$. 证毕.

定理 4.15 的逆否命题: 设导函数 $f'(x)=0$ $a.e.x\in[a,b]$, 若 f 不是常值函数, 则 $f\notin AC[a,b]$.

推论 4.16 设 $f'(x)=0$ $a.e.x\in[a,b]$, 若 $f\in\mathrm{Lip}1$, 则

$$f(x)=c,x\in[a,b].$$

推论 4.17 设 f 在 $[a,b]$ 上有界且 $a.e.$ 连续, 则 $f\in R[a,b]$.

证 利用第五章定义 1.1 中的记号, 令

$$F(x)=\begin{cases}(R)\overline{\int_a^x}f(t)\mathrm{d}t-(R)\underline{\int_a^x}f(t)\mathrm{d}t, & a<x\leqslant b,\\ 0, & x=a,\end{cases}$$

则易证 $F\in\mathrm{Lip}1$, 且在 f 的每个连续点, $F'(x)=f(x)-f(x)=0$, 即 $F'(x)=0$ $a.e.x\in[a,b]$. 由推论 4.16,

$$0=F(a)=F(b)=(R)\overline{\int_a^b}f(t)\mathrm{d}t-(R)\underline{\int_a^b}f(t)\mathrm{d}t.$$

即 $f \in R[a,b]$.

注 4.4 例 4.6 中的函数列 $\{f_n\}$ 在 $[0,1]$ 上还是绝对连续的. 由于它的极限函数 f 不是 $[0,1]$ 上有界变差函数, 因而也不是绝对连续函数. 所以, 绝对连续函数列对于极限运算也是不封闭的.

定理 4.18 若 $f \in AC[a,b]$, 则当 $1 \leqslant p < \infty$ 时, $|f|^p \in AC[a,b]$.

利用下述代数不等式即可得证: 设 $1 \leqslant p < \infty$, $|a| \leqslant M$, $|b| \leqslant M$, 则

$$\big||a|^p - |b|^p\big| \leqslant pM^{p-1}|a-b|.$$

注 4.5 当 $0 < p < 1$ 时, 定理 4.18 不成立. 例如, 令

$$f(x) = \begin{cases} x^2 \cos \dfrac{\pi}{2x}, & 0 < x \leqslant 1, \\ 0, & x = 0, \end{cases}$$

则 $f \in AC[0,1]$, 但是 $|f|^{1/2} \notin AC[0,1]$.

方框图 6-1:

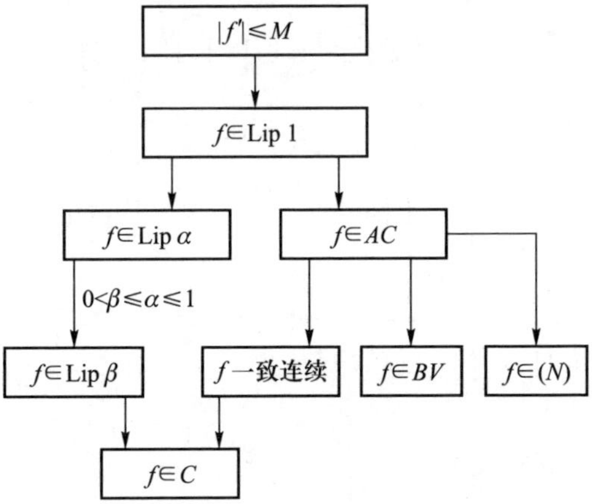

设 $f : [a,b] \to \mathbf{R}^1$

说明: 1) $f \in (N)$ 是指若 $\mu(E) = 0$, 则 $\mu(f(E)) = 0$. $f \in C$ 表示 f 是连续函数.

2) 此处 "→" 的含义与引言中不同, 此处 $A \to B$ 表示 $A \subset B$, 例如 $\boxed{f \in AC} \to \boxed{f \in BV}$ 表示 $AC \subset BV$.

3) 若 $0 < \beta \leqslant \alpha \leqslant 1$, 则 $\mathrm{Lip}1 \subset \mathrm{Lip}\alpha \subset \mathrm{Lip}\beta$. 当 $[a,b]$ 是无穷区间时, 以上的包含关系不一定能成立.

4) $\mathrm{Lip}\beta$ $(0 < \beta < 1)$, f 一致连续, BV, (N) 相互之间都是互不包含的.

5) 以上关系更多的细节和反例见作者的 "续论" [1] 下册第六章.

习题 6.4

4.1　证明例 4.4 和例 4.5.

4.2　证明: $f \in BV[a,b]$ 的充要条件是存在 $[a,b]$ 上有界递增函数 $\varphi(x)$, 使得对于 $\forall x_1, x_2 \in [a,b], x_1 < x_2$, 有 $|f(x_2) - f(x_1)| \leqslant \varphi(x_2) - \varphi(x_1)$, 其中 φ 称为 f 的**强函数**.

4.3　设

$$F(x) = \begin{cases} \dfrac{1}{x}\displaystyle\int_0^x f(t)\mathrm{d}t, & 0 < x \leqslant a, \\ 0, & x = 0, \end{cases}$$

若 $f \in BV[0,a]$, 证明 $F \in BV[0,a]$.

4.4　证明定理 4.11 和定理 4.12.

4.5　设 $f \in AC[a,b]$, $\varphi \in AC[\alpha,\beta]$, 且 $\alpha \leqslant \varphi(t) \leqslant b$, $\alpha \leqslant t \leqslant \beta$, φ 在 $[\alpha,\beta]$ 上严格递增, 证明: 复合函数 $f \circ \varphi \in AC[a,b]$.

注 4.6　两个绝对连续函数的复合函数并不一定是绝对连续函数, 例如

$$f(x) = \begin{cases} x^{1/3}, & x \in [-1,1] - \{0\}, \\ 0, & x = 0, \end{cases}$$

$$\varphi(x) = \begin{cases} \left(x \cos \dfrac{\pi}{x}\right)^3, & x \in (0,1], \\ 0, & x = 0 \end{cases}$$

分别是 $[-1,1]$ 和 $[0,1]$ 上绝对连续函数, 但

$$(f \circ \varphi)(x) = \begin{cases} x \cos \dfrac{\pi}{x}, & x \in (0,1), \\ 0, & x = 0 \end{cases}$$

并不是有界变差函数, 当然更不是绝对连续函数.

4.6　设 f 在 $\mathbf{R}^1$ 上满足 Lipschitz 条件, $\varphi \in AC[a,b]$, 证明:

$$f \circ \varphi \in AC[a,b].$$

4.7　设 $f \in L^p[a,b]$, $1 \leqslant p < \infty$, 则对 $\forall \varepsilon > 0$, 存在 $g \in AC[a,b]$, 使得

$$\|f - g\|_p = \left(\int_a^b |f(x) - g(x)|^p \,\mathrm{d}x\right)^{1/p} < \varepsilon.$$

4.8　设

$$f(x)=\begin{cases}x^\alpha\sin\dfrac{1}{x^\beta}, & 0<x\leqslant 1,\\ 0, & x=0.\end{cases}$$

(1) 若 $0<\alpha\leqslant\beta$, 则 $f'\notin L[0,1]$, $f\notin BV[0,1]$, $f\notin AC[0,1]$;

(2) 若 $\alpha>\beta>0$, 则 $f\in AC[0,1]$, $f\in BV[0,1]$.

4.9 设 $f_n\in BV[a,b]$, 若 $\forall\varepsilon>0$, $\exists n_0$, 使得 $\forall m,n\geqslant n_0$, 有 $V_a^b(f_m-f_n)<\varepsilon$, 且 $\{f_n(a)\}$ 是 Cauchy 数列, 则存在 $f\in BV[a,b]$, 使得

$$\lim_{n\to\infty}V_a^b(f_n-f)=0.$$

§5 不定积分

定义 5.1 设 $f\in L(E)$, A 为 E 的任一可测子集, 则

$$F(A)=\int_A f\mathrm{d}\mu \tag{5.1}$$

称为 f 的**不定积分**.

定理 5.1 设 $g\in L[a,b]$, $G(x)=\displaystyle\int_a^x g(t)\mathrm{d}t$, 则 $G\in AC[a,b]$ 而且

$$G'(x)=g(x)\quad a.e.x\in[a,b].$$

证 设 $g\in L[a,b]$, 由积分的绝对连续性 (第五章定理 2.15), 对 $\forall\varepsilon>0$, $\exists\delta>0$, 使得对于 $[a,b]$ 中任意可测子集 A, 只要 $\mu(A)<\delta$, 就有

$$\int_A|g|<\varepsilon.$$

特别地, 对于 $[a,b]$ 中任意有限个互不相交的开区间 $\{(a_k,b_k)\}_{k=1}^n$, 令 $A=\bigcup\limits_{k=1}^n(a_k-b_k)$, 只要 $\mu(A)=\sum\limits_{k=1}^n(b_k-a_k)<\delta$, 就有

$$\sum_{k=1}^n|G(b_k)-G(a_k)|=\sum_{k=1}^n\left|\int_{a_k}^{b_k}g\right|\leqslant\sum_{k=1}^n\int_{a_k}^{b_k}|g|=\int_A|g|<\varepsilon,$$

即 $G\in AC[a,b]$.

下面证明 $G'(x)=g(x)$ $a.e.x\in[a,b]$.

从 $g\in L[a,b]$ 和本章习题 4.7, $\forall\varepsilon>0$, $\exists f\in AC[a,b]$, 使得

$$\int_a^b|g-f|<\varepsilon/2.$$

令 $F(x)=\int_a^x f(x)\mathrm{d}t$, 则 $F'(x)=f(x)$, $x\in[a,b]$. 再令 $h=g-f$, $H(x)=\int_a^x h(t)\mathrm{d}t$, $H_1(x)=\int_a^x h^+(t)\mathrm{d}t$, $H_2(x)=\int_a^x h^-(t)\mathrm{d}t$. 因为 $H_1(x)$, $H_2(x)$ 在 $[a,b]$ 上递增, 由本章定理 3.2, 有 $\int_a^b H_1'(x)\mathrm{d}x\leqslant H_1(b)-H_1(a)=\int_a^b h^+$.

同理, $\int_a^b H_2'(x)\mathrm{d}x\leqslant\int_a^b h^-$. 所以,

$$\int_a^b|H'(x)|\mathrm{d}x\leqslant\int_a^b H_1'(x)\mathrm{d}x+\int_a^b H_2'(x)\mathrm{d}x\leqslant\int_a^b h^++\int_a^b h^-=\int_a^b|h|.$$

于是, 有

$$\begin{aligned}\int_a^b|G'(x)-g(x)|\mathrm{d}x&=\int_a^b|G'(x)-F'(x)+f(x)-g(x)|\mathrm{d}x\\&\leqslant\int_a^b|H'(x)|\mathrm{d}x+\int_a^b|h|\leqslant 2\int_a^b|h|<\varepsilon.\end{aligned}$$

由 $\varepsilon>0$ 的任意性, 得到 $\int_a^b|G'(x)-g(x)|\mathrm{d}x=0$, 从而由第五章定理 2.13, $G'(x)=g(x)$ $a.e. x\in[a,b]$. 证毕.

注 5.1 在定理 5.1 的条件下, 我们还可以进一步证明 $G\in BV[a,b]$, 而且成立

$$V_a^b(G)=\int_a^b|g|. \tag{5.2}$$

由于 $G\in AC[a,b]$, 我们又得到一个等价的结论: 设 $f\in AC[a,b]$, 则

$$V_a^b(f)=\int_a^b|f'(t)|\mathrm{d}t. \tag{5.3}$$

定理 5.2 设 $f\in L[a,b]$, $F(x)=\int_a^x f(t)\mathrm{d}t$, 则 $F\in AC[a,b]$, 且

$$V_a^b(F)=\int_a^b|f(x)|\,\mathrm{d}x=\int_a^b|F'(x)|\,\mathrm{d}x. \tag{5.4}$$

证 $F\in AC[a,b]$ 见定理 5.1. 对 $[a,b]$ 的任一分划 $T=\{a=x_0<x_1<\cdots<x_n=b\}$,

$$V_a^b(F,T)=\sum_{k=1}^n|F(x_k)-F(x_{k-1})|=\sum_{k=1}^n\left|\int_{x_{k-1}}^{x_k}f(t)\mathrm{d}t\right|$$

$$\leqslant \sum_{k=1}^{n}\int_{x_{k-1}}^{x_k}|f(t)|\mathrm{d}t=\int_a^b|f(t)|\mathrm{d}t<\infty.$$

从而

$$V_a^b(F)\leqslant\int_a^b|f(x)|\mathrm{d}x<\infty. \tag{5.5}$$

为证 (5.4), 只要证

$$V_a^b(F)\geqslant\int_a^b|f(x)|\mathrm{d}x. \tag{5.6}$$

先设 $g\in C[a,b]$, 令 $G(x)=\displaystyle\int_a^x g(t)\mathrm{d}t$. 因为 $G_1=(a,b)\cap\{g>0\}$ 与 $G_2=(a,b)\cap\{g<0\}$ 为开集. 于是可作分解: $G_1=\bigcup\limits_{k=1}^{\infty}(a_k,b_k)$, $G_2=\bigcup\limits_{k=1}^{\infty}(c_k,d_k)$. 从而

$$\begin{aligned}\int_a^b|g|&=\int_{G_1}g-\int_{G_2}g=\sum_{k=1}^{\infty}\left(\int_{a_k}^{b_k}g-\int_{c_k}^{d_k}g\right)\\&\leqslant\lim_{n\to\infty}\left(\sum_{k=1}^{n}|G(b_k)-G(a_k)|+\sum_{k=1}^{n}|G(d_k)-G(c_k)|\right)\\&\leqslant V_a^b(G).\end{aligned}$$

其次设 $f\in L[a,b]$, 则对 $\forall\varepsilon>0$, $\exists g\in C[a,b]$, 使得

$$\int_a^b|f-g|<\varepsilon.$$

令 $h=f-g$, 并记 $H(x)=\displaystyle\int_a^x h(t)\mathrm{d}t$, 则

$$\begin{aligned}\int_a^b|f|-\varepsilon&\leqslant\int_a^b|g|\leqslant V_a^b(G)\leqslant V_a^b(F)+V_a^b(H)\\&\leqslant V_a^b(F)+\int_a^b|h|<V_a^b(F)+\varepsilon.\end{aligned}$$

由 $\varepsilon>0$ 的任意性, 得 $\displaystyle\int_a^b|f|\leqslant V_a^b(F)$. 证毕.

定理 5.3 设 f 在 $[a,b]$ 上的 Dini 右下导数

$$D_+f(x)=\liminf_{h\to+0}\frac{f(x+h)-f(x)}{h}\geqslant 0, \tag{5.7}$$

则 f 在 $[a,b]$ 上递增.

证 先证 $f(a)\leqslant f(b)$. 用反证法, 若 $f(a)>f(b)$, 取正数 $\delta<\dfrac{f(a)-f(b)}{b-a}$, 即 $f(a)+\delta a>f(b)+\delta b$. 令 $g(x)=f(x)+\delta x$, 则 $g(a)>g(b)$, 且

$$D_+g(x)=D_+f(x)+\delta\geqslant\delta,x\in[a,b]. \tag{5.8}$$

取 $c=\dfrac{a+b}{2}$, 若 $g(a)>g(c)$, 则取 $[a,c]=[a_1,b_1]$; 若 $g(c)>g(b)$, 则取 $[c,b]=[a_1,b_1]$. 总之, 存在 $[a_1,b_1]\subset[a,b]$, 使得 $g(a_1)>g(b_1)$, 且 $b_1-a_1=\dfrac{1}{2}(b-a)$. 同理, 可得 $[a_n,b_n]\subset[a_{n-1},b_{n-1}]$, 使得 $g(a_n)>g(b_n)$ 且 $b_n-a_n=\dfrac{1}{n}(b-a)\to 0$, $n\to\infty$, 由闭区间套定理, 存在唯一的 $\xi\in\bigcap\limits_{n=1}^{\infty}[a_n,b_n]$, 从而 $D_+g(\xi)\leqslant 0$. 但这与 (5.8) 相矛盾, 所以 $f(a)\leqslant f(b)$. 对 $\forall x_1,x_2\in[a,b]$, $x_1<x_2$, 同理可证 $f(x_1)\leqslant f(x_2)$. 所以, f 在 $[a,b]$ 上递增.

定理 5.4 设 $D_+f(x)\geqslant 0$ $a.e.x\in[a,b]$, 且 $D_+f(x)>-\infty$, $x\in[a,b]$, 则 f 在 $[a,b]$ 上递增.

证 令 $A=\{x\in[a,b]:D_+f(x)<0\}$, 则 $\mu(A)=0$. 由 §3 注 3.1, 在 $[a,b]$ 上存在递增函数 $h(x)$, 使得对 $\forall x\in A$, $h'(x)=\infty$, 从而对 $\forall\delta>0$, $g(x)=f(x)+\delta h(x)$ 满足 $D_+g(x)\geqslant 0$, $x\in[a,b]$. 由定理 5.3, g 在 $[a,b]$ 上递增, 即对 $\forall x_1,x_2\in[a,b]$, $x_1<x_2$, $f(x_1)+\delta h(x_1)=g(x_1)\leqslant g(x_2)=f(x_2)+\delta h(x_2)$. 由 $\delta>0$ 的任意性, 有 $f(x_1)\leqslant f(x_2)$. 证毕.

注 5.2 1986 年 Miller 等证明: 设 $f\in C[a,b]$, 而且存在 $[a,b]$ 中的零测度集 E, 使得对 $\forall x\in[a,b]-E$, $D^+f(x)\geqslant 0$ 或者 $D_-f(x)\geqslant 0$ (可取 ∞); 而对 $\forall x\in E$ (可能要去掉一个可数集), $D^+f(x)$ 或 $D_-f(x)>-\infty$, 则 f 在 $[a,b]$ 上递增 (见 Amer. Math. Monthly. 1986, 93: 471–475).

设 $f\in AC[a,b]$, 且 $f'(x)\geqslant 0$ $a.e.x\in[a,b]$, 则 f 在 $[a,b]$ 上递增. 证明留给读者.

函数单调性的其他判别法见作者的 [2] PP. 554–571.

有了以上的准备, 就可以回答本章开头提出的第二个基本问题, 即在 (L) 积分的意义下, Newton–Leibniz 公式成立的充要条件:

定理 5.5 $f\in AC[a,b]\Leftrightarrow f$ 在 $[a,b]$ 上 a.e. 存在有限导数, $f'\in L[a,b]$, 且成立 Newton–Leibniz 公式 (简称 $N-L$ 公式):

$$\int_a^x f'(t)\mathrm{d}t=f(x)-f(a),x\in[a,b]. \tag{5.9}$$

证 "$\Leftarrow$": 设 $f'\in L[a,b]$ 且 (5.9) 成立, 令 $g=f'$, 则 $g\in L[a,b]$, 令

$G(x)=\int_a^x g(t)\mathrm{d}t$, 由定理 5.1, $G\in AC[a,b]$. 再由 (5.9), $f(x)=G(x)+f(a)$, 所以 $f\in AC[a,b]$.

"$\Rightarrow$": 设 $f\in AC[a,b]$, 由定理 4.10 和定理 4.11, $f\in BV[a,b]$, 从而 f' *a.e.* 存在, $f'\in L[a,b]$, 对 f' 用定理 5.1, 得 $F(x)=\int_a^x f'(t)\mathrm{d}t\in AC[a,b]$, 从而 $F'(x)=f'(x)$ $a.e.x\in[a,b]$. 令 $h(x)=f(x)-F(x)$, 则 $h\in AC[a,b]$, 且 $h'(x)=f'(x)-F'(x)=0$ $a.e.x\in[a,b]$. 由定理 4.15, $h(x)=c$, $x\in[a,b]$, 即 $h(x)=h(a)=f(a)-F(a)=f(a)$. 所以

$$f(x)=h(x)+F(x)=f(a)+\int_a^x f'(t)\mathrm{d}t,$$

即 (5.9) 得证. 证毕.

注 5.3 因为 f' 连续 $\Rightarrow f$ 绝对连续 $\Rightarrow f'a.e.$ 存在且 f' 可积, 而其逆均不成立. 所以, 对于 $N-L$ 公式 (5.9), f' 可积只是必要条件, 而 f' 连续则只是充分条件. 但若将 "f' *a.e.* 存在且 f' 可积" 的条件加强为 "f' 处处存在且 f' 可积", 则可保证 $N-L$ 公式 (5.9) 成立, 这是因为我们有如下结果:

定理 5.6 设 f 在 $[a,b]$ 上处处可微, 而且 $f'\in L[a,b]$, 则 $f\in AC[a,b]$.

证 对 $\forall n\in N$, 令

$$g_n(x)=\begin{cases}f'(x), & 若\ f'(x)\leqslant n,\\ n, & 若\ f'(x)>n,\end{cases}$$

则

$$\lim_{n\to\infty} g_n(x)=f'(x). \tag{5.10}$$

再令 $G_n(x)=f(x)-\int_a^x g_n(t)\mathrm{d}t$, 则 $G_n'(x)=f'(x)-g_n(x)\geqslant 0$ $a.e.x\in[a,b]$, 而且对 $\forall x\in[a,b], h>0, x+h\leqslant b$, 有

$$\begin{aligned}\frac{G_n(x+h)-G_n(x)}{h}&=\frac{f(x+h)-f(x)}{h}-\frac{1}{h}\int_x^{x+h} g_n(t)\mathrm{d}t\\ &\geqslant\frac{f(x+h)-f(x)}{h}-\frac{1}{h}\int_x^{x+h} n\mathrm{d}t=\frac{f(x+h)-f(x)}{h}-n.\end{aligned}$$

于是 G_n 的 Dini 右下导数 $D_+G_n(x)>-\infty$, 从而由定理 5.4, G_n 在 $[a,b]$ 上递增, 所以 $G_n(a)\leqslant G_n(x)$, 即对 $\forall x\in[a,b]$, 有

$$f(a)\leqslant f(x)-\int_a^x g_n(t)\mathrm{d}t. \tag{5.11}$$

由条件 (5.10) 和 (L) 控制收敛定理, 在 (5.11) 中令 $n \to \infty$, 得到

$$f(a) \leqslant f(x) - \int_a^x f'(t)\mathrm{d}t, \quad x \in [a,b].$$

将 f 换成 $-f$, 又可得

$$-f(a) \leqslant -f(x) + \int_a^x f'(t)\mathrm{d}t, \quad x \in [a,b],$$

从而 $f(a) = f(x) - \int_a^x f'(t)\mathrm{d}t$. 由定理 5.5, $f \in AC[a,b]$. 证毕.

注 5.4 定理 5.6 中 f 在 $[a,b]$ 上处处可微不能减弱为 $a.e.$ 可微, 否则, 不能保证结论成立. 例如例 3.2 中的 Cantor–Lebesgue 函数 f 在 $[0,1]$ 上 $f'(x)=0$, $a.e.x \in [0,1]$ 且 $f' \in L[0,1]$, 但 $f \notin AC[0,1]$.

评注: 定理 5.2 可以改写成:

$F \in AC[a,b] \Leftrightarrow F'(x) = f(x)$, $a.e.x \in [a,b]$, $f \in L[a,b]$, 而且

$$\int_a^x f(t)\mathrm{d}t = F(x) - F(a).$$

由定理 5.5 , 我们可以推出:

推论 5.7 设 f 是 $[a,b]$ 上单调函数或者有界变差函数, 而且满足 $N-L$ 公式 (5.9), 则 $f \in AC[a,b]$.

推论 5.8 设 f 在 $[a,b]$ 上可微, 且 $|f'(x)| \leqslant M$, 则 $f' \in L[a,b]$, 且 $N-L$ 公式 (5.9) 成立.

证 由微分中值定理, 对 $\forall x_1,\ x_2 \in [a,b]$, $x_1 < x_2$, 存在 $\xi \in (x_1, x_2)$, 使得

$$|f(x_2) - f(x_1)| = |f'(\xi)(x_2 - x_1)| \leqslant M|x_2 - x_1|,$$

即 $f \in \mathrm{Lip}1$, 由定理 4.12, $f \in AC[a,b]$. 从而由定理 5.2, $N-L$ 公式 (5.9) 成立. 证毕.

注 5.5 从 $|f'(x)| \leqslant M$ 不能推出 f Riemann 可积, 早在 1881 年 Volterra 就构造了这样的反例. 所以, 从 $f \in AC[a,b]$ 可推出 (L) 积分的 $N-L$ 公式 (5.9), 却不能推出 (R) 积分的 $N-L$ 公式成立, 但我们可以证明:

定理 5.9 (R) 积分的 $N-L$ 公式:

$$(R)\int_a^x f'(t)\mathrm{d}t = f(x) - f(a) \tag{5.12}$$

成立的充要条件是 $f \in AC[a,b]$ 且 $f' \in R[a,b]$.

证 "⇒": 设 (5.12) 成立, 于是 $f' \in R[a,b]$, 从而 $f' \in L[a,b]$, 且

$$(R)\int_a^x f'(t)\mathrm{d}t=(L)\int_a^x f'(t)\mathrm{d}t=F(x). \tag{5.13}$$

由定理 5.1, $F\in AC[a,b]$, 从而 $f(x)=f(a)+F(x)\in AC[a,b]$.

"$\Leftarrow$": 设 $f'\in R[a,b]$, 则 $f'\in L[a,b]$, 且

$$(R)\int_a^x f'(t)\mathrm{d}t=(L)\int_a^x f'(t)\mathrm{d}t.$$

由 $f\in AC[a,b]$ 和定理 5.5, 有

$$(R)\int_a^x f'(t)\mathrm{d}t=(L)\int_a^x f'(t)\mathrm{d}t=f(x)-f(a),$$

即 (5.12) 成立. 证毕.

定理 5.10 (分部积分公式) 设 $f,\ g\in AC[a,b]$, 则

$$\int_a^b fg'=f(b)g(b)-f(a)g(a)-\int_a^b f'g. \tag{5.14}$$

证 由定理 4.11, $fg\in AC[a,b]$, 从而 fg 在 $[a,b]$ 上 *a.e.* 可微,

$$(fg)'=fg'+f'g\quad a.e.\ 于\ [a,b], \tag{5.15}$$

而且 $(fg)'\in L[a,b]$. 由定理 5.5, 有

$$\int_a^b (fg)'=f(b)g(b)-f(a)g(a). \tag{5.16}$$

从 (5.15) 和 (5.16) 即得 (5.14). 证毕.

(R) 积分中的换元法、积分中值定理等也可以推广到 (L) 积分中去, 例如:

定理 5.11 (换元法) 设 $f\in L[a,b]$, φ 在 $[\alpha,\beta]$ 上严格递增且绝对连续, $a=\varphi(\alpha)$, $b=\varphi(\beta)$, 则

$$\int_a^b f(x)\mathrm{d}x=\int_\alpha^\beta f(\varphi(t))\varphi'(t)\mathrm{d}t. \tag{5.17}$$

下面为了证明定理 5.11 的 (L) 积分换元法, 我们先证明以下三个引理.

引理 5.12 设 φ 是 $[\alpha,\beta]$ 上递增的绝对连续函数, 若 A 为 $[\alpha,\beta]$ 中零测度集, 则 $\varphi(A)$ 也是零测度集.

证 因为 $\varphi\in AC[\alpha,\beta]$, 则对 $\forall\varepsilon>0$, $\exists\delta>0$, 使得对 $[\alpha,\beta]$ 中任意有限个互不相交的开区间 $\{(\alpha_k,\beta_k)\}_{k=1}^n$, 只要 $\sum\limits_{k=1}^n(\beta_k-\alpha_k)<\delta$, 就有

$$\sum_{k=1}^n|\varphi(\beta_k)-\varphi(\alpha_k)|<\varepsilon. \tag{5.18}$$

因为 $\mu(A)=0$, 由第三章定理 1.3, 对上述 $\delta>0$, 存在开集 $G\supset A$, 使得 $\mu(G)<\delta$. 由开集 G 的分解定理 (第二章定理 3.1), $G=\bigcup\limits_{k=1}^{\infty}G_k$, 式中 $\{G_k=(a_k,b_k)\}$ 为互不相交的开区间列. 因为 φ 在 $[a_k,b_k]$ 上连续, 所以, 存在 $\alpha_k,\beta_k\in[a_k,b_k]$, 使得

$$\varphi(\alpha_k)=\min\{\varphi(x):x\in[a_k,b_k]\},\quad \varphi(\beta_k)=\max\{\varphi(x):x\in[a_k,b_k]\},$$

从而

$$\sum_{k=1}^{\infty}|\beta_k-\alpha_k|\leqslant\sum_{k=1}^{\infty}|b_k-a_k|=\mu(G)<\delta,$$

由 (5.18) 和 $A\subset G\Rightarrow\varphi(A)\subset\varphi(G)$, 有

$$\mu(\varphi(A))\leqslant\mu(\varphi(G))\leqslant\sum_{k=1}^{\infty}\mu(\varphi(G_k))\leqslant\sum_{k=1}^{\infty}|\varphi(\beta_k)-\varphi(\alpha_k)|<\varepsilon.$$

由 $\varepsilon>0$ 的任意性, 有 $\mu(\varphi(A))=0$. 证毕.

推论 设 $\varphi\in AC[\alpha,\beta]$ 且递增, E 是 $[\alpha,\beta]$ 中可测集, 则 $\varphi(E)$ 是可测集.

引理 5.13 设 φ 是 $[\alpha,\beta]$ 上严格递增的绝对连续函数, 则对 $[\alpha,\beta]$ 中任一可测集 E, 有

$$\mu(\varphi(E))=\int_E\varphi'(t)\mathrm{d}t. \tag{5.19}$$

证 (1) 由引理 5.12 和第三章定理 2.18, E 可测可推出 $\varphi(E)$ 可测.

(2) 若 $E=G_k=(\alpha_k,\beta_k)$, 由 φ 严格递增且连续, $\varphi(G_k)=(\varphi(\alpha_k),\varphi(\beta_k))$, 于是, $\mu(\varphi(E))=\varphi(\beta_k)-\varphi(\alpha_k)=\displaystyle\int_{\alpha_k}^{\beta_k}\varphi'(t)\mathrm{d}t=\int_E\varphi'(t)\mathrm{d}t$, 即 (5.19) 成立.

(3) 若 E 为开集 G, 由开集 G 的分解: $G=\bigcup\limits_{k=1}^{\infty}G_k$, 式中 $G_k=(\alpha_k,\beta_k)$ 为 G 的构成区间, 则 $\varphi(G_k)$ 为开区间, 从而 $\varphi(G)=\bigcup\limits_{k=1}^{\infty}\varphi(G_k)$ 仍为开集, 于是由 (2),

$$\mu(\varphi(G))=\sum_{k=1}^{\infty}\mu(\varphi(G_k))=\sum_{k=1}^{\infty}\int_{G_k}\varphi'(t)\mathrm{d}t=\int_G\varphi'(t)\mathrm{d}t,$$

即 (5.19) 成立.

当 E 为闭集 F 时, 可通过取余运算归结为开集 $F^c=G$.

(4) 设 E 是 $[\alpha,\beta]$ 中任一可测集, 则对 $\forall\varepsilon>0$, 存在开集 G 和闭集 F, 使得 $F\subset E\subset G$ 且 $\mu(G-F)<\varepsilon$, 由 $\varphi'(t)\geqslant0$, 有

$$\int_F \varphi' \leqslant \int_E \varphi' \leqslant \int_G \varphi'$$

和

$$\int_F \varphi' = \mu(\varphi(F)) \leqslant \mu(\varphi(E)) \leqslant \mu(\varphi(G)) = \int_G \varphi',$$

从而 $\left|\mu(\varphi(E)) - \int_E \varphi'\right| \leqslant \int_G \varphi' - \int_F \varphi' = \int_{G-F} \varphi'$. 由积分的绝对连续性知 (5.19) 成立. 证毕.

引理 5.14 设 φ 是 $[\alpha,\beta]$ 上严格递增的绝对连续函数, 若 A 是 $\varphi([\alpha,\beta])$ 中的零测度集, $A^* = \varphi^{-1}(A)$, 令 $B = \{t \in A^* : \varphi'(t) \neq 0\}$, 则 $\mu(B) = 0$.

证 作递减开集列 $\{G_n\}$, 使得 $A \subset G_{n+1} \subset G_n \subset \varphi((\alpha,\beta))$, 而且 $\mu(G_n) \to 0\ (n \to \infty)$, 令 $G_\delta = \bigcap\limits_{n=1}^{\infty} G_n$. $G_n^* = \varphi^{-1}(G_n)$, $G_\delta^* = \varphi^{-1}(G_\delta)$, 则 G_n^* 为开集且 $G_\delta^* = \bigcap\limits_{n=1}^{\infty} G_n^*$, 从而 G_δ^* 是可测集. $\lim\limits_{n\to\infty} \mu(G_n) = \mu(\bigcap\limits_{n=1}^{\infty} G_n) = \mu(G_\delta) = 0$, 由引理 5.13, 有 $\int_{G_\delta^*} \varphi'(t)\mathrm{d}t = \mu(\varphi(G_\delta^*)) = \mu(G_\delta) = 0$, 令 $B^* = \{t \in G_\delta^* : \varphi'(t) \neq 0\}$, 则 $\mu(B^*) = 0$. 又 $A \subset G_\delta$, 从而 $A^* = \varphi^{-1}(A) \subset \varphi^{-1}(G_\delta) = G_\delta^*$, 所以 $B \subset B^*$, 于是 $\mu(B) = 0$. 证毕.

下面证明定理 5.11.

证 (1) 先设 f 在 $[a,b]$ 上连续, 这时 (5.17) 式左边可看成 (R) 积分, 对 $[a,b]$ 的任一分划 $T = \{a = x_0 < x_1 < \cdots < x_n = b\}$, 记 $x_k = \varphi(t_k), M_k = \sup\{f(x) : x \in [x_{k-1}, x_k]\}$, $m_k = \inf\{f(x) : x \in [x_{k-1}, x_k]\}$, 则当 $t \in [t_{k-1}, t_k]$ 时, $m_k \leqslant f(\varphi(t)) \leqslant M_k$, 从而

$$m_k \Delta x_k \leqslant (L)\int_{t_{k-1}}^{t_k} f(\varphi(t))\varphi'(t)\mathrm{d}t \leqslant M_k \Delta x_k,$$

对 k 求和, 得到

$$\underline{S}(f,T) \leqslant \int_\alpha^\beta f(\varphi(t))\varphi'(t)\mathrm{d}t \leqslant \overline{S}(f,T),$$

对 T 分别取上、下确界, 得

$$\underline{\int_a^b} f(x)\mathrm{d}x \leqslant \int_\alpha^\beta f(\varphi(t))\varphi'(t)\mathrm{d}t \leqslant \overline{\int_a^b} f(x)\mathrm{d}x,$$

于是从 $f \in R[a,b]$ 即可推出 (5.17) 式.

(2) 设 f 是 $[a,b]$ 上有界可测函数, $|f(x)| \leqslant M, x \in [a,b]$. 由第四章推论

3.4, 存在 $g_n \in C[a,b]$, 使得 $g_n \to f$ *a.e.* 于 $[a,b]$. 我们仍不妨设 $|g_n(x)| \leqslant M$, $x \in [a,b]$. 于是, 从 (1), 有

$$\int_a^b g_n(x)\mathrm{d}x = \int_\alpha^\beta g_n(\varphi(t))\varphi'(t)\mathrm{d}t. \tag{5.20}$$

令 $A = \{x \in [a,b] : \lim\limits_{n\to\infty} g_n(x) \neq f(x)\}$, 则 $\mu(A) = 0$, 再令 $A^* = \varphi^{-1}(A)$, $B = \{t \in A^* : \varphi'(t) \neq 0\}$. 因此, 若 $t \notin A^*$, 则 $x = \varphi(t) \notin A$, 而且

$$\lim_{n\to\infty} g_n(\varphi(t))\varphi'(t) = f(\varphi(t))\varphi'(t). \tag{5.21}$$

若 $t \in A^* - B$, 则 $\varphi'(t) = 0$, 所以, (5.21) 仍成立, 于是不满足 (5.21) 的点 $t \in B$. 由引理 5.14, $\mu(B) = 0$, 即 (5.21) 对 $[\alpha,\beta]$ 中几乎处处的 t 成立. 从而 $f(\varphi(t))\varphi'(t)$ 在 $[\alpha,\beta]$ 上可测且 $|g_n(\varphi(t))\varphi'(t)| \leqslant M\varphi'(t)$. 由 (L) 控制收敛定理, 对 (5.20) 两边取 $n \to \infty$ 时的极限, 即得 (5.17).

(3) 设 $f \in L[a,b]$, 因为 $f = f^+ - f^-$, 所以, 不妨设 $f \geqslant 0$, $\{f\}_n = \min\{f(x), n\}$ 是 $[a,b]$ 上有界可测函数, 从 (2) 得

$$\int_a^b \{f\}_n(x)\mathrm{d}x = \int_\alpha^\beta \{f\}_n(\varphi(t))\varphi'(t)\mathrm{d}t. \tag{5.22}$$

令 $g_n(t) = \{f\}_n(\varphi(t))\varphi'(t)$, 则 g_n 在 $[\alpha,\beta]$ 上非负递增且 $\lim\limits_{n\to\infty} g_n(t) = f(\varphi(t))\varphi'(t)$. 由 Levi 单调收敛定理, 对 (5.22) 两边取极限, 得 (5.17). 证毕.

换元法可推广到一般测度空间中去. 设 $(X,\Sigma_1), (Y,\Sigma_2)$ 是两个测度空间, 作映射 $\varphi : X \to Y$. 若对 $\forall E \in \Sigma_2$, $\varphi^{-1}(E) \in \Sigma_1$, 则称 φ 为**可测映射**. 若 φ 是 $X \to Y$ 的可测一一映射, 且 $X = \varphi^{-1}(Y)$, 则称 φ 为**可测同构映射**. 若 (Y,Σ_2) 上给定了测度 μ_2, 则可按以下方式定义 (X,Σ_1) 上的测度 μ_1:

$$\mu_1(A) = \mu_2(\varphi(A)), \forall A \in \Sigma_1. \tag{5.23}$$

定理 5.15 设 $(X,\Sigma_1), (Y,\Sigma_2)$ 是可测空间, $\varphi : X \to Y$ 为可测同构映射. μ_2 为 (Y,Σ_2) 上的测度, $E \in \Sigma_2$, μ_1 由 (5.23) 定义. 则 E 上的函数 f 关于 μ_2 可积的充要条件是 $\varphi^{-1}(E)$ 上的函数 $f(\varphi(x))$ 关于测度 $\mu_1 = \mu_2(\varphi)$ 可积, 而且

$$\int_E f(y)\mathrm{d}\mu_2(y) = \int_{\varphi^{-1}(E)} f(\varphi(x))\mathrm{d}\mu_2(\varphi(x)). \tag{5.24}$$

证 (1) 先设 f 在 E 上有界可测, $\mu_2(E) < \infty$, 因为 φ 是可测映射, 所以,

$$\{x \in \varphi^{-1}(E) : f(\varphi(x)) \leqslant \alpha\} = \varphi^{-1}(\{y \in E : f(y) \leqslant \alpha\}) \tag{5.25}$$

是可测集. $\mu_1(\varphi^{-1}(E)) = \mu_2(\varphi(\varphi^{-1}(E))) = \mu_2(E) < \infty$, 所以 $f(\varphi(x))$ 在 $\varphi^{-1}(E)$

上关于 μ_1 可积, 对 f 的值域 $[\alpha,\beta]$ 作分划 $T=\{\alpha=\alpha_0<\alpha_1<\cdots<\alpha_n=\beta\}$, 令 $E_k=\{y\in E:\alpha_{k-1}\leqslant f(y)<\alpha_k\}$, $E_k^*=\{x\in\varphi^{-1}(E):\alpha_{k-1}\leqslant f(\varphi(x))<\alpha_k\}$. 从 (5.25) 得

$$\sum_{k=1}^{n}\xi_k\mu_2(E_k)=\sum_{k=1}^{n}\xi_k\mu_2(\varphi(E_k^*)),\tag{5.26}$$

即 f 关于 μ_2 的积分和与 $f(\varphi(x))$ 关于 $\mu_1=\mu_2(\varphi)$ 的积分和相等. 令

$$\|T\|=\max_k(\alpha_k-\alpha_{k-1})\to 0\quad (k\to\infty),$$

即得 (5.24).

(2) 设 f 在 E 上非负无界, E 关于 μ_2 为 σ 有限的. 取 E 的 μ_2 测度有限单调覆盖 $\{E_n\}$, 则 $\{\varphi^{-1}(E_n)\}$ 是 $\varphi^{-1}(E)$ 的关于测度 μ_1 的测度有限单调覆盖 (注: $\{E_n\}$ 是 E 的测度有限单调覆盖, 是指 $E\subset\bigcup\limits_{n=1}^{\infty}E_n$, $E_n\subset E_{n+1}$, $\mu(E_n)<\infty$), 于是, 从 (1) 得

$$\int_{E_n}\{f\}_n(y)\mathrm{d}\mu_2(y)=\int_{\varphi^{-1}(E_n)}\{f\}_n(\varphi(x))\mathrm{d}\mu_2(\varphi(x)).$$

令 $n\to\infty$, 即得 (5.24).

(3) 对于一般的 $f=f^+-f^-$, 只要对非负的 f^+, f^- 分别用 (2), 即可得证. 因为 φ 可测同构, 所以, φ^{-1} 也可测同构. 于是, $f(\varphi)\in L(\mu_2(\varphi))$, 从而 $f\in L(\mu_2)$. 证毕.

定理 5.16 (积分第一中值定理) 设 f 在 $[a,b]$ 上连续, $g\in L[a,b]$, 且 $g(x)\geqslant 0$, $a.e.x\in[a,b]$, 则必存在 $\xi\in[a,b]$ 使得

$$\int_a^b fg=f(\xi)\int_a^b g.\tag{5.27}$$

证 设 $m\leqslant f(x)\leqslant M$, $\forall x\in[a,b]$, 则 $m\int_a^b g\leqslant\int_a^b fg\leqslant M\int_a^b g$. 若 $\int_a^b g>0$, 则 $m\leqslant\dfrac{\int_a^b fg}{\int_a^b g}\leqslant M$, 于是存在 $\xi\in[a,b]$, 使得 $f(\xi)=\dfrac{\int_a^b fg}{\int_a^b g}$, 此即 (5.27); 若 $\int_a^b g=0$, 则由 $g\geqslant 0$ $a.e.$ 得 $g=0$ $a.e.$ 于 $[a,b]$, 从而 (5.27) 两边均为 0. 证毕.

定理 5.17 (积分第二中值定理) 设 f 是 $[a,b]$ 上单调的有限函数, $g\in$

$L[a,b]$, 则必存在 $\xi \in [a,b]$, 使得

$$\int_a^b fg = f(a)\int_a^{\xi} g + f(b)\int_{\xi}^b g. \tag{5.28}$$

证 不妨设 f 在 $[a,b]$ 上递增 (否则考虑 $-f$).

(1) 先设 f 是 $[a,b]$ 上递增的绝对连续函数, 令 $G(x) = \int_a^x g(t)\mathrm{d}t, x \in [a,b]$. 由分部积分公式 (定理 5.10), 有

$$\int_a^b fg = \int_a^b fG' = G(b)f(b) - G(a)f(a) - \int_a^b Gf'. \tag{5.29}$$

因为 $G \in C[a,b]$ 且 $f' \geqslant 0$ *a.e.* 于 $[a,b]$, 由定理 5.16, 有

$$\int_a^b Gf' = G(\xi)\int_a^b f'(x)\mathrm{d}x = G(\xi)\ (f(b) - f(a)). \tag{5.30}$$

将 (5.30) 代入 (5.29), 得

$$\begin{aligned}\int_a^b fg = \int_a^b fG' &= f(a)(G(\xi) - G(a)) + f(b)(G(b) - G(\xi)) \\ &= f(a)\int_a^{\xi} g(x)\mathrm{d}x + f(b)\int_{\xi}^b g(x)\mathrm{d}x.\end{aligned}$$

(2) 若 f 只是递增, 则可按以下方式构造出在 $[a,b]$ 上递增的绝对连续函数列 $\{f_n\}$, 使得 $f_n \to f$ *a.e.* 于 $[a,b]$. 对 $[a,b]$ 的任一分划 $T: T = \{a = x_{n,0} < x_{n,1} < \cdots < x_{n,n} = b\}$, 令

$$f_n(x) = \begin{cases} f(x), & x = x_{n,k}, k = 0,1,2,\cdots,n, \\ \text{线性}, & x \in [x_{n,(k-1)}, x_{n,k}], \end{cases}$$

使得 f_n 在 $[a,b]$ 上连续. 若 x 为 f 的连续点, 且 $x \in [x_{n,(k-1)}, x_{n,k}]$, 则 $|f(x) - f_n(x)| \leqslant |f(x_{n,k}) - f(x_{n,(k-1)})|$, 所以, $f_n \to f$ *a.e.* 于 $[a,b]$. 因为 $\{f_n\}$ 是 $[a,b]$ 上递增的绝对连续函数列, 所以, 对 $\forall f_n$, 存在 $\xi_n \in [a,b]$, 使得

$$\int_a^b f_n g = f_n(a)\int_a^{\xi_n} g(x)\mathrm{d}x + f_n(b)\int_{\xi_n}^b g(x)\mathrm{d}x. \tag{5.31}$$

因为 $\{\xi_n\}$ 是有界数列, 所以, 必有收敛子列 $\xi_{n_k} \to \xi\ (k \to \infty)$, 又由

$$|f_n g| \leqslant (|f(a)| + |f(b)|)|g(x)| \in L[a,b],$$

由 (L) 控制收敛定理, 对 (5.31) 取极限, 得

$$\int_a^b fg = \lim_{n\to\infty}\int_a^b f_n g = f(a)\int_\alpha^\xi g(x)\mathrm{d}x + f(b)\int_\xi^b g(x)\mathrm{d}x.$$

证毕.

习题 6.5

5.1 设 $f'(x) \geqslant 0$ $a.e. x \in [a,b]$, 若 $f \in AC[a,b]$, 证明: f 是 $[a,b]$ 上递增函数.

5.2 设 $\{f_k\}$ 是 $[a,b]$ 上绝对连续函数列, 且 $\sum\limits_{k=1}^{\infty}\int_a^b |f_k'(x)|\mathrm{d}x < \infty$, 若存在 $\xi \in [a,b]$, 使得 $\sum\limits_{k=1}^{\infty} f_k(\xi)$ 收敛. 证明:

(1) $\sum\limits_{k=1}^{\infty} f_k(x)$ 在 $[a,b]$ 上收敛, 设其和函数为 $f(x)$.

(2) $f \in AC[a,b]$, 且 $f'(x) = \sum\limits_{k=1}^{\infty} f_k'(x)$ $a.e. x \in [a,b]$.

5.3 设 $f \in BV[a,b]$, 令 $g(x) = V_a^x(f)$, 证明:

(1) f 与 g 有相同的右 (左) 连续点;

(2) $g'(x) = |f'(x)|$ $a.e. x \in [a,b]$.

5.4 设 f 是 $[a,b]$ 上递增的连续函数, 则 $f \in AC[a,b]$ 的充要条件是

$$\int_a^b f'(x)\mathrm{d}x = f(b) - f(a).$$

5.5 设 f 定义在 $[a,b]$ 上, 则 $f \in \mathrm{Lip}1 \Leftrightarrow \exists g \in L^\infty[a,b]$, 使得

$$\int_a^x g(t)\mathrm{d}t = f(x) - f(a), x \in [a,b].$$

5.6 $f \in \mathrm{Lip}1 \Leftrightarrow \exists f_n \in C^{(1)}[a,b]$ $(\forall n \in \mathbf{N})$, 使得

(1) $|f_n'(x)| \leqslant M, \forall x \in [a,b], \forall n \in \mathbf{N}$;

(2) $\lim\limits_{n\to\infty} f_n(x) = f(x), x \in [a,b]$.

第七章 抽象空间论

我们在引言的“两张方框图读懂现代数学”中，曾指出，为了在抽象的集合中研究数学问题，我们需要在集合中引入一定的运算，形成相应的结构. 具有某种结构的集合，就称为抽象空间. 例如在集合中引入线性运算，就形成线性空间；在集合中引入两元素间的距离的概念，就形成距离空间，在第二章中，我们已经看到，有了距离的概念，就可以在一般集合上研究邻域、极限、收敛、连续等问题；但有些极限概念 (例如点态收敛) 不能用距离来描述，我们可以脱离距离的概念，在一般集合中直接定义什么是开集，从而形成拓扑空间，在拓扑空间中引入微分结构，形成微分流形，就可以在其中讨论微分和积分问题；在线性空间中引入内积，得到内积空间，在内积空间中还可引入范数，形成赋范内积空间，将其完备化就形成 Hilbert 空间；还可在线性空间中直接引入范数，形成赋范线性空间，将其完备化，形成 Banach 空间；在线性空间中定义距离，形成线性距离空间；在线性空间中引入拓扑结构，形成拓扑线性空间，等等. 研究这些空间各自的性质及其相互关系，就是本章的基本任务. 我们将会看到，在许许多多的抽象空间中，Banach 空间与 Hilbert 空间是应用最为广泛的两个空间，是泛函基础课教学中的重点内容. 在下一章再研究这些空间之间的映射及其性质.

§1 距离空间续论，完备性，列紧性

我们在第二章中已初步讨论了距离空间及其中的拓扑概念. 本节对第二章中提到的距离空间的完备性与列紧性作进一步的讨论.

一、完备性

在微积分中, 实数集的完备性是通过 Cauchy 收敛准则来刻画的: 数列 $\{x_k\}$ 收敛的充要条件是 $\{x_k\}$ 为 Cauchy 数列, 即 $\forall\varepsilon > 0$, $\exists N$, 使得 $\forall m, n > N$, $|x_m - x_n| < \varepsilon$.

将 $|x_m - x_n|$ 换成距离 $d(x_m, x_n)$, 就得到距离空间中 Cauchy 点列 $\{x_k\}$ 的概念:

定义 1.1 设 $\{x_k\}$ 是距离空间 (X, d) 中的点列, 若 $\forall\varepsilon > 0$, $\exists N$, 使得 $\forall m, n > N$, 有 $d(x_m, x_n) < \varepsilon$, 则称 $\{x_k\}$ 是 (X, d) 中的 **Cauchy 点列或基本点列**.

自然要问: 实数列的 Cauchy 收敛准则是否也能推广到距离空间?

例 1.1 有理数集 $X = \mathbf{Q}$ 按欧氏距离 $d(x, y) = |x - y|$ 形成距离空间 $(\mathbf{Q}, d)$, $x_n = \sum\limits_{k=1}^{n} \dfrac{1}{k^2}$ 是 $\mathbf{Q}$ 中 Cauchy 列, 但它在 $(\mathbf{Q}, d)$ 中不收敛, 因为 x_n 的极限 $\pi^2/6$ 是无理数.

定义 1.2 设 (X, d) 为距离空间, $E \subset X$, 若 E 中每个 Cauchy 点列都收敛于 E 中的点, 则称 E 为**完备集**, 特别地, 当 $E = X$ 时, 称 (X, d) 为**完备距离空间**.

上述有理数集 $\mathbf{Q}$ 是不完备的距离空间, 它表明在 $\mathbf{Q}$ 中作极限运算是不封闭的. 由实数集的完备性, 易证欧氏空间 $\mathbf{R}^n$ 是完备的.

例 1.2 连续函数空间 $C(X) = \{f : f \text{ 在 } X \text{ 上有界连续}\}$ 是完备的, 其中距离 d 定义为:

$$d(f, g) = \sup_{x \in X} |f(x) - g(x)|, f, g \in C(X). \tag{1.1}$$

证 设 $\{f_n\}$ 是 $C(X)$ 中任一 Cauchy 列, 即 $\forall\varepsilon > 0$, $\exists N$, 使得 $\forall m, n \geqslant N$, 有

$$d(f_m, f_n) = \sup_{x \in X} |f_m(x) - f_n(x)| < \varepsilon,$$

从而对

$$\forall x \in X, |f_m(x) - f_n(x)| < \varepsilon. \tag{1.2}$$

固定 x, $\{f_n(x)\}$ 就是 Cauchy 实数列, 由实数集的完备性, $\{f_n(x)\}$ 收敛, 记它的极限函数为 $f(x)$. 在 (1.2) 中令 $m \to \infty$, 得到 $\forall\varepsilon > 0$, $\exists N$, 使得 $\forall n \geqslant N$, $\forall x \in X$, $|f_n(x) - f(x)| \leqslant \varepsilon$, 这表明 $\{f_n(x)\}$ 在 X 上一致收敛于 $f(x)$, 又 $f_n \in C(X)$, 所以 $f \in C(X)$.

注 1.1 若不特别声明, $C(X)$ 中的距离 d 都按 (1.1) 式定义, 若改变距离

的定义, 相应的完备性也可能改变, 例如将 (1.1) 式换成下述距离 d_p:

$$d_p(f,g)=\left(\int_X |f(x)-g(x)|^p \mathrm{d}x\right)^{1/p}, \quad 1\leqslant p<\infty, \tag{1.3}$$

相应的空间记为 $C_p(X)$, 它表示 X 上连续函数族按 (1.3) 形成的距离空间. 同一集合上定义不同的距离应看成不同的距离空间.

例 1.3 $C_p(X)$ $(1\leqslant p<\infty)$ 是不完备的距离空间, 例如取 $X=[a,b]$, 任取 $x_0\in(a,b)$, 令 $f_n(x)=\arctan n(x-x_0)$, 则

$$\lim_{n\to\infty} f_n(x)=f(x)=\begin{cases}\pi/2, & x_0<x\leqslant b,\\ 0, & x=x_0,\\ -\pi/2, & a\leqslant x<x_0.\end{cases}$$

由 (L) 积分的有界收敛定理,

$$\lim_{n\to\infty} d_p(f_n,f)=\left(\int_a^b (\lim_{n\to\infty}|f_n(x)-f(x)|^p)\mathrm{d}x\right)^{1/p}=0,$$

从而

$$d_p(f_m,f_n)\leqslant d_p(f_m,f)+d_p(f,f_n)\to 0 \quad (m,n\to\infty),$$

这表明 $\{f_n\}$ 按 d_p 收敛于 f, 而且是 Cauchy 列, 但 f 在 $[a,b]$ 上不连续, 即 $f\notin C_p[a,b]$.

定理 1.1 设 $\{x_n\}$ 为距离空间 (X,d) 中点列, 则

(1) 收敛点列 $\{x_n\}$ 必为 Cauchy 点列;

(2) 设 $\{x_n\}$ 为 Cauchy 点列, 且它有某个子点列 $\{x_{n_k}\}$ 收敛于 x_0, 则 $\{x_n\}$ 本身也收敛于 x_0;

(3) 每个 Cauchy 点列 $\{x_n\}$ 都是有界点列;

(4) 设 $\{x_n\}$ 和 $\{y_n\}$ 都是 X 中 Cauchy 点列, 令 $\alpha_n=d(x_n,y_n)$, 则 $\{\alpha_n\}$ 是收敛数列.

证 只要将微积分中关于数列的相应命题中两数之差的绝对值换成两点间的距离, 就得到定理 1.1 的证明, 证明细节留给读者.

注 1.2 完备距离空间的子空间是否也完备? 例如, 有理数集 **Q** 作为实数集 **R** 的子空间是不完备的, 但在附加条件下, 有以下结果:

定理 1.2 设 A 为距离空间 X 的子空间.

(1) 若 X 是完备距离空间, A 为 X 中闭集, 则 A 为 X 的完备子空间;

(2) 设 A 为 X 的完备子空间, 则 A 为 X 中闭子集.

证 (1) 设 $\{x_n\}$ 是 A 中任一 Cauchy 列, 则从 $A\subset X$, 而 X 完备, 存在

$x \in X$, 使 $x_n \to x$ $(n \to \infty)$, 又 $\{x_n\} \subset A$, 这表明 x 是集 A 的极限点, 即 $x \in A'$, 又 A 为闭集, 即 $A' \subset A$, 所以 $x \in A$, 从而 A 为完备距离空间.

(2) 设 $A \subset X$, A 完备, 要证 A 为闭集, 对 $\forall x \in A'$, $\exists \{x_n\} \subset A$, 使得 $x_n \to x(n \to \infty)$, 由定理 1.1(1), $\{x_n\}$ 为 A 中 Cauchy 点列, 又 A 完备, 利用极限的唯一性知 $x \in A$, 所以 $A' \subset A$, 即 A 为闭集. 证毕.

(注意: (2) 中没有要求 X 的完备性.)

在第二章 §1 中曾指出, $\mathbf{R}^n$ 中闭集套定理可推广到完备距离空间 (X,d) 中. 下面的定理 1.3 表明, X 中的闭集套定理恰好刻画了 (X,d) 的完备性.

定理 1.3 (闭集套定理) 设 $X=(X,d)$ 为距离空间, $\{F_k\}$ 为 X 中非空闭集列, 则 X 完备的充要条件是在 X 中成立闭集套定理, 即闭集列 $\{F_k\}$ 满足: 若

(1) $\{F_k\}$ 递减, 即 $F_{k+1} \subset F_k$ $(\forall k)$;

(2) F_k 的直径 $d_k = \operatorname{diam}(F_k) \to 0$ $(k \to \infty)$,

则存在唯一的 x_0, 使得 $\bigcap\limits_{k=1}^{\infty} F_k = \{x_0\}$.

证 必要性: 设 X 完备, 取 $x_k \in F_k(\forall k)$, 对 $\forall m,n \in \mathbf{N}$, $x_{m+n} \in F_{m+n} \subset F_n$, 从而 $d(x_{m+n},x_n) \leqslant d_n \to 0$ $(n \to \infty, \forall m \in N)$, 所以 $\{x_n\}$ 是 X 中 Cauchy 点列, 由 X 完备, 存在 $x_0 \in X$, 使得 $x_n \to x_0$ $(n \to \infty)$. 下面证 $\bigcap\limits_{n=1}^{\infty} F_n = \{x_0\}$, 先证 $x_0 \in \bigcap\limits_{n=1}^{\infty} F_n$, 只要证对 $\forall n \in \mathbf{N}$, $x_0 \in F_n$. 事实上, 对 $\forall k > n$, $x_k \in F_k \subset F_n$, 又 F_n 为闭集, 所以 $x_k \to x_0 \in F_n$. 其次证 x_0 的唯一性. 设 $y_0 \in \bigcap\limits_{n=1}^{\infty} F_n$, 则对 $\forall n$, $y_0 \in F_n$, 从而 $d(x_n,y_0) \leqslant d_n$, $0 \leqslant d(y_0,x_0) = \lim\limits_{n\to\infty} d(x_n,y_0) \leqslant \lim\limits_{n\to\infty} d_n = 0$, 即 $d(x_0,y_0)=0$, 从而 $y_0 = x_0$.

充分性: 设 $\{x_n\}$ 为 X 中任一 Cauchy 点列, 即对 $\forall \varepsilon_k > 0$, $\exists n_k$, 使得 $\forall n > n_k$, 有 $d(x_n,x_{n_k}) < \varepsilon_k$, 不妨设 $n_k < n_{k+1}$, $\forall k$, 取 $\varepsilon_k = \dfrac{1}{2^{k+1}}$, 并记 $F_k = \tilde{B}\left(x_{n_k}, \dfrac{1}{2^k}\right)$ (闭球), 则对 $\forall y \in F_{k+1}$, $d(y,x_{n_k}) \leqslant d(y,x_{n_{k+1}}) + d(x_{n_{k+1}},x_{n_k}) \leqslant \dfrac{1}{2^{k+1}} + \dfrac{1}{2^{k+1}} = \dfrac{1}{2^k}$, 即 $y \in F_k$. 所以 $\{F_k\}$ 是递减闭集列, 且 $d_k = \dfrac{1}{2^{k-1}} \to 0$ $(k \to \infty)$, 由假设, 存在唯一的 $x_0 \in \bigcap\limits_{k=1}^{\infty} F_k$, 即 $d(x_{n_k},x_0) \to 0$ $(k \to \infty)$, 由定理 1.1(2), $x_n \to x_0$ $(n \to \infty)$, 所以 X 是完备的. 证毕.

注 1.3 当定理 1.3 中闭集 $F_k = \tilde{B}(x_k,r_k)$(闭球) 且 $r_k \to 0$ $(k \to \infty)$ 时, 通常称之为**闭球套定理**.

利用下面定义的紧集的概念, 不要求距离空间的完备性, 就可以得到:

Cantor 定理　设 $\{F_k\}$ 是距离空间 X 中非空递减紧集列, 则 $\bigcap_{k=1}^{\infty} F_k \neq \varnothing$.

证　由于 $\{F_k\}$ 非空递减, 可以在每个集 F_k 中任取一点 x_k, 得到一个点列 $\{x_k\} \subset F_1$, 因为 F_1 是紧集, 所以在 $\{x_k\}$ 中可以选取收敛的子列 $\{x_{k_j}\}$, 记 $x_0 = \lim\limits_{j\to\infty} x_{k_j}$, 于是, 对于 $\forall n$, $\forall k_j > n$, $F_{k_j} \subset F_n$, 又因为 F_n 是闭集, 所以 $x_0 \in F_n\ (\forall n)$. 这表示 $x_0 \in \bigcap_{n=1}^{\infty} F_n$, 即 $\bigcap_{n=1}^{\infty} F_n \neq \varnothing$.

在第二章 §1 中, 我们定义了距离空间中稠密集与疏集的概念. 若 (X,d) 中存在一个可数的稠密子集, 则称 X 是**可分的**.

定义 1.3　设 X 为距离空间, $E \subset X$, 若 E 可表示为可数个疏集的并集, 就称 E 为**第一纲集**. 非第一纲集称为**第二纲集**.

例 1.4　因为 $\mathbf{R}^n$ 中单点集 $\{x_k\}$ 是疏集, 所以, $\mathbf{R}^n$ 中可数集是第一纲集. 特别地, 在实数集 $\mathbf{R}$ 中, 有理数集 $\mathbf{Q}$ 是第一纲集, 而无理数集是第二纲集.

定理 1.4　设 E 是距离空间 X 的子集, 则以下四个命题等价:

(1) E 为疏集, 即 $(\overline{E})^\circ = \varnothing$;

(2) $(\overline{E})^c$ 为稠密集;

(3) 对 X 中任一非空开集 G, 存在非空开集 $G_1 \subset G$, 使得 $G_1 \cap \overline{E} = \varnothing$;

(4) 对 X 中任一闭球 $\tilde{B}(x,\delta)$, 存在另一闭球 $\tilde{B}(x_0,\delta_0) \subset \tilde{B}(x,\delta)$, 使得 $\tilde{B}(x_0,\delta_0) \cap E = \varnothing$.

证　(1) $\Rightarrow$ (2): 设 E 为疏集, 即 $(\overline{E})^\circ = \varnothing$, 它表明 $\overline{E}$ 不包含任一非空开集, 即对 X 中任一非空开集 G, $G \cap (\overline{E})^c \neq \varnothing$, 由第二章习题 2.1 的 1.6, $(\overline{E})^c$ 在 X 中稠密.

(2) $\Rightarrow$ (3): 设 $(\overline{E})^c$ 为稠密集, 则对 X 中所有非空开集 G, $G \cap (\overline{E})^c \neq \varnothing$, 所以, 存在 $x \in G \cap (\overline{E})^c$, 又 $G \cap (\overline{E})^c$ 为开集, 故存在 $\delta > 0$, 使 $B(x,\delta) \subset G \cap (\overline{E})^c$, 令 $G_1 = B(x,\delta)$, 则 $G_1 \subset G$ 且 $G_1 \cap \overline{E} = \varnothing$, 即 (3) 成立.

(3) $\Rightarrow$ (4): 对 X 中任一闭球 $\tilde{B}(x,\delta)$, 令 $G = B(x,\delta)$. 从 (3), 存在 $G_1 = B(x_0,r) \subset G$, 使得 $B(x_0,r) \cap \overline{E} = \varnothing$. 取 $\delta_0 = r/2$, 则易证 $\tilde{B}(x_0,\delta_0) \cap E = \varnothing$. (4) $\Rightarrow$ (1) 则是显然的. 证毕.

推论 1.5　设 E 是距离空间 X 的子集, 则

(1) 若 E 为疏集, 则 E^c 为稠密集;

(2) E^c 为稠密集, 且 E 为闭集, 则 E 为疏集.

证明留给读者.

注 1.4　稠密集的余集不一定是疏集, 例如, 有理数集 $\mathbf{Q}$ 与无理数集 $\mathbf{Q}^c$ 都在实数集 $\mathbf{R}^1$ 中稠密, 但它们又互为余集.

定理 1.6(Baire)　非空的完备距离空间 X 是第二纲集.

证 用反证法, 设 X 是第一纲集, 即 $X=\bigcup_{k=1}^{\infty}A_k$, 式中每个 A_k 都是疏集, 从定理 1.4(4), 若 A 为疏集, 则对所有闭球 $\tilde{B}(x,r)$, 存在闭球 $\tilde{B}(x_0,r_0)\subset\tilde{B}(x,r)$, 使得 $\tilde{B}(x_0,r_0)\cap A=\varnothing$. 任取一个闭球 $\tilde{B}_0=\tilde{B}(x,r)$, 由于 A_1 是疏集, 故存在闭球 $\tilde{B}_1=\tilde{B}(x_1,r_1)\subset\tilde{B}_0$, 使得 $\tilde{B}_1\cap A_1=\varnothing$, 不妨取 $r=1$, $0<r_1<1$, 一般地, 对闭球 $\tilde{B}_{n-1}$, 由于 A_n 是疏集, 存在闭球 $\tilde{B}_n=\tilde{B}(x_n,r_n)\subset\tilde{B}_{n-1}$, 使得 $\tilde{B}_n\cap A_n=\varnothing$, $0<r_n<\dfrac{1}{n}$, $n=1,2,\cdots$, 由闭集套定理 (定理 1.3), 存在唯一的 $y_0\in\bigcap_{n=1}^{\infty}\tilde{B}_n$, 即 $y_0\in\tilde{B}_n(\forall n)$, 由 $\tilde{B}_n\cap A_n=\varnothing(\forall n)$, 所以 $y_0\notin A_n(\forall n)$, 从而 $y_0\notin\bigcup_{n=1}^{\infty}A_n=X$, 但这与 $y_0\in X$ 相矛盾, 所以 X 是第二纲集. 证毕.

推论 完备距离空间中每个非空开集都是第二纲集; 完备距离空间中第一纲集的余集是第二纲集.

但是要注意定理 1.6 的逆命题不成立.

注 1.5 注意到上述证明中 $\tilde{B}_n$ 的球心 x_n 构成 Cauchy 点列, 由 X 的完备性, $\{x_n\}$ 收敛. 设 $\lim\limits_{n\to\infty}x_n=y_0$, 则 $y_0\in\bigcap_{n=1}^{\infty}\tilde{B}_n$, 且 $y_0\notin\bigcup_{n=1}^{\infty}A_n$ 与 $X=\bigcup_{n=1}^{\infty}A_n$ 矛盾, 也可得证.

评注: 设 $A\subset B$, 则

(1) A 是第二纲集 $\Rightarrow$ B 是第二纲集;

(2) B 是第一纲集 $\Rightarrow$ A 是第一纲集.

Baire 纲定理 1.6 有许多应用, 我们先举以下两个例子, 其他应用将在第八章给出.

例 1.5 闭区间 $F=[a,b]$ 不可数的新证明: 因为实数集 $\mathbf{R}^1$ 完备, F 是 $\mathbf{R}^1$ 的闭子集, 由定理 1.2(1), F 是完备子空间. 对 $\forall x\in F$, 单元素集 $\{x\}$ 是 F 中疏集, 由定理 1.6, $F=\bigcup_{x\in F}\{x\}$ 不可能是可数并, 即 F 是不可数集.

例 1.6 设 $E=\{f\in C[0,1]:f$ 处处不可微$\}$, 求证 E 是第二纲集.

证 记 $X=C[0,1]$ 为 $[0,1]$ 上连续函数的集合, 令

$$A_n=\left\{f\in X:\exists x\in[0,1],\text{使得}\left|\frac{f(x+h)-f(x)}{h}\right|\leqslant n,\forall|h|\leqslant\frac{1}{n}\right\},$$

式中 $0<x+h<1$, 若 f 在 x 可微, 则 $\exists n$, 使得 $f\in A_n$, 所以

$$E^c=X-E=\bigcup_{n=1}^{\infty}A_n. \tag{1.4}$$

下面证 E^c 为第一纲集, 为此, 只要证 $\forall A_n$ 都是疏集, 即证 $(\overline{A}_n)^\circ=\varnothing$, 若能证 A_n 为闭集, 则只要证 $\mathring{A}_n=\varnothing$, 即 A_n 无内点.

先证 A_n 是闭集, 即证 $A_n' \subset A_n$. 对 $\forall f_0 \in A_n'$, $\exists f_k \in A_n$, 使得 f_k 一致收敛于 f_0. 从 $f_k \in A_n$, $\exists x_k \in [0,1]$, 使得

$$|f_k(x_k+h) - f_k(x_k)| \leqslant n|h|, \tag{1.5}$$

因为 $\forall x_k \in [0,1]$, 即 $\{x_k\}$ 是有界数列, 所以 $\{x_k\}$ 有收敛子列, 不妨设 $x_k \to x_0(k \to \infty)$, 则 $x_0 \in [0,1]$, 利用 $\{f_k\}$ 的一致收敛性和不等式: $|f_k(x_k+h) - f_0(x_0+h)| \leqslant |f_k(x_k+h) - f_0(x_k+h)| + |f_0(x_k+h) - f_0(x_0+h)|$, 在 (1.5) 式中令 $k \to \infty$, 即得 $|f_0(x_0+h) - f_0(x_0)| \leqslant n|h|$, 即 $f_0 \in A_n$, 所以 A_n 为闭集.

其次证 A_n 是疏集, 即证 $\mathring{A}_n = \varnothing$.

用反证法, 若 $\mathring{A}_n \neq \varnothing$, 则 $\exists f_0 \in A_n$, 由于 $\mathring{A}_n$ 是开集, 所以 $\exists \delta > 0$, 使得球 $B(f_0,\delta) \subset A_n$, 我们可以找到一个折线函数 $g(x)$, 使得 $d(g, f_0) < \delta$, 而且 g 的每段斜率的绝对值都大于 n, 于是 $g \in B(f_0,\delta)$, 但 $g \notin A_n$, 与 $B(f_0,\delta) \subset A_n$ 相矛盾, 所以 $E^c = \bigcup\limits_{n=1}^{\infty} A_n$ 为第一纲集, 又 $X = C[0,1]$ 完备, 由定理 1.6, X 是第二纲集, 从而由 (1.4), E 是第二纲集. 证毕.

我们在微积分中, 要构造一个处处不可微的连续函数比较复杂, 但例 1.6 表明, E 是第二纲集, 所以必有 $\varphi \in X$, 但 $\varphi \notin A_n(\forall n)$, 于是这个 φ 就是处处不可微的连续函数, 例 1.6 不仅证明了处处不可微的连续函数的存在性, 而且 "大多数" 连续函数都有这种性质.

不完备的距离空间 X_0, 可以是第一纲集, 也可以是第二纲集, 例如有理数集 $\mathbf{Q}$, 无理数集 $\mathbf{Q}^c$ 按欧氏距离都是不完备的距离空间. $\mathbf{Q}$ 为第一纲集, 而 $\mathbf{Q}^c$ 为第二纲集; 此外, 不完备距离空间对极限运算不封闭. 我们自然要问, 不完备的距离空间 (X_0, d_0) 能否 "扩充" 成完备的距离空间 (X, d)? 我们称之为 (X_0, d_0) 的完备化空间, 为此, 就要解决两个问题:

(1) 存在性: 是否任何距离空间都可完备化?

(2) 唯一性: 完备化距离空间 (X, d) 是否唯一?

我们知道, 有理数集 $\mathbf{Q}$ 作为 $\mathbf{R}^1$ 的子空间是不完备的距离空间, 但在 $\mathbf{Q}$ 中加上无理数集后就 "扩充" 成完备的距离空间 $\mathbf{R}^1$, 而且 $\mathbf{Q}$ 还是 $\mathbf{R}^1$ 的稠密子空间. 这种思想可推广到距离空间中.

定义 1.4 设 (X, d_1), (Y, d_2) 为距离空间, 若存在满单射 $T: X \to Y$, 使得

$$d_2(Tx_1, Tx_2) = d_1(x_1, x_2), \forall x_1, x_2 \in X, \tag{1.6}$$

则称 (X, d_1) 与 (Y, d_2) (通过 T) **等距同构**, T 称为**等距同构映射**. 在等距同构的意义下, 我们可以将两个等距同构的距离空间看成同一空间, 若 (X, d_1) 与 (Y, d_2) 的某个子空间 (Y_0, d_2) 等距同构, 则称 (X, d_1) 可以**嵌入**(Y, d_2). 在等距同构的意义下, 可以将 (X, d_1) 看成 (Y, d_2) 的一个子空间, 并简记为 $(X, d_1) \subset$

(Y, d_2) (注意: 从集合的关系看, X 并不一定是 Y 的子集).

定义 1.5 设 (X_0, d_0) 为距离空间, 若存在完备距离空间 (X, d), 使得 (X_0, d_0) 等距同构于 (X, d) 的一个稠密子空间 (X_1, d), 则称 (X, d) 是 (X_0, d_0) 的**完备化空间**.

定理 1.7 每个距离空间 (X_0, d_0) 都存在完备化空间 (X, d), 并在等距同构意义下, 这样的空间是唯一的.

这个定理的证明较长, 它的基本思路是:

(1) 从 (X_0, d_0) 出发构造 (X, d), 方法是将 (X_0, d_0) 中所有 Cauchy 列进行分类: 若两个 Cauchy 列 $x = \{x_k\}$ 与 $x' = \{x'_k\}$ 满足 $d_0(x_k, x'_k) \to 0 (k \to \infty)$, 则称 x 与 x' 属于同一类, 记为 $\tilde{x}$. 这些 "类" 的全体看作一个新的大集合, 记为 X, 在 X 中定义一个新的距离:

$$d(\tilde{x}, \tilde{y}) = \lim_{k \to \infty} d_0(x_k, y_k), \tag{1.7}$$

式中 $\tilde{x} = \{x_k\}$, $\tilde{y} = \{y_k\} \in X$, 而 $\{x_k\}$ 和 $\{y_k\}$ 都是 X_0 中 Cauchy 列.

(2) 证明 (X_0, d_0) 与 (X, d) 中一个稠密子空间 (X^*, d) 等距, 其中 X^* 是由 X_0 中的元 x 作成的常驻列 $\{x\}$ 的全体. 显然, $T : X_0 \to X^*$, $x \mapsto \{x\}$ 就是 (X_0, d_0) 到 (X^*, d) 上的一个等距同构映射. 为证 (X^*, d) 在 (X, d) 中稠密, 任取 $\tilde{x} = \{x_k\} \in X$, 因为 $\{x_k\}$ 为 (X_0, d_0) 中 Cauchy 列, 即 $\forall \varepsilon > 0$, $\exists k_0 \in \mathbf{N}$, 使得对 $\forall m, n > k_0$, $d_0(x_m, x_n) < \varepsilon$, 记 $\tilde{x}_n = \{x_n\} \in (X^*, d)$, 则对 $\forall n > k_0$, 有 $d(\tilde{x}_n, \tilde{x}) = \lim\limits_{m \to \infty} d_0(x_n, x_m) \leqslant \varepsilon$, 这表明 $\lim\limits_{n \to \infty} d(\tilde{x}_n, \tilde{x}) = 0$, 所以 (X^*, d) 在 (X, d) 中稠密.

(3) 证明 (X, d) 是完备的距离空间. 设 $\{\tilde{x}_n\}$ 是 (X, d) 中任一 Cauchy 列, 因为 (X^*, d) 在 (X, d) 中稠密, 故存在 $\tilde{y}_n \in X^*$, 使得 $d(\tilde{x}_n, \tilde{x}_n) < \dfrac{1}{n} (\forall n)$, 从而

$$\begin{aligned} d_0(y_n, y_m) = d(\tilde{y}_n, \tilde{y}_m) &\leqslant d(\tilde{y}_n, \tilde{x}_n) + d(\tilde{x}_n, \tilde{x}_m) + d(\tilde{x}_m, \tilde{y}_m) \\ &< \frac{1}{n} + d(\tilde{x}_n, \tilde{x}_m) + \frac{1}{m} \to 0 \quad (n, m \to \infty), \end{aligned}$$

所以 $\tilde{y} = \{y_n\}$ 是 (X_0, d_0) 中 Cauchy 列, 即 $\tilde{y} \in (X, d)$, 并且

$$d(\tilde{x}_n, \tilde{y}) \leqslant d(\tilde{x}_n, \tilde{y}_n) + d(\tilde{y}_n, \tilde{y}) < \frac{1}{n} + d(\tilde{y}_n, \tilde{y}) \to 0 \quad (n \to \infty),$$

即 $\tilde{x}_n \to \tilde{y} (n \to \infty)$, 所以 (X, d) 完备.

(4) 证唯一性. 设 (Y, d_1) 也是 (X_0, d_0) 的完备化空间, 则存在 (Y, d_1) 的稠密子空间 (Y^*, d_1) 与 (X_0, d_0) 等距同构, 从而 (Y^*, d_1) 与 (X^*, d) 等距同构, 设它们的等距同构映射为 T^*. 任取 $\tilde{x} \in X$, 则存在 $\tilde{x}_n \in X^*$, 使得 $\tilde{x}_n \to \tilde{x} (n \to \infty)$, 记 $\tilde{y}_n = T^*(\tilde{x}_n)$, 则 $\tilde{y}_n$ 为 (Y, d_1) 中的收敛点列, 即存在 $\tilde{y} \in Y$, 使得

$\tilde{y}_n \to \tilde{y}(n \to \infty)$, 于是 $T: X \to Y,\ \tilde{x} \mapsto \tilde{y}$ 为等距同构映射, 所以 (Y, d_1) 与 (X, d) 等距同构. 证毕.

例 1.7 $[a,b]$ 上实系数代数多项式的集合 X 按 $d(x,y) = \sup\{|x(t)-y(t)| : a \leqslant t \leqslant b\}$ 形成不完备的距离空间, 其中 $x(t), y(t)$ 是 $[a,b]$ 上实系数代数多项式. 由 Weierstrass 逼近定理知, 它的完备化空间就是 $C[a,b]$.

例 1.8 Riemann 可积函数空间 $R[a,b]$ 按距离 $d(x,y) = (R)\displaystyle\int_a^b |x(t)-y(t)|\mathrm{d}t$ 是不完备距离空间, 它的完备化空间是 $L[a,b]$, 这就是 (R) 积分扩充到 (L) 积分的实质.

例 1.9 在例 1.3 中已知 $C_p(E)(1 \leqslant p < \infty)$ 是不完备的距离空间, 由第五章 §2 知, 当 $C_p(E)$ 中的函数有紧支集时, 它的完备化空间就是 $L^p(E)$.

以后, 我们还将多次看到, 距离空间的完备化是整个分析数学的一个核心思想和基本方法.

评注: 定理 1.7 的证明细节和例 1.7–1.9 的证明见 "续论" [1] 下册第七章 §1, PP. 119–125.

二、列紧性与紧性

在微积分中, 我们已知: 设 $A \subset \mathbf{R}^n$, 则以下三个命题等价 (称为 Bolzano-Weierstrass 定理):

(1) A 为有界集;

(2) A 的任一无穷子集必有极限点 (聚点);

(3) A 中任一点列必有收敛子点列.

其中 (1) $\Leftrightarrow$ (2) 称为列紧性定理或聚点原理. (1) $\Leftrightarrow$ (3) 称为致密性定理.

但在距离空间 (X,d) 中, 只成立 (2) $\Leftrightarrow$ (3) $\Rightarrow$ (1), 因为有界点列不一定有收敛子点列, 有界无限集也不一定有极限点.

例 1.10 在 $L^2[-\pi,\pi]$ 中, 取子集 $A = \{f_n(x) : f_n(x) = \sin nx\}$, 因为 $d(f_n, 0) = \left(\displaystyle\int_{-\pi}^{\pi} |\sin nx - 0|^2 \mathrm{d}x\right)^{1/2} = \sqrt{\pi}$, 所以, A 是 $L^2[-\pi,\pi]$ 中有界集. 但对 $\forall m, n(m \neq n)$, $d(f_m, f_n) = \left(\displaystyle\int_{-\pi}^{\pi} |\sin mx - \sin nx|^2 \mathrm{d}x\right)^{1/2} = \sqrt{2\pi}$, 所以, A 中没有收敛的子列, 即 A 不是 $L^2[-\pi,\pi]$ 中的完全有界集 (见下面的定义 1.6).

在例 1.10 中, 我们还可以进一步看出, 有界集 A 中甚至还没有 Cauchy 子点列, 为此, 需要引入一些新的概念, 将上述情形区别开来.

定义 1.6 设 (X,d) 为距离空间, $A \subset X$, 若 A 中任一点列在 X 中都有收敛子点列 (或 A 中任一无穷子集都有极限点 (注意其极限点未必仍在 A 中)), 则称 A 为**列紧集** (或**致密集**); 若 A 中任一点列都有 Cauchy 子点列, 则称 A

为**完全有界集**; 列紧的闭集称为**紧集** (或**自列紧集**). 于是, 当 A 是紧集时, A 中任一点列都有收敛于 A 中某一点的子列. 若 X 是列紧集, 则称 X 是**列紧空间**, 若 X 中任一有界集都是列紧集, 则称 X 是**局部列紧空间**.

从定义 1.6 立即可以看出:

(1) 设 A 为紧集, 则 A 为列紧集, 反之不成立.

例 1.11 开区间 $G=(a,b)$ 作为实数集 $\mathbf{R}^1$ 的子集, 是列紧集, 因为对任何点列 $\{x_k\}: a<x_k<b$, $\{x_k\}$ 有界, 必有收敛子列, 但其极限点 x_0 可能在 G 之外, 例如 $x_n=a+\dfrac{1}{n}\to a\notin G$, 所以 G 不是紧集.

(2) 设 A 为列紧集, 则 A 为完全有界集, 反之不成立.

这是因为 A 列紧时, A 中任一点列 $\{x_n\}$ 都有收敛子点列 $\{x_{n_k}\}$, 而收敛子点列 $\{x_{n_k}\}$ 必为 Cauchy 点列, 从而 A 为完全有界集.

例 1.12 $A=\left(0,\dfrac{1}{2}\right)$ 按欧氏距离作为 $X=(0,1)$ 的子空间, A 是 X 中的完全有界集, 但不是列紧集. 例如, 可取 $x_n=\dfrac{1}{n+2}$, 则 $\{x_n\}$ 为 $A=\left(0,\dfrac{1}{2}\right)$ 中 Cauchy 列, 但它在 A 中没有收敛的子列.

当 X 是完备距离空间时, 从 A 完全有界也可推出列紧, 事实上, A 为完全有界 $\Rightarrow$ A 中任何点列 $\{x_n\}$ 必有 Cauchy 子点列 $\{x_{n_k}\}$. 由 X 的完备性, $\{x_{n_k}\}$ 中必有收敛子点列, 所以 A 列紧. 从而完全有界性与列紧性等价. 反之, 当 X 中所有完全有界集 A 都是列紧集时, X 必为完备的距离空间. 这是因为, 设 $\{x_n\}$ 是 X 中任一 Cauchy 列, 则 $A=\{x_n\}_{n=1}^{\infty}$ 就是完全有界集, 由假设 A 列紧, 即 $\{x_n\}$ 中有收敛子点列 $\{x_{n_k}\}$. 由定理 1.1(2), $\{x_n\}$ 也收敛, 所以 X 完备.

(3) 设 A 为完全有界集, 则 A 为有界集, 反之不成立.

这是因为, A 完全有界时, A 中任一点列都有 Cauchy 子点列, 若 A 无界, 则 A 必是无限集, 取 $x_1, x_2\in A$, 使 $d(x_1,x_2)\geqslant 1$, 又由 A 无界, $\exists x_3\in A$, 使 $d(x_1,x_3)\geqslant 1, d(x_2,x_3)\geqslant 1,\cdots$, 如此得到 $\{x_n\}\subset A$, 使 $d(x_m,x_n)\geqslant 1(m\neq n)$, 从而 $\{x_n\}$ 没有 Cauchy 子点列, 与假设矛盾. 所以, A 为有界集.

例 1.10 中的集 A 有界, 但不是完全有界集.

(4) 在欧氏空间 $\mathbf{R}^n$ 中, 由 Bolzano–Weierstrass 定理, 列紧性与有界性等价, 从而有界性、完全有界性、列紧性三者等价.

三、完全有界集的等价刻画

定义 1.7 设 A, E 是距离空间 (X,d) 中的子集. 若存在 $\varepsilon>0$, 使得

$$E\subset\bigcup_{y\in A}B(y,\varepsilon), \tag{1.8}$$

即 E 可用以 A 中的点 y 为中心, ε 为半径的开球全体覆盖, 则称 A 是 E 的一个 ε 网, 特别若 A 是有限集, 则称 A 是 E 的有限 ε 网.

例 1.13 $\mathbf{R}^1$ 中有理数集 $\mathbf{Q}$ 是无理数集 $\mathbf{Q}^c$ 的 ε 网 (可取 $\varepsilon=1, \dfrac{1}{2}$ 等).

我们从定义 1.6 知, 设 $E \subset (X,d)$, 若 E 中任一点列都有 Cauchy 子点列, 则称 E 是完全有界集. 利用定义 1.7, 可以得到完全有界集的一个等价刻画:

定理 1.8 E 为完全有界集的充要条件是对 $\forall \varepsilon>0$, E 都有有限 ε 网.

证 "$\Rightarrow$": 设 E 为完全有界集, 若存在 $\varepsilon_0>0$, E 没有有限 ε_0 网, 则对 $\forall x_1 \in E$, 可取 $x_2 \in E$, 使得 $d(x_1,x_2) \geqslant \varepsilon_0$(因为否则 $\{x_1\}$ 就是 E 的 ε_0 网). 再取 $x_3 \in E$, 使得 $d(x_1,x_3)\geqslant\varepsilon_0$, $d(x_2,x_3)\geqslant\varepsilon_0$(因为否则 $\{x_1,x_2\}$ 就是 E 的 ε_0 网). 如此可得 $\{x_n\}\subset E$, 使得 $d(x_m,x_n)\geqslant\varepsilon_0(m\neq n)$, 这说明 $\{x_n\}$ 没有 Cauchy 子点列, 与假设矛盾.

"$\Leftarrow$": 设对 $\forall\varepsilon_k>0$, E 都有有限 ε_k 网 $A_k=\{y_1^{(k)},\cdots,y_{m_k}^{(k)}\}$. 取 $\varepsilon_k=\dfrac{1}{k}$, 设 $\{x_n\}$ 是 E 中任一点列, 对 $\varepsilon_1=1$, 有 $\bigcup\limits_{j=1}^{m_1} B(y_j^{(1)},\varepsilon_1)\supset E\supset\{x_n\}$, 于是, m_1 个球中至少有一个球含有 $\{x_n\}$ 的一个子列 $\{x_n^{(1)}\}$. 同理, m_2 个球 $\{B(y_j^{(2)},\varepsilon_2)\}$ 覆盖 $\{x_n^{(1)}\}$, 又至少有一个球含有 $\{x_n^{(1)}\}$ 的一个子列 $\{x_n^{(2)}\}$, 依此类推, 得到 $\{x_n^{(k)}\}$ 的子列 $\{x_n^{(k+1)}\}$, $\forall k$, 于是对角线子列 $\{x_k^{(k)}\}$ 就是 $\{x_n\}$ 的一个 Cauchy 子点列, 所以, E 是完全有界集. 证毕.

定理 1.9 距离空间 (X,d) 中的完全有界集是可分的, 从而列紧空间是可分空间.

证 设 E 完全有界, 由定理 1.8, 对 $\varepsilon_n=\dfrac{1}{n}$, 存在有限 ε_n 网 $A_n=\{y_1^{(n)},\cdots,y_{m_n}^{(n)}\}$, 即

$$E\subset\bigcup_{j=1}^{m_n} B\left(y_j^{(n)},\frac{1}{n}\right). \tag{1.9}$$

令 $A=\bigcup\limits_{n=1}^{\infty}A_n$, 则 A 是可数集. 下面只要证 A 在 E 中稠密. 对 $\forall x\in E$, 从 (1.9), $\exists j_0$, 使得 $x\in B\left(y_{j_0}^{(n)},\dfrac{1}{n}\right)$, 即 $d(y_{j_0}^{(n)},x)<\dfrac{1}{n}\to 0(n\to\infty)$. 所以, $x\in A'\subset\overline{A}$, 即 $E\subset\overline{A}$. 这表明 A 是 E 中可数稠密子集. 于是 E 是可分的.

注 1.6 在定义 1.7 中, A 是 E 的 ε 网, 并没有要求 $A\subset E$. 但若 E 是 (X,d) 中完全有界集, 则对 $\forall\varepsilon>0$, 存在有限集 $A\subset E$, 使得 A 是 E 的有限 ε 网. 这是因为, 由定理 1.8, 对 $\forall\varepsilon>0$, 存在 E 的有限 $\dfrac{\varepsilon}{2}$ 网 $D=\{x_1,\cdots,x_m\}$, 对于 $\forall y_k\in E\cap B\left(x_k,\dfrac{\varepsilon}{2}\right)$, $k=1,\cdots,m$, 再令 $A=\{y_1,\cdots,y_m\}$, 则 $A\subset E$,

且 A 是 E 的有限 ε 网. 事实上, $\forall x \in E$, $d(x,y_k) \leqslant d(x,x_k)+d(x_k,y_k) < \varepsilon/2+\varepsilon/2=\varepsilon$.

习题 7.1

1.1 设 (X,d) 为距离空间, 令 $d_1(x,y)=\dfrac{d(x,y)}{1+d(x,y)}$, $x,y\in X$, 证明:

(1) (X,d_1) 也是距离空间, 并且 X 关于 d_1 是有界集;

(2) (X,d_1) 完备的充要条件是 (X,d) 完备.

评注: 该习题的意义在于在保持距离空间的完备性不变的条件下, 将任意距离空间 (X,d) 转化为 X 关于 d_1 的有界集. 这是值得关注的重要技巧.

1.2 若在任一集合 X 中定义距离 d:

$$d(x,y)=\begin{cases}1, & x\neq y;\\ 0, & x=y,\end{cases}$$

则 (X,d) 称为**离散距离空间**. 证明该空间具有以下性质:

(1) X 是完备的;

(2) X 可分的充要条件是 X 为可数集;

(3) X 中任何子集既是开集又是闭集;

(4) 开球 $B(x_0,\delta)=\{x\in X: d(x,x_0)<\delta\}$ 的闭包是否等于闭球 $\tilde{B}(x_0,\delta)=\{x\in X: d(x,x_0)\leqslant\delta\}$?

(5) X 中任一子集都不是疏集, 特别 X 中的单点集不是疏集, 从而 X 中可数集不是第一纲集;

(6) 当 $0<r<1$ 时, 球面 $S(x_0,r)=\varnothing$;

(7) A 为紧集的充要条件是 A 为有限集;

(8) 设 Y 为任一距离空间, 则 $\forall f: X\to Y$ 为一致连续映射;

(9) X 中任一点都是孤立点, 特别内点是孤立点, 从而 X 中无极限点, 即

$$\forall A\subset X,\quad A'=\varnothing,$$

这表明 X 中的每个子集 A 都不是列紧集. 这是离散距离空间的本质特征.

1.3 设 X 是正整数集, 在 X 中定义

$$d(m,n)=\left|\frac{1}{m}-\frac{1}{n}\right|,$$

证明: (1) (X,d) 是不完备的距离空间;

(2) (X,d) 中任一子集既是开集也是闭集.

1.4 设 (X,d) 为距离空间, 证明: X 是紧的充要条件是对 X 中任意闭集

族 $\{F_\alpha\}$, $\alpha \in I$, 若其中任意有限个 F_α 的交集都为非空集, 则 $\bigcap\limits_{\alpha\in I} F_\alpha \neq \varnothing$.

1.5 (Dini 定理) 设 (X,d) 为紧距离空间, X 上的连续函数列 $\{f_n(x)\}$ 点态收敛于连续函数 $f(x)$, 若 $\{f_n(x)\}$ 关于 n 单调, 则 $\{f_n\}$ 在 X 上一致收敛于 f.

1.6 设 A 在距离空间 (X,d) 中稠密, 若 A 中任何 Cauchy 列都收敛于 X 中某一点, 证明 (X,d) 是完备的距离空间.

1.7 设 E 是赋范线性空间 X 中有界集, 证明: E 完全有界的充要条件是 $\forall\varepsilon > 0$, 存在 X 的有限维子空间 A, 使得 $\forall x \in E$, $d(x,A) < \varepsilon$.

1.8 设 $A \subset L^p(\mathbf{R}^n)$, $1 < p < \infty$, 则 A 列紧的充要条件是下述的 (1)–(3) 同时满足:

(1) A 一致有界, 即存在常数 $M > 0$, 使得 $\forall f \in A$, 有 $\|f\|_p \leqslant M$;

(2) A 中函数等度平均连续, 即 $\forall f \in A$, 成立

$$\lim_{h\to 0}\int_{\mathbf{R}^n} |f(x+h) - f(x)|^p \,\mathrm{d}\mu = 0;$$

(3) $\forall\varepsilon > 0$, $\exists r > 0$, 使得 $\forall f \in A$, 有 $\forall x = (x_1, \cdots, x_n, \cdots) \in A$,

$$\int_{B_r^c} |f(x)|^p \,\mathrm{d}\mu < \varepsilon,$$

式中 $B_r = B(0,r)$ 表示以原点为中心, r 为半径的球, B_r^c 是 B_r 的余集.

§2 赋范线性空间, Banach 空间

我们在高等代数课程中, 已熟知在集合 X 中引入线性运算 (X 中元素的加法和数乘运算) 就形成线性空间. 设 $x_1, \cdots, x_n$ 是数域 K 上线性空间 X 中的一组元素, 若存在不全为零的数 $\alpha_k \in K$, 使得 $\sum\limits_{k=1}^{n} \alpha_k x_k = 0$, 则称 $x_1, \cdots, x_n$ 是**线性相关的**, 否则, 称 $x_1, \cdots, x_n$ **线性无关**, 即若 $\sum\limits_{k=1}^{n} \alpha_k x_k = 0$, 则 $\forall\alpha_k = 0$. 设 X 的子集 A 中任何有限个向量都线性无关, 则称 A 为**线性无关集**; 若 A 对 X 中的线性运算是封闭的, 则称 A 为 X 的**线性子空间**, 简称为**子空间**.

$$\operatorname{span} A = \left\{ y = \sum_{k=1}^{n} \alpha_k x_k : x_k \in A, \alpha_k \in K, \forall n \right\}$$

称为**由 A 张成的子空间**, 或 **A 的线性包**.

评注: 当 A 是 X 的子集时, A 还不一定是 X 的子空间, 所以还要定义 $\operatorname{span} A$ 作为 X 的子空间.

例如, $A = \{x^n : n = 0, 1, 2, \cdots\}$ 的线性包就是代数多项式的集合按通常的

线性运算构成的线性空间. 设 A 是 X 的线性无关子集, 若 $\operatorname{span} A = X$, 即对 $\forall x \in X$, $\exists x_k \in A, \alpha_k \in K$, 使得 $x = \sum\limits_{k=1}^{n} \alpha_k x_k$, 则称 A 为 X 的一组**线性基** (或 Hamel 基), 称 A 的基数为 X 的维数, 记为 $\dim X$. 若 A 的基数是有限数, 则称 X 为有限维线性空间, 否则称 X 是无限维线性空间, 其中当 A 为可数集时, 称 X 是可数维线性空间.

设 X, Y 为同一数域 K 上的线性空间. 若 $T: X \to Y$ 是满单射且为线性映射, 即: 对 $\forall x, y \in X$, $\alpha, \beta \in K$, 有

$$T(\alpha x + \beta y) = \alpha T x + \beta T y,$$

则称 X 与 Y 线性同构或代数同构, 简称为同构. T 称为同构映射, 数域 K 上两个有限维线性空间 X 与 Y 同构的充要条件是 X 与 Y 的维数相等.

但是, 线性空间 X 中没有拓扑结构, 不能作极限运算; 而距离空间 (X, d) 则刚好相反. 我们自然希望在同一集合中同时具有代数结构和拓扑结构, 办法是在距离空间中引入线性运算, 或者在线性空间中定义距离 d, 形成所谓线性距离空间, 但这两种结构都要求满足以下 "相容性" 条件, 即距离对于线性运算的连续性:

(1) 设 $d(x, x_0) \to 0$, $d(y, y_0) \to 0$, 则 $d(x + y, x_0 + y_0) \to 0$;

(2) 设 $d(x, x_0) \to 0$, 且对任意 $\alpha_0 \in K$(数域), $\alpha \to \alpha_0$, 则 $d(\alpha x, \alpha_0 x_0) \to 0$.

另一种通用的办法是在线性空间中先引入 "范数" 的概念, 然后用这种 "范数" 去定义距离.

定义 2.1 设 X 是数域 K(实数域或复数域) 上的线性空间, 若存在映射 $T: X \to \mathbf{R}^1$, $x| \to \|x\|$, 满足:

(1) $\|x\| \geqslant 0$, 且 $\|x\| = 0 \Leftrightarrow x = 0$; (正定性)

(2) $\|\alpha x\| = |\alpha| \|x\|$, $\alpha \in K$; (绝对齐性)

(3) $\|x + y\| \leqslant \|x\| + \|y\|$, $x, y \in X$, (三角不等式)

则称 $\|x\|$ 是元素 x 的范数, 定义了范数 $\|\cdot\|$ 的线性空间 X 称为赋范线性空间, 记为 $(X, \|\cdot\|)$, 在不引起混淆时, 也简记为 X.

若对 $\forall x, y \in X$, 令

$$d(x, y) = \|x - y\|, \tag{2.1}$$

则易证 d 是 X 上的距离, 即满足非负性、对称性和三角不等式, 称 d 是由范数 $\|\cdot\|$ 导出的距离. 以后若无特别声明, 赋范线性空间中的距离均指由范数导出的距离 (2.1).

定义 2.2 设 $(X, \|\cdot\|)$ 是赋范线性空间, $\{x_n\}$ 是 X 中点列, $x \in X$, 若

$$d(x_n, x) = \|x_n - x\| \to 0 \quad (n \to \infty), \tag{2.2}$$

则称 $\{x_n\}$ 依范数收敛于 x(或 $\{x_n\}$ 强收敛于 x), 记为 $\lim\limits_{n\to\infty} x_n = x$, 或 $x_n \to x(n\to\infty)$. 完备的赋范线性空间称为 **Banach 空间**, 简称为 **(B) 空间**.

$(X, \|\cdot\|)$ 中可用范数刻画有界集: 即若 $A\subset X$, $\sup\limits_{x\in A}\|x\| < \infty$, 则称 A 为**有界集**.

定理 2.1 设 $(X, \|\cdot\|)$ 是赋范线性空间, $\{x_n\}$, $\{y_n\}$ 为 X 中点列, 且 $x_n\to x$, $y_n\to y(n\to\infty)$, 则

(1) $\|x_n\|\to\|x\|$, 即 $\|x\|$ 是 x 的连续函数, 从而 $\{\|x_n\|\}$ 是有界数列;

(2) $x_n + y_n \to x + y(n\to\infty)$;

(3) 若 $\alpha_n, \alpha\in K$, $\alpha_n\to\alpha$, 则 $\alpha_n x_n\to\alpha x$.

定理的证明留作习题.

定理 2.1 的 (2),(3) 说明, 范数对于线性运算是连续的, 从而由范数导出的距离与线性运算满足前面提到的相容性条件.

注 2.1 我们要问:

(1) 是否可以反过来由距离 d 定义范数? 例如定义

$$\|x\| = d(x, 0) \quad (x\in X). \tag{2.3}$$

(2) 是否所有线性空间中的距离 d 都可从范数诱导出来?

我们只要分析一下, 由范数定义的距离 (2.1) 与在 X 中直接定义距离相比, 前者要受到额外的限制, 例如, 由范数的绝对齐性, 就要求 (2.3) 中的距离 d 满足相似性:

$$d(\alpha x, 0) = |\alpha| d(x, 0), \tag{2.4}$$

但并不是所有的距离都能满足上式的, 例如:

例 2.1 实数列或复数列的集合按下述 (2.5) 定义距离后形成数列空间, 记为 s, 即: $s = \big\{x = (x_1, \cdots, x_n, \cdots) : x_k\in \mathbf{R}^1\text{或 }\mathbf{C}, \forall k\big\}$,

$$d(x, y) = \sum_{k=1}^{\infty}\alpha_k\frac{|x_k - y_k|}{1 + |x_k - y_k|}, \tag{2.5}$$

式中 $x = \{x_k\}$, $y = \{y_k\}\in s$, $\forall\alpha_k > 0$, $\sum\limits_{k=1}^{\infty}\alpha_k < \infty$. 由 (2.5) 定义的 d 满足距离的三个条件的证明留作习题, 但不能用 (2.5) 来定义范数, 这是因为若令

$$\|x\| = d(x, 0) = \sum_{k=1}^{\infty}\alpha_k\frac{|x_k|}{1 + |x_k|}, \tag{2.6}$$

则除 $\alpha = 0, \pm 1$ 外, $\|\alpha x\| \neq |\alpha|\ \|x\|$, 我们称 s 空间不能赋范.

例如, 取 $\beta=\sum\limits_{k=1}^{\infty}\alpha_k$, $x_0=(1,1,\cdots,1,\cdots)$, 于是 $\|x_0\|=\sum\limits_{k=1}^{\infty}\alpha_k\frac{1}{1+1}=\dfrac{1}{2}\beta$, 但是,

$$\|2x_0\|=\sum_{k=1}^{\infty}\alpha_k\frac{2}{1+2}=\frac{2}{3}\beta\neq 2\left(\frac{1}{2}\beta\right)=2\|x_0\|.$$

这就意味着 Banach 空间中的范数可以定义距离, 形成完备距离空间; 反之完备距离空间却不一定是 Banach 空间. 例如, 设 $f, g\in L^p(E)$, $0<p<1$, 可以定义距离形成距离空间, 但不能赋范. 又如, 令 $\|f\|_w=\sup\limits_{\lambda}\lambda\mu\{|f|>\lambda\}$, 定义弱 L^1 空间: $WL^1(\mathbf{R}^n)=\{f:\|f\|_w<\infty\}$. 则 $WL^1(\mathbf{R}^n)$ 是完备距离空间, 但不是 Banach 空间. 下半连续函数的全体甚至还不能构成一个线性空间.

在赋范线性空间 $(X,\|\cdot\|)$ 中还可定义和使用无穷级数. 设 $\{x_k\}$ 是 X 中点列, 由它作部分和点列 $\{S_n\}$:

$$S_n=\sum_{k=1}^{n}x_k.$$

若 $\{S_n\}$ 收敛于 S, 即 $\|S_n-S\|\to 0(n\to\infty)$, 则称无穷级数

$$\sum_{k=1}^{\infty}x_k=x_1+x_2+\cdots+x_n+\cdots \tag{2.7}$$

是收敛的, S 称为该级数的和, 记为

$$S=\sum_{k=1}^{\infty}x_k. \tag{2.8}$$

若级数 $\sum\limits_{k=1}^{\infty}\|x_k\|$ 收敛, 则称 (2.7) 绝对收敛.

应注意的是, 级数

$$\sum_{k=1}^{\infty}\|x_k\| \tag{2.9}$$

收敛, 即 (2.7) 绝对收敛, 并不能推出 (2.7) 本身收敛. 当然, 反过来, 级数 (2.7) 本身收敛, 也不能保证它绝对收敛.

例 2.2 设 $X=\{x=(\xi_1,\cdots,\xi_n,0,0,\cdots):n$ 为任意正整数$\}$, 范数 $\|x\|=\sup\limits_{k}|\xi_k|$. 取

$$x_k=\Bigg(\underbrace{0,\cdots,0}_{k-1\text{个}},\frac{1}{k^2},0,\cdots\Bigg)\in X,$$

则 $\|x_k\| = \dfrac{1}{k^2}$, 从而 $\sum\limits_{k=1}^{\infty} \|x_k\| = \sum\limits_{k=1}^{\infty} \dfrac{1}{k^2} = \dfrac{\pi^2}{6}$, 即 $\sum\limits_{k=1}^{\infty} x_k$ 绝对收敛; 但 $\sum\limits_{k=1}^{\infty} x_k$ 在 X 中不收敛, 这是因为

$$\sum_{k=1}^{\infty} x_k = \left(1, \frac{1}{2^2}, \cdots, \frac{1}{k^2}, \cdots\right) \notin X.$$

定理 2.2 设 X 为 Banach 空间, 则从级数 (2.7) 的绝对收敛推出该级数收敛, 而且

$$\left\|\sum_{k=1}^{\infty} x_k\right\| \leqslant \sum_{k=1}^{\infty} \|x_k\|; \tag{2.10}$$

反之, 在 $(X, \|\cdot\|)$ 中, 若任意级数 (2.7) 绝对收敛, 总能推出该级数收敛, 则 X 是 Banach 空间.

证 设 (2.7) 绝对收敛, 即 (2.9) 收敛, 令 $S_n = \sum\limits_{k=1}^{n} x_k$, 则对 $\forall m \in \mathbf{N}$,

$$\|S_{n+m} - S_n\| = \left\|\sum_{k=n+1}^{n+m} x_k\right\| \leqslant \sum_{k=n+1}^{n+m} \|x_k\|,$$

所以, 部分和点列 $\{S_n\}$ 是 X 中 Cauchy 列, 由 X 的完备性知 (2.7) 收敛, 由范数的三角不等式, 有

$$\left\|\sum_{k=1}^{n} x_k\right\| \leqslant \sum_{k=1}^{n} \|x_k\|.$$

令 $n \to \infty$, 得 (2.10) 式.

反之, 设在 $(X, \|\cdot\|)$ 中从 (2.7) 绝对收敛能推出 (2.7) 收敛. 设 $\{S_n\}$ 是 X 中任一 Cauchy 列, 则对每个 $k \in \mathbf{N}$, 都存在 n_k, 使得对 $\forall m, n > n_k$, $\|S_n - S_m\| < 2^{-k}$, 并且对 $\forall k$, 可选取 $n_{k+1} > n_k$, 于是 $\{S_{n_k}\}$ 是 $\{S_n\}$ 的一个子列, 并且是 $\sum\limits_{k=1}^{\infty} x_k$ 的部分和序列, 其中 $x_1 = S_{n_1}$, $x_k = S_{n_k} - S_{n_{k-1}}$, 因此

$$\sum_{k=1}^{\infty} \|x_k\| \leqslant \|x_1\| + \|x_2\| + \sum_{k=1}^{\infty} 2^{-k} = \|x_1\| + \|x_2\| + 1,$$

这表明 $\sum\limits_{k=1}^{\infty} x_k$ 绝对收敛. 由假设, $\sum\limits_{k=1}^{\infty} x_k$ 收敛, 即 $\{S_{n_k}\}$ 收敛. 又 $\{S_n\}$ 是 Cauchy 列, 由定理 1.1, $\{S_n\}$ 收敛. 所以 X 是 Banach 空间.

利用级数收敛的概念就可以定义赋范线性空间 $(X, \|\cdot\|)$ 中的基, 即

定义 2.3 设 $\{e_n\}$ 是赋范线性空间 $(X, \|\cdot\|)$ 中可数集, 若对 $\forall x \in X$, 在

数域 K 中存在唯一确定的数列 $\{c_k\}$, 使得

$$\left\|x-\sum_{k=1}^{n}c_ke_k\right\|\to 0\quad(n\to\infty),$$

则称 $\{e_n\}$ 是 X 的 **Schauder 基**, 简称为 ($\boldsymbol{S}$) **基**, 记为

$$x=\sum_{k=1}^{\infty}c_ke_k. \tag{2.11}$$

上式称为 x **关于基** $\{e_n\}$ **的展开式**.

我们已知, $\mathbf{R}^n$ 中的标准基 $\{e_1,\cdots,e_n\}$ 为

$$e_k=(\underbrace{0,\cdots,0}_{k-1\text{个}},1,0,\cdots,0),\quad 1\leqslant k\leqslant n.$$

则对 $\forall x=(x_1,\cdots,x_n)\in\mathbf{R}^n$, 可唯一地表示成 $x=x_1e_1+\cdots+x_ne_n$. 所以 $\{e_1,\cdots,e_n\}$ 就是 $\mathbf{R}^n$ 的 Schauder 基.

例 2.3 序列空间 l^p 定义为

$$l^p=\left\{x=(x_1,\cdots,x_n,\cdots):x_k\in\mathbf{R}^1\text{ 或 }C,\sum_{k=1}^{\infty}|x_k|^p<\infty\right\},$$

式中 $1\leqslant p<\infty$, 范数 $\|x\|_p=\left(\sum\limits_{k=1}^{\infty}|x_k|^p\right)^{1/p}$.

令 $e_k=(\underbrace{0,\cdots,0}_{k-1\text{个}},1,0,\cdots),k=1,2,\cdots$, 则对 $\forall x=(x_1,\cdots,x_n,\cdots)\in l^p$,

$$\left\|x-\sum_{k=1}^{n}x_ke_k\right\|=\left(\sum_{k=n+1}^{\infty}|x_k|^p\right)^{1/p}\to 0\quad(n\to\infty),$$

即 $x=\sum\limits_{k=1}^{\infty}x_ke_k$, 所以 $\{e_k\}$ 是 l^p 的 Schauder 基.

注 2.2 由展开式 (2.11) 的唯一性知, Schauder 基 $\{e_n\}$ 是线性无关集.

定理 2.3 具有 Schauder 基的实赋范线性空间 $(X,\|\cdot\|)$ 是可分的.

证 设 $\{e_n\}$ 是 $(X,\|\cdot\|)$ 的 (S) 基, $\mathbf{Q}$ 为有理数集, 令

$$A_n=\left\{\sigma_n=\sum_{k=1}^{n}r_ke_k:r_k\in\mathbf{Q},1\leqslant k\leqslant n\right\},$$

则 $A=\bigcup\limits_{n=1}^{\infty}A_n$ 是可数集, 下面只要证 A 在 X 中稠密, 即要证 $X\subset\overline{A}$. 对

$\forall x \in X$, $x=\sum\limits_{k=1}^{\infty} c_k e_k$, 令 $S_n=\sum\limits_{k=1}^{n} c_k e_k$, 由 $\mathbf{Q}$ 在 $\mathbf{R}^1$ 中的稠密性, $\exists r_k \in \mathbf{Q}$, 使得

$$|c_k-r_k|<\frac{1}{n^2(\|e_k\|+1)},\quad 1\leqslant k\leqslant n,$$

令 $\sigma_n=\sum\limits_{k=1}^{n} r_k e_k$, 则 $\sigma_n \in A_n \subset A$, 且

$$\|\sigma_n-S_n\|=\left\|\sum_{k=1}^{n}(r_k-c_k)e_k\right\|\leqslant\sum_{k=1}^{n}|c_k-r_k|\|e_k\|<\frac{1}{n},$$

从而

$$\|x-\sigma_n\|\leqslant\|x-S_n\|+\|S_n-\sigma_n\|<\|x-S_n\|+\frac{1}{n}\to 0\quad(n\to\infty).$$

所以 $x\in A'\subset\overline{A}$. 证毕.

注意与定理 2.3 等价的逆否命题: 若 $(X,\|\cdot\|)$ 不可分, 则该空间不存在 Schauder 基.

我们自然要问, 定理 2.3 的逆命题是否成立? 即是否可分的 Banach 空间都有 (S) 基? 这是 Banach 在半个世纪以前就提出的一个有名的问题. 几乎所有已知的 Banach 空间, 都证明了有 (S) 基, 所以, 人们猜想定理 2.3 的逆命题成立, 然而, 1973 年, Enflo 构造了一个令人意外的反例, 即构造了一个没有 (S) 基的可分的 Banach 空间. 我们可以进一步问: $(X,\|\cdot\|)$ 可分再加上什么条件能保证该空间有 Schauder 基?

当我们谈到赋范线性空间 $(X,\|\cdot\|)$ 的子空间 A 时, 是指 A 是 X 的线性子空间, 并且在 A 中取原来 X 上的范数, 即 $(A,\|\cdot\|)$, 利用定理 1.2, 我们得出: Banach 空间的任一闭子空间都是 Banach 空间, 赋范线性空间的完备子空间都是闭子空间.

例 2.4 若数列空间 S 中元素的分量有界, 则称为有界序列空间 l^∞, 即 l^∞ 定义为:

$$l^\infty=\left\{x=(x_1,x_2,\cdots,x_n,\cdots):x_k\in\mathbf{R}^1 \text{ 或 } \mathbf{C},\sup_k|x_k|<\infty\right\}.$$

定义

$$\|x\|_\infty=\sup_k|x_k|. \tag{2.12}$$

收敛序列空间 $c=\{x=(\xi_1,\cdots,\xi_n,\cdots):\{\xi_k\}\text{ 收敛}\}$ 按 (2.12) 定义的范数形成 l^∞ 的子空间.

我们在后面 §4 证明 l^∞ 是 Banach 空间, 为了证明 c 也是 Banach 空间, 只要证明 c 是 l^∞ 中的闭集, 即要证 $c' \subset c$, 为此, 对 $\forall x_0 = (x_1^{(0)}, \cdots, x_k^{(0)}, \cdots) \in c'$, 存在 $x_n = (x_1^{(n)}, \cdots, x_k^{(n)}, \cdots) \in c$, 使得 $\lim\limits_{n\to\infty} x_n = x_0$, 即 $\forall \varepsilon > 0$, $\exists N_1$, 使 $\forall n \geqslant N_1$, 有 $\|x_n - x_0\|_\infty = \sup\limits_k \left|x_k^{(n)} - x_k^{(0)}\right| < \varepsilon/3$, 从而对 $\forall k$, $\left|x_k^{(n)} - x_k^{(0)}\right| < \varepsilon/3$, 固定某个 $n \geqslant N_1$, 从 $x_n \in c$, 有 $\{x_k^{(n)}\}$ 当 $k \to \infty$ 时收敛, 所以, 对上述 $\varepsilon > 0$, $\exists N_2$, 使得 $\forall m, k \geqslant N_2$, 有 $\left|x_m^{(n)} - x_k^{(n)}\right| < \varepsilon/3$. 令 $N = \max\{N_1, N_2\}$, 则对 $\forall m, k \geqslant N$, 有

$$\begin{aligned}\left|x_m^{(0)} - x_k^{(0)}\right| &\leqslant \left|x_m^{(0)} - x_m^{(n)}\right| + \left|x_m^{(n)} - x_k^{(n)}\right| + \left|x_k^{(n)} - x_k^{(0)}\right| \\ &< \frac{\varepsilon}{3} + \frac{\varepsilon}{3} + \frac{\varepsilon}{3} = \varepsilon.\end{aligned}$$

这表明 $\{x_k^{(0)}\}$ 是 $\mathbf{R}^1$ 中 Cauchy 列, 由 $\mathbf{R}^1$ 完备知, $\{x_k^{(0)}\}$ 收敛, 即 $x_0 \in c$.

评注 1: l^∞ 不可分, 所以 l^∞ 中不存在 (S) 基. 但是, 它对于可分的 Banach 空间, 却有一个 “万有性”, 即

定理 2.4 任何一个可分的 Banach 空间 X 必可等价于 l^∞ 中的一个闭子空间.

证 因为 X 可分, 故存在 X 的单位球面 S 中的点列 $\{x_n\}$, 使得 $\overline{\{x_n\}} = S$, $(\forall n)$. 由第八章 §6 推论 6.8, 存在 $f_n \in X^*$, (X^* 是 X 的共轭空间, 见第八章 §7), 使得

$$f_n(x_n) = \|x_n\| = \|f_n\| = 1.$$

定义算子 $T: X \to l^\infty: T(x) = \{f_n(x)\}, \forall x \in X$, 则 T 是有界线性算子, 且

$$\sup_n |f_n(x)| \leqslant \sup_n \|f_n\| \cdot \|x\| = \|x\|, \quad \forall x \in X. \tag{2.13}$$

这表明, $f_n \in l^\infty$.

另一方面, $\forall x \in X$, $x \neq 0$, 由 $\{x_n\}$ 在 S 中的稠密性, 存在 $\{x_n\}$ 中的子列 $\{x_{n_k}\}$, 使得 $\lim\limits_{k\to\infty} x_{n_k} = \dfrac{x}{\|x\|}$, 从而

$$\left|1 - f_{n_k}\left(\frac{x}{\|x\|}\right)\right| = \left|f_{n_k}(x_{n_k}) - f_{n_k}\left(\frac{x}{\|x\|}\right)\right| \leqslant \left\|x_{n_k} - \frac{x}{\|x\|}\right\| \to 0 \quad (k \to \infty),$$

即

$$\lim_{k\to\infty} f_{n_k}\left(\frac{x}{\|x\|}\right) = 1. \tag{2.14}$$

从 (2.13), (2.14) 得

$$\|T(x)\|_\infty = \sup_n |f_{n_k}(x)| = \|x\|, \forall x \in X.$$

这就表明, T 是等距线性算子. 故 X 可等距嵌入 l^∞, 由于 T 的保范性, $T(X)$ 是 l^∞ 的闭子空间. 证毕.

l^∞ 还有几个子空间:

$$c_0 = \{x = (x_1, \cdots, x_k, \cdots) \in l^\infty : \lim_{k\to\infty} x_k = 0\};$$

$$c_{00} = \{x = (x_1, \cdots, x_k, \cdots) \in l^\infty : \{x_k\}\text{中仅有有限多个非零项}\}.$$

注意 $c_{00} \subset c_0 \subset c \subset l^\infty$. $c_{00} \subset l^p$, $c_0 \not\subset l^p$, $1 \leqslant p < \infty$.

评注 2: 三种不同空间的同构

(1) 我们在 §1 定义 1.4 中, 定义了**距离空间之间的同构**: 设 (X, d_1), (Y, d_2) 是距离空间, 若存在满单射 $T : X \to Y$, 使得

$$d_2(Tx_1, Tx_2) = d_1(x_1, x_2), \forall x_1, x_2 \in X,$$

则称 X 与 Y 等距同构, T 称为等距同构映射.

(2) **线性空间的同构**: 设 X 与 Y 是同一数域 K 上的线性空间, 若存在满单射 $T : X \to Y$, 且为线性映射, 即

$$T(\alpha_1 x_1 + \alpha_2 x_2) = \alpha_1 T(x_1) + \alpha_2 T(x_2), \forall x_1, x_2 \in X, \alpha_1, \alpha_2 \in K,$$

则称 X 与 Y 线性同构或代数同构, 常简称为 X 与 Y 同构, T 称为同构映射.

(3) **赋范线性空间的同构**: 设 X 与 Y 是同一数域 K 上的赋范线性空间, 若满足:

① X 与 Y 作为同一数域 K 上的线性空间是同构的, $T : X \to Y$ 是同构映射;

② $\forall x \in X, \|Tx\| = \|x\|$, 或等价地, 成立 $\forall x_1, x_2 \in X, \|Tx_1 - Tx_2\| = \|x_1 - x_2\|$, 则称 X 与 Y 作为距离空间是等距同构的, 也常简称为 X 与 Y 同构, T 称为同构映射.

我们在第二章 §2 定义了比同构更广泛的概念——同胚: 设 (X, Σ_1), (Y, Σ_2) 是拓扑空间, $T : X \to Y$ 是满单射, 若 T 和它的逆映射都是连续的, 则称 T 为拓扑映射或同胚映射, 称 X 与 Y 是同胚的.

拓扑空间在拓扑映射下保持不变的性质称为拓扑性质. 例如, 集的开性、闭性、紧性、收敛性、连续性、连通性等都是常用的拓扑性质.

同胚的等价刻画: 设 $(X, \Sigma_1), (Y, \Sigma_2)$ 是拓扑空间, 若 $T : X \to Y$ 是满单射, 使得 X 与 Y 中的开集能互换, 即 $\forall$ 开集 $G_1 \in X$, $T(G_1)$ 是 Y 中的开集, $\forall$ 开集 $G_2 \in Y$, $T^{-1}(G_2)$ 是 X 中的开集, 则 X 与 Y 是同胚的.

设 (X,d_1), (Y,d_2) 是距离空间, $T: X \to Y$ 是满射. 若存在两个常数 $c_1,c_2>0$, 使得

$$c_1d_1(x_1,x_2) \leqslant d_2(Tx_1,Tx_2) \leqslant c_2d_1(x_1,x_2), \forall x_1,x_2 \in X, \tag{2.15}$$

则 (X,d_1) 与 (Y,d_2) 是同胚的.

证 从 (2.15) 式的左边不等式: $c_1d_1(x_1,x_2) \leqslant d_2(Tx_1,Tx_2)$, 知 T 是单射, 我们假设 T 是满射, 所以逆算子 T^{-1} 存在. 再由 (2.15) 式的右边不等式: $d_2(Tx_1,Tx_2) \leqslant c_2d_1(x_1,x_2), \forall x_1,x_2 \in X$, 知 T 连续. 令 $T(x_1)=y_1$, $T(x_2)=y_2$, 则从 (2.15) 式的左边不等式得到

$$d_1(T^{-1}(y_1),T^{-1}(y_2)) \leqslant \frac{1}{c_1}d_2(y_1,y_2), \forall y_1,y_2 \in Y,$$

说明 T^{-1} 也连续, 所以 $T: X \to Y$ 是同胚映射, 于是 (X,d_1) 与 (Y,d_2) 是同胚的. 证毕.

若 (X,d_1) 与 (Y,d_2) 等距, 则 (X,d_1) 与 (Y,d_2) 同胚, 反之同胚不一定等距.

定义 2.4 设 A 是线性空间 X 的子集, $x, y \in X$, 集合 $\{\lambda x+(1-\lambda)y: 0 \leqslant \lambda \leqslant 1\}$ 称为联结 x, y 两点的**线段**, 记为 $[x,y]$. 若对 $\forall x,y \in A$, 有 $[x,y] \subset A$, 则称 A 为 X 中**凸集**, 而集 $\left\{x=\sum\limits_{k=1}^{n}\lambda_kx_k: \lambda_k \geqslant 0, \sum\limits_{k=1}^{n}\lambda_k=1\right\}$ 称为 $x_1,\cdots,x_n$ 的**凸组合**. (从定义 2.4 推出, X 的线性子空间是凸集.)

设 $A_\alpha(\alpha \in I)$ 为凸集, 则 $\bigcap\limits_{\alpha\in I} A_\alpha$ 仍为凸集, 设 $A_\alpha(\alpha \in I)$ 是包含 A 的所有凸集, 则 $\bigcap\limits_{\alpha\in I} A_\alpha$ 称为由 A 生成的凸集, 或集 A 的**凸包**, 记为 $\operatorname{co}(A)$, 它是包含集 A 的最小凸集. 注意凸集的并集不一定仍为凸集.

若 $\forall x \in A$, $\lambda>0 \Rightarrow \lambda x \in A$. 则称 A 是锥.

若 $\forall x$, $y \in A$, $\lambda>0 \Rightarrow \lambda x \in A$, $x+y \in A$, 则称 A 是凸锥.

注意: 凸集中的 λ 要求 $0 \leqslant \lambda \leqslant 1$, 而凸锥中的 $\lambda>0$.

例 2.5 赋范线性空间 $(X,\|\cdot\|)$ 中的单位球 $B(0,1)=\{x \in X: \|x\| \leqslant 1\}$ 是 X 中凸集, 这是因为对 $\forall x$, $y \in B(0,1)$, 即 $\|x\| \leqslant 1$, $\|y\| \leqslant 1$, 对 $\forall \lambda: 0 \leqslant \lambda \leqslant 1$, 有

$$\|\lambda x+(1-\lambda)y\| \leqslant \lambda\|x\|+(1-\lambda)\|y\| \leqslant \lambda+(1-\lambda)=1,$$

即 $\lambda x+(1-\lambda)y \in B(0,1)$, 所以 $B(0,1)$ 为凸集.

当 X 为欧氏空间 $\mathbf{R}^n$ 时, 包含 $\mathbf{R}^n$ 中 $n+1$ 个点 $y_1,\cdots,y_{n+1}$ 的最小凸集, 称为由 $\{y_1,\cdots,y_{n+1}\}$ 张成的 n **维单形**, 0 维单形是一点, 1 维单形是一条线段, 2 维单形是三角形, 3 维单形是四面体, 所以 n 维单形可看成有 $n+1$ 个顶点的广义多面体.

若在 n 维向量空间 E_n: $E_n = \{x = (x_1, \cdots, x_n) : x_k \in \mathbf{R}^1$ 或 $\mathbf{C}\}$ 中, 令

$$\|x\|_p = \begin{cases} \left(\sum_{k=1}^{n} |x_k|^p\right)^{1/p}, & 1 \leqslant p < \infty; \\ \max\{|x_k| : 1 \leqslant k \leqslant n\}, & p = \infty, \end{cases}$$

则 E_n 中的单位球 $B(0,1)$ 也是凸集.

注意当 $0 < p < 1$ 时, $\|x\|_p = \left(\sum\limits_{k=1}^{n} |x_k|^p\right)^{1/p}$ 不是范数, 这时的单位球 $B(0,1)$ 不再是凸集.

例如, 取 $x = (1, 0, \cdots, 0)$, $y = (0, 1, 0, \cdots, 0)$, $\lambda = \dfrac{1}{2}$, 则 $\|x\|_p = \|y\|_p = 1$,

$$\|\lambda x + (1-\lambda)y\|_p = \left\|\frac{1}{2}x + \frac{1}{2}y\right\|_p = 2^{(1/p-1)} > 1.$$

即从 $x, y \in B(0,1)$ 不能推出 $\lambda x + (1-\lambda)y \in B(0,1)$.

评注: A 是 X 的线性子空间 $\Rightarrow A$ 是 X 中凸集. 反之不成立. 这是因为若 A 是 X 的线性子空间, 则 $\forall x, y \in A$, $\forall \alpha, \beta \in K \Rightarrow \alpha x + \beta y \in A$. 特别地, 取 $\alpha = \lambda, \beta = 1 - \lambda, \lambda \in [0,1]$, 就得到 $\lambda x + (1-\lambda)y \in A$, 这表示 A 是 X 的凸集.

在同一线性空间 X 中, 可以定义不同的范数, 例如 $\|\cdot\|_1$, $\|\cdot\|_2$, 形成不同的赋范线性空间 $(X, \|\cdot\|_1)$ 与 $(X, \|\cdot\|_2)$, 这两个空间的性质是否相同取决于两个范数是否等价.

定义 2.5　线性空间 X 上的两个范数 $\|\cdot\|_1$ 与 $\|\cdot\|_2$ **等价**, 是指存在正的常数 c_1, c_2, 使得对于 $\forall x \in X$, 有

$$c_1\|x\|_1 \leqslant \|x\|_2 \leqslant c_2\|x\|_1.$$

例 2.6　在 n 维向量空间 $X = \{x = (x_1, \cdots, x_n) : x_k \in \mathbf{R}^1, 1 \leqslant k \leqslant n\}$ 中, 可以定义不同的范数:

$$\|x\|_p = \left(\sum_{k=1}^{n} |x_k|^p\right)^{1/p}, \quad 1 \leqslant p < \infty,$$

$$\|x\|_\infty = \max\{|x_k| : 1 \leqslant k \leqslant n\},$$

容易看出, $\|x\|_\infty \leqslant \|x\|_p \leqslant n^{1/p}\|x\|_\infty$, 所以, 这些范数都是等价的.

例 2.7　在连续函数空间 $C[a,b]$ 中, 按范数 $\|f\|_C = \sup\{|f(x)| : x \in [a,b]\}$ 形成 Banach 空间, 由例 1.3 知, $C[a,b]$ 按范数 $\|f\|_p = \left(\int_a^b |f(x)|^p \mathrm{d}x\right)^{1/p}$ $(1 \leqslant p < \infty)$ 是不完备的, 所以 $\|f\|_C$ 与 $\|f\|_p (1 \leqslant p < \infty)$ 不等价.

利用距离空间 (X_0, d_0) 都存在完备化空间 (X, d), 也可将相应的赋范线性空间 $(X_0, \|\cdot\|_0)$ 完备化为 $(X, \|\cdot\|)$, 只要对 X_0 中 Cauchy 列 $\{x_k\}$ 与 $\{y_k\}$, 令 $\tilde{x} = \{x_k\}$, $\tilde{y} = \{y_k\}$, 则 $\tilde{x}, \tilde{y} \in X$, 在 X 中定义线性运算和范数:

$$\tilde{x} + \tilde{y} = \{x_k + y_k\},$$

$$\alpha\tilde{x} = \{\alpha x_k\},$$

$$\|\tilde{x}\| = \lim_{k\to\infty} \|x_k\|_0,$$

类似可证, $(X, \|\cdot\|)$ 为 Banach 空间, 并且 X_0 与 X 的一个稠密子空间等距同构, 因此, $(X, \|\cdot\|)$ 就是 $(X_0, \|\cdot\|_0)$ 的完备化空间.

下面讨论有限维赋范线性空间的特殊性质, 当 $(X, \|\cdot\|)$ 为 n 维时, 记为 E_n.

定理 2.5 实 n 维赋范线性空间 E_n 中的范数 $\|\cdot\|$ 与欧氏空间 $\mathbf{R}^n$ 中的范数 $\|\cdot\|_*$ 等价.

证 设 $\{e_1, \cdots, e_n\}$ 是 E_n 的一个基, 则对于任意 $x \in E_n$, 有唯一表达式:

$$x = \sum_{k=1}^{n} x_k e_k. \tag{2.16}$$

令 $\tilde{x} = (x_1, \cdots, x_n)$, 则 $\tilde{x} \in \mathbf{R}^n$, 所以由定义 2.5, 只要证明存在正的常数 c_1, c_2, 使得

$$c_2\|\tilde{x}\|_* \leqslant \|x\| \leqslant c_1\|\tilde{x}\|_*. \tag{2.17}$$

从 (2.16), 有

$$\begin{aligned}\|x\| &= \left\|\sum_{k=1}^{n} x_k e_k\right\| \leqslant \sum_{k=1}^{n} |x_k|\|e_k\| \\ &\leqslant \left(\sum_{k=1}^{n} \|e_k\|^2\right)^{1/2} \left(\sum_{k=1}^{n} |x_k|^2\right)^{1/2} = c_1\|\tilde{x}\|_*,\end{aligned}$$

式中常数 $c_1 = \left(\sum\limits_{k=1}^{n} \|e_k\|^2\right)^{1/2}$, $\|\tilde{x}\|_* = \left(\sum\limits_{k=1}^{n} |x_k|^2\right)^{1/2}$.

为证 (2.17) 中左边不等式, 先设 $\|\tilde{x}\|_* = 1$, 就变成要证

$$\|x\| \geqslant c_2 > 0. \tag{2.18}$$

为此, 先定义 $\mathbf{R}^n$ 中单位球面 $S = \{\tilde{x} \in \mathbf{R}^n : \|\tilde{x}\|_* = 1\}$ 上的函数 f:

$$f(\tilde{x}) = \|x\|, \quad \tilde{x} \in S.$$

对于 $\forall \tilde{x}, \tilde{y} \in S$, 从不等式

$$|f(\tilde{x})-f(\tilde{y})| = |\,\|x\|-\|y\|\,| \leqslant \|x-y\| \leqslant c_1\,\|\tilde{x}-\tilde{y}\|_*,$$

可知 f 在 S 上连续, 又 S 是 $\mathbf{R}^n$ 中紧集, 所以, f 在 S 上有最小值 c_2, 由于 S 中无零元, 所以 $c_2>0$. 若 $\|\tilde{x}\|_*\neq 1$, 当 $\tilde{x}$ 为零元时, 结论成立, 当 $\tilde{x}$ 为非零元时, 可令 $y_k=\dfrac{x_k}{\|\tilde{x}\|_*}$, $1\leqslant k\leqslant n$, 则 $\tilde{y}=(y_1,\cdots,y_n)\in S$, 从而 $\|y\|\geqslant c_2>0$; 另一方面, $\|y\|=\left\|\sum\limits_{k=1}^{n}y_ke_k\right\|=\dfrac{\|x\|}{\|\tilde{x}\|_*}\geqslant c_2$, 即 $\|x\|\geqslant c_2\|\tilde{x}\|_*$. 证毕.

推论 2.6 所有实 n 维赋范线性空间的范数都等价.

定理 2.7 任意实 n 维赋范线性空间 E_n 与欧氏空间 $\mathbf{R}^n$ 代数同构且拓扑同胚.

证 从 (2.16), $x=\sum\limits_{k=1}^{n}x_ke_k\in E_n$ 与 $\tilde{x}=(x_1,\cdots,x_n)\in\mathbf{R}^n$, 作映射 $T:E_n\to\mathbf{R}^n$, $x\mapsto\tilde{x}$, 则 T 为同构映射, 所以 E_n 与 $\mathbf{R}^n$ 代数同构. 下面证明上述 T 也是同胚映射. 由 T 是 E_n 到 $\mathbf{R}^n$ 上的满单射, 所以 $Tx=\tilde{x}$, $T^{-1}\tilde{x}=x$.

对 $\forall x,\,y\in E_n$, 从 (2.17) 得到

$$\begin{aligned} c_2\|Tx-Ty\|_* &= c_2\|\tilde{x}-\tilde{y}\|_* \leqslant \|x-y\| \\ &= \|T^{-1}\tilde{x}-T^{-1}\tilde{y}\| \leqslant c_1\|\tilde{x}-\tilde{y}\|_*. \end{aligned} \tag{2.19}$$

从上式即可推出 T, T^{-1} 为连续映射, 所以, T 为同胚映射, 从而 E_n 与 $\mathbf{R}^n$ 拓扑同胚. 证毕.

注 2.3 将上述 E_n 中的实数域 $\mathbf{R}$ 换成复数域 $\mathbf{C}$, 就可类似推出: n 维复赋范线性空间 E_n 与 n 维复欧氏空间 $\mathbf{C}^n$ 代数同构且拓扑同胚.

推论 2.8 (1) 任意 n 维赋范线性空间 E_n 都是完备的, 即 E_n 为 Banach 空间;

(2) 赋范线性空间 $(X,\|\cdot\|)$ 中任何有限维子空间 E_n 都是闭子空间, E_n 的子集 A 为紧集的充要条件是 A 为有界闭集.

引理 2.9 (Riesz) 设 A 是赋范线性空间 $(X,\|\cdot\|)$ 的真闭子空间, 则对 $\forall\varepsilon:0<\varepsilon<1$, 必存在 X 中的单位向量 $x_0:\|x_0\|=1$, 使得

$$d=d(x_0,A)=\inf\{\|x-x_0\|:x\in A\}>\varepsilon. \tag{2.20}$$

证 因为 A 是 X 的真闭子空间, 所以, 对于 $\forall x_1\in X-A$,

$$d_1=d(x_1,A)=\inf\{\|x_1-x\|:x\in A\}>0, \tag{2.21}$$

由下确界的定义, $\forall\sigma>0$, 限制 $\sigma<\dfrac{d_1}{\varepsilon}-d_1$, $\exists x_2\in A$, 使得

$$\|x_1-x_2\|<d_1+\sigma<d_1/\varepsilon.$$

令

$$x_0 = \frac{x_1 - x_2}{\|x_1 - x_2\|}, \tag{2.22}$$

则 $\|x_0\| = 1$. 由 x, $x_2 \in A$ 可知 $y = \|x_1 - x_2\| x + x_2 \in A$, 从而由 (2.21), 有 $\|y - x_1\| \geqslant d_1$. 再由 (2.22), 得

$$\|x - x_0\| = \frac{\|y - x_1\|}{\|x_1 - x_2\|} \geqslant \frac{d_1}{\|x_1 - x_2\|} > \varepsilon,$$

从而 $d(x_0, A) > \varepsilon$. 证毕.

定理 2.10 赋范线性空间 X 是有限维的充要条件是 X 为局部列紧的.

证 必要性: 设 X 是有限维的, 由定理 2.7, X 中任意有界集 A 都是列紧的, 即 X 是局部列紧的.

充分性: 用反证法. 设 X 是无限维的, 记 S 为 X 中单位球面: $S = \{x \in X : \|x\| = 1\}$, 任取 $x_1 \in S$, 记 A_1 为 x_1 张成的子空间, 即

$$A_1 = \{x \in X : x = \alpha_1 x_1, \alpha_1 \in K\}.$$

则 A_1 是 X 的真闭子空间. 由引理 2.9, $\exists x_2 \in S$, 使得对 $\forall x \in A_1$, $\|x_2 - x\| > \dfrac{1}{2}$, 特别地, $\|x_2 - x_1\| > \dfrac{1}{2}$. 记 A_2 为 x_1, x_2 张成的子空间, 即

$$A_2 = \{x \in X : x = \alpha_1 x_1 + \alpha_2 x_2, \alpha_1, \alpha_2 \in K\},$$

则 A_2 为 X 的二维真闭子空间, 由引理 2.9, $\exists x_3 \in S$, 使得对 $\forall x \in A_2$, 有 $\|x_3 - x\| > \dfrac{1}{2}$, 特别地, 有 $\|x_3 - x_1\| > \dfrac{1}{2}$, $\|x_3 - x_2\| > \dfrac{1}{2}$, 依此类推, 由于假设 X 是无限维的, 可以作出 S 中的点列 $\{x_k\}$, 使得对 $\forall m, k, m \neq k$, $\|x_m - x_k\| > \dfrac{1}{2}$, 这表明 $\{x_k\}$ 中没有收敛子列, 这与 S 的列紧性相矛盾, 所以, X 是有限维的. 证毕.

推论 2.11 赋范线性空间 X 是有限维的充要条件是 X 中单位闭球是紧集.

证 注意到单位闭球 $\tilde{B} = \tilde{B}(0,1)$ 是有界集, 所以, X 是有限维 $\Leftrightarrow \tilde{B}$ 列紧. 又 $\tilde{B}$ 是闭集, 从而 $\tilde{B}$ 是紧集.

习题 7.2

2.1 设在线性空间 X 中定义的距离 d 满足平移不变性和相似性, 即 $d(x + z, y + z) = d(x, y)$, $d(\alpha x, \alpha y) = |\alpha| d(x, y)$, 令 $\|x\| = d(x, 0)$, 证明 $(X, \|\cdot\|)$ 是赋范线性空间.

2.2 设 c_0 是收敛于零的数列全体, 其线性运算和范数定义与数列空间 c 相同, 证明 c_0 是 Banach 空间.

2.3 设 c_{00} 是 l^∞ 中只有有限多个非零项的序列全体构成的子空间, 证明 c_{00} 不是 Banach 空间. (该习题表明 Banach 空间的子空间不一定仍为 Banach 空间.)

2.4 设 $(X, \|\cdot\|)$ 是赋范线性空间, 对于 $x, y \in X$, 令

$$d(x,y)=\begin{cases}0, & x=y;\\ \|x-y\|+1, & x\neq y.\end{cases}$$

证明: d 是距离, 但不能由某范数导出, 即不存在 X 上的范数 $\|\cdot\|_*$, 使得 $d(x,y)=\|x-y\|_*$, $x, y\in X$.

2.5 设有界函数空间 $B(E)$ 的范数定义为 $\|f\| = \sup\{|f(x)| : x \in E\}$, $E=[a,b]$, 证明 $B(E)$ 是不可分的 Banach 空间.

2.6 设 $(X_k, \|\cdot\|_k)$ 为赋范线性空间列, 令

$$X=\left\{x=(x_1,x_2,\cdots,x_k,\cdots): x_k\in X_k, \sum_{k=1}^{\infty}\|x_k\|_k^p<\infty\right\},$$

用类似于数列的加法与数乘在 X 中引入线性运算, 并在 X 中定义

$$\|x\|_p=\left(\sum_{k=1}^{\infty}\|x_k\|_k^p\right)^{1/p},\quad 1\leqslant p<\infty,$$

证明 $(X, \|\cdot\|_p)$ 是赋范线性空间.

2.7 设 $(X, \|\cdot\|)$ 为赋范线性空间, $X\neq\{0\}$. 证明 X 为 Banach 空间的充要条件是 X 中的单位球面 $S=\{x\in X: \|x\|=1\}$ 是完备的.

2.8 设 $\{x_n\}$ 是 Banach 空间 X 中的点列. 若存在 $(0,\infty)$ 上非负递减的可积函数 $g(t)$, 使得 $\|x_n\|\leqslant g(n)(\forall n)$, 证明 $\sum\limits_{n=1}^{\infty} x_n$ 收敛.

2.9 设 $\{x_n\}$ 是赋范线性空间 X 中的点列, 若 $\sum\limits_{n=1}^{\infty}\|x_{n+1}-x_n\|$ 收敛, 则称 $\{x_n\}$ 是快速 Cauchy 列. 试问: (1) $\{x_n\}$ 是否为 Cauchy 列? (2) $\{x_n\}$ 是否收敛?

评注: 设 $A\subset X$, 若 X 不完备, 则 A 闭 $\nRightarrow$ A 完备, 但 A 完备 $\Leftrightarrow$ A 中所有快速 Cauchy 列都收敛于 A 中一点.

§3 内积空间, Hilbert 空间

一、内积空间的基本概念

从欧氏空间 $\mathbf{R}^n$ 的三条基本性质抽象出 X 中的三个相应的概念, 即

(1) $\mathbf{R}^n$ 是线性空间 $\Rightarrow X$ 是 Banach 空间;

(2) $\mathbf{R}^n$ 中的向量有长度 $\Rightarrow X$ 中元素的范数;

(3) $\mathbf{R}^n$ 中两个向量有角度 $\Rightarrow X$ 是内积空间.

我们前面将欧氏空间 $\mathbf{R}^n$ 中两点间的距离的三条本质特征抽出来, 在一般集合中定义距离, 形成了距离空间, 我们同样可以分析 $\mathbf{R}^n$ 中两个向量 $x = (x_1, \cdots, x_n)$ 与 $y = (y_1, \cdots, y_n)$ 之间的内积

$$(x, y) = \sum_{k=1}^{n} x_k y_k \tag{3.1}$$

有什么本质特征, 它有三条基本性质:

(1) 正定性: $(x, x) \geqslant 0$, $(x, x) = 0 \Leftrightarrow x = 0$;

(2) 线性: $(\alpha x + \beta y, z) = \alpha(x, z) + \beta(y, z)$;

(3) 对称性: $(x, y) = (y, x)$.

在复 n 维欧氏空间中, 两个向量 x, y 的内积定义为

$$(x, y) = \sum_{k=1}^{n} x_k \overline{y}_k, \tag{3.2}$$

式中 $\overline{y}_k$ 为 y_k 的共轭复数, 这时上述内积的基本性质中, 只要将 (3) 改为共轭对称性:

(4) $(x, y) = \overline{(y, x)}$.

Hilbert 在研究积分方程的求解和特征值理论时, 将 $\mathbf{R}^n$ 推广到无限维线性空间 l^2:

$$l^2 = \left\{ x = (x_1, x_2, \cdots, x_n, \cdots) : \sum_{k=1}^{\infty} |x_k|^2 < \infty \right\},$$

对 $x = (x_1, \cdots, x_n, \cdots)$, $y = (y_1, \cdots, y_n, \cdots) \in l^2$, 定义它们的内积

$$(x, y) = \sum_{k=1}^{\infty} x_k \overline{y}_k. \tag{3.3}$$

容易验证, (3.3) 仍满足上述三条性质 (1). (2) 及 (4), 我们就可以用这三条性质作为一般线性空间 X 中内积的定义:

定义 3.1 设 X 是数域 K (实数域或复数域) 上的线性空间, 若存在映射

$T: X \times X \to K$, $x, y \mapsto (x, y)$, 其中上式右端的 $(x, y) \in K$, 满足:

(1) 正定性: $(x, x) \geqslant 0$; $(x, x) = 0 \Leftrightarrow x = 0$;

(2) 对第一变元线性: $(\alpha x + \beta y, z) = \alpha(x, z) + \beta(y, z)$; $x, y, z \in X$, $\alpha, \beta \in K$;

(3) 共轭对称性: $(x, y) = \overline{(y, x)}$, (3.4)

则称 (x, y) 为 x, y 的**内积**, 定义了内积的线性空间 X 称为**内积空间**. 特别地, 当数域 K 为实数域时, 称 X 为实内积空间, 以后若无特别声明, 内积空间均指复内积空间, 即 K 为复数域.

从定义可以看出, 内积 (x, y) 关于第二变元是共轭线性的, 即

$$(x, \alpha y + \beta z) = \overline{\alpha}(x, y) + \overline{\beta}(x, z). \tag{3.5}$$

当 X 为实内积空间时, (3.4) 变成对称性:

$$(x, y) = (y, x); \tag{3.6}$$

而且内积 (x, y) 中有一个零向量时,

$$(x, y) = 0. \tag{3.7}$$

定理 3.1　设 X 为数域 K 上的内积空间, 则对 $\forall x$, $y \in X$, 成立 Schwarz 不等式:

$$|(x, y)|^2 \leqslant (x, x)(y, y). \tag{3.8}$$

仅当 x, y 线性相关时等号成立.

证　若 $y = 0$, 则 (3.8) 式两边均为零. 下面设 $y \neq 0$, 对 $\forall \lambda \in K$, 由定义 3.1, 有

$$0 \leqslant (x + \lambda y, x + \lambda y) = (x, x) + \overline{\lambda}(x, y) + \lambda(y, x) + |\lambda|^2(y, y).$$

取 $\lambda = -\dfrac{(x, y)}{(y, y)}$, 代入上式, 化简即得 (3.8). 证毕.

定理 3.2　设在内积空间 X 中, 令

$$\|x\| = \sqrt{(x, x)}, \tag{3.9}$$

则 $\|\cdot\|$ 是 X 上的范数, 从而 $(X, \|\cdot\|)$ 为赋范线性空间.

证　从 (3.9) 得 $\|x\| \geqslant 0$, $\|x\| = 0 \Leftrightarrow x = 0$; $\|\alpha x\| = \sqrt{(\alpha x, \alpha x)} = |\alpha|\ \|x\|$; 为证三角不等式, 利用 Schwarz 不等式 $|(x, y)| \leqslant \|x\| \cdot \|y\|$, 有

$$\begin{aligned}\|x + y\|^2 = (x + y, x + y) &\leqslant |(x + y, x)| + |(x + y, y)| \\ &\leqslant \|x + y\|(\|x\| + \|y\|),\end{aligned}$$

从而 $\|x+y\| \leqslant \|x\|+\|y\|$. 所以, $\|\cdot\|$ 是 X 上的范数. 证毕.

我们以后把内积空间 X 看成赋范线性空间 $(X,\|\cdot\|)$ 时, 其范数都是指由内积导出的范数. 完备的内积空间称为 **Hilbert 空间**.

定理 3.3 设 X 为内积空间, 则内积 (x,y) 是 x, y 的连续函数, 即若 $x_n \to x$, $y_n \to y$, 则 $(x_n,y_n) \to (x,y)(n\to\infty)$.

证 从 $y_n \to y$ 知 $\|y_n\| \leqslant M$(有界), 因此从 Schwarz 不等式, 有

$$\begin{aligned}|(x_n,y_n)-(x,y)| &\leqslant |(x_n,y_n)-(x,y_n)|+|(x,y_n)-(x,y)|\\ &\leqslant \|x_n-x\|\|y_n\|+\|x\|\|y_n-y\|\\ &\leqslant \|x_n-x\|\cdot M+\|x\|\cdot\|y_n-y\| \to 0 \quad (n\to\infty).\end{aligned}$$

证毕.

从定理 3.2 知, 内积空间 X 必为赋范线性空间 $(X,\|\cdot\|)$. 反过来, 是否每个 $(X,\|\cdot\|)$ 都可以引进一个内积, 使得由该内积产生的范数就是原来给定的 $\|\cdot\|$? 回答是否定的:

定理 3.4 赋范线性空间 $(X,\|\cdot\|)$ 是内积空间的充要条件是其范数 $\|\cdot\|$ 要满足平行四边形法则:

$$\|x+y\|^2+\|x-y\|^2 = 2(\|x\|^2+\|y\|^2). \tag{3.10}$$

证 必要性: 利用 (3.9), 有 $\|x+y\|^2=(x+y,x+y)=\|x\|^2+\|y\|^2+(x,y)+(y,x)$. 将上式中的 y 换成 $-y$, 得到 $\|x-y\|^2=\|x\|^2+\|y\|^2-(x,y)-(y,x)$. 将以上两式相加, 即得 (3.10).

充分性: 设 (3.10) 成立, 令

$$(x,y)=\begin{cases}\dfrac{1}{4}(\|x+y\|^2-\|x-y\|^2), & K \text{ 为实数域},\\ \dfrac{1}{4}(\|x+y\|^2-\|x-y\|^2+\mathrm{i}\|x+\mathrm{i}y\|^2-\mathrm{i}\|x-\mathrm{i}y\|^2), & K \text{ 为复数域},\end{cases} \tag{3.11}$$

只要证明由 (3.11) 式定义的 (x,y) 是内积, 而且 $(x,x)=\|x\|^2$, 即这个内积产生的范数恰好是 $(X,\|\cdot\|)$ 中的范数, 我们将证明的细节留作习题. 也可见 [1] 下册 PP. 176–177.

注 3.1 (3.11) 称为**极化恒等式**. 定理 3.4 表明, 由内积导出的范数 $\|\cdot\|$ [见 (3.9)] 必满足 (3.11), 反之, 当范数 $\|\cdot\|$ 满足平行四边形法则 (3.10) 时, 由 (3.11) 定义的 (x,y) 必为内积, 这时, 内积 (x,y) 才能用范数表示.

例 3.1 序列空间 $l^p=\left\{x=(x_1,\cdots,x_n,\cdots): \sum\limits_{k=1}^{\infty}|x_k|^p<\infty\right\}$, 令

$$\|x\|_p = \left(\sum_{k=1}^{\infty} |x_k|^p\right)^{1/p}, \quad 1 \leqslant p < \infty.$$

我们在下节再证明 $\|\cdot\|_p$ 是 l^p 上的范数, 但只有当 $p=2$ 时, 才能定义内积 [见 (3.3) 式]: $(x,y) = \sum\limits_{k=1}^{\infty} x_k \overline{y}_k$, 这是因为当 $p \neq 2$ 时, $\|\cdot\|_p$ 不满足平行四边形法则, 例如, 可取 $x = (1,1,0,\cdots)$, $y = (1,-1,0,\cdots)$, 则 $\|x\|_p = \|y\|_p = 2^{1/p}$, 但 $\|x+y\|_p = \|x-y\|_p = 2$, 所以当 $p \neq 2$ 时, $\|\cdot\|_p$ 不满足 (3.10), 因而不是内积空间.

例 3.2　$C[0,1]$ 不是内积空间, 这是因为取 $f(x)=1$, $g(x)=x$, 则 $\|f\|_C = \|g\|_C = 1$, 而 $\|f+g\|_C = 2$, $\|f-g\|_C = 1$, 所以 $\|\cdot\|_C$ 不满足 (3.10).

评注: 在 E 上有界连续函数空间中定义内积, 记为 $C_2(E)$, 它是不完备的内积空间 (见本章 §1 例 1.3).

二、正交性

设 X 为内积空间, 从 Schwarz 不等式

$$|(x,y)| \leqslant \|x\| \cdot \|y\|,$$

当 $x, y \neq 0$ 时, 有 $0 \leqslant \dfrac{|(x,y)|}{\|x\|\|y\|} \leqslant 1$, 于是, 可以令

$$\cos\theta = \frac{|(x,y)|}{\|x\|\|y\|}, \tag{3.12}$$

式中 θ 称为向量 x, y 之间的夹角.

定义 3.2　设 X 为内积空间, $x, y \in X$, 若 $(x,y)=0$, 则称 x 与 y **正交**, 记作 $x \perp y$; 设 $A, B \subset X$, 若对 $\forall y \in A$, $(x,y)=0$, 则称 x 与 A 正交, 记作 $x \perp A$; 若对 $\forall x \in A$, $\forall y \in B$, $(x,y)=0$, 则称 A 与 B 正交, 记作 $A \perp B$, 集 $A^{\perp} = \{x \in X : x \perp A\}$ 称为 A 的**正交补**, $A^{\perp\perp} = (A^{\perp})^{\perp}$.

定理 3.5　设 X 为内积空间, A, B 为 X 中的非空子集, 则

(1) 若 $x \perp y$, 则 $\|x+y\|^2 = \|x\|^2 + \|y\|^2$ (勾股定理);

(2) $A^{\perp}$ 是 X 的闭线性子空间; 若 X 完备, 则 $A^{\perp}$ 是 X 的完备子空间 (注意 A 本身不一定是闭集, 也不一定是 X 的子空间);

(3) $A \subset B \Longrightarrow A^{\perp} \supset B^{\perp}$;

(4) $(\overline{A})^{\perp} = A^{\perp}$; $(\overline{\mathrm{span}\, A})^{\perp} = A^{\perp}$;

(5) $A \subset A^{\perp\perp}$;

(6) $A \cap A^{\perp} = \{0\}$ 或 $\varnothing$;

(**评注**: 当 A 中不含零元时, $A^{\perp}$ 与 A 不相交, 即 $A \cap A^{\perp} = \varnothing$; 当 A 中含

零元时, $A \cap A^{\perp} = \{0\}$.)

(7) $X^{\perp} = \{0\}$, $\{0\}^{\perp} = X$;

(8) 若 $A \perp B$, 则 $A \subset B^{\perp}$, $B \subset A^{\perp}$;

(9) $A^{\perp} \perp A$;

(10) 设 A 是 X 的一个稠密子集, 即 $\overline{A} = X$, 若 $x \in X$, $x \perp A$, 则 $x = 0$ (即在 X 的一个稠密子集 A 的正交补 $A^{\perp}$ 中只有零元).

证 (2) $\forall x, y \in A^{\perp}$, $\forall \alpha, \beta \in K$, $\forall z \in A$, $(\alpha x + \beta y, z) = \alpha(x, z) + \beta(y, z) = 0$, 即 $\alpha x + \beta y \in A^{\perp}$, 所以, $A^{\perp}$ 是 X 的线性子空间; 又设 $x_n \in A^{\perp}$ 且 $x_n \to x(n \to \infty)$, 则对 $\forall y \in A$, 由内积的连续性和 $(x_n, y) = 0$, 得

$$(x, y) = \lim_{n \to \infty} (x_n, y) = 0,$$

即 $x \in A^{\perp}$, 所以 $A^{\perp}$ 是闭集.

其余结论的证明留作习题. 并请读者进一步考虑 (1) 的逆命题是否成立.

对于复内积空间 X, 从勾股定理不能推出 $x \perp y$. 事实上, 设 $x \neq 0$, $y = \mathrm{i}x$, 则 $\|y\|^2 = (\mathrm{i}x, \mathrm{i}x) = \|x\|^2$, 而且勾股定理成立:

$$\|x + y\|^2 = \|x + \mathrm{i}x\|^2 = \|(1 + \mathrm{i})x\|^2 = |1 + \mathrm{i}|^2 \|x\|^2 = 2\|x\|^2 = \|x\|^2 + \|y\|^2 .$$

但是, $(x, y) = (x, \mathrm{i}x) = (-\mathrm{i})\|x\|^2 \neq 0$, 即 $x \perp y$ 不成立.

三、最佳逼近问题

在微积分中, 我们已知 Weierstrass 逼近定理: $\forall f \in C[a, b]$, $\forall \varepsilon > 0$, 存在代数多项式 $P_n(x)$, 使得

$$\|f - P_n\|_C = \sup\{|f(x) - P_n(x)| : x \in [a, b]\} < \varepsilon. \tag{3.13}$$

它表明, 可以用简单的多项式 $P_n(x)$ 来逼近复杂的连续函数 f, 由此启发我们, 在抽象空间中是否有类似的结果?

设 $X = (X, d)$ 为距离空间, A 为 X 的非空子集, 我们已知 $x \in X$ 到 A 的距离为

$$d(x, A) = \inf\{d(x, y) : y \in A\}. \tag{3.14}$$

对于 $x \in X$, 若存在 $y_0 \in A$, 使得

$$d(x, y_0) = d(x, A), \tag{3.15}$$

则称 y_0 是 x 在集 A 中的**最佳逼近元**.

在赋范线性空间 $(X, \|\cdot\|)$ 中,(3.15) 变成

$$\|x-y_0\|=\inf\{\|x-y\|:y\in A\}. \tag{3.16}$$

我们需要研究的问题是:

(1) 这样的最佳逼近元 y_0 是否存在? (存在性)

(2) 最佳逼近元 y_0 若存在, 是否唯一? (唯一性)

(3) 最佳逼近元 y_0 有什么特征? (特征性质)

(4) 如何求出最佳逼近元 y_0? (实现问题)

例如, 由上面提到的 Weierstrass 逼近定理, $X=C[a,b]$ 为连续函数空间, H_n 为次数不超过 n 的实系数代数多项式的集合, 问题就变成求最佳逼近多项式 $P_n^*(x)$, 使得

$$\|f-P_n^*\|_C=\inf\{\|f-P_n\|_C:P_n\in H_n\}.$$

在函数逼近论中, 对这些问题的研究已有丰硕的成果, 若在一般的赋范线性空间 $(X,\|\cdot\|)$ 中讨论, 是比较复杂的. 下面在内积空间中讨论, 问题就变得容易处理:

定理 3.6 (变分引理) 设 X 为内积空间, A 是 X 中非空完备凸集, 则对 $\forall x\in X$, 存在唯一的最佳逼近元 $y_0\in A$, 使得 (3.16) 式成立.

证 令

$$d=d(x,A)=\inf\{\|x-y\|:y\in A\}, \tag{3.17}$$

由下确界定义, 存在 $\{y_n\}\subset A$, 使得

$$\lim_{n\to\infty}\|x-y_n\|=d. \tag{3.18}$$

因为 A 是凸集, 从 $y_m,y_n\in A$ 可知 $\frac{1}{2}(y_m+y_n)\in A$, 再从 (3.17) 知

$$\left\|x-\frac{1}{2}(y_m+y_n)\right\|\geqslant d,$$

由平行四边形法则, 有

$$\begin{aligned}\|y_m-y_n\|^2&=\|(x-y_n)-(x-y_m)\|^2\\&=2(\|x-y_n\|^2+\|x-y_m\|^2)-4\|x-\frac{1}{2}(y_n+y_m)\|^2\\&\leqslant 2(\|x-y_n\|^2+\|x-y_m\|^2)-4d^2,\end{aligned}$$

于是当 $m,n\to\infty$ 时, $\|y_m-y_n\|\to 0$, 即 $\{y_n\}$ 是 A 中 Cauchy 列, 由 A 的完备性, 存在 $y_0\in A$, 使得 $y_n\to y_0(n\to\infty)$, 再由范数的连续性, 有

$$\|x-y_0\|=\lim_{n\to\infty}\|x-y_n\|=d.$$

下面证 y_0 的唯一性. 若还有 $z_0\in A$, 使得 $\|x-z_0\|=d$, 则

$$\begin{aligned}\|y_0-z_0\|^2&=2(\|y_0-x\|^2+\|x-z_0\|^2)-4\left\|x-\frac{1}{2}(y_0+z_0)\right\|^2\\&\leqslant 4d^2-4d^2=0.\end{aligned}$$

所以, $\|y_0-z_0\|=0$, 从而 $z_0=y_0$. 证毕.

注 3.2 满足 (3.18) 的 $\{y_n\}$ 称为**极小化序列**, 所以定理 3.6 又称为**极小化向量定理**.

定理 3.7 (正交分解) 设 A 是内积空间 X 的完备子空间, 则对任意 $x\in X$, 存在唯一的正交分解:

$$x=y_0+z,\quad y_0\in A,\quad z\in A^{\perp}.\tag{3.19}$$

证 因为 (线性) 子空间都是凸集, 所以, 由定理 3.6, 对 $\forall x\in X$, 存在唯一的 $y_0\in A$, 使得

$$\|x-y_0\|=\inf\{\|x-y\|:y\in A\}=d.\tag{3.20}$$

令 $z=x-y_0$, 只要证明 $z\in A^{\perp}$, 即对任意 $y\in A$, 要证 $(z,y)=0$. 由于 $(z,0)=0$, 所以不妨设 $y\neq 0$, 令 $(y,z)=\alpha$, 则对 $\forall\lambda\in K$,

$$\|z-\lambda y\|^2=(z-\lambda y,z-\lambda y)=\|z\|^2-\lambda\alpha-\overline{\lambda}\overline{\alpha}+\lambda\overline{\lambda}\|y\|^2.$$

取 $\lambda=\overline{\alpha}/\|y\|^2$, 代入上式得

$$\|z-\lambda y\|^2=\|z\|^2-|\alpha|^2/\|y\|^2;\tag{3.21}$$

另一方面, 从 (3.20) 和 $y_0+\lambda y\in A$, 有

$$\|z\|=\|x-y_0\|\leqslant\|x-(y_0+\lambda y)\|=\|z-\lambda y\|.\tag{3.22}$$

从 (3.21) 和 (3.22), 得 $\|z\|^2-|\alpha|^2/\|y\|^2\geqslant\|z\|^2$, 从而 $|\alpha|=0$, 即 $\alpha=(y,z)=0$. 证毕.

设 X 为线性空间, A, B 为 X 的子空间, 则 A 与 B 的**直和**定义为

$$A+B=\{x=y+z:y\in A,z\in B\}.\tag{3.23}$$

设 X 为内积空间, 当 $A\perp B$ 时, 称由 (3.23) 定义的直和为**正交和**, 记为 $A\oplus B$, 即

$$A\oplus B=\{x=y+z:y\in A,z\in B,\ \text{且}\ (y,z)=0\}.\tag{3.24}$$

定义 3.3 设 A 是内积空间 X 的子空间, $x \in X$, 若存在 $y \in A$, $z \in A^{\perp}$, 使得 $x = y + z$, 则称 y 是 x 在 A 上的**正交投影**, 简称为**投影**, 记为 $y = P_A x$, 并称 $P_A : X \to A$ 为**投影算子**.

应强调指出的是, 对一般内积空间 X 的任意子空间 A, X 中的向量 x 在 A 上的投影并不一定存在, 从定理 3.7 可知, $x \in X$ 在 A 中的最佳逼近元 y_0 就是 x 在 A 上的投影, 而且当 A 是内积空间 X 的完备子空间时, x 在 A 中的投影必唯一存在. (3.19) 式表明内积空间 X 可分解为:

$$X = A \oplus A^{\perp}. \tag{3.25}$$

因此, 定理 3.7 又称为**投影定理**.

评注: 定理 3.7 的逆命题成立, 所以它和定理 3.7 一起, 我们得到

设 X 是 Hilbert 空间, $A \subset X$, 则 $X = A \oplus A^{\perp} \Leftrightarrow A$ 是 X 的闭子空间.

推论 3.8 设 A 是内积空间 X 的完备真子空间, 则 $A^{\perp}$ 中必有非零元.

证 因为 A 为 X 的真子集, 所以, 存在 $x \in X - A$, 由定理 3.7, x 在 A 上的投影 y_0 存在而且唯一, 令 $z = x - y_0$, 则 $z \in A^{\perp}$, 又 $x \notin A$, $y_0 \in A$, 所以 $z = x - y_0 \neq 0$. 证毕.

注 3.3 由本章定理 1.2, 完备距离空间 X 的闭子空间 A 也是完备的. 所以, 当 X 为 Hilbert 空间, A 是 X 的闭子空间时, 定理 3.6、3.7 和推论 3.8 仍成立.

推论 3.9 设 A 是 Hilbert 空间 X 的子空间, 则 A 的闭包 $\overline{A} = A^{\perp\perp}$.

证 由注 3.3, $X = \overline{A} \oplus (\overline{A})^{\perp}$, 又由定理 3.5, $A^{\perp}$ 为 X 的闭子空间, 且 $(\overline{A})^{\perp} = A^{\perp}$, 所以 $X = A^{\perp} \oplus (A^{\perp})^{\perp} = (\overline{A})^{\perp} \oplus A^{\perp\perp}$. 比较 X 的上述两种分解, 即得 $\overline{A} = A^{\perp\perp}$. 证毕.

特别地, 若 $A^{\perp} = \{0\}$, 则 $\overline{A} = A^{\perp\perp} = \{0\}^{\perp} = X$, 即 A 在 X 中稠密.

推论 3.10 设 X 为内积空间, A 为 X 的非空子集, 则

(1) 若 $X = \overline{\mathrm{span}\, A}$, 则 $A^{\perp} = \{0\}$;

(2) 若 X 为 Hilbert 空间, 则逆命题成立, 从而 $X = \overline{\mathrm{span}\, A} \Leftrightarrow A^{\perp} = \{0\}$.

证 (1) 从定理 3.5, $(\overline{\mathrm{span}\, A})^{\perp} = A^{\perp}$, 若 $X = \overline{\mathrm{span}\, A}$, 则 $(\overline{\mathrm{span}\, A})^{\perp} = X^{\perp} = \{0\}$, 所以 $A^{\perp} = \{0\}$.

(2) 当 X 为 Hilbert 空间时, 由注 3.3, X 有分解:

$$X = (\mathrm{span}\, A) \oplus (\overline{\mathrm{span}\, A})^{\perp}.$$

当 $A^{\perp} = \{0\}$, 即 $(\overline{\mathrm{span}\, A})^{\perp} = \{0\}$, 得 $X = \overline{\mathrm{span}\, A}$. 证毕.

注 3.4 从推论 3.10, 若 A 是 Hilbert 空间 X 的子空间, 则 A 在 X 中稠密 (即 $\overline{A} = X$) 的充要条件是 $A^{\perp} = \{0\}$. (证明见作者的 "续论"[1] 下册 P. 189.)

例 3.3 最小二乘法是科学实验中常用的一种数据处理方法, 例如根据实

验观测得到一组数据 (x_k, y_k), $k=0,1,\cdots,n$, 希望能找出函数 $y=g(x)$, 使得它在观测点 x_k 的值 $g(x_k)$ 与观测值 $y_k(1\leqslant k\leqslant n)$ 在某种尺度下最接近, 当 $g(x)$ 为 n 次代数多项式时, 即 $g(x)=P_n(x)=\sum\limits_{k=0}^{n}a_kx^k$, 式中 $a_1,a_2,\cdots,a_n$ 为待定参数, 求

$$S=\sum_{k=0}^{n}(g(x_k)-y_k)^2 \tag{3.26}$$

在参数取什么值时达到最小, 称为**线性最小二乘问题**. 从几何意义上讲, 它等价于确定一平面曲线, 使它和实验数据点 $\{(x_k,y_k)\}$ 最接近, 所以又称为**曲线拟合问题**. 它与插值问题不同, 此处不要求曲线严格通过已知点, 这是因为实验数据常常带有观测误差等随机因素, 所以, 与实验数据保持一致的插值法往往反而不如最小二乘法得到的曲线更符合客观实际.

与 (3.26) 相应的连续量的积分就是**平方平均逼近**: 对 $[a,b]$ 上的给定的函数 f 用多项式 $P_n(x)=\sum\limits_{k=0}^{n}a_kx^k$ 作最佳平方逼近, 就是要找 $P_n(x)$ 的系数 $a_0,a_1,\cdots,a_n$, 使误差平方的积分

$$S=S(a_0,a_1,\cdots,a_n)=\int_a^b(f(x)-P_n(x))^2\mathrm{d}x \tag{3.27}$$

为最小. (3.26) 与 (3.27) 可以统一到以下更一般的形式: 设 X 为内积空间, $x_1,\cdots,x_n$, $x\in X$, 不妨设 $x_1,\cdots,x_n$ 是线性无关的. 令

$$A=\operatorname{span}\{x_1,\cdots,x_n\}, \tag{3.28}$$

求 x 在 A 中的最佳逼近元 y_0, 即 y_0 满足

$$\|x-y_0\|=\inf\{\|x-y\|:y\in A\}. \tag{3.29}$$

因为 y_0, $y\in A$, 所以可写成

$$y_0=\sum_{k=1}^{n}\alpha_kx_k,\quad y=\sum_{k=1}^{n}\lambda_kx_k. \tag{3.30}$$

因为 A 是有限维的, 所以, A 是 X 的完备子空间, 由定理 3.6, 对 $\forall x\in X$, 存在唯一的最佳逼近元 $y_0\in A$, 使 (3.29) 成立. 又由定理 3.7,

$$(x-y_0,y)=0,\quad y\in A, \tag{3.31}$$

它等价于 $(x-y_0,x_m)=0$, $m=1,2,\cdots,n$, 即

$$\sum_{k=1}^{n}\alpha_k(x_k,x_m)=(x,x_m)\quad(m=1,2,\cdots,n),\tag{3.32}$$

从 y_0 的唯一性和 $x_1,\cdots,x_n$ 的线性无关性, 代数方程组 (3.32) 的解存在且唯一, 该方程组的系数行列式不等于零, 从而 (3.32) 的解为

$$\alpha_k=\frac{\begin{vmatrix}\beta_{11} & \cdots & (x,x_1) & \cdots & \beta_{n1}\\ \beta_{12} & \cdots & (x,x_2) & \cdots & \beta_{n2}\\ \vdots & & \vdots & & \vdots\\ \beta_{1n} & \cdots & (x,x_n) & \cdots & \beta_{nn}\end{vmatrix}}{\begin{vmatrix}\beta_{11} & \cdots & \beta_{k1} & \cdots & \beta_{n1}\\ \beta_{12} & \cdots & \beta_{k2} & \cdots & \beta_{n2}\\ \vdots & & \vdots & & \vdots\\ \beta_{1n} & \cdots & \beta_{kn} & \cdots & \beta_{nn}\end{vmatrix}},$$

式中 $\beta_{kj}=(x_k,x_j)$, $1\leqslant k,\ j\leqslant n$.

四、投影算子的基本性质

由定义 3.3, 设 X 是内积空间, A 是 X 的子空间, 投影算子定义为: $P_A: X\to A, x\mapsto y$. 下面将 P_A 简记为 P. 由定理 3.7 和 3.6, 我们得到

$$\|x-Px\|=\inf\{\|x-y\|:y\in A\},\quad \forall x\in X.$$

这说明投影算子与极值问题有深刻的联系, 因而投影算子的应用非常广泛, 它在 Hilbert 空间中是用来描述其他更复杂算子的基本工具.

(1) P 是有界线性算子.

证 设 $x\in X, y\in A, z\in A^{\perp}$. 由正交分解定理 3.7, 有

$$x=y+z=Px+z.\tag{3.33}$$

令 $x_k=Px_k+z_k$, 式中 $x_k\in X$, $z_k\in A^{\perp}$, $k=1,2$. $\forall\alpha,\beta\in K$, 有

$$\begin{aligned}\alpha x_1+\beta x_2&=\alpha(Px_1+z_1)+\beta(Px_2+z_2)\\&=(\alpha Px_1+\beta Px_2)+(\alpha z_1+\beta z_2),\end{aligned}$$

因为 $A, A^{\perp}$ 都是 X 的子空间, 所以, $\alpha Px_1+\beta Px_2\in A$, $\alpha z_1+\beta z_2\in A^{\perp}$. 于是, $P(\alpha x_1+\beta x_2)=\alpha Px_1+\beta Px_2$, 即 P 是线性算子. 为证 P 有界, 我们利用定理 3.5 (1), 有

$$\|x\|^2 = \|Px\|^2 + \|z\|^2 \geqslant \|Px\|^2, \text{即 } \|Px\| \leqslant \|x\|.$$

所以 P 有界, 且 $\|P\| \leqslant 1$. 若 $A = \{0\}$, 则 P 是零算子, 于是 $\|P\| = 0$; 若 $A \neq \{0\}$, 则存在 $x \in A$, $x \neq 0$, 从而 $Px = x$, 于是 $\|P\| = 1$.

(2) $Px = x \Leftrightarrow x \in A$, $Px = 0 \Leftrightarrow x \in A^{\perp}$.

(3) 设 X 是 Hilbert 空间, A 是 X 的闭子空间, $P: X \to A$ 是有界线性算子, 则 P 是投影算子的充要条件是: ① P 是自共轭的, 即

$$(Px, z) = (x, Pz), \forall x, z \in X; \tag{3.34}$$

② P 是幂等的, 即 $P^2 = P$.

证 必要性: 设 P 是投影算子, 对所有 $x, z \in X$, 有

$$x = Px + u_1, \quad z = Pz + u_2,$$

式中, $Px, Pz \in A, u_k \in A^{\perp}, k = 1, 2$. 注意到 $u_2 \in A^{\perp}, Px \in A$, 有 $(Px, u_2) = 0$, 同理 $(Pz, u_1) = 0$. 于是,

$$(Px, z) = (Px, Pz + u_2) = (Px, Pz) + (Px, u_2) = (Px, Pz),$$

$$(x, Pz) = (Px + u_1, Pz) = (Px, Pz) + (u_1, Pz) = (Px, Pz).$$

比较以上两式, 就得出 (3.34) , 即 P 是自共轭的.

因为 $Px \in A, \forall x \in X$, 由性质 (2), $P(Px) = Px$, 即 $P^2 x = Px$, 由 x 的任意性, 得 $P^2 = P$.

充分性: 设条件 ① 和 ② 成立, 令 $Q = I - P$, 式中 I 是恒等算子. 取 Q 的零空间 $N(Q)$ 作为 A, 即

$$A = N(Q) = \{x \in X : Qx = 0\}. \tag{3.35}$$

利用下一章 §1 定理 1.5, Q 是 X 上有界线性算子, 从而 $N(Q)$ 是 X 的闭子空间, 于是, 由条件 ② , $\forall x \in X$,

$$Q(Px) = (I - P)(Px) = Px - P^2 x = Px - Px = 0.$$

由 (3.35), $Px \in A$. 对 x 作分解:

$$x = Px + (x - Px) = Px + (I - P)x = Px + Qx. \tag{3.36}$$

再由 (3.34), $\forall y \in A$,

$$\begin{aligned}(Qx, y) &= (x - Px, y) = (x, y) - (Px, y) \\ &= (x, y) - (x, Py) = (x, y - Py) = (x, Qy) = (x, 0) = 0.\end{aligned}$$

这表明 $Qx \in A^{\perp}$. 所以, (3.36) 中的分解是正交分解. Px 是 x 在 A 上的投影, 于是, P 是投影算子. 证毕.

(4) 设 P 是复 Hilbert 空间 X 上有界线性算子, 则 P 是投影算子的充要条件是:

$$\|Px\|^2 = (Px, x), \quad \forall x \in X. \tag{3.37}$$

证 必要性: 设 P 是投影算子, 由性质 (3), 对所有 $x \in X$, 有

$$(Px, x) = \left(P^2x, x\right) = (Px, Px) = \|Px\|^2.$$

充分性: 设条件 (3.37) 成立, 利用内积的性质 (3.11), 对所有 $x, y \in X$, 有

$$\begin{aligned}(Px, y) = &\frac{1}{4}\{(P(x+y), x+y) - (P(x-y), x-y) \\ &+ \mathrm{i}(P(x+\mathrm{i}y), x+\mathrm{i}y) - \mathrm{i}(P(x-\mathrm{i}y), x-\mathrm{i}y)\}.\end{aligned} \tag{3.38}$$

由条件 (3.37), 对所有 $x \in X$, (Px, x) 都是实数, 于是, 由 (3.38), 有

$$(Px, y) = \overline{(Py, x)} = (x, Py),$$

即 P 是自共轭的. 利用条件 (3.37) 和 P 的自共轭性, 得到

$$(Px, x) = \|Px\|^2 = (Px, Px) = \left(P^2x, x\right),$$

即 $(Px, x) - (P^2x, x) = ((P - P^2)\,x, x) = (Gx, x) = 0$, 式中 $G = P - P^2$. 再在 (3.38) 中将 P 换成 G, 可得 $(Gx, y) = 0, \forall y \in X$. 特别取 $y = Gx$, 得到 $(Gx, Gx) = \|Gx\|^2 = 0$, 于是 $G = 0$, 即 $P^2 = P$. 所以 P 是自共轭和幂等的算子. 由性质 (3), P 是投影算子. 证毕.

我们在 §1 讨论了距离空间的完备化问题, 在 §2 又讨论了赋范线性空间的完备化问题. 因为完备的赋范线性空间就是 Banach 空间, 在本节我们又定义了完备的内积空间就是 Hilbert 空间, 所以, 对于内积空间的完备化, 我们可以类似地证明:

定理 3.11 设 X_0 是内积空间, 则存在 Hilbert 空间 X, 使得 X_0 与 X 的一个子空间 A 等距同构, 并且 X 是包含 X_0 的最小 Hilbert 空间.

习题 7.3

3.1 证明定理 3.5.

3.2 设 X 为 Hilbert 空间, A 为 X 的子空间, 若对任何 $x \in X$, x 在 A 上的投影 y_0 均存在, 证明 A 为 X 的闭子空间.

3.3 设 A, B 是 Hilbert 空间 X 的子空间, $E = A \oplus B$, 证明: E 为 X 的

闭子空间的充要条件是 A, B 均为 X 的闭子空间.

3.4 设 X 为 Hilbert 空间, A 为 X 的非空凸子集, $\{x_n\}$ 为 A 中的点列, 且

$$\lim_{n\to\infty}\|x_n\|=\inf\{\|x\|:x\in A\},$$

证明: $\{x_n\}$ 是 X 中收敛点列.

3.5 设 $\{x_n\}$ 是内积空间 X 中的点列, $x\in X$, 若 $\|x_n\|\to\|x\|(n\to\infty)$ 且对 $\forall y\in X$, 有 $(x_n,y)\to(x,y)(n\to\infty)$, 证明: $x_n\to x(n\to\infty)$.

3.6 设 E_n 是 n 维线性空间, $\{e_1,\cdots,e_n\}$ 是 E_n 的一组基. 求证 $E_n\times E_n$ 上复值函数 (x,y) 成为 E_n 上内积的充要条件是存在 n 阶正定方阵 $A=(a_{kj})$, 使得

$$\left(\sum_{k=1}^n x_k e_k,\sum_{j=1}^n y_j e_j\right)=\sum_{k,j=1}^n a_{kj}x_k\overline{y}_j,$$

式中 $x=\sum\limits_{k=1}^n x_k e_k$, $y=\sum\limits_{k=1}^n y_k e_k$.

3.7 设 X 为数域 K 上的内积空间, $x,y\in X$, 证明下述命题等价:

(1) $x\perp y$;

(2) $\forall\alpha\in K$, $\|x+\alpha y\|=\|x-\alpha y\|$;

(3) $\forall\alpha\in K$, $\|x+\alpha y\|\geqslant\|x\|$.

3.8 证明: 可分内积空间 X 的每个子空间都是可分的. Hilbert 空间 X 的子空间是否仍为 Hilbert 空间?

3.9 设 X 是 Hilbert 空间, A 是 X 的子空间, 求证 $A^{\perp\perp}=\overline{\operatorname{span}A}$.

§4 常用的函数空间与序列空间, Sobolev 空间

本节对前几节陆续提到的若干常用的函数空间与序列空间的性质作一系统的论述, 对前面引入的新概念还可以起到温故而知新的作用.

设 $X=\{f:f$ 是定义在 E 上取值于 K 的函数$\}$ 为集 E 上的函数空间, 在 X 中定义线性运算如下:

$$\begin{aligned}&\text{加法: }(f+g)(x)=f(x)+g(x),\\&\text{数乘: }(\alpha f)(x)=\alpha f(x),\ f,g\in X,\ \alpha\in K,\end{aligned}\tag{4.1}$$

则 X 形成数域 K 上线性空间.

设 $s=\{x=(x_1,\cdots,x_n,\cdots):x_k\in K\}$ 为数列空间, 在 s 中定义线性运算如下: 对 $x=(x_1,x_2,\cdots,x_n,\cdots)$, $y=(y_1,y_2,\cdots,y_n,\cdots)\in s$, $\alpha\in K$,

$$x+y=(x_1+y_1,x_2+y_2,\cdots,x_n+y_n,\cdots),$$

$$\alpha x=(\alpha x_1,\alpha x_2,\cdots,\alpha x_n,\cdots),$$

则 s 形成数域 K 上的线性空间.

一、连续函数空间

$C(E)=\{f:f|$在 E 上连续$\}$, 式中 E 为距离空间 (X,d) 中的紧集, 我们在第二章已讨论了连续函数的许多性质, 下面讨论连续函数集合在引入代数结构和拓扑结构后的性质.

(1) 令

$$\|f\|_c=\max\{|f(x)|:x\in E\}, \tag{4.2}$$

易证 $\|\cdot\|_c$ 为范数, 所以 $C(E)$ 为赋范线性空间, 例 1.2 中的距离是从 (4.2) 诱导的距离, 并证明了它的完备性, 所以 $C(E)$ 是 Banach 空间. 例 3.2 又指出, 在 $C(E)$ 中不能用 $\|\cdot\|_c$ 定义内积, 所以 $C(E)$ 不是 Hilbert 空间, $C(E)$ 中点列的收敛等价于函数列的一致收敛.

(2) 设 E 为 $\mathbf{R}^n$ 中紧集, 即有界闭集, 由 Weierstrass 逼近定理, 对 $\forall f\in C(E)$, 存在 n 元代数多项式列 $P_m(x)$ 在 E 上一致收敛于 f, 即多项式集在 $C(E)$ 中是稠密的, 又由有理数集 $\mathbf{Q}$ 在实数集中的稠密性, 有理系数多项式集在实系数代数多项式集中稠密而且可数, 所以 $C(E)$ 是可分的 Banach 空间.

(3) $C(E)$ 中子集 A 列紧的判别法 (Arzela–Ascoli 定理):

定理 4.1 设 E 为距离空间 (X,d) 中的紧集, $A\subset C(E)$, 则 A 列紧的充要条件是 A 一致有界且等度连续. 其中, A 一致有界是指: 存在常数 M(与 f,x 无关), 使得对 $\forall f\in A,\forall x\in E,|f(x)|\leqslant M$; A 等度连续是指: $\forall\varepsilon>0,\exists\delta=\delta(\varepsilon)>0$, 使得对 $\forall f\in A,\forall x_1,x_2\in E$, 只要 $d(x_1,x_2)<\delta$, 就有 $|f(x_2)-f(x_1)|<\varepsilon$.

定理 4.1 的意义在于, 紧集 E 上一致有界且等度连续的函数族 A 中, 任一函数列 $\{f_n\}$ 必有一致收敛的子列 $\{f_{n_k}\}$.

证 必要性: 设 A 列紧, 从而 A 是完全有界集, 即对 $\forall\varepsilon>0$, 存在 A 的有限 $\dfrac{\varepsilon}{3}$ 网: $A_\varepsilon=\{x_1(t),\cdots,x_{n_0}(t)\}$, 亦即 $A\subset\bigcup\limits_{k=1}^{n_0}B\left(x_k(t),\dfrac{\varepsilon}{3}\right)$. 于是, 对 $\forall x\in A,\exists k_0$, 使得 $x\in B\left(x_{k_0}(t),\dfrac{\varepsilon}{3}\right)$, 即 $|x(t)-x_{k_0}(t)|<\dfrac{\varepsilon}{3},\forall t\in E,1\leqslant k_0\leqslant n_0$. 又 $x_k(t)$ 是紧集 E 上连续函数, 从而一致连续, 即对上述 $\varepsilon>0$, $\exists\delta_k(\varepsilon)>0$, 使得对 $\forall t_1,t_2\in E$, 只要 $d(t_1,t_2)<\delta_k$, 就有 $|x_k(t_1)-x_k(t_2)|<\dfrac{\varepsilon}{3}$. 取 $\delta=\min\{\delta_1,\cdots,\delta_{n_0}\}$, 则对 $\forall x_k\in C(E),\forall t_1,t_2\in E$, 只要 $d(t_1,t_2)<\delta$, 就有 $|x_k(t_1)-x_k(t_2)|<\dfrac{\varepsilon}{3}$, 从而 $|x(t_1)-x(t_2)|\leqslant|x(t_1)-x_{k_0}(t_1)|+|x_{k_0}(t_1)-x_{k_0}(t_2)|+|x_{k_0}(t_2)-x(t_2)|<\dfrac{\varepsilon}{3}+\dfrac{\varepsilon}{3}+\dfrac{\varepsilon}{3}=\varepsilon$, 这表明 A 是等度连续的.

下面证 A 一致有界. 从 A 列紧可推出 A 有界, 即存在球 $B(x_0,r)\supset A$. 即对 $\forall x\in A$, $x\in B(x_0,r)$, 从而 $d(x,x_0)=\max\limits_{t\in E}|x(t)-x_0(t)|<r$, 即对 $\forall x\in A$, $\forall t\in E$, $|x(t)|\leqslant r+M$, 式中 $M=\max\limits_{t\in E}|x_0(t)|<\infty$. 这就证明了 A 是一致有界的.

充分性: 设 A 是等度连续的, 即对 $\forall\varepsilon>0$, $\exists\delta=\delta(\varepsilon)>0$, 使得 $\forall x\in A,\forall t'$, $t''\in E$, 当 $d(t',t'')<\delta$ 时, 成立

$$|x(t')-x(t'')|<\frac{\varepsilon}{3}. \tag{4.3}$$

又 E 为紧集, 从而是完全有界的, 即 E 存在有限 δ 网: $E_\delta=\{t_1,\cdots,t_n\}$, 即

$$E\subset\bigcup_{k=1}^{n}B(t_k,\delta). \tag{4.4}$$

又设 A 一致有界, 即 $\exists M>0$, 使得 $\forall x\in A$, $\forall t\in E$, 有 $|x(t)|\leqslant M$, 从而

$$\left(\sum_{k=1}^{n}|x(t_k)|^2\right)^{1/2}\leqslant\sqrt{n}M.$$

于是 $\mathbf{R}^n$ 中的子集 D:

$$D=\{y=(x(t_1),\cdots,x(t_n)):x\in A\} \tag{4.5}$$

是有界集, 而 $\mathbf{R}^n$ 中有界集 D 与完全有界集等价, 即 D 中存在有限 $\dfrac{\varepsilon}{3}$ 网:

$$D_\varepsilon=\{y_1,\cdots,y_m\}, \tag{4.6}$$

式中 $y_k=(x_k(t_1),\cdots,x_k(t_n))$, $x_k(t)\in A$.

下面证明集 $A_\varepsilon=\{x_1,\cdots,x_m\}$ 就是 A 的 ε 网, 即证

$$A\subset\bigcup_{k=1}^{m}B(x_k,\varepsilon). \tag{4.7}$$

事实上, 对 $\forall x\in A$, 从 (4.5), $y=(x(t_1),\cdots,x(t_n))\in D$, 再从 (4.6), $\exists k_0$, 使得 $y\in B\left(y_{k_0},\dfrac{\varepsilon}{3}\right)$, 即 $\left(\sum\limits_{j=1}^{n}|x(t_j)-x_{k_0}(t_j)|^2\right)^{\frac{1}{2}}<\dfrac{\varepsilon}{3}$, 从而对 $1\leqslant j\leqslant n$, 有

$$|x(t_j)-x_{k_0}(t_j)|<\frac{\varepsilon}{3}. \tag{4.8}$$

对 $\forall t\in E$, 从 (4.4), $\exists j_0$ $(1\leqslant j_0\leqslant n)$, 使得 $t\in B(t_{j_0},\delta)$, 即 $d(t,t_{j_0})<\delta$, 从而由 (4.3) 有 $|x(t)-x(t_{j_0})|<\dfrac{\varepsilon}{3}$, 于是, 从 (4.8) 和上式, 有

$$\begin{aligned}|x(t)-x_{k_0}(t)| &\leqslant |x(t)-x(t_{j_0})|+|x(t_{j_0})-x_{k_0}(t_{j_0})|+|x_{k_0}(t_{j_0})-x_{k_0}(t)| \\ &< \frac{\varepsilon}{3}+\frac{\varepsilon}{3}+\frac{\varepsilon}{3}=\varepsilon,\end{aligned}$$

所以, $d(x,x_{k_0})=\max\limits_{t\in E}|x(t)-x_{k_0}(t)|<\varepsilon$, 即 $x\in B(x_{k_0},\varepsilon)$, 从而 $A\subset\bigcup\limits_{k=1}^{m}B(x_k,\varepsilon)$. 这表明 A 是完全有界集. 又由 $C(E)$ 的完备性, A 是列紧集. 证毕.

注 4.1 若 E 不是紧集, 则在 E 上连续函数不一定有最大值, 当 f 在 E 上有界时, 可将 (4.2) 换成如下定义: $\|f\|_c=\sup\{|f(x)|:x\in E\}$, 但这时上述性质 (2), (3) 不再成立, 例如 $E=(0,\infty)$ 时, $C(E)$ 就是不可分的.

但是, 当 E 是紧集, f 在 E 上有界时, $C(E)$ 是可分的. 事实上, $C(E)$ 可分 $\Leftrightarrow (X,d)$ 是紧距离空间. (X,d) 还可推广到紧的 Hausdorff 空间.

推论 设 $A\subset C(E)$, 若 A 中函数 f 一致有界且 $f\in \mathrm{Lip}_M\,\alpha, 0<\alpha\leqslant 1$, 则 A 是 $C(E)$ 的列紧集.

证 由 $f\in \mathrm{Lip}_M\,\alpha, 0<\alpha\leqslant 1$, 可知 $\forall\varepsilon>0$, 取 $\delta=(\varepsilon/M)^{1/\alpha}$, 则当 $d(x,y)<\delta$ 时,

$$|f(x)-f(y)|\leqslant M(d(x,y))^{\alpha}<M(\varepsilon/M)=\varepsilon,$$

这表明 A 是等度连续的, 由定理 4.1, A 是 $C(E)$ 的列紧集.

二、可测函数空间与序列空间

(1) 设 (X,Σ,μ) 是全有限测度空间, 即 $0<\mu(X)<\infty$, 记 $S(X)=\{f:f$ 在 X 上 *a.e.* 有限且 Σ 可测$\}$, 令

$$d(x,y)=\int_X\frac{|x(t)-y(t)|}{1+|x(t)-y(t)|}d\mu(t).$$

将 $S(X)$ 中关于 μ 几乎处处相等的函数视为同一元素, 利用初等不等式:

$$\frac{|a+b|}{1+|a+b|}\leqslant\frac{|a|+|b|}{1+|a|+|b|}\leqslant\frac{|a|}{1+|a|}+\frac{|b|}{1+|b|}$$

(式中 a,b 可以为复数), 易证 $d(x,y)$ 为距离.

定理 4.2 $S(X)$ 中点列的收敛等价于函数列依测度收敛.

证 设 $x_n, x_0\in S(X)$. 若 $x_n\to x_0$, 即 $d(x_n,x_0)\to 0(n\to\infty)$, 对 $\forall\sigma>0$, 令 $E_n(\sigma)=\{t\in X:|x_n(t)-x_0(t)|\geqslant\sigma\}$, 则

$$\begin{aligned}d\left(x_n,x_0\right)&=\int_X\frac{|x_n(t)-x_0(t)|}{1+|x_n(t)-x_0(t)|}\mathrm{d}\mu(t)\\ &\geqslant\int_{E_n(\sigma)}\frac{|x_n(t)-x_0(t)|}{1+|x_n(t)-x_0(t)|}\mathrm{d}\mu(t)\geqslant\frac{\sigma}{1+\sigma}\mu\left(E_n(\sigma)\right),\end{aligned}$$

所以, $\mu(E_n(\sigma)) \to 0(n \to \infty)$, 即 $\{x_n\}$ 在 X 上依测度收敛于 x_0.

反之, 设 $\{x_n\}$ 在 X 上依测度收敛于 x_0, 即 $\forall \varepsilon > 0$, $\forall \sigma > 0$, $\exists N$, 使得 $\forall n \geqslant N$, 有 $\mu(E_n(\sigma)) < \varepsilon/2$. 又

$$\begin{aligned} d(x_n, x_0) &= \left(\int_{E_n(\sigma)} + \int_{(E_n(\sigma))^c}\right) \frac{|x_n(t) - x_0(t)|}{1 + |x_n(t) - x_0(t)|} \mathrm{d}\mu(t) \\ &\leqslant \mu(E_n(\sigma)) + \frac{\sigma}{1+\sigma}\mu((E_n(\sigma))^c) < \frac{\varepsilon}{2} + \frac{\sigma}{1+\sigma}\mu(X). \end{aligned}$$

取 $\sigma = \dfrac{\varepsilon}{2(1+\mu(X))}$, 则 $d(x_n, x_0) < \varepsilon$, 即 $d(x_n, x_0) \to 0(n \to \infty)$. 证毕.

定理 4.3 设 E 是 $\mathbf{R}^n$ 中紧集, $0 < \mu(E) < \infty$, 则 $S(E)$ 是可分的距离空间.

证 $\forall x \in S(E)$, $\forall \varepsilon > 0$, 由 Luzin 定理 (第四章 §3 推论 3.3), 存在 $\mathbf{R}^n$ 上的连续函数 $y(t)$, 使得

$$\mu\{x(t) \neq y(t)\} < \varepsilon/2,$$

令 $A = \{t \in E : x(t) \neq y(t)\}$, 则

$$\begin{aligned} d(x, y) &= \int_E \frac{|x(t) - y(t)|}{1 + |x(t) - y(t)|} \mathrm{d}\mu(t) \\ &= \int_A \frac{|x(t) - y(t)|}{1 + |x(t) - y(t)|} \mathrm{d}\mu(t) < \mu(A) < \frac{\varepsilon}{2}, \end{aligned}$$

即 $C(E)$ 在 $S(E)$ 中稠密, 又由 $C(E)$ 的可分性, 存在 n 元有理系数多项式 $p(t)$, 使得

$$\max_{t \in E} |y(t) - p(t)| = \|y - p\|_c < \varepsilon/(2\mu(E)),$$

从而

$$d(y, p) \leqslant \int_E |p(t) - y(t)| \mathrm{d}\mu(t) < \frac{\varepsilon}{2\mu(E)}\mu(E) = \frac{\varepsilon}{2},$$

于是 $d(x, p) \leqslant d(x, y) + d(y, p) < \varepsilon$, 所以, 有理系数多项式集在 $S(E)$ 中也是稠密的, 故 $S(E)$ 可分.

(2) $S(X)$ 的离散形式就是序列空间 s:

$$s = \{x = (x_1, \cdots, x_n, \cdots) : x_k \in K\},$$

式中 K 为数域 (实数域或复数域), 可类似地在 s 中定义距离 $d(x, y)$: 设 $x = (x_1, \cdots, x_n, \cdots)$, $y = (y, \cdots, y_n, \cdots) \in s$, 定义

$$d(x,y)=\sum_{k=1}^{\infty}\alpha_k\frac{|x_k-y_k|}{1+|x_k-y_k|},\tag{4.9}$$

式中 $\alpha_k>0,\ \sum\limits_{k=1}^{\infty}\alpha_k<\infty$. 在 (4.9) 右边的级数中引入收敛因子 α_k 是为了保证级数的收敛性. 在空间 s 中点列的收敛等价于按坐标收敛; 在实数域上的 s 还是可分的, 这是因为可数集

$$A=\{x=(r_1,\cdots,r_n,0,\cdots):r_k\in\mathbf{Q}(\text{有理数集})\}$$

在 s 中稠密; 我们在例 2.1 中已指出, s 空间不能赋范, 同理 $S(X)$ 空间也不能赋范.

(3) 实数域上的数列空间 s 中的子集 A 列紧的充要条件是存在正数列 $\{c_n\}$, 使得 $\forall x=(x_1,\cdots,x_n,\cdots)\in A$, 成立 $|x_n|\leqslant c_n(\forall n\in N)$.

证 "$\Rightarrow$": 设 A 是列紧的. 用反证法. 若存在 A 中的点列 $\{x_n\}$ 和 k_0, 其中 $x_n=(x_{n1},\cdots,x_{nk},\cdots)$, 成立 $|x_{nk_0}|>n$. 由 A 列紧, 不妨设 $x_n\to x_0(n\to\infty)$. 它等价于按坐标收敛, 即 $x_{nk}\to x_{0k}(n\to\infty,\forall k\in\mathbf{N})$. 因为收敛数列必有界, 即存在 $M>0$, 使得 $|x_{nk}|\leqslant M(\forall k\in\mathbf{N})$, 但这与假设相矛盾.

"$\Leftarrow$": 设条件成立. 从 $\forall x_n=(x_{n1},\cdots,x_{nk},\cdots)\in A$, 成立 $|x_{nk}|\leqslant c_k(\forall k\in\mathbf{N})$, 从而 $\{x_{nk}\}$ 中有收敛子列 $\{x_{n_jk}\}$. 用对角线方法可取出 $\{x_{nk}\}$ 的子列 $\{x_{n_jk_j}\}$, 使得 $\lim\limits_{j\to\infty}x_{n_jk_j}=x_{0k}$, 它等价于 $x_{n_j}\to x_0(j\to\infty)$, 故 A 是列紧集.

三、$L^p(E)$ 与 l^p 空间

设 $(X,\sum,\mu)$ 为测度空间, E 为 X 的可测子集, 定义:

$$L^p(E)=\{x=x(t):x(t)\ \text{在}\ E\ \text{上可测且}\ \|x\|_p<\infty\},$$

式中

$$\|x\|_p=\left(\int_E|x(t)|^p\mathrm{d}\mu\right)^{1/p},1\leqslant p<\infty,\tag{4.10}$$

$$\|x\|_\infty=\operatorname*{esssup}_{t\in E}|x(t)|\overset{\text{def}}{=}\inf_{\mu(A)=0}\left\{\sup_{t\in E-A}|x(t)|\right\}.\tag{4.11}$$

(4.11) 表示 $x(t)$ 在 $E-A$ 上有界, 而 $\mu(A)=0$, 称为 $x(t)$ 在 E 上的**本性上确界**.

$L^p(E)$ 的离散形式是 (见例 2.3 和例 2.4):

$$l^p=\{x=(x_1,\cdots,x_n,\cdots):\|x\|_p<\infty\},$$

式中

$$\|x\|_p = \begin{cases} \left(\sum_{k=1}^{\infty} |x_k|^p\right)^{1/p}, & 1 \leqslant p < \infty, \\ \sup_k |x_k|, & p = \infty, \end{cases} \tag{4.12}$$

由 Minkowski 不等式,

$$\|x+y\|_p \leqslant \|x\|_p + \|y\|_p \quad (1 \leqslant p \leqslant \infty), \tag{4.13}$$

特别地, 当 $1 \leqslant p < \infty$ 时,

$$\left(\int_E |x+y|^p \mathrm{d}\mu\right)^{1/p} \leqslant \left(\int_E |x|^p \mathrm{d}\mu\right)^{1/p} + \left(\int_E |y|^p \mathrm{d}\mu\right)^{1/p}, \tag{4.13-1}$$

$$\left(\sum_{k=1}^{\infty} |x_k+y_k|^p\right)^{1/p} \leqslant \left(\sum_{k=1}^{\infty} |x_k|^p\right)^{1/p} + \left(\sum_{k=1}^{\infty} |y_k|^p\right)^{1/p}, \tag{4.13-2}$$

并且将 $L^p(E)$ 中, $\mu.a.e.$ 相等的函数视为同一元, 则 $\|\cdot\|_p$ 为 $L^p(E)$, l^p 上的范数, 于是 $L^p(E)$, l^p 为赋范线性空间.

定理 4.4 (Riesz–Fisher 定理) $L^p(E)$, $l^p(1 \leqslant p \leqslant \infty)$ 为 Banach 空间.

证 先证 $1 \leqslant p < \infty$ 时 $L^p(E)$ 完备. 设 $\{x_n\}$ 是 $L^p(E)$ 中 Cauchy 列, 即对 $\forall \varepsilon > 0$, $\exists k_0 \in \mathbf{N}$, 使得 $\forall m, n \geqslant k_0$, 有

$$\|x_m - x_n\|_p = \left(\int_E |x_m(t) - x_n(t)|^p \mathrm{d}\mu\right)^{1/p} < \varepsilon/2.$$

由 Chebyshev 不等式 (见第五章 §2), 对 $\forall \eta > 0$, 有

$$\mu\{|x_m - x_n| > \eta\} \leqslant \frac{1}{\eta^p}\|x_m - x_n\|_p^p < (\varepsilon/2\eta)^p,$$

所以 $\{x_n\}$ 是 E 上依测度的 Cauchy 列, 由第四章 §2, $\{x_n\}$ 依测度收敛, 设其极限函数为 $x(t)$, 由 Riesz 定理, $\{x_n\}$ 中存在子列 $x_{n_k} \to x$ $\mu.a.e$ 于 E. 下面证 $\|x_{n_k} - x\|_p \to 0 (k \to \infty)$. 事实上, $\{x_{n_k}\}$ 也是 Cauchy 列, 即对 $\forall \varepsilon > 0$, $\exists k_0 \in \mathbf{N}$, 使得 $\forall n_k, n_j \geqslant k_0$, 有 $\|x_{n_k} - x_{n_j}\|_p < \varepsilon/2$.

又由 $|x_{n_j}(t) - x_{n_k}(t)| \to |x(t) - x_{n_k}(t)| (j \to \infty) (\mu.a.e. t \in E)$. 由 Fatou 引理,

$$\begin{aligned} \|x - x_{n_k}\|_p^p &= \int_E |x(t) - x_{n_k}(t)|^p \mathrm{d}\mu \\ &\leqslant \liminf_{j\to\infty} \int_E |x_{n_j}(t) - x_{n_k}(t)|^p \mathrm{d}\mu \leqslant (\varepsilon/2)^p, \end{aligned} \tag{4.14}$$

从而, 当 $n \geqslant k_0$ 时,

$$\|x_n - x\|_p \leqslant \|x_n - x_{n_k}\|_p + \|x_{n_k} - x\|_p < \varepsilon,$$

所以 $x_n \to x$, 而且 $x = (x - x_{n_k}) + x_{n_k} \in L^p(E)$. 这就证明了 $L^p(E)(1 \leqslant p < \infty)$ 的完备性.

下面证 $L^\infty(E)$ 完备, 设 $\{x_n\}$ 是 $L^\infty(E)$ 上任一 Cauchy 列. 对 $m, n \in \mathbf{N}$, 令

$$A_{m,n} = \{t \in E : |x_m(t) - x_n(t)| > \|x_m - x_n\|_\infty\},$$

由 $\|\cdot\|_\infty$ 的定义, $\mu(A_{m,n}) = 0$, 令 $A = \bigcup\limits_{m,n} A_{m,n}$, 则 $\mu(A) = 0$. 对 $\forall t \in A^c = E - A$,

$$|x_m(t) - x_n(t)| \leqslant \|x_m - x_n\|_\infty \to 0, \quad m, n \to \infty,$$

即 $\{x_m\}$ 是 A^c 上 Cauchy 数列, 从而必收敛于某实数 $x(t)$, 令 $x(t) = 0, t \in A$, 则 $x \in L^\infty(E)$, 且 $\|x_n - x\|_\infty \to 0(n \to \infty)$.

我们在第五章 §1 曾指出, l^p 可看成 $L^p(E)$ 的特殊情形, 这只要取 $E = \mathbf{N}$(正整数集), Σ 是 $\mathbf{N}$ 的所有子集构成的 σ 代数, $\mu(E)$ 是 E 中元素的个数. 当然也可以直接证明 $l^p(1 \leqslant p \leqslant \infty)$ 的完备性.

定理 4.5 设 E 为 $\mathbf{R}^n$ 中可测集, $0 < \mu(E) < \infty$, 则当 $1 \leqslant p < \infty$ 时, $L^p(E)$ 和 l^p 是可分的, 而 $L^\infty(E)$ 与 l^∞ 是不可分的.

证 设 $1 \leqslant p < \infty$, $\mathbf{Q}$ 为有理数集, 令

$$A_n = \{y_n : y_n = (r_1, \cdots, r_n, 0, \cdots) : r_k \in \mathbf{Q}\},$$

$A = \bigcup\limits_{n=1}^{\infty} A_n$, 则 $A \subset l^p$ 且 A 为可数集. 下面设 l^p 与 $L^p(E)(1 \leqslant p \leqslant \infty)$ 中的 K 为实数域.

为证 l^p 可分, 只要再证 A 在 l^p 中稠密. 对 $\forall x = (x_1, x_2, \cdots, x_n, \cdots) \in l^p$, 从 l^p 的定义, $\|x\|_p = \left(\sum\limits_{k=1}^{\infty} |x_k|^p\right)^{1/p} < \infty$, 所以, 对 $\forall \varepsilon > 0$, $\exists k_0$, 使得 $\forall n \geqslant k_0$, 有

$$\sum_{k=n+1}^{\infty} |x_k|^p < \varepsilon^p/2.$$

取 $x_0 = (r_1, \cdots, r_n, 0, \cdots)(n \geqslant k_0)$, 式中 $r_k \in \mathbf{Q}$, $1 \leqslant k \leqslant n$, 使得

$$\sum_{k=1}^{n} |x_k - r_k|^p < \varepsilon^p/2,$$

从而

$$\|x-x_0\|_p=\left(\sum_{k=1}^{n}|x_k-r_k|^p+\sum_{k=n+1}^{\infty}|x_k-0|^p\right)^{1/p}<\left(\frac{\varepsilon^p}{2}+\frac{\varepsilon^p}{2}\right)^{1/p}=\varepsilon.$$

所以, $l^p(1\leqslant p<\infty)$ 可分.

下面证 l^∞ 不可分. 令

$$D=\{x=(x_1,\cdots,x_n,\cdots):x_k=0\text{ 或 }1\},$$

则 D 为不可数集, 且 $D\subset l^\infty$. 用反证法, 若 l^∞ 可分, 则 l^∞ 中必存在可数的稠密集 A, 记为 $A=\{y_1,\cdots,y_n,\cdots\}$. 于是对 $\forall\delta>0$,

$$\bigcup_{y_k\in A}B(y_k,\delta)\supset l^\infty\supset D,$$

从而至少有一个球 $B(y_{k_0},\delta)$ 包含 D 中两个以上的点, 记为 $x^{(1)}$, $x^{(2)}$, $x^{(1)}\neq x^{(2)}$. 所以, $d\left(x^{(1)},x^{(2)}\right)=1$, 取 $\delta=\dfrac{1}{3}$, 得

$$1=d\left(x^{(1)},x^{(2)}\right)\leqslant d\left(x^{(1)},y_{k_0}\right)+d(y_{k_0},x^{(2)})<\frac{1}{3}+\frac{1}{3}=\frac{2}{3}.$$

这是矛盾的. 所以 l^∞ 不可分.

$L^p(E)(1\leqslant p<\infty)$ 的可分性的证明与定理 4.3 类似, $L^\infty(E)(\mu(E)>0)$ 不可分的证明留作习题. 我们可类似地证明, K 为复数域时, l^p、$L^p(E)(1\leqslant p<\infty)$ 也是可分的, 而 l^∞ 与 $L^\infty(E)$ 仍不可分. 证明见 “续论” [1] 下册第七章 §4, PP. 206–208.

定理 4.6 设 E 为线性距离空间中的可测集, 且 $\mu(E)<\infty$, 对于 $f\in L^p(E)$, $1<p<\infty$, $0<\mu(E)<\infty$, f 在球 $B(x,h)$ 上的平均记为

$$f_h(x)=\frac{1}{\mu(B(x,h))}\int_{B(x,h)}f(y)\mathrm{d}y,\tag{4.15}$$

则集 $A\subset L^p(E)$ 列紧的充要条件是:

(1) A 为一致有界集, 即存在常数 $M>0$, 使得对 $\forall f\in A$, $\|f\|_p\leqslant M$;

(2) $\forall\varepsilon>0$, $\exists\delta>0$, 使得 $\forall h:0<h<\delta$, $\forall f\in A$, 有

$$\|f-f_h\|_p<\varepsilon.\tag{4.16}$$

证 充分性: 令

$$A_h=\{f_h:f\in A\}.\tag{4.17}$$

由第六章习题 1.1 知 $A_h\subset C(E)$, 且

$$\|f_h\|_p\leqslant\|f\|_p.\tag{4.18}$$

下面先证 A_h 是 $L^p(E)$ 中列紧集. 从 (4.18), 对 $\forall f, g\in L^p(E)$, 有 $d_p(f_h, g_h)\leqslant d_p(f,g)$, 所以, $C(E)$ 中的收敛点列按 $L^p(E)$ 的距离 d_p 也是收敛的, 因此, 只需证明 A_h 是 $C(E)$ 中列紧集, 由定理 4.1, 只要证 A_h 是一致有界且等度连续的, 为此, 由条件 (1) (下面记 $B_x = B(x,h)$) 和 Hölder 不等式, 有

$$\begin{aligned}|f_h(x)| &\leqslant \frac{1}{\mu(B_x)}\int_{B_x}|f(y)|\mathrm{d}y\\ &\leqslant \frac{1}{\mu(B_x)}\left(\int_{B_x}|f(y)|^p\,\mathrm{d}y\right)^{\frac{1}{p}}\left(\int_{B_x}\mathrm{d}y\right)^{\frac{1}{q}}\\ &\leqslant \mu(B_x)^{(1/q)-1}\left(\int_E|f(y)|^p\,\mathrm{d}y\right)^{\frac{1}{p}}\leqslant\frac{M}{\mu(B_x)^{1/p}}.\end{aligned}$$

这表明 A_h 是一致有界的.

对 $\forall x_1, x_2\in E$, 因为 $\mu(B_{x_1})=\mu(B_{x_2})=\mu(B_x)$, 所以,

$$\begin{aligned}|f_h(x_2)-f_h(x_1)| &\leqslant \frac{1}{\mu(B_x)}\int_{B(x_2)-B(x_1)}|f(y)|\mathrm{d}y\\ &\leqslant \frac{1}{\mu(B_x)}\left(\int_{B(x_2)-B(x_1)}|f(y)|^p\mathrm{d}y\right)^{1/p}(\mu(B(x_2)-B(x_1)))^{1/q}\\ &\leqslant \frac{(\mu(B(x_2)-B(x_1)))^{1/q}}{\mu(B_x)}\left(\int_E|f(y)|^p\mathrm{d}y\right)^{1/p}\\ &\leqslant \frac{M}{\mu(B_x)}(\mu(B(x_2)-B(x_1)))^{1/q}.\end{aligned}$$

由此得出 A_h 是等度连续的, 所以, A_h 是 $L^p(E)$ 中列紧集.

下面证 A 是 $L^p(E)$ 中完全有界集, 从条件 (2), 对 $\forall\varepsilon>0$, $\exists\delta>0$, 使得 $\forall h: 0<h<\delta$, $\forall f\in A$, 有

$$d_p(f,f_h)=\|f-f_h\|_p<\frac{\varepsilon}{3}. \tag{4.19}$$

对满足 (4.19) 的 h, 从 A_h 列紧得 A_h 完全有界, 即 A_h 存在有限 $\frac{\varepsilon}{3}$ 网: $\{f_h^{(1)}, f_h^{(2)},\cdots,f_h^{(n)}\}$. 对 $\forall f\in A$, 相应的 $f_h\in A_h$, 从而存在 $k: 1\leqslant k\leqslant n$, 使得 $d_p(f_h,f_h^{(k)})<\frac{\varepsilon}{3}$, 于是

$$\begin{aligned}d_p(f,f^{(k)}) &\leqslant d_p(f,f_h)+d_p(f_h,f_h^{(k)})+d_p(f_h^{(k)},f^{(k)})\\ &<\frac{\varepsilon}{3}+\frac{\varepsilon}{3}+\frac{\varepsilon}{3}=\varepsilon,\end{aligned}$$

这表明 $\{f_h^{(1)}, f_h^{(2)},\cdots,f_h^{(n)}\}$ 是 A 的有限 ε 网, 从而 A 是完全有界集, 由 $L^p(E)$

的完备性, A 列紧.

必要性: 设 A 是 $L^p(E)$ 中列紧集, 从而 A 为有界集, 即存在 $r>0$, 使得 $A\subset B(0,r)$, 于是, 对 $\forall f\in A$, 有 $f\in B(0,r)$, 即 $\|f\|_p=\left(\int_E |f(y)|^p\mathrm{d}y\right)^{1/p}<r$, 所以条件 (1) 满足. 为证条件 (2) 也满足, 我们利用可积函数的逼近性质 (见第五章 §2), 对于 $\forall\varepsilon>0$ 和 $\forall f\in L^p(E)$, 存在有紧支集的连续函数 g, 使得

$$\|f-g\|_p<\varepsilon. \tag{4.20}$$

不妨设 g 在 E 上连续, 由 A 列紧可得 A 完全有界, 即对上述 $\varepsilon>0$, A 存在有限 $\dfrac{\varepsilon}{3}$ 网 D. 不妨设 $D=\{g_1,\cdots,g_n\}$, 式中 $g_k\in C(\overline{E})$, $1\leqslant k\leqslant n$. 从而 $\exists\delta>0$, 使得 $\forall x,\ y\in\overline{E}$, 当 $d(x,y)<\delta$ 时, $|g_k(y)-g_k(x)|<\dfrac{\varepsilon}{3(\mu(E))^{1/p}}$, 从而,

$$\begin{aligned}d_p((g_k)_h,g_k)=\|(g_k)_h-g_k\|_p&=\left\{\int_E\left|\frac{1}{\mu(B_x)}\int_{B_x}g_k(y)\mathrm{d}y-g_k(x)\right|^p\mathrm{d}x\right\}^{\frac{1}{p}}\\&\leqslant\left\{\int_E\left(\frac{1}{\mu(B_x)}\int_{B_x}|g_k(y)-g_k(x)|\,\mathrm{d}y\right)^p\mathrm{d}x\right\}^{\frac{1}{p}}<\frac{\varepsilon}{3}.\end{aligned}$$

对于 $\forall f\in A$, $\exists g_k\in D$, 使得 $d_p(f,g_k)<\dfrac{\varepsilon}{3}$, 再利用第六章习题 1.1, 有 $d_p(f_h,(g_k)_h)\leqslant d_p(f,g_k)$, 于是, 当 $0<h<\delta$ 时, 有 $d_p(f_h,f)\leqslant d_p(f_h,(g_k)_h)+d_p((g_k)_h,g_k)+d_p(g_k,f)<\dfrac{\varepsilon}{3}+\dfrac{\varepsilon}{3}+\dfrac{\varepsilon}{3}=\varepsilon$, 即条件 (2) 也满足. 证毕.

注 4.2 定理 4.6 称为 Kolmogorov 定理, 其中条件 (2) 可换成:

(3) A 中函数等度平均连续: 对 $\forall f\in A$, $\forall\varepsilon>0$, $\exists\delta>0$, 使得 $\forall x,\ y\in E$, 当 $d(x,y)<\delta$ 时,

$$\int_E|f(y+t)-f(x+t)|^p\mathrm{d}\mu(t)<\varepsilon. \tag{4.21}$$

特别地, 当 E 为 $\mathbf{R}^n$ 中有界闭集时, (4.21) 可写成 $\lim\limits_{\|h\|\to0}\int_E|f(x+h)-f(x)|^p\mathrm{d}x=0$, 式中 $h=(h_1,\cdots,h_n)$, $\|h\|=\left(\sum\limits_{k=1}^{n}|h_k|^2\right)^{1/2}$. 而当 $\mu(E)=\infty$ 时, 定理 4.6 失效. 这时, 我们有以下替代的结果:

定理 4.7 设 $A\subset L^p(\mathbf{R}^n)$, $1<p<\infty$, 则 A 列紧的充要条件是下述 (1)–(3) 同时满足:

(1) A 一致有界, 即存在常数 $M>0$, 使得 $\forall f\in A$, 有 $\|f\|_p\leqslant M$;

(2) A 中函数等度平均连续, 即对 $\forall f\in A$, 成立

$$\lim_{h\to 0}\int_{\mathbf{R}^n}|f(x+h)-f(x)|^p\mathrm{d}\mu(x)=0; \tag{4.22}$$

(3) 对于 $\forall\varepsilon>0$, $\exists r>0$, 使得对 $\forall f\in A$, 有

$$\int_{B_r^c}|f(x)|^p\mathrm{d}\mu<\varepsilon, \tag{4.23}$$

式中 $B_r=B(0,r)$ 表示以原点为中心、r 为半径的球, B_r^c 是 B_r 的余集.

该定理的证明在本章 §1 习题 7.1 的 1.8 中已留作习题.

定理 4.8 空间 $l^p(1\leqslant p<\infty)$ 中的子集 A 列紧的充要条件是

(1) A 完全有界, 即存在常数 $M>0$, 使得对 $\forall x=(x_1,\cdots,x_n,\cdots)\in A$, 有

$$\|x\|_p=\left(\sum_{k=1}^{\infty}|x_k|^p\right)^{\frac{1}{p}}\leqslant M; \tag{4.24}$$

(2) A 中序列等度收敛, 即对 $\forall\varepsilon>0$, $\exists m$, 使得 $\forall x=(x_1,\cdots,x_n,\cdots)\in A$, 成立

$$\sum_{k=m+1}^{\infty}|x_k|^p<\varepsilon. \tag{4.25}$$

证 必要性: 设 A 列紧, 从而 A 为完全有界集, 于是条件 (1) 成立. 为证 (2) 成立, 因为 A 完全有界, 所以, 对 $\forall\varepsilon>0$, 必存在 A 的有限 $\frac{1}{2}\varepsilon^{1/p}$ 网 $D=\{y_1,\cdots,y_n\}$, 式中 $y_k=(y_1^{(k)},\cdots,y_m^{(k)},\cdots)\in l^p$, 从而 $\exists N$, 使得 $\forall m>N$, $\forall k:1\leqslant k\leqslant n$, 有 $\left(\sum\limits_{j=m+1}^{\infty}|y_j^{(k)}|^p\right)^{\frac{1}{p}}<\frac{1}{2}\varepsilon^{1/p}$, 对 $\forall x=(x_1,\cdots,x_n,\cdots)\in A$, $\exists y_k(1\leqslant k\leqslant n)$, 使得 $\|x-y_k\|_p=\left(\sum\limits_{j=1}^{\infty}|x_j-y_j^{(k)}|^p\right)^{1/p}<\frac{1}{2}\varepsilon^{1/p}$, 从而

$$\begin{aligned}\left(\sum_{j=m+1}^{\infty}|x_j|^p\right)^{\frac{1}{p}}&\leqslant\left(\sum_{j=m+1}^{\infty}|x_j-y_j^{(k)}|^p\right)^{\frac{1}{p}}+\left(\sum_{j=m+1}^{\infty}|y_j^{(k)}|^p\right)^{\frac{1}{p}}\\&\leqslant\|x-y_k\|_p+\frac{1}{2}\varepsilon^{1/p}<\varepsilon^{1/p}.\end{aligned}$$

充分性: 从条件 (2), 对 $\forall\varepsilon>0$, $\exists m$, 使得对 $\forall x=(x_1,\cdots,x_n,\cdots)\in A$, 成立 $\sum\limits_{k=m+1}^{\infty}|x_k|^p<\varepsilon$, 令 $D=\{(x_1,\cdots,x_m,0,\cdots)\}:x\in A\}$, 则 D 是 A 的一个 ε 网, 再由条件 (1) , 对于 $\forall x=(x_1,\cdots,x_n,\cdots)\in A$, 有

$$|x_k| \leqslant \|x\|_p \leqslant M \quad (\forall k). \tag{4.26}$$

对 $\forall y_n = (x_1^{(n)}, \cdots, x_m^{(n)}, 0, \cdots,) \in D$, 从 (4.26) 知, $|x_k^{(n)}| \leqslant M, 1 \leqslant k \leqslant m$, 于是, 有界数列 $\{x_k^{(n)}\}$ 必有收敛子列, 不妨设 $x_k^{(n)} \to x_k^{(0)}$ $(1 \leqslant k \leqslant m)$ $(n \to \infty)$, 令 $y_0 = (x_1^{(0)}, \cdots, x_m^{(0)}, 0, \cdots)$, 则 $y_0 \in l^p$, 且 $d(y_n, y_0) \to 0$ $(n \to \infty)$, 这说明 D 是列紧集, 从而 D 完全有界, 于是 D 存在有限 ε 网 E, E 是 A 的有限 2ε 网, 这表明 A 是完全有界集, 由 l^p 的完备性, A 列紧. 证毕.

在第二章 §4, 我们已知, 若集 E 的每个开覆盖都有有限子覆盖, 则称 E 为紧集, 下面证明它与列紧闭集等价, 为此, 我们先证:

定理 4.9 (Lebesgue 覆盖引理) 设 (X, d) 是列紧的距离空间, $\{G_\alpha\}_{\alpha \in I}$ 是 X 的开覆盖, 则存在 $\delta > 0$, 使得 $\forall x \in X$, 在 $\{G_\alpha\}_{\alpha \in I}$ 中存在开集 G, 成立

$$B(x, \delta) \subset G, \tag{4.27}$$

式中 $B(x, \delta)$ 表示以 x 为中心、δ 为半径的 (开) 球, δ 称为 **Lebesgue** 数.

证 用反证法. 设满足 (4.27) 的 δ 不存在, 则对 $\forall n \in \mathbf{N}$, $\exists x_n \in X$, 使得对 $\forall G \in \{G_\alpha\}_{\alpha \in I}$, 有

$$B\left(x_n, \frac{1}{n}\right) \not\subset G. \tag{4.28}$$

因为 X 列紧, 所以 $\{x_n\}$ 中存在收敛子列 $\{x_{n_k}\}$, 设 $x_{n_k} \to x_0 \in X$. 由假设, $X \subset \bigcup\limits_{\alpha \in I} G_\alpha$. 于是 $\exists G_0 \in \{G_\alpha\}_{\alpha \in I}$, 使得 $x_0 \in G_0$, 由于 G_0 为开集, 所以 $\exists r > 0$, 使得 $B(x_0, r) \subset G_0$. 再从 $x_{n_k} \to x_0$, $\exists K$, 使得对 $\forall k > K$, 有 $d(x_0, x_{n_k}) < \dfrac{r}{2}$, 于是, 对 $\forall y \in B\left(x_{n_k}, \dfrac{1}{n_k}\right)$, 当 $n_k > \max\left\{K, \dfrac{2}{r}\right\}$ 时, 有 $d(y, x_0) \leqslant d(y, x_{n_k}) + d(x_{n_k}, x_0) < \dfrac{1}{n_k} + \dfrac{r}{2} < r$, 即 $B\left(x_{n_k}, \dfrac{1}{n_k}\right) \subset B(x_0, r) \subset G_0$. 但这与 (4.28) 矛盾. 证毕.

注 4.3 定理 4.9 中的 X 可换成 (X, d) 中列紧闭集.

定理 4.10 设 (X, d) 为距离空间, $E \subset X$, 则 E 为列紧闭集的充要条件是 E 为紧集.

证 必要性: 设 E 是列紧闭集. $F = \{G_\alpha\}_{\alpha \in I}$ 是 E 的任一开覆盖, 由定理 4.9, 存在 Lebesgue 数 $\delta > 0$, 使得对 $\forall x \in E$, 在 F 中存在开集 G, 有

$$B(x, \delta) \subset G. \tag{4.29}$$

又由 E 列紧, 从而完全有界, 由定理 1.8 和注 1.6, E 存在有限 δ 网 $A_\delta = \{y_1, \cdots, y_n\}$, 使得 $A_\delta \subset E$, 且 $E \subset \bigcup\limits_{k=1}^{n} B(y_k, \delta)$. 又 δ 为 Lebesgue 数, 由 (4.29),

$B(y_k,\delta)\subset G_k$, 从而 $E\subset \bigcup\limits_{k=1}^{n} B(y_k,\delta)\subset \bigcup\limits_{k=1}^{n} G_k$, 这说明 E 是紧集.

充分性: 设 E 为紧集, 要证 E 是列紧闭集. 用反证法. 若 E 不是列紧闭集, 则存在点列 $\{y_k\}_{k=1}^{\infty}\subset E$, 它不含有收敛于 E 中元素的子列, 令 $A=\{y_k\}_{k=1}^{\infty}$, 则 A 为无限集, 而且 $\forall x\in E$, $x\notin A'$, 即 $\exists\delta_x>0$, 使得

$$A\cap B(x,\delta_x)\subset\{x\}.$$

另一方面, 因为 $E\subset \bigcup\limits_{x\in E} B(x,\delta_x)$, 由 E 的紧性, 存在 $x_1,\cdots,x_n\in E$, 使得

$$E\subset\bigcup_{k=1}^{n} B(x_k,\delta_{x_k}).$$

于是

$$A=A\cap E\subset A\cap\left(\bigcup_{k=1}^{n} B(x_k,\delta_{x_k})\right)=\bigcup_{k=1}^{n}(A\cap B(x_k,\delta_{x_k}))\subset\{x_1,\cdots,x_n\},$$

但这与 A 为无限集相矛盾. 证毕.

当 $p=2$ 时, 可以在 $L^2(E)$, l^2 中引入内积:

$$(x,y)=\begin{cases}\displaystyle\int_E x(t)\overline{y(t)}\mathrm{d}\mu(t), & x,y\in L^2(E);\\ \displaystyle\sum_{k=1}^{\infty} x_k\overline{y_k}, & x,y\in l^2,\end{cases}\tag{4.30}$$

则 $L^2(E)$, l^2 为内积空间, 它们关于由内积引出的范数是完备的, 所以 $L^2(E)$, l^2 是 Hilbert 空间.

但例 3.1 中已指出, 当 $p\neq 2$ 时, $L^p(E)$, l^p 中均不能引入内积.

注 4.4　当 $0<p<1$ 时, Minkowski 不等式 (4.11) 中的不等号要反向, 所以, 由 (4.10), (4.12) 定义的 $\|\cdot\|_p$ 不再是范数, 这时的 $L^p(E)$, l^p 不再是赋范线性空间, 因而不是 Banach 空间.

当 $0<p<1$ 时, 我们可令

$$d(x,y)=\begin{cases}\displaystyle\int_E |x(t)-y(t)|^p\mathrm{d}\mu(t), & x,y\in L^p(E);\\ \displaystyle\sum_{k=1}^{\infty}|x_k-y_k|^p, & x,y\in l^p,\end{cases}\tag{4.31}$$

利用初等不等式:

$$(|a|+|b|)^p \leqslant |a|^p+|b|^p \quad (0<p<1) \tag{4.32}$$

(a,b 可为复数) 易证 (4.31) 定义的 $d(x,y)$ 是距离, 因而 $L^p(E)$, l^p 按 (4.31) 形成完备的线性距离空间, 但不是 Banach 空间.

若将 (4.31) 中的距离改为

$$d_p(x,y)=\left(\int_E |x(t)-y(t)|^p \mathrm{d}\mu(t)\right)^{1/p},$$

则 $L^p(E)$ 按 d_p 形成 b 距离空间.

设 E 是距离空间 (X,d) 中的可测集, 令 $E_t=\{x\in E:|f(x)|>t\}$, 若可测函数 $f:E\to\mathbf{R}^1$ 满足: 存在仅依赖于 f 的常数 c, 使得

$$t(\mu(E_t))^{1/p}\leqslant c, \quad \forall t>0, 1\leqslant p<\infty,$$

则称 f 属于弱 $L^p(E)$ 空间, 记为 $f\in WL^p(E)$. 我们可以写成

$$WL^p(E)=\{f \text{ 在} E \text{ 上可测}: [f]_p<\infty\},$$

式中 $[f]_p=\sup\limits_{t>0}\{t(\mu(E_t))^{1/p}\}$, 注意 $[f]_p$ 不是范数.

利用 Chebyshev 不等式 (见第四章 §2 定理 2.10): $\mu(E_t)\leqslant \dfrac{1}{t^p}\displaystyle\int_E |f|^p\mathrm{d}\mu$, 得到

$$[f]_p\leqslant \|f\|_p, \quad L^p(E)\subset WL^p(E).$$

四、Sobolev 空间

Sobolev 空间是 20 世纪 30 年代开始建立并发展起来的一类非常重要的赋范线性空间. 它在偏微分方程、力学、电磁学等的研究和工程技术中起着越来越重要的作用, 并且已经发展成为系统的理论. 最常用的 Sobolev 空间是整指数的 $W^{m,p}(\Omega)$ 和实指数的 $H^3(\mathbf{R}^n)$. 设 Ω 是 $\mathbf{R}^n$ 中的非空开集, m 是非负整数, $\alpha=(\alpha_1,\cdots,\alpha_n)$ 是 n 重指标, 式中 α_k 是非负整数, $|\alpha|=\sum\limits_{k=1}^n\alpha_k$, $x=(x_1,\cdots,x_n)\in\mathbf{R}^n$, $D^\alpha=\dfrac{\partial^{\alpha_1}}{\partial x_1^{\alpha_1}}\cdots\dfrac{\partial^{\alpha_n}}{\partial x_n^{\alpha_n}}$, $|\alpha|\leqslant m$, $1\leqslant p<\infty$. 于是函数集合

$$W^{m,p}(\Omega)=\{f\in L^p(\Omega): D^\alpha f\in L^p(\Omega), |\alpha|\leqslant m\}$$

按线性运算成为线性空间. 在其中定义范数

$$\|f\|_{m,p} = \left\{ \sum_{|\alpha|\leqslant m} \|D^\alpha f\|_p^p \right\}^{1/p},$$

$W^{m,p}(\Omega)$ 成为赋范线性空间, 称为 Sobolev 空间. 我们可以证明它是 Banach 空间, 而且是 $L^p(\Omega)$ 的子空间. 特别地, $W^{0,p}(\Omega) = L^p(\Omega)$. 当 $1 \leqslant p_1 < p_2 < \infty$ 时, $W^{m,p_2}(\Omega) \subset W^{m,p_1}(\Omega)$.

例 4.1 设 $n = 2, \Omega \subset \mathbf{R}^2$, 则当 $m = 1, p = 2$ 时, 有

$$W^{1,2}(\Omega) = \{f \in L^2(\Omega) : D^\alpha f \in L^2(\Omega), |\alpha| \leqslant 1\},$$

$$\|f\|_{1,2} = \left(\iint\limits_\Omega \left(|f|^2 + \left| \frac{\partial f}{\partial x_1} \right|^2 + \left| \frac{\partial f}{\partial x_2} \right|^2 \right) \mathrm{d}x_1 \mathrm{d}x_2 \right)^{1/2}.$$

而当 $m = 2, p = 3$ 时, 有

$$W^{2,3}(\Omega) = \{f \in L^3(\Omega) : D^\alpha f \in L^3(\Omega), |\alpha| \leqslant 2\},$$

$$\|f\|_{2,3} = \left(\iint\limits_\Omega \left(|f|^3 + \left| \frac{\partial f}{\partial x_1} \right|^3 + \left| \frac{\partial f}{\partial x_2} \right|^3 + \left| \frac{\partial^2 f}{\partial x_1^2} \right|^3 + \left| \frac{\partial^2 f}{\partial x_2^2} \right|^3 + \left| \frac{\partial^2 f}{\partial x_1 \partial x_2} \right|^3 \right) \mathrm{d}x_1 \mathrm{d}x_2 \right)^{1/3}.$$

具有紧支集的无穷次可微函数空间 $C_0^\infty(\Omega)$ 按 $W^{m,p}(\Omega)$ 的范数 $\|\cdot\|_{m,p}$ 的完备化空间记为 $W_0^{m,p}(\Omega)$, 它也是 Banach 空间, 如果开集 $\Omega \subset \mathbf{R}^n$ 还满足一定的附加条件, 例如 Ω 在其边界 $\partial\Omega$ 的一侧, $C^m(\Omega)$ (见本节习题 4.4) 按 $W^{m,p}(\Omega)$ 的范数 $\|\cdot\|_{m,p}$ 的完备化空间就是 $W^{m,p}(\Omega)$. 当 $1 \leqslant p < \infty$ 时, 它们的包含关系是

$$C_0^\infty(\Omega) \subset W_0^{m,p}(\Omega) \subset W^{m,p}(\Omega) \subset L^p(\Omega).$$

我们已知当 $1 \leqslant p < \infty$ 时, $L^p(\Omega)$ 是可分的, 因为可分空间的子空间也是可分的, 所以 $W_0^{m,p}(\Omega)$ 和 $W^{m,p}(\Omega)$ 都是可分空间. 当 $1 < p < \infty$ 时, $W^{m,p}(\Omega)$ 还是自反的.

当 $p = 2$ 时, $W^{m,2}(\Omega)$ 常记为 $H^m(\Omega)$ (注意要与本节习题 4.5 中的 H^p 相区别), 它是 $L^2(\Omega)$ 的子空间, 因而可以定义内积

$$(f,g) = \sum_{|\alpha|\leqslant m} \int_\Omega D^\alpha f \cdot D^\alpha g \mathrm{d}x,$$

用内积定义的范数是

$$\|f\|_{H^m(\Omega)} = (f,f)^{1/2} = \left\{ \sum_{|\alpha|\leqslant m} \|D^\alpha f\|_2^2 \right\}^{1/2},$$

这说明由内积导出的范数与 $W^{m,2}(\Omega)$ 的范数 $\|\cdot\|_{m,2}$ 是一致的. 特别地, $H^0(\Omega)=L^2(\Omega)$. 当 m 是负整数时, $W^{m,p}(\Omega)$ 定义为 $W^{-m,q}(\Omega)$ 的共轭空间, 即

$$W^{m,p}(\Omega)=(W^{-m,q}(\Omega))^*,$$

式中 $1\leqslant p<\infty$, $\dfrac{1}{p}+\dfrac{1}{q}=1$. 特别地, $H^m(\Omega)$ 定义为 $H^{-m}(\Omega)$ 的共轭空间, 即

$$H^m(\Omega)=(H^{-m}(\Omega))^*.$$

类似地, 我们记

$$H_0^m(\Omega)=W_0^{m,2}(\Omega).$$

$H_0^m(\Omega)$ 是 $H^m(\Omega)$ 的子空间. 因为 $H_0^m(\Omega)$ 与 $H^m(\Omega)$ 都是完备化空间, 所以, 它们都是 Hilbert 空间.

例 4.2 设 $\Omega=(a,b)\subset\mathbf{R}^1$, 则 $H^m(a,b)$ 中的内积是

$$(f,g)=\int_a^b\left(\sum_{k=0}^m\frac{\mathrm{d}^kf}{\mathrm{d}x^k}\cdot\frac{\mathrm{d}^kg}{\mathrm{d}x^k}\right)\mathrm{d}x.$$

若 $\Omega\subset\mathbf{R}^2$, 则 $H^2(\Omega)$ 中的内积是

$$\begin{aligned}(f,g)=\iint\limits_{\Omega}\bigg(&fg+\frac{\partial f}{\partial x_1}\frac{\partial g}{\partial x_1}+\frac{\partial f}{\partial x_2}\frac{\partial g}{\partial x_2}+\frac{\partial^2 f}{\partial x_1^2}\frac{\partial^2 g}{\partial x_1^2}\\&+\frac{\partial^2 f}{\partial x_1\partial x_2}\frac{\partial^2 g}{\partial x_1\partial x_2}+\frac{\partial^2 f}{\partial x_2^2}\frac{\partial^2 g}{\partial x_2^2}\bigg)\mathrm{d}x_1\mathrm{d}x_2.\end{aligned}$$

例 4.3 设 δ 是 Dirac δ 函数, $\Omega=(-1,1)$, 则 $\delta\in H^{-1}(\Omega)$, 但是, $\delta\notin H^m(\Omega)$, $m\geqslant 0$.

评注: 许多数学物理问题求广义解, 要求 Sobolev 空间中的函数是广义函数, 所以, 上述的 $W^{m,p}(\Omega)$ 实际上是广义函数空间, D 表示广义导数算子, f,g 表示广义函数, f 和 g 的导数都是指的广义导数. 实指数的 Sobolev 空间 $H^s(\Omega)$ 要用广义函数的 Fourier 变换来定义. 有关广义函数及其导数和它的 Fourier 变换, 见第九章 §6.

由 Sobolev 空间和广义导数产生的广义解, 使许多数学物理问题转变成全新的表现形式而成功地获得解决. 例如, 偏微分算子 T 在 $L^2(\Omega)$ 上无界时, 若系数与边界满足适当的正则条件, 就能使 T 成为 Sobolev 空间上的有界算子.Sobolev 空间的嵌入理论和其他运算性质的深入讨论, 读者可参阅有关专著, 例如: Mazja, V.G., Sobolev Spaces, Springer-Verlag, 1985.

五、Orlicz 空间 $L_\varphi(E)$

设 (X,Σ,μ) 是 σ 有限的测度空间, $E\in\Sigma$, $\mu(E)>0$. 设 $\varphi(t)$ 是 $(0,\infty)$ 上递增的凸函数, 并满足 $\varphi(0)=0$, $\lim\limits_{t\to+\infty}\dfrac{\varphi(t)}{t}=+\infty$;

$$L_\varphi(E)=\left\{f: f \text{ 在 } E \text{ 上可测, 且存在 } \lambda>0, \text{ 使得 } \int_E \varphi(|f(x)|/\lambda)\mathrm{d}\mu(x)<\infty\right\}, \tag{4.33}$$

定义范数:

$$\|f\|=\inf\left\{\lambda>0: \int_E \varphi(|f(x)|/\lambda)\mathrm{d}\mu(x)\leqslant 1\right\}. \tag{4.34}$$

可以证明 $L_\varphi(E)$ 在 $\|\cdot\|$ 下成为 Banach 空间.

当 $\varphi(t)=t^p(1<p<\infty)$ 时, $L_\varphi(E)$ 归结为 $L^p(E)$ 空间. 当 $\varphi(t)=t^{p(x)}$, $p:E\to[1,\infty)$ 是可测函数时, $L_\varphi(E)$ 归结为变指数 Lebesgue 空间. $L^p\subset L_\varphi\subset L^1$, $1<p<\infty$.

习题 7.4

4.1 证明: $S(X)$ 按 (4.9) 和 s 按 (4.10) 形成的距离空间是完备的.

4.2 设 $1\leqslant p<\infty$, E 为距离空间 X 中的可测集. 证明: 有界可测函数空间 $B(E)$ 在 $L^p(E)$ 中稠密.

4.3 设 $c=\left\{x=(x_1,\cdots,x_n,\cdots): \lim\limits_{n\to\infty}x_n \text{ 存在 (有限)}\right\}$, 证明: c 作为 l^∞ 的子空间是可分的.

4.4 设 E 为 $\mathbf{R}^n$ 中紧集, $C^m(E)$ 表示在 E 上具有直到 m 阶连续偏导数的函数集合, $\alpha=(\alpha_1,\cdots,\alpha_n)$ 表示 n 重指标, 其中 α_k 为非负整数.

$$D^\alpha=\frac{\partial^{\alpha_1}}{\partial x_1^{\alpha_1}}\cdots\frac{\partial^{\alpha_n}}{\partial x_n^{\alpha_n}},\quad |\alpha|=\sum_{k=1}^n\alpha_k,\quad |\alpha|\leqslant m.$$

对于 $f\in C^m(E)$, 令

$$\|f\|=\max_{|\alpha|\leqslant m}\sup_{x\in E}|D^\alpha f(x)|. \tag{4.35}$$

证明: $C^m(E)$ 按上述范数 (4.35) 构成 Banach 空间. ($C^0(E)$ 就是连续函数空间 $C(E)$.)

4.5 设 $H^p(0<p\leqslant 1)$ 表示 $[a,b]$ 上满足 Hölder 条件:

$$|x(t_2)-x(t_1)|\leqslant M|t_2-t_1|^p,\quad t_1,t_2\in(a,b)$$

的函数集合, 对于 $x \in H^p$, 令

$$\|x\| = |x(a)| + \sup\left\{\frac{|x(t_2) - x(t_1)|}{|t_2 - t_1|^p} : a \leqslant t_1 < t_2 \leqslant b\right\}, \tag{4.36}$$

证明: H^p 是 Banach 空间.

评注: H^p 实际上就是第六章 §4 中定义的 $\mathrm{Lip}_M\alpha$, 此处 $\alpha = p$. 设 (X, d) 是距离空间, $f : X \to \mathbf{R}^1$, 则 $f \in \mathrm{Lip}_M\alpha\ (0 < \alpha \leqslant 1, M > 0)$ 的范数定义为

$$\|f\| = \|f\|_\infty + \sup\left\{\frac{|f(x) - f(y)|}{(d(x, y))^\alpha} : x, y \in X, x \neq y\right\}.$$

4.6 $BV[a, b]$ 表示 $[a, b]$ 上有界变差函数集合构成的线性空间, 若对 $x \in BV[a, b]$, 令

$$\|x\| = |x(a)| + V_a^b(x), \tag{4.37}$$

证明: $BV[a, b]$ 是不可分的 Banach 空间.

4.7 设 $1 < p_1 < p_2 < \infty$, 证明:

(1) $l^1 \subset l^{p_1} \subset l^{p_2} \subset c \subset l^\infty$, 其中 c 为收敛数列空间;

(2) 若 $\mu(E) < \infty$, 则 $C(E) \subset L^\infty(E) \subset L^{p_2}(E) \subset L^{p_1}(E) \subset L(E)$.

当 $\mu(E) = \infty$ 时, 上述包含关系是否仍成立?

4.8 证明: 绝对连续函数空间 $AC[a, b]$ 按范数 $\|f\| = |f(a)| + \int_a^b |f'|$ 是可分的 Banach 空间.

4.9 设 (X, Σ, μ) 是测度空间, $E \in \Sigma$, $\mu(E) > 0$, $1 \leqslant p \leqslant \infty$, $f_k \in L^p(E)$, $\sum\limits_{k=1}^{\infty} \|f_k\|_p < \infty$, 证明: 存在 $f \in L(E)$, 使得 $\sum\limits_{k=1}^{\infty} f_k(x) = f(x)$ $a.e. x \in E$, 而且 $\|f\|_p \leqslant \sum\limits_{k=1}^{\infty} \|f_k\|_p$.

4.10 设 $f \in L^p(E) \cap L^q(E)$, $0 < p < r < q \leqslant \infty$, $0 < \lambda < 1$, $\dfrac{1}{r} = \dfrac{\lambda}{p} + \dfrac{1-\lambda}{q}$, 证明: $\|f\|_r \leqslant \|f\|_p^\lambda \|f\|_q^{1-\lambda}$, 从而有 $\|f\|_r \leqslant \max\{\|f\|_p, \|f\|_q\}$.

4.11 设 $0 < p < r < q \leqslant \infty$, 证明: $L^p(E) \cap L^q(E) \subset L^r(E)$.

§5 内积空间中的 Fourier 分析

我们在微积分中已知, 设 $T = [-\pi, \pi)$, $f \in L(T)$ 产生的 Fourier 级数为

$$f(x) \sim \frac{a_0}{2} + \sum_{k=1}^{\infty} (a_k \cos kx + b_k \sin kx), \tag{5.1}$$

式中 Fourier 系数为

$$a_k = \frac{1}{\pi}\int_{-\pi}^{\pi} f(x)\cos kx\mathrm{d}x, \quad b_k = \frac{1}{\pi}\int_{-\pi}^{\pi} f(x)\sin kx\mathrm{d}x.$$

若将 $f(x)$ 改记为 $x(t)$, 标准正交系 $\{e_k\}$ 记为

$$\begin{aligned} &e_0 = \frac{1}{\sqrt{2\pi}}, e_{2k-1} = \frac{\cos kt}{\sqrt{\pi}}, e_{2k} = \frac{\sin kt}{\sqrt{\pi}}, \quad k = 1, 2, \cdots, \\ &c_k = (x, e_k) = \int_{-\pi}^{\pi} x(t)e_k\mathrm{d}t \quad (k = 0, 1, 2, \cdots), \end{aligned} \tag{5.2}$$

则 $c_0e_0 = \frac{1}{2}a_0$, $c_{2k-1}e_{2k-1} = a_k\cos kt$, $c_{2k}e_{2k} = b_k\sin kt$, 于是 (5.1) 可写成以下形式:

$$x(t) \sim \sum_{k=0}^{\infty} c_ke_k. \tag{5.3}$$

研究 (5.3) 中的级数在什么情况下收敛, 若收敛, 是否收敛于 $x(t)$, 而且收敛又有不同意义下的收敛, 是一个比较复杂的问题, 我们在内积空间中推广这些概念, 并讨论相应的 Fourier 展开.

一、内积空间中的标准正交系

定义 5.1 设 A 是内积空间 X 中不含零元的集合, 若对 $\forall x, y \in A$, $x \neq y$, $(x, y) = 0$, 即 $x \perp y$, 则称 A 为 X 中**正交集**; 若正交集 A 中每个向量 x 的范数都是 1, 则称 A 为**标准正交集**; 特别地, 若 A 为可数集, 记为 $A = \{e_k\}$, 则称 A 为 X 中的**标准正交系**; 若 $\overline{\operatorname{span} A} = X$, 即 $A = \{e_k\}$ 张成的子空间在 X 中稠密, 则称 $A = \{e_k\}$ 是 X 中的**标准正交基**, 它实际上是一种特殊的 Schauder 基.

例如, (5.2) 中的 $\{e_k\}$ 是 $L^2(T)$ 中的标准正交基; 而当 $e_k = (\underbrace{0, \cdots, 0}_{k-1\text{个}}, 1, 0, \cdots)$ 时, $\{e_k\}$ 则是 l^2 中的标准正交基.

定理 5.1 设 $A = \{e_k\}$ 是内积空间 X 中的正交集, 则

(1) $\left\|\sum\limits_{k=1}^{\infty} e_k\right\|^2 = \sum\limits_{k=1}^{\infty} \|e_k\|^2$; (5.4)

(2) $A = \{e_k\}$ 是线性无关集.

证 (1) 从本章定理 3.5, 用归纳法得出对 $\forall n$,

$$\left\|\sum_{k=1}^{n} e_k\right\|^2 = \sum_{k=1}^{n} \|e_k\|^2. \tag{5.5}$$

再由范数的连续性, 令 $n \to \infty$, 即得 (5.4).

(2) 设 $e_1, \cdots, e_n$ 是 A 中任意有限个向量, 若 $\sum\limits_{k=1}^{n} \alpha_k e_k = 0(\alpha_k \in K)$, 则对 $\forall m: 1 \leqslant m \leqslant n$,

$$0 = \left(\sum_{k=1}^{n} \alpha_k e_k, e_m \right) = \alpha_m (e_m, e_m).$$

因为 e_m 为非零向量, 所以 $\alpha_m = 0$. 于是, $e_1, \cdots, e_n$ 线性无关, 从而 $A = \{e_k\}$ 是线性无关集.

我们自然要问, 线性无关集是否为正交集?

答案是未必. 例如 $\{t^n\}$ 是 $L^2[0,1]$ 中的线性无关集, 但不正交. 下面的定理 5.2 表明, 从内积空间 X 中任一线性无关集出发, 总可通过 Gram–Schmidt 方法使之正交化, 因此, 称之为 $G-S$ 正交化定理.

定理 5.2 设 $E = \{x_k\}$ 是内积空间 X 中任一线性无关集, 则由 $\{x_k\}$ 必可作出一个标准正交系 $A = \{e_k\}$, 使得对 $\forall n$, 有

$$\operatorname{span}\{e_1, \cdots, e_n\} = \operatorname{span}\{x_1, \cdots, x_n\}. \tag{5.6}$$

证 令 $e_1 = \dfrac{x_1}{\|x_1\|}$, 则 $\|e_1\| = 1$, 令 $y_1 = x_1, y_2 = x_2 - (x_2, e_1)e_1$, 则 $y_2 \neq 0$, 于是可令 $e_2 = \dfrac{y_2}{\|y_2\|}$, 则 $\|e_2\| = 1$, 且 $(y_2, e_1) = (x_2, e_1) - (x_2, e_1) = 0$, 从而 $(e_2, e_1) = 0$, 即 $e_2 \perp e_1$, $\operatorname{span}\{e_1, e_2\} = \operatorname{span}\{x_1, x_2\}$.

设 $e_1, \cdots, e_{n-1}$ 已按上述方法作出, 再令

$$y_n = x_n - \sum_{k=1}^{n-1} (x_n, e_k) e_k. \tag{5.7}$$

由 $x_1, \cdots, x_n$ 线性无关, 有 $y_n \neq 0$, 于是可令 $e_n = \dfrac{y_n}{\|y_n\|}$, 则 $\|e_n\| = 1$, 且 $e_n \perp e_k (k = 1, \cdots, n-1)$. 从 (5.7) 和 $y_n = \|y_n\| e_n$, 可得

$$x_n = \sum_{k=1}^{n} c_k e_k, \tag{5.8}$$

式中 $c_k = (x_n, e_k)\ (k = 1, \cdots, n-1)$, $c_n = \|y_n\|$.

另一方面, 从 (5.7) 又可得

$$e_n = \frac{y_n}{\|y_n\|} = \frac{1}{\|y_n\|} \left(x_n - \sum_{k=1}^{n-1} (x_n, e_k) e_k \right).$$

根据归纳法, 可求出

$$e_n = \sum_{k=1}^{n} \alpha_k x_k. \tag{5.9}$$

从 (5.8), x_n 可用 $\{e_k\}$ 的线性组合表示, 另一方面, 从 (5.9), e_k 也可用 $\{x_k\}$ 的线性组合表示. 于是, 对 $\forall n$, (5.6) 成立. 证毕.

由定理 5.2 可推得可分的内积空间必存在标准正交基.

事实上, 由内积空间 X 的可分性, 在 X 中存在可数的稠密子集 $E = \{y_k\}_{k=1}^{\infty}$. 取 E 中的线性无关子集 $D = \{x_k\}_{k=1}^{\infty}$, 使得 $\operatorname{span} D = \operatorname{span} E$. 由定理 5.2, 从 $\{x_k\}$ 可作出标准正交系 $A = \{e_k\}_{k=1}^{\infty}$, 使得 $\operatorname{span} A = \operatorname{span} D$. 又因为 E 在 X 中稠密, 于是, $\overline{\operatorname{span} E} = X$, 从而 $\overline{\operatorname{span} A} = X$. 即 $A = \{e_k\}_{k=1}^{\infty}$ 是 X 中的标准正交基.

若去掉可分性条件, 则要用 Zorn 引理才能证明每个非零的 Hilbert 空间都存在标准正交基. 其证明见第八章 §8 定理 8.5.

例 5.1　设 $-\infty < a < b < \infty$, 在 $L^2_{\omega}(a,b)$ 中定义加权内积

$$(x,y) = \int_a^b x(t)\overline{y(t)}\omega(t)\mathrm{d}t \tag{5.10}$$

和加权范数

$$\|x\|_{\omega} = \left(\int_a^b |x(t)|^2 \omega(t)\mathrm{d}t\right)^{1/2}, \tag{5.11}$$

得到加权内积空间 X, 式中 $\omega(t)$ 是正的可测函数, 称为权函数.

对线性无关集 $\{t^k\}$, 按定理 5.2 的方法正交化, 得到加权标准正交系 $e_k(t)$, 即

$$\int_a^b e_m(t)e_n(t)\omega(t)\mathrm{d}t = \delta_{m,n} = \begin{cases} 1, & m = n, \\ 0, & m \neq n. \end{cases}$$

对于 (a,b) 与 $\omega(t)$ 的不同选择, 就得到工程技术上有广泛应用的标准正交多项式列 (细节见 [1] 下册 PP. 228–230):

(1) 取 $a=-1$, $b=1$, $\omega(t)=1$ 时, $e_n(t)$ 是 Legendre 多项式;

(2) 取 $a=-1$, $b=1$, $\omega(t)=\dfrac{1}{\sqrt{1-t^2}}$ 时, $e_n(t)$ 是第一类 Chebyshev 多项式;

(3) 取 $a=-1$, $b=1$, $\omega(t)=\sqrt{1-t^2}$ 时, $e_n(t)$ 是第二类 Chebyshev 多项式;

(4) 取 $a=-1$, $b=1$, $\omega(t)=(1-t)^{\alpha}(1+t)^{\beta}$, α, $\beta > -1$ 时, $e_n(t)$ 是 Jacobi 多项式;

(5) 取 $a=0$, $b=\infty$, $\omega(t)=t^{\alpha}e^{-t}$, $\alpha > -1$ 时, $e_n(t)$ 是 Laguerre 多项式;

(6) 取 $a=-\infty, b=\infty, \omega(t)=e^{-t^2}$ 时, $e_n(t)$ 是 Hermite 多项式.

二、Fourier 展开

定义 5.2 设 $A=\{e_k\}$ 是内积空间 X 中的标准正交系, $x\in X$, 则 $c_k=(x,e_k)$ 称为 x 关于 $A=\{e_k\}$ 的 **Fourier 系数**, $\sum\limits_{k=1}^{\infty}c_ke_k$ 称为 x 关于 $A=\{e_k\}$ 的 **Fourier 级数或正交级数**, 记为

$$x\sim\sum_{k=1}^{\infty}c_ke_k, \tag{5.12}$$

式中 "$\sim$" 表示右边的级数是由 x 产生的, 但不一定收敛, 收敛也不一定收敛于 x.

$$S_n=\sum_{k=1}^{n}c_ke_k \tag{5.13}$$

称为级数 (5.12) 的 n **项部分和**, 若

$$\lim_{n\to\infty}\|x-S_n\|=0, \tag{5.14}$$

则称级数 (5.12) (**依范数**) **收敛于** x, 记为

$$x=\sum_{k=1}^{\infty}c_ke_k, \tag{5.15}$$

并称 x 关于 $A=\{e_k\}$ 可以展开成 Fourier 级数. 注意到 $\|e_k\|=1$, 所以 c_ke_k 实际上是 x 在 e_k 上的投影.

下面讨论 Fourier 系数 $c_k=(x,e_k)$ 的性质.

定理 5.3 (最佳逼近定理) 设 $\{e_k\}$ 是内积空间 X 中标准正交系, $x\in X, c_k=(x,e_k), A_n=\text{span}\{e_1,\cdots,e_n\}$, 则 Fourier 级数的部分和 $S_n=\sum\limits_{k=1}^{n}c_ke_k$ 是 x 在 A_n 中的最佳逼近元, 即

$$\|x-S_n\|=\min\left\{\|x-y_n\|:y_n=\sum_{k=1}^{n}\alpha_ke_k\in A_n,\alpha_k\in K\right\}. \tag{5.16}$$

证 由于对 $\forall j:1\leqslant j\leqslant n$,

$$(x-S_n,e_j)=(x,e_j)-\sum_{k=1}^{n}c_k(e_k,e_j)=(x,e_j)-c_j=0,$$

即 $(x-S_n)\perp e_j$, 从而对 $\forall y_n=\sum\limits_{k=1}^{n}\alpha_k e_k\in A_n$, $(x-S_n)\perp y_n$, 由 (5.5), 有

$$\begin{aligned}\|x-y_n\|^2&=\|(x-S_n)+(S_n-y_n)\|^2\\&=\|x-S_n\|^2+\left\|\sum_{k=1}^{n}(c_k-\alpha_k)e_k\right\|^2\\&=\|x-S_n\|^2+\sum_{k=1}^{n}|c_k-\alpha_k|^2.\end{aligned}\tag{5.17}$$

所以, 仅当 $\forall\alpha_k=c_k$ 时, $\|x-y_n\|$ 达到最小值 $\|x-S_n\|$. 证毕.

定理 5.4 (Bessel 不等式) 设 $A=\{e_k\}$ 是内积空间 X 中标准正交系, 则对 $\forall x\in X$, $c_k=(x,e_k)$, $c=\{c_k\}\in l^2$, 且成立 Bessel 不等式:

$$\|c\|_2^2=\sum_{k=1}^{\infty}|c_k|^2\leqslant\|x\|^2.\tag{5.18}$$

证 对 $\forall n$, $S_n=\sum\limits_{k=1}^{n}c_ke_k$,

$$\begin{aligned}\|x\|^2&=\|x-S_n+S_n\|^2=\|x-S_n\|^2+\|S_n\|^2\\&=\left\|x-\sum_{k=1}^{n}c_ke_k\right\|^2+\sum_{k=1}^{n}|c_k|^2,\end{aligned}$$

即

$$\|x\|^2-\sum_{k=1}^{n}|c_k|^2=\left\|x-\sum_{k=1}^{n}c_ke_k\right\|^2\geqslant 0,\tag{5.19}$$

从而

$$\sum_{k=1}^{n}|c_k|^2\leqslant\|x\|^2,\tag{5.20}$$

令 $n\to\infty$, 即得 (5.18). 证毕.

推论 5.5 (Riemann–Lebesgue 引理) 设 $\{e_k\}$ 是内积空间 X 中的标准正交系, 则对 $\forall x\in X$, $\lim\limits_{k\to\infty}(x,e_k)=0$. 特别地, 三角函数系 $\left\{\dfrac{1}{\sqrt{2\pi}}e^{-ikt}\right\}$ $(k\in Z)$ 是 $L^2[-\pi,\pi)$ 中的标准正交系, 所以, 对 $\forall x(t)\in L^2[-\pi,\pi)$, 有

$$\lim_{k\to\pm\infty}\frac{1}{\sqrt{2\pi}}\int_{-\pi}^{\pi}x(t)\mathrm{e}^{-ikt}\mathrm{d}t=0.\tag{5.21}$$

推论 5.6 设 $\{e_\alpha\}$ $(\alpha \in I)$ 是内积空间 X 中标准正交集, 指标集 I 是不可数集, 则对 $\forall x \in X$, x 的非零 Fourier 系数 $c_\alpha = (x, e_\alpha)$ 只有可数多个.

证 对任给正整数 m, 令

$$E_m = \left\{ e_\alpha : |c_\alpha| \geqslant \frac{1}{m}, \alpha \in I \right\},$$

由 Bessel 不等式, 有

$$\frac{n}{m^2} = \sum_{k=1}^{n} \frac{1}{m^2} \leqslant \sum_{k=1}^{n} |c_k|^2 \leqslant \sum_{k=1}^{\infty} |c_k|^2 \leqslant \|x\|^2,$$

即 $n \leqslant m^2\|x\|^2 < \infty$, 所以 E_m 为有限集. 从而

$$E = \bigcup_{m=1}^{\infty} E_m = \{e_\alpha : c_\alpha \neq 0\}$$

为可数集. 证毕.

推论 5.6 表明, 当指标集 I 为不可数集时, Bessel 不等式仍成立. 这是因为当 $e_\alpha \notin E$ 时, $c_\alpha = (x, e_\alpha) = 0$, 所以, 从 E 为可数集知 $E = \{e_k\}_{k=1}^{\infty}$, 从而

$$\sum_{\alpha \in I} |c_\alpha|^2 = \sum_{e_\alpha \in E} |c_\alpha|^2 = \sum_{k=1}^{\infty} |c_k|^2 \leqslant \|x\|^2.$$

定理 5.7 设 $A = \{e_k\}$ 是内积空间 X 中标准正交系, $\forall x \in X$, $c_k = (x, e_k)$ 为 x 的 Fourier 系数, 则以下命题等价:

(1) $\overline{\operatorname{span} A} = X$, 即 $A = \{e_k\}$ 是 X 中标准正交基;

(2) $\|x\|^2 = \sum\limits_{k=1}^{\infty} |c_k|^2$; (5.22)

(Parseval 等式, 又称为封闭性方程, 或 $\{e_k\}$ 是完备的.)

(3) $x = \sum\limits_{k=1}^{\infty} c_k e_k$. (5.23)

证 (1) $\Rightarrow$ (2): 设 $X = \overline{\operatorname{span} A}$, 则对 $\forall x \in X$, 存在 $y_n = \sum\limits_{k=1}^{n} \alpha_k e_k$, 使得

$$\|x - y_n\| \to 0 \quad (n \to \infty).$$

由定理 5.3, $\|x - S_n\| \leqslant \|x - y_n\|$, 从而 $\|x - S_n\| \to 0$ $(n \to \infty)$. 于是从 (5.19),

$$\|x\|^2 - \sum_{k=1}^{n} |c_k|^2 = \|x - S_n\|^2 \to 0 \quad (n \to \infty),$$

即 (2) 成立.

(2) ⇒ (3): 设 (5.22) 成立, 即

$$\|x\|^2-\sum_{k=1}^{n}|c_k|^2\to 0\quad (n\to\infty).$$

从 (5.19),

$$\|x-S_n\|^2=\|x\|^2-\sum_{k=1}^{n}|c_k|^2\to 0\quad (n\to\infty),$$

即 (3) 成立.

(3) ⇒ (1): 设 (3) 成立, 即对 $\forall x\in X$, 成立 $\|x-S_n\|\to 0(n\to\infty)$.

由于 $S_n=\sum\limits_{k=1}^{n}c_ke_k\in \operatorname{span}A$, 所以 $x\in\overline{\operatorname{span}A}$, 从而 $X\subset\overline{\operatorname{span}A}$. 另一方面, $\overline{\operatorname{span}A}\subset X$, 于是, $X=\overline{\operatorname{span}A}$. 证毕.

定理 5.7 表明, x 关于 $A=\{e_k\}$ 可以展开为 Fourier 级数的充要条件是 $\{e_k\}$ 是标准正交基或 $\{e_k\}$ 是完备的标准正交系.

推论 5.8 设 $A=\{e_k\}$ 是内积空间 X 中的标准正交系, $x\in X$, $c_k=(x,e_k)$, 则定理 5.7 中的 (1)、(2)、(3) 也与以下两个命题等价:

(4) $\forall x,y\in X,(x,y)=\sum\limits_{k=1}^{\infty}(x,e_k)\overline{(y,e_k)}$; (5.24)

(5) 存在 X 中的稠密子集 D, 使得对 $\forall x\in D$, 成立 Parseval 等式 (5.22) (Steklov 定理).

证 (3) ⇒ (4): 设 (3) 成立, 即对 $\forall x,y\in X$, 令 $c_k=(x,e_k)$, $d_k=(y,e_k)$, 有

$$x=\sum_{k=1}^{\infty}c_ke_k,\quad y=\sum_{k=1}^{\infty}d_ke_k.$$

由 Cauchy 不等式,

$$\left|\sum_{k=1}^{\infty}c_k\overline{d_k}\right|\leqslant\left(\sum_{k=1}^{\infty}|c_k|^2\right)^{1/2}\left(\sum_{k=1}^{\infty}|d_k|^2\right)^{1/2}<\infty,$$

$$(x,y)=\left(\sum_{k=1}^{\infty}c_ke_k,\sum_{j=1}^{\infty}d_je_j\right)=\sum_{k=1}^{\infty}\sum_{j=1}^{\infty}(c_ke_k,d_je_j)=\sum_{k=1}^{\infty}c_k\overline{d_k},$$

此即 (5.24).

(4) ⇒ (2): 设 (5.24) 成立, 取 $y=x$, 即得 (2).

(2) ⇒ (5) 是显然的.

(5) ⇒ (1): 令 $M=\operatorname{span}A$, 设对 $\forall x\in D$ 成立 Parseval 等式. 从定理 5.7, $x\in\overline{M}$, 所以 $D\subset\overline{M}\subset X$; 另一方面, D 在 X 中稠密, 即 $\overline{D}=X$, 所以 $\overline{M}=X$;

此即 (1) 成立. 证毕.

注 5.1 在现行的泛函分析教材中, 还有完全性的概念, 即对于内积空间 X 中的标准正交系 $A=\{e_k\}$, 若 $A^{\perp}=\{0\}$, 即 X 中不存在与 A 正交的非零元, 则称 $A=\{e_k\}$ 是完全的, 它表明 $A=\{e_k\}$ 是 X 中最大的标准正交系, 我们从推论 3.10 知, 只有当 X 是 Hilbert 空间时, $A^{\perp}=\{0\}$ 才与 $\overline{\operatorname{span} A}=X$ 等价.

三、Hilbert 空间的同构

从定理 5.4 (Bessel 不等式), 内积空间 X 中任一元 x 关于标准正交系 $A=\{e_k\}$ 的 Fourier 系数列 $c=\{c_k\}\in l^2$, 于是可以借助于 $A=\{e_k\}$ 建立一个线性映射 $T: X\to l^2$, $x\mapsto c=\{c_k\}$. 若 $A=\{e_k\}$ 是 X 中的标准正交基, 即 $\overline{\operatorname{span} A}=X$, 由推论 3.10, $A^{\perp}=\{0\}$, 若 $Tx=0$, 即 $\forall c_k=(x,e_k)=0$, 则 $x\in A^{\perp}$, 从而 $x=0$, 所以 T 是单射, 自然可以进一步问: T 是否为满射? 这就与 X 是否完备有关, 下面的定理 5.9 就回答了这个问题.

定理 5.9 (Riesz–Fischer) 设 $A=\{e_k\}$ 是 Hilbert 空间 X 中的标准正交系, 则对任一序列 $\alpha=\{\alpha_k\}\in l^2$, 必存在唯一的 $x\in X$, 使得 $x=\sum\limits_{k=1}^{\infty}\alpha_k e_k$, 并且 $\alpha_k=(x,e_k)(\forall k)$, 即 α_k 就是 x 的 Fourier 系数.

证 令 $S_n=\sum\limits_{k=1}^{n}\alpha_k e_k$. 因为 $\alpha=\{\alpha_k\}\in l^2$, 所以对 $\forall m, n(m\geqslant n)$, 当 $m,n\to\infty$ 时,

$$\|S_m-S_n\|^2=\left\|\sum_{k=n+1}^{m}\alpha_k e_k\right\|^2=\sum_{k=n+1}^{m}|\alpha_k|^2\to 0,$$

从而 $\{S_n\}$ 是 X 中 Cauchy 列, 又 X 完备, 所以, 存在唯一的 $x\in X$, 使得

$$\|S_n-x\|\to 0\quad(n\to\infty),$$

即 $x=\sum\limits_{k=1}^{\infty}\alpha_k e_k$.

由 $\{e_k\}$ 的正交性, 对 $\forall n\geqslant k$, 有 $(S_n,e_k)=\left(\sum\limits_{j=1}^{n}\alpha_j e_j, e_k\right)=\alpha_k(\forall k)$. 于是从内积的连续性, 有 $(x,e_k)=\lim\limits_{n\to\infty}(S_n,e_k)=\alpha_k$. 证毕.

定理 5.9 表明, 当 X 是 Hilbert 空间时, 对 $\forall\alpha=\{\alpha_k\}\in l^2$, 必存在唯一的 $x\in X$, 使得 $\sum\limits_{k=1}^{\infty}\alpha_k e_k$ 恰好是 x 的 Fourier 展开式. 它表明上述映射 $T: X\to l^2$ 是满射.

定理 5.10 设 X 是 Hilbert 空间, 则

(1) X 有可数正交基的充要条件是 X 可分;

(2) 当 X 有可数正交基时, X 与 l^2 等距同构.

证 (1) 设 X 有可数基 $A=\{e_k\}$, 则 $\overline{\text{span}\,A}=X$, 即 span A 在 X 中稠密, 令 $M=\left\{y=\sum\limits_{k=1}^{n} r_k e_k : r_k\in\mathbf{Q}\ (\text{有理数集}), \forall n\right\}$ (若 X 为复 Hilbert 空间, 则 M 中的 r_k 换成 $r_k+\mathrm{i}t_k$, 其中 $r_k,t_k\in\mathbf{Q}$), 则 M 在 span A 中稠密. 从而 M 是 X 的可数稠密子集, 所以 X 可分.

反之, 设 X 可分, 则 X 中存在可数的稠密子集 $M=\{x_k\}$, $\overline{\text{span}\,M}=X$, 从 M 中选出线性无关的子集 $\{y_k\}$, 使得

$$\text{span}\{y_k\}=\text{span}\{x_k\}. \tag{5.25}$$

(这可以从 x_1 开始, 删去与前面诸元线性相关的元做到.) 再对 $\{y_k\}$ 用定理 5.2 ($G-S$ 正交化), 得到标准正交集 $\{e_k\}$, 且

$$\text{span}\{e_k\}=\text{span}\{y_k\} \tag{5.26}$$

从 (5.25) 和 (5.26) 得 $\overline{\text{span}\{e_k\}}=\overline{\text{span}\{x_k\}}=X$. 这表明 $\{e_k\}$ 是 X 的可数标准正交基.

(2) 设 $A=\{e_k\}$ 是 X 的可数标准正交基, 对 $\forall x\in X$, 令 $c_k=(x,e_k)$, $c=\{c_k\}$. 作映射 $T:X\to l^2$, $x\mapsto c=\{c_k\}$, 对 $\forall x,y\in X$, α, $\beta\in K$,

$$T(\alpha x+\beta y)=\{(\alpha x+\beta y,e_k)\}=\{\alpha(x,e_k)+\beta(y,e_k)\}=\alpha Tx+\beta Ty,$$

即 T 为线性映射. 又从 Bessel 不等式 (定理 5.4) 和 Riesz–Fischer 定理 5.9, T 是满单射, 从而 T 是 X 到 l^2 上的同构映射. 对 $\forall x,y\in X, x=\sum\limits_{k=1}^{\infty}c_k e_k, y=\sum\limits_{k=1}^{\infty}d_k e_k$,

$$(x,y)=\left(\sum_{k=1}^{\infty}c_k e_k,\sum_{k=1}^{\infty}d_k e_k\right)=\sum_{k=1}^{\infty}c_k\overline{d_k}=(Tx,Ty),$$

即 T 保持内积. 特别地, 当 $x=y$ 时, $\|Tx\|=\|x\|$, 即 T 是等距映射. 所以, X 与 l^2 同构. 证毕.

推论 5.11 所有可分的 Hilbert 空间都彼此同构; 所有 n 维实内积空间必与欧氏空间 $\mathbf{R}^n$ 同构. 每个复 (实) 可分的 Hilbert 空间都等距同构于复 (实) l^2 空间, 于是, 复 (实) 可分的 Hilbert 空间都相互等距同构.

从上述结果可知, l^2 可看成所有可分的 Hilbert 空间的模型, 所以, 可以通过 l^2 来了解可分的 Hilbert 空间的性质.

习题 7.5

5.1 设 X 是可分的 Hilbert 空间, 证明: X 中任何标准正交集是至多可数集.

5.2 在 $L^2[-1,1]$ 中, 将 $x_0(t)=1$, $x_1(t)=t$, $x_2(t)=t^2$ 用 $R-S$ 正交化方法化为标准正交系 e_0, e_1, e_2.

5.3 设 $A=\{e_k\}$ 是 Hilbert 空间 X 中的标准正交基, $A'=\{e'_k\}$ 是 X 中的标准正交系, 若 $\sum\limits_{k=1}^{\infty}\|e_k-e'_k\|<\infty$, 证明: $A'=\{e'_k\}$ 也是 X 中的标准正交基.

5.4 设 $A=\{e_k\}$ 是内积空间 X 中的标准正交系, 证明: 对 $\forall x,y\in X$, 有 $\sum\limits_{k=1}^{\infty}|(x,e_k)(y,e_k)|\leqslant\|x\|\|y\|$.

5.5 求 Legendre 多项式 $P_m(x)=\dfrac{1}{2^n n!}((x^2-1)^n)^{(n)}$ 的范数 $\|P_n\|$.

5.6 设 $A=\{e_k\}$ 是 $L^2(E)$ 中的标准正交基, $\{c_k\}$ 是实数列.

(1) 若 $\mu(E)<\infty$, $|e_k|\leqslant M$, $x\in E$, $c_k=\dfrac{1}{k}$, 则 $\sum\limits_{k=1}^{\infty}\dfrac{1}{k}e_k$ 在 E 上 $a.e.$ 收敛.

(2) 若 $\sum\limits_{k=1}^{\infty}(\sqrt{k}c_k^2)<\infty$, 则 $\sum\limits_{k=1}^{\infty}c_ke_k$ 在 E 上 $a.e.$ 收敛.

第八章　抽象空间之间的映射

集合之间的映射是一个非常广泛的概念. 从集合与映射等一般概念出发, 可以把全部数学在拓扑和代数的基础上重新进行组织. 作者在引言的两张方框图中曾指出, 实数集之间的映射称为实函数; 复数集之间的映射称为复函数; 自然数集 $\mathbf{N}$ 到实数集的映射 f 称为数列, 记为 $f(n)=a_n$; $T:\mathbf{R}^n\to\mathbf{R}^m$ 称为变换或向量值函数; 若 X,Y 为数域 K 上的线性空间, 则 $T:X\to Y$ 称为算子, $f:X\to K$ 称为泛函, $T:K\to X$ 称为抽象函数或向量函数; 算子 T 的集合 $\{T:T:X\to Y\}$ 赋予某种结构后称为算子空间.

我们在前面几章已看到, 在集合 X 中引入测度结构以后, 我们就可以在其中讨论可测函数与可测映射, 由于赋范线性空间中既有代数结构又有拓扑结构, 定义在这些空间上的算子就可以讨论有界性、连续性等. 所以, 本章主要讨论赋范线性空间之间的映射. 作为泛函分析的基础部分, 我们仅限于讨论满足线性条件的映射, 即线性算子与线性泛函, 讨论它们的有界性、连续性、可逆性, 线性算子族的一致有界性, 线性泛函的存在与延拓的可能性等, 我们以后将会陆续看到, 这些问题都有深刻的实际背景和广泛的应用.

§1　有界线性算子与有界线性泛函

一、线性算子及其性质

定义 1.1　设 X,Y 是数域 K 上的线性空间, D 是 X 的线性子空间, 若映射 $T:D\to Y$ 满足:

(1) **可加性**: $T(x+y)=Tx+Ty$, $x,y\in D$;

(2) **齐性**: $T(\alpha x)=\alpha Tx$, $x\in D$, $\alpha\in K$,

则称 T 是 D 到 Y 中的**线性算子**. D 称为 T 的**定义域**, 记为 $D(T)$, $D(T)\subset X$. 特别地, 当 $D(T)=X$ 时, 称 T 是 X 到 Y 中的线性算子. 集合

$$T(D)=\{y\in Y: y=Tx, x\in D\} \tag{1.1}$$

称为 T 的**值域**, 记为 $R(T)$.

特别地, 当 $Y=K$ 时, $T: X\to K$ 称为**线性泛函**. 当 K 分别为实数域 $\mathbf{R}$ 或复数域 $\mathbf{C}$ 时, 称为实线性泛函或复线性泛函. 线性泛函按习惯记为 f.

$$N(T)=\{x\in D(T): Tx=0\} \tag{1.2}$$

称为算子 T 的**零空间**.

定理 1.1 设 T 是 X 的线性子空间 $D(T)$ 到 Y 中的线性算子, 则

(1) $R(T)$ 是 Y 的线性子空间;

(2) $T(0)=0$;

(3) $N(T)$ 是 X 的线性子空间;

(4) 若 T 的定义域 $D(T)$ 的维数 $\dim D(T)=n<\infty$, 则 T 的值域的维数不超过 n, 即

$$\dim R(T)\leqslant \dim D(T). \tag{1.3}$$

证 我们仅证 (4), 其余留给读者.

在 $R(T)$ 中任取 $n+1$ 个元素 $y_1,\cdots,y_{n+1}$, 则在 $D(T)$ 中必存在 $x_1,\cdots,x_{n+1}$ 使得 $Tx_k=y_k$, $1\leqslant k\leqslant n+1$. 因为 $\dim D(T)=n$, 所以, $\{x_1,\cdots,x_{n+1}\}$ 必线性相关, 即存在不全为零的 $\alpha_k\in K$, $1\leqslant k\leqslant n+1$, 使得 $\sum\limits_{k=1}^{n+1}\alpha_k x_k=0$. 由 T 的线性及 (2), $\sum\limits_{k=1}^{n+1}\alpha_k y_k=\sum\limits_{k=1}^{n+1}\alpha_k Tx_k=T\left(\sum\limits_{k=1}^{n+1}\alpha_k x_k\right)=T(0)=0$, 所以, $\{y_1,\cdots,y_{n+1}\}$ 是线性相关的. 即 $R(T)$ 的线性无关元不会超过 n 个, 从而 (1.3) 成立.

定义 1.2 设 X,Y 是数域 K 上的线性空间, T 是 X 的线性子空间 $D(T)$ 到 Y 中的线性算子. 若对 $\forall x_1,x_2\in D(T)$, $x_1\neq x_2\Rightarrow Tx_1\neq Tx_2$ (或等价地, 从 $Tx_1=Tx_2\Rightarrow x_1=x_2$), 则称 T 是 $D(T)$ 到 $R(T)$ 上的**满单射** (或**一一映射**). 这时存在逆映射 $T^{-1}: R(T)\to D(T)$, $y\mapsto x$, T^{-1} 称为 T 的**逆算子**.

定理 1.2 设 T 是 X 的线性子空间 $D(T)$ 到 Y 中的线性算子, 则

(1) 逆算子 $T^{-1}: R(T)\to D(T)$ 存在的充要条件是 $N(T)=\{0\}$;

(2) 若 T^{-1} 存在, 则 T^{-1} 仍为线性算子;

(3) 若 T^{-1} 存在且 $\dim D(T)=n<\infty$, 则

$$\dim R(T)=\dim D(T). \tag{1.4}$$

证 (1) 先证充分性. 设 $N(T)=\{0\}$. 设对 $x_1,x_2\in D(T)$, $Tx_1=Tx_2$, 由 T 的线性得 $T(x_1-x_2)=Tx_1-Tx_2=0$, 即 $x_1-x_2\in N(T)=\{0\}$, 即 $x_1-x_2=0$, 从而 $x_1=x_2$. 所以, T 是 $D(T)$ 到 $R(T)$ 上的满单射. 于是存在逆算子 $T^{-1}:R(T)\to D(T)$.

再证必要性. 设逆算子 T^{-1} 存在, 则对 $\forall x_1,x_2\in D(T)$, $Tx_1=Tx_2\Rightarrow x_1=x_2$. 取 $x_2=0$, 并将 x_1 记为 x 得到 $Tx=0\Rightarrow x=0$, 即 $N(T)=\{0\}$.

(2) 设 T^{-1} 存在, 因为 $R(T)$ 是 Y 的线性子空间, 即对 $\forall y_1,y_2\in R(T)$, $\forall\alpha,\beta\in K$, 有 $\alpha y_1+\beta y_2\in R(T)$, 由 $R(T)$ 的定义, 存在 $x_1,x_2\in D(T)$, 使得 $Tx_1=y_1$, $Tx_2=y_2$.

从 $T(\alpha x_1+\beta x_2)=\alpha Tx_1+\beta Tx_2=\alpha y_1+\beta y_2$, 可得

$$T^{-1}(\alpha y_1+\beta y_2)=\alpha x_1+\beta x_2=\alpha T^{-1}y_1+\beta T^{-1}y_2,$$

即 T^{-1} 是线性算子.

(3) 因为 $T:D(T)\to R(T)$ 为线性算子, 从定理 1.1 有

$$\dim R(T)\leqslant\dim D(T);$$

另一方面, 从 (2) 知 $T^{-1}:R(T)\to D(T)$ 也是线性算子, 因此 $\dim D(T)\leqslant\dim R(T)$, 从而 (1.4) 成立. 证毕.

定义 1.3 设 X 是数域 K 上的线性空间, $\alpha\in K$, 则映射 $T:X\to X$, $x\mapsto\alpha x$ 称为**相似算子** (或**倍单位算子**), 有时记为 αI. 特别地, 当 $\alpha=1$ 时, $T=I$ 称为**单位算子**或**恒等算子**; 当 $\alpha=0$ 时, 称 T 为**零算子**, 记为 O.

注 1.1 在同一问题中涉及若干不同的线性空间 X,Y 等, 若不特别声明, 均指在同一数域 K 上.

二、赋范线性空间上的线性算子

前面谈到的线性算子只涉及空间的线性结构, 而赋范线性空间还有拓扑结构, 所以对其上的线性算子还能利用范数定义线性算子的有界性和连续性等概念.

定义 1.4 设 $X=(X,\|\cdot\|_1)$, $Y=(Y,\|\cdot\|_2)$ 是同一数域 K 上的赋范线性空间. D 为 X 的线性子空间. $x_0\in D$, $T:D\to Y$. 若对 $\forall x_n\in D$, $x_n\to x_0$, 有 $Tx_n\to Tx_0$ (即 $\|x_n-x_0\|_1\to0\Rightarrow\|Tx_n-Tx_0\|_2\to0, n\to\infty$), 则称 T 在 x_0 点连续. 若 T 在 D 的每一点都连续, 则称 T 在 D 上连续, 或称 T 是 D 上的**连续算子**. 若存在常数 M, 使得对 $\forall x\in D$,

$$\|Tx\|_2\leqslant M\|x\|_1,\tag{1.5}$$

则称 T 是 D 上的**有界算子**, 简称 T 为**有界算子**.

注 1.2 我们往往将 (1.5) 式简记为

$$\|Tx\| \leqslant M\|x\|, \quad \forall x \in D(T). \tag{1.6}$$

因为 (1.6) 式中不等式两边的范数是在不同空间中取的, 所以不会导致混淆. 我们在应用中还应注意 (1.6) "有界" 的反面表述, 即

若对 $\forall$ 常数 M, 存在 $x_0 \in D(T)$, 使得

$$\|Tx_0\| \geqslant M\|x_0\|, \tag{1.7}$$

或等价地, 对 $\forall n$, 存在 $x_n \in D(T)$, $x_n \neq 0$, 使得

$$\|Tx_n\| \geqslant n\|x_n\|.$$

它表示 $\|Tx_n\| \to \infty(n \to \infty)$, 则称 T 为 $D(T)$ 上的**无界算子**. 若存在常数 $M > 0$, 使得 $\forall x \in D$, 有 $\|Tx\| \geqslant M\|x\|$, 则称 T 是 (D 上) 下有界算子. 要注意的是, 如果没有特别说明, 我们说算子 T 有界, 都是指它上有界.

定理 1.3 设 X, Y 都是赋范线性空间, T 是 X 的线性子空间 $D(T)$ 到 Y 中的线性算子, 则 T 有界 $\Leftrightarrow$ 对 $D(T)$ 中所有有界集 $A, T(A)$ 为 Y 中有界集.

证 必要性: 设 T 有界, 即存在常数 $M > 0$, 使得对 $\forall x \in D(T)$, 有 $\|Tx\| \leqslant M\|x\|$, 又设 A 是 $D(T)$ 中任一有界集, 即存在常数 $K > 0$, 使得对 $\forall x \in A$ 有 $\|x\| \leqslant K$, 从而 $\|Tx\| \leqslant M\|x\| \leqslant MK$, 即 A 的像集 $T(A)$ 是 Y 中有界集.

充分性: 设对 $D(T)$ 中任一有界集 $A, T(A)$ 都是 Y 中有界集. 特别地, 取 A 为 $D(T)$ 中的单位球面 $S = \{x \in D(T) : \|x\| = 1\}$, 则存在常数 $M > 0$, 使得 $\|Tx\| \leqslant M$, $\forall x \in S$. 于是对 $\forall x \in D(T)$, 当 $x \neq 0$ 时, $y = \dfrac{x}{\|x\|}$, 则 $\|y\| = 1$, 即 $y \in S$, 从而 $\|Ty\| \leqslant M$, 由 T 的线性得

$$\|Tx\| \leqslant M\|x\|.$$

当 $x = 0$ 时, 上式也成立, 所以, T 是有界线性算子. 证毕.

注 1.3 从定理 1.3 的证明过程可以看出, 线性算子 T 有界的充要条件是 T 将 $D(T)$ 中的单位球面 S 映射成有界集 $T(S)$.

定理 1.4 设 X, Y 为赋范线性空间, T 是 X 的线性子空间 $D(T)$ 到 Y 中的线性算子, 则下述命题相互等价:

(1) T 在 $D(T)$ 上有界;

(2) T 在 $D(T)$ 上一致连续;

(3) T 在 $D(T)$ 上连续;

(4) T 在某一点 $x_0 \in D(T)$ 连续;

(5) 对所有的 $D(T)$ 中的 Cauchy 点列 $\{x_k\}$, $\{Tx_k\}$ 是 Y 中的 Cauchy

点列.

(6) 对所有的 $D(T)$ 中的收敛点列 $\{x_k\}$, $\{Tx_k\}$ 是 Y 中的收敛点列.

证 (1) $\Rightarrow$ (2): 设 T 有界, 即存在常数 M, 使得 $\|Tx\| \leqslant M\|x\|, x \in D(T)$, 从而对 $\forall x_1, x_2 \in D(T)$, 由 T 的线性, 有

$$\|Tx_1 - Tx_2\| = \|T(x_1 - x_2)\| \leqslant M\|x_1 - x_2\|.$$

这表明 T 在 $D(T)$ 上一致连续.

(2) $\Rightarrow$ (3) $\Rightarrow$ (4) 是显然的.

(4) $\Rightarrow$ (3): 对 $\forall x_n, x \in D(T), x_n \to x$, 令 $y_n = x_n - x + x_0$, 则 $y_n \to x_0$, 由假设, $Ty_n \to Tx_0$. 另一方面, 由 T 的线性, $Ty_n = T(x_n - x + x_0) = Tx_n - Tx + Tx_0$, 所以 $\|Tx_n - Tx\| = \|Ty_n - Tx_0\| \to 0$, 从而 $Tx_n \to Tx$, 即 T 在 $D(T)$ 上连续.

(3) $\Rightarrow$ (1): 设 T 连续, 若 T 无界, 即对 $\forall n$, 存在 $x_n \in D(T)$, $x_n \neq 0$, 使得

$$\|Tx_n\| \geqslant n\|x_n\|. \tag{1.8}$$

令 $y_n = \dfrac{x_n}{n\|x_n\|}$, 则从 (1.8), 有

$$\|Ty_n\| = \frac{\|Tx_n\|}{n\|x_n\|} \geqslant 1 \quad (\forall n). \tag{1.9}$$

另一方面, $\|y_n\| = \dfrac{1}{n} \to 0 (n \to \infty)$, 从 T 连续, $Ty_n \to 0$, 这与 (1.9) 矛盾, 所以 T 有界.

(3) $\Rightarrow$ (5): 对 $\forall D(T)$ 中的 Cauchy 点列 $\{x_k\}$, 利用

$$\|Tx_m - Tx_n\| = \|T(x_m - x_n)\| \leqslant \|T\| \cdot \|x_m - x_n\|$$

就可证明 $\{Tx_k\}$ 是 Y 中的 Cauchy 点列.

(3) $\Rightarrow$ (6): 对 $\forall D(T)$ 中的收敛点列 $\{x_k\}$, 设 $x_k \to x$, 即 $\|x_k - x\| \to 0 (k \to \infty)$, 利用

$$\|Tx_k - Tx\| = \|T(x_k - x)\| \leqslant \|T\| \cdot \|x_k - x\|$$

就可证明 $\{Tx_k\}$ 是 Y 中的收敛点列.

下面证明 (5), (6) $\Rightarrow$ (1). 我们证明与它等价的逆否命题, 即若 (1) 不成立, 则 (5) 和 (6) 也不成立. 事实上, 若 (1) 不成立, 即 T 在 $D(T)$ 上无界, 则对 $\forall n$, $\exists x_n \in D(T)$, 使得

$$\|x_n\| \leqslant 1, \|Tx_n\| > n,$$

这表明 $x_n \neq 0$. 于是, 我们可以令 $y_n = \dfrac{x_n}{\sqrt{n}\|x_n\|}$, 则 $\|y_n\| = \dfrac{1}{\sqrt{n}} \to 0$, 即

$y_n \to 0$. 但是,

$$\|Ty_n\| = \frac{1}{\sqrt{n}\|x_n\|}\|Tx_n\| > \sqrt{n},$$

即 $\{Tx_n\}$ 也无界, 于是, $\{Tx_k\}$ 不是 Y 中的 Cauchy 点列, 也不是收敛点列. 证毕.

定理 1.5 设 X, Y 为赋范线性空间, T 是 X 的线性子空间 $D(T)$ 到 Y 中的线性算子, 若 T 有界, 则 T 的零空间 $N(T)$ 是 $D(T)$ 的闭线性子空间.

证 从定理 1.1 已知, $N(T)$ 是 X 的线性子空间, 剩下只要证 $N(T)$ 是闭集. 对 $\forall x \in (N(T))'$ (利用第二章 §1 的定理 1.1), 存在 $\{x_n\} \subset N(T)$, 使得 $x_n \to x$, 由定理 1.4, T 有界 $\Leftrightarrow$ T 连续, 所以 $Tx_n \to Tx(n \to \infty)$. 从 $x_n \in N(T) \Rightarrow Tx_n = 0$, 所以 $Tx = 0$, 即 $x \in N(T)$, 因而 $N(T)$ 是闭集. 证毕.

注意, 定理 1.5 的逆命题不成立, 即 $N(T)$ 是闭集推不出 T 有界. 反例见 [29] P. 77.

设 X, Y 为赋范线性空间, T 是 X 的线性子空间 $D(T)$ 到 Y 中的线性算子, 试问:

(1) 若 $N(T)$ 是 $D(T)$ 的闭线性子空间, T 是否必有界?

(2) 若 T 有界, 它的值域 $R(T)$ 是否必为 Y 中的闭集或有界集?

(3) T 有界, 它的逆算子 $T^{-1} : R(T) \to D(T)$ 是否也有界?

提示: 设 A 是 l^∞ 中只有有限多个非零项的序列全体构成的子空间, 考察算子 $T : A \to l^\infty$, $x \mapsto y$, 其中 $x = \{x_k\} \in A$, $y = \{y_k\} \in l^\infty$, $y_k = \dfrac{x_k}{k}$. 细节见作者的 “续论” [1] 下册 P. 258.

设 X, Y 为赋范线性空间, T 是 X 到 Y 上的线性算子, 若存在正常数 M, 使得

$$\|Tx\| \geqslant M\|x\|, \quad \forall x \in X, \tag{1.10}$$

则逆算子 $T^{-1} : Y \to X$ 存在且有界. 证明见作者的 “续论” [1] 下册 PP. 258–259.

由于线性泛函是线性算子的特殊情形, 所以, 上述有关线性算子的性质对线性泛函也成立. 此外, 由于线性泛函的特殊性, 它还具有若干特殊的性质. 例如定理 1.5 的逆命题对线性泛函也成立, 即

定理 1.6 设 X 是赋范线性空间, f 是 X 上的线性泛函, 则 f 有界的充要条件是 f 的零空间 $N(f) = \{x \in X : f(x) = 0\}$ 是 X 中闭线性子空间.

证 必要性的证明与定理 1.5 相同.

充分性: 设 $N(f)$ 是 X 的闭子空间. 若 f 无界, 由注 1.3, 对 $\forall n, \exists x_n \in S$, 即 $\|x_n\| = 1$, 使得 $|f(x_n)| \geqslant n$. 令

$$y_n = \frac{x_n}{f(x_n)} - \frac{x_1}{f(x_1)}. \tag{1.11}$$

由 f 的线性, 有

$$f(y_n) = \frac{1}{f(x_n)} f(x_n) - \frac{1}{f(x_1)} f(x_1) = 0,$$

即 $y_n \in N(f)$.

令 $z = -\dfrac{x_1}{f(x_1)}$, 则从 (1.11), $y_n - z = \dfrac{x_n}{f(x_n)}$. 于是

$$\|y_n - z\| = \left\| \frac{x_n}{f(x_n)} \right\| = \frac{1}{|f(x_n)|} \leqslant \frac{1}{n} \to 0 \quad (n \to \infty),$$

即 $y_n \to z$. 这表明 $z \in (N(f))' \subset N(f)$, 所以 $f(z) = 0$.

另一方面, $f(z) = f\left(\dfrac{-x_1}{f(x_1)}\right) = -\dfrac{f(x_1)}{f(x_1)} = -1$, 从而导致矛盾. 因此 f 有界. 证毕.

定理 1.7 设 X 是赋范线性空间, f 是 X 上的线性泛函, 则非零的泛函 f 有界的充要条件是 f 的零空间 $N(f)$ 不在 X 中稠密, 即 $\overline{N(f)} \neq X$.

证 因为 $f \neq 0$, 所以 $N(f) \neq X$. 根据定理 1.6, f 有界 $\Leftrightarrow N(f)$ 是闭集 $\Leftrightarrow \overline{N(f)} = N(f) \neq X$. 证毕.

推论 1.8 设 X 是赋范线性空间, f 是 X 上的线性泛函, 则非零的泛函 f 无界的充要条件是 f 的零空间 $N(f)$ 在 X 中稠密, 即 $\overline{N(f)} \neq X$.

三、算子与泛函的范数

我们在注 1.2 中, 用不等式 (1.6)

$$\|Tx\| \leqslant M\|x\|, \quad \forall x \in D(T)$$

定义算子 $T: X \to Y$ 的有界性. 我们要进一步研究使 (1.6) 成立的 M 的最佳值, 此处是 M 的下确界, 称为算子 T 的范数, 记为 $\|T\|$. 当 $x \neq 0$ 时, 就等价于 $\dfrac{\|Tx\|}{\|x\|}$ 的上确界. 于是有

定义 1.5 设 X, Y 为赋范线性空间, T 是 X 的线性子空间 $D(T)$ 到 Y 中的有界线性算子, 则

$$\|T\| = \sup\left\{ \frac{\|Tx\|}{\|x\|} : x \neq 0, x \in D(T) \right\} \tag{1.12}$$

称为算子 T (在 $D(T)$ 上) 的**范数**.

算子的范数有以下几种等价形式:

定理 1.9 设 X,Y 为赋范线性空间, T 是 X 的线性子空间 $D(T)$ 到 Y 中的有界线性算子, 则

$$\begin{aligned}\|T\| &= \sup\{\|Tx\| : \|x\| \leqslant 1, x \in D(T)\} \\ &= \sup\{\|Tx\| : \|x\| = 1, x \in D(T)\}.\end{aligned} \tag{1.13}$$

证 设 $x \in D(T)$, 则

$$\|T\| = \sup_{x\neq 0}\frac{\|Tx\|}{\|x\|} \geqslant \sup_{\substack{\|x\|\leqslant 1\\ x\neq 0}}\frac{\|Tx\|}{\|x\|} \geqslant \sup_{\|x\|\leqslant 1}\|Tx\| \geqslant \sup_{\|x\|=1}\|Tx\|.$$

为证反向不等式, 对 $\forall y \in D(T)$, $y \neq 0$, 令 $z = \dfrac{1}{\|y\|}y$, 则 $\|z\| = 1$, 且 $z \in D(T)$.

$$\frac{\|Ty\|}{\|y\|} = \left\|T\left(\frac{y}{\|y\|}\right)\right\| = \|T(z)\| \leqslant \sup_{\|x\|=1}\|Tx\|.$$

两边对 $\forall y \in D(T)$ 取上确界, 得

$$\|T\| = \sup_{y\neq 0}\frac{\|Ty\|}{\|y\|} \leqslant \sup_{\|x\|=1}\|Tx\|.$$

证毕.

定理 1.10 设 X,Y 为赋范线性空间, T 是 X 的线性子空间 $D(T)$ 到 Y 中的线性算子, 则

(1) 若 T 有界, 则成立算子范数不等式:

$$\|Tx\| \leqslant \|T\|\|x\|, \quad x \in D(T); \tag{1.14}$$

(2) T 有界 $\Leftrightarrow \|T\| < \infty$.

证 $\|T\| = \displaystyle\sup_{x\in D(T),x\neq 0}\frac{\|Tx\|}{\|x\|} \geqslant \frac{\|Tx\|}{\|x\|} \Leftrightarrow \|Tx\| \leqslant \|T\|\|x\|$ $(x \neq 0)$.

定义 1.6 设 X 是赋范线性空间, f 是 X 上有界线性泛函, 则 f 的范数为

$$\|f\| = \sup_{x\neq 0}\frac{|f(x)|}{\|x\|} = \sup_{\|x\|\leqslant 1}|f(x)| = \sup_{\|x\|=1}|f(x)|,$$

从而有

$$|f(x)| \leqslant \|f\|\|x\|. \tag{1.15}$$

例 1.1 设 X 为赋范线性空间, 则恒等算子 $I : X \to X$, $Ix = x$ 和零算子 $O : X \to X$, $Ox = 0$, $x \in X$ 都是有界线性算子, 且算子范数分别为

$$\|I\| = 1, \quad \|O\| = 0.$$

应注意的是, 若 $\|O\| = 0$, 则 O 必为零算子; 但当 $\|T\| = 1$ 时, T 不一定是恒等算子.

例 1.2 在函数空间中, 由微分运算和积分运算所定义的算子, 分别泛称为微分算子和积分算子. 我们用 D 表示微分算子.

设 $X = C^{(1)}[0,1]$ 表示在 $[0,1]$ 上有连续导数的函数全体, 将它看作 $Y = C[0,1]$ (连续函数空间) 的子空间时, 赋予范数

$$\|x\|_c = \max_{0\leqslant t\leqslant 1} |x(t)|, \tag{1.16}$$

则微分算子 $D = \dfrac{\mathrm{d}}{\mathrm{d}t} : X \to Y$ 是无界线性算子. 事实上, 取 $x_n = t^n$, 则

$$\|x_n\|_c = \max_{0\leqslant t\leqslant 1} |x_n(t)| = 1,$$

$$\|Dx_n\|_c = \max_{0\leqslant t\leqslant 1} |x_n'(t)| = \max_{0\leqslant t\leqslant 1} |nt^{n-1}| = n \to \infty.$$

但若在 $X = C^{(1)}[0,1]$ 中赋予范数

$$\|x\|_1 = \max_{k=0,1}\{\max_{0\leqslant t\leqslant 1} |x^{(k)}(t)|\}, \tag{1.17}$$

则对 $\forall x \in X$, 由于 $\|x\|_1 = \max\{\|x\|_c, \|x'\|_c\}$, 所以

$$\|Dx\|_c = \|x'\|_c \leqslant \|x\|_1, \tag{1.18}$$

即 $D : X \to Y$ 为有界线性算子.

注 1.4 例 1.2 说明, 对同一空间 $X = C^{(1)}[0,1]$ 赋予不同的范数时, 相应的 D 应理解为不同的算子, 我们通常说微分算子是无界算子时, 是在 (1.16) 的范数意义下说的.

例 1.3 对 $\forall f \in L[a,b]$, 定义积分算子 T:

$$(Tf)(x) = \int_a^x f(t)\mathrm{d}t,$$

则

(1) 将 T 看成 $L[a,b] \to C[a,b]$ 的算子时, $\|T\| = 1$;

(2) 将 T 看成 $L[a,b] \to L[a,b]$ 的算子时, $\|T\| = b - a$.

证 (1) 因为 $\|f\|_1 = \displaystyle\int_a^b |f(t)|\mathrm{d}t$,

$$\|Tf\|_c = \max_{a\leqslant x\leqslant b} |T(f)(x)| = \max_{a\leqslant x\leqslant b} \left|\int_a^x f(t)\mathrm{d}t\right|$$

$$\leqslant \max_{a\leqslant x\leqslant b}\int_a^x |f(t)|\mathrm{d}t \leqslant \int_a^b |f(t)|\mathrm{d}t = \|f\|_1,$$

所以 $\|T\| = \sup\limits_{f\neq 0}\dfrac{\|Tf\|_c}{\|f\|_1} \leqslant 1.$

另一方面, 取 $f_0(t) = \dfrac{1}{b-a}$, $t\in[a,b]$, 则 $\|f_0\|_1 = 1$, 从而

$$\begin{aligned}\|T\| &= \sup_{\|f\|_1=1}\|Tf\|_c \geqslant \|Tf_0\|_c\\ &= \max_{a\leqslant x\leqslant b}\int_a^x \frac{1}{b-a}\mathrm{d}t = \int_a^b \frac{1}{b-a}\mathrm{d}t = 1.\end{aligned}$$

于是 $\|T\| = 1.$

(2) 与 (1) 的区别在于应将 $\|Tf\|_c$ 换成 L 空间中的范数

$$\|Tf\|_1 = \int_a^b |(Tf)(x)|\mathrm{d}x,$$

即

$$\begin{aligned}\|Tf\|_1 &= \int_a^b \left|\int_a^x f(t)\mathrm{d}t\right|\mathrm{d}x \leqslant \int_a^b\left(\int_a^x |f(t)|\mathrm{d}t\right)\mathrm{d}x\\ &\leqslant \int_a^b\left(\int_a^b |f(t)|\mathrm{d}t\right)\mathrm{d}x = (b-a)\|f\|_1,\end{aligned}$$

所以

$$\|T\| = \sup_{f\neq 0}\frac{\|Tf\|_1}{\|f\|_1} \leqslant b-a.$$

为证相反的不等式, 若仍取 $f_0(t) = \dfrac{1}{b-a}$, 虽然有 $\|f_0\|_1 = 1$, 但 $\|Tf_0\|_1 = \dfrac{1}{2}(b-a)$, 从而只能得出 $\|T\| \geqslant \dfrac{1}{2}(b-a)$.

对任何满足 $a+\dfrac{1}{n} < b$ 的自然数 n, 令

$$f_n(t) = \begin{cases} n, & 若\ a\leqslant t\leqslant a+\dfrac{1}{n},\\ 0, & 若\ a+\dfrac{1}{n} < t \leqslant b,\end{cases}$$

则 $\|f_n\|_1 = 1$, 而且

$$\|Tf_n\|_1 = \int_a^b \left|\int_a^x f_n(t)\mathrm{d}t\right|\mathrm{d}x$$

$$= \int_a^{a+\frac{1}{n}} n(x-a)\mathrm{d}x + \int_{a+\frac{1}{n}}^{b} \left| \int_a^{a+\frac{1}{n}} n\mathrm{d}t + \int_{a+\frac{1}{n}}^{x} 0\mathrm{d}t \right| \mathrm{d}x$$

$$= \frac{1}{2n} + (b-a) - \frac{1}{n} = b - a - \frac{1}{2n}.$$

所以

$$\|T\| \geqslant \sup\left\{ \|Tf_n\|_1 : n > \frac{1}{b-a} \right\} = b - a.$$

于是 $\|T\| = b - a$. 证毕.

注 1.5 例 1.3 给我们提供了求算子范数 $\|T\|$ 的一般思路, 即若要证 $\|T\| = M$, 一方面, 可从算子范数不等式 (1.14) 出发, 选取 x 满足 $\|x\| = 1$, 则 $\|T\| = \sup\limits_{\|x\|=1} \|Tx\| \leqslant M$.

另一方面, 选取一个特殊的 x_0, 使得 $\|x_0\| = 1$, 而 $\|Tx_0\| = M$, 或构造点列 x_n, 使得 $\|x_n\| = 1$ 且 $\|Tx_n\| \to M(n \to \infty)$, 从而

$$\|T\| \geqslant \|Tx_0\| = M \quad 或 \quad \|T\| \geqslant \sup_n \|Tx_n\| = M.$$

但在具体问题中, 上述 x_0 或 x_n 的选取, 需要一定的技巧, 甚至比较困难, 例如, 我们考虑比例 1.3 中更一般的积分算子 T:

例 1.4 设 E 是 $\mathbf{R}^n$ 中有界闭集, 在连续函数空间 $C(E)$ 上定义积分算子:

$$T(f, x) = \int_E K(x, y) f(y)\mathrm{d}y,$$

式中核 $K(x, y)$ 在 $E \times E$ 上连续, 则 T 是 $C(E) \to C(E)$ 的有界线性算子, 且

$$\|T\| = \max_{x \in E} \int_E |K(x, y)|\mathrm{d}y.$$

证 由积分的线性知 T 是线性算子. 令

$$M = \max_{x \in E} \int_E |K(x, y)|\mathrm{d}y.$$

先证 $\|T\| \leqslant M$.

$$\begin{aligned} \|Tf\|_c &= \max_{x \in E} \left| \int_E K(x, y) f(y)\mathrm{d}y \right| \\ &\leqslant \left(\max_{y \in E} |f(y)|\right) \left(\max_{x \in E} \int_E |K(x, y)|\mathrm{d}y \right) \\ &= \|f\|_c \cdot M. \end{aligned}$$

从而

$$\|T\| = \sup_{f \neq 0} \frac{\|Tf\|_c}{\|f\|_c} \leqslant M. \tag{1.19}$$

另一方面, $\int_E |K(x,y)|\mathrm{d}y$ 是 E 上连续函数, 所以, 存在 $x_0 \in E$, 使得

$$\int_E |K(x_0,y)|\mathrm{d}y = \max_{x\in E} \int_E |K(x,y)|\mathrm{d}y = M.$$

令

$$h(y) = \operatorname{sgn} K(x_0,y),$$

则 h 是 E 上可测函数, 且 $|h(y)| \leqslant 1$. 由 Luzin 定理 (见第四章推论 3.3), 对 $\forall \varepsilon > 0$, 存在 $g \in C(E)$, 使得

$$\mu\{y \in E : g(x) \neq h(x)\} < \frac{\varepsilon}{2(\|K\|_c + 1)},$$

式中 $\|K\|_c = \max\limits_{x,y\in E} |K(x,y)|$, 而且 $\|g\|_c = \max\limits_{y\in E} |g(y)| = 1$. 于是

$$\begin{aligned}
\|T\| &= \sup_{\|f\|_c=1} \|Tf\|_c \geqslant \|Tg\|_c \\
&= \max_{x\in E} \left| \int_E K(x,y)\cdot g(y)\mathrm{d}y \right| \geqslant \left| \int_E K(x_0,y)g(y)\mathrm{d}y \right| \\
&\geqslant \left| \int_E K(x_0,y)h(y)\mathrm{d}y \right| - \left| \int_E K(x_0,y)(g(y)-h(y))\mathrm{d}y \right| \\
&\geqslant \int_E |K(x_0,y)|\mathrm{d}y - \int_E |K(x_0,y)||g(y)-h(y)|\mathrm{d}y \\
&\geqslant M - \|K\|_c \cdot 2\mu\{g \neq h\} > M - \varepsilon.
\end{aligned}$$

由 $\varepsilon > 0$ 的任意性, 有 $\|T\| \geqslant M$, 联合 (1.19), 即得 $\|T\| = M$. 证毕.

评注 1: 我们可以考虑更一般的积分算子. 设 (X,Σ_1,μ_1) 和 (Y,Σ_2,μ_2) 是两个 σ 有限测度空间, K 是 $X\times Y$ 上 $\Sigma_1\times\Sigma_2$ 可测函数. 若存在常数 $M>0$, 使得

$$\int_X |K(x,y)|\mathrm{d}\mu_1(x) \leqslant M \quad a.e.y \in Y,$$

$$\int_Y |K(x,y)|\mathrm{d}\mu_2(y) \leqslant M \quad a.e.x \in X,$$

若 $f \in L^p(\mu_2)(1 \leqslant p \leqslant \infty)$, 则积分算子

$$T(f,x)=\int_Y K(x,y)f(y)\mathrm{d}\mu_2(y) \tag{1.20}$$

对 $a.e.x\in X$ 绝对收敛, $Tf\in L^p(\mu_1)$ 且

$$\|Tf\|_p\leqslant M\|f\|_p.$$

证 先设 $1<p<\infty$, $\dfrac{1}{p}+\dfrac{1}{q}=1$. 根据 Hölder 不等式, 有

$$\begin{aligned}|T(f,x)|&\leqslant\int_Y |K(x,y)||f(y)|\mathrm{d}\mu_2(y)\\&\leqslant\left(\int_Y |K(x,y)|\mathrm{d}\mu_2(y)\right)^{\frac{1}{q}}\left(\int_Y |K(x,y)||f(y)|^p\mathrm{d}\mu_2(y)\right)^{\frac{1}{p}}\\&\leqslant M^{1/q}\left(\int_Y |K(x,y)||f(y)|^p\mathrm{d}\mu_2(y)\right)^{\frac{1}{p}}\quad a.e.x\in X.\end{aligned}$$

于是, 由 Tonelli 定理 (第五章定理 5.8),

$$\begin{aligned}\|Tf\|_p^p&=\int_X\left|\int_Y K(x,y)f(y)\mathrm{d}\mu_2(y)\right|^p\mathrm{d}\mu_1(x)\\&\leqslant M^{p/q}\int_{X\times Y}|K(x,y)||f(y)|^p\mathrm{d}\mu_2(y)\mathrm{d}\mu_1(x)\\&=M^{p/q}\int_Y|f(y)|^p\left(\int_X|K(x,y)|\mathrm{d}\mu_1(x)\right)\mathrm{d}\mu_2(y)\\&\leqslant M^p\|f\|_p^p.\end{aligned}$$

开 p 次方, 得 $\|Tf\|_p\leqslant M\|f\|_p$. 从上式, 得到

$$\int_Y |K(x,y)||f(y)|\mathrm{d}\mu_2(y)<\infty\quad a.e.x\in X,$$

它表示 $T(f,x)$ 对 $a.e.x\in X$ 绝对收敛.

$p=1$ 时, 只要设 $\displaystyle\int_X |K(x,y)|\mathrm{d}\mu_1(x)\leqslant M$;

而 $p=\infty$ 时, 只要设 $\displaystyle\int_Y |K(x,y)|\mathrm{d}\mu_2(y)\leqslant M$, 证明是类似的. 证毕.

评注 2: 设 $T:L^p(X)\to L^q(Y)$ 由 (1.20) 定义, 若存在正常数 $c(p,q)$, 使得

$$\|Tf\|_q\leqslant c(p,q)\|f\|_p,\quad 0<p,q\leqslant\infty,$$

则称 T 是强 (p,q) 型算子, 通常简称为 (p,q) 型算子, 记为 $T\in(p,q)$, 这时算子 T 的范数定义为

$$\|T\| = \sup_{f \neq 0} \frac{\|Tf\|_q}{\|f\|_p}.$$

若上述积分算子 T 满足:

$$\mu_2\{y \in Y : |T(f,x)| > t\} \leqslant \left(\frac{c}{t}\|f\|_p\right)^q, \quad t > 0, 0 < p \leqslant \infty, 0 < q < \infty, \tag{1.21}$$

则称 T 是弱 (p,q) 型算子, 记为 $T \in W(p,q)$.

例 1.5 (Lagrange 插值算子 L_n) 设 $f \in C[a,b]$, 在 $[a,b]$ 内取 n 个点: $a \leqslant x_1 < x_2 < \cdots < x_n \leqslant b$. 令

$$w(x) = \prod_{k=1}^{n}(x - x_k), \quad l_k(x) = \frac{w(x)}{(x - x_k)w'(x_k)},$$

则 Lagrange 插值算子 L_n 定义为

$$L_n(f,x) = \sum_{k=1}^{n} f(x_k) l_k(x).$$

于是 L_n 是 $C[a,b] \to C[a,b]$ 的有界线性算子, 且

$$\|L_n\| = \max_{x \in [a,b]} \sum_{k=1}^{n} |l_k(x)|.$$

事实上, 令 $M = \max\limits_{x \in [a,b]} \sum\limits_{k=1}^{n} |l_k(x)|$, 则 $\|L_n(f)\|_c = \max\limits_{x \in [a,b]} |L_n(f,x)| \leqslant M\|f\|_c$, 从而

$$\|L_n\| = \sup_{\|f\|_c \leqslant 1} \|L_n(f)\|_c \leqslant M.$$

另一方面, 因为 $\sum\limits_{k=1}^{n} |l_k(x)| \in C[a,b]$, 所以, 存在 $x_0 \in [a,b]$, 使得 $\sum\limits_{k=1}^{n} |l_k(x_0)| = M$. 选取 $f_0 \in C[a,b]$, 使得 $\|f_0\|_c = 1$, 且 $f_0(x_k) = \operatorname{sgn} l_k(x_0)$, $k = 1, \cdots, n$. $|f_0(x)| \leqslant 1$. 于是

$$\begin{aligned}
\|L_n\| &= \sup_{\|f\|_c = 1} \|L_n(f)\|_c \geqslant \|L_n(f_0)\|_c = \sup_{x \in [a,b]} |L_n(f_0, x)| \\
&\geqslant |L_n(f_0, x_0)| = \left|\sum_{k=1}^{n} l_k(x_0) \operatorname{sgn} l_k(x_0)\right| = \sum_{k=1}^{n} |l_k(x_0)| = M,
\end{aligned}$$

所以 $\|L_n\| = M$. 证毕.

例 1.6 在 $C[a,b]$ 上定义泛函 f:

$$f(x)=\int_a^b x(t)\mathrm{d}t, \tag{1.22}$$

求泛函 f 的范数 $\|f\|$.

解 由积分的线性, 可知 f 是 $C[a,b]$ 上的线性泛函, 对 $\forall x(t)\in C[a,b]$, 使得 $\|x\|_c=1$, 则

$$\begin{aligned}|f(x)|&\leqslant\int_a^b|x(t)|\mathrm{d}t\leqslant\int_a^b\left(\max_{a\leqslant t\leqslant b}|x(t)|\right)\mathrm{d}t\\&=(b-a)\|x\|_c=b-a.\end{aligned}$$

所以

$$\|f\|=\sup_{\|x\|_c=1}|f(x)|\leqslant b-a.$$

另一方面, 取 $x_0(t)=1,\ t\in[a,b]$, 则 $\|x_0\|_c=1$, 且

$$\|f\|=\sup_{\|x\|_c=1}|f(x)|\geqslant|f(x_0)|=\left|\int_a^b 1\mathrm{d}t\right|=b-a.$$

所以 $\|f\|=b-a$.

四、有限维赋范线性空间上的线性算子与泛函

设 E_n 为 n 维赋范线性空间, 范数为 $\|\cdot\|_1$, $Y=(Y,\|\cdot\|_2)$ 是赋范线性空间, T 是 $E_n\to Y$ 的线性算子. 令 $\eta_k=Te_k$, 式中 $\{e_1,\cdots,e_n\}$ 是 E_n 的一个基, 则 T 的值域 $R(T)$ 是由 $\{\eta_1,\cdots,\eta_n\}$ 生成的子集, 其维数 $m\leqslant n$. 所以, 我们不妨设 Y 是 m 维的, 并设 $\{e'_1,\cdots,e'_m\}$ 是 Y 的一个基 (两个基的次序排定后不再改变). 对

$$\forall x\in E_n, x=\sum_{k=1}^n x_k e_k, \tag{1.23}$$

由 T 线性,

$$y=Tx=\sum_{k=1}^n x_k Te_k. \tag{1.24}$$

另一方面, 因为 $y, Te_k\in Y$, 所以它们也可用 Y 中的基 $\{e'_j\}$ 唯一表示:

$$y=\sum_{j=1}^m y_j e'_j; \tag{1.25}$$

$$Te_k = \sum_{j=1}^{m} \alpha_{jk} e'_j. \tag{1.26}$$

将 (1.25) 和 (1.26) 代入 (1.24), 得到

$$y = \sum_{j=1}^{m} y_j e'_j = \sum_{k=1}^{n} x_k Te_k = \sum_{k=1}^{n} x_k \left(\sum_{j=1}^{m} \alpha_{jk} e'_j \right) = \sum_{j=1}^{m} \left(\sum_{k=1}^{n} \alpha_{jk} x_k \right) e'_j.$$

由于 $\{e'_1, \cdots, e'_m\}$ 线性无关, 上式两边关于 e'_j 的系数应该相同, 即

$$y_j = \sum_{k=1}^{n} \alpha_{jk} x_k. \tag{1.27}$$

由此可见, 在有限维线性空间上, 当 E_n 和 Y 的基确定后, 线性算子 T 与矩阵 $A = (\alpha_{jk})$ 是一一对应的, 所以, 直接记为 $T = (\alpha_{jk})_{m \times n}$.

我们从 (1.23) 和 (1.24) 还可推出, 当 $x \to 0$ 时表示每个 $x_k \to 0$, 从而 $Tx \to 0$, 即 T 在 $x = 0$ 点连续, 由定理 1.4, T 有界且连续, 于是, 我们得到下述结论:

定理 1.11 有限维赋范线性空间上所有线性算子 T 都是有界且连续的.

(**评注**: 注意无穷维赋范线性空间上的线性算子未必连续, 见本章 §6.)

特别当 $Y = K$ (E_n 的数域) 时, 我们得到

推论 1.12 有限维赋范线性空间上所有线性泛函都是有界且连续的.

设 f 是 $E_n \to K$ 的线性泛函, $\{e_1, \cdots, e_n\}$ 是 E_n 的一个基, 令 $\alpha_k = f(e_k)$, $k = 1, \cdots, n$, 则对 $\forall x = \sum\limits_{k=1}^{n} x_k e_k \in E_n$, 有

$$f(x) = \sum_{k=1}^{n} x_k f(e_k) = \sum_{k=1}^{n} \alpha_k x_k. \tag{1.28}$$

所以, 线性泛函 f 与数组 $\alpha = (\alpha_1, \cdots, \alpha_n)$ 一一对应.

在一般情况下, 要求 $T : (E_n, \|\cdot\|_1) \to (Y, \|\cdot\|_2)$ 的范数 $\|T\|$ 并不容易, $\|T\|$ 与 $\|\cdot\|_1, \|\cdot\|_2$ 的取法有关, 例如, E_n, Y 中都取范数 $\|\cdot\|_\infty$, 即对于 $x = (x_1, \cdots, x_n) \in E_n$, 令 $\|x\|_\infty = \max\limits_{1 \leqslant k \leqslant n} |x_k|$, $Tx = y = (y_1, \cdots, y_m) \in Y$ 时, 令 $\|y\|_\infty = \max\limits_{1 \leqslant j \leqslant m} |y_j|$. 所以, 从 (1.27),

$$\begin{aligned} \|Tx\|_\infty = \|y\|_\infty &= \max_{1 \leqslant j \leqslant m} |y_j| = \max_{1 \leqslant j \leqslant m} \left| \sum_{k=1}^{n} \alpha_{jk} x_k \right| \\ &\leqslant \max_{1 \leqslant j \leqslant m} \left(\sum_{k=1}^{n} |\alpha_{jk}| \left(\max_{1 \leqslant k \leqslant n} |x_k| \right) \right) = \|x\|_\infty \max_{1 \leqslant j \leqslant m} \sum_{k=1}^{n} |\alpha_{jk}|, \end{aligned}$$

从而

$$\|T\| = \sup_{x \neq 0} \frac{\|Tx\|_\infty}{\|x\|_\infty} \leqslant \max_{1 \leqslant j \leqslant m} \sum_{k=1}^{n} |\alpha_{jk}| \overset{\text{def}}{=\!=} M.$$

另一方面, 令 $x_k^{(0)} = \operatorname{sgn} \alpha_{jk}, x^{(0)} = (x_1^{(0)}, \cdots, x_n^{(0)})$, 则 $\|x^{(0)}\|_\infty = \max\limits_{1 \leqslant k \leqslant n} |x_k^{(0)}| = 1$, 于是

$$\begin{aligned} \|T\| &= \sup_{\|x\|_\infty = 1} \|Tx\|_\infty \geqslant \|Tx^{(0)}\|_\infty = \max_{1 \leqslant j \leqslant m} \left| \sum_{k=1}^{n} \alpha_{jk} x_k^{(0)} \right| \\ &= \max_{1 \leqslant j \leqslant m} \left| \sum_{k=1}^{n} \alpha_{jk} \operatorname{sgn} \alpha_{jk} \right| = \max_{1 \leqslant j \leqslant m} \sum_{k=1}^{n} |\alpha_{jk}| = M. \end{aligned}$$

从而

$$\|T\| = M = \max_{1 \leqslant j \leqslant m} \sum_{k=1}^{n} |\alpha_{jk}|.$$

习题 8.1

1.1 设 (X, Σ, μ) 是 σ 有限的测度空间, $E \in \Sigma$. 设 $f \in L^p(E)$, $1 < p < \infty$, $\frac{1}{p} + \frac{1}{q} = 1$, 证明:

$$\|f\|_p = \sup \left\{ \left| \int_E fg \mathrm{d}\mu \right| : \|g\|_q \leqslant 1 \right\}.$$

1.2 Bernstein 算子

$$B_n(f, x) = \sum_{k=0}^{n} f\left(\frac{k}{n}\right) \binom{n}{k} x^k (1-x)^{n-k}$$

是 $C[0,1]$ 到 $C[0,1]$ 的线性算子, 证明: $\|B_n\| = 1$.

1.3 由 (1.22) 定义的 f 看作 $L^p[a,b] (1 \leqslant p < \infty)$ 上的线性泛函时, f 的范数 $\|f\|$ 是多少?

1.4 设 $x(t) \in C[a,b]$, $f(x) = x(a) - x(b)$, 证明 f 是 $C[a,b]$ 上的有界线性泛函, 并求 $\|f\|$.

1.5 求泛函 $f(x) = \int_0^1 \sqrt{t} x(t^2) \mathrm{d}t$ 在以下两种情形下的范数 $\|f\|$:

(1) $x(t) \in C[0,1]$;

(2) $x(t) \in L^2[0,1]$.

1.6 对于 $\mathbf{R}^n$ 中给定的非零元 $\alpha = (\alpha_1, \cdots, \alpha_n)$, 定义线性泛函 $f: \mathbf{R}^n \to$

$\mathbf{R}$, $x=(x_1,\cdots,x_n)\mapsto x\alpha=\sum\limits_{k=1}^{n}x_k\alpha_k$, 求 f 的范数.

1.7 设无穷矩阵 $A=(a_{jk})$ 满足

$$M=\sup_j\sum_{k=1}^{\infty}|a_{jk}|<\infty. \tag{1.29}$$

对于 $\forall x=(x_1,x_2,\cdots)$, $y=(y_1,y_2,\cdots)\in l^\infty$, 定义线性算子 $T:l^\infty\to l^\infty$, $x\mapsto y$, 式中

$$y_j=\sum_{k=1}^{\infty}a_{jk}x_k,\quad j=1,2,\cdots,$$

证明: $\|T\|=M$ (M 由 (1.29) 式定义).

1.8 设无穷矩阵 $A=(a_{jk})$ 满足

$$\sum_{j=1}^{\infty}\left(\sum_{k=1}^{\infty}|a_{jk}|^q\right)<\infty, \tag{1.30}$$

$\dfrac{1}{p}+\dfrac{1}{q}=1$, $1<p<\infty$, 定义线性算子 $T:l^p\to l^q$, $x\mapsto y$, 式中

$$x=(x_1,x_2,\cdots)\in l^p,\ y=(y_1,y_2,\cdots)\in l^q,\ 且\ y_j=\sum_{k=1}^{\infty}a_{jk}x_k.$$

证明 T 是有界线性算子, 并求出该算子的范数 $\|T\|$.

1.9 设 (X,d) 是具有 σ 有限开集的距离空间, E 是 (X,d) 中的紧集, $\mu(E)<\infty$, $g\in L(E)$. 在 $C(E)$ 上定义泛函

$$f(x)=\int_E g(t)x(t)\mathrm{d}t,$$

证明:

$$\|f\|=\int_E|g(t)|\mathrm{d}t.$$

1.10 求 Hardy 算子

$$T(f,x)=\frac{1}{x}\int_0^x f(y)\mathrm{d}y$$

在 $L^p(0,\infty)(1<p<\infty)$ 上的范数.

§2 算子空间与共轭空间

我们已熟悉了 $C(E)$, $L^p(E)$ 等函数空间, 同样, 从 X 到 Y 的算子 T 的集合赋予某些结构后, 就形成算子空间, 这些算子空间的性质与 X,Y 的结构有关.

设 X,Y 为数域 K 上的线性空间, 从 X 到 Y 的线性算子 T 的集合记为 $L(X,Y)$, 在 $L(X,Y)$ 中定义算子的线性运算如下: $\forall T_1,T_2\in L(X,Y),\alpha\in K,\forall x\in X$, 定义加法 T_1+T_2 和数乘 αT_1:

$$(T_1+T_2)(x)=T_1x+T_2x;$$

$$(\alpha T_1)(x)=\alpha(T_1x).$$

则 $T_1+T_2,\alpha T_1\in L(X,Y)$. 因此 $L(X,Y)$ 按上述的线性运算构成一个线性空间, 称为**线性算子空间**, 当 $X=Y$ 时, 记 $L(X,X)$ 为 $L(X)$.

设 Z 也是 K 上的线性空间, 若 $T_1\in L(X,Y)$, $T_2\in L(Y,Z)$, 并且它们的定义域分别为 $D(T_1)$ 和 $D(T_2)$. 定义算子 T_1 与 T_2 的复合 T_2T_1 如下: 定义域 $D(T_2T_1)=\{x\in D(T_1):T_1x\in D(T_2)\}$,

$$(T_2T_1)(x)=T_2(T_1x),\quad \forall x\in D(T_2T_1),\tag{2.1}$$

称 T_2T_1 是算子 T_2 与 T_1 的**乘积**.

当 $X=Y=Z$ 时, T_2T_1 与 T_1T_2 在 X 上都有意义, 但 T_2T_1 与 T_1T_2 不一定相等, 即一般不服从交换律. 若 $T_2T_1=T_1T_2$, 则称 T_1 与 T_2 是**可交换的**.

例 2.1 在 $X=C[0,1]$ 上定义两个算子:

(1) Volterra 积分算子 T_1: $(T_1x)(t)=\displaystyle\int_0^t x(s)\mathrm{d}s$;

(2) 乘法算子 T_2: $(T_2x)(t)=tx(t)$,

则 $T_1,T_2\in L(X)$, 而且

$$(T_2T_1x)(t)=t\int_0^t x(s)\mathrm{d}s,$$

$$(T_1T_2x)(t)=\int_0^t sx(s)\mathrm{d}s.$$

若取 $x_0(t)=1$, $t\in[0,1]$, 则

$$(T_2T_1x_0)(t)=t^2,\quad (T_1T_2x_0)(t)=\frac{1}{2}t^2.$$

这表明 $T_1T_2x_0\neq T_2T_1x_0$, 所以 $T_1T_2\neq T_2T_1$. 当 $T_1=T_2=T$ 时, TT 记为 T^2, $T(T^{n-1})$ 记为 T^n. $T^0=I$ 为恒等算子.

当 X,Y 为数域 K 上赋范线性空间时, 从 X 到 Y 的有界线性算子的集合

记为 $B(X,Y)$, 称为**有界线性算子空间**, 当 $X=Y$ 时, $B(X,X)$ 记为 $B(X)$.

定理 2.1 $B(X,Y)$ 按 $L(X,Y)$ 中的线性运算和算子范数成为赋范线性空间.

证 $B(X,Y)$ 是 $L(X,Y)$ 的线性子空间, 下面证明算子 T 的范数 $\|T\|$ 满足范数的三个条件 (见第七章定义 2.1), 下面将 $\|T\|=\sup\{\|Tx\|:\|x\|=1\}$ 简记为 $\|T\|=\sup\|Tx\|$.

(1) $\|T\|\geqslant 0$, $\|T\|=0\Leftrightarrow T=O$ (零算子);

(2) $\|\alpha T\|=\sup\|(\alpha T)x\|=|\alpha|\sup\|Tx\|=|\alpha|\|T\|$, $\alpha\in K$;

(3) $\|T_1+T_2\|=\sup\|(T_1+T_2)x\|\leqslant\sup(\|T_1x\|+\|T_2x\|)=\|T_1\|+\|T_2\|$. 证毕.

当 $Y=K$ 时, $B(X,K)$ 记为 X^*, 它表示 X 上所有有界线性泛函的集合, 由定理 2.1, X^* 按通常的线性运算和泛函的范数构成赋范线性空间, 称为 X 的**共轭空间**, 而 $(X^*)^*=X^{**}=B(X^*,K)$ 称为 X 的**二次共轭空间**.

$B(X,Y)$ 作为赋范线性空间不一定完备, 自然要问: $B(X,Y)$ 在什么情况下是完备的?

定理 2.2 设 Y 为 Banach 空间, 则 $B(X,Y)$ 也是 Banach 空间 (注意没有要求 X 完备).

证 设 $\{T_n\}$ 是 $B(X,Y)$ 中任一 Cauchy 列, 即 $\forall\varepsilon>0,\exists N$, 使得 $\forall m,n>N$, 有 $\|T_m-T_n\|<\varepsilon$, 从而对 $\forall x\in X$, 有

$$\|(T_m-T_n)x\|\leqslant\|T_m-T_n\|\|x\|<\varepsilon\|x\|. \tag{2.2}$$

所以 $\{T_nx\}$ 是 Y 中 Cauchy 列, 由 Y 完备, $\{T_nx\}$ 收敛于 Y 中某一元 y, 即

$$\lim_{n\to\infty}T_nx=y.$$

定义算子 $T:X\to Y$, $x|\to y$, 下面证 $T\in B(X,Y)$. 在 (2.2) 中令 $m\to\infty$, 由范数的连续性, 有

$$\|(T-T_n)x\|\leqslant\varepsilon\|x\|\quad(\forall n>N,x\in X), \tag{2.3}$$

这表明, $T-T_n\in B(X,Y)$, 又 $B(X,Y)$ 是线性空间, 所以 $T=(T-T_n)+T_n\in B(X,Y)$, 再由 (2.3), 有

$$\|T-T_n\|=\sup_{\|x\|=1}\|(T-T_n)x\|\leqslant\varepsilon,$$

这表示 $T_n\to T$, 所以 $B(X,Y)$ 为 Banach 空间. 证毕.

由数域 K 的完备性, 从定理 2.2 立即得到: 赋范线性空间 X 的共轭空间 X^* 恒为 Banach 空间.

定义 2.1 对线性空间 X 中的任意 x,y, 定义了它们的乘法 xy, 而且该乘法运算还满足 $\forall x,y,z\in X,\lambda\in K$, 有

(1) $(xy)z=x(yz)$;

(2) $(x+y)z=xz+yz$; $x(y+z)=xy+xz$;

(3) $\lambda(xy)=(\lambda x)y=x(\lambda y)$,

则称 X 是**代数**. 若 X 的数域 K 是实数集, 则称 X 是实代数; 若 X 的数域 K 是复数集, 则称 X 是复代数. 若乘法还满足: $xy=yx$, 则称 X 是**可交换代数**. 如果代数 X 是赋范线性空间 $(X,\|\cdot\|)$, 其中的范数满足:

$$\|xy\|\leqslant\|x\|\cdot\|y\|,\quad \forall x,y\in X,$$

则称 X 是**赋范代数**. 特别地, 当 X 完备时, 称 X 是 **Banach 代数**. **完备的可交换的赋范代数称为交换 Banach 代数**.

下面讨论 $B(X,Y)$ 中算子列 $\{T_n\}$ 的收敛性和 X^* 中泛函列 $\{f_n\}$ 的收敛性.

定义 2.2 设 X,Y 为数域 K 上赋范线性空间, $T,T_n\in B(X,Y)$.

(1) 若 $\|T_n-T\|\to 0(n\to\infty)$, 则称 $\{T_n\}$ **依算子范数收敛**于 T, 或 T_n **一致收敛**于 T. 记为 $T_n\rightrightarrows T$.

(2) 若对 $\forall x\in X$, $\lim\limits_{n\to\infty}\|T_nx-Tx\|=0$, 则称 $\{T_n\}$ **强收敛**于 T, 记为 $T_n\xrightarrow{s}T$ (有时又称 $\{T_n\}$ **点态收敛**于 T), 或 $\lim\limits_{n\to\infty}T_nx=Tx$, $x\in X$.

(3) 若对 $\forall x\in X,\forall f\in Y^*$, 都有

$$\lim_{n\to\infty}|f(T_nx)-f(Tx)|=0,$$

则称 $\{T_n\}$ **弱收敛**于 T: 记为 $T_n\xrightarrow{w}T$.

当 X,Y 都是有限维空间时, 这三种收敛是等价的.

特别地, 当 $Y=K$ 时, $B(X,K)=X^*$. 就得到相应的泛函列 $\{f_n\}$ 的相应收敛性, 但应注意习惯称呼有所不同, 即

定义 2.3 设 X 为赋范线性空间, $f,f_n\in X^*$,

(1) 若 $\|f_n-f\|\to 0(n\to\infty)$, 则称 $\{f_n\}$ **强收敛**于 f, 记为 $f_n\xrightarrow{s}f$.

(2) 若对 $\forall g\in X^{**}$, 有 $\lim\limits_{n\to\infty}|g(f_n)-g(f)|=0$, 则称 $\{f_n\}$ **弱收敛**于 f, 记为 $f_n\xrightarrow{w}f$.

(3) 若对 $\forall x\in X$, 有 $\lim\limits_{n\to\infty}|f_n(x)-f(x)|=0$, 则称 $\{f_n\}$ **弱 $*$ 收敛**于 f, 记为 $f_n\xrightarrow{w^*}f$.

注 2.1 若将 $\{f_n\}\subset X^*$ 看成 $B(X,K)$ 中算子列, 这时定义 2.3 中的强收敛 (1) 就是定义 2.2 中的依算子范数收敛 (1), 定义 2.3 中的 (3) 就是定义 2.2

中的强收敛 (2), 但按定义 2.3, 我们称为弱 $*$ 收敛, 这就是说, 我们可以将有界线性泛函列 $\{f_n\}$ 的弱 $*$ 收敛看成有界线性算子列的强收敛, 这种解释为以后的应用带来方便. 还应注意, $\{T_n\}$ 看成赋范线性空间 $B(X,Y)$ 中的点列时, 根据第七章定义 2.2, 点列 $\{T_n\}$ 强收敛于 T 是指 $\|T_n-T\|\to 0$, 这与 $\{T_n\}$ 作为算子列的强收敛的概念是不同的.

定理 2.3 设 X,Y 为数域 K 上赋范线性空间, $T_n,T\in B(X,Y)$, 则

$$\boxed{T_n\Rightarrow T}\Rightarrow\boxed{T_n\xrightarrow{s}T}\Rightarrow\boxed{T_n\xrightarrow{w}T}.$$

证 (1) 设 $T_n\Rightarrow T$, 即 $\|T_n-T\|\to 0$, $n\to\infty$, 则对 $\forall x\in X$, 有

$$\|T_nx-Tx\|=\|(T_n-T)x\|\leqslant\|T_n-T\|\|x\|\to 0,\ n\to\infty,$$

即 $T_n\xrightarrow{s}T$.

(2) 设 $T_n\xrightarrow{s}T$, 即对 $\forall x\in X$, $\|T_nx-Tx\|\to 0$, $n\to\infty$, 于是, 对 $\forall f\in Y^*$,

$$|f(T_nx)-f(Tx)|=|f(T_nx-Tx)|\leqslant\|f\|\|T_nx-Tx\|\to 0,\ n\to\infty,$$

即 $T_n\xrightarrow{w}T$.

强收敛而不一致收敛的例子有:

例 2.2 $X=Y=l^p$, $1\leqslant p<\infty$, 对 $\forall x=(x_1,x_2,\cdots)\in l^p$, 令 $y_n=(x_n,x_{n+1},\cdots)$, 定义左移算子 $T:X\to Y$, $x\mapsto y_2$, 令 $T_n=T^n$, 则 $T_n:X\to Y$, $x\mapsto y_{n+1}$, $\|T_nx\|=\|y_{n+1}\|=\left(\sum\limits_{k=n+1}^{\infty}|x_k|^p\right)^{1/p}\leqslant\|x\|$, 从而 $T_n\in B(X,Y)$. 对 $\forall x\in X$,

$$\|T_nx-Ox\|=\|T_nx\|=\left(\sum_{k=n+1}^{\infty}|x_k|^p\right)^{1/p}\to 0\quad(n\to\infty),$$

所以 $T_n\xrightarrow{s}O$, 但 $T_n\nRightarrow O$, 事实上, 取 $e_n=(\underbrace{0,\cdots,0}_{n-1\text{个}},1,0,\cdots)$, 则 $\|e_n\|=1$, 且 $T_ne_{n+1}=e_1$,

$$\|T_n-O\|=\sup_{\|x\|=1}\|T_nx\|\geqslant\|T_ne_{n+1}\|=\|e_1\|=1,$$

所以 $T_n\nRightarrow O$ (此处 O 表示零算子).

定理 2.4 设 X 为赋范线性空间, $f,f_n\in X^*$, 则

$$\boxed{f_n\xrightarrow{s}f}\Rightarrow\boxed{f_n\xrightarrow{w}f}\Rightarrow\boxed{f_n\xrightarrow{w^*}f}.$$

证 设 $f_n \xrightarrow{s} f$, 即 $\|f_n - f\| \to 0, n \to \infty$, 则对 $\forall g \in X^{**}$,

$$|g(f_n) - g(f)| = |g(f_n - f)| \leqslant \|g\|\|f_n - f\| \to 0 \quad (n \to \infty),$$

即 $f_n \xrightarrow{w} f$.

但在定理 2.4 的其余部分的证明以及进一步举反例时, 我们要先解决以下问题:

(1) X 与 X^*, X^{**} 的关系是什么?

(2) X^* 中元素有什么特征? 如何求出 X 上有界线性泛函的一般表示形式?

(3) $\{T_n\}$ 与 $\{f_n\}$ 的收敛性与有界性、一致有界性有什么关系?

(4) 我们在第七章定义 2.2 中定义了赋范线性空间 X 中点列 $\{x_n\}$ 的收敛, 即 $x_n \to x$ 指 $\|x_n - x\| \to 0(n \to \infty)$, 称 $\{x_n\}$ 依范数收敛于 x, 或 $\{x_n\}$ 强收敛于 x, 记为 $x_n \xrightarrow{s} x$.

利用 X^* 与 X 的关系, 我们还可以定义 X 中一种新的收敛概念:

定义 2.4 设 X 为赋范线性空间, $x, x_n \in X$, 若对 $\forall f \in X^*$, 有

$$|f(x_n) - f(x)| \to 0 \quad (n \to \infty),$$

则称 $\{x_n\}$ **弱收敛**于 x, 记为 $x_n \xrightarrow{w} x$.

利用泛函范数不等式 (1.15): $|f(x_n) - f(x)| = |f(x_n - x)| \leqslant \|f\|\|x_n - x\|$ 就可从 $x_n \xrightarrow{s} x$ 推出 $x_n \xrightarrow{w} x$. 但反之不成立. 反例的构造也要用到 X^* 中元素 (即 X 上有界线性泛函) f 的表示形式.

以上问题涉及 Banach 空间的几个著名定理. 我们将在下面几节详细讨论.

习题 8.2

2.1 设 $T_1 \in B(X,Y), T_2 \in B(Y,Z)$, 证明: $T_2T_1 \in B(X,Z)$, 而且

$$\|T_2T_1\| \leqslant \|T_2\| \cdot \|T_1\|. \tag{2.4}$$

2.2 设 $(X, \|\cdot\|)$ 为 Banach 代数, 证明: $B(X)$ 也是 Banach 代数.

2.3 设 X 为复内积空间, $T \in B(X)$. 若对 $\forall x \in X$, $(Tx, x) = 0$, 求证 $T = O$. 若 X 为实内积空间, 上述结论是否仍成立?

§3 有界线性泛函的表示

一、赋范线性空间的同构与表示

我们在第七章 §1 和 §2 讲了线性空间之间的线性同构和距离空间之间的等距同构的概念. 由于在赋范线性空间 $(X, \|\cdot\|)$ 中可用范数定义距离, 所以, 在第

七章 §1 中将距离用范数表示, 就得到下述:

定义 3.1 设 X, Y 为数域 K 上的赋范线性空间, 若算子 $T: X \to Y$ 满足

$$\|Tx\| = \|x\|, \quad \forall x \in X, \tag{3.1}$$

则称 T 为**保范算子**. 若线性算子 $T: X \to Y$ 是保范的满单射, 则称 T 是**等距 (或保范) 同构映射**. 这时称 X 与 Y **等距同构 (或保范同构)**. 事实上, 这时 X 与 Y 也是线性同构的. 我们简称 T 为**同构映射**, X 与 Y 同构, 记为 $X \cong Y$, 有时就简记为 $X = Y$, 但应与集合的等式相区别. 同样, 若存在 $A \subset Y$, 使得 A 与 X 同构, 我们就称 X 可嵌入到 Y 中, 往往记为 $X \subset Y$. 注意它也并不表示集合的包含关系, 因为 X 中的元素并不一定在 Y 中. 两个赋范线性空间 X, Y 同构时, 就表示存在同构映射: $T: X \to Y$, 于是可以将 x 与 Tx 不加区别, 即将 x 与 Tx 同一化, 因而将 X 与 Y 同一化而不加区别. 若一个抽象的赋范线性空间 X 能与一个具体的赋范线性空间 Y 同构, 则称 Y 是 X 的一个**表示**, 这种思想在微积分甚至在中学就碰到过. 例如, 我们将实数集与直线上的几何点集不加区别, 二维向量集 $\{(x, y)\}$ 与几何平面上的点集不加区别, 等等.

方框图 8–1: $X^* = Y$ 的理解

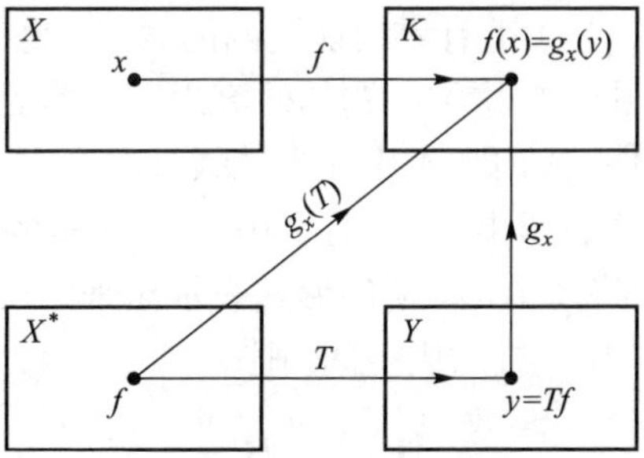

评注: 根据方框图 8-1, 对于 $X^* = Y$, 可以有两种方式理解:

第一, 先找出共轭空间 X^* 中元素的一般形式, 再证明存在保范同构映射 $T: X^* \to Y$, $f \mapsto y$, 使得 $\|Tf\| = \|y\| = \|f\|$, 即 X^* 与 Y 同构, 将它们看成同一空间, 不加区别. 这是一般传统教材的提法.

第二, 我们可以作更深层次的理解. $X^* = Y$ 实际上是 $TX^* = Y$, 将 TX^* 与 X^* 同一化以后, 才得出 $X^* = Y$. 所以对 $X^* = Y$ 的理解可考虑两条路径:

(1) $f: X \to K$, $x \mapsto f(x)$;

(2) $T: X^* \to Y$, $f \mapsto y = Tf$, $g_x: Y \to K$, $y \mapsto f(x)$,

作 T 与 g_x 的复合映射 $g_x(T): X^* \to K$, $f \mapsto f(x)$, $f(x)$ 与 $g_x(y)$ 都在数域 K 中, 它们相等. g_x 称为 f 在 X 上的表示形式, 即用 Y 上的线性泛函 g_x 来表示 X 上的线性泛函 f.

在理解了 $X^* = Y$ 以后, 要证明 $X^* = Y$, 即 X^* 与 Y 同构, 就要转化为集合等式 $TX^* = Y$, 即证明映射 $T : X^* \to Y$ 满足:

(1) T 是单射, 即 $\forall f \in X^*$, 要找 $y \in Y$, 使得 $T : X^* \to Y$, $f \mapsto y$, 定义 $g_x : Y \to K$, $y \mapsto f(x)$, 即 $g_x(y) = f(x)$, $\forall x \in X$, 证明 $\|y\| \leqslant \|f\|$;

(2) T 是满射, 即 $\forall y \in Y$, 要找 $f \in X^*$, 使得 $T : X^* \to Y$, $f \mapsto y$, 定义泛函 $f : X \to K$, $x \mapsto g_x(y)$, 即 $f(x) = g_x(y)$, $\forall x \in X$, 证明 $f \in X^*$ 且 $\|f\| \leqslant \|y\|$;

(3) 证明 T 保范: $\|Tf\| = \|y\| = \|f\|$.

注 3.1 若 X 是复的线性空间, 则定义 3.1 中 T 的线性要改为共轭线性, 即

$$T(\alpha x + \beta y) = \bar{\alpha} Tx + \bar{\beta} Ty, \quad \alpha, \beta \in K,$$

则称 X 与 Y **共轭同构**, 这时仍记为 $X = Y$.

定义 3.2 设 X 是数域 K 上的赋范线性空间, 若 $X^* = X$, 则称 X 是**自共轭空间**.

二、$(X, \|\cdot\|)$ 上有界线性泛函的表示

赋范线性空间 $(X, \|\cdot\|)$ 上有界线性泛函的表示, 就是研究共轭空间 X^* 能和怎样的具体空间实现同构. 这类问题的研究思路通常是: 先在 X 中选取适当的子集 A, 使得 $\overline{\operatorname{span} A} = X$, 即 A 中元素的线性组合在 X 中稠密, 并将 X 上的泛函 f 在 A 上的形式表示出来, 然后利用 A 中元素的线性组合在 X 中稠密和 f 的连续性, 进一步将 f 在 X 上的形式表示出来.

定理 3.1 设 $\mathbf{R}^n$ 为 n 维欧氏空间, 则

$$(\mathbf{R}^n)^* = \mathbf{R}^n. \tag{3.2}$$

证 设 $A = \{e_1, \cdots, e_n\}$ 是 $\mathbf{R}^n$ 的一组基, 其中 $e_k = (0, \cdots, 0, \underset{k}{1}, 0, \cdots, 0)$, $k = 1, \cdots, n$, 则 $\forall x = (x_1, \cdots, x_n) \in \mathbf{R}^n$ 可唯一地表示为 $x = \sum\limits_{k=1}^{n} x_k e_k$. 从而对 $\forall f \in (\mathbf{R}^n)^*$, 由 f 的线性, 有 $f(x) = f\left(\sum\limits_{k=1}^{n} x_k e_k\right) = \sum\limits_{k=1}^{n} x_k f(e_k)$. 令 $\alpha_k = f(e_k)$, 则 $\alpha = (\alpha_1, \cdots, \alpha_n) \in \mathbf{R}^n$, 且

$$f(x) = \sum_{k=1}^{n} x_k \alpha_k. \tag{3.3}$$

记 $\|x\| = \left(\sum\limits_{k=1}^{n} |x_k|^2\right)^{\frac{1}{2}}$, 则

$$|f(x)| \leqslant \sum_{k=1}^{n}|x_k\alpha_k| \leqslant \left(\sum_{k=1}^{n}|x_k|^2\right)^{\frac{1}{2}}\left(\sum_{k=1}^{n}|\alpha_k|^2\right)^{\frac{1}{2}} = \|x\|\|\alpha\|,$$

从而

$$\|f\| = \sup_{\|x\|=1}|f(x)| \leqslant \|\alpha\|. \tag{3.4}$$

反之, 对于 $\forall\alpha = (\alpha_1, \cdots, \alpha_n) \in \mathbf{R}^n$, 定义 $\mathbf{R}^n$ 上的泛函 f 为

$$f(x) = \sum_{k=1}^{n} x_k\alpha_k, \quad x = \sum_{k=1}^{n} x_k e_k \in \mathbf{R}^n.$$

则 f 是 $\mathbf{R}^n$ 上有界线性泛函, 即 $f \in (\mathbf{R}^n)^*$, 且 $\alpha_k = f(e_k)$. 所以, (3.3) 式就是有界线性泛函 f 在 $\mathbf{R}^n$ 上的表示形式, 而 $\alpha_k = f(e_k)(k = 1, \cdots, n)$ 则是 f 在 $A = \{e_k\}$ 上的表示.

从 (3.3), 得到

$$\|\alpha\|^2 = \sum_{k=1}^{n}|\alpha_k|^2 = |f(\alpha)| \leqslant \|f\|\|\alpha\|,$$

从而

$$\|f\| \geqslant \|\alpha\|. \tag{3.5}$$

从 (3.4) 和 (3.5) 得

$$\|f\| = \|\alpha\|. \tag{3.6}$$

作映射 $T : (\mathbf{R}^n)^* \to \mathbf{R}^n$, $f \mapsto \alpha$, 则 T 是 $(\mathbf{R}^n)^*$ 到 $\mathbf{R}^n$ 上的满单射, 而且是线性映射, $\|Tf\| = \|\alpha\| = \|f\|$, 即 T 为同构映射. 所以, $(\mathbf{R}^n)^*$ 与 $\mathbf{R}^n$ 同构. 将 $(\mathbf{R}^n)^*$ 与 $\mathbf{R}^n$ 同一化, 记为 $(\mathbf{R}^n)^* = \mathbf{R}^n$. (注意: 事实上, 是将 $T((\mathbf{R}^n)^*)$ 与 $(\mathbf{R}^n)^*$ 同一化, 此式及以下类似的等式都应在同构意义下理解.)

评注: 若将 $\mathbf{R}^n$ 推广到 n 维实赋范线性空间 E_n, 得到

$$(E_n)^* = E_n.$$

证 设 $\{e_1, \cdots, e_n\}$ 是 E_n 的一组基, 则 $\forall f \in (E_n)^*$, 存在唯一的 $\alpha = (\alpha_1, \cdots, \alpha_n) \in E_n$, 使得 f 在 E_n 上的表示形式为

$$f(x) = \sum_{k=1}^{n} x_k\alpha_k, \quad \forall x = \sum_{k=1}^{n} x_k e_k \in E_n,$$

式中 $\alpha_k = f(e_k)$ 是由 f 唯一确定的, 而 $(E_n)^*$ 中泛函 f 的范数 $\|f\| = \|\alpha\|$ 就要依赖于 E_n 中元素 x 的范数 $\|x\|$ 的选取. 例如取 $\|x\|_p = \left(\sum\limits_{k=1}^{n} |x_k|^p\right)^{1/p}$, $1 < p < \infty$, $\dfrac{1}{p} + \dfrac{1}{q} = 1$, 我们就可求出

$$\|f\| = \|\alpha\|_q, \quad 式中\ \|\alpha\|_q = \left(\sum_{k=1}^{n} |\alpha_k|^q\right)^{1/q}.$$

事实上, $|f(x)| \leqslant \sum\limits_{k=1}^{n} |x_k e_k| \leqslant \|x\|_p \|\alpha\|_q$, 从而

$$\|f\| = \sup_{x \neq 0} \frac{|f(x)|}{\|x\|_p} \leqslant \|\alpha\|_q.$$

为证明反向不等式, 取 $x_0 = \sum\limits_{k=1}^{n} x_{0,k} e_k$, 式中 $x_{0,k} = |\alpha_k|^{q-1} \operatorname{sgn} \alpha_k$, 于是

$$f(x_0) = \sum_{k=1}^{n} x_{0,k} f(e_k) = \sum_{k=1}^{n} (|\alpha_k|^{q-1} \operatorname{sgn} \alpha_k) \alpha_k = \sum_{k=1}^{n} |\alpha_k|^q.$$

注意到 $\|x_0\|_p = \left(\sum\limits_{k=1}^{n} |x_{0,k}|^p\right)^{1/p} = \left(\sum\limits_{k=1}^{n} |\alpha_k|^q\right)^{1/p}$, 得到

$$|f(x_0)| \leqslant \|f\| \|x_0\|_p = \|f\| \left(\sum_{k=1}^{n} |\alpha_k|^q\right)^{1/p}.$$

于是, 有

$$\sum_{k=1}^{n} |\alpha_k|^q = |f(x_0)| \leqslant \|f\| \left(\sum_{k=1}^{n} |\alpha_k|^q\right)^{1/p},$$

即 $\left(\sum\limits_{k=1}^{n} |\alpha_k|^q\right)^{1-1/p} = \|\alpha\|_q \leqslant \|f\|$. 这就证明了 $\|f\| = \|\alpha\|_q$.

若取 $\|x\|_\infty = \max\limits_{1 \leqslant k \leqslant n} |x_k|$, 我们可类似证明 $\|f\| = \|\alpha\|_1 = \sum\limits_{k=1}^{n} |\alpha_k|$.

定理 3.2

$$(l^1)^* = l^\infty. \tag{3.7}$$

证 设 $A = \{e_1, \cdots, e_n, \cdots\}$ 是 l^1 的一组基, 其中 $e_k = (0, \cdots, 0, \underset{k}{1}, 0, \cdots)$, $k = 1, 2, \cdots$, 则对 $\forall x = (x_1, \cdots, x_n, \cdots) \in l^1$, 有唯一的表示:

$$x = \sum_{k=1}^{\infty} x_k e_k.$$

对 $\forall f \in (l^1)^*$, 由 f 的线性和连续性, 有

$$f(x) = f\left(\sum_{k=1}^{\infty} x_k e_k\right) = \lim_{n\to\infty} f\left(\sum_{k=1}^{n} x_k e_k\right)$$
$$= \lim_{n\to\infty} \sum_{k=1}^{n} x_k f(e_k) = \sum_{k=1}^{\infty} x_k f(e_k).$$

令 $\alpha_k = f(e_k)$, 则

$$f(x) = \sum_{k=1}^{\infty} x_k \alpha_k. \tag{3.8}$$

下面证明 $\alpha = (\alpha_1, \alpha_2, \cdots, \alpha_n, \cdots) \in l^\infty$. 事实上, 由 $\|e_k\| = 1$ 及 f 的有界性,

$$|\alpha_k| = |f(e_k)| \leqslant \|f\|\|e_k\| = \|f\|,$$

从而

$$\|\alpha\|_\infty = \sup_k |\alpha_k| \leqslant \|f\|. \tag{3.9}$$

反之, 对 $\forall \alpha = (\alpha_1, \cdots, \alpha_n, \cdots) \in l^\infty$, 定义 l^1 上的泛函 f 为

$$f(x) = \sum_{k=1}^{\infty} x_k \alpha_k, \quad x = (x_1, \cdots, x_n, \cdots) \in l^1,$$

则 f 是线性的, 且

$$|f(x)| \leqslant \sum_{k=1}^{\infty} |x_k \alpha_k| \leqslant \|\alpha\|_\infty \left(\sum_{k=1}^{\infty} |x_k|\right) = \|\alpha\|_\infty \|x\|_1,$$

从而

$$\|f\| = \sup_{\|x\|_1 = 1} |f(x)| \leqslant \|\alpha\|_\infty. \tag{3.10}$$

于是 $f \in (l^1)^*$, 而且 $\alpha_k = f(e_k)$. 所以, (3.8) 式就是有界线性泛函 f 在 l^1 上的表示形式, 并且从 (3.9) 和 (3.10) 得 $\|f\| = \|\alpha\|_\infty$.

作映射 $T: (l^1)^* \to l^\infty$, $f \mapsto \alpha$, 则易证 T 是 $(l^1)^*$ 到 l^∞ 上线性的满单射, 且 $\|Tf\| = \|\alpha\|_\infty = \|f\|$, 即 T 为同构映射, 所以, $(l^1)^*$ 与 l^∞ 同构, 即 $(l^1)^* = l^\infty$, 这表明 l^∞ 给出了 $(l^1)^*$ 的一种具体表示.

注 3.2　$(l^\infty)^* \neq l^1$ 表示 f 在 l^∞ 上的有界线性泛函, 即 $f \in (l^\infty)^*$ 不一定能表示成

$$f(x)=\sum_{k=1}^{\infty} x_k\alpha_k, \quad x=(x_1,\cdots,x_n,\cdots)\in l^\infty,\ \{\alpha_k\}\text{ 是某个固定数列}.$$

反例见 [29] PP. 65–66. 但是 l^∞ 的两个子空间 c, c_0 却满足

$$(c)^*=l^1, \quad (c_0)^*=l^1,$$

式中 $c=\{x=(x_1,\cdots,x_n,\cdots):\lim\limits_{n\to\infty} x_n=x_0\}$; $c_0=\{x=(x_1,\cdots,x_n,\cdots):\lim\limits_{n\to\infty} x_n=0\}$.

在证明时, 先证 $(c_0)^*=l^1$, 即在 c_0 中取一组基 $\{e_k\}$, $e_k=(0,\cdots,0,1,0,\cdots)$, 其中仅第 k 个分量为 1. 对于 $f\in(c_0)^*$, 证明 f 在 c_0 上的表示形式:

$$f(x)=\sum_{k=1}^{\infty} x_k\alpha_k, \quad x=(x_1,\cdots,x_n,\cdots)\in c_0, \quad \alpha_k=f(e_k),$$

并求出 $\|f\|=\sum\limits_{k=1}^{\infty}|\alpha_k|$.

在证明 $(c)^*=l^1$ 时, 通过记

$$y_n=x_n-x_0, \quad y=x-x_0e_0, \quad e_0=(1,\cdots,1,\cdots), \quad \alpha_0=f(e_0),$$

归结为 $(c_0)^*=l^1$ 的情形, 即 $\lim\limits_{n\to\infty} y_n=0$, $y=x-x_0e_0=(x_1-x_0,\cdots,x_n-x_0,\cdots)\in c_0$, 求出 f 在 c 上的表示形式:

$$f(x)=\sum_{k=1}^{\infty} x_k\alpha_k+x_0\left(\alpha_0-\sum_{k=1}^{\infty}\alpha_k\right), \quad x=(x_1,\cdots,x_n,\cdots)\in c, \quad \alpha_k=f(e_k),$$

并求出 $\|f\|=\sum\limits_{k=1}^{\infty}|\alpha_k|+\left|\alpha_0-\sum\limits_{k=1}^{\infty}\alpha_k\right|$.

证明细节见作者的“续论” [1] 下册 PP. 289–291.

类似地, 我们可以证明

定理 3.3　$(l^p)^*=l^q\left(1<p<\infty, \dfrac{1}{p}+\dfrac{1}{q}=1\right)$, 即对 $\forall f\in(l^p)^*$, 存在唯一的 $\alpha=(\alpha_1,\cdots,\alpha_n,\cdots)\in l^q$, 使得 f 在 l^p 上的表示形式为

$$f(x)=\sum_{k=1}^{\infty} x_k\alpha_k, \quad \forall x=(x_1,\cdots,x_n,\cdots)\in l^p, \tag{3.11}$$

而且 $\|f\|=\|\alpha\|_q$, 式中

$$\|\alpha\|_q = \left(\sum_{k=1}^{\infty} |\alpha_k|^q\right)^{1/q}.$$

反之, $\forall \alpha = (\alpha_1, \cdots, \alpha_n, \cdots) \in l^q$, 由 (3.11) 右端的表达式确定一个 $f \in (l^p)^*$.

证 (1) 设 $\{e_k\}$ 是 l^p 的基, 其中 $e_k = (\underbrace{0, \cdots, 0}_{k-1\text{个}}, 1, 0, \cdots)$, 则对 $\forall x = (x_1, \cdots, x_n, \cdots) \in l^p$, 可唯一地表示为 $x = \sum\limits_{k=1}^{\infty} x_k e_k$. 对 $\forall f \in (l^p)^*$, 令 $\alpha_k = f(e_k)$, 由 f 的线性和连续性, 有

$$f(x) = f\left(\lim_{n\to\infty} \sum_{k=1}^{n} x_k e_k\right) = \lim_{n\to\infty} \sum_{k=1}^{n} x_k f(e_k) = \sum_{k=1}^{\infty} x_k \alpha_k. \tag{3.12}$$

下面证 $\alpha = (\alpha_1, \cdots, \alpha_n, \cdots) \in l^q$. 为此, 取 $\beta_n = (\beta_1^{(n)}, \cdots, \beta_k^{(n)}, \cdots)$, 式中

$$\beta_k^{(n)} = \begin{cases} |\alpha_k|^{q-1} \operatorname{sgn} \alpha_k, & k \leqslant n, \\ 0, & k > n, \end{cases}$$

于是

$$\|\beta_n\|_p = \left(\sum_{k=1}^{\infty} |\beta_k^{(n)}|^p\right)^{\frac{1}{p}} = \left(\sum_{k=1}^{n} |\alpha_k|^q\right)^{\frac{1}{p}}.$$

所以, $\beta_n \in l^p$, 而且

$$f(\beta_n) = \sum_{k=1}^{\infty} \beta_k^{(n)} \alpha_k = \sum_{k=1}^{n} |\alpha_k|^q. \tag{3.13}$$

另一方面,

$$|f(\beta_n)| \leqslant \|f\| \|\beta_n\|_p. \tag{3.14}$$

从 (3.13) 和 (3.14) 得

$$\left(\sum_{k=1}^{n} |\alpha_k|^q\right)^{\frac{1}{q}} \leqslant \|f\|.$$

令 $n \to \infty$, 得

$$\|\alpha\|_q \leqslant \|f\|. \tag{3.15}$$

(2) 对 $\forall \alpha = (\alpha_1, \cdots, \alpha_n, \cdots) \in l^q$, 定义 $f : l^p \to K$ 为

$$f(x) = \alpha x = \sum_{k=1}^{\infty} \alpha_k x_k, \quad \forall x = (x_1, \cdots, x_n, \cdots) \in l^p. \tag{3.16}$$

下面证 $f \in (l^p)^*$. 事实上, 由 Hölder 不等式, 有

$$|f(x)| \leqslant \sum_{k=1}^{\infty} |x_k \alpha_k| \leqslant \left(\sum_{k=1}^{\infty} |x_k|^p\right)^{\frac{1}{p}} \left(\sum_{k=1}^{\infty} |\alpha_k|^q\right)^{\frac{1}{q}} = \|x\|_p \|\alpha\|_q < \infty.$$

所以, $f \in (l^p)^*$, 且

$$\|f\| = \sup_{x \neq 0} \frac{|f(x)|}{\|x\|_p} \leqslant \|\alpha\|_q. \tag{3.17}$$

从 (3.15) 和 (3.17) 得 $\|f\| = \|\alpha\|_q$.

(3) 作映射 $T : (l^p)^* \to l^q$, $f \mapsto \alpha$, 式中 $\alpha = (\alpha_1, \cdots, \alpha_n, \cdots)$, $\alpha_k = f(e_k)$. 则 T 是 $(l^p)^*$ 到 l^q 上线性满单射, 且 $\|Tf\| = \|\alpha\|_q = \|f\|$, 即 T 为同构映射. 于是 $(l^p)^*$ 与 l^q 同构, 记为 $(l^p)^* = l^q$. 证毕.

定理 3.4　设 (X, Σ, μ) 为 σ 有限测度空间, $E \in \Sigma$, 则

$$(L^p(E))^* = L^q(E), \quad 1 < p < \infty, \frac{1}{p} + \frac{1}{q} = 1,$$

即对 $\forall f \in (L^p(E))^*$, 存在唯一的 $y \in L^q(E)$, 使得 f 在 $L^p(E)$ 上的表示形式为

$$f(x) = \int_E x(t)\overline{y(t)}\mathrm{d}\mu, \quad \forall x \in L^p(E), \tag{3.18}$$

而且 $\|f\| = \|y\|_q$, 式中

$$\|y\|_q = \left(\int_E |y(t)|^q \mathrm{d}\mu\right)^{1/q};$$

反之, $\forall y \in L^q(E)$, 由 (3.18) 右端的表达式确定一个 $f \in (L^p(E))^*$.

证　(1) 对 $\forall y \in L^q(E)$, 我们不妨设 $L^p(E)$ 是实空间, 于是令

$$f(x) = \int_E x(t)y(t)\mathrm{d}\mu, \quad \forall x \in L^p(E), \tag{3.19}$$

则 f 是 $L^p(E)$ 上线性泛函, 而且由 Hölder 不等式, 有

$$\begin{aligned} |f(x)| &\leqslant \int_E |x(t)y(t)|\mathrm{d}\mu \\ &\leqslant \left(\int_E |x(t)|^p \mathrm{d}\mu\right)^{\frac{1}{p}} \left(\int_E |y(t)|^q \mathrm{d}\mu\right)^{\frac{1}{q}} = \|x\|_p \|y\|_q. \end{aligned}$$

从而

$$\|f\| = \sup_{x \neq 0} \frac{|f(x)|}{\|x\|_p} \leqslant \|y\|_q. \tag{3.20}$$

(2) 对 $\forall f \in (L^p(E))^*$, 要证存在唯一的 $y \in L^q(E)$ 使得 (3.19) 式成立, 我们用逐步逼近的方式证明.

① 对可测集 E 作分解: $E = \bigcup\limits_{k=1}^{\infty} E_k$, 式中 $E_k = \{t \in E : \|t\| \leqslant k\}$, 则 $\mu(E_k) < \infty$, 且 E_k 为递增集列. 对 E_k 中任一可测集 A, 记 A 的特征函数为 φ_A, 则 $\varphi_A \in L^p(E)$. 令

$$g(B) = f(\varphi_B), \quad B \subset E_m. \tag{3.21}$$

下面证明 g 是 E_m 上绝对连续集函数. 事实上, 设 $\{A_k\}$ 是 E_m 中任意有限个互不重叠 (指内部不相交) 的可测集, 令 $\alpha_k = \operatorname{sgn} g(A_k)$, 则

$$\begin{aligned}
\sum_{k=1}^{n} |g(A_k)| &= \sum_{k=1}^{n} \alpha_k g(A_k) = \sum_{k=1}^{n} \alpha_k f(\varphi_{A_k}) \\
&= f\left(\sum_{k=1}^{n} \alpha_k \varphi_{A_k}\right) \leqslant \|f\| \left\|\sum_{k=1}^{n} \alpha_k \varphi_{A_k}\right\|_p \\
&= \|f\| \left(\int_{E_m} \left|\sum_{k=1}^{n} \alpha_k \varphi_{A_k}(t)\right|^p \mathrm{d}t\right)^{1/p} \\
&\leqslant \|f\| \left(\sum_{k=1}^{n} \mu(A_k)\right)^{1/p}.
\end{aligned}$$

由此可见, 对 $\forall \varepsilon > 0$, 只要取 $\delta = \left(\dfrac{\varepsilon}{\|f\|+1}\right)^p$, 则当 $\sum\limits_{k=1}^{n} \mu(A_k) < \delta$ 时, $\sum\limits_{k=1}^{n} |g(A_k)| < \varepsilon$, 即 g 在 E_m 上绝对连续. 由 Radon–Nikodym 定理 (见第五章 §5 定理 5.21), 存在 $y \in L^1(E_m)$, 使得

$$g(B) = \int_B y(t)\mathrm{d}\mu, \quad \forall B \subset E_m,$$

即

$$f(\varphi_B) = \int_{E_m} \varphi_B(t) y(t) \mathrm{d}\mu.$$

令 $m \to \infty$, 得到

$$f(\varphi_B) = \int_E \varphi_B(t) y(t) \mathrm{d}\mu. \tag{3.22}$$

② 设 $x(t)$ 是 E 上可测的简单函数:

$$x(t)=\sum_{k=1}^{m}c_k\varphi_{B_k}(t),$$

式中 $\{B_k\}$ 互不相交, $B_k\subset E$, 则从 (3.22) 式, 有

$$\begin{aligned}f(x)&=\sum_{j=1}^{m}c_jf(\varphi_{B_j})=\sum_{j=1}^{m}c_j\int_E\varphi_{B_j}(t)y(t)\mathrm{d}\mu\\&=\int_E\left(\sum_{j=1}^{m}c_j\varphi_{B_j}(t)\right)y(t)\mathrm{d}\mu=\int_E x(t)y(t)\mathrm{d}\mu.\end{aligned}\tag{3.23}$$

③ 设 $x(t)$ 是 E 上有界可测函数, 则存在有界可测的简单函数列 $x_n(t)$, 使得 $x_n(t)\to x(t)$ $a.e.t\in E$, 于是从 (L) 控制收敛定理, 有

$$\|x_n-x\|_p=\left(\int_E|x_n(t)-x(t)|^p\mathrm{d}\mu\right)^{1/p}\to 0,$$

及

$$\int_E x_n(t)y(t)\mathrm{d}\mu\to\int_E x(t)y(t)\mathrm{d}\mu\quad(n\to\infty),$$

又从 (3.23), 有

$$f(x_n)=\int_E x_n(t)y(t)\mathrm{d}\mu,$$

令 $n\to\infty$, 并利用 f 的连续性, 得

$$f(x)=\int_E x(t)y(t)\mathrm{d}\mu.\tag{3.24}$$

④ 证 (3.24) 中的 $y\in L^q(E)$. 对每个自然数 m, 作如下有界可测函数:

$$y_m(t)=\begin{cases}|y(t)|^{q-1}\operatorname{sgn}y(t), & 若\ |y(t)|\leqslant m,\\0, & 若\ |y(t)|>m.\end{cases}$$

令 $D_m=\{t\in E:|y(t)|\leqslant m\}$, 则从 (3.24),

$$f(y_m)=\int_E y_m(t)y(t)\mathrm{d}\mu=\int_{D_m}|y(t)|^q\mathrm{d}\mu.$$

另一方面, $f(y_m)\leqslant\|f\|\|y_m\|_p$, 而

$$\|y_m\|_p=\left(\int_E|y_m(t)|^p\mathrm{d}\mu\right)^{1/p}=\left(\int_{D_m}|y(t)|^{p(q-1)}\mathrm{d}\mu\right)^{1/p}$$

$$= \left(\int_{D_m} |y(t)|^q \mathrm{d}\mu\right)^{1/p},$$

从而得到

$$\left(\int_{D_m} |y(t)|^q \mathrm{d}\mu\right)^{1/q} \leqslant \|f\|.$$

再令 $m \to \infty$, 得

$$\|y\|_q = \left(\int_E |y(t)|^q \mathrm{d}\mu\right)^{1/q} \leqslant \|f\|, \tag{3.25}$$

即 $y \in L^q(E)$.

⑤ 证明对 $\forall x \in L^p(E)$, 成立 (3.19) 式, 即

$$f(x) = \int_E x(t)y(t)\mathrm{d}\mu.$$

因为有界可测函数的全体在 $L^p(E)$ 中稠密, 于是, 对 $\forall x \in L^p(E)$, 必存在有界可测函数列 $\{x_n\}$, 使得 $\|x_n - x\|_p \to 0(n \to \infty)$. (当 $\mu(E) = \infty$ 时, 则要求 x_n 和 x 都有紧支集.) 从 (3.24) 式, 有

$$f(x_n) = \int_E x_n(t)y(t)\mathrm{d}\mu. \tag{3.26}$$

再由 Hölder 不等式, 有

$$\begin{aligned}\left|\int_E x_n(t)y(t)\mathrm{d}\mu - \int_E x(t)y(t)\mathrm{d}\mu\right| &\leqslant \int_E |x_n(t) - x(t)||y(t)|\mathrm{d}\mu \\ &\leqslant \|x_n - x\|_p\|y\|_q \to 0 \quad (n \to \infty).\end{aligned}$$

又 f 连续, 所以从 (3.26) 令 $n \to \infty$, 得

$$f(x) = \int_E x(t)y(t)\mathrm{d}\mu,$$

即 (3.19) 成立. 从 (3.20) 和 (3.25), 得到 $\|f\| = \|y\|_q$.

下面证明满足 (3.19) 式的 y 是唯一的. 事实上, 若还有 $y_0 \in L^q(E)$, 满足 (3.19) 式, 则对于 $\forall x \in L^p(E)$, 有

$$\int_E x(t)(y(t) - y_0(t))\mathrm{d}\mu = f(x) - f(x) = 0.$$

特别地, 对于 $x(t) = \mathrm{sgn}(y(t) - y_0(t)) \in L^p(E)$, 有

$$\int_E |y(t)-y_0(t)|\mathrm{d}\mu = 0,$$

从而 $y(t)-y_0(t)=0,\ a.e.t\in E$, 即 $y_0=y$. 唯一性得证.

(3) 作映射 $T:(L^p(E))^*\to L^q(E),\ f\mapsto y$. 于是, 从 (1) 和 (2) 得 $\|Tf\| = \|y\|_q=\|f\|$, 且 T 是同构映射, 所以 $(L^p(E))^*=L^q(E)$. 证毕.

定理 3.5　设 (X,Σ,μ) 为 σ 有限测度空间, $E\in\Sigma$, 则

$$(L^1(E))^*=L^\infty(E),$$

即 $\forall f\in(L^1(E))^*$, 存在唯一的 $y\in L^\infty(E)$, 使得 f 在 $L^1(E)$ 上的表示形式为

$$f(x)=\int_E x(t)\overline{y(t)}\mathrm{d}\mu,\quad \forall x\in L^1(E), \tag{3.27}$$

而且

$$\|f\|=\|y\|_\infty,$$

式中

$$\|y\|_\infty=\operatorname*{ess\,sup}_{t\in E}|y(t)|;$$

反之, $\forall y\in L^\infty(E)$, 由 (3.27) 右端的表达式确定一个 $f\in(L^1(E))^*$.

注 3.3　$(L^\infty(E))^*\neq L^1(E)$. 反例见 [29] PP. 242–243.

证　(1) 对于 $\forall y\in L^\infty(E)$, 令

$$f(x)=\int_E x(t)\overline{y(t)}\mathrm{d}\mu,\quad \forall x\in L^1(E), \tag{3.27$'$}$$

则 f 是 $L^1(E)$ 上的线性泛函, 而且由 Hölder 不等式, 有

$$|f(x)|\leqslant\int_E |x(t)\overline{y(t)}\mathrm{d}|\mu\leqslant\|x\|_1\|y\|_\infty,$$

从而

$$\|f\|=\sup_{x\neq0}\frac{|f(x)|}{\|x\|_1}\leqslant\|y\|_\infty.$$

(2) 对于 $\forall f\in(L^1(E))^*$, 可以利用定理 3.4 的证明中逐步逼近的方式类似地证明存在唯一的 $y\in L^\infty(E)$, 使得 (3.27$'$) 式成立, 且 $\|y\|_\infty\leqslant\|f\|$.

(3) 作映射 $T:(L^1(E))^*\to L^\infty(E),\ f\mapsto y$, 于是从 (1) 和 (2) 得到 T 是同构映射, 而且

$$\|Tf\|=\|y\|_\infty=\|f\|.$$

这表明 $(L^1(E))^*=L^\infty(E)$. 证毕.

定理 3.6 我们考察 $[a,b]$ 上有界变差函数 $BV[a,b]$ 的子空间 $BV_0[a,b]$: $BV_0[a,b]=\{g\in BV[a,b]:g$ 在 (a,b) 中每一点右连续, 且 $g(a)=0\}$. 令

$$\|g\|=V_a^b(g),\quad g\in BV_0[a,b], \tag{3.28}$$

则 $BV_0[a,b]$ 按范数 (3.28) 成为 Banach 空间. 我们利用本章 §6 泛函的延拓定理 6.5, 可以求出 $C[a,b]$ 上有界线性泛函的表示, 即 $(C[a,b])^*$ 的具体表示就是 $BV_0[a,b]$:

$$(C[a,b])^*=BV_0[a,b]\ (\text{Riesz 表示定理}), \tag{3.29}$$

即对 $\forall f\in(C[a,b])^*$, 存在唯一的 $g\in BV_0[a,b]$, 使得 f 在 $C[a,b]$ 上的表示形式为

$$f(x)=\int_a^b x(t)\mathrm{d}g(t),\quad x\in C[a,b], \tag{3.30}$$

而且 $\|f\|=\|g\|$, 式中 $\|g\|$ 由 (3.28) 式定义;

反之, $\forall g\in BV_0[a,b]$, 由 (3.30) 右端的表达式确定一个 $f\in(C[a,b])^*$.

证 (1) 对 $\forall g\in BV_0[a,b]$, 定义

$$f(x)=\int_a^b x(t)\mathrm{d}g(t),\quad \forall x\in C[a,b], \tag{3.31}$$

则

$$|f(x)|\leqslant\int_a^b |x(t)||\mathrm{d}g(t)|\leqslant\|x\|_c V_a^b(g),$$

从而

$$\|f\|\leqslant V_a^b(g),\quad f\in(C[a,b])^*. \tag{3.32}$$

(2) 对 $\forall f\in(C[a,b])^*$, 考虑 $[a,b]$ 上有界函数空间 $B[a,b]$, 将 $C[a,b]$ 看作 $B[a,b]$ 的子空间, 由 Hahn–Banach 定理 (本章定理 6.5), $\exists F\in(B[a,b])^*$, 使得对 $\forall x\in C[a,b]$, $F(x)=f(x)$, 且 $\|F\|=\|f\|$.

设 φ_t 表示 $[a,t]$ 的特征函数, 并令 $h(t)=F(\varphi_t)$.

① 对 $[a,b]$ 的任一分划 $\tau=\{a=t_0<t_1<\cdots<t_n=b\}$, 令 $\varepsilon_k=\mathrm{sgn}(h(t_k)-h(t_{k-1}))$, $1\leqslant k\leqslant n$, 则

$$\begin{aligned}V_a^b(h,\tau)&=\sum_{k=1}^n|h(t_k)-h(t_{k-1})|\\&=\sum_{k=1}^n\varepsilon_k(h(t_k)-h(t_{k-1}))=\sum_{k=1}^n\varepsilon_k(F(\varphi_{t_k})-F(\varphi_{t_{k-1}}))\end{aligned}$$

$$= F\left(\sum_{k=1}^{n} \varepsilon_k(\varphi_{t_k} - \varphi_{t_{k-1}})\right) \leqslant \|F\| \left\|\sum_{k=1}^{n} \varepsilon_k(\varphi_{t_k} - \varphi_{t_{k-1}})\right\| = \|f\|.$$

于是 $V_a^b(h) \leqslant \|f\|$.

② 设 $x \in C[a,b]$, 从而 $x(t)$ 在 $[a,b]$ 上一致连续, 即对 $\forall\varepsilon > 0$, $\exists\delta > 0$, 使得对 $[a,b]$ 的任一分划 $\tau = \{a = t_0 < t_1 < \cdots < t_n = b\}$, 只要 $\|\tau\| = \max\limits_{1\leqslant k\leqslant n} |\Delta t_k| < \delta$, 就有 $|x(t_k) - x(t_{k-1})| < \varepsilon$.

令 $S_n = \sum\limits_{k=1}^{n} x(t_k)(\varphi_{t_k} - \varphi_{t_{k-1}})$, 则 $S_n \in B[a,b]$, 且

$$\|x - S_n\|_c = \sup_{1\leqslant k\leqslant n} \{|x(t) - x(t_k)| : t \in [t_{k-1}, t_k]\} < \varepsilon,$$

从而

$$\begin{aligned}\left|\int_a^b x\mathrm{d}h - F(S_n)\right| &= \left|\int_a^b x\mathrm{d}h - \sum_{k=1}^{n} x(t_k)(F(\varphi_{t_k}) - F(\varphi_{t_{k-1}}))\right| \\ &= \left|\sum_{k=1}^{n} \int_{t_{k-1}}^{t_k} x\mathrm{d}h - \sum_{k=1}^{n} x(t_k)(h(t_k) - h(t_{k-1}))\right| \\ &\leqslant \sum_{k=1}^{n} \int_{t_{k-1}}^{t_k} |x(t) - x(t_k)||\mathrm{d}h| \leqslant \varepsilon V_a^b(h) \leqslant \varepsilon\|f\|.\end{aligned}$$

因此,

$$\begin{aligned}\left|F(x) - \int_a^b x\mathrm{d}h\right| &\leqslant |F(x) - F(S_n)| + \left|F(S_n) - \int_a^b x\mathrm{d}h\right| \\ &\leqslant \|F\|\|x - S_n\| + \varepsilon\|f\| = 2\varepsilon\|f\|.\end{aligned}$$

由 $\varepsilon > 0$ 的任意性, 得到

$$F(x) = \int_a^b x\mathrm{d}h.$$

③ 令

$$g(t) = \begin{cases} 0, & t = a, \\ h(t+0) - h(a), & a < t < b, \\ h(b) - h(a), & t = b, \end{cases}$$

则 g 在 (a,b) 上右连续, 所以 $g \in BV_0[a,b]$, 由第七章习题 4.6, $\|g\| = V_a^b(g)$. 另一方面, 由于 $h(t)$ 的间断点集是可数的, 所以, 对于 $[a,b]$ 的任一分划 $\tau = \{a =$

$t_0 < t_1 < \cdots < t_n = b\}$ 和 $\forall \varepsilon > 0$, 总可取 ξ_k 满足 $t_k < \xi_k < t_{k+1}$, $h(t)$ 在 ξ_k 连续, 而且

$$|h(t_k + 0) - h(\xi_k)| < \frac{\varepsilon}{2n}.$$

于是, 如果我们取 $\xi_0 = a$, $\xi_n = b$, 则

$$\sum_{k=1}^{n} |g(t_k) - g(t_{k-1})| \leqslant \sum_{k=1}^{n-1} |h(t_k + 0) - h(\xi_k)| + \sum_{k=1}^{n} |h(\xi_k) - h(\xi_{k-1})| + \sum_{k=2}^{n} |h(\xi_{k-1}) - h(t_{k-1} + 0)| \leqslant V_a^b(h) + \varepsilon.$$

由 $\varepsilon > 0$ 的任意性, 得 $V_a^b(g) \leqslant V_a^b(h)$.

④ 因为 $h \in BV[a,b]$, 从而 h 的间断点集是至多可数的, 所以, 对 $[a,b]$ 的分划 $\tau = \{a = t_0 < t_1 < \cdots < t_n = b\}$, 其分点 t_k 总可避开 h 的间断点, 于是

$$g(t_k) - g(t_{k-1}) = h(t_k + 0) - h(t_{k-1} + 0) = h(t_k) - h(t_{k-1}),$$

从而, 对 $x \in C[a,b]$, 有

$$\begin{aligned}\int_a^b x\mathrm{d}g &= \lim_{\|\tau\| \to 0} \sum_{k=1}^{n} x(t_k)(g(t_k) - g(t_{k-1})) \\ &= \lim_{\|\tau\| \to 0} \sum_{k=1}^{n} x(t_k)(h(t_k) - h(t_{k-1})) = \int_a^b x\mathrm{d}h,\end{aligned}$$

式中 $\|\tau\| = \max\limits_{1 \leqslant k \leqslant n} \{\Delta t_k\}$.

⑤ 证 g 由 h 唯一确定. 设存在 $g^* \in BV_0[a,b]$, 也满足

$$f(x) = \int_a^b x\mathrm{d}g^*, \quad \forall x \in C[a,b],$$

则对 $\forall x \in C[a,b]$, 有 $\displaystyle\int_a^b x\mathrm{d}(g - g^*) = 0$, 令 $g_0 = g - g^*$, 则 $\displaystyle\int_a^b x\mathrm{d}g_0 = 0$.

因为 $g(a) = g^*(a) = 0$, 取 $x(t) = 1, t \in [a,b]$, 则 $g_0(b) = 0$, 即 $g(b) - g^*(b) = 0$. 所以, 只要证明对 $\forall c \in (a,b)$, $g(c) = g^*(c)$. 事实上, 取

$$x_n(t) = \begin{cases} 0, & t \in [a,c), \\ n(t-c), & t \in \left[c, c + \dfrac{1}{n}\right], \\ 1, & t \in \left(c + \dfrac{1}{n}, b\right], \end{cases}$$

则 $x_n \in C[a,b]$. 利用分部积分法, 得到

$$\begin{aligned}0 &= \int_a^b x_n \mathrm{d}g_0 = \int_c^{c+\frac{1}{n}} x_n(t)\mathrm{d}g_0(t) + \int_{c+\frac{1}{n}}^b \mathrm{d}g_0(t)\\ &= g_0\left(c+\frac{1}{n}\right) - n\int_c^{c+\frac{1}{n}} g_0(t)\mathrm{d}t + g_0(b) - g_0\left(c+\frac{1}{n}\right)\\ &= -n\int_c^{c+\frac{1}{n}} g_0(t)\mathrm{d}t \to -g_0(c+0) \quad (n\to\infty),\end{aligned}$$

即 $g_0(c+0)=0$, 所以 $g(c+0)=g^*(c+0)$. 又 g 与 g^* 在 (a,b) 上右连续, 从而 $g(c)=g^*(c)$.

(3) 作映射 $T:(C[a,b])^* \to BV_0[a,b]$, $f\mapsto g$, 则从 (2),

$$\|Tf\| = \|g\| = V_a^b(g) \leqslant V_a^b(h) \leqslant \|f\|.$$

另一方面, 从 (1), $\|f\| \leqslant V_a^b(g) = \|g\| = \|Tf\|$, 于是 $\|Tf\| = \|f\|$. 所以, T 是从 $(C[a,b])^*$ 到 $BV_0[a,b]$ 上的线性等距同构映射, 即 $(C[a,b])^* = BV_0[a,b]$. 证毕.

三、Hilbert 空间上有界线性泛函的表示

设 X 为内积空间, 则对 $\forall y\in X$, 由内积 (x,y) 唯一确定了一个 $f\in X^*$, 使得

$$f(x) = (x,y), \quad \forall x\in X,$$

而且 $\|f\| = \|y\|$.

事实上, 由内积对第一变元的线性即知泛函 f 是线性的. 再由 Schwarz 不等式, 有

$$|f(x)| = |(x,y)| \leqslant \|x\|\|y\|,$$

即 f 有界, 且 $\|f\| \leqslant \|y\|$.

另一方面, 当 $y\neq 0$ 时,

$$\|y\|^2 = |(y,y)| = |f(y)| \leqslant \|f\|\|y\|,$$

所以

$$\|f\| \geqslant \|y\|.$$

而当 $y=0$ 时, 上式仍成立, 所以 $f\in X^*$ 且 $\|f\| = \|y\|$.

下面进一步证明, 当 X 是 Hilbert 空间时, 上述逆命题也成立, 即下述定理 3.7. 这表明, X 上的有界线性泛函的表示形式就是 (3.33).

定理 3.7 (Riesz 表示定理) 设 X 是 Hilbert 空间, $f \in X^*$, 则存在唯一的 $y \in X$, 使得

$$f(x) = (x, y), \quad \forall x \in X, \tag{3.33}$$

而且 $\|f\| = \|y\|$. (**评注**: y 是由 f 唯一确定的, 并称为 f 的表现元.)

证 因为 $f \in X^*$, 由定理 1.6, f 的零空间 $N(f) = \{x \in X : f(x) = 0\}$ 是 X 的闭子空间. 若 $N(f) = X$, 则 $f = 0$, 这时只要取 $y = 0$; 若 $N(f) \neq X$, 由第七章定理 3.7 (正交分解定理), 存在 $z \in N(f)^{\perp}$, $z \neq 0$, 因为 $N(f) \cap N(f)^{\perp} = \{0\}$ (见第七章定理 3.5), 所以 $z \notin N(f)$, 即 $f(z) \neq 0$.

令 $A = \{u = zf(x) - xf(z) : x \in X\}$, 对于 $u \in A$, 由 f 的线性, $f(u) = f(x)f(z) - f(x)f(z) = 0$, 所以 $A \subset N(f)$, 从而 $z \in N(f)^{\perp} \subset A^{\perp}$, 于是

$$(u, z) = 0, \quad \forall x \in X. \tag{3.34}$$

将 $u = zf(x) - xf(z)$ 代入 (3.34) 式, 得

$$f(x) = \frac{f(z)}{\|z\|^2}(x, z), \quad \forall x \in X.$$

令 $y = \dfrac{\overline{f(z)}}{\|z\|^2}z$, 代入上式, 即得 (3.33) 式.

由 Schwarz 不等式, $|(x, y)| \leqslant \|x\|\|y\|$, 所以

$$\|f\| = \sup_{\|x\|=1} |f(x)| = \sup_{\|x\|=1} |(x, y)| \leqslant \|y\|. \tag{3.35}$$

另一方面, $\|y\|^2 = |(y, y)| = |f(y)| \leqslant \|f\|\|y\|$, 由 $y \neq 0$, 所以

$$\|f\| \geqslant \|y\|. \tag{3.36}$$

从 (3.35) 和 (3.36), 得 $\|f\| = \|y\|$.

下面证 (3.33) 式中的 y 是唯一的. 若还存在 $y' \in X$, 使得 $f(x) = (x, y')$, $\forall x \in X$, 则 $(x, y) = (x, y')$, 即 $(x, y - y') = 0$, 特别取 $x = y - y'$, 得

$$\|y - y'\|^2 = (y - y', y - y') = 0,$$

即 $y' = y$. 证毕.

推论 3.8 设 X 为 Hilbert 空间, 则 $X^* = X$.

证 作映射 $T : X^* \to X$, $f \mapsto y$, 式中 f 是由 (3.33) 确定的有界线性泛函, 由定理 3.7, T 是 X^* 到 X 上的满单射而且保范:

$$\|Tf\| = \|y\| = \|f\|. \tag{3.37}$$

又对 $\forall f, g \in X^*, \forall \alpha, \beta \in K$ (数域), 从 (3.33), 对 $\forall x \in X$, 在 X 中分别唯一存在 y, z, 使得 $f(x) = (x, y)$, $g(x) = (x, z)$, 于是 $\alpha f(x) + \beta g(x) = (x, \bar{\alpha} y + \bar{\beta} z)$, 从而有 $T(\alpha f + \beta g) = \bar{\alpha} y + \bar{\beta} z = \bar{\alpha} Tf + \bar{\beta} Tg$, 所以, T 是共轭线性的. 于是 X^* 与 X 是共轭同构的, 我们仍记为 $X^* = X$, 我们称 X 是自共轭的. 证毕.

习题 8.3

3.1 证明: $c_0^* = l^1$.

3.2 设 X 是 Hilbert 空间, 令 $f_k(x) = (x, y_k)$, $k = 1, 2, x, y_k \in X$, 在 X^* 中定义内积

$$(f_1, f_2) = \overline{(y_1, y_2)}.$$

证明: X^* 也是 Hilbert 空间.

§4 共鸣定理

在 §2 中, 我们讨论了 $B(X, Y)$ 中算子列 $\{T_n\}$ 的几种收敛性, 而这些收敛性又往往归结为对算子列 $\{T_n\}$ 有界性的研究. 因此, 我们在 §2 中曾留下几个问题, 其中之一就是 $\{T_n\}$ 的收敛性与有界性有什么关系? 它们又与空间的完备性有什么关系? 本节就来研究这些问题. 为此, 首先要区分算子族 $\{T_\alpha\}(\alpha \in I)$ 的两种有界性, 即

定义 4.1 设 $T_\alpha \in B(X, Y)$, $\alpha \in I$.

(1) 若对 $\forall x \in X$, $\sup\limits_{\alpha \in I} \|T_\alpha x\| < \infty$, 即对 $\forall x \in X$, 存在常数 M_x (与 x 有关), 使得 $\|T_\alpha x\| \leqslant M_x$, $\forall \alpha \in I$, 则称 $\{T_\alpha\}$ 在 X 上**点态有界** (或**强有界**);

(2) 若 $\sup\limits_{\alpha \in I} \|T_\alpha\| < \infty$, 即存在常数 M, 使得 $\|T_\alpha\| \leqslant M$, $\forall \alpha \in I$, 则称 $\{T_\alpha\}$ (在 X 上) **一致有界** (或**依算子范数有界**).

利用 §1 中算子范数不等式 (见 (1.14))

$$\|T_\alpha x\| \leqslant \|T_\alpha\| \|x\|$$

可知, 若 $\{T_\alpha\}$ 一致有界, 则 $\{T_\alpha\}$ 必点态有界. 但其逆不成立, 例如:

例 4.1 设 X 是 l^∞ 空间中只有有限多个非零项的序列组成的子空间 (此处 X 即为 c_{00}), 定义 $T_n : X \to l^\infty$, $x = (x_1, \cdots, x_n, \cdots) \mapsto y = (0, \cdots, 0, n x_n, 0, \cdots)$, 则 $T_n \in B(X, l^\infty)$. 对 $\forall x = (x_1, \cdots, x_n, \cdots) \in X$, 因为 x 的坐标中只有有限个非零项, 所以 $\exists n_0$, 使得 $\forall n > n_0$ 时, $x_n = 0$, 从而 $\|T_n x\| = n|x_n| = 0$; 而对 $\forall n \leqslant n_0$, $\|T_n x\| = n|x_n| \leqslant n_0 \|x\|$. 于是, 对 $\forall x \in X$, $\sup\limits_n \|T_n x\| < \infty$, 即 $\{T_n\}$ 在 X 上点态有界, 但 $\|T_n\| = n \to \infty (n \to \infty)$, 所以, $\{T_n\}$ 不是一致有

界的.

我们在第七章 §2 习题 2.3 中已知, 例 4.1 中的 X 不是 Banach 空间. 1927 年 Banach 与 Steinhaus 证明, 若 $T_\alpha \in B(X,Y)$, 只要 X 为 Banach 空间, 则从 $\{T_\alpha\}$ 的点态有界也可推出 $\{T_\alpha\}$ 一致有界, 这就是著名的共鸣定理或一致有界原理.

定理 4.1 (共鸣定理) 设 X 为 Banach 空间, Y 为赋范线性空间, $T_\alpha \in B(X,Y)$, $\alpha \in I$, 若 $\{T_\alpha\}$ 点态有界, 则 $\{T_\alpha\}$ 必一致有界.

证一 设 $\{T_\alpha\}$ 点态有界, 即对 $\forall x \in X$, 存在 M_x, 使得

$$\|T_\alpha x\| \leqslant M_x.$$

定义泛函 $f_\alpha : X \to \mathbf{R}^1$, $x \mapsto \|T_\alpha x\|$, 则 f_α 是连续泛函, 从而 $E_{\alpha,n} = \{x \in X : f_\alpha(x) \leqslant n\}$ 是 X 中闭集. 令 $A_n = \left\{x \in X : \sup\limits_{\alpha\in I} f_\alpha(x) \leqslant n\right\}$, 则 $A_n = \bigcap\limits_{\alpha\in I} E_{\alpha,n}$ 也是闭集. 而 $X = \bigcap\limits_{n=1}^{\infty} A_n$, 又 X 完备, 由 Baire 纲定理 (见第七章 §1 定理 1.6), X 为第二纲集, 所以至少有一个 A_m 不是疏集, 即 $(\overline{A}_m)^\circ \neq \varnothing$, 又 A_m 为闭集, 所以 $\mathring{A}_m \neq \varnothing$. 从而 $\exists x_0 \in \mathring{A}_m$ 和 $\delta_0 > 0$, 使得 $B(x_0,\delta_0) \subset A_m$, 即对 $\forall x \in B(x_0,\delta_0)$, $\sup\limits_{\alpha\in I} f_\alpha(x) = \sup\limits_{\alpha\in I}\|T_\alpha x\| \leqslant m$. 对 $\forall x \in X$, $x \neq 0$, 令 $y = x_0 + \dfrac{x}{2\|x\|}\delta_0$, 则 $y \in B(x_0,\delta_0)$, 从而

$$\begin{aligned}\|T_\alpha x\| &= \frac{2\|x\|}{\delta_0}\|T_\alpha(y-x_0)\| \leqslant \frac{2\|x\|}{\delta_0}(\|T_\alpha y\| + \|T_\alpha x_0\|)\\ &\leqslant \frac{2\|x\|}{\delta_0}(2m) = \frac{4m}{\delta_0}\|x\|.\end{aligned}$$

令 $M = \dfrac{4m}{\delta_0}$, 则 $\|T_\alpha x\| \leqslant M\|x\|$. 于是 $\sup\limits_{\alpha\in I}\|T_\alpha\| \leqslant M < \infty$. 证毕.

评注: 从以上证明中, 我们可以得出: 设 X, Y 为赋范线性空间, $T_\alpha \in B(X,Y)$, 则

$$\{T_\alpha\} \text{ 一致有界} \Leftrightarrow \{T_\alpha\} \text{ 在 } X \text{ 的某个第二纲集 } E \text{ 上点态有界}.$$

证二 令 $M_x = \sup\limits_{\alpha\in I}\|T_\alpha x\|$, 由假设, $\{T_\alpha\}$ 点态有界, 即 $\forall x \in X$, $\|T_\alpha x\| \leqslant M_x$. 要证 $\sup\limits_{\alpha\in I}\|T_\alpha\| < \infty$, 即存在常数 $M > 0$, 使得 $\|T_\alpha\| = \sup\limits_{\|x\|=1}\|T_\alpha x\| \leqslant M$ $(\forall \alpha \in I)$. 用反证法. 若 $\sup\limits_{\|x\|=1}\|T_\alpha x\| = \infty$, 则 $\exists T_n \in B(X,Y)$ 和 $x_n \in X$, 使得 $\|x_n\| = 1$, $\|T_n x_n\| > 4^n$. 令 $y_n = \dfrac{x_n}{2^n}$, 则 $\|y_n\| = \dfrac{1}{2^n} \to 0$ $(n \to \infty)$. 但是, $\|T_n y_n\| > 2^n \to \infty$, 与假设矛盾. 证毕.

我们经常用到与定理 4.1 等价的逆否命题:

定理 4.2 设 X 为 Banach 空间, Y 为赋范线性空间, $T_\alpha \in B(X,Y)$, $\alpha \in I$, 则 $\sup\limits_{\alpha\in I}\|T_\alpha\| = \infty$ 的充要条件是存在 $x_0 \in X$, 使得

$$\sup_{\alpha\in I}\|T_\alpha x_0\| = \infty. \tag{4.1}$$

注 4.1 (4.1) 中的 x_0 称为**共鸣点**, 我们还可以证明这样的共鸣点 x_0 的集合在 X 中稠密.

定理 4.3 设 X 是 Banach 空间, Y 是赋范线性空间, $T_n \in B(X,Y)$, 若对 $\forall x \in X$, $\{T_n x\}$ 都是 Y 中 Cauchy 列, 则 $\{T_n\}$ 一致有界.

证 因为对 $\forall x \in X$, $\{T_n x\}$ 是 Y 中 Cauchy 列, 由第七章 §1 定理 1.1, $\sup\limits_n\|T_n x\| < \infty$, $\forall x \in X$, 从而由定理 4.1, $\sup\limits_n\|T_n\| < \infty$, 即 $\{T_n\}$ 一致有界. 证毕.

推论 4.4 设 X 是 Banach 空间, Y 是赋范线性空间, $T, T_n \in B(X,Y)$, 若 $T_n \xrightarrow{s} T$, 即对 $\forall x \in X$, $\lim\limits_{n\to\infty}\|T_n x - Tx\| = 0$, 则 $\{T_n\}$ 一致有界.

证 从 $T_n \xrightarrow{s} T$ 可知 $\{T_n\}$ 点态有界, 从而由定理 4.1, 得出 $\{T_n\}$ 一致有界. 证毕.

下面考虑一个相反的问题, 即 $T_n \in B(X,Y)$, $\{T_n\}$ 一致有界时, 加上什么条件, 能保证 $\{T_n\}$ 强收敛?

定理 4.5 设 X 是赋范线性空间, Y 是 Banach 空间, $T_n \in B(X,Y)$, 若 $\{T_n\}$ 还满足:

(1) $\{T_n\}$ 一致有界;

(2) 存在 X 的稠密子集 A, 使得对 $\forall y \in A$, $\{T_n y\}$ 是 Cauchy 列,

则存在 $T \in B(X,Y)$, 使得 $T_n \xrightarrow{s} T$, 即对 $\forall x \in X$, $\|T_n x - Tx\| \to 0 (n \to \infty)$, 而且

$$\|T\| \leqslant \liminf_{n\to\infty}\|T_n\|. \tag{4.2}$$

证 从条件 (1), 存在 $M > 0$, 使得对 $\forall n \in \mathbf{N}$,

$$\|T_n\| \leqslant M. \tag{4.3}$$

对 $\forall x \in X$, $\forall \varepsilon > 0$, 由 A 在 X 中稠密, $\exists y \in A$, 使得

$$\|x - y\| < \frac{\varepsilon}{3M}. \tag{4.4}$$

又由条件 (2), 对 $\forall y \in A$, $\{T_n y\}$ 为 Cauchy 列, 即对上述 $\varepsilon > 0$, $\exists N$, 使得 $\forall m, n > N$, 有

$$\|T_m y - T_n y\| < \frac{\varepsilon}{3}. \tag{4.5}$$

从而对 $\forall x \in X, \forall m, n > N$, 有

$$\begin{aligned}\|T_m x - T_n x\| &\leqslant \|T_m x - T_m y\| + \|T_m y - T_n y\| + \|T_n y - T_n x\| \\ &\leqslant \|T_m\|\|x-y\| + \frac{\varepsilon}{3} + \|T_n\|\|x-y\| \\ &< M\frac{\varepsilon}{3M} + \frac{\varepsilon}{3} + M\frac{\varepsilon}{3M} = \varepsilon,\end{aligned}$$

即 $\{T_n x\}$ 是 Y 中 Cauchy 列, 由 Y 完备知 $\{T_n x\}$ 在 Y 中收敛, 令 $\lim\limits_{n\to\infty} T_n x = z$, $z \in Y$.

作映射 $T : X \to Y$, $x \mapsto z$, 则从 T_n 的线性可推出 T 的线性, 而且对 $\forall x \in X$, 有

$$\|Tx\| = \|z\| = \lim_{n\to\infty} \|T_n x\| \leqslant \liminf_{n\to\infty} \|T_n\|\|x\|,$$

于是 $T \in B(X,Y)$, $\|T_n x - Tx\| \to 0 (n \to \infty)$, 且

$$\|T\| \leqslant \liminf_{n\to\infty} \|T_n\|.$$

证毕.

定理 4.5 表明, 对于 $T_n \in B(X,Y)$, Y 完备, 当 $\{T_n\}$ 一致有界时, 只要在 X 的一个稠密子集 A 上, $x \in A$, $\{T_n x\}$ 是 Cauchy 列, 就可保证 T_n 在 X 上强收敛于 $T \in B(X,Y)$. 条件 "$x \in A$, $\{T_n x\}$ 是 Cauchy 列" 还可换成 "$\{T_n\}$ 在 A 上点态收敛于 T, 即 $\lim\limits_{n\to\infty} T_n x = Tx$, $\forall x \in A$". 这表明 $\{T_n\}$ 在 A 上强收敛于 T 可以推广到在 X 上强收敛于 T.

注 4.2 我们还可以定义算子族 $\{T_\alpha\}$ 的弱有界性, 即

定义 4.2 设 $T_\alpha \in B(X,Y)$, $\alpha \in I$, 若对 $\forall x \in X$, $\forall g \in Y^*$, 成立

$$\sup_{\alpha\in I} |g(T_\alpha x)| < \infty,$$

则称 $\{T_\alpha\}$ 在 X 上**弱有界**.

在后面 §7 中, 利用共轭算子的概念, 我们还可以进一步证明 (见习题 7.11): 设 X 为 Banach 空间, Y 为赋范线性空间, $T_\alpha \in B(X,Y)$, 则 $\{T_\alpha\}$ 一致有界. 点态有界与弱有界都是等价的.

例 4.2 设 X 为 Banach 空间, Y 为赋范线性空间, $T_n \in B(X,Y)$, 若对 $\forall x \in X$, 成立 $\lim\limits_{n\to\infty} T_n x = Tx$, 证明:

$$T \in B(X,Y), \tag{4.6}$$

且

$$\|T\| \leqslant \liminf_{n\to\infty} \|T_n\|. \tag{4.7}$$

(证明留给读者.)

共鸣定理之所以著名和重要, 是因为它有三大特点: 第一, 来源广泛, 例如 1876 年, du Bois-Reymond 给出连续函数的 Fourier 级数发散的例子; 1918 年, Hahn 关于插值问题的研究; 1920 年, Schur, 1922 年, Hahn 关于求和法和奇异积分的研究等是在不同的数学领域中同类的特殊定理的基础上建立的一般性定理. 第二, 证明方法多, 体现了高度的分析技巧. 第三, 应用广泛, 例如在求和法理论、插值理论、偏微分方程的稳定性理论、算子方程的近似解、抽象函数等非线性分析理论、机械求积公式的收敛问题等多种学科中都有广泛而深刻的应用. 下面仅以 Fourier 级数的发散问题为例. 直到 19 世纪中期, 人们认为连续函数 f 的 Fourier 级数总是收敛于它本身, 1876 年, du Bois-Reymond 构造了一个连续的周期函数, 使得它的 Fourier 级数在某点发散, 但这个构造性的证明用到了许多复杂的分析技巧. 下面利用共鸣定理给出一个存在性的证明.

例 4.3　存在以 2π 为周期的连续函数 f, 使得 f 的 Fourier 级数在给定点 x_0 发散.

证　将 f 的 Fourier 系数表达式:

$$a_k = \frac{1}{\pi}\int_{-\pi}^{\pi} f(t)\cos kt\mathrm{d}t, \quad b_k = \frac{1}{\pi}\int_{-\pi}^{\pi} f(t)\sin kt\mathrm{d}t$$

代入 f 的 Fourier 级数的部分和

$$S_n(f,x) = \frac{a_0}{2} + \sum_{k=1}^{n}(a_k\cos kx + b_k\sin kx),$$

得到积分表达式:

$$S_n(f,x) = \frac{1}{\pi}\int_{-\pi}^{\pi} f(x-t)D_n(t)\mathrm{d}t, \tag{4.8}$$

式中 $D_n(t)$ 称为 Dirichlet 核:

$$D_n(t) = \frac{1}{2} + \sum_{k=1}^{n}\cos kt = \begin{cases} \dfrac{\sin\left(n+\dfrac{1}{2}\right)t}{2\sin\dfrac{t}{2}}, & t \neq 2m\pi, \\ n+\dfrac{1}{2}, & t = 2m\pi, \end{cases}$$

$$L_n = \frac{2}{\pi}\int_{0}^{\pi} |D_n(t)|\mathrm{d}t \tag{4.9}$$

称为 $D_n(t)$ 的 Lebesgue 常数.

(1) 下面证明: $L_n \to \infty (n \to \infty)$.

事实上, 利用不等式 $\left|\sin \frac{t}{2}\right| \leqslant \frac{t}{2}$, 我们得到

$$
\begin{aligned}
L_n &= \frac{1}{\pi} \int_0^{2\pi} |D_n(t)| \mathrm{d}t \geqslant \frac{1}{\pi} \int_0^{2\pi} \frac{\left|\sin \left(n+\frac{1}{2}\right) t\right|}{t} \mathrm{d}t \\
&= \frac{1}{\pi} \int_0^{(2n+1)\pi} \frac{|\sin u|}{u} \mathrm{d}u = \frac{1}{\pi} \sum_{k=0}^{2n} \int_{k\pi}^{(k+1)\pi} \frac{|\sin u|}{u} \mathrm{d}u \\
&\geqslant \frac{1}{\pi} \sum_{k=0}^{2n} \frac{1}{(k+1)\pi} \int_{k\pi}^{(k+1)\pi} |\sin u| \mathrm{d}u \\
&= \frac{2}{\pi^2} \sum_{k=0}^{2n} \frac{1}{k+1} \to \infty \quad (n \to \infty).
\end{aligned}
$$

(2) S_n 是连续函数空间 $C[-\pi, \pi]$ 上的线性算子, 下面证明 S_n 的范数 $\|S_n\| = L_n$. 从 (4.8) 式,

$$
\begin{aligned}
|S_n(f, x)| &\leqslant \|f\|_c \frac{1}{\pi} \int_{-\pi}^{\pi} |D_n(t)| \mathrm{d}t = \|f\|_c \cdot L_n, \\
\|S_n\| &= \sup_{\|f\|_c = 1} \|S_n(f)\|_c \leqslant L_n.
\end{aligned}
\tag{4.10}
$$

为证反向不等式 $\|S_n\| \geqslant L_n$, 令

$$
g_m(t) = \frac{D_n(t)}{|D_n(t)| + \frac{1}{m}}, \tag{4.11}
$$

则 $g_m \in C[-\pi, \pi]$, $\|g_m\|_c \leqslant 1$,

$$
\begin{aligned}
\|S_n\| &= \sup_{\|f\|_c \leqslant 1} \|S_n(f)\|_c \geqslant \|S_n(g_m)\|_c = \sup_{x \in \mathbf{R}^1} |S_n(g_m, x)| \geqslant |S_n(g_m, 0)| \\
&= \frac{1}{\pi} \left| \int_{-\pi}^{\pi} g_m(t) D_n(t) \mathrm{d}t \right| = \frac{1}{\pi} \int_{-\pi}^{\pi} \frac{|D_n(t)|^2}{|D_n(t)| + \frac{1}{m}} \mathrm{d}t \\
&\geqslant \frac{1}{\pi} \int_{-\pi}^{\pi} \frac{|D_n(t)|^2 - \left(\frac{1}{m}\right)^2}{|D_n(t)| + \frac{1}{m}} \mathrm{d}t = L_n - \frac{2}{m}.
\end{aligned}
$$

令 $m \to \infty$, 得 $\|S_n\| \geqslant L_n$. 再从 (4.10) 得 $\|S_n\| = L_n$.

(3) 因为 $C[-\pi,\pi]$ 是 Banach 空间, 且 $\|S_n\|\to\infty$, $n\to\infty$, 由共鸣定理 (定理 4.2), 存在 $f_0\in C[-\pi,\pi]$, 使得 $S_n(f_0,0)\to\infty(n\to\infty)$, 即 f_0 的 Fourier 级数在 $x=0$ 点发散.

事实上, 算子 $S_n: C[-\pi,\pi]\to C[-\pi,\pi]$, $\sup\limits_n\|S_n\|=\infty$, 由共鸣定理 4.2, 存在 $f_0\in C[-\pi,\pi]$, 使得 $\sup\limits_n\|S_n(f_0)\|=\infty$. 这表明, 存在连续的周期函数 f_0, 它的 Fourier 级数不能一致收敛到任何函数. 同样, 存在连续的周期函数 f_0, 它的 Fourier 级数在任何预先指定的点 x_0 发散. 事实上, 在事先任意固定 x_0 后, $S_n(f,x_0)$ 就是 $C[-\pi,\pi]$ 上的线性泛函, 不妨记为 $g_n(f)=S_n(f,x_0)$, 于是 $\|g_n\|=\|S_n\|=L_n\to\infty$, 由共鸣定理 4.2, 存在 $f_0\in C[-\pi,\pi]$, 使得

$$|g_n(f_0)|=|S_n(f_0,x_0)|\to\infty\quad(n\to\infty).$$

作者在 [1] 下册第八章 §4 对共鸣定理作了进一步细致的分析和应用, 包括 Lagrange 插值公式的发散性、机械求积公式的收敛性、最优求积问题.

习题 8.4

4.1 证明: 例 4.2.

4.2 若对 $\forall x=(x_1,\cdots,x_n,\cdots)\in l^1$, $\sum\limits_{k=1}^{\infty}a_kx_k$ 都收敛, 证明: $a=(a_1,\cdots,a_n,\cdots)\in l^\infty$.

4.3 设 $\alpha(t)$ 是 E 上 (L) 可测函数, $0<\mu(E)<\infty$, $1<p<\infty$, $\dfrac{1}{p}+\dfrac{1}{q}=1$, 若对 $\forall x(t)\in L^p(E)$, 积分 $\displaystyle\int_E x(t)\alpha(t)\mathrm{d}\mu$ 存在且为有限值, 证明: $\alpha\in L^q(E)$.

4.4 设 $a=(a_1,\cdots,a_n,\cdots)$ 满足: $\forall x=(x_1,\cdots,x_n,\cdots)\in c_0$, $\sum\limits_{k=1}^{\infty}a_kx_k$ 都收敛, 证明: $a\in l^1$. (注: c_0 是收敛于 0 的序列空间, 它是 l^∞ 的子空间.)

4.5 设 $a=(a_1,\cdots,a_n,\cdots)$ 满足: $\forall x=(x_1,\cdots,x_n,\cdots)\in l^p$, $1<p<\infty$, $\dfrac{1}{p}+\dfrac{1}{q}=1$, $\sum\limits_{k=1}^{\infty}a_kx_k$ 都收敛, 证明: $a\in l^q$.

4.6 设多项式的集合 $X=\left\{x:x(t)=\sum\limits_{k=0}^{m}a_kt^k\right\}$ 按范数 $\|x\|=\max\limits_k|a_k|$ 构成赋范线性空间, 证明: X 是不完备的赋范线性空间.

4.7 设 $f_n,f\in C[a,b]$, 则 $f_n\xrightarrow{w}f$ 的充要条件是 $\{f_n\}$ 一致有界且点态收敛于 f.

§5 开映射定理

我们经常碰到的代数方程、微分方程、积分方程等, 都可归结为算子方程的求解问题:

设 X,Y 为数域 K 上的线性空间, $T:X\to Y$, 对于给定的 $y\in Y$, 求 $x\in X$, 使得

$$Tx=y, \tag{5.1}$$

则称 x 是算子方程 (5.1) 的解.

我们要解决的主要问题是:

(1) 算子方程 (5.1) 解 x 的存在性、唯一性;

(2) 解 x 的稳定性——当 y 在 Y 中有微小变化时, 相应的解 x 在 X 中是否也作微小变化. 在微分方程理论中, (1) 和 (2) 称为**适定问题**.

首先, 方程 (5.1) 的解的存在性表现为算子 T 存在右逆算子 T_r^{-1}, 即 T_r^{-1} 满足

$$TT_r^{-1}=I, \tag{5.2}$$

式中 I 为恒等算子. 事实上, 令 $x=T_r^{-1}y$, 则

$$Tx=T(T_r^{-1}y)=Iy=y.$$

算子方程 (5.1) 解 x 的唯一性则表现为算子 T 存在左逆算子 T_l^{-1}:

$$T_l^{-1}T=I. \tag{5.3}$$

事实上, $x=Ix=(T_l^{-1}T)(x)=T_l^{-1}y$, 于是解 x 的唯一性由 y 确定.

若 T_r^{-1},T_l^{-1} 同时存在, 则两者必相等, 记为 T^{-1}. 事实上, $T_l^{-1}=T_l^{-1}I=T_l^{-1}(TT_r^{-1})=IT_r^{-1}=T_r^{-1}$.

当 T 为非线性算子时, 算子方程 (5.1) 的研究放到非线性泛函分析中, 我们仅考虑 X,Y 为赋范线性空间, $T:X\to Y$ 为线性算子的情形, 我们在 §1 中已知 $T\in B(X,Y)$ 时, 它的逆算子 T^{-1} 不一定有界. 下面再考虑一个例子:

例 5.1 设 $X=C[0,\pi]$ 为连续函数空间, $Y=\{y:y'\in C[0,\pi],y(0)=0\}$ 按 $\|\cdot\|_c$ 为 X 的子空间, 但不完备, 作映射 $T:X\to Y$, $x(t)\mapsto y=\displaystyle\int_0^t x(\tau)\mathrm{d}\tau$, 则 T 为 $X\to Y$ 的满单射, 且 $T\in B(X,Y)$, 但逆算子 $T^{-1}:Y\to X$, $y(t)\mapsto x(t)=y'(t)$ 是无界线性算子. 事实上, 取 $y_n(t)=\sin nt\in Y$, 则 $\|y_n\|_c=\max\limits_{t\in[0,\pi]}|y_n(t)|=1$, 但

$$(T^{-1}y_n)(t) = y_n'(t) = n\cos nt;$$

$$\|T^{-1}y_n\|_c = \max_{t\in[0,\pi]} |(T^{-1}y_n)(t)| = n \to \infty \quad (n\to\infty).$$

所以, 我们要研究 X,Y 满足什么条件时, 才能从 $T\in B(X,Y)$ 推出 $T^{-1}\in B(Y,X)$.

我们在第二章 §2 已知, $T: X\to Y$ 连续的充要条件是对 $\forall$ 开集 $G\subset Y$, 原像集 $T^{-1}(G)$ 是 X 中的开集. 而算子方程 (5.1) 解 x 的稳定性表现为 T^{-1} 的连续, 将上述命题用于逆算子 $T^{-1}: Y\to X$, 并注意到 $(T^{-1})^{-1}=T$, 就得到 $T^{-1}: Y\to X$ 连续的充要条件是对 $\forall$ 开集 $G\subset X$, $(T^{-1})^{-1}(G)=T(G)$ 是 Y 中开集, 即 $T: X\to Y$ 是开映射. 所以, T^{-1} 的连续性等价于 T 是开映射.

注 5.1　连续映射、开映射、闭映射是三个互不包含的概念: 设 $T: X\to Y$ (X,Y 为距离空间).

(1) 若对 $\forall$ 开集 $G\subset Y$, $T^{-1}(G)$ 为 X 中开集, 则称 T 为连续映射;

(2) 若对 $\forall$ 开集 $G\subset X$, $T(G)$ 为 Y 中开集, 则称 T 为开映射;

(3) 若对 $\forall$ 闭集 $F\subset X$, $T(F)$ 为 Y 中闭集, 则称 T 为闭映射.

读者可考虑以下三个映射来区分以上概念:

(1) 取 $X_1=Y_1=[0,2]$,

$$T_1: X_1\to Y_1, \quad x\mapsto y=\begin{cases}0, & 0\leqslant x\leqslant 1,\\ x-1, & 1<x\leqslant 2.\end{cases}$$

(2) 取 $X_2=\mathbf{R}^2$, $Y_2=\mathbf{R}^1$,

$$T_2: X_2\to Y_2, \quad (x,y)\mapsto x.$$

(3) 取 $X_3=\{(x,y): x^2+y^2=1\}$ 为 $\mathbf{R}^2$ 中单位圆周, $Y_3=[0,2\pi)$,

$$T_3: X_3\to Y_3, \quad (\cos\alpha,\sin\alpha)\mapsto\alpha.$$

评注: 若 T 是开映射, 则 $\forall$ 开集 $G\subset X$, $\forall x_0\in G$, Tx_0 是 $T(G)$ 的内点; 若 T 是闭映射, 则从 $\forall x_n\in X$, $x_n\to x_0$, $Tx_n\to y_0$ 可以推出 $y_0=Tx_0$. $TX=Y$ 表示 T 是满射. 对于以上三个映射的分析见作者的 “续论” [1] 下册 PP. 303–304.

定理 5.1 (开映射定理)　设 X,Y 为 Banach 空间, 若 $T\in B(X,Y)$, 且 $TX=Y$, 则 T 是开映射.

这个结论对于有限维空间是平凡的, 但在无限维空间中却是极为深刻有力的工具, 为证定理 5.1, 我们先在较弱的条件下证明下述引理.

引理 5.2　设 X 为赋范线性空间, Y 为 Banach 空间, $T\in B(X,Y)$, 且

$TX = Y$, 则 $\exists\delta > 0$, 使得 $TB(0,1)$ 在 $B(0,\delta)$ 中稠密.

分析 $B(0,\delta)$ 表示以零元 0 为中心, δ 为半径的开球, 引理 5.2 的结论可写成 $\exists\delta > 0$, 使得

$$B(0,\delta) \subset \overline{TB(0,1)}. \tag{5.4}$$

即要证对 $\forall y \in B(0,\delta)$ 有 $y \in \overline{TB(0,1)}$, 即要证存在 $B(0,1)$ 中的点列 $\{t_k\}$, 使得 $Tt_k \to y$.

证 将 X 分解为 $X = \bigcup\limits_{n=1}^{\infty} B(0,n)$, 于是

$$Y = TX = \bigcup_{n=1}^{\infty} TB(0,n). \tag{5.5}$$

由 Y 完备, 所以 Y 是第二纲集, 从而至少有某个 $TB(0,n_0)$ 不是疏集, 即 $(\overline{TB(0,n_0)})^\circ \neq \varnothing$. 于是 $\exists y_0$, $\exists r > 0$, 使得

$$B(y_0,r) \subset \overline{TB(0,n_0)}. \tag{5.6}$$

令 $\delta = \dfrac{r}{n_0}$, 要证 (5.4). 将它与 (5.6) 式比较即知, 只要作相似变换和平移即可得证. 事实上, 对 $\forall y \in B(0,\delta)$, 令 $z_1 = y_0 - n_0 y$, $z_2 = y_0 + n_0 y$, 则 $z_j \in B(y_0,r)$, $j = 1,2$. 从 (5.6), 存在 $\{x_k^{(j)}\} \subset B(0,n_0)$, 使得 $Tx_k^{(j)} \to z_j (k \to \infty, j = 1,2)$. 令 $t_k = \dfrac{1}{2n_0}(x_k^{(2)} - x_k^{(1)})$, 则 $t_k \in B(0,1)$, 且 $Tt_k \to y$, 所以 (5.4) 得证.

我们若要从 (5.4) 进一步证明

$$B\left(0,\frac{\delta}{2}\right) \subset TB(0,1), \tag{5.7}$$

就要求 X 也完备. 即

引理 5.3 设 X, Y 均为 Banach 空间, $T \in B(X,Y)$, 且 $TX = Y$, 则存在 $\varepsilon > 0$, 使得

$$B(0,\varepsilon) \subset TB(0,1). \tag{5.8}$$

证 由 (5.4), 对 $\forall a > 0$, 有

$$B(0,a\delta) \subset \overline{TB(0,a)}. \tag{5.9}$$

取 $a = \dfrac{1}{2}, \varepsilon = \dfrac{\delta}{2}$, 得到

$$B(0,\varepsilon)\subset\overline{TB\left(0,\frac{1}{2}\right)}. \tag{5.10}$$

对 $\forall y_0\in B(0,\varepsilon)$, 从 (5.10), $\exists x_1\in B\left(0,\dfrac{1}{2}\right)$, 使得

$$\|y_0-Tx_1\|<\frac{\delta}{2^2},$$

令 $y_1=y_0-Tx_1$, 则 $y_1\in B\left(0,\dfrac{\delta}{2^2}\right)$.

在 (5.9) 中取 $a=\dfrac{1}{2^2}$, 得到

$$B\left(0,\frac{\delta}{2^2}\right)\subset\overline{TB\left(0,\frac{1}{2^2}\right)}.$$

所以, 存在 $x_2\in B\left(0,\dfrac{1}{2^2}\right)$, 使得

$$\|y_1-Tx_2\|<\frac{\delta}{2^3},$$

即 $y_2=y_1-Tx_2=y_0-T(x_1+x_2)\in B\left(0,\dfrac{\delta}{2^3}\right)$.

如此下去, 得到点列 $x_n\in B\left(0,\dfrac{1}{2^n}\right)$, $n=1,2,\cdots$, 使得

$$\|y_{n-1}-Tx_n\|=\left\|y_0-T\left(\sum_{k=1}^{n}x_k\right)\right\|<\frac{\delta}{2^{n+1}}. \tag{5.11}$$

因为 $\sum\limits_{k=1}^{\infty}\|x_k\|<\sum\limits_{k=1}^{\infty}\dfrac{1}{2^k}=1$ 和 X 的完备性, 由第七章定理 2.2, $\sum\limits_{k=1}^{\infty}x_k$ 收敛, 记 $x_0=\sum\limits_{k=1}^{\infty}x_k$, 则 $\|x_0\|\leqslant\sum\limits_{k=1}^{\infty}\|x_k\|<1$. 由 T 的连续性和 (5.11), 有

$$Tx_0=\lim_{n\to\infty}T\left(\sum_{k=1}^{n}x_k\right)=y_0,$$

即 $x_0\in B(0,1)$, $y_0\in TB(0,1)$, 于是 (5.8) 得证.

下面利用引理 5.3 来证明定理 5.1:

为证 T 为开映射, 即对 $\forall$ 开集 $G\subset X$, 要证 TG 为 Y 中开集, 对 $\forall y_0\in TG$, $\exists x_0\in G$, 使得 $Tx_0=y_0$. 只要证 y_0 是 TG 的内点. 因为 G 是开集, 所以存在 $r>0$, 使得 $B(x_0,r)\subset G$, 从而 $TB(x_0,r)\subset TG$.

另一方面, 从引理 5.3 中 (5.8) 式, 可得

$$B(0,r\varepsilon)\subset TB(0,r). \tag{5.12}$$

因为 $B(x_0,r)=\{x_0+x:x\in B(0,r)\}$, 所以 $B(y_0,r\varepsilon)=\{y_0+y:y\in B(0,r\varepsilon)\}\subset\{Tx_0+Tx:x\in B(0,r)\}=T\{x_0+x:x\in B(0,r)\}=TB(x_0,r)\subset TG$. 这表明 y_0 是 TG 的内点, 所以 TG 为 Y 中开集. 证毕.

评注: 定理 5.1 的条件还可以减弱为: 设 X 是 Banach 空间, Y 是赋范线性空间, $T\in B(X,Y)$ 且其像集 $R(T)$ 为 Y 中第二纲集, 则 T 是开映射而且是满单射. 特别地, 当 Y 也是 Banach 空间时, T 是开映射.

下述逆算子定理和闭图像定理都是定理 5.1 的直接推论.

定理 5.4 (Banach 逆算子定理) 设 X 和 Y 都是 Banach 空间, $T\in B(X,Y)$, 且 T 为满单射, 则逆算子 $T^{-1}\in B(Y,X)$.

证 因为 T 是满单射, 所以 T^{-1} 存在, 由定理 5.1, T 为开映射, 它等价于 T^{-1} 连续, 由 T 线性得 T^{-1} 的线性, 所以 T^{-1} 有界. 证毕.

推论 5.5 (范数等价定理) 设 $(X,\|\cdot\|_1)$ 和 $(X,\|\cdot\|_2)$ 都是 Banach 空间, 若存在正的常数 c_1, 使得

$$\|x\|_2\leqslant c_1\|x\|_1,\quad \forall x\in X, \tag{5.13}$$

则存在正的常数 c_2, 使得

$$\|x\|_1\leqslant c_2\|x\|_2,\quad \forall x\in X, \tag{5.14}$$

从而 $\|\cdot\|_1$ 与 $\|\cdot\|_2$ 等价.

证 设恒等算子 $I:(X,\|\cdot\|_1)\to(X,\|\cdot\|_2)$, 则 I 为满单射, 且从 (5.13) 有

$$\|Ix\|_2=\|x\|_2\leqslant c_1\|x\|_1,\quad \forall x\in X,$$

即 I 为有界线性算子. 由定理 5.4, 逆算子 I^{-1} 也有界, 即存在常数 c_2, 使得

$$\|x\|_1=\|I^{-1}x\|_1\leqslant c_2\|x\|_2,\quad \forall x\in X.$$

而 (5.13) 与 (5.14) 同时成立, 表明 $\|\cdot\|_1$ 与 $\|\cdot\|_2$ 等价. 证毕.

注 5.2 定理 5.1 与定理 5.4 中 Y 为 Banach 空间实际上可减弱为 Y 为第二纲集, 这可从证明过程中看出, 例 5.1 中的 T^{-1} 无界, 是因为其中的 Y 不完备, 实际上 Y 是第一纲集.

在推导闭图像定理之前, 我们先给出几个有关的概念.

定义 5.1 设 X,Y 是同一数域 K 上的线性空间, 令

$$Z=X\times Y=\{(x,y):x\in X,y\in Y\}, \tag{5.15}$$

在 $Z=X\times Y$ 中定义线性运算如下: 对 $\forall x_k\in X, \forall y_k\in Y, \forall\alpha\in K$,

$$(x_1,y_1)+(x_2,y_2)=(x_1+x_2,y_1+y_2),$$
$$\alpha(x,y)=(\alpha x,\alpha y),$$

则 Z 构成 K 上的线性空间, 称为 X 与 Y 的**乘积空间**.

设 $(X,\|\cdot\|_1)$, $(Y,\|\cdot\|_2)$ 为赋范线性空间, 定义 $Z=X\times Y$ 中的范数为

$$\|z\|_p=\|(x,y)\|_p=\begin{cases}(\|x\|_1^p+\|y\|_2^p)^{1/p}, & 1\leqslant p<\infty,\\ \max\{\|x\|_1,\|y\|_2\}, & p=\infty,\end{cases}$$

利用初等不等式, 易证对不同的 p, $\|\cdot\|_p$ 都是等价的. 因此, 下面为简便起见, 取 $p=1$, 并略去下标, 记为

$$\|z\|=\|(x,y)\|=\|x\|+\|y\|, \tag{5.16}$$

则 $(Z,\|\cdot\|)$ 形成赋范线性空间.

定义 5.2 设 X,Y 是数域 K 上的线性空间, $D(T)\subset X$, 映射 $T:D(T)\to Y$, 则乘积空间 $X\times Y$ 中的子集

$$G(T)=\{(x,y):y=Tx,x\in D(T)\} \tag{5.17}$$

称为 T 的**图像**. 设 X,Y 为赋范线性空间, $G(T)$ 为 $X\times Y$ 中的闭集, 则称 T 为**闭算子**.

注 5.3 由于历史原因, 此处闭算子与注 5.1 中闭映射的含义不同. 由于闭算子 T 并不能保证将 X 中的闭集 F 映射成 Y 中的闭集 $T(F)$ (反例见 [24] P. 86). 所以, 闭算子不一定是闭映射.

我们自然要问: 线性算子 T 的闭性与有界性 (连续性) 有什么关系?

例 5.2 我们在 §1 例 1.2 中已知微分算子 T 是无界算子, 现在证明 T 是闭的. 仍记 $X=C^{(1)}[0,1]$, $Y=C[0,1]$.

$$T=\frac{\mathrm{d}}{\mathrm{d}t}:X\to Y,\quad D(T)=X.$$

对 $\forall(x,y)\in(G(T))'$, 存在 $(x_n,y_n)\in G(T)$, $y_n=Tx_n$, 即 $y_n(t)=x_n'(t)$, 使得 $(x_n,y_n)\to(x,y)$, 即 $\|(x_n,y_n)-(x,y)\|_c=\|(x_n-x,y_n-y)\|_c=\|x_n-x\|_c+\|y_n-y\|_c\to 0$, $n\to\infty$. 它表明当 $n\to\infty$ 时,

$$\|x_n-x\|_c=\max_{t\in[0,1]}|x_n(t)-x(t)|\to 0,$$

$$\|y_n-y\|_c=\max_{t\in[0,1]}|y_n(t)-y(t)|\to 0,$$

即连续函数列 $\{x_n(t)\},\{x'_n(t)\}$ 分别一致收敛于 $x(t),y(t)$, 从而 $x\in X$, $y(t)=x'(t)$, 即 $(x,y)\in G(T)$, 它表明 T 是闭算子.

反之, T 有界时, T 也不一定是闭的.

例 5.3 设 $X=C[0,1]$, $D(T)$ 是 $[0,1]$ 上代数多项式集, $Y=\mathbf{R}^1$, $T: D(T)\to Y$, $x(t)=\sum\limits_{k=0}^{n}a_kt^k\mapsto x(1)=\sum\limits_{k=0}^{n}a_k$, 则

$$|Tx|=|x(1)|\leqslant\max_{0\leqslant t\leqslant 1}|x(t)|=\|x\|_c.$$

所以 T 是有界线性算子 (实际上是泛函), 但 T 非闭. 事实上, 取

$$P_n(t)=\sum_{k=0}^{n}\frac{t^k}{k!},\quad y_n(t)=TP_n(t)=P_n(1),$$

则 $P_n(t)\to g(t)=\mathrm{e}^t$, $y_n(t)\to\mathrm{e}^1=g(1)(n\to\infty)$.

$$\|P_n-g\|_c=\max_{t\in[0,1]}\left|\sum_{k=n+1}^{\infty}\frac{t^k}{k!}\right|\leqslant\sum_{k=n+1}^{\infty}\frac{1}{k!}\to 0\quad(n\to\infty),$$

所以 $Tg(t)=g(1)$, 但 $g(t)\notin D(T)$.

注意到例 5.3 中的算子 T 非闭, 是因为它的定义域 $D(T)$ 非闭, 若加上 $D(T)$ 闭的条件, 我们有:

定理 5.6 设 X,Y 为赋范线性空间, $D(T)\subset X$, $T:D(T)\to Y$ 为线性算子, 若 T 有界且 $D(T)$ 为 X 的闭子空间, 则 T 是闭算子.

证 对 $\forall(x,y)\in(G(T))'$, 存在 $(x_n,y_n)\in G(T)$, 式中 $y_n=Tx_n$, 使得 $(x_n,y_n)\to(x,y)$. 则从 $x_n\to x$, 得出 $x\in(D(T))'$, 又 $D(T)$ 为闭集, 所以 $x\in D(T)$. 另一方面, 由 T 的连续性, $Tx_n\to Tx$, 又由假设, $y_n=Tx_n\to y$, 所以 $Tx=y$, 即 $(x,y)\in G(T)$, 于是 T 为闭算子. 证毕.

下面进一步证明, 若 X,Y 均完备, $D(T)$ 为 X 中闭集, 则线性算子 $T: D(T)\to Y$ 为闭算子也可推出 T 有界, 从而算子 T 的闭性与有界性等价.

定理 5.7 (闭图像定理) 设 X,Y 为 Banach 空间, $D(T)$ 为 X 中闭集, $T:D(T)\to Y$ 为闭线性算子, 则 T 有界.

证 根据本节后面的习题 5.1, 从 X,Y 完备得出它们的乘积空间 $Z=X\times Y$ 按范数 (5.16) 为 Banach 空间. 由 T 的闭性得出 $G(T)$ 是 $X\times Y$ 中闭子空间, 从而也是 Banach 空间, 而从 X 完备与 $D(T)$ 闭得出 $D(T)$ 也是 Banach 空间.

定义算子 $F:G(T)\to D(T)$, $(x,Tx)\mapsto x$, 则

$$\|F(x,Tx)\|=\|x\|\leqslant\|(x,Tx)\|,\quad x\in D(T),$$

即 F 是有界线性算子, 又 $R(F)=D(T)$, 所以 F 为满射, 再从 $x_1=x_2 \Rightarrow Tx_1=Tx_2 \Rightarrow (x_1,Tx_1)=(x_2,Tx_2)$, 即 F 为单射, 由定理 5.4 (逆算子定理), F^{-1} 有界, 即

$$\|(x,Tx)\|=\|F^{-1}x\|\leqslant\|F^{-1}\|\|x\|,$$

从而

$$\|Tx\|\leqslant\|(x,Tx)\|\leqslant\|F^{-1}\|\|x\|,$$

即 T 有界. 证毕.

推论 5.8 设 X,Y 为 Banach 空间, $T:X\to Y$ 为线性算子, 则 T 有界 (即连续) $\Leftrightarrow T$ 闭.

定理 5.7 表明, 设 X,Y 为 Banach 空间, $D(T)\subset X$, $T:D(T)\to Y$ 为闭线性算子, 若 T 无界, 则 $D(T)$ 非闭.

研究一个微分方程往往可归结为研究微分算子的有界性, 但证明线性算子 $T:X\to Y$ 有界要比证明它闭更困难. 这是因为要证 T 在 x_0 连续 (它等价于 T 有界), 就要从

(1) $\forall x_n\to x_0$ 推出:

(2) $Tx_n\to y_0$ 和 (3) $Tx_0=y_0$.

但要证 T 为闭算子, 则只要从 (1) 和 (2) 推出 (3), 多了一个条件, 而少了一个结论. 所以, 利用闭图像定理, 将 T 的有界性 (连续性) 转化为 T 的闭性的判定, 而当 T 无界时, 算子 T 的图像 $G(T)$ 就成了重要的研究工具. 下面举几个较简单的例子.

例 5.4 设 $1<p<\infty$, $\dfrac{1}{p}+\dfrac{1}{q}=1$, (a_{kj}) 是双向无穷矩阵, 并满足:

(1) 对每 k 行, $\sum\limits_{j=1}^{\infty}|a_{kj}|^q<\infty$; (5.18)

(2) 对 $\forall x=(x_1,\cdots,x_n,\cdots)\in l^p$, 令

$$y_k=\sum_{j=1}^{\infty}a_{kj}x_j, \tag{5.19}$$

$y=(y_1,\cdots,y_n,\cdots)\in l^q$, 于是可定义 $T:l^p\to l^q, x\mapsto y$. 证明 T 是有界线性算子.

证 因为 l^p、l^q 为 Banach 空间, $T:l^p\to l^q$ 为线性算子, 由闭图像定理, 只要证 T 为闭算子.

对 $\forall(x_0,y_0)\in(G(T))'$, 存在 $(x_n,y_n)\in G(T)$, 使得 $(x_n,y_n)\to(x_0,y_0)$, $n\to\infty$, 只要证 $(x_0,y_0)\in G(T)$, 式中记 $x_0=(x_1^{(0)},\cdots,x_k^{(0)},\cdots)$, $x_n=(x_1^{(n)},\cdots,x_k^{(n)},\cdots)\in l^p$, $y_0=(y_1^{(0)},\cdots,y_k^{(0)},\cdots)$, $y_n=Tx_n=(y_1^{(n)},\cdots,y_k^{(n)},\cdots)$,

$Tx_0 = (\xi_1^{(0)}, \cdots, \xi_k^{(0)}, \cdots)$, 从 $y_n \to y_0$, 有

$$|y_k^{(n)} - y_k^{(0)}| \leqslant \left(\sum_{k=1}^{\infty} |y_k^{(n)} - y_k^{(0)}|^q \right)^{1/q}$$
$$= \|y_n - y_0\|_q \to 0 \quad (n \to \infty, \forall k \in \mathbf{N}).$$

另一方面, 由 Hölder 不等式和 $x_n \to x_0$, 有

$$|y_k^{(n)} - \xi_k^{(0)}| = \left| \sum_{j=1}^{\infty} a_{kj}(x_j^{(n)} - x_j^{(0)}) \right|$$
$$\leqslant \left(\sum_{j=1}^{\infty} |a_{kj}|^q \right)^{1/q} \left(\sum_{j=1}^{\infty} |x_j^{(n)} - x_j^{(0)}|^p \right)^{1/p}$$
$$= \left(\sum_{j=1}^{\infty} |a_{kj}|^q \right)^{1/q} \|x_n - x_0\|_p \to 0, \quad n \to \infty.$$

由极限的唯一性, 得 $\xi_k^{(0)} = y_k^{(0)}$ $(\forall k)$, 即 $Tx_0 = y_0$, 又 $x_0 \in l^p$, 所以 $(x_0, y_0) \in G(T)$. 证毕.

例 5.5 设 X 为 Hilbert 空间, $T: X \to X$ 是线性算子, 若

$$(Tx, y) = (x, Ty), \quad x, y \in X, \tag{5.20}$$

则 T 有界.

证 对 $\forall (x, y) \in (G(T))'$, 存在 $(x_n, y_n) \in G(T)$, $y_n = Tx_n$, 使得 $(x_n, y_n) \to (x, y)$. 从 (5.20), 对 $\forall z \in X$, $(y_n, z) = (Tx_n, z) = (x_n, Tz)$. 令 $n \to \infty$, 由内积的连续性, 得

$$(y, z) = (x, Tz).$$

另一方面, 从 (5.20) 有 $(x, Tz) = (Tx, z)$, 于是 $Tx = y$, 即 $(x, y) \in G(T)$. 所以, T 为闭算子, 由闭图像定理, T 有界. 证毕.

习题 8.5

5.1 设 X, Y 为 Banach 空间, 证明: 它们的乘积空间 $Z = X \times Y$ 按范数 (5.16) 也是 Banach 空间.

5.2 设 X 为赋范线性空间, Y 为 Banach 空间, $D(T) \subset X$, $T: D(T) \to Y$ 为线性算子, 若 T 是闭的且有界算子, 证明: $D(T)$ 为 X 的闭子空间.

5.3 设 X, Y 为赋范线性空间, $T: X \to Y$ 为线性算子, 若 T 为闭算子且逆算子 $T^{-1}: Y \to X$ 存在, 证明: T^{-1} 也是闭算子.

5.4 设 X, Y, Z 都是 Banach 空间, 若 $T_1 \in B(X,Z)$, $T_2 \in B(Y,Z)$, 且对 $\forall x \in X$, 算子方程 $T_1 x = T_2 y$ 都有唯一解 $y = Tx$, 证明: $T \in B(X,Y)$.

5.5 设 X, Y 为 Banach 空间, $T \in B(X,Y)$, 若 T 是满单射, 证明: 存在正常数 a, b, 使得对 $\forall x \in X$, 成立

$$a\|x\| \leqslant \|Tx\| \leqslant b\|x\|.$$

5.6 设 X 是 l^∞ 中只有有限多个非零项的序列构成的子空间 (即 $X = c_{00}$). 定义 $T: X \to X$, $x = (x_1, \cdots, x_n, \cdots) \to y = (y_1, \cdots, y_n, \cdots)$, 式中 $y_k = \dfrac{1}{k} x_k$. 证明: $T \in B(X)$ 并计算 $\|T\|$. 但 T^{-1} 无界, 这是否与定理 5.4 矛盾?

5.7 设 X, Y 是 Banach 空间, $T: X \to Y$ 是线性算子, 则

$$T \text{ 有界} \Leftrightarrow \forall x_n \in X, \text{ 当 } x_n \xrightarrow{w} x \text{ 时}, Tx_n \xrightarrow{w} Tx.$$

§6 算子与泛函的延拓

我们将微积分中函数延拓的概念推广到算子与泛函的延拓.

定义 6.1 设 X, Y 为线性空间, 算子 $T: X \to Y$ 的定义域为 $D(T)$, 若存在算子 $\widetilde{T}: X \to Y$, 其定义域为 $D(\widetilde{T})$, 并满足:

(1) $D(T) \subset D(\widetilde{T})$;

(2) 对 $\forall x \in D(T)$, $\widetilde{T}x = Tx$,

则称 $\widetilde{T}$ 是 T 的延拓, T 是 $\widetilde{T}$ 在 $D(T)$ 上的限制. 特别地, 当 $Y = K$ (数域), $T, \widetilde{T}$ 就是泛函, 这时, 我们分别将泛函 $T, \widetilde{T}$ 记为 f, F.

若 $D(T)$ 是 $D(\widetilde{T})$ 的真子集, 则对一个给定的 T, 它可能有很多的延拓, 而其中最有意义的则是要 $\widetilde{T}$ 保留 T 的某些性质. 例如 T 为线性算子时, $\widetilde{T}$ 也要为线性算子, 当 X, Y 为赋范线性空间时, T 有界, 也要求 $\widetilde{T}$ 有界并保持和 T 相同的范数. 自然要问, 在什么条件下才能得到这些结论? 特别是当讨论赋范线性空间 X 的共轭空间 X^* 时, 线性泛函 f 的定义域 $D(f) = X$, 当 $X \neq \{0\}$ 时, 是否在 X 上一定存在非零的有界线性泛函? 定义在 X 的子空间 A 上的有界线性泛函 f 能不能延拓到整个 X 上? 当 X 是有限维时, 我们在 §1 定理 1.11 已回答了这一问题, 当 X 是无限维时, 就需要本节的延拓定理才能回答.

定理 6.1 设 X 是赋范线性空间, Y 是 Banach 空间, A 是 X 的稠密子空间, 即 $\overline{A} = X$, $T \in B(A,Y)$, 则 T 必可保范延拓成 $\widetilde{T} \in B(X,Y)$.

证 对 $\forall x \in X$, 由 $X = \overline{A}$, 存在 $\{x_k\} \subset A$, 使得 $x_k \to x (k \to \infty)$, 从而 $\{x_k\}$ 为 X 中 Cauchy 列. 再从

$$\|Tx_m - Tx_n\| \leqslant \|T\|\|x_m - x_n\|$$

知, $\{Tx_k\}$ 为 Y 中 Cauchy 列, 由 Y 的完备性, $\{Tx_k\}$ 收敛, 设 $\lim\limits_{k\to\infty} Tx_k = y$, 定义算子 $\widetilde{T}: X \to Y, x \mapsto y$. $\widetilde{T}$ 的定义与 $\{x_k\}$ 的选取无关, 这是因为若 $z_n \to x$, 则 $\|z_k - x_k\| \leqslant \|z_k - x\| + \|x - x_k\| \to 0$, 由 T 的连续性, $\|Tx_k - Tz_k\| \to 0\ (k \to \infty)$, 即 Tx_k 与 Tz_k 有相同的极限. 注意到从极限的线性得出 $\widetilde{T}$ 的线性, 并且对 $\forall x \in A, \widetilde{T}x = Tx$. 所以, $\widetilde{T}$ 是 T 的延拓, 再从

$$\|Tx_k\| \leqslant \|T\|\|x_k\|,$$

令 $k \to \infty$, 由范数的连续性, 得

$$\|\widetilde{T}x\| \leqslant \|T\|\|x\|,$$

于是 $\widetilde{T}$ 有界, 且 $\|\widetilde{T}\| \leqslant \|T\|$.

另一方面, 延拓时算子的范数不会减少, 这是因为从 $D(T) \subset D(\widetilde{T})$, 得

$$\|\widetilde{T}\| = \sup_{\substack{\|x\|=1 \\ x\in D(\widetilde{T})}} \|\widetilde{T}x\| \geqslant \sup_{\substack{\|x\|=1 \\ x\in D(T)}} \|Tx\| = \|T\|. \tag{6.1}$$

所以, $\|\widetilde{T}\| = \|T\|$. 由 $\widetilde{T}$ 的连续性和 A 在 X 中稠密易知这种延拓还是唯一的. 证毕.

注 6.1 定理 6.1 表明, 在 Y 完备的条件下, $T: D(T) \subset X \to Y$ 是有界线性算子时, T 总可唯一地保范延拓到 $\overline{D(T)}$ 上去, 但若 $\overline{D(T)}$ 是 X 的真子空间, T 是否仍能保范延拓到整个 X 上去? 在一般情况下这是不可能的, 而对于有界线性泛函, 下述的延拓定理作出了肯定的回答.

一、线性空间上线性泛函的延拓

定理 6.2 (Hahn–Banach 泛函延拓定理) 设 X 是实线性空间, 次线性泛函 $p: X \to \mathbf{R}^1$ 满足:

(1) 次可加性: $p(x+y) \leqslant p(x) + p(y),\ x, y \in X$;

(2) 正齐性: $p(\alpha x) = \alpha p(x),\ x \in X,\ \alpha \geqslant 0$.

又设 A 是 X 的线性子空间, f 是 A 上的线性泛函, 若

$$f(x) \leqslant p(x), \quad x \in A, \tag{6.2}$$

则必存在 X 上实线性泛函 F, 满足:

(1) $F(x) \leqslant p(x),\ x \in X$ (受 p 控条件), (6.3)

(2) $F(x) = f(x),\ x \in A$ (延拓条件). (6.4)

证明思路 设 A 是 X 的真子集, 则对 $\forall x_1 \in X - A$, 令 $A_1 = \{z : z = x + \alpha x_1, x \in A, \alpha \in \mathbf{R}^1\}$, 即 A_1 是由 x_1 与 A 张成的子空间, 可记为 $A_1 =$

span$\{A, x_1\}$. 对 $\forall x, y \in A$,

$$\begin{aligned} f(x)+f(y) &= f(x+y) \leqslant p(x+y) \\ &= p((x-x_1)+(x_1+y)) \leqslant p(x-x_1)+p(x_1+y), \end{aligned}$$

即 $f(x)-p(x-x_1) \leqslant p(y+x_1)-f(y)$. 令

$$m = \sup_{x \in A}\{f(x)-p(x-x_1)\},$$

$$M = \inf_{y \in A}\{p(y+x_1)-f(y)\},$$

则 $m \leqslant M$, 于是存在常数 c 满足 $m \leqslant c \leqslant M$. 从而

$$f(x)-p(x-x_1) \leqslant c \leqslant p(y+x_1)-f(y).$$

在 A_1 上定义泛函 f_1: $f_1(z)=f(x)+\alpha c$, 式中 $z=x+\alpha x_1$, $x \in A$, $\alpha \in \mathbf{R}^1$, 于是 $z \in A_1$. 从而

$$f_1(z) \leqslant p(z), \quad z \in A_1,$$

而且

$$f_1(x)=f(x), \quad x \in A.$$

事实上, (1) 若 $\alpha=0$, 则 $z=x$, $f_1(z)=f(x) \leqslant p(x)$.

(2) 若 $\alpha>0$, 则从 $x \in A$ 可推出 $y=\dfrac{1}{\alpha}x \in A$. 于是

$$c \leqslant p(y+x_1)-f(y)=p\left(\frac{x}{\alpha}+x_1\right)-f\left(\frac{x}{\alpha}\right),$$

两边乘以 α, 得到 $\alpha c \leqslant p(\alpha x_1+x)-f(x)$, 即

$$f_1(z)=f(x)+\alpha c \leqslant p(\alpha x_1+x)=p(z).$$

(3) 若 $\alpha<0$, 则从 $x \in A$ 可推出 $-\dfrac{x}{\alpha} \in A$. 于是从 $f(x)-p(x-x_1) \leqslant c$, $\forall x \in A$, 可推出

$$f\left(-\frac{x}{\alpha}\right)-p\left(-\frac{x}{\alpha}-x_1\right) \leqslant c.$$

上式两边乘以 $(-\alpha)>0$, 并化简得

$$f(x)-p(x+\alpha x_1) \leqslant -\alpha c,$$

即

$$f_1(z)=f(x)+\alpha c \leqslant p(x+\alpha x_1)=p(z).$$

总之, $\forall \alpha \in \mathbf{R}^1$, $\forall z \in A$, $f_1(z) \leqslant p(z)$.

这表明, A 上的线性泛函 f 延拓到 A_1 上得到 f_1, 并满足定理的结论, 若 $X = A_1$, 则证明结束, 若 $A_1 \neq X$, 则取 $x_2 \in X - A_1$, 重复上述论证, 就可得到 f_1 延拓到 $A_2 = \mathrm{span}\{A_1, x_2\}$ 上的线性泛函 f_2, 如此下去, 得到递增子空间列 $\{A_n\}$, f_n 是 f 延拓到 A_n 上的线性泛函. 若 $X = \bigcup\limits_{n=1}^{\infty} A_n$, 用数学归纳法即可完成证明; 否则就要用 Zorn 引理, 见本章 §8.

对于复线性空间 X, 若 φ 是 X 上实线性泛函, 则 $f(x) = \varphi(x) - \mathrm{i}\varphi(\mathrm{i}x)$ 就是 X 上复线性泛函. 所以, 对定理 6.2 作适当修改后就可推广到复线性空间, 即

定理 6.3 设 X 是数域 K (实数域或复数域) 上线性空间, 泛函 $p: X \to \mathbf{R}^1$ 满足

(1) 次可加性: $p(x+y) \leqslant p(x) + p(y)$, $x, y \in X$;

(2) 齐性: $p(\alpha x) = |\alpha| p(x)$, $\alpha \in K$, $x \in X$.

又设 A 是 X 的复线性子空间, f 是 A 上的线性泛函, 若 $|f(x)| \leqslant p(x)$, $x \in A$, 则必存在 X 上线性泛函 F, 满足:

(1) $|F(x)| \leqslant p(x)$, $x \in X$;

(2) $F(x) = f(x)$, $x \in A$.

注 6.2 当 X 是复线性空间时, 定理 6.3 中 A 不能改为实线性子空间, 否则定理不成立. 1938 年, Bohnenblust–Sobczyk 指出, 在任何无限维复 Banach 空间中, 总存在其内一实线性子空间, 使得其上有一个有界复线性泛函不能保范延拓到全空间 X.

评注: Hahn–Banach 延拓定理还可推广为: 设 X 是复线性空间, A 是 X 的线性子空间. p 是 X 上的半范数, 若 f 是 A 上的复线性泛函, 而且 $|f(x)| \leqslant p(x) (\forall x \in A)$, 则存在 X 上的线性泛函 F, 使得

(1) $|F(x)| \leqslant p(x)$, $\forall x \in X$;

(2) $F(x) = f(x)$, $\forall x \in A$.

特别地, 若 f 在 A 上连续, 则 F 在 X 上连续, 而且 $\|F\| = \|f\|$. 这时, 我们称 F 是 f 的保范线性延拓.

若 $A \subset X$, 超平面 $E = \{x \in X : f(x) = a\}$ 的两侧记为 $E_+ = \{x \in X : f(x) \geqslant a\}$, $E_- = \{x \in X : f(x) \leqslant a\}$. 若 $A \subset E_-$ 或 $A \subset E_+$, 则称 A 在 E 的一侧. 若 $A, B \subset X$, A, B 分别属于 E 的两侧, 则称 A, B 被超平面 E 隔离.

隔离定理 设 X 是 (实或复) 赋范线性空间, A, B 是 X 中非空凸集, $A \cap B = \varnothing$. 若 A 为紧集, B 为闭集, 则存在 $f \in X^*$ 和实数 $\alpha, \beta, \alpha < \beta$, 使得

$$A \subset \{x \in X : \mathrm{Re}\, f(x) \leqslant \alpha\}; \quad B \subset \{x \in X : \mathrm{Re}\, f(x) \geqslant \beta\}.$$

定理 6.4 设 X 是线性空间, 若 $X \neq \{0\}$, 则在 X 上必存在非零线性泛函.

证 若 X 为实线性空间, 对 $\forall x_0 \in X - \{0\}$, 令 $A = \text{span}\{x_0\}$, 任取非零实数 c, 作 A 上的泛函 $f : \alpha x_0 \mapsto \alpha c$, 则 f 就是 A 上非零线性泛函. 由定理 6.2 (去除其中受 p 控条件), f 必可延拓成 X 上的非零线性泛函 F. 若 X 为复线性空间, 则可用定理 6.3 作类似讨论. 证毕.

评注: 在定理 6.4 的条件下, 不一定存在非零的有界线性泛函.

二、赋范线性空间上有界线性泛函的延拓

定理 6.5 设 X 是赋范线性空间, A 是 X 的线性子空间, 则 A 上任一有界线性泛函 f 都可保范延拓成全空间 X 上的有界线性泛函 F, 即存在 X 上的有界线性泛函 F, 满足:

(1) 对 $\forall x \in A$, $F(x) = f(x)$; (延拓条件)

(2) $\|F\| = \|f\|$, (保范条件) (6.5)

式中 $\|F\| = \sup\{|F(x)| : x \in X, \|x\| = 1\}$,

$$\|f\| = \sup\{|f(x)| : x \in A, \|x\| = 1\}.$$

证 不妨设 $A \neq \{0\}$. 令

$$p(x) = \|f\|\|x\|, \quad x \in X, \tag{6.6}$$

则对 $\forall x \in A$, $|f(x)| \leqslant \|f\|\|x\| = p(x)$, 而且 $p(x)$ 还满足次可加性和齐性. 由定理 6.3, 存在 X 上线性泛函 F, 满足:

(1) 对 $\forall x \in A$, $F(x) = f(x)$;

(2) 对 $\forall x \in X$, $|F(x)| \leqslant p(x) = \|f\|\|x\|$,

从而

$$\|F\| = \sup\{|F(x)| : x \in X, \|x\| = 1\} \leqslant \|f\|.$$

另一方面, (6.1) 对泛函也成立, 即 $\|F\| \geqslant \|f\|$. 于是 $\|F\| = \|f\|$. 证毕.

注 6.3 从定理 6.2 的证明过程可知满足 $m \leqslant c \leqslant M$ 的常数 c 不是唯一的, 所以定理 6.2、6.3 和 6.5 中的延拓一般不是唯一的.

例 6.1 在 E_2 中定义范数为

$$\|x\| = |x_1| + |x_2|, \quad x = (x_1, x_2) \in E_2, \quad x_k \in \mathbf{R}^1.$$

令 $A = \{(x_1, 0) : x_1 \in \mathbf{R}^1\}$, 定义泛函 $f : A \to \mathbf{R}^1$, $(x_1, 0) \mapsto x_1$. 则 $f \in A^*$, 且 $\|f\| = 1$.

事实上, 可以取 $x = (x_1, 0)$, $y = (y_1, 0)$, 则

$$f(\alpha x + \beta y) = f(\alpha x_1 + \beta y_1, 0) = \alpha x_1 + \beta y_1 = \alpha f(x) + \beta f(y),$$

这表明 f 是线性泛函. $|f(x)|=|f(x_1,0)|=|x_1|\leqslant|x_1|+|0|=\|x\|$, 从而

$$\|f\|=\sup_{\|x\|=1}|f(x)|\leqslant 1.$$

为证反向不等式, 取 $x_1=1$, $x_0=(x_1,0)=(1,0)$, 则 $\|x_0\|=1+0=1$, 从而

$$\|f\|=\sup_{\|x\|=1}|f(x)|\geqslant|f(x_0)|=|f(1,0)|=1.$$

这就证明了 $\|f\|=1$.

对 $\forall\alpha\in\mathbf{R}^1$, 在 E_2 上定义线性泛函:

$$F(x)=x_1+\alpha x_2,\quad x=(x_1,x_2)\in E_2,$$

因为

$$|F(x)|=|x_1+\alpha x_2|\leqslant\max\{1,|\alpha|\}(|x_1|+|x_2|)=\max\{1,|\alpha|\}\|x\|,$$

所以, 对任何满足 $|\alpha|\leqslant 1$ 的 α, F 都是 f 的保范延拓, 即 $F\in E_2^*$, $\|F\|=1$.

例 6.2 在有界实数列空间 l^∞ 上存在线性泛函 f, 使得对 $\forall x=(x_1,x_2,\cdots,x_n,\cdots)\in l^\infty$, 有

(1) $\liminf\limits_{n\to\infty}x_n\leqslant f(x)\leqslant\limsup\limits_{n\to\infty}x_n$;

(2) 若 $\lim\limits_{n\to\infty}x_n$ 存在, 则 $f(x)=\lim\limits_{n\to\infty}x_n$.

证 在 l^∞ 上定义泛函 $p(x)$ 如下:

$$p(x)=\limsup_{n\to\infty}x_n,$$

式中 $x=(x_1,\cdots,x_n,\cdots)\in l^\infty$, 若 $y=(y_1,\cdots,y_n,\cdots)\in l^\infty$, 则

$$p(x+y)=\limsup_{n\to\infty}(x_n+y_n)\leqslant\limsup_{n\to\infty}x_n+\limsup_{n\to\infty}y_n=p(x)+p(y),$$

且对 $\forall\alpha\geqslant 0$, 有 $p(\alpha x)=\alpha p(x)$. 根据定理 6.2 (取 $A=\{0\}$), 必存在 l^∞ 上的线性泛函 f, 使得对 $\forall x\in l^\infty$, 有

$$f(x)\leqslant p(x)=\limsup_{n\to\infty}x_n.$$

另一方面, 从 $f(-x)\leqslant p(-x)$, 得到

$$f(x)=-f(-x)\geqslant -p(-x)=-\limsup_{n\to\infty}(-x_n)=\liminf_{n\to\infty}x_n.$$

于是 (1) 得证, 而 (2) 则是 (1) 的直接推论. 证毕. (注: (1) 中的 f 称为 x 的 Banach 极限, 或广义极限.)

定理 6.6 设 A 是 $(X, \|\cdot\|)$ 的闭子空间, $x_0 \notin A$, 则 $y \in A$ 是 x_0 关于 A 的最佳逼近元的充要条件是存在 $f \in X^*$, 满足:

(1) $f(x) = 0, \forall x \in A$, 即 $N(f) = A$;

(2) $\|f\| = 1$;

(3) $f(x_0) = \|x_0 - y\| > 0$. (6.7)

证 "$\Rightarrow$": 设 y 是 x_0 关于 A 的最佳逼近元, 即 (见第七章 §3 的 (3.16) 式)

$$\|x_0 - y\| = \inf\{\|x_0 - z\| : z \in A\} \stackrel{\text{def}}{=} d. \tag{6.8}$$

由 A 的闭性知 $d > 0$. 令 $A_1 = \operatorname{span}\{A, x_0\}$, 则对 $\forall x_1 \in A_1$, $x_1 = z + \alpha x_0$, 式中 $z \in A$, $\alpha \in K$. 定义泛函 $f_0 : A_1 \to K$, $x_1 \mapsto \alpha d$, 则 $f_0 \in A_1^*$, 且满足 (1) 和 (3). 下面证 $\|f_0\| = 1$. 对 $\forall x_1 \in A_1$, 注意到 $z \in A \Rightarrow \left(-\dfrac{1}{\alpha}\right) z \in A$, 从而 $|f_0(x_1)| = |\alpha| d \leqslant |\alpha| \cdot \left\|x_0 - \left(-\dfrac{1}{\alpha}\right) z\right\| = \|\alpha x_0 + z\| = \|x_1\|$, 于是 $\|f_0\| \leqslant 1$. 另一方面, $\forall n \in \mathbf{N}$, 由 $d = \inf\{\|x_0 - z\| : z \in A\}$, 存在 $z_n \in A$, 使得 $\|x_0 - z_n\| < d + \dfrac{1}{n}$, 从而

$$|f_0(x_0)| = |f_0(x_0 - z_n)| \leqslant \|f_0\| \|x_0 - z_n\| \leqslant \|f_0\| \left(d + \frac{1}{n}\right),$$

令 $n \to \infty$, 得 $d = |f_0(x_0)| \leqslant \|f_0\| d$, 又 $d > 0$, 所以 $\|f_0\| \geqslant 1$. 于是, $\|f_0\| = 1$. 由定理 6.5, f_0 可保范线性延拓成 $f \in X^*$, 且满足:

(1) 对 $\forall x \in A$, $f(x) = f_0(x) = 0$;

(2) $f(x_0) = f_0(x_0) = d$;

(3) $\|f\| = \|f_0\| = 1$.

"$\Leftarrow$": 设 $f \in X^*$ 满足定理的条件, 则对于 $\forall z \in A$, 成立

$$\|x_0 - y\| = |f(x_0)| = |f(x_0 - z)| \leqslant \|x_0 - z\|.$$

从而 $\|x_0 - y\| = \inf\{\|x_0 - z\| : z \in A\}$. 证毕.

从定理 6.6 的证明过程可看出, 设 A 为闭集, 只是为了保证 (6.8) 式中 $d > 0$, 所以, 我们可以直接得出如下推论:

推论 6.7 设 A 是 $(X, \|\cdot\|)$ 的子空间, $x_0 \in X$, $d(x_0, A) = \inf\{\|x_0 - z\| : z \in A\} = d > 0$, 则存在 $f \in X^*$, 满足:

(1) $f(x) = 0, \forall x \in A$, 即 $N(f) = A$;

(2) $\|f\| = 1$;

(3) $f(x_0) = d$.

在推论 6.7 中, 取 $A = \{0\}$, 又得到

推论 6.8 设 $(X,\|\cdot\|)$ 是赋范线性空间, 则对 X 中所有非零元 x_0, 都存在 $f\in X^*$, 使得 $\|f\|=1$, 并且 $f(x_0)=\|x_0\|$.

推论 6.8 表明, 在任何非零的赋范线性空间 X 上, 都存在非零的有界线性泛函. 该推论还给出 $(X,\|\cdot\|)$ 中零元的判别方法, 即

$$x_0=0\Leftrightarrow \forall f\in X^*, f(x_0)=0.$$

习题 8.6

6.1 设 X 为赋范线性空间, $x,y\in X$, 若对 $\forall f\in X^*$, 有 $f(x)=f(y)$, 证明: $x=y$. (**评注**: 与之等价的逆否命题是: 若 $x\neq y$, 则 $\exists f\in X^*$, 使得 $f(x)\neq f(y)$, 这一结果称为 X^* 的分离性质.)

6.2 设 X 为赋范线性空间, 则对 $\forall x_0\in X$, 成立关于 X 与 X^* 的范数的逆公式:

$$\|x_0\|=\sup\{|f(x_0)|:f\in X^*,\|f\|=1\}.$$

6.3 (Helly 矩量定理) 设 $\{x_k\}$ 是 $(X,\|\cdot\|)$ 中线性无关元, $\{\alpha_k\}\subset K$. 证明: 存在 $f\in X^*$, 满足

(1) $f(x_k)=\alpha_k, k=1,\cdots,n$;

(2) $\|f\|\leqslant M$ 的充要条件是: 对 $\forall\{\beta_k\}\subset K$, 有

$$\left|\sum_{k=1}^{n}\alpha_k\beta_k\right|\leqslant M\|\sum_{k=1}^{n}\beta_k x_k\|.$$

6.4 设 $(X,\|\cdot\|)$ 是无限维的赋范线性空间, 证明: X^* 也是无限维的.

6.5 设 F 是赋范线性空间 $(X,\|\cdot\|)$ 的闭子空间, 若 $x_n\in F, x_n\xrightarrow{w}x_0$, 证明: $x_0\in F$.

6.6 设 $(X,\|\cdot\|)$ 是数域 K 上的赋范线性空间, $B=\{x\in X:\|x\|\leqslant 1\}$. 若 $f_0:B\to K$ 满足

$$f_0(\alpha x+y)=\alpha f_0(x)+f_0(y), x,y,\alpha x+y\in B,\alpha\in K,$$

则 f_0 可唯一地延拓到 X 上的线性泛函 f, 而且 f 有界 (连续) $\Leftrightarrow$ f_0 有界 (连续).

§7 共轭空间与共轭算子, 商空间

一、共轭空间的基本性质

我们在 §2 中已知 $(X,\|\cdot\|)$ 的共轭空间 $X^*=B(X,K)$, 当 $(X,\|\cdot\|)$ 为赋范线性空间时, X^* 总是 Banach 空间, 从 §6 推论 6.8, 当 X 有非零元时, X^* 中

必有非零元, 从而 X^{**} 也是非零的 Banach 空间. 下面利用 §3–§6 的基本结果来回答 §2 中遗留的问题, 即 X^*, X^{**} 与 X 有什么关系等.

定理 7.1 任何赋范线性空间 $(X, \|\cdot\|)$ 都与 X^{**} 的一个子空间保范线性同构, 在保范线性同构的意义下, 可记为

$$X \subset X^{**}. \tag{7.1}$$

即对 $\forall x \in X$, 在 X^* 上定义泛函 F_x:

$$F_x(f) = f(x) \quad (x \text{ 固定}, \forall f \in X^*), \tag{7.2}$$

则 $F_x \in (X^*)^* = X^{**}$, 且

$$\|F_x\| = \|x\|. \tag{7.3}$$

证 (1) F_x 是线性的: $\forall f, g \in X^*, \alpha, \beta \in K$,

$$F_x(\alpha f + \beta g) = (\alpha f + \beta g)(x) = \alpha f(x) + \beta g(x) = \alpha F_x(f) + \beta F_x(g).$$

(2) 由习题 6.2 (泛函延拓定理的推论), 对 $\forall f \in X^*$, 有

$$\|F_x\| = \sup_{\|f\|=1} |F_x(f)| = \sup_{\|f\|=1} |f(x)| = \|x\|.$$

于是, 可定义映射 $\tau : X \to X^{**}$, $x \mapsto F_x$. 它的像集 $\tau(X) = \{F_x : x \in X\} \subset X^{**}$. 从 (2) 知, τ 是 X 到 $\tau(X)$ 上的保范同构映射. τ 是线性的: 对 $\forall x_1, x_2 \in X$, $\alpha, \beta \in K$, 令 $z = \alpha x_1 + \beta x_2$, 则对 $\forall f \in X^*$,

$$\begin{aligned}\tau(z)(f) &= F_z(f) = f(z) = f(\alpha x_1 + \beta x_2)\\ &= \alpha f(x_1) + \beta f(x_2) = (\alpha\tau(x_1) + \beta\tau(x_2))(f).\end{aligned}$$

再从 $x_1 \neq x_2$, $\|F_{x_1} - F_{x_2}\| = \|F_{(x_1-x_2)}\| = \|x_1 - x_2\|$ 知, τ 还是单射. 所以 X 与 X^{**} 的一个子空间 $\tau(X)$ 保范线性同构. 这时, 将 X 与 $\tau(X)$ 视为同一, 即 X 中的每个元素 x 可看成与 X^* 上的线性泛函 F_x 一样, 在这种意义下, X 可看成 X^{**} 的子空间, 记为 $X \subset X^{**}$. 证毕.

定义 7.1 在定理 7.1 的证明中定义的映射 τ:

$$\tau : X \to X^{**}, \quad x \mapsto F_x \tag{7.4}$$

(式中 F_x 由 (7.2) 式确定) 称为 (自然) **嵌入映射** (或**典则映射**). 特别地, 若 τ 还是满射, 即 $\tau(X) = X^{**}$, 则称 X 为**自反空间**. 由于 $\tau(X)$ 与 X 不加区别, 所以, 通常记为

$$X = X^{**}. \tag{7.5}$$

我们在 §3 中又已知, 若

$$X = X^*, \tag{7.6}$$

则称 X 是自共轭空间. 因此, 若

$$X = X^* = X^{**}, \tag{7.7}$$

则称 X 是自共轭的自反空间.

方框图 8–2: X^*, X^{**} 与 X 的关系

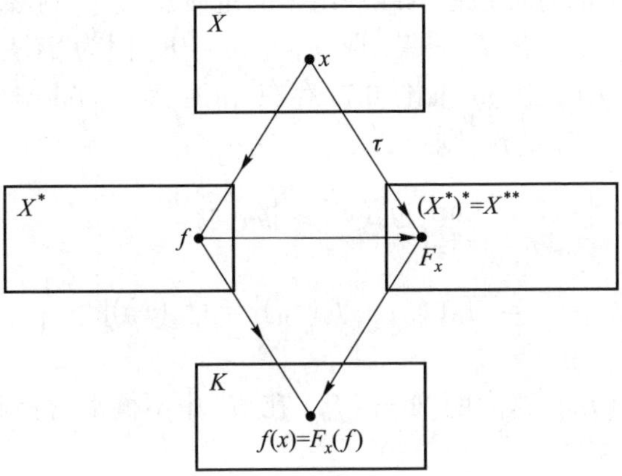

评注: 嵌入映射 $\tau: X \to X^{**}$, $x \mapsto F_x$, 于是 $\tau x = F_x \Rightarrow (\tau x)(f) = F_x(f)$, $\tau(X) \subset X^{**}$.

将 $\tau(X)$ 与 X 同一化 (即 F_x 与 x 同一化), 记为 $X \subset X^{**}$. 若嵌入映射 τ 还是满射, 即 $X = X^{**}$, 称 X 为自反空间. 再定义 F_x: $X^* \to K$, $f \mapsto f(x)$, $x \in X$, 于是 $F_x(f) = f(x)$, 所以 $(\tau x)(f) = f(x) = F_x(f)$.

要证 τ 为嵌入映射, 关键是要证明 $F_x(f) = f(x)$.

注 7.1 我们再三强调指出, (7.5)–(7.7) 都应在嵌入映射 (即等距线性同构) 的意义下来理解, 在这种意义下, X 中每个 x 都对应于 X^* 上的一个泛函 F_x, 于是, 我们又可得到一个赋范线性空间完备化的方法.

从 (7.5) 式, 我们直接得出下述

定理 7.2 设 X 为自反空间, 则 X 必为 Banach 空间.

应注意的是, 上述逆命题不成立, 即 Banach 空间不一定是自反的. 例如, 序列空间 l^1, $L^1(E)$ $(0 < \mu(E) < \infty)$ 是 Banach 空间, 但不是自反的. (其证明见下述例 7.1).

评注: X 是 Banach 空间 $+X$ 一致凸 $\Rightarrow$ X 自反 $\Rightarrow$ X 与 X^{**} 等距同构. 因为等距同构映射不一定是嵌入映射, 所以, X 与 X^{**} 等距同构时, X 不一定

是自反的.

定理 7.3 设 $(X, \|\cdot\|)$ 为赋范线性空间, 若 X^* 可分, 则 X 也可分.

证 取 X^* 的单位球面 $S^* = \{f \in X^* : \|f\| = 1\}$. 由 X^* 可分, S^* 也可分. 于是 S^* 中存在可数的稠密子集 $A = \{f_k\}$. 对 $\forall n$,

$$\|f_n\| = \sup_{\|x\|=1} |f_n(x)| = 1,$$

从而存在 $x_n \in X$, $\|x_n\| = 1$, 使得 $|f_n(x_n)| > \frac{1}{2}$. 令 $E = \overline{\text{span}\{x_n\}}$, 因为 $\{x_n\}$ 中任意有限个向量的有理系数的线性组合的全体在 E 中稠密, 所以, E 是可分的, 下面证明 $E = X$. 若 $E \neq X$, 取 $x_0 \in X - E$, 因为 E 是 X 的闭子空间, 则 $d = d(x_0, E) > 0$. 由 §6 推论 6.7, 存在 $f_0 \in X^*$, $\|f_0\| = 1$, 且对 $\forall x \in E$, $f_0(x) = 0$. 令 $g_n = f_n - f_0$, 则

$$\begin{aligned}\|g_n\| &= \sup_{\|x\|=1} |g_n(x)| \geqslant |g_n(x_n)| \\ &= |f_n(x_n) - f_0(x_n)| = |f_n(x_n)| > \frac{1}{2},\end{aligned}$$

即 $\|f_n - f_0\| > \frac{1}{2}(\forall n)$, 这表明 $A = \{f_n\}$ 在 S^* 中不稠密, 得到矛盾, 所以 X 可分. 证毕.

定理 7.3 启发我们可以用 X^* 的性质去研究原来的 X 的某些性质. 又如, 我们可以证明, 当 X 为 Banach 空间时, X 自反的充要条件是 X^* 自反.

更确切的提法是下面的定理 7.4:

定理 7.4 X 为自反空间的充要条件是 X 为 Banach 空间且 X^* 自反.

证 必要性: 设 X 自反, 由定理 7.2, X 是 Banach 空间, 下面证 X^* 自反. 因为 X 自反, 故存在嵌入映射 $\tau_1 : X \to X^{**}, x \mapsto F_x$, 使得对 $\forall f \in X^*$, 有

$$F_x(f) = f(x).$$

作嵌入映射 $\tau_2 : X^* \to (X^*)^{**}$, $f \mapsto g$, $\forall g \in (X^*)^{**}$, 令 $f = g(\tau_1)$, 则 $f \in X^*$, 于是对 $\forall F_x \in X^{**}$, $g(F_x) = g(\tau_1 x) = (g\tau_1)(x) = f(x) = F_x(f) = (\tau_2 f)(F_x)$, 由 F_x 的任意性, 知 $\tau_2 f = g$, 所以, τ_2 是满射. 这表明 X^* 是自反的.

充分性: 设 X 为 Banach 空间, 且 X^* 自反, 要证 X 自反, 用反证法. 设 X 不是自反的, 则 $\tau(X) = X_0$ 是 X^{**} 的真闭子空间, 由定理 6.6, 存在 $g \in (X^{**})^* - X_0$, 使得对 $\forall F_x \in X_0$, 有 $g(F_x) = 0$, 而且 $\|g\| = 1$. 又因为 X^* 自反, 所以, 存在嵌入映射 $\tau_2 : X^* \to (X^*)^{**}$, $f \mapsto g$, 使得

$$\|f\| = \|g\| = 1. \tag{7.8}$$

而且对 $\forall F_x \in X^{**}$, $g(F_x) = F_x(f)$. 另一方面, 对 $\forall x \in X$, $f(x) = F_x(f) = g(F_x) = 0$, 所以 $f = 0 \in X^*$, 从而 $\|f\| = 0$ 与 (7.8) 矛盾. 证毕.

定理 7.5 设 X 为自反空间, A 为 X 的闭子空间, 则 A 自反.

证 作嵌入映射 $\tau : A \to A^{**}$. 对 $\forall f \in X^*$, $\forall g \in A^{**}$, 用 $f|_A$ 表示 f 在 A 上的限制, 并令

$$F_x(f) = g(f|_A), \tag{7.9}$$

则 $F_x \in X^{**}$, 于是 $\exists x \in X$, 使得 $\tau(x) = F_x$. 下面证 $x \in A$, 用反证法. 若 $x \notin A$, 因为 A 为闭集, 由定理 6.6, 存在 $f_0 \in X^*$, 使得 $f_0(x) > 0$, 而且对 $\forall y \in A$, $f_0(y) = 0$. 另一方面, $f_0(x) = F_x(f_0) = g(f_0|_A) = 0$, 得到矛盾, 所以 $x \in A$. 于是对 $\forall h \in A^*$, h 可延拓为 X 上有界线性泛函 f, 使得 $f|_A = h$. 从而由 (7.9), 有

$$g(h) = F_x(f) = f(x) = h(x).$$

所以 τ 是满射. 从而, A 是自反的. 证毕.

定理 7.6 设 $(X, \|\cdot\|)$ 为赋范线性空间, 则以下命题等价:

(1) X 自反;

(2) X 中任一有界点列都含有弱收敛的子列;

(3) X 中的单位闭球 $\tilde{B}(0,1)$ 是序列弱紧集, 即 $\tilde{B}(0,1)$ 中任一无穷点列都有弱收敛于 $\tilde{B}(0,1)$ 中点的子列;

(4) 对于 $\forall f \in X^*$, $f \neq 0$, $\exists x \in X$, 使得 $\|x\| = 1$, 而且 $f(x) = \|f\|$.

证明见 [30] PP. 139–140.

注 7.2 设 X 为 Banach 空间, $A \subset X$. 若 $\exists \{x_n\} \subset A$, 使得

$$\lim_{n\to\infty} f(x_n) = f(x_0), \quad \forall f \in X^*,$$

则必有 $x_0 \in A$, 称 A 为弱序列闭集.

Banach 空间中每个凸闭集都是弱序列闭集, 其证明见 [26] PP. 118–119.

推论 7.7 设 X 是自反空间, A 是 X 中任一闭凸子集, 则对 $\forall x \notin A$, 都存在最佳逼近元 $y_0 \in A$, 即

$$\|x - y_0\| = \inf\{\|x - y\| : y \in A\}. \tag{7.10}$$

证 取 $y_n \in A$, 使得

$$\lim_{n\to\infty} \|x - y_n\| = \inf\{\|x - y\| : y \in A\}.$$

因为 $\{y_n\}$ 是有界点列, 由定理 7.6, $\{y_n\}$ 中存在弱收敛子列 $y_{n_k} \xrightarrow{w} y_0$, 由注 7.2, $y_0 \in A$, 则对 $\forall f \in X^*$, 若 $\|f\| \leqslant 1$, 有

$$|f(x-y_0)| = \lim_{k\to\infty} |f(x-y_{n_k})| \leqslant \lim_{k\to\infty} \|x-y_{n_k}\|$$
$$= \inf\{\|x-y\| : y\in A\},$$

这说明 $\|x-y_0\| \leqslant \inf\{\|x-y\| : y\in A\}$. 又 $y_0\in A$, 所以, $\|x-y_0\| = \inf\{\|x-y\| : y\in A\}$. 证毕.

例 7.1 设 $0<\mu(E)<\infty$, 则 $L^p(E)$, l^p 当 $1<p<\infty$ 时是自反的, 当 $p=1$ 时不是自反的. $L^2(E)$, l^2, $\mathbf{R}^n$ 还是自共轭的自反空间.

证 (1) 当 $1<p<\infty$ 时, 由 §3,

$$(L^q(E))^* = L^p(E), \quad (L^p(E))^* = L^q(E), \quad \frac{1}{p}+\frac{1}{q}=1.$$

说明 $L^p(E)$ 与 $(L^p(E))^{**}$ 之间存在等距同构映射, 这种映射就是嵌入映射. 事实上, 设 $F\in (L^p(E))^{**}$, $\forall y\in L^q(E)$, 由本章定理 3.4, 存在同构映射

$$T: L^q(E)\to (L^p(E))^*,$$
$$y\mapsto f(x) = \int_E x(t)y(t)\mathrm{d}\mu, \quad x\in L^p(E).$$

令 $F_1(y) = F(Ty)$, $y\in L^q(E)$, 则 $F_1\in (L^q(E))^*$. 于是, 再由本章定理 3.4, 存在唯一的 $x_0\in L^p(E)$, 使得

$$F_1(y) = \int_E y(t)x_0(t)\mathrm{d}\mu, \quad y\in L^q(E).$$

$\forall f\in (L^p(E))^*$, 令 $y = T^{-1}(f)$. 若 $y\in L^q(E)$, 则

$$F(f) = F(Ty) = F_1(y) = \int_E y(t)x_0(t)\mathrm{d}\mu = f(x_0).$$

所以 $L^p(E)$ 自反. 同理 $l^p(1<p<\infty)$ 自反.

$$\big(L^2(E)\big)^* = L^2(E), \quad (l^2)^* = l^2, \quad (\mathbf{R}^n)^* = \mathbf{R}^n.$$

(2) 为证 $L^1(E)$, l^1 不是自反的, 用反证法. 设 l^1 自反, 即 $(l^1)^{**} = l^1$, 由第七章 §4, l^1 可分, 即 $(l^1)^{**}$ 可分, 由定理 7.3, $(l^1)^*$ 也可分. 另一方面, 由 §3 定理 3.2, $(l^1)^* = l^\infty$, 而 l^∞ 不可分, 得到矛盾, 所以, l^1 不是自反的. 同理可证 $L^1(E)$ 也不是自反的. 证毕.

我们在定理 7.2 中已证明, 若 X 为自反空间, 则 X 必为 Banach 空间, 但其逆命题不成立, 例如:

例 7.2 连续函数空间 $X = C[a,b]$ 是 Banach 空间, 但不是自反的.

证 我们用反证法. 设 $X = C[a,b]$ 是自反的, 由定理 8.3, $(C[a,b])^* =$

$BV_0[a,b]$, 设 $a<t<b$, 令

$$g_t(\xi)=\begin{cases}0, & 若\ \xi\in[a,t),\\ 1, & 若\ \xi\in[t,b],\end{cases}$$

则 $g_t\in BV_0[a,b]$, 集 $A=\{g_t:t\in(a,b)\}$ 的基数是 c. 当 $a<t_1<t_2<b$ 时,

$$g_{t_1}(\xi)-g_{t_2}(\xi)=\begin{cases}0, & 若\ \xi\in[a,b]-[t_1,t_2),\\ 1, & 若\ \xi\in[t_1,t_2),\end{cases}$$

则

$$\|g_{t_1}-g_{t_2}\|=V_a^b(g_{t_1}-g_{t_2})=2.$$

设 $E=\{f_\alpha:\alpha\in I\}$ 是 $BV_0[a,b]$ 的任一稠密子集, 则对 $\forall t\in(a,b),\exists\alpha_t\in I$, 使得 $\|f_{\alpha_t}-g_t\|<\dfrac{1}{2}$. 从而对 $\forall t_1,t_2\in(a,b),t_1\neq t_2$, 有

$$\|f_{\alpha_{t_1}}-f_{\alpha_{t_2}}\|\geqslant\|g_{t_1}-g_{t_2}\|-\|f_{\alpha_{t_1}}-g_{t_1}\|-\|f_{\alpha_{t_2}}-g_{t_2}\|>1.$$

这说明 $f_{\alpha_{t_1}}$, $f_{\alpha_{t_2}}$ 是 E 中两个不同的元素, 从而 E 中包含一个子集 $B=\{f_{\alpha_t}:t\in(a,b)\}$, 而 B 的基数是 c, 所以 E 是不可数集, 从而, $BV_0[a,b]$ 是不可分的.

另一方面, 由于我们假设 $C[a,b]$ 是自反的, 即 $(C[a,b])^{**}=C[a,b]$. 于是 $(BV_0[a,b])^*=((C[a,b])^*)^*=C[a,b]$, 由第七章 §4, $C[a,b]$ 是可分的, 即 $(BV_0[a,b])^*$ 是可分的, 由定理 7.3, $BV_0[a,b]$ 也可分, 从而得出矛盾. 证毕.

二、共轭算子

设 X, Y 是赋范线性空间, $T\in B(X,Y)$, 我们先画出下面用到的概念及其关系的方框图:

方框图 8–3: 共轭算子的理解

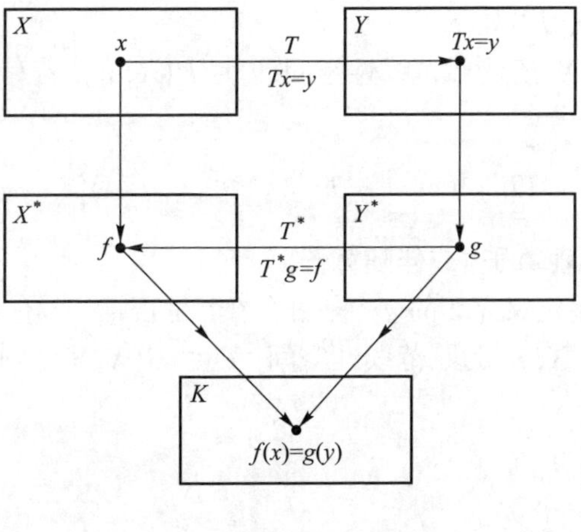

$$(T^*g)(x) = f(x) = g(y) = g(Tx),\ x \in X,\ g \in Y^*$$

$$\downarrow \qquad\qquad \downarrow$$

$$(\text{因为 } f = T^*g) \quad (\text{因为 } y = Tx)$$

T^* 称为 T 的共轭算子.

方框图 8–4: $T^{**}x = y$ 的理解

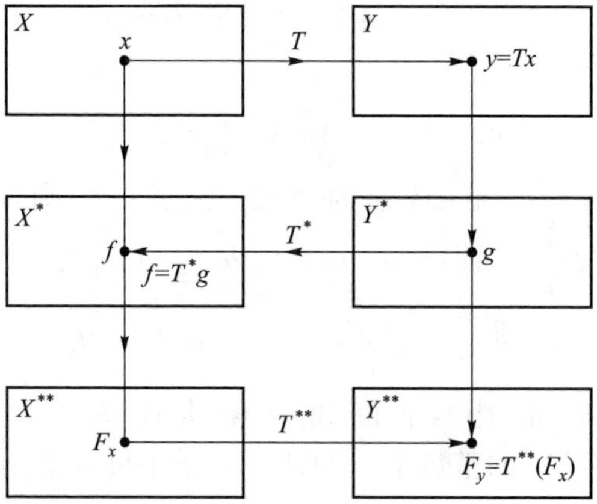

$$T^{**}(F_x) = F_y \xrightarrow{\text{同一化}} T^{**}x = y$$

$$(F_x \text{ 与 } x, F_y \text{ 与 } y \text{ 同一化})$$

设 X, Y 为赋范线性空间, $T \in B(X, Y)$. 任取 $x \in X$, $g \in Y^*$, 当 g, T 固定时, $g(Tx)$ 是定义在 X 上的一个泛函, 记为 f, 即

$$f(x) = g(Tx), \tag{7.11}$$

记 $f = T^*g$, 则 T^* 就是从 Y^* 到 X^* 的算子, 我们称 T^* 是 T 的共轭算子. 于是, 就可以直接定义 T^* 如下:

定义 7.2　设 X, Y 为赋范线性空间, $T \in B(X, Y)$, 若存在算子 $T^* : Y^* \to X^*$, 使得

$$(T^*g)(x) = g(Tx), \forall x \in X, g \in Y^*, \tag{7.12}$$

则 T^* 称为 T 的**共轭算子** (或**伴随算子**).

自然要问, 满足定义 7.2 的 T^* 是否存在? 是否唯一? 有什么性质?

定理 7.8　设 X, Y 为赋范线性空间, $T \in B(X, Y)$, 则存在唯一的 $T^* \in B(Y^*, X^*)$, 且

$$\|T^*\| = \|T\|. \tag{7.13}$$

证 对 $\forall g \in Y^*$, 先证 $f = T^*g \in X^*$. 事实上,

$$f(\alpha x + \beta g) = g(T(\alpha x + \beta y)) = g(\alpha Tx + \beta Ty)$$
$$= \alpha g(Tx) + \beta g(Ty) = \alpha f(x) + \beta f(y),$$
$$|f(x)| = |g(Tx)| \leqslant \|g\|\,\|Tx\| \leqslant \|g\|\,\|T\|\,\|x\|,$$

式中 $\|g\|\,\|T\| < \infty$, 所以, $f = T^*g \in X^*$, 而且

$$\|f\| = \sup_{\|x\|=1} |f(x)| \leqslant \|T\|\,\|g\|,$$

从而

$$\|T^*\| = \sup_{g \neq 0} \frac{\|T^*g\|}{\|g\|} \leqslant \|T\|.$$

对 $\forall g \in Y^*$, 映射 $g \mapsto T^*g$ 是线性的, 且 T^* 由 T 唯一确定 (见 (7.12) 式). 所以 $T^* \in B(Y^*, X^*)$. 剩下只要证

$$\|T^*\| \geqslant \|T\|. \tag{7.14}$$

若 $T = 0$, 则 (7.14) 显然成立, 下面不妨设 $T \neq 0$. 若对 $\forall x \in X$, $Tx \neq 0$, 由泛函延拓定理 (见 §6 推论 6.8), $\exists g \in Y^*$, 使得 $\|g\| = 1$, $g(Tx) = \|Tx\|$. 于是

$$\|Tx\| = g(Tx) = (T^*g)(x) \leqslant \|T^*g\|\,\|x\| \leqslant \|T^*\|\,\|x\|.$$

当 $Tx = 0$ 时, 上式也成立. 所以 $\|T\| \leqslant \|T^*\|$. 从而 $\|T^*\| = \|T\|$. 证毕.

定理 7.9 设 X, Y, Z 是赋范线性空间, $T_1, T_2 \in B(X, Y), T_3 \in B(Y, Z)$, 则

(1) $(\alpha T_1 + \beta T_2)^* = \alpha T_1^* + \beta T_2^*$, $\alpha, \beta \in K$;

(2) $I_{X^*} = (I_X)^*$, 式中 I_X, I_{X^*} 分别表示 X 和 X^* 上的恒等算子;

(3) $(T_3 T_1)^* = T_1^* T_3^*$. (7.15)

证明留给读者.

定理 7.10 设 X, Y 为赋范线性空间, $T \in B(X, Y)$. 若 T 存在有界逆算子 T^{-1}, 则 T^* 也存在有界逆算子 $(T^*)^{-1}$, 而且 $(T^*)^{-1} = (T^{-1})^*$.

证 因为 $T^{-1} \in B(Y, X)$, 由定理 7.8, $(T^{-1})^* \in B(X^*, Y^*)$, 对于 $\forall x \in X, f \in X^*$, 由 (7.12) 式, 有

$$\left(T^*(T^{-1})^*f\right)(x) = \left((T^{-1})^*f\right)(Tx) = f\left(T^{-1}(Tx)\right) = f(x),$$

于是 $T^*(T^{-1})^*f = f$, 从而

$$T^*(T^{-1})^* = I_{X^*}. \tag{7.16}$$

同理, 对于 $\forall y \in Y, g \in Y^*$, 有

$$\left((T^{-1})^*T^*g\right)(y) = (T^*g)(T^{-1}y) = g\left(T(T^{-1}y)\right) = g(y),$$

从而

$$(T^{-1})^*T^* = I_{Y^*}. \tag{7.17}$$

从 (7.16) 和 (7.17) 知, $(T^{-1})^*$ 是 T^* 的逆算子, 即 $(T^*)^{-1} = (T^{-1})^*$. 证毕.

定理 7.11 设 X,Y 是赋范线性空间, $T \in B(X,Y)$, 则当 X,Y 分别自然嵌入 X^{**}, Y^{**} 时, T^{**} 就是 T 在 X^{**} 上的延拓, 而且 $\|T^{**}\| = \|T\|$.

证 因为 $T \in B(X,Y)$, 由定理 7.8, 存在唯一的 $T^* \in B(Y^*,X^*)$, 且 $\|T^*\| = \|T\|$. 再由定理 7.8, T^* 也存在唯一的共轭算子 $(T^*)^* = T^{**}$, 而且 $T^{**} \in B(X^{**},Y^{**})$, $\|T^{**}\| = \|T^*\| = \|T\|$. 下面证 T^{**} 是 T 在 X^{**} 上的延拓. 对于 $\forall x \in X$, 只要证 $T^{**}x = Tx$ (因为 $X \subset X^{**}$). 作自然嵌入 $\tau_1 : X \to X^{**}$, $x \mapsto F_x$ 和 $\tau_2 : Y \to Y^{**}$, $y = Tx \mapsto F_y$. 于是, 对于 $\forall g \in Y^*$, 由 (7.12) 和 (7.2) 式, 有

$$\begin{aligned}(T^{**}F_x)(g) &= F_x(T^*g) = F_x(f) = f(x) = (T^*g)(x)\\ &= g(Tx) = g(y) = F_y(g).\end{aligned}$$

由 $g \in Y^*$ 的任意性, 得到 $T^{**}F_x = F_y$.

分别将 F_x 与 x, F_y 与 y 同一化, 得到 $T^{**}x = Tx$, $x \in X$. 证毕.

例 7.3 设 $A = (a_{kj})$ 是 $m \times n$ (实) 矩阵, E_n 为 n 维线性空间, 记 $X = E_n, Y = E_m$, 通过矩阵 A 定义线性算子 $T : X \to Y, x = (x_1, \cdots, x_n) \mapsto y = (y_1, \cdots, y_m)$, 其中

$$y_k = \sum_{j=1}^{n} a_{kj}x_j, \quad k = 1, \cdots, m. \tag{7.18}$$

A 称为算子 T 的表示, 我们求 T^* 的表示.

设 $\{e_1, \cdots, e_n\}$, $\{e'_1, \cdots, e'_m\}$ 分别是 X,Y 的基. 在 X^* 中可选出一组基 $\{f_1, \cdots, f_n\}$, 使得

$$f_k(e_j) = \delta_{kj} = \begin{cases}1, & k = j,\\ 0, & k \neq j.\end{cases}$$

$\{f_1, \cdots, f_n\}$ 称为 $\{e_1, \cdots, e_n\}$ 的共轭基. 同理, $\{e'_1, \cdots, e'_m\}$ 有共轭基 $\{f'_1, \cdots,$

$f'_m\}$ 满足 $f'_k(e'_j)=\delta_{kj}$. 于是, $x=\sum\limits_{j=1}^{n}x_je_j\in X$, $y=\sum\limits_{j=1}^{m}y_je'_j\in Y$,

$$f_k(x)=f_k\left(\sum_{j=1}^{n}x_je_j\right)=\sum_{j=1}^{n}x_jf_k(e_j)=x_k,\quad f'_k(y)=y_k.$$

对于 $\forall g=(g_1,\cdots,g_m)\in Y^*$, 有 $g=\sum\limits_{k=1}^{m}g_kf'_k$. 从而对 $\forall x=(x_1,\cdots,x_n)\in X$, 由 (7.12) 式, 有

$$\begin{aligned}(T^*g)(x)=g(Tx)&=\left(\sum_{k=1}^{m}g_kf'_k\right)(y)=\left(\sum_{k=1}^{m}g_kf'_k\right)\left(\sum_{j=1}^{m}y_je'_j\right)\\&=\sum_{k=1}^{m}g_ky_k=\sum_{k=1}^{m}g_k\left(\sum_{j=1}^{n}a_{kj}x_j\right)=\sum_{j=1}^{n}\left(\sum_{k=1}^{m}a_{kj}g_k\right)x_j\\&=\sum_{j=1}^{n}h_jx_j=\sum_{j=1}^{n}h_jf_j(x)=\left(\sum_{j=1}^{n}h_jf_j\right)(x),\end{aligned}$$

式中

$$h_j=\sum_{k=1}^{m}a_{kj}g_k. \tag{7.19}$$

由 $x\in X$ 的任意性, 得到

$$T^*g=\sum_{j=1}^{n}h_jf_j=h. \tag{7.20}$$

从 (7.19) 和 (7.20) 得到

$$T^*:Y^*\to X^*,\quad g=(g_1,\cdots,g_m)\mapsto h=(h_1,\cdots,h_n).$$

因此, T^* 的表示就是矩阵 $A=(a_{kj})$ 的转置矩阵 $A^*=(a_{jk})$, A^* 是 $n\times m$ 矩阵, 它是将 A 中的行、列互换得到的.

例 7.4 设 E 是 $\mathbf{R}^n$ 中可测集, $K(x,y)$ 是 $E\times E$ 上可测函数, 且满足:

$$\int_{E\times E}|K(x,y)|^q\mathrm{d}y\mathrm{d}x<\infty, \tag{7.21}$$

$$T(f,x)=\int_E K(x,y)f(y)\mathrm{d}y, \tag{7.22}$$

$$1<p<\infty,\frac{1}{p}+\frac{1}{q}=1,f\in L^p(E).$$

证明: T 是 $L^p(E)$ 到 $L^q(E)$ 内的有界线性算子, 并且它的共轭算子 T^* 有表达式:

$$T^*(g,x)=\int_E K(y,x)g(y)\mathrm{d}y, g\in L^q(E). \tag{7.23}$$

证明留给读者.

三、Hilbert 空间中的共轭算子

我们在 §3 推论 3.8 中已证明, 若 X 为 Hilbert 空间, 则 $X^*=X$, 即 Hilbert 空间是自共轭的, 因此, Hilbert 空间上的共轭算子就有其独特的性质.

首先, 我们对于 $x\in(X,\|\cdot\|)$, $f\in X^*$, 引入双线性泛函 $\langle f,x\rangle$, 将 (7.2) 记为

$$\langle f,x\rangle=\begin{cases}f(x), & f\text{ 固定}, \forall x\in X,\\ F_x(f), & x\text{ 固定}, \forall f\in X^*.\end{cases} \tag{7.24}$$

评注: 在 (7.24) 式中, $\langle f,x\rangle=f(x)$ 表示 f 是 X 上的线性泛函; $\langle f,x\rangle=F_x(f)$ 表示 F_x 是 X^* 上的线性泛函, 所以, 称 $\langle f,x\rangle$ 是双线性泛函.

利用这个记号, 定义 7.2 中的 (7.12) 式可写成

$$\langle T^*g,x\rangle=\langle g,Tx\rangle. \tag{7.25}$$

这就启发我们, 在内积空间中, 可以直接用内积定义共轭算子.

定义 7.3　设 X,Y 为内积空间, $T\in B(X,Y)$, 若存在 $T^*\in B(Y,X)$, 满足

$$(Tx,y)=(x,T^*y), x\in X, y\in Y, \tag{7.26}$$

则称 T^* 是 T 的 **Hilbert 共轭算子**.

自然要问: 满足 (7.26) 的 T^* 是否存在, 若存在是否唯一? 我们有

定理 7.12　设 X 是 Hilbert 空间, Y 是内积空间, $T\in B(X,Y)$, 则 T 存在唯一的 Hilbert 共轭算子 $T^*\in B(Y,X)$, 而且

$$\|T^*\|=\|T\|. \tag{7.27}$$

证　对 $\forall y\in Y$, 定义 X 上线性泛函 f_y:

$$f_y(x)=(Tx,y), x\in X. \tag{7.28}$$

因为 $|f_y(x)|=|(Tx,y)|\leqslant\|Tx\|\|y\|\leqslant\|T\|\|x\|\|y\|$, 所以, $f_y\in X^*$, 又 X 是 Hilbert 空间, 由定理 3.7 (Riesz 表示定理), 存在唯一的 $z\in X$, 使得

$$f_y(x)=(x,z), x\in X, \tag{7.29}$$

且 $\|f_y\| = \|z\|$.

作算子 $T^*: Y \to X, y \mapsto z$, 即 $T^*y = z$, 从 (7.28) 和 (7.29), 得到

$$(Tx, y) = (x, T^*y), x \in X, y \in Y.$$

即存在 T^* 满足 (7.26) 式.

下面证 $T^* \in B(Y, X)$, 对 $\forall y_1, y_2 \in Y, \forall \alpha, \beta \in K, \forall x \in X$, 有

$$\begin{aligned}(x, T^*(\alpha y_1 + \beta y_2)) &= (Tx, \alpha y_1 + \beta y_2) = \overline{\alpha}(Tx, y_1) + \overline{\beta}(Tx, y_2)\\ &= \overline{\alpha}(x, T^*y_1) + \overline{\beta}(x, T^*y_2) = (x, \alpha T^*y_1 + \beta T^*y_2),\end{aligned}$$

因此, $T^*(\alpha y_1 + \beta y_2) = \alpha T^*y_1 + \beta T^*y_2$, 即 T^* 是线性算子. 再由 T^* 的定义, 对 $\forall y \in Y$, 有 $\|T^*y\| = \|z\| = \|f_y\| \leqslant \|T\|\|y\|$, 所以, T^* 有界且 $\|T^*\| \leqslant \|T\|$. 为证反向不等式, 在 (7.26) 式中, 令 $y = Tx$, 得到

$$\|Tx\|^2 = (x, T^*(Tx)) \leqslant \|x\|\|T^*(Tx)\| \leqslant \|x\|\|T^*\|\|Tx\|.$$

当 $Tx \neq 0$ 时, 有

$$\|Tx\| \leqslant \|T^*\|\|x\|. \tag{7.30}$$

当 $Tx = 0$ 时, 上式也成立, 所以 $\|T\| \leqslant \|T^*\|$. 从而得出

$$\|T^*\| = \|T\|.$$

下面证 T^* 的唯一性, 若还有 $T_1^* \in B(Y, X)$ 满足: 对于 $x \in X, y \in Y$, 有

$$(Tx, y) = (x, T_1^*y). \tag{7.31}$$

从 (7.26) 和 (7.31) 得到

$$(x, (T^* - T_1^*)y) = 0, \forall x \in X, \forall y \in Y.$$

令 $x = (T^* - T_1^*)y$, 得到 $(T^* - T_1^*)y = 0$, 对 $\forall y \in Y$ 成立, 所以 $T_1^* = T^*$. 证毕.

注 7.3 当 Y 是 Hilbert 空间时, 从 $Y = Y^*$, 对 $\forall y \in Y$, 可看成 $y \in Y^*$, 所以, 将 Y 看成赋范线性空间时, 由定义 7.2, 将 (7.12) 写成双线性形式:

$$\langle T^*y, x\rangle = \langle y, Tx\rangle. \tag{7.32}$$

设 $T_1, T_2 \in B(X, Y), \alpha, \beta \in K$ (复数域), 由 (7.32), 有

$$\begin{aligned}&\langle(\alpha T_1 + \beta T_2)^*y, x\rangle = \langle y, (\alpha T_1 + \beta T_2)x\rangle\\ &= \alpha\langle y, T_1x\rangle + \beta\langle y, T_2x\rangle = \langle \alpha T_1^*y + \beta T_2^*y, x\rangle.\end{aligned} \tag{7.33}$$

所以,

$$(\alpha T_1+\beta T_2)^*=\alpha T_1^*+\beta T_2^*. \tag{7.34}$$

但当 (7.32) 中的双线性形式改为 Hilbert 空间中的内积时, 我们在下面定理 7.13 中将证明:

$$(\alpha T_1+\beta T_2)^*=\overline{\alpha}T_1^*+\overline{\beta}T_2^*. \tag{7.35}$$

由此可见, 复数域上的 Hilbert 空间的共轭算子的概念与复数域上的赋范线性空间上的共轭算子是有区别的, 我们将 Hilbert 空间的共轭算子的基本性质列在下述定理中.

定理 7.13 设 X,Z 为 Hilbert 空间, Y 为内积空间, T, $T_1\in B(X,Y)$, $T_2\in B(Z,X)$, α, $\beta\in K$, 则

(1) $(T^*)^*=T$;

(2) $(T_1T_2)^*=T_2^*T_1^*$;

(3) $(\alpha T+\beta T_1)^*=\overline{\alpha}T^*+\overline{\beta}T_1^*$;

(4) $\|T^*T\|=\|TT^*\|=\|T\|^2=\|T^*\|^2$.

证 (1) $\forall x\in X,y\in Y$, 从 (7.26), 有

$$(y,Tx)=(T^*y,x)=(y,(T^*)^*x).$$

所以, $T=(T^*)^*$.

(2) 对 $\forall z\in Z,y\in Y$, 有

$$(z,(T_1T_2)^*y)=(T_1T_2z,y)=(T_2z,T_1^*y)=(z,T_2^*T_1^*y),$$

所以, $(T_1T_2)^*=T_2^*T_1^*$.

(3) $(x,(\alpha T+\beta T_1)^*y)=((\alpha T+\beta T_1)x,y)=\alpha(Tx,y)+\beta(T_1x,y)$

$$=\alpha(x,T^*y)+\beta(x,T_1^*y)=(x,(\overline{\alpha}T^*+\overline{\beta}T_1^*)y), x\in X,y\in Y.$$

所以, $(\alpha T+\beta T_1)^*=\overline{\alpha}T^*+\overline{\beta}T_1^*$.

(4) 注意到 $T^*T:X\to X$, $TT^*:Y\to Y$, 所以, 由 Schwarz 不等式, 有

$$\|Tx\|^2=(Tx,Tx)=(T^*Tx,x)\leqslant\|T^*Tx\|\|x\|\leqslant\|T^*T\|\|x\|^2,$$

从而 $\|T\|^2=\sup\limits_{\|x\|=1}\|Tx\|^2\leqslant\|T^*T\|\leqslant\|T^*\|\|T\|=\|T\|^2$, 于是, $\|T^*T\|=\|T\|^2$; 另一方面, $\|TT^*\|=\|(T^*)^*T^*\|=\|T^*\|^2=\|T\|^2$. 证毕.

定义 7.4 设 X 为 Hilbert 空间, $T\in B(X)$, 若 $T^*=T$, 则称 T 是**自共轭算子** (或**自伴算子**).

注意: 由 (7.26), $T^*=T\Leftrightarrow(Tx,y)=(x,T^*y)=(x,Ty)$.

定理 7.14 设 X 是复 Hilbert 空间, $T \in B(X)$, 则 T 为自共轭算子 $\Leftrightarrow \forall x \in X$, (Tx, x) 为实数.

证 "$\Rightarrow$": 设 T 为自共轭算子, 则对 $\forall x \in X$,

$$\overline{(Tx, x)} = (x, Tx) = (T^*x, x) = (Tx, x),$$

即 (Tx, x) 是实数.

"$\Leftarrow$": 对 $\forall x, y \in X$, 通过计算可得

$$\begin{aligned}(Tx, y) = &\frac{1}{4}[(T(x+y), x+y) - (T(x-y), x-y) \\ &+ \mathrm{i}(T(x+\mathrm{i}y), x+\mathrm{i}y) - \mathrm{i}(T(x-\mathrm{i}y), x-\mathrm{i}y)].\end{aligned} \tag{7.36}$$

再由条件: (Tx, x) 为实数, 于是从 (7.36), 得到

$$(Tx, y) = \overline{(Ty, x)} = (x, Ty) = (T^*x, y).$$

这表明 $T = T^*$. 证毕.

注 7.4 当 X 为实 Hilbert 空间, 且 $T \in B(X)$ 时, 对 $\forall x \in X$, (Tx, x) 为实数, 不能保证 T 为自共轭算子.

定理 7.15 设 X 是 Hilbert 空间, T_1, T_2 均为自共轭算子, 则 T_1T_2 为自共轭算子的充要条件是 $T_1T_2 = T_2T_1$.

证 "$\Rightarrow$": 设 T_1T_2 为自共轭算子, 则

$$T_1T_2 = (T_1T_2)^* = T_2^*T_1^* = T_2T_1.$$

"$\Leftarrow$": 设 T_1 与 T_2 可交换, 则

$$(T_1T_2)^* = T_2^*T_1^* = T_2T_1 = T_1T_2,$$

即 T_1T_2 是自共轭算子. 证毕.

定理 7.16 设 X 是 Hilbert 空间, $T_n, T \in B(X)$, 若 $\{T_n\}$ 是自共轭算子列, 且 $\|T_n - T\| \to 0(n \to \infty)$, 则 T 也是自共轭算子.

证 因为 $T_n^* = T_n$ 和 $\|T_n^* - T^*\| = \|(T_n - T)^*\| = \|T_n - T\|$, 从而

$$\|T - T^*\| \leqslant \|T - T_n\| + \|T_n - T^*\| = 2\|T_n - T\| \to 0 \quad (n \to \infty),$$

即 $\|T - T^*\| = 0$, 所以 $T^* = T$. 证毕.

定理 7.17 设 X 是 Hilbert 空间, $T \in B(X)$, 且 T 为自共轭算子, 则

$$\|T\| = \sup\{|(Tx, x)| : \|x\| = 1\}. \tag{7.37}$$

证 将 (7.37) 右边记为 M, 即要证 $\|T\| = M$. 当 $\|x\| = 1$ 时, $|(Tx, x)| \leqslant$

$\|Tx\|\|x\| \leqslant \|T\|\|x\|^2 = \|T\|$. 两边取上确界, 得 $M \leqslant \|T\|$.

为证 $\|T\| \leqslant M$, 利用第七章 §3 极化恒等式 (3.11), 并利用定理 7.14, (Tx, x) 为实数, 有

$$\begin{aligned}\mathrm{Re}(Tx, y) &= \frac{1}{4}[(T(x+y), (x+y)) - (T(x-y), (x-y))] \\ &\leqslant \frac{1}{4}M(\|x+y\|^2 + \|x-y\|^2) \\ &= \frac{1}{2}M(\|x\|^2 + \|y\|^2).\end{aligned}$$

取 $x \in X$, 使得 $\|x\| = 1$, 及 $y = \dfrac{Tx}{\|Tx\|}(\|Tx\| \neq 0)$, 得到 $\|Tx\| \leqslant M$. 而当 $Tx = 0$ 时, 上式也成立, 所以, $\|T\| \leqslant M$, 于是 $\|T\| = M$. 证毕.

推论 7.18　设 X 为 Hilbert 空间, T_1, T_2 都是自共轭算子, 并且对 $\forall x \in X$, 成立

$$(T_1x, x) = (T_2x, x), \tag{7.38}$$

则 $T_1 = T_2$.

证　令 $T = T_1 - T_2$, 则由定理 7.13, T 也是自共轭算子, 且对 $\forall x \in X$, 有

$$(Tx, x) = (T_1x, x) - (T_2x, x) = 0.$$

由定理 7.17, 有 $\|T\| = \sup\limits_{\|x\|=1} |(Tx, x)| = 0$, 从而 $T = T_1 - T_2 = 0$, 即 $T_1 = T_2$. 证毕.

例 7.5　设 X 为 Hilbert 空间, T 是 X 上自共轭算子, 令 $m = \inf\limits_{\|x\|=1}(Tx, x)$, $M = \sup\limits_{\|x\|=1}(Tx, x)$, 证明 $\|T\| = \max\{|m|, |M|\}$.

证明留给读者.

例 7.6　设 $X = E_n$ 是 n 维复内积空间, $\{e_k\}$ 是 X 中标准正交基, $T \in B(X)$, T 对应 n 阶方阵 $A = (a_{kj})$, 其中 $a_{kj} = (Te_j, e_k)$. 令 $b_{jk} = \overline{a}_{kj}$, 则 $B = (b_{jk})$ 是 A 的共轭转置矩阵, B 所对应的算子记为 T_1, 则 $(T_1e_k, e_j) = b_{jk} = \overline{a}_{kj} = \overline{(Te_j, e_k)} = (e_k, Te_j)$. 所以, 对 $\forall x = \sum\limits_{k=1}^{n} x_ke_k$, $y = \sum\limits_{k=1}^{n} y_ke_k \in X$, 有

$$\begin{aligned}(x, T^*y) = (Tx, y) &= \sum_{j,k} x_j\overline{y}_k(Te_j, e_k) \\ &= \sum_{j,k} x_j\overline{y}_k(e_j, T_1e_k) = (x, T_1y),\end{aligned}$$

于是 $T_1 = T^*$.

这说明共轭算子的概念是共轭转置矩阵概念的推广.

例 7.7 设 E 是 $\mathbf{R}^n$ 中可测集, $X=L^2(E)$, $K(x,y)$ 是 $E\times E$ 上可测且平方可积函数, 令

$$T(f,x)=\int_E K(x,y)f(y)\mathrm{d}y. \tag{7.39}$$

由例 7.4, $T\in B(X)$, 再由定理 7.12, $T^*\in B(X)$, 下面证明: 由下式定义的 T^* 是 T 的共轭算子:

$$T^*(f,x)=\int_E \overline{K(y,x)}f(y)\mathrm{d}y. \tag{7.40}$$

事实上, 对 $\forall f,g\in X$,

$$\begin{aligned}(f,T^*g)&=\int_E f(x)\overline{\left(\int_E \overline{K(y,x)}g(y)\mathrm{d}y\right)}\mathrm{d}x\\&=\int_E f(x)\left(\int_E K(y,x)\overline{g(y)}\mathrm{d}y\right)\mathrm{d}x\\&=\int_E\left(\int_E K(x,y)f(y)\mathrm{d}y\right)\overline{g(x)}\mathrm{d}x=(Tf,g).\end{aligned}$$

若 $K(x,y)=\overline{K(y,x)}$, 则称 T 是自共轭算子.

定义 7.5 设 X 为内积空间, 若对 $\forall x\in X$, $\{(x,y_n)\}$ 为 Cauchy 点列, 则称 $\{y_n\}$ 为 X 中的**弱 Cauchy 点列**. 若对 $\forall x\in X$ 和 X 中任一弱 Cauchy 点列 $\{y_n\}$, 存在 $y\in X$, 使得

$$\lim_{n\to\infty}(x,y_n)=(x,y) \tag{7.41}$$

(即弱 Cauchy 点列 $\{y_n\}$ 在 X 中弱收敛于 y), 则称 X 是**序列弱完备**的.

例 7.8 证明: Hilbert 空间 X 是序列弱完备空间.

例 7.9 设 X 为 Hilbert 空间, $\{T_n\}$ 是 X 上自共轭算子列, 若存在算子 $T:X\to X$, 使得 $\lim\limits_{n\to\infty}(T_nx,y)=(Tx,y)$, $\forall x,y\in X$. 证明 T 也是自共轭算子.

例 7.8 和 7.9 的证明留给读者.

四、算子列与泛函列的收敛性 (续 §2)

1. §2 定理 2.4 的证明

设 $(X,\|\cdot\|)$ 为赋范线性空间, $f,f_n\in X^*$. 若 $f_n\xrightarrow{w}f$, 要证 $f_n\xrightarrow{w^*}f$.

设 $f_n\xrightarrow{w}f$, 由 §2 定义 2.3, 对 $\forall g\in X^{**}$, 有

$$\lim_{n\to\infty}|g(f_n)-g(f)|=0. \tag{7.42}$$

作嵌入映射 $\tau: X \to X^{**}$, 即对 $\forall x \in X$, g 可看成 X^* 上泛函, 使得 $g(f) = f(x)$ $(\forall f \in X^*)$ (见 (7.2) 式), 则 (7.42) 就变成

$$\lim_{n\to\infty} |f_n(x) - f(x)| = 0, \text{即 } f_n \xrightarrow{w^*} f.$$

证毕.

2. 算子列强弱收敛的关系

设 X, Y 为数域 K 上赋范线性空间, $T_n, T \in B(X, Y)$. 我们在 §2 中已证明, 若 $T_n \xrightarrow{s} T$, 则 $T_n \xrightarrow{w} T$. 下面例 7.10 表明, 其逆不成立.

例 7.10 设 $X = Y = l^p$, $1 < p < \infty$, 定义右移算子 $T: l^p \to l^p$,

$$x = (x_1, x_2, \cdots, x_n, \cdots) \mapsto y = (y_1, y_2, \cdots, y_n, \cdots),$$

式中 $y_1 = 0, y_k = x_{k-1} (k = 2, 3 \cdots)$. 令 $T_n = T^n$, 则

$$T_n x = (\underbrace{0, \cdots, 0}_{n\text{ 个}}, x_1, x_2, \cdots),$$

$$\|T_n x\|_p = \left(\sum_{k=1}^{\infty} |x_k|^p\right)^{1/p} = \|x\|_p.$$

所以, 当 $x \neq 0$ 时, T_n 不强收敛于 O, 但 $T_n \xrightarrow{w} O$. 事实上, 对 $\forall f \in (l^p)^*$, 存在 $y = (y_1, \cdots, y_n, \cdots) \in l^q$, 使得 $f(x) = \sum\limits_{k=1}^{\infty} x_k y_k$, $\forall x = (x_1, \cdots, x_n, \cdots) \in l^p$ (见 §3 定理 3.3), 从而

$$\begin{aligned} |f(T_n x) - f(O(x))| &= \left|\sum_{k=1}^{\infty} y_{k+n} x_k\right| \leqslant \left(\sum_{k=1}^{\infty} |y_{k+n}|^q\right)^{1/q} \|x\|_p \\ &= \left(\sum_{k=n+1}^{\infty} |y_k|^q\right)^{1/q} \|x\|_p \to 0 \quad (n \to \infty). \end{aligned}$$

3. 泛函列 $\{f_n\}$ 弱 * 收敛而不强收敛的例

例 7.11 定义 l^2 上的泛函列

$$f_n(x) = x_n, \quad x = (x_1, \cdots, x_n, \cdots) \in l^2,$$

则 $f_n \in (l^2)^*$ 且 $\|f_n\| = 1$, 所以 $\{f_n\}$ 不强收敛于零, 但对 $\forall x \in l^2$, $\lim\limits_{n\to\infty} f_n(x) = 0$, 所以 $f_n \xrightarrow{w^*} 0$.

4. 算子列 $\{T_n\}$ 强收敛于 T 的充要条件

从 §4 推论 4.4 和定理 4.5, 我们得到

定理 7.19 设 X,Y 为 Banach 空间, $T_n,T\in B(X,Y)$, 则 $\{T_n\}$ 在 X 上强收敛于 T 的充要条件是:

(1) $\|T_n\|$ 一致有界;

(2) $\{T_n\}$ 在 X 的一个稠密子集 A 上强收敛于 T.

注 7.5 定理 7.19 中条件的必要性不要求 Y 完备, 而充分性不要求 X 完备.

在定理 7.19 中取 $Y=K$ (数域), 得到

定理 7.20 设 X 是 Banach 空间, $f_n,f\in X^*$, 则 $\{f_n\}$ 在 X 上弱 * 收敛于 f 的充要条件是:

(1) $\|f_n\|$ 一致有界;

(2) $\{f_n\}$ 在 X 的一个稠密子集 A 上弱 * 收敛于 f.

五、$(X,\|\cdot\|)$ 中点列的收敛性

我们在 §2 还定义了赋范线性空间 $(X,\|\cdot\|)$ 中点列 $\{x_n\}$ 的两种收敛性, 即:

(1) $x_n\xrightarrow{s}x$ (强收敛) 指 $\|x_n-x\|\to 0(n\to\infty)$;

(2) $x_n\xrightarrow{w}x$ (弱收敛) 指: 对 $\forall f\in X^*$, 有 $\lim\limits_{n\to\infty}f(x_n)=f(x)$.

我们已知, 从 $x_n\xrightarrow{s}x$ 可以推出 $x_n\xrightarrow{w}x$, 但反之不成立, 例如:

例 7.12 我们在微积分中, 已知当 $n\to\infty$, $t\neq k\pi$ 时, 数列 $x_n=\sin nt$ 的极限不存在, 但若将它看成 $X=L^2[0,2\pi]$ 中的点列, 则对 $\forall f\in X^*$, 由 Riemann–Lebesgue 引理 (见第七章推论 5.5), 存在 $g\in X$, 使得 $\lim\limits_{n\to\infty}f(x_n)=\lim\limits_{n\to\infty}\displaystyle\int_0^{2\pi}g(t)\sin nt\mathrm{d}t=0=f(0)$, 即 $x_n\xrightarrow{w}0$. 但 x_n 不强收敛于 0, 事实上,

$$\|x_n-0\|_2^2=\int_0^{2\pi}(\sin nt)^2\mathrm{d}t=\pi\nrightarrow 0\quad(n\to\infty).$$

注 7.6 例 7.12 表明, 从 $x_n\xrightarrow{w}x$ 不能推出 $x_n\xrightarrow{s}x$. 但是, 我们可以证明: 若 $x_n\xrightarrow{w}x$, 则存在由 $\{x_n\}$ 的凸组合构成的点列 $y_n\xrightarrow{s}x$, 其中 $y_n=\sum\limits_{k=1}^{n}\lambda_kx_k$, $\lambda_k\geqslant 0$, $\sum\limits_{k=1}^{n}\lambda_k=1$, 这就是 Mazur 定理.

定理 7.21 (Mazur) 设 $(X,\|\cdot\|)$ 为赋范线性空间, $x_n,x_0\in X$, 若 $x_n\xrightarrow{w}x_0$, 令 $A=\operatorname{span}\{x_n\}$, 则 $\exists y_n\in A$, $y_n=\sum\limits_{k=1}^{n}\lambda_kx_k$, $\lambda_k\geqslant 0$, $\sum\limits_{k=1}^{n}\lambda_k=1$, 使得

$y_n \xrightarrow{s} x_0$.

证　只要证 $x_0 \in \overline{A}$, 用反证法. 若 $x_0 \notin \overline{A}$, 则 $d(x_0, \overline{A}) = d > 0$, 由定理 6.6, $\exists f \in X^*$, 使得 $f(x_0) = d > 0$, 而且对 $\forall x \in \overline{A}$, $f(x) = 0$. 特别地, 对 $x_n \in A$, 有 $f(x_n) = 0$, 但这与 $x_n \xrightarrow{w} x_0$ 且 $f(x_0) = d > 0$ 相矛盾. 证毕.

定理 7.22　在有限维赋范线性空间 E_n 中, 点列 $\{x_k\}$ 的弱收敛与强收敛等价.

证　设 $\{e_1, \cdots, e_n\}$ 是 E_n 的一组基,

$$x_k = \sum_{j=1}^n x_j^{(k)} e_j, \quad x_0 = \sum_{j=1}^n x_j^{(0)} e_j.$$

若 $x_k \xrightarrow{w} x_0$, 即对 $\forall f \in (E_n)^*$, $\lim\limits_{k\to\infty} f(x_k) = f(x_0)$. 特别地, 取 $f_j \in (E_n)^*$, 使得

$$f_j(e_m) = \delta_{jm} = \begin{cases} 1, & j = m, \\ 0, & j \neq m. \end{cases}$$

则 $f_j(x_k) = x_j^{(k)}$, $f_j(x_0) = x_j^{(0)}$, 从而 $x_j^{(k)} \to x_j^{(0)}$, $1 \leqslant j \leqslant n$, $k \to \infty$. 于是

$$\|x_k - x_0\| \leqslant \sum_{j=1}^n \left| x_j^{(k)} - x_j^{(0)} \right| \|e_j\| \to 0 \quad (k \to \infty),$$

即 $x_k \xrightarrow{s} x_0$. 而逆命题是已知成立的. 证毕.

注 7.7　使点列的强弱收敛等价的空间 $(X, \|\cdot\|)$ 也可能是无限维的.

定理 7.23　设 $\{x_n\}$ 是赋范线性空间 $(X, \|\cdot\|)$ 中的点列, $x \in X$, 则 $x_n \xrightarrow{w} x$ 的充要条件是:

(1) $\|x_n\|$ 一致有界;

(2) $\{x_n\}$ 在 X 的一个稠密子集 A 上弱收敛于 x.

证　因为 X 可自然嵌入到 X^{**}, 于是根据 (7.2) 式, $\forall x_n \in X$, 定义 X^* 上的泛函 F_{x_n}:

$$F_{x_n}(f) = f(x_n), \quad \forall f \in X^*,$$

从而对 $\forall f \in X^*$, $F_{x_n}(f) \to F_{x_0}(f)$ 就等价于 $f(x_n) \to f(x_0)$, $n \to \infty$, 即 $x_n \xrightarrow{w} x_0$. 再利用定理 7.20 即可得证. 证毕.

六、商空间

我们在 §5 定义 5.1 中定义的乘积空间, 是从已知空间构造新空间的一种方法. 另一种常用的方法是构造商空间.

定义 7.6　设 A 是线性空间 X 的一个子空间, 则集合

$$\tilde{x}=x+A=\{x+y:y\in A\} \tag{7.43}$$

称为 $x\in X$ 关于 A 的陪集. 在一切 $\tilde{x}$ 所构成的集 $\tilde{X}$ 中定义线性运算:

$$\begin{gathered}\tilde{x}_1+x_2=(x_1+x_2)+A=(x_1+A)+(x_2+A)=\tilde{x}_1+\tilde{x}_2;\\ \alpha\tilde{x}=\alpha(x+A)=\alpha x+A=\widetilde{\alpha x},\end{gathered} \tag{7.44}$$

则 $\tilde{X}$ 构成线性空间, 称为 X 关于 A 的**商空间** (有时也称为**因子空间**), 记为 X/A.

$\tilde{X}$ 的维数称为 A 的**余维**, 记为 codim A, 即 $\dim(X/A)=\operatorname{codim}A$.

例 7.13 设 $X=\mathbf{R}^3$, $A=\{(x,0,0):x\in\mathbf{R}\}$, 则 X/A 就是所有平行于 x 轴的直线的集合, $X/X=\{0\}$, $X/\{0\}=X$.

若 $(X,\|\cdot\|)$ 是赋范线性空间, A 是 X 的闭线性子空间, 还可在 X/A 中定义范数:

$$\|\tilde{x}\|_0=\inf\{\|x+y\|:y\in A\}. \tag{7.45}$$

下面证明 $\|\cdot\|_0$ 为范数. 从 (7.45), $\|\tilde{x}\|_0\geqslant 0$, 再从 (7.43), $\tilde{x}=A\Leftrightarrow x=0\Leftrightarrow\|\tilde{x}\|_0=\inf\{\|y\|:y\in A\}=0$, 这是因为对 $\forall y_n\to 0$, $y_n\in A$, 因为 A 是闭集, 所以 $0\in A$, 这表明 $\tilde{x}=A$ 是 X/A 中的零元, 再从 (7.44), 对 $\forall\alpha\in K$, $\alpha\tilde{x}=\alpha x+A$, 有

$$\|\alpha\tilde{x}\|_0=\inf\{\|\alpha x+y\|:y\in A\}=\inf\{|\alpha|\|x+y\|:y\in A\}=|\alpha|\|\tilde{x}\|_0.$$

其次, 对于 $\tilde{x}_1,\tilde{x}_2\in X/A$, 即 $\tilde{x}_1=x_1+A$, $\tilde{x}_2=x_2+A$, 从而

$$\begin{aligned}\|\tilde{x}_1+\tilde{x}_2\|_0&=\inf\{\|x_1+x_2+y\|:y\in A\}\\&\leqslant\inf\{\|x_1+y\|+\|x_2+y\|:y\in A\}\\&=\|\tilde{x}_1\|_0+\|\tilde{x}_2\|_0.\end{aligned}$$

于是 X/A 按范数 (7.45) 构成赋范线性空间, 称之为 X 关于 A 的赋范商空间.

定理 7.24 设 X 为 Banach 空间, A 是 X 的闭子空间, 则赋范商空间 X/A 也是 Banach 空间.

证 设 $\{\tilde{x}_n\}$ 是 X/A 中任一 Cauchy 列, 由 (7.43) $\tilde{x}_n=x_n+A$ 和 A 的闭性, 当 $m,n\to\infty$ 时, 从 (7.45), 有 $\|\tilde{x}_m-\tilde{x}_n\|_0=\inf\{\|x_m-x_n+y\|:y\in A\}\to 0$, 从而 $\|x_m-x_n\|\to 0$, 即 $\{x_n\}$ 是 X 中 Cauchy 列. 由 X 的完备性知 $x_n\to x\in X$, 即 $\|x_n-x\|\to 0(n\to\infty)$, 从而 $\|\tilde{x}_n-\tilde{x}\|_0=\inf\{\|x_n-x+y\|:y\in A\}\to 0(n\to\infty)$, 而且 $\tilde{x}=x+A\in X/A$, 所以 X/A 完备. 证毕.

推论 7.25 设 A 是赋范线性空间 X 的有限维子空间, 则 X/A 完备的充

要条件是 X 完备.

注 7.8　我们在定义 $L^p(E)$ 时, 将 $a.e.$ 相等的函数视为同一元, 实际上就是使用了商空间的概念, 即设 X 是 E 上所有 p 次幂可积函数全体构成的线性空间, A 是 E 上 $a.e.$ 为零的可测函数全体构成的子空间, 则 $L^p(E)$ 就是商空间 X/A.

习题 8.7

7.1　设 $(X,\|\cdot\|)$ 是赋范线性空间, $x_k\in X$, 若对 $\forall f\in X^*$, $\sup\limits_k|f(x_k)|<\infty$, 证明: $\sup\limits_k\|x_k\|<\infty$.

7.2　证明定理 7.9.

7.3　证明例 7.4.

7.4　证明例 7.5.

7.5　证明例 7.8.

7.6　证明例 7.9.

7.7　设 $\{x_n\}$ 是赋范线性空间 $(X,\|\cdot\|)$ 中的点列, 若 $x_n\xrightarrow{w}x\in X$, 则 $\sup\limits_n\|x_n\|<\infty$.

7.8　设 x_n, $x_0\in l^p$, $1<p<\infty$, 其中 $x_n=(x_1^{(n)},x_2^{(n)},\cdots)$, $x_0=(x_1^{(0)},x_2^{(0)},\cdots)$, 证明: $x_n\xrightarrow{w}x_0$ 的充要条件是

(1) $\sup\limits_n\|x_n\|<\infty$;

(2) $x_k^{(n)}\to x_k^{(0)},\forall k(n\to\infty)$.

7.9　设 x_n, $x\in(X,\|\cdot\|)$, 若 $x_n\xrightarrow{w}x$, 证明: $\liminf\limits_{n\to\infty}\|x_n\|\geqslant\|x\|$.

7.10　设 X 为 Banach 空间, $f_n\in X^*$, 证明: 对 $\forall x\in X$, $\sum\limits_{k=1}^{\infty}|f_k(x)|<\infty$ 成立的充要条件是对 $\forall F\in X^{**}$, 成立 $\sum\limits_{k=1}^{\infty}|F(f_k)|<\infty$.

7.11　设 X 为 Banach 空间, Y 为赋范线性空间, $T_\alpha\in B(X,Y)$, 若对 $\forall x\in X$, $g\in Y^*$, 成立

$$\sup_{\alpha\in I}|g(T_\alpha x)|<\infty,$$

则 $\sup\limits_{\alpha\in I}\|T_\alpha\|<\infty$.

7.12　证明: Hilbert 空间 X 是自反的.

7.13　证明: 有限维赋范线性空间是自反的.

§8 序空间

一、引入序关系的基本思路

在集合中引入序结构, 就得到序空间. 按本书的编排次序, 应该放在第七章. 但由于序空间的应用非常广泛, 几乎涉及每个数学分支中的深层次的应用. 在本书中, 这些应用就涉及本章的内容, 所以放在本章最后讲. 作者在引言的方框图中曾指出, 一般集合 X 中的元素之间没有大小和顺序关系, 我们在非空集合 X 中定义以满足传递性为基本条件的二元关系, 作为通常的实数之间大小次序概念的推广. 对此, 我们作进一步的分析.

实数的大小是一种特殊的序关系. 在实数集的基本性质中, 实数和有理数一样可以比较大小, 即对于任意两个实数 a, b, 总存在而且只存在 $a > b$, $a = b$, $a < b$ 这 3 种关系之一. 而且这种序关系都具有传递性和对加法、乘法的单调性, 即若 $a < b$, 则 $a + c < b + c$, 而当 $c > 0$ 时,$ac < bc$. 所以, 实数集也是一个有序域. 实数集还有完备性 (或称连续性), 这是有理数集所不具备的. 微积分的基本概念, 如极限、连续、导数、积分、无穷级数的收敛与发散, 都要在实数集的完备性的基础上才能建立起来. 这就是微积分要建立在实数集上, 而不能建立在有理数集上的根本原因.

实数集的序关系称为全序. 我们又已知, 复数不能比较大小, 是因为它们不能建立全序关系. 但是, 我们可以降低要求, 即对于任意两个复数: $z_1 = x_1 + \mathrm{i}y_1$, $z_2 = x_2 + \mathrm{i}y_2$, 若 $x_1 \leqslant x_2$, $y_1 \leqslant y_2$, 我们也记为 $z_1 \leqslant z_2$, 这种序称为半序. 将这些基本思路推广到在一般集合中建立全序和半序关系, 得到全序空间和半序空间. 在半序空间中, 还可以引入极大极小元、最大最小元的概念, 由此进一步定义良序集和格. 在承认选择公理的前提下, 我们可以证明, 每个非空集都可以良序化. 还有许多与它等价的命题, 例如 Zorn 引理等. 于是, 建立在自然数集上的数学归纳法就可以推广到良序集上. 作者在 [2] PP. 995–996 介绍了数学归纳法的 8 种形式及其应用. 其中最基本的形式是: 设 $P(n)$ 是与自然数 n 有关的命题. 如果 $P(n_0)$ 成立, 且对于任意 $k > n_0$, 从 $P(k)$ 成立可推出 $P(k+1)$ 成立, 则 $P(n)$ 对所有大于 n_0 的自然数 n 都成立. 将它推广到良序集 X 上: 设 a 是良序集 X 中任一元素, $P(\alpha)$ 是与 α 有关的命题, 若对于 $\alpha_0 \in X$, $P(\alpha_0)$ 成立, 而且对于所有 $\alpha, \beta \in X$, $\alpha_0 \leqslant \alpha \leqslant \beta$, $P(\beta)$ 都成立, 则 $P(\alpha)$ 对于所有 $\alpha \in X$ 都成立. 这个命题称为超限归纳法. 这里记号 "$\leqslant$" 在一般著作中记为 "$\prec$". 我们在第一章 §3 还用了同样的记号 "$\leqslant$" 来表示两个集合 A, B 的基数大小, 如 $|A| \leqslant |B|$. 我们的教学实践表明, 只要记住了记号 "$\leqslant$" 两边元素的含义, 不仅不会引起混淆, 反而容易理解.

有了以上基本思路的分析, 就不难理解下面序空间的严格定义.

二、序空间与序关系的定义

如果映射 $f: X \times Y \to \{0,1\}$ 满足

(1) $\forall a \in X$, $f(a,a)=1$;

(2) 若 $f(a,b)=1$, $f(b,a)=1$, 则 $a=b$;

(3) 若 $f(a,b)=1$, $f(b,c)=1$, 则 $f(a,c)=1$,

那么称 f 是半序映射, (X,f) 称为半序空间, X 称为半序集.

若将 $X \times Y$ 中的子集 $\{(a,b): f(a,b)=1\}$ 作为 X 上的二元关系, 将 $f(a,b)=1$ 记为 $a \leqslant b$, 其中 $\leqslant$ 是下面要定义的序关系, 于是, 半序结构 (X,f) 与半序空间 $(X,\leqslant)$ 是等价的.

定义 8.1 $X \times Y = \{(x,y): x \in X, y \in Y\}$ 称为集 X 与 Y 的**直积** (或**卡氏积**). $X \times Y$ 中任一子集 E 称为 $X \times Y$ 上的**二元关系**. 若对 $\forall x \in X$, $y \in Y, (x,y) \in E \subset X \times Y$, 则称 x 与 y 有**关系** E.

定义 8.2 若在集 X 中存在一个满足以下条件的二元关系, 记为 "$\leqslant$": 对 $\forall a,b,c \in X$, 有

(1) **自反性**: $a \leqslant a$;

(2) **反对称性**: 若 $a \leqslant b$ 且 $b \leqslant a$, 则 $a=b$;

(3) **传递性**: 若 $a \leqslant b$, $b \leqslant c$, 则 $a \leqslant c$,

则称二元关系 $\leqslant$ 为 X 上的**半序关系**, $(X,\leqslant)$ 称为**半序空间**, 定义了半序关系的集 X 称为**半序集** (或**偏序集**). 其中的 "半序" 是强调在 X 中可能存在既不满足 $a \leqslant b$, 又不满足 $b \leqslant a$ 的元素 a 和 b, 这时, a 与 b 称为不能比较顺序; 若 $a \leqslant b$ 与 $b \leqslant a$ 至少有一个成立, 则称 a 与 b 可以比较顺序. $a \leqslant b$ 等价于 $b \geqslant a$. 若 $a \leqslant b$ 且 $a \neq b$, 则记为 $a<b$ 或 $b>a$.

定义 8.3 设 $(X,\leqslant)$ 为半序空间, 若半序 "$\leqslant$" 还满足:

(4) **可比较性**: 对 $\forall a, b \in X$, $a \leqslant b$ 和 $b \leqslant a$ 中至少有一个成立, 则称 "$\leqslant$" 是**全序关系**, $(X,\leqslant)$ 称为**全序空间**, X 称为**全序集**.

例 8.1 下述序关系为半序而非全序:

(1) 集 X 的幂集 $P(A)$ 中的元 B_1, B_2, $B_1 \leqslant B_2$ 表示集合 B_1, B_2 的包含关系 $B_1 \subset B_2$. 但当 X 中的元素多于一个时, $(P(X),\subset)$ 不是全序空间. 例如设 $A=\{a,b\}$, $P(A)=\{\varnothing,\{a\},\{b\},\{a,b\}\}$ 中, $\{a\}$ 与 $\{b\}$ 之间没有包含关系.

(2) n 元有序实数组 A 中的元 $x=(x_1,\cdots,x_n)$ 和 $y=(y_1,\cdots,y_n)$, $x \leqslant y$ 表示通常实数的不等关系: $x_k \leqslant y_k$, $1 \leqslant k \leqslant n$.

(3) 复数集 A 中的元 $z_k = x_k + \mathrm{i}y_k$, $z_1 \leqslant z_2$ 表示通常实数的不等关系: $x_1 \leqslant x_2$, $y_1 \leqslant y_2$. 因为 $(A,\leqslant)$ 只能构成半序集, 所以, 复数不能比较大小.

(4) 设 $A=\{f: f$ 为 $[a,b]$ 上实值函数 $\}$. 对于 $f, g \in A$, $f \leqslant g$ 表示对 $\forall x \in [a,b]$, $f(x) \leqslant g(x)$.

(5) 自然数集 $\mathbf{N}$ 中按通常的不等关系是全序集, 但若 $m \leqslant n$ 表示 m 能整除 n, $\mathbf{N}$ 就是半序集.

例 8.2 下述序关系都是全序:

(1) 实数集 $\mathbf{R}$ 按通常实数的不等关系 $\leqslant$.

(2) 设二元实数组 A 中的元 $x=(x_1,x_2)$ 和 $y=(y_1,y_2)$, $x \leqslant y$ 表示下述两条件之一成立: ①$x_1<y_1$; ②$x_1=y_1$ 且 $x_2<y_2$, 这种序关系称为词典序, 类似可推广到 n 元实数组.

定义 8.4 设 $(X,\leqslant)$ 为半序空间, A 是 X 的非空子集, $x_0,y_0 \in A$, 若 $\exists x \in A$, 使得 $x \leqslant x_0(y_0 \leqslant x)$ 时, 必有 $x=x_0(x=y_0)$, 则 $x_0(y_0)$ 称为 A 的**极小元 (极大元)**; 若对于 $\forall x \in A$, 都有 $x_0 \leqslant x(y_0 \geqslant x)$, 则 $x_0(y_0)$ 称为 A 的**最小元 (最大元)**.

从定义 8.4 可知, 极小 (大) 元是指不存在比它严格小 (大) 的元, 而最小 (大) 元则是比其他任何元都小 (大) 或相等的元, 所以是不同的概念.

定义 8.5 设 $(X,\leqslant)$ 为半序空间, $A \subset X, a,b \in X$, 若对 $\forall x \in A$, 都有 $a \leqslant x(x \leqslant b)$, 则 $a(b)$ 称为 A 的**下界 (上界)**, 若 A 的所有下 (上) 界中有一最大 (最小) 元 $a_0(b_0)$, 则 $a_0(b_0)$ 称为 A 的**下确界 (上确界)**, 记为

$$a_0=\inf A, \qquad b_0=\sup A.$$

即对 A 的所有下界 a, 都有 $a \leqslant a_0$; 而对 A 的所有上界 b, 都有 $b_0 \leqslant b$.

注意, 在半序空间 $(X,\leqslant)$ 中, X 中子集 A 的极大极小元, 上、下界都不一定存在, 即使存在也不一定唯一; 而最大最小元, 上、下确界若存在必唯一; 任意两个极大 (小) 元是不可比较的, 最大 (小) 元必为极大 (小) 元. 特别地, 若半序空间 $(X,\leqslant)$ 是有限集, 则 X 至少有一个极大元和一个极小元, 而且最大 (小) 元存在的充要条件是极大 (小) 元存在且唯一. 极大元不一定是上界. 实数集 $\mathbf{R}^1$ 中没有极大元.

利用这些特殊的元素, 我们可以定义两种特殊的半序集 —— 良序集和格.

定义 8.6 设全序空间 $(X,\leqslant)$ 的任一非空子集都有最小元 (它不一定唯一), 则称 $(X,\leqslant)$ 为**良序集**, $\leqslant$ 是 X 上的**良序**.

例 8.3 按任何顺序排列起来的有限集; 按自然顺序排列的自然数集; 将所有奇数排在前面, 所有偶数排在后面的自然数集 $\{1,3,5,\cdots,2,4,6,\cdots\}$ 都是良序集; 而整数集、区间 $[0,1]$ 则不是良序集.

定义 8.7 设 $(X,\leqslant)$ 为半序空间, 若对于 $\forall x,y \in X$, 都有

(1) $\inf\{x,y\} \in X$, 称 $(X,\leqslant)$ 为**下半格**;

(2) $\sup\{x,y\} \in X$, 称 $(X,\leqslant)$ 为**上半格**;

当 $(X,\leqslant)$ 同时为下半格和上半格时, 称 $(X,\leqslant)$ 为**格**; 当 $(X,\leqslant)$ 的任意非空子集 A 都有上、下确界时, 称 $(X,\leqslant)$ 为**完全格**; 若 X 的任意非空可数子集都有

上、下确界, 则称 $(X,\leqslant)$ 为 σ **完全格**. 在格中的元 x, y 的上确界 (下确界) 也可记为 $x\vee y$ $(x\wedge y)$.

我们自然要问: 任一集合是否都可以规定一个序, 使之成为良序集? 即任一集合是否都可以良序化? 在承认选择公理的前提下, 下述命题都是等价的.

命题 8.1 (Hausdorff 极大原理) 每个半序集都有一个极大全序子集, 即若 $(A,\leqslant)$ 是半序空间, 则必存在 $E\subset A$, 使得 $(E,\leqslant)$ 是全序空间, 而且不存在 A 的真包含 E 的子集 B, 使得 $(B,\leqslant)$ 为全序空间.

命题 8.2 (Zorn 引理) 若半序空间 $(X,\leqslant)$ 的每个全序子集都有上界, 则 X 必有极大元.

命题 8.3 (Zermelo 良序原理) 每个非空集合都可以良序化, 即在任何非空集 X 上都存在全序 $R\subset X\times X$, 使得任何非空集合 $A\subset X$ 都有在关系 R 意义下的最小元.

命题 8.4 (选择公理, 简记为 AC) 选择公理已有上百种等价的表述形式, 其中常用的几种形式是:

(1) 设 $\{A_\alpha:\alpha\in I\}$ 是非空的互不相交的集族, 则存在集 $B\subset\bigcup\limits_{\alpha\in I}A_\alpha$, 使得对于 $\forall\alpha\in I, B\cap A_\alpha$ 中恰好只含一个元素 (Zermelo, 1904 年);

(2) 若 $\{A_\alpha:\alpha\in I\}$ 为非空集族, 且对 $\forall\alpha\in I, A_\alpha\neq\varnothing$, 则它们的直积 $\prod\limits_{\alpha\in I}A_\alpha\neq\varnothing$ (Russell, 1906 年);

(3) 设 $\{A_\alpha:\alpha\in I\}$ 是非空集族, 则必存在函数 f, 使得对 $\forall\alpha\in I$, $f(A_\alpha)\in A_\alpha$. 这时 f 称为 $\{A_\alpha\}$ 的**选择函数** (Zermelo, 1908 年).

这个命题已经广泛应用于几乎每个数学分支, 例如, 微积分中连续函数的 $\varepsilon-\delta$ 型与 Cauchy 序列型两种定义的等价性, 即 Cauchy 极限与 Heine 极限的等价性; 基数的可比较性和基数的运算; 任何非零的线性空间都存在基; (L) 不可测集的存在性; (L) 测度的可数可加性; Hahn–Banach 延拓定理; 拓扑学中乘积拓扑空间紧性的 Tychonoff 定理等, 都要用到选择公理. 但是否承认选择公理, 仍一直存在争论.

三、Zorn 引理的应用

1. 本章定理 6.2 (即 Hahn–Banach 泛函延拓定理) 的证明

我们分三步:

(1) 用 $\mathscr{F}$ 表示 f 的保持 $f\leqslant p$ 延拓的全体, 即

$$\mathscr{F}=\{F:F\text{ 为 }f\text{ 的延拓且 }F(x)\leqslant p(x),x\in D(F)\},$$

其中 $D(F)$ 为 F 的定义域.

在 $\mathscr{F}$ 中引入序关系 “$\leqslant$”: 设 F_1, $F_2\in\mathscr{F}$, 若

① $D(F_1) \subset D(F_2)$,

② 对 $\forall x \in D(F_1), F_1(x) = F_2(x)$,

即 F_2 是 F_1 的延拓时, 定义 $F_1 \leqslant F_2$, 则 $(\mathscr{F}, \leqslant)$ 为半序空间.

(2) 证 $\mathscr{F}$ 的任一非空全序子集 A 有上界, 为此, 令 $D = \bigcup\limits_{F \in A} D(F)$, 则 D 为 X 的线性子空间. 在 D 上定义泛函 $g : \forall x \in D, \exists F \in A$, 使得 $g(x) = F(x)$. 则 g 是 D 上唯一确定的线性泛函, 且 $g(x) \leqslant p(x), \forall x \in D$. 所以, g 是 f 的延拓, 即 $g \in \mathscr{F}$, 所以, g 是 A 的上界 (即对 $\forall F \in A$, $F \leqslant g$).

(3) 由 Zorn 引理, $\mathscr{F}$ 中存在极大元 F_0, 这时必有 $D(F_0) = X$. 这是因为若 $D(F_0)$ 是 X 的真子集, 则 $\exists x_0 \in X - D(F_0)$, 记 $X_0 = \operatorname{span}\{D(F_0), x_0\}$, 从证明的第一步知, F_0 可以保持 $F_0 \leqslant p$ 延拓到 X_0 上得到 F^*, 且 $F_0 \leqslant F^*$, 但这与 F_0 是极大元相矛盾. 所以, $D(F_0) = X$. 这表明 F_0 就是定理中所要求的 F. 证毕.

2. 我们从第七章定理 5.2 推出, 可分的内积空间必存在标准正交基, 若去掉可分性的条件, 就要用 Zorn 引理, 即

定理 8.5 每个非零的 Hilbert 空间都存在标准正交基.

证 设 Hilbert 空间 $X \neq \varnothing$, 令 $M = \{A : A = \{e_k\}$ 是 X 中标准正交系$\}$. 因为 $X \neq \varnothing$, 所以 $\exists x \in X$, $x \neq 0$, 令 $y = \dfrac{x}{\|x\|}$, 则 $\{y\} \in M$, 因此 M 非空. 用集合的包含关系 "$\subset$" 在 M 中定义半序 "$\leqslant$", 则 $(M, \leqslant)$ 为半序空间, M 中的每个全序子集 B 都存在上界, 这就是 B 中所含 X 的所有子集的并集. 由 Zorn 引理, M 有极大元 A_0. 下面证明 A_0 就是 X 的标准正交基, 即 $\overline{\operatorname{span} A_0} = X$. 由第七章推论 3.10, 当 X 为 Hilbert 空间时, 它与 $A_0^{\perp} = \{0\}$ 等价. 所以, 只要证明 $A_0^{\perp} = \{0\}$. 用反证法. 若 $A_0^{\perp} \neq \{0\}$, 则 $\exists z \in X$, $z \neq 0$, 使得 $z \perp A_0$, 令 $e = \dfrac{z}{\|z\|}$, 则 $A_1 = A_0 \cup \{e\}$ 也是 X 的标准正交系, 即 $A_1 \in M$, 而 $A_0 \subsetneqq A_1$, 这与 A_0 是 M 的极大元相矛盾. 证毕.

第九章　专题研究导读

本章的几个专题, 是前面基本理论的拓展和深化, 它们在理论和实际应用上都极为重要, 有的还是当前热门的研究方向, 只是受教学时数的限制, 无法放在基础课中讲授. 这些专题的内容都十分庞大, 初学者看有关的专著又不容易看懂, 我在这一章尽量通俗简要介绍各个专题最核心的思想和方法技巧. 本章是开阔读者的视野, 引导读者进一步学习和研究的入门向导, 可作为选修课的教材 (适当增加一些细节) 或自学的读物, 读者可以从中选取自己感兴趣的课题作进一步的研究.

§1　Fourier 分析 (调和分析)

在我国的微积分教学中, 无论是"数学分析"还是"高等数学"都专门有一章讲三角级数, 它的标准形式可写成

$$\frac{a_0}{2}+\sum_{k=1}^{\infty}(a_k\cos kx+b_k\sin kx). \tag{1.1}$$

若

$$f(x)=\frac{a_0}{2}+\sum_{k=1}^{\infty}(a_k\cos kx+b_k\sin kx), \tag{1.2}$$

则称函数 f 可以展开为 Fourier 级数. 它的 Fourier 系数可以通过对 (1.2) 逐项积分求出:

$$a_k=\frac{1}{\pi}\int_{-\pi}^{\pi}f(x)\cos kx\mathrm{d}x, \tag{1.3}$$

$$b_k = \frac{1}{\pi}\int_{-\pi}^{\pi} f(x)\sin kx\mathrm{d}x. \tag{1.4}$$

在我国的微积分教材中, 一般是先讲一个收敛性定理, 即设 f 在 $[-\pi,\pi)$ 有分段连续的导数, 并且在函数的间断点 ξ, 取函数在该点左、右极限的平均值作为函数在该点的值:

$$f(\xi) = \frac{f(\xi-0)+f(\xi+0)}{2},$$

则函数 f 的 Fourier 级数展开式成立. 接着就是举几个例子说明如何套公式 (1.3) 和 (1.4) 求出它的 Fourier 级数展开式. 再配几个习题, 让学生练习如何去套公式. 教师在教学中也是照本宣科, 从不讲这些理论的实际背景和来龙去脉. 这种照搬 20 世纪 40 至 50 年代的内容几十年都不变. 问题在于: 学生在学习过程中, 往往感到困惑: 为什么非常简单的函数, 如 $f(x)=x$, $g(x)=x^2$, 还要展开成那么复杂的展开式:

$$f(x) = x = 2\sum_{k=1}^{\infty}\frac{(-1)^{k+1}}{k}\sin kx, \quad -\pi \leqslant x < \pi, \tag{1.5}$$

$$f(x) = x = \pi - 2\sum_{k=1}^{\infty}\frac{\sin kx}{k}, \quad 0 \leqslant x < 2\pi, \tag{1.6}$$

$$g(x) = x^2 = \frac{\pi^2}{3} + 4\sum_{k=1}^{\infty}(-1)^k\frac{\cos kx}{k^2}, \quad -\pi < x < \pi. \tag{1.7}$$

这说明这部分的实际教学效果几乎是零. 要想对 Fourier 分析有一个基本的了解, 至少需要考虑以下几个基本问题:

1. 有人认为, 三角级数就是 Fourier 级数. 作者在 “续论” 下册举例说明这是概念性的错误. 例如, $\sum\limits_{k=2}^{\infty}\dfrac{\cos kx}{\log k}$ 是 Fourier 级数, 而它的共轭级数 $\sum\limits_{k=2}^{\infty}\dfrac{\sin kx}{\log k}$ 是三角级数, 却不是 Fourier 级数.

2. 求函数的 Fourier 级数展开式有什么意义? 我们仅举两例说明.

例 1.1 我们使用的电器设备的电源都是每秒 50 周的正弦波:

$$u_1(t) = U_{1m}\sin\omega t,$$

经过二极管的单向导电后, 输出的是半个正弦波:

$$u_2(t) = \begin{cases} U_{2m}\sin\omega t, & 0 \leqslant \omega t \leqslant \pi, \\ 0, & -\pi < \omega t < 0. \end{cases} \tag{1.8}$$

对它作 Fourier 级数展开:

$$u_2(t)=\frac{U_{2m}}{\pi}+\frac{U_{2m}}{2}\sin\omega t-\frac{2U_{2m}}{\pi}\sum_{k=1}^{\infty}\frac{1}{4k^2-1}\cos 2k\omega t. \tag{1.9}$$

我们从这个展开式中才能看出半个正弦波中所包含的直流分量 $\frac{U_{2m}}{\pi}$, 基频分量 $\frac{U_{2m}}{2}\sin\omega t$, 后面是不同频率的谐波分量. 所有这一切, 在 (1.8) 式中是看不出来的. 利用这个展开式 (1.9), 电器设备设计才有了可靠的理论基础. 电器设备中的整流器输出的是 (1.9) 中的直流分量, 然后经过滤波器滤去谐波成分, 使直流电更平稳. 而检波器则是滤去直流分量和高频分量, 输出低频分量.

要进一步了解这种展开式的意义, 我们要从无线电通信技术讲起. 1865 年, 英国物理学家 Maxwell 从理论上预言了电磁波的存在. 1886 年, 德国物理学家 Hertz 在实验室中证实了电磁波的存在. 1894—1901 年, 意大利工程师可马尼实现了无线电通信 (在英国与加拿大之间), 他为此获得 1909 年的诺贝尔物理学奖. 在无线电通信中, 离不开一种 “检波器” (见 “续论” 下册 P. 237), 可马尼用的是一种金属粉屑. 1904 年, 英国发明家弗莱明发明了电子真空二极管. 1905 年, 美国物理学家德福雷斯特发明了电子真空三极管, 就是在电子真空二极管的正极和负极之间加一个金属栅网 (称为金属栅极), 不仅检波更灵敏, 还有电流放大作用. 电子真空三极管的发明, 为无线电通信和广播开辟了道路. 1906 年, 美国物理学家费丁生发明了调幅波, 使得高频信号带着声音的振幅发射出去, 首次成功地进行了无线电广播, 电子管收音机诞生了. 1920 年, 第一座广播电台在美国匹兹堡建成. 1928 年, 美国发明家兹沃里金发明了电视显像管, 1939 年, 电视在美国诞生. 在 20 世纪初, 有些无线电爱好者发现有些半导体矿石有单向导电性, 可以做检波器. 这使科学家们想到用半导体来代替电子真空管. 由于许多理论和技术问题没有解决, 1947 年美国电话电报公司 (AT&T) 贝尔实验室的三位科学家巴丁、布赖顿和肖克莱经过十多年的努力, 终于制成第一支晶体管, 开始了用晶体管代替电子管的新时代. 与电子管相比, 晶体管具有体积小、重量轻、耗能低、寿命长、制造工艺简单、使用时不需预热等优点, 它的问世, 大大加速了电子技术的发展.

随着晶体管应用日益广泛和制造工艺的发展, 科学家们想到, 将电子元器件 (即晶体管、电阻、电容等) 与电子线路做在一个半导体 (通常是硅) 的单片上, 1958 年, 第一块集成电路在美国诞生. 到 20 世纪 80 年代, 一块小小的芯片上集成的电子元器件就已超过百万.

集成电路一问世, 就立即显示出它的强大威力. 1946 年出现的世界上第一台电子数字计算机 ENAC, 占地 150 平方米, 重达 30 多吨, 耗电几百千瓦, 这种体积庞大、耗能惊人、价格昂贵的计算机, 只有少数大型的军事或科研单位才用得起. 集成电路的问世, 使得计算机能进入千家万户. 1962 年, IBM 研制了世界上第一台集成电路计算机, 耗资 50 亿美元, 超过了当时研制原子弹的成本. 当时预测全球每年只能卖出 2 台. 但家用计算机的发明最终改变了整个世界. 生产集成电路的主要原材料是硅, 是从廉价的砂石中提炼出来的. 芯片的制造工序是:

1. 将砂石提纯成硅 (硅晶圆材料的纯度要在 6 个 9 以上), 再切成晶元.

2. 加工晶元, 分为两道工艺:

① 前道工艺: 光刻, 薄膜, 刻蚀, 清洗, 注入 (其中, 光刻是制造和设计的纽带);

② 后道工艺: 互联, 打线, 密封.

制造芯片的材料还包括几百种特种气体、液体、靶材等, 按类别划分, 主要包括硅片、光掩膜、光刻胶及配套试剂、电子气体、工艺化学品、溅射靶材、抛光材料等. 一条芯片生产线大约涉及 50 多个行业, 2000 ~ 5000 道工序. 当前集成电路已进入纳米级 (1纳米 $= 10^{-9}$ 米, 即十万分之一毫米). 今后的发展方向是继续缩小元器件的特征尺寸, 增加硅片尺寸, 提高芯片集成度, 优化设计技术. 国际上 CMOS 集成电路大规模生产的主流技术是 130 纳米, 2005 年美国 AMD 公司就开始生产 90 纳米的高性能芯片, 使用的是第 3 代的 KrF 光刻机, 而第 67 代的 EUV 光刻机可以生产 65 纳米、14 纳米、7 纳米的芯片. 电子线路设计也不断地优化. 利用 EDA 仿真软件, 电子设计师就可以在计算机上设计芯片系统, 大量的设计试验都可由计算机完成. 今天的芯片不管多么复杂, 源头都是二极管的单方向导电性. 所以, 像 (1.9) 式的这种 Fourier 级数展开具有划时代的意义. 对于非周期信号, 则要用 Fourier 变换. 由三个基本的门电路可以组合成千千万万个结构复杂、功能强大的电路. 将它们写成代码, 一个 Windows 操作系统就有 5 000 万行的代码. 作者在 "续论" 上册中还指出, 这三个基本的门电路, 即或门、与门和非门, 实际上对应于集合的并、交和补三种运算. 所以芯片和其他电子系统的原始创新都源于现代数学.

例 1.2 我们在 (1.6) 式中取 $x = \omega t$, 式中 ω 是角频率, t 是时间, $T = \dfrac{2\pi}{\omega}$ 是周期. 于是, (1.6) 就变成

$$f(\omega t) = \omega t = \pi - 2\sum_{k=1}^{\infty}\frac{\sin k\omega t}{k}, \quad 0 < t < T. \tag{1.10}$$

作周期性延拓后的图形就是锯齿波, 在电视机、雷达、示波器等设备中称为扫描波. 因为电视机屏幕上的图像是由电子光束从左到右、从上到下一行行扫描形成的. 在实际使用时, 我们用的是它的部分和

$$S_n = \pi - 2\sum_{k=1}^{n}\frac{\sin k\omega t}{k}$$

形成扫描波的, 所形成的误差反映在电视机屏幕上就是, 电视机屏幕中间的图像清晰, 而边上的图像比较模糊, 现在通过技术处理, 已看不出这种差别了. 类似的实例还可以举出很多.

3. 模拟信号与数字信号: 在函数的 Fourier 级数展开式中的项是正弦和余弦函数, 我们通常称为模拟信号. 早期的广播电台使用 Fourier 级数对无线电信号的分解, 只能得到模拟信号. 这种信号的缺点是抗干扰能力差, 容量小, 保密性差等. 作者在 "续论" [1] 中指出可以改用由 0, 1 组成的数字信号. 仍然离不开 Fourier 级数:

设

$$f(x)=\begin{cases}0, & -\pi\leqslant x<0,\\ 1, & 0\leqslant x<\pi,\end{cases}$$

它的 Fourier 级数展开式是

$$f(x)\sim\frac{1}{2}+\frac{2}{\pi}\sum_{k=1}^{\infty}\frac{1}{2k-1}\sin(2k-1)x=\begin{cases}0, & -\pi<x<0,\\ 1, & 0<x<\pi,\\ \dfrac{1}{2}, & x=0,\pm\pi.\end{cases}$$

我们可以用该级数的部分和

$$S_n(f,x)=\frac{1}{2}+\frac{2}{\pi}\sum_{k=1}^{n}\frac{1}{2k-1}\sin(2k-1)x,$$

即正弦波的叠加来生成数字信号. 要注意的是数字信号中的 0, 1 并不是函数表达式中的数 0, 1, 而是在逻辑电路中将高电平记为 1, 将低电平记为 0, 称为正逻辑; 若反之, 将高电平记为 0, 将低电平记为 1, 称为负逻辑. 现在的广播电视台都改用数字信号, 将图像、声音都转变为数字信号以无线电波的形式发射出去. 通信基站发射并回收信号, 信号回收后, 要有芯片滤波、稳定信号, 再用芯片将信号放大, 然后用芯片进行分析、处理、传输、分发, 其中的 ADC 芯片 (模数转换器) 负责将天线的数字信号转化为模拟信号. 电视机接收到这些信号后再还原为图像和声音. 说明在今天, 不懂得 Fourier 分析, 就不可能懂得信息技术的大部分原理, 例如信号的产生、传播、变换, 信号的接收和使用等.

4. 周期性延拓: 在 (1.5) 和 (1.6) 中的区间 $[-\pi,\pi),[0,2\pi)$ 并不是函数的定义域, 而是作为周期性延拓的起点. 从这两个表达式可以看出, 同一个函数的周期性延拓的起点不同, 所得到的 Fourier 展开式也不相同, 它们的定义域都是 $(-\infty,\infty)$. 在微积分教材中, 还讲了区间 $[-l,l)$ $(l>0)$ 作为延拓的起点, 事实上, 通过一个简单的线性变换, 就可将 $[-l,l)$ 转换成 $[-\pi,\pi)$. 没有必要单独讨

论 $[-l, l)$ 上的展开式.

5. Fourier 级数的收敛性: 在微积分教材中, Fourie 系数 (1.3) 和 (1.4) 中的积分是 Riemann 积分. 在讨论 Fourier 级数的收敛性和其他性质时往往要加上很强的附加条件, 证明也变得复杂而烦琐, 而且也难以准确地理解 Fourier 级数的理论. 只有在 Lebesgue 积分的框架下, Fourier 级数的理论才能得到真正的解决. 例如, 只要 $f \in L(\mathbf{R}^1)$, 就有相应的 Fourier 系数 (1.3), (1.4), 从而生成 Fourier 级数:

$$f(x) \sim \frac{a_0}{2} + \sum_{k=1}^{\infty}(a_k \cos kx + b_k \sin kx). \tag{1.11}$$

式中的 "$\sim$" 表示右边的 Fourier 级数是由 f 产生的, 但不能保证该级数收敛, 即使收敛, 也不一定就收敛于 f 本身. 事实上, 在很长的时期内, 人们都相信, 只要函数 f 连续, 由它产生的 Fourier 级数就一定收敛于 f. 直到 1876 年, du Bois-Reymind 构造了一个反例, 存在 $f \in C_{2\pi}$ 使得

$$S_n(f, x) = \frac{a_0}{2} + \sum_{k=1}^{n}(a_k \cos kx + b_k \sin kx) \tag{1.12}$$

在某点 x_0 发散. 他给出的是一个构造性的证明, 用了许多复杂的分析技巧. 我们在第八章 §4 例 4.3 中, 用共鸣定理给出了一个简明易懂的存在性的证明. 1913 年, Luzin 提出了著名的猜想:

$$\forall f \in L^2_{2\pi}, \quad S_n(f, x) \to f(x),\ a.e.\ x \in \mathbf{R}^1.$$

1923—1926 年, Kolmogorov 证明存在 $f \in L^1_{2\pi}$, 使得 (1.11) 式右边的级数处处发散. 人们就怀疑 Luzin 猜想不成立. 直到 1966 年, Carleson 证明 Luzin 猜想是对的. 1967 年, Hunt 又进一步证明:

$$\forall f \in L^p_{2\pi},\ 1 < p < \infty, \quad S_n(f, x) \to f(x),\ a.e.\ x \in \mathbf{R}^1.$$

由此推出:

$$\forall f \in C_{2\pi}, \quad S_n(f, x) \to f(x),\ a.e.\ x \in \mathbf{R}^1.$$

人们还证明 $\exists f \in C_{2\pi}$, 使得它产生的 Fourier 级数经过某种重排后几乎处处发散. 部分和 $S_n(f, x)$ 在各种意义下的收敛性 (如点态收敛, 几乎处处收敛, 依范数收敛 (强收敛), 弱收敛, 等等) 的充分条件已有大量的研究成果. 但是时至今日, 还没有找到使 $S_n(f, x)$ 处处收敛的充要条件. 而多元 Fourier 级数的收敛性远比一元 Fourier 级数的收敛性要复杂.

6. Fourier 级数的平均理论: 对 $S_n(f,x)$ 作算术平均

$$\sigma_n(f,x)=\frac{1}{n+1}\sum_{k=0}^{n}S_k(f,x),$$

称为 Fejer 和. 它比 S_n 有更好的性质, 例如

$$\forall f\in L_{2\pi}^p,\ 1<p<\infty,\quad \sigma_n(f,x)\to f(x),\ a.e.\ x\in\mathbf{R}^1.$$

将 $S_n(f,x)$ 写成积分形式:

$$S_n(f,x)=\frac{a_0}{2}+\sum_{k=1}^{n}(a_k\cos kx+b_k\sin kx)=\int_{-\pi}^{\pi}f(t)D_n(x-t)\mathrm{d}t,$$

式中 $D_n(x)$ 称为 n 阶 Dirichlet 核, 相应的 Fejer 核 (又称为 $(C,1)$ 核) 为

$$K_n(x)=\frac{1}{n+1}\sum_{k=0}^{n}D_k(x).$$

Fejer 核的推广就是 (C,α) 核:

$$K_n^\alpha(x)=\sum_{k=0}^{n}\frac{A_{n-1}^{\alpha-1}}{A_n^\alpha}D_k(x),$$

式中

$$A_n^\alpha=\binom{n+\alpha}{n}=\frac{(\alpha+1)(\alpha+2)\cdots(\alpha+n)}{n!},\quad \alpha>0.$$

从 n 阶 Dirichlet 核还可以定义 n 阶 Rogosinski 核

$$R_n(x)=\frac{1}{2}(D_n(x-\gamma_n)+D_n(x+\gamma_n)),\quad \gamma_n=O\left(\frac{1}{n}\right).$$

由此引发了一整套的平均理论.

7. Fourier 级数的核心思想: 将一个复杂的函数分解为简单函数的叠加. 例如, 利用 Fourier 级数可以构造出处处不可微的连续函数. 作者在 “续论” [1] 下册 PP. 238–243 中对这种函数的构造作了详细的分析. 将这种思想用到工程上, 就是将信号分解成具有简单振动频率的信号的叠加. 它已成为量子力学、电学、光学、热力学、声学、神经科学、无线电通信、信号处理、各种振动与波动等研究领域不可缺少的基本工具. 作者在《常用不等式》[2] 中还将 “分解” 作为不等式十大核心技巧之一.

8. Fourier 级数的核心技巧: 对于给定的 $f\in L(T)$, $T=(-\pi,\pi]$, 要直接处理复型三角级数

$$\sum_{k=-\infty}^{\infty} c_k \mathrm{e}^{\mathrm{i}kx} \tag{1.13}$$

是十分困难的. 若 (1.13) 中的复系数 $\{c_k\}$ 满足

$$c_k(f) = \frac{1}{2\pi}\int_{-\pi}^{\pi} f(x)\mathrm{e}^{-\mathrm{i}kx}\mathrm{d}x, \tag{1.14}$$

则称 (1.13) 是由 (1.14) 生成的 (复型) Fourier 级数, 记为

$$f(x) \sim \sum_{k=-\infty}^{\infty} c_k \mathrm{e}^{\mathrm{i}kx}. \tag{1.15}$$

这里不写等号, 是因为由 f 生成的 (复型) Fourier 级数不一定收敛, 即使收敛, 也不一定就收敛于 f 本身. 将 (1.14) 式代入 (1.15) 式, 得到部分和的积分表达式:

$$\begin{aligned} S_n(f,x) &= \frac{a_0}{2} + \sum_{k=1}^{n}(a_k \cos kx + b_k \sin kx) \\ &= \sum_{k=-n}^{n} c_k \mathrm{e}^{\mathrm{i}kx} = \int_{-\pi}^{\pi} f(t)D_n(x-t)\mathrm{d}t, \end{aligned} \tag{1.16}$$

式中

$$D_n(t) = \begin{cases} \dfrac{1}{2\pi}\dfrac{\sin(n+1/2)t}{\sin(t/2)}, & t \neq 2j\pi, \\ \dfrac{1}{2\pi}(2n+1), & t = 2j\pi \end{cases} \tag{1.17}$$

称为 Dirichlet 核, (1.16) 称为 Dirichlet 积分, 它在 $t=0$ 有奇点, 所以是一个奇异积分. 于是, 就将一个级数转化为一个积分.

将三角级数转化为积分形式后, 得到一个奇异积分算子 (1.16). 它可改写成

$$\begin{aligned} S_n(f,x) &= \int_{-\pi}^{\pi} f(x-t)D_n(t)\mathrm{d}t \\ &= \int_0^{\pi} (f(x+t)+f(x-t))D_n(t)\mathrm{d}t \\ &= 2\int_0^{\pi} \varphi_x(t)D_n(t)\mathrm{d}t, \end{aligned} \tag{1.18}$$

式中 $\varphi_x(t) = \dfrac{1}{2}(f(x+t)+f(x-t))$. 于是, 通过拆项、换元, 就将 f 转化为偶函数 φ_x. 因为 $t=0$ 是奇点, 就要选取 $\delta \in (0,\pi)$, 将积分区间 $[0,\pi]$ 拆成 $[0,\delta]$

与 $[\delta,\pi]$. 要证明 $S_n(f,x)$ 在点 x 收敛于 s, 就要利用它的积分表达式 (1.18) 和 Dirichlet 核的积分 $\int_0^{\pi} D_n(t)\mathrm{d}t = 1/2$, 证明

$$\lim_{n\to\infty}(S_n(f,x)-s)=\lim_{n\to\infty}2\int_0^{\pi}(\varphi_x(t)-s)D_n(t)\mathrm{d}t=0. \tag{1.19}$$

根据 Dirichlet 核 (1.17) 的表达式和三角公式:

$$\frac{\sin(n+(1/2))t}{2\sin(t/2)}=\frac{1}{2\tan(t/2)}\sin(nt)+\frac{1}{2}\cos(nt),$$

将 (1.19) 式中的积分拆成三个积分:

$$S_n(f,x)-s=2\int_0^{\pi}(\varphi_x(t)-s)D_n(t)\mathrm{d}t=I_1+I_2+I_3, \tag{1.20}$$

式中

$$I_1=\frac{1}{\pi}\int_0^{\delta}\frac{\varphi_x(t)-s}{\tan(t/2)}\sin(nt)\mathrm{d}t;\quad I_2=\frac{1}{\pi}\int_{\delta}^{\pi}\frac{\varphi_x(t)-s}{\tan(t/2)}\sin(nt)\mathrm{d}t;$$
$$I_3=\frac{1}{\pi}\int_0^{\pi}(\varphi_x(t)-s)\cos(nt)\mathrm{d}t.$$

因为 $\tan(t/2)$ 在 $[\delta,\pi]$ 上有正的下界, 所以, $\dfrac{\varphi_x(t)-s}{\tan(t/2)}$ 在 $[\delta,\pi]$ 上可积, 而 $\varphi_x(t)-s$ 在 $[0,\pi]$ 上也是可积的, 根据 Riemann–Lebesgue 引理 (见作者的“续论” [1] 上册第五章 §2), 有 $\lim\limits_{n\to\infty}I_2=0$, $\lim\limits_{n\to\infty}I_3=0$. 于是, 我们得到

$$S_n(f,x)-s=I_1+o(1)=\frac{1}{\pi}\int_0^{\delta}\frac{\varphi_x(t)-s}{\tan(t/2)}\sin(nt)\mathrm{d}t+o(1)\quad(n\to\infty). \tag{1.21}$$

上式表明, 是否存在 s 使得 $S_n(f,x)$ 收敛于 s, 只与 f 在 x 的一个很小的邻域 $(x-\delta,x+\delta)$ 内的值有关. (1.21) 式是建立 Fourier 级数各种收敛性判别法和许多相关的不等式的出发点. 如果函数 f 的周期不是 2π, 则可以通过一个线性变换将它转到以 2π 为周期. 若函数 f 不是周期函数, 就要用到 f 的 Fourier 变换. 它要根据函数 f 的不同条件分四种情形来定义. 其中一个最基本的定义是:

设 $f\in L(\mathbf{R}^1)$, 则 f 的 Fourier 变换定义为:

$$\hat{f}(t)=\int_{-\infty}^{\infty}f(x)\mathrm{e}^{-2\pi\mathrm{i}xt}\mathrm{d}x. \tag{1.22}$$

下面的 (1.23) 式的右边称为 f 的 Fourier 积分:

$$f(x)\sim\int_{-\infty}^{\infty}\hat{f}(t)\mathrm{e}^{2\pi\mathrm{i}xt}\mathrm{d}t. \tag{1.23}$$

要研究 (1.23) 式右边的 Fourier 积分是否收敛, 以及在什么条件下该积分收敛于 f. 若 (1.23) 中成立等号, 即

$$f(x)=\int_{-\infty}^{\infty}\hat{f}(t)\mathrm{e}^{2\pi\mathrm{i}xt}\mathrm{d}t, \tag{1.24}$$

则称 (1.24) 式为反演公式. 利用 (1.22) 式, 可以得出

$$f_R(x)=\frac{1}{\pi}\int_{-\infty}^{\infty}f(x-t)D_R(t)\mathrm{d}t, \tag{1.25}$$

式中

$$D_R(t)=\frac{\sin 2\pi Rt}{t}$$

称为 Dirichlet 核. 将 (1.25) 式简化成 f 的 Hilbert 变换:

$$\begin{aligned}T_1(f,x)&=\frac{1}{\pi}\lim_{\varepsilon\to 0}\int_{|y|>\varepsilon}\frac{f(x-y)}{y}\mathrm{d}y\\&=\frac{1}{\pi}P.V.\int_{-\infty}^{\infty}\frac{f(x-y)}{y}\mathrm{d}y=\frac{1}{\pi}P.V.\int_{-\infty}^{\infty}\frac{f(y)}{y-x}\mathrm{d}y.\end{aligned} \tag{1.26}$$

这是 f 与核 $K(x)=\dfrac{1}{x}$ 的卷积型的奇异积分. 对于 $f\in L^p(\mathbf{R}^n)$, $1\leqslant p<\infty$, (1.26) 式中的主值积分不仅是几乎处处收敛, 而且依 L^p 范数收敛. 算子 T_1 是 (p,p) $(1<p<\infty)$ 型和弱 $(1,1)$ 型的. Hilbert 变换是所有奇异积分的原始模块, 对它的仔细研究和深入理解, 是奇异积分理论进一步发展的源泉. Hilbert 变换的早期研究主要依赖于复分析技术, 后来用实变方法将 Hilbert 变换推广到 $\mathbf{R}^n$ 空间, 得到 Riesz 变换:

$$T_j(f,x)=\frac{\Gamma\left(\dfrac{n+1}{2}\right)}{\pi^{(n+1)/2}}P.V.\int_{\mathbf{R}^n}\frac{x_j-y_j}{|x-y|^{n+1}}f(y)\mathrm{d}y,\quad 1\leqslant j\leqslant n. \tag{1.27}$$

9. 正交性: 我们在前面通过对 (1.2) 逐项积分求出 Fourier 系数 (1.3) 和 (1.4), 是利用了函数系 $\{1,\cos kx,\sin kx\}$ 在 $[-\pi,\pi)$ 上的正交性. 我们在第七章 §5 中, 将正交性的概念推广到内积空间, 就建立了内积空间中的 Fourier 分析. 幂级数的基 $\{1,x,x^2,\cdots,x^k,\cdots\}$ 是线性无关的, 但是不能在一个区间上构成正交性. 然而可用 Gram–Schmidt 方法使之正交化, 得到 Legendre 多项式, 从而得到 Legendre 级数. 我们在第七章 §5 中, 将这种思路推广到内积空间, 并且证明了内积空间中的所有线性无关集都可以通过 Gram–Schmidt 方法正交化, 所有非零的 Hilbert 空间都存在标准正交基.

10. Fourier 分析还是许多新理论、新概念的生长点, 在整个现代分析数学

中处于核心地位. 它是数学中许多基本概念的源头, 如集合、函数、广义函数、Riemann 积分、Lebesgue 积分等, 还催生了新的积分. 在逼近论中, 用三角级数的部分和来逼近复杂的函数; 在微分方程 (常微和偏微) 理论中, 用 Fourier 级数方法求解方程, 还可用 Fourier 级数的某些关系式求一些数值级数的和. 例如, 在 (1.7) 式中取 $x=\pi$, 就得到 $\sum\limits_{k=1}^{\infty}\dfrac{1}{k^2}=\dfrac{\pi^2}{6}$, 类似地, 可求出 $\sum\limits_{k=1}^{\infty}\dfrac{1}{k^2+1}=\dfrac{\pi}{2}\left(\dfrac{e^{2\pi}+1}{e^{2\pi}-1}\right)-\dfrac{1}{2}$, $\sum\limits_{k=1}^{\infty}\dfrac{1}{k^4}=\dfrac{\pi^4}{90}$, 等等.

11. 关于 Fourier 分析的延伸阅读, 作者向读者推荐两部作为研究生教材的 Fourier 分析专著: [34] 讲古典的 Fourier 分析, 内容包括多元 Fourier 级数的各种收敛性, 如点态收敛、依范数收敛、几乎处处收敛、Bochner–Riesz 平均、Littlewood–Paley 理论和乘子、缺项级数、卷积型奇异积分、加权不等式等. [35] 讲现代 Fourier 分析, 包括各种函数空间, 如 Hardy 空间、Besov 空间、Triebel–Lizorkin 空间等, BMO 和 Carleson 测度, 非卷积型奇异积分, Fourier 积分的有界性和收敛性, 多线性调和分析, 时间频率分析等.

§2 逼近论

我们在 §1 指出, Fourier 级数的理论是建立在利用 Fourier 系数将 Fourier 级数转化为奇异积分的基础上的. 而对于一般的三角级数 (1.1), 要直接处理它的收敛性问题是十分困难的, 更不用说对它求和了. 但是, 我们可以换一种思路, 考查这种级数的部分和:

$$T_n(x)=\frac{a_0}{2}+\sum_{k=1}^{n}(a_k\cos kx+b_k\sin kx), \tag{2.1}$$

式中的系数 $\{a_k,b_k\}$ 是任意实数. (2.1) 称为 n 阶三角多项式. 只有当这些系数是函数 f 的 Fourier 系数时, 才归结为 Fourier 级数的部分和 (1.16):

$$T_n(x)=S_n(f,x).$$

我们在 §1 指出, 当函数 $f\in C_{2\pi}$ 时, 还不能保证它所产生的 Fourier 级数处处收敛. 用 n 阶三角多项式 $T_n(x)$ 逼近连续函数就是著名的 Weierstrass 逼近定理:

定理 2.1 (Weierstrass 第二逼近定理) 对 $\forall f\in C_{2\pi}$, $\forall\varepsilon>0$, 都存在一个 n 阶三角多项式 $T_n(x)$, 使得 $|f(x)-T_n(x)|<\varepsilon$, $\forall x\in(-\infty,\infty)$.

由 f 生成的 Taylor 级数 $\sum\limits_{k=0}^{\infty}\dfrac{f^{(k)}(0)}{k!}x^k$ 的收敛性, 对 f 的要求更苛刻, 它

无穷次可微还不能保证由它生成的 Taylor 级数收敛. 我们退而考虑 n 次代数多项式

$$P_n(x)=\sum_{k=0}^{n}a_kx^k. \tag{2.2}$$

特别地, 当 $a_k=\dfrac{f^{(k)}(0)}{k!}$ 时, 归结为由 f 生成的 Taylor 级数的部分和:

$$P_n(x)=S_n(f,x)=\sum_{k=0}^{n}\frac{f^{(k)}(0)}{k!}x^k. \tag{2.3}$$

用 n 次代数多项式 (2.3) 作 f 的近似值时, 若用 Lagrange 余项

$$R_n(x)=\frac{f^{(n+1)}(\xi)}{(n+1)!}x^{n+1},\quad 0\leqslant\xi\leqslant x$$

估计误差, 还要求 f 在 $x=0$ 的邻域内存在 $n+1$ 阶导数. 而著名的 Weierstrass 逼近定理就可以用 n 次代数多项式 $P_n(x)$ 去逼近连续函数:

定理 2.2 (Weierstrass 第一逼近定理) 对 $\forall f\in C[a,b]$, $\forall\varepsilon>0$, 都存在一个 n 次代数多项式 $P_n(x)$, 使得 $|f(x)-P_n(x)|<\varepsilon$, $\forall x\in[a,b]$.

定理 2.3 对 $\forall f\in C[0,1]$, Bernstein 多项式

$$B_n(f,x)=\sum_{k=0}^{n}\binom{n}{k}f\left(\frac{k}{n}\right)x^k(1-x)^{n-k} \tag{2.4}$$

在 $[0,1]$ 上一致收敛于 $f(x)$.

作者在《常用不等式》[2] 第六章中指出, 代数多项式和三角多项式可以通过换元和周期延拓的方式相互转化: 设 $f\in C[a,b]$, 令

$$x=\frac{1}{2}((b-a)t+(b+a)),$$

$$\varphi(t)=f\left(\frac{1}{2}((b-a)t+(b+a))\right),$$

则 $\varphi\in C[-1,1]$. 再令 $t=\cos\theta$, $g(\theta)=\varphi(\cos\theta)$, 于是, 按

$$g(\theta)=g(-\theta),\quad g(\theta)=g(\theta+2\pi),$$

就可将 g 延拓成 $(-\infty,\infty)$ 上以 2π 为周期的偶函数. f 称为原始函数, g 称为 f 的诱导函数. 反之, 也可以将三角多项式转化为代数多项式.

利用这种转换, 可以看出, 证明定理 2.1 和 2.2 的关键是证明定理 2.3. 为此, 我们要利用以下恒等式

$$\sum_{k=0}^{n}\binom{n}{k}x^k(1-x)^{n-k}=1, \tag{2.5}$$

$$\sum_{k=0}^{n}k\binom{n}{k}x^k(1-x)^{n-k}=nx \tag{2.6}$$

和不等式

$$\sum_{k=0}^{n}(k-nx)^2\binom{n}{k}x^k(1-x)^{n-k}\leqslant\frac{n}{4}. \tag{2.7}$$

下面证明定理 2.3. 利用 (2.5), 我们有

$$\begin{aligned}|B_n(f,x)-f(x)|&=\left|\sum_{k=0}^{n}\left(f\left(\frac{k}{n}\right)-f(x)\right)\binom{n}{k}x^k(1-x)^{n-k}\right|\\&\leqslant\sum_{k=0}^{n}\left|f\left(\frac{k}{n}\right)-f(x)\right|\binom{n}{k}x^k(1-x)^{n-k}.\end{aligned} \tag{2.8}$$

由 $f\in C[a,b]$, 得出 f 在 $[0,1]$ 上有界且一致连续, 即存在 $M>0$, 使得

$$|f(x)|\leqslant M,\quad x\in[0,1], \tag{2.9}$$

而且 $\forall\varepsilon>0$, $\exists\delta>0$, 使得 $\forall x_1,x_2\in[0,1]$, $|x_2-x_1|<\delta$, 有

$$|f(x_2)-f(x_1)|<\varepsilon/4. \tag{2.10}$$

令

$$A=\left\{k:\left|\frac{k}{n}-x\right|<\delta\right\};\quad B=\left\{k:\left|\frac{k}{n}-x\right|\geqslant\delta\right\}. \tag{2.11}$$

根据 (2.8),

$$\begin{aligned}|B_n(f,x)-f(x)|\leqslant&\sum_{k\in A}\left|f\left(\frac{k}{n}\right)-f(x)\right|\binom{n}{k}x^k(1-x)^{n-k}\\&+\sum_{k\in B}\left|f\left(\frac{k}{n}\right)-f(x)\right|\binom{n}{k}x^k(1-x)^{n-k}\\=&I_1+I_2.\end{aligned} \tag{2.12}$$

利用 (2.10) 和 (2.5), 得到

$$I_1\leqslant\frac{\varepsilon}{4}\sum_{k\in A}\binom{n}{k}x^k(1-x)^{n-k}\leqslant\frac{\varepsilon}{4}\sum_{k=0}^{n}\binom{n}{k}x^k(1-x)^{n-k}=\frac{\varepsilon}{4}. \tag{2.13}$$

注意到 $k \in B \Rightarrow \left|\frac{k}{n}-x\right| \geqslant \delta \Rightarrow \frac{(k-nx)^2}{(n\delta)^2} \geqslant 1$, 于是, 再利用 (2.9) 和 (2.7) 得到

$$\begin{aligned} I_2 &\leqslant 2M\sum_{k\in B}\binom{n}{k}x^k(1-x)^{n-k} \leqslant 2M\sum_{k\in B}\frac{(k-nx)^2}{(n\delta)^2}\binom{n}{k}x^k(1-x)^{n-k} \\ &\leqslant \frac{2M}{(n\delta)^2}\sum_{k=0}^{n}(k-nx)^2\binom{n}{k}x^k(1-x)^{n-k} \leqslant \frac{2M}{(n\delta)^2}\times\frac{n}{4} = \frac{M}{2n\delta^2}. \end{aligned} \tag{2.14}$$

于是, 根据 (2.12), (2.13) 和 (2.14), 当 $n > M/(\varepsilon\delta^2)$ 时, 得到

$$|B_n(f,x)-f(x)| \leqslant \frac{\varepsilon}{4}+\frac{M}{2n\delta^2} < \frac{\varepsilon}{4}+\frac{\varepsilon}{2} < \varepsilon.$$

证毕.

这几个逼近定理在分析数学及其应用中都极为重要, 它们还是逼近论的定量理论的基础. 因此, 自从 1885 年 Weierstrass 证明这几个逼近定理以来, 就不断有新的证明方法问世, 这些新的证明方法往往包含新的思想或使用了新的分析工具、新的分析技巧, 从而在逼近论中开创新的研究方向. 例如, 奇异积分理论、Fourier 级数的求和理论、插值算子理论、单调算子理论等.

要将这几个逼近定理直接推广到高维欧氏空间甚至抽象空间是有困难的, 我们利用前面几章的知识, 去寻找与定理 2.1 和 2.2 等价的命题. 经过多年的分析与探索, 我们发现了以下的等价命题.

定理 2.1 (Weierstrass 第二逼近定理) 等价于:

(1) 对 $\forall f \in C_{2\pi}, \forall\varepsilon>0$, 都存在 n 阶三角多项式 $T_n(x)=\frac{a_0}{2}+\sum\limits_{k=1}^{n}(a_k\cos kx+b_k\sin kx)$, 使得

$$\|f-T_n\|_c = \max_{x\in\mathbf{R}^1}|f(x)-T_n(x)| < \varepsilon;$$

(2) 对 $\forall f \in C_{2\pi}$, f 都可在 $\mathbf{R}^1$ 上展开为一致收敛的三角多项式级数

$$f(x)=\sum_{n=1}^{\infty}T_n(x);$$

(3) 三角函数系 $\{1,\cos kx,\sin kx\}_{k=1}^{\infty}$ 在 $C_{2\pi}$ 中是完备的;

(4) 三角多项式集 $T=\{T_n(x)\}$ 在 $C_{2\pi}$ 中稠密, 即 $\overline{T}=C_{2\pi}$.

定理 2.2 (Weierstrass 第一逼近定理) 等价于:

(1) 对 $\forall f \in C[a,b], \forall\varepsilon>0$, 都存在 n 次代数多项式 $P_n(x)=\sum\limits_{k=1}^{n}a_kx^k$, 使得

$$\|f-P_n\|_c = \max_{x\in[a,b]}|f(x)-P_n(x)| < \varepsilon;$$

(2) 对 $\forall f \in C[a,b]$, f 都可在 $[a,b]$ 上展开为一致收敛的代数多项式级数

$$f(x)=\sum_{n=1}^{\infty} P_n(x);$$

(3) 函数系 $\{x^k\}_{k=0}^{\infty}$ 在 $C[a,b]$ 中是完备的;

(4) 代数多项式集 $P=\{P_n(x)\}$ 在 $C[a,b]$ 中稠密, 即 $\overline{P}=C[a,b]$.

经过长期分析研究, 发现第四个等价条件适合将逼近定理推广到抽象空间. 为此, 我们先定义

定义 2.1 设在实线性空间集 X 中定义了乘法, 而且该乘法还是封闭的, 即

$$\forall x, y \in X,\ \alpha, \beta \in \mathbf{R}^1 \Rightarrow \alpha x+\beta y,\ xy \in X,$$

则 X 是一个代数.

例如, 设 A 是距离空间 (X,d) 中的紧集或紧的 Hausdoff 空间, A 上的连续函数空间 $C(A)$ 就是一个代数. 代数多项式集 $\{P(x)\}$ 就是 $C(A)$ 的子代数.

1937 年, Stone 将上述逼近定理推广到距离空间:

定理 2.4 (Stone 逼近定理) 设 A 是距离空间 (X,d) 中的紧集或紧的 Hausdorff 空间, $C(A)$ 是 A 上的连续函数空间, $G(A)$ 是 $C(A)$ 的子代数, 则

$$\overline{G(A)}=C(A) \Leftrightarrow G(A) \text{ 在 } A \text{ 上不消失且分离 } A \text{ 中的点.}$$

说明: (1) $G(A)$ 在 A 上不消失, 是指: $\forall x_0 \in A$, $\exists g \in G(A)$, 使得 $g(x_0) \neq 0$. 例如 $1 \in A$.

(2) $G(A)$ 分离 A 中的点, 是指: $\forall x_1, x_2 \in A$, $x_1 \neq x_2$, $\exists g \in G(A)$, 使得 $g(x_1) \neq g(x_2)$.

作者在研究生的教学中, 感到这个定理好像与定理 2.1 和 2.2 不沾边, 而且该定理的证明又长又难懂. 为此, 作者查阅了大量相关的资料并进行了仔细分析, 发现 Stone 对于与定理 2.2 等价的 $\overline{P}=C[a,b]$ 的本质特征作了深刻的分析. 首先, $C[a,b]$ 不仅是一个线性空间, 而且还可以作乘法运算. 所以就在一般的线性空间中加上乘法运算, 而且这种乘法运算还是封闭的, 就把这种空间称为 "代数". (注意此处的 "代数" 是线性空间的子空间, 而不是我们平常所说的作为数学一个分支的代数.)

同时, Stone 也对代数多项式 P 的性质作了分析. 他发现 P 有两条性质是关键的:

(1) P 在 $[a,b]$ 上不消失, 即 $\forall x_0 \in [a,b]$, $\exists p(x) \in P$, 使得 $p(x_0) \neq 0$. 例如可取 $p(x_0)=1$. 因此, 该性质也可记为 $1 \in P$ (即 P 中包含常值函数).

(2) P 能分离 $[a,b]$ 中的点, 即 $\forall x_1, x_2 \in [a,b]$, $x_1 \neq x_2$, $\exists p(x) \in P$, 使得

$p(x_1) \neq p(x_2)$.

注意偶多项式集 P 就不能分离 $[-1,1]$ 中的点, 因为对于所有的偶函数 f, $f(-x)=f(x)$. Stone 发现, $C[a,b]$ 的任何一个子代数 G, 只要满足这两个条件, 都是在 $[a,b]$ 中稠密的. 将这些思路推广到距离空间, 就是定理 2.4 (Stone 定理).

作者在 "续论" [1] 第二章 §2 中详细介绍了上述思路, 不仅给出了该定理的简化证明, 还将逼近定理进一步推广到紧的拓扑空间中, 而多元的逼近定理则是该定理的直接推论:

推论 2.5 ($\mathbf{R}^n$ 中的 Weierstrass 第一逼近定理) 设 F 是 $\mathbf{R}^n$ 中有界闭集, 则 $\forall f \in C(F), \forall \varepsilon > 0, \exists P(x)$ (n 元代数多项式), 使得

$$\|f-P\|_c = \max_{x \in F} |f(x) - P(x)| < \varepsilon.$$

定理 2.2 中的 $[a,b]$ 是有限闭区间, 对于无界区间 $(-\infty, \infty)$ 上的连续函数, 就不能用代数多项式 $P_n(x)$ 去逼近它, 这时可改用有理函数 $Q(x)$ 逼近, 即:

推论 2.6 设 $f \in C(\mathbf{R}^1)$, $\lim\limits_{x\to\pm\infty} f(x)$ 存在, 则 $\forall \varepsilon > 0$, 存在有理函数 $Q(x)$, $\lim\limits_{x\to\pm\infty} Q(x)$ 存在, 使得

$$\|f-Q\|_c = \max_{x \in \mathbf{R}^1} |f(x) - Q(x)| < \varepsilon.$$

证 令

$$G(\mathbf{R}^1) = \{Q(x) : Q(x) \text{ 是有理函数, 且 } \lim_{x\to\pm\infty} Q(x) \text{ 存在}\},$$

则 $G(\mathbf{R}^1)$ 是 $C(\mathbf{R}^1)$ 的子代数. 它满足:

(1) $G(\mathbf{R}^1)$ 在 $\mathbf{R}^1$ 上不消失, 如可取 $Q(x)=1$;

(2) $G(\mathbf{R}^1)$ 分离 $\mathbf{R}^1 : \forall x_1, x_2 \in \mathbf{R}^1$, $x_1 \neq x_2$, $\exists G(x)$, 使得 $Q(x_1) \neq Q(x_2)$, 例如, 可取

$$Q(x) = \frac{1}{1+(x-x_1)^2}.$$

由 Stone 逼近定理 2.4, 知定理成立.

以上几个逼近定理的分析, 给我们的启示是:

(1) 定理 2.3 证明中使用的典型的分析技巧: 使用了两个恒等式和一个不等式, 将求和折成两个和分别处理, 将定理 2.1 和 2.2 的证明归结为定理 2.3, 不但大大简化了证明, 而且给出了具体的多项式的表达式, 即 Bernstein 多项式 $B_n(f,x)$, 这是开创性的重大成果. 因为只有多项式才能直接在计算机上计算, 其他的函数实际上是依赖于它与多项式的逼近实现的. 只是直接用该多项式作

数值计算时, 发现它的收敛速度太慢, 只能达到

$$|B_n(f,x)-f(x)| \leqslant \frac{Mx(1-x)}{n}, \quad x\in[0,1], \tag{2.15}$$

式中 $\|f\|_c \leqslant M$. 但这毕竟是开创性的成果, 没有这个开创性的成果, 就没有后来的各种推广和改进. 我们在教学中往往不大重视定理的证明, 只讲定理的结论, 特别是像 Stone 定理这样的长而难懂的证明干脆就不讲. 实际上, 花些时间去搞懂和理解这些证明是值得的. 因为其中往往反映了现代分析中的许多核心技巧, 没有 Stone 定理, 要直接证明后面的两个推论是十分困难的. 考虑到教学时数的限制, 作者将 Stone 定理的证明放在 "续论" 上册第二章 §2.

(2) 理论的重大创新不是凭空来的, 都是建立在从我们熟悉的事物中发现它的本质特征的基础上的, 这是一个漫长的探索过程. 这是作者一再强调 "理解是创新的源头" 的生动实例.

(3) (2.15) 还启示我们, 为了刻画逼近时收敛于 0 的速度, 就有了连续模的概念.

定义 2.2 设 Q 是赋范线性空间 $(X,\|\cdot\|)$ 中的凸集, 则 f 的连续模定义为

$$\omega(f,t)=\sup\{\|f(\cdot+h)-f(\cdot)\|:\|h\|<t\},\quad t>0. \tag{2.16}$$

特别地, 若 $f\in C(Q)$, 则

$$\omega(f,t)_c=\sup\{\|f(\cdot+h)-f(\cdot)\|_c:\|h\|<t\}. \tag{2.17}$$

若 $f\in L^p(Q)$, $1\leqslant p<\infty$, 则

$$\begin{aligned}\omega(f,t)_p &= \sup\{\|f(\cdot+h)-f(\cdot)\|_p:\|h\|<t\}\\ &= \sup\left\{\left(\int_Q |f(x+h)-f(x)|^p\,\mathrm{d}\mu(x)\right)^{1/p}:\|h\|<t\right\}\end{aligned}$$

称为 f 的积分连续模.

我们还可以定义高阶连续模. 取 $Q=[a,b]$ 或 $T=[0,2\pi]$, 并认为 f 可从 Q 延拓到全实数集 $\mathbf{R}^1$. 例如, 当 $x\in\mathbf{R}^1-[a,b]$ 时, 规定 $f(x)=0$. f 在点 x 的以 h 为步长的 m 阶差分定义为

$$\Delta_h^m(f,x)=\sum_{k=0}^m(-1)^{m-k}\binom{m}{k}f(x+kh). \tag{2.18}$$

f 的 m 阶连续模定义为

$$\omega_m(f,t)=\max\{\|\Delta_h^m(f)\|_c:|h|<t\}. \tag{2.19}$$

f 的 m 阶积分连续模定义为

$$\omega_m(f,t)_p=\max\{\|\Delta_h^m(f)\|_p:|h|\leqslant t\},1\leqslant p<\infty. \tag{2.20}$$

若将 (2.20) 中 $L^p(Q)$ 中的范数换成 Hardy 空间 H^p $(0<p\leqslant 1)$ 中的范数, 则称为 f 的 m 阶 H^p 连续模. 若将 (2.18) 中的有限和换成无穷和, 即

$$\omega_\alpha(f,t)=\sup\left\{\left|\sum_{k=0}^{\infty}(-1)^k\binom{\alpha}{k}f(x+kh)\right|:|h|\leqslant t,x\in Q,\alpha>0\right\}, \tag{2.21}$$

称为 f 的分数阶连续模.

与 f 的连续模有密切联系的是 f 的 K 泛函:

$$K_r(f,t)=\inf\left\{\|f-g\|_p+t^r\left\|g^{(r)}\right\|_p:g^{(r)}\in L^p(Q)\right\},$$

式中 $t>0$, $r>0$, $1\leqslant p\leqslant\infty$. 当 $p=\infty$ 时, 指 $C(Q)$.

更一般地, 设 $(X,\|\cdot\|)$ 是赋范线性空间, A 是 X 的稠密子空间且具有半范数 $|\cdot|_A$, 则

$$K_A(f,t)=\inf\{\|f-g\|+t|g|_A:g\in A\}$$

称为 X 上的 K 泛函, 它刻画了用 A 中元素 g 去逼近 X 中元素 f 的逼近程度. 通过 X,A 的各种不同的选取, 就可以得到各种不同形式的 K 泛函.

我们还要进一步考虑抽象空间中的最佳逼近及其如何实现的问题. 为此需要引入最佳逼近的确切定义.

定义 2.3 设 (X,d) 是距离空间, A 是 X 的非空子集, 若 $\forall x\in X,\exists y_0\in A$, 使得

$$d(x,y_0)=\inf\{d(x,y):y\in A\}, \tag{2.22}$$

则称 y_0 是 x 在集 A 中的最佳逼近元. 在赋范线性空间 $(X,\|\cdot\|)$ 中, (2.22) 换成

$$\|x-y_0\|=\inf\{\|x-y\|:y\in A\}. \tag{2.23}$$

设 $P_n(x)$, $T_n(x)$ 分别是 n 次代数多项式和 n 次三角多项式. 若 $f\in C[a,b]$, 则记

$$E_n(f)=\inf_{\{P_n\}}\{\|f-P_n\|_c\}=\|f-P_n^*\|_c; \tag{2.24}$$

若 $f\in C_{2\pi}$, 则记

$$E_n^*(f)=\inf_{\{T_n\}}\{\|f-T_n\|_c\}=\|f-T_n^*\|_c; \tag{2.25}$$

若 $f\in L^p(E)$, $1\leqslant p<\infty$, 则记

$$E_n(f)_p=\inf_{\{P_n\}}\{\|f-P_n\|_p\}=\|f-P_n^*\|_p\,; \tag{2.26}$$

若 $f\in L_{2\pi}^p$, $1\leqslant p<\infty$, 则记

$$E_n^*(f)_p=\inf_{\{T_n\}}\{\|f-T_n\|_p\}=\|f-T_n^*\|_p\,. \tag{2.27}$$

$E_n(f)$, $E_n^*(f)$, $E_n(f)_p$, $E_n^*(f)_p$ 称为 f 的最佳逼近, $P_n^*(x)$, $T_n^*(x)$ 称为 f 的最佳逼近多项式.

我们还可以将这种多项式作进一步的推广. 设 $\{g_k\}$ 是赋范线性空间 $(X,\|\cdot\|)$ 中的元素列, 它们的有限线性组合 $G_n(x)=\sum\limits_{k=1}^{n}c_kg_k(x)$ 称为广义多项式, 则 f 关于 $\{g_k\}$ 的最佳逼近定义为:

$$E_n(f)=\inf_{\{g_k\}}\left\|f-\sum_{k=1}^{n}c_kg_k\right\|=\|f-G_n^*\|\,, \tag{2.28}$$

式中 $G_n^*=\sum\limits_{k=1}^{n}c_k^*g_k$ 称为 f 的最佳逼近广义多项式.

设 $\{g_k\}$ 是 $C[a,b]$ 中线性无关的函数系, 若任一不恒为 0 的广义多项式 $G_n(x)=\sum\limits_{k=1}^{n}c_kg_k(x)$ 在 $[a,b]$ 上至多有 $n-1$ 个不同的根, 则称 $\{g_k\}$ 在 $[a,b]$ 上满足 Haar 条件. 利用这个条件, 我们找到了最佳逼近广义多项式存在的充要条件, 即下述定理 2.7:

定理 2.7　设 $\{g_k\}$ 在 $C[a,b]$ 上满足 Haar 条件, 则对 $\forall f\in C[a,b]$, $G_n^*(x)=\sum\limits_{k=1}^{n}c_k^*g_k(x)$ 是 f 在 $C[a,b]$ 上的最佳逼近广义多项式的充要条件是 $f(x)-G_n^*(x)$ 在 $[a,b]$ 上至少有 $n+1$ 个 Chebyshev 交错点 $\{x_k\}_{k=0}^{n}$, 即 $f(x)-G_n^*(x)$ 在这些点上以正负相间的符号取到其绝对值的最大值:

$$\|f-G_n^*\|_c=\max_{x\in[a,b]}|f(x)-G_n^*(x)|\,.$$

证明见 [37] PP. 34–41.

最佳逼近的定性理论包括最佳逼近广义多项式的存在性、唯一性、实现性(即如何求出最佳逼近广义多项式)、最佳逼近元的特征等; 最佳逼近的定量理论包括连续模、逼近转化定理、正定理 (从函数 f 的结构性质推出 $E_n(f)$, $E_n^*(f)$ 收敛于 0 的速度)、逆定理、线性算子的逼近定理、样条逼近、有理逼近等, 都有十分丰富的研究成果和文献, 例如 [36, 37]. 有关多项式的倒数逼近的新的研究成果可参见《应用泛函分析学报》(2018, 20(2): 136–141).

§3 分数次积分算子 (量子微积分)

量子微积分 (quantum calculus) 包括分数次微积分 (fractional calculus) 和 q-微积分 (q-calculus). 分数次微积分在 1695 年就出现了, 几乎与我们熟悉的经典微积分同时诞生. 但是, 在相当长的时间里, 人们都把前者看成没有实际应用的纯数学领域. 最近几十年, 人们在现实世界中找到了分数次微积分越来越多的令人信服的应用. 例如量子理论、信号分析与处理、图像处理、计算机网络、正交多项式、数论、流体力学、动力学、黏弹性理论、生物学、控制理论、线性变换的稳定性、分数次积分微分方程、初值问题、脉冲方程等、分数次微积分在数学、物理、信息技术和其他科学的几乎所有领域都起着重要的作用.

1832 年, Liouville 首先引入分数次积分算子, 今天称为 R–L (Riemann–Liouville) 分数次积分算子, 即

定义 3.1 设 $f \in L[a,b]$, $0 \leqslant a < b$, $\alpha > 0$, f 以 a 为始点的左 α 阶 RL 分数次积分算子定义为

$$T_{a+}^{\alpha}(f,x) = \frac{1}{\Gamma(\alpha)}\int_a^x (x-t)^{\alpha-1}f(t)\mathrm{d}t, \quad x > a; \tag{3.1}$$

f 以 b 为终点的右 α 阶 R–L 分数次积分算子定义为

$$T_{b-}^{\alpha}(f,x) = \frac{1}{\Gamma(\alpha)}\int_x^b (t-x)^{\alpha-1}f(t)\mathrm{d}t, \quad x < b, \tag{3.2}$$

式中

$$\Gamma(\alpha) = \int_0^{\infty} t^{\alpha-1}\mathrm{e}^{-t}\mathrm{d}t$$

是 Gamma 函数. 当 $\alpha = 1$ 时, 它们归结为常义积分: $T_{a+}^{1}(f,x) = \displaystyle\int_a^x f(t)\mathrm{d}t$; 当 $\alpha = 0$ 时, 它们归结为 $T_{a+}^{0}(f,x) = T_{b-}^{0}(f,x) = f(x)$.

最近几十年来, 定义 3.1 已有大量的推广, 作者在《常用不等式》[2] 中就列出了 23 种不同的定义. 下面仅从中选取若干有代表性的定义.

定义 3.2 设 $f \in L[a,b]$, $0 \leqslant a < b$, $\alpha, k > 0$, 则 f 的 R–L α 阶 k 次分数次积分算子定义为

$$T_{a+}^{\alpha,k}(f,x) = \frac{1}{k\Gamma_k(\alpha)}\int_a^x (x-t)^{(\alpha/k)-1}f(t)\mathrm{d}t, \quad x > a; \tag{3.3}$$

$$T_{b-}^{\alpha,k}(f,x) = \frac{1}{k\Gamma_k(\alpha)}\int_x^b (t-x)^{(\alpha/k)-1}f(t)\mathrm{d}t, \quad x < b, \tag{3.4}$$

式中

$$\Gamma_k(\alpha)=\int_0^{\infty} t^{\alpha-1}\exp\left\{-\frac{t^k}{k}\right\}\mathrm{d}t \tag{3.5}$$

是 k-Gamma 函数. 特别地,

$$\Gamma_1(\alpha)=\int_0^{\infty} t^{\alpha-1}\mathrm{e}^{-t}\mathrm{d}t=\Gamma(\alpha),\quad \Gamma_k(\alpha)=k^{(\alpha/k)-1}\Gamma(\alpha/k),$$

$$\Gamma_k(\alpha+k)=\alpha\Gamma_k(\alpha),\quad \lim_{k\to 1}\Gamma_k(\alpha)=\Gamma(\alpha).$$

f 的广义 (α,r) 阶分数次积分定义为

$$T_a^{\alpha,r}(f,x)=\frac{(r+1)^{1-\alpha}}{\Gamma(\alpha)}\int_a^x (x^{r+1}-t^{r+1})^{\alpha-1}t^r f(t)\mathrm{d}t,\quad \alpha,r\geqslant 0,\ x\in[a,b].$$

f 的 Riemann 型 (k,r) 阶分数次积分定义为

$$T_a^{\alpha,r,k}(f,x)=\frac{(r+1)^{1-(\alpha/k)}}{k\Gamma_k(\alpha)}\int_a^x (x^{r+1}-t^{r+1})^{(\alpha/k)-1}t^r f(t)\mathrm{d}t,\quad \alpha,r\geqslant 0,\ x\in[a,b].$$

定义 3.3 设 $f\in L[a,b]$, $0\leqslant a<x<b\leqslant\infty$, $n<\alpha\leqslant n+1$, $\beta>0$, 则 f 的 α 阶一致分数次积分算子定义为

$$T_{1a}^{\alpha}(f,x)=\frac{1}{n!}\int_a^x (x-t)^n(t-a)^{\alpha-n-1}f(t)\mathrm{d}t; \tag{3.6}$$

$$T_{1b}^{\alpha}(f,x)=\frac{1}{n!}\int_x^b (t-x)^n(b-t)^{\alpha-n-1}f(t)\mathrm{d}t. \tag{3.7}$$

f 的 (α,β) 阶广义一致分数次积分定义为

$$T_{1a}^{\alpha,\beta}(f,x)=\frac{\beta^{1-\alpha}}{\Gamma(\alpha)}\int_a^x ((x-a)^\beta-(t-a)^\beta)^{\alpha-1}(t-a)^{\beta-1}f(t)\mathrm{d}t; \tag{3.8}$$

$$T_{1b}^{\alpha,\beta}(f,x)=\frac{\beta^{1-\alpha}}{\Gamma(\alpha)}\int_x^b ((b-t)^\beta-(b-x)^\beta)^{\alpha-1}(b-t)^{\beta-1}f(t)\mathrm{d}t. \tag{3.9}$$

f 的 (k,α,β) 阶广义一致分数次积分定义为

$$T_{1a}^{\alpha,\beta,k}(f,x)=\frac{\beta^{1-(\alpha/k)}}{k\Gamma_k(\alpha)}\int_a^x ((x-a)^\beta-(t-a)^\beta)^{(\alpha/k)-1}(t-a)^{\beta-1}f(t)\mathrm{d}t; \tag{3.10}$$

$$T_{1b}^{\alpha,\beta,k}(f,x)=\frac{\beta^{1-(\alpha/k)}}{k\Gamma_k(\alpha)}\int_x^b ((b-t)^\beta-(b-x)^\beta)^{(\alpha/k)-1}(t-a)^{\beta-1}f(t)\mathrm{d}t. \tag{3.11}$$

定义 3.4 设 $f\in L[a,b]$, $0\leqslant a<x<b\leqslant\infty$, $\alpha>0$, 则 f 的 α 阶

Hadamard 分数次积分算子定义为

$$T_{2a}^{\alpha}(f,x)=\frac{1}{\Gamma(\alpha)}\int_a^x(\ln x-\ln t)^{\alpha-1}f(t)\frac{\mathrm{d}t}{t};\tag{3.12}$$

$$T_{2b}^{\alpha}(f,x)=\frac{1}{\Gamma(\alpha)}\int_x^b(\ln t-\ln x)^{\alpha-1}f(t)\frac{\mathrm{d}t}{t}.\tag{3.13}$$

定义 3.5 设 $f\in L[a,b]$, $0\leqslant a<x<b\leqslant\infty$, $\alpha,\beta>0$, 则 f 的 α 阶 Katugampola 分数次积分算子定义为

$$T_{3a}^{\alpha,\beta}(f,x)=\frac{\beta^{1-\alpha}}{\Gamma(\alpha)}\int_a^x(x^\beta-t^\beta)^{\alpha-1}f(t)t^{\beta-1}\mathrm{d}t;\tag{3.14}$$

$$T_{3b}^{\alpha,\beta}(f,x)=\frac{\beta^{1-\alpha}}{\Gamma(\alpha)}\int_x^b(t^\beta-x^\beta)^{\alpha-1}f(t)t^{\beta-1}\mathrm{d}t.\tag{3.15}$$

定义 3.6 设 $\mu,\alpha,k,\delta,c>0$, 广义 Mittag–Leffler 函数定义为

$$G(t)=\sum_{n=0}^{\infty}\frac{(c)_{nk}}{\Gamma(n\mu+\alpha)}\times\frac{t^n}{(l)_{n\delta}},$$

式中

$$(c)_n=\frac{\Gamma(c+n)}{\Gamma(c)}=c(c+1)\cdots(c+n-1),\quad (c)_0=1$$

是 Pochhammer 符号.

设 $f\in L[a,b]$, $0\leqslant a<x<b\leqslant\infty$, $\alpha>0$, 则包含 $G(t)$ 的 f 的广义分数次积分算子定义为

$$T_{4a}(f,x)=\int_a^x(x-t)^{\alpha-1}G(\omega(x-t)^\mu)f(t)t^{\beta-1}\mathrm{d}t;\tag{3.16}$$

$$T_{4b}(f,x)=\int_x^b(t-x)^{\alpha-1}G(\omega(t-x)^\mu)f(t)t^{\beta-1}\mathrm{d}t.\tag{3.17}$$

特别地, 当 $k=\delta=1$ 时, T_{4a} 归结为 Srivastava–Tomovski 分数次积分算子; 当 $k=\delta=l=1$ 时, T_{4a} 归结为 Prabhaker 分数次积分算子; 当 $\omega=0$ 时, T_{4a} 归结为 Riemann–Liouville 分数次积分算子.

定义 3.7 设 $f\in L[a,b]$, $0\leqslant a<x<b\leqslant\infty$, $\alpha>0$, $g:[a,b]\to(0,\infty)$ 是递增函数, 且 $g'\in C[a,b]$, 则 f 的 g-R–L 分数次积分算子定义为

$$T_{5a}^{\alpha,g}(f,x)=\frac{1}{\Gamma(\alpha)}\int_a^x g'(t)(kg(x)-g(t))^{\alpha-1}f(t)\mathrm{d}t,$$

$$T_{5b}^{\alpha,g}(f,x)=\frac{1}{\Gamma(\alpha)}\int_x^b g'(t)((g(t)-g(x))^{\alpha-1}f(t)\mathrm{d}t.$$

2020 年, 作者针对上述众多的定义, 引入了下述广义分数次积分算子:

定义 3.8 设 $f \in L[a,b]$, $0 \leqslant a < x < b \leqslant \infty$, $\alpha > 0$, $g : [a,b] \to (0,\infty)$ 是递增函数, 且 $g \in AC[a,b]$, $c, k > 0$, 则 f 的广义分数次积分算子定义为

$$T_6(f,x) = \frac{c}{k\Gamma_k(\alpha)} \int_a^b g'(t)|g(x) - g(t)|^{(\alpha/k)-1} f(t)\mathrm{d}t.$$

若令

$$T_{6a}(f,x) = \frac{c}{k\Gamma_k(\alpha)} \int_a^x g'(t)(g(x) - g(t))^{(\alpha/k)-1} f(t)\mathrm{d}t,$$

$$T_{6b}(f,x) = \frac{c}{k\Gamma_k(\alpha)} \int_x^b g'(t)(g(t) - g(x))^{(\alpha/k)-1} f(t)\mathrm{d}t,$$

则

$$T_6(f,x) = T_{6a}(f,x) + T_{6b}(f,x).$$

令

$$T_7(f,x) = T_{6b}(f,x) - T_{6a}(f,x),$$

则 T_7 称为分数次面积平衡算子. 取 $c = 1$, $k = 1$, 就归结为定义 3.7; 取 $k = 1$, $g(t) = t^\beta$, $c = \beta^{1-\alpha}$, 就归结为定义 3.5; 取 $c = k = 1$, $g(t) = \ln t$, 就归结为定义 3.4; 取 $c = 1$, $k = 1$, $g(t) = t^{\beta+\gamma}$ 就得到 α 阶一致分数次积分算子; 取 $c = \frac{1}{2}$, $\alpha = k = 1$, $g(t) = t$, T_7 就归结为 2018 年 Dragomir 引入的 f 的面积平衡函数:

$$S(f,x) = \frac{1}{2}\left(\int_x^b f(t)\mathrm{d}t - \int_a^x f(t)\mathrm{d}t\right).$$

所以, 通过对函数 g 和参数 c, k, α 的不同选取, 就可以得到许多已知和新的分数次积分算子.

定义 3.9 ([4] PP. 251–255) 设 $f \in L[a,b]$, $0 \leqslant a < x < b \leqslant \infty$, $\alpha > 0$, $g : [a,b] \to (0,\infty)$ 是递增函数, 且 $g' \in C[a,b]$, $\varphi : [0,\infty) \to [0,\infty)$ 满足

(1) $\displaystyle\int_0^1 \frac{\varphi(t)}{t}\mathrm{d}t < \infty$;

(2) $\dfrac{1}{c_1} \leqslant \dfrac{\varphi(s)}{\varphi(r)} \leqslant c_1$, 此处 $\dfrac{1}{2} \leqslant \dfrac{s}{r} \leqslant 2$;

(3) $\dfrac{\varphi(r)}{r^2} \leqslant c_2 \dfrac{\varphi(s)}{s^2}$, 此处 $s \leqslant r$;

(4) $\left|\dfrac{\varphi(r)}{r^2}-\dfrac{\varphi(s)}{s^2}\right|\leqslant c_3|r-s|\dfrac{\varphi(r)}{r^2}$, 此处 $\dfrac{1}{2}\leqslant\dfrac{s}{r}\leqslant 2$,

式中, 常数 c_1, c_2, c_3 与 $r, s>0$ 无关. 如果对于某些 $\alpha, \beta>0$, $\varphi(r)r^{\alpha}$ 递增, $\dfrac{\varphi(r)}{r^{\beta}}$ 递减, 那么 φ 就满足条件 (1)–(4), 则 f 的关于 g 的广义分数次积分算子定义为

$$T_{8a}^{\varphi,g}(f,x)=\int_a^x\frac{\varphi(g(x)-g(t))}{g(x)-g(t)}g'(t)f(t)\mathrm{d}t; \tag{3.18}$$

$$T_{8b}^{\varphi,g}(f,x)=\int_x^b\frac{\varphi(g(t)-g(x))}{g(t)-g(x)}g'(t)f(t)\mathrm{d}t.$$

这个定义统一和推广了许多已知和新的分数次积分算子, 例如:

(1) 取 $g(t)=t$, 就得到

$$T_{9a}^{\varphi}(f,x)=\int_a^x\frac{\varphi(x-t)}{x-t}f(t)\mathrm{d}t; \tag{3.19}$$

$$T_{9b}^{\varphi}(f,x)=\int_x^b\frac{\varphi(t-x)}{t-x}f(t)\mathrm{d}t.$$

它包括了定义 3.1 $\left(\text{取 }\varphi(t)=\dfrac{t^{\alpha}}{\Gamma(\alpha)}\right)$、定义 3.2 $\left(\text{取 }\varphi(t)=\dfrac{t^{\alpha/k}}{k\Gamma_k(\alpha)}\right)$、定义 3.4、定义 3.5 等.

(2) 取 $\varphi(u)=\dfrac{1}{k\Gamma_k(\alpha)}u^{\alpha/k}$, 就得到定义 3.8.

(3) 取 $\varphi(u)=u(g(x)-u)^{\alpha-1}$, $\alpha\in(0,1)$, 则 (3.18) 归结为 f 关于 g 的一致分数次积分算子:

$$T_{10a}^{g}(f,x)=\int_a^x(g(u))^{\alpha-1}g'(u)f(u)\mathrm{d}u.$$

(4) 取 $\varphi(u)=\dfrac{u}{\alpha}\exp\{-cu\}$, $c=\dfrac{1-\alpha}{\alpha}$, $\alpha\in(0,1)$, 则 (3.18) 归结为 f 关于 g 的带指数核的分数次积分算子:

$$T_{11a}^{g}(f,x)=\frac{1}{\alpha}\int_a^x\exp\{-c(g(x)-g(u))\}g'(u)f(u)\mathrm{d}u;$$

$$T_{11b}^{g}(f,x)=\frac{1}{\alpha}\int_x^b\exp\{-c(g(u)-g(x))\}g'(u)f(u)\mathrm{d}u.$$

对于多元函数的分数次积分, 现有文献中还仅限于二元函数, 这种将函数的矩形定义域分块的办法不适宜推广到高维. 2021 年, 作者在一般的线性空间中定义了广义分数次积分算子和分数次平衡算子, 即:

定义 3.10 n 维线性空间定义为

$$E_n = \left\{ x = (x_1, \cdots, x_n) : x_k \geqslant 0, 1 \leqslant k \leqslant n, \|x\| = \left(\sum_{k=1}^{n} |x_k|^r \right)^{1/r}, r > 0 \right\}.$$

当 $n = 2$ 时, $E_n = \mathbf{R}_+^n$. 记

$$D = \{x = (x_1, \cdots, x_n) : x_k \geqslant 0, 0 \leqslant a < \|x\| < b\}, \quad 0 < \mu(D) < \infty,$$

$$D_1 = \{y = (y_1, \cdots, y_n) : y_k \geqslant 0, 0 \leqslant a < \|y\| < \|x\|, x \in D\},$$

$$D_2 = \{y = (y_1, \cdots, y_n) : y_k \geqslant 0, \|x\| < \|y\| < b, x \in D\}.$$

设 $f \in L(D)$, $g : [a, b] \to (0, \infty)$ 是递增函数, 且 $g \in AC[a, b]$, $c, k, \alpha > 0$, $a \geqslant 0$, 则 f 的广义分数次积分算子定义为

$$T_{12}(f, x) = \frac{c}{k\Gamma_k(\alpha)} \int_D g'(\|y\|) \left| g(\|x\|) - g(\|y\|) \right|^{(\alpha/k)-1} f(y) \mathrm{d}y.$$

若令

$$T_{13}(f, x) = \frac{c}{k\Gamma_k(\alpha)} \int_{D_1} g'(\|y\|)(g(\|x\|) - g(\|y\|))^{(\alpha/k)-1} f(y) \mathrm{d}y,$$

$$T_{14}(f, x) = \frac{c}{k\Gamma_k(\alpha)} \int_{D_2} g'(\|y\|)(g(\|y\|) - g(\|x\|))^{(\alpha/k)-1} f(y) \mathrm{d}y,$$

则

$$T_{12}(f, x) = T_{13}(f, x) + T_{14}(f, x).$$

令

$$T_{15}(f, x) = T_{14}(f, x) - T_{13}(f, x),$$

则 T_{15} 称为分数次平衡算子.

将古典的积分算子推广到分数次积分算子, 成为新的热门研究方向. 例如 2022 年作者和 Michael Th. Rassias 在 Banach 空间上引入了新的分数次 Hilbert 型积分算子, 即

定义 3.11 设 $f \in L(E_n)$, 径向核 $K(\|x\|, \|y\|)$ 是 $E_n \times E_n$ 上的非负可测函数, $\alpha, c > 0$, 则分数次 Hilbert 型积分算子定义为

$$T(f, x) = \frac{c}{k\Gamma_k(\alpha)} \int_{E_n} \{K(\|x\|, \|y\|)\}^{n\left(\frac{\alpha}{k}-1\right)} f(y) \mathrm{d}y. \tag{3.20}$$

如果核 K 满足以下条件:

$$K(t\|x\|, \|y\|) = t^{-\lambda_1} K(\|x\|, t^{-\lambda_1/\lambda_2} \|y\|), \tag{3.21}$$

$$K(\|x\|, t\|y\|) = t^{-\lambda_2} K(\|x\| t^{-\lambda_2/\lambda_1}, \|y\|), \tag{3.22}$$

式中, $t, \lambda_1, \lambda_2 > 0$, $\lambda_1 \neq \lambda_2$, 则 K 称为非齐性核.

定理 3.1 设 $1 < p < \infty$, $\frac{1}{p} + \frac{1}{q} = 1$, $\alpha, \lambda_1, \lambda_2 > 0$, 非齐性核 K 满足条件 (3.21) 和 (3.22), 并设

$$\omega_1(x) = \|x\|^{n\left(1-\lambda_1\left(\frac{\alpha}{k}-1\right)\right)(p-1)},$$

$$\omega_2(x) = \|x\|^{n\left(1-\lambda_2\left(\frac{\alpha}{k}-1\right)\right)(q-1)}.$$

若 $f \in L^p_{\omega_1}(E_n)$, $g \in L^q_{\omega_2}(E_n)$, 而且

$$c_1 = \frac{(\Gamma(1/\beta))^n}{\beta^{n-1}\Gamma(n/\beta)} \int_0^\infty \{K(1,u)\}^{n\left(\frac{\alpha}{k}-1\right)} u^{\frac{n\lambda_2}{p}\left(\frac{\alpha}{k}-1\right)-1} \mathrm{d}u < \infty,$$

$$c_2 = \frac{(\Gamma(1/\beta))^n}{\beta^{n-1}\Gamma(n/\beta)} \int_0^\infty \{K(u,1)\}^{n\left(\frac{\alpha}{k}-1\right)} u^{\frac{n\lambda_1}{q}\left(\frac{\alpha}{k}-1\right)-1} \mathrm{d}u < \infty,$$

则

$$\int_{E_n}\int_{E_n} \{K(\|x\|, \|y\|)\}^{n((\alpha/k)-1)} f(x)g(y)\mathrm{d}x\mathrm{d}y \leqslant c_1^{1/p} c_2^{1/q} \|f\|_{p,\omega_1} \|g\|_{q,\omega_2}. \tag{3.23}$$

若

$$c_3 = \frac{(\Gamma(1/\beta))^n}{\beta^{n-1}\Gamma(n/\beta)} \int_0^\infty \{K(1,u)\}^{n(\frac{\alpha}{k}-1)} u^{\frac{n\lambda_1}{q}\left(\frac{\alpha}{k}-1\right)-1} \mathrm{d}u < \infty,$$

则

$$\frac{c}{k\Gamma_k(\alpha)} c_3 \leqslant \|T\| = \sup_{f\neq 0} \frac{\|Tf\|_{p,\omega_3}}{\|f\|_{p,\omega_1}} \leqslant \frac{c}{k\Gamma_k(\alpha)} c_1^{1/p} c_2^{1/q}, \tag{3.24}$$

这里, $\omega_3(x) = \|x\|^{-n\left(1-\lambda_1\left(\frac{\alpha}{k}-1\right)\right)}$ (见 [39]).

延伸阅读: 与分数次积分相应的是分数次微分, 可参阅作者的《常用不等式》[2].

§4 凸分析

凸函数的理论基础主要由 Jensen 于 1906 年左右奠定的. 由凸函数理论发展起来的凸分析, 已成为现代分析的一门独立分支. 它在现代分析和科学技术、工程, 特别是经济学、统计学、管理科学、最优化理论、非线性规划等众多领域都发挥着越来越大的作用, 而这些应用又反过来推动凸分析理论的发展.

一、凸函数的定义

(一) 凸函数的基本定义

定义 4.1 设 $f:[a,b]\to\mathbf{R}^1$, 若 $\forall x,y\in[a,b]$, $t\in[0,1]$, 成立

$$f(tx+(1-t)y)\leqslant tf(x)+(1-t)f(y), \tag{4.1}$$

则称 f 是 $[a,b]$ 上的凸函数. 若对于 $x\neq y$, $0<t<1$, (4.1) 中成立严格不等号, 则称 f 是 $[a,b]$ 上的严格凸函数. 当 $-f$ 是凸函数时, 则称 f 是 $[a,b]$ 上的凹函数.

若 (4.1) 式仅对 $t=\dfrac{1}{2}$ 成立, 即

$$f\left(\frac{x+y}{2}\right)\leqslant\frac{1}{2}(f(x)+f(y)), \tag{4.2}$$

则称 f 是 $[a,b]$ 上的中点凸函数, 又称为 Jensen 意义下的凸函数, 简称为 J 凸函数.

一般地, f 凸 $\Rightarrow$ f 中点凸, 反之不成立. 但是, 当函数 f 可测时, f 中点凸 $\Rightarrow$ f 凸. 在开区间上可测的凸函数都是连续的, 所以, 不连续的凸函数在任意的内部区间上都无界而且是不可测的.

我们可以将区间 $[a,b]$ 推广到线性空间中的凸子集上, 得到

定义 4.2 设 E 是线性空间 X 中的凸子集. 设 $f:E\to\mathbf{R}^1$, 若 $\forall x,y\in E$, $t\in[0,1]$, 成立

$$f(tx+(1-t)y)\leqslant tf(x)+(1-t)f(y), \tag{4.3}$$

则称 f 是 E 上的凸函数. 若对于 $x\neq y$, $0<t<1$, (4.3) 中成立严格不等号, 则称 f 是 E 上的严格凸函数. 当 $-f$ 是凸函数时, 则称 f 是 E 上的凹函数.

(二) 凸函数概念的推广

作者在《常用不等式》[2] 第七章中就总结了凸函数推广的 60 多个不同的定义, 还远不是凸函数定义的全部. 面对似乎是没完没了的定义, 我们可以梳理推广凸函数概念的基本思路:

1. 在定义 4.1 的 (4.1) 式中, 不妨设 $0<a<b$. $A(x,y)=tx+(1-t)y$ 实际上是 x,y 的加权算术平均, 而 $A(f(x),f(y))=tf(x)+(1-t)f(y)$ 是 $f(x),f(y)$ 的加权算术平均, 所以 (4.1) 式可写成:

$$f(A(x,y))\leqslant A(f(x),f(y)), \tag{4.4}$$

并且可称 f 是 AA 凸函数.

这就启示我们, 若将 (4.4) 中的加权算术平均换成别的平均, 就可以得到凸

函数概念的新推广. 例如,

定义 4.3 设 $G(x,y)=x^ty^{1-t}$ 是 x,y 的加权几何平均, 若

$$f(G(x,y))\leqslant A(f(x),f(y)),\tag{4.5}$$

则称 f 是 GA 凸函数. 若

$$f(A(x,y))\leqslant G(f(x),f(y)),\tag{4.6}$$

则称 f 是 AG 凸函数. 若

$$f(G(x,y))\leqslant G(f(x),f(y)),\tag{4.7}$$

则称 f 是 GG 凸函数.

定义 4.4 设 $M_r(x,y)=(tx^r+(1-t)y^r)^{1/r}(r\neq 0)$ 是 x,y 的加权幂平均, 特别地, $M_1(x,y)=tx+(1-t)y$ 是 x,y 的加权算术平均, $M_0(x,y)=x^ty^{1-t}=G(x,y)$ 是 x,y 的加权几何平均, $M_{-1}(x,y)=(tx^{-1}+(1-t)y^{-1})^{-1}$ 是 x,y 的加权调和平均, 若

$$f(M_r(x,y))\leqslant M_r(f(x),f(y)),\tag{4.8}$$

则称 f 是 M_rM_r 凸函数.

定义 4.5 设 $M_1(x,y),M_2(x,y)$ 是 x,y 的任意两个平均, 若

$$f(M_1(x,y))\leqslant M_2(f(x),f(y)),\tag{4.9}$$

则称 f 是 M_1M_2 凸函数.

对这些平均的不同选取, 就得到许多不同的凸函数.

2. 强凸: 在上述不等式右边减去一个非负项, 就得到许多不同的强凸函数. 例如,

定义 4.6 设 $f:[a,b]\to\mathbf{R}^1$, 若 $\forall x,y\in[a,b]$, $t\in[0,1]$, $c>0$, 成立

$$f(tx+(1-t)y)\leqslant tf(x)+(1-t)f(y)-ct(1-t)(x-y)^2,\tag{4.10}$$

则称 f 是 $[a,b]$ 上的具有模 c 的强凸函数.

定义 4.7 设 $f:[a,b]\to\mathbf{R}^1$, 若 $\forall x,y\in[a,b]$, $t\in[0,1]$, $\varphi:(0,\infty)\to(0,\infty)$, 成立

$$f(tx+(1-t)y)\leqslant tf(x)+(1-t)f(y)-t(1-t)\varphi(|x-y|),\tag{4.11}$$

则称 f 是 $[a,b]$ 上的具有模 φ 的一致凸函数.

定义 4.8 设 E 是赋范线性空间 X 中的凸子集. 设 $f:E\to\mathbf{R}^1$, 若 $\forall x,y\in E$, $t\in[0,1]$, $c>0$, 成立

$$f(tx+(1-t)y) \leqslant tf(x)+(1-t)f(y)-ct(1-t)\|x-y\|^2, \tag{4.12}$$

则称 f 是 E 上的具有模 c 的强凸函数.

3. 预凸: 将 $tx+(1-t)y$ 换成 $x+t\eta(y,x)$, 或将 $tf(x)+(1-t)f(y)$ 换成 $f(x)+t\eta(f(y),f(x))$, 就得到许多不同的预不变凸函数. 例如,

定义 4.9 设 $f:[a,b]\to \mathbf{R}^1$, 若存在映射 $\eta:[a,b]\times[a,b]\to \mathbf{R}^1$, 使得 $\forall x,y\in[a,b]$, $t\in[0,1]$, $c>0$, $y+t\eta(x,y)\in[a,b]$, 成立

$$f(y+t\eta(x,y)) \leqslant tf(x)+(1-t)f(y), \tag{4.13}$$

则称 f 是 $[a,b]$ 上的 η 预不变凸函数. 特别地, 当 $\eta(x,y)=x-y$ 时, (4.13) 归结为 (4.1).

定义 4.10 设 $f:[a,b]\to\mathbf{R}^1$, 映射 $\eta:\mathbf{R}^1\times\mathbf{R}^1\to\mathbf{R}^1$, 若 $\forall x,y\in[a,b]$, $t\in[0,1]$, 成立

$$f(tx+(1-t)y) \leqslant f(y)+t\eta(f(x),f(y)), \tag{4.14}$$

则称 f 是 $[a,b]$ 上的 η 凸函数.

定义 4.11 设 E 是线性空间 X 的凸子集. 若存在映射 $\eta:E\times E\to X$, 使得 $\forall x,y\in E$, $t\in[0,1]$, $y+t\eta(x,y)\in E$, 则称 E 是 η 不变凸集, 若 $f:E\to\mathbf{R}^1$, 成立

$$f(y+t\eta(x,y)) \leqslant tf(x)+(1-t)f(y), \tag{4.15}$$

则称 f 是 E 上的 η 预不变凸函数. 当 $\eta(x,y)=x-y$ 时, (4.15) 归结为 (4.3).

4. 将 f 换成复合函数 $f(g)$ 或 $g(f)$

定义 4.12 设 $g:[a,b]\to\mathbf{R}^1$ 是严格递增函数, 若 $f:[g(a),g(b)]\to\mathbf{R}^1$ 满足

$$f(tg(x)+(1-t)g(y)) \leqslant tf(g(x))+(1-t)f(g(y)), \tag{4.16}$$

则称 f 是关于 g 的凸函数.

定义 4.13 设 $g:[a,b]\to\mathbf{R}^1$ 是严格递增函数, $\lambda\in(0,1]$, 若 $f:[a,b]\to\mathbf{R}^1$ 满足

$$g(f(tx+\lambda(1-t)y)) \leqslant tg(f(x))+\lambda(1-t)g(f(y)), \tag{4.17}$$

则称 f 是关于 g 在 $[a,b]$ 上的 λ 凸函数.

特别地, 若 $g(x)=\mathrm{e}^x$, 从 (4.17) 得到

$$\exp\{f(tx+\lambda(1-t)y)\} \leqslant t\exp\{f(x)\}+\lambda(1-t)\exp\{f(y)\}, \tag{4.18}$$

则称 f 是指数 λ 凸函数.

5. 将 t 换成 $h(t)$

定义 4.14 设 $h:(0,1)\to(0,\infty)$ 是给定的函数, 若 $f:[a,b]\to\mathbf{R}^1$ 满足

$$f(tx+(1-t)y)\leqslant h(t)f(x)+h(1-t)f(y), \tag{4.19}$$

则称 f 是 h 凸函数.

定义 4.15 设 $h:(0,1)\to(0,\infty)$ 是给定的函数, 若 $f:[a,b]\to\mathbf{R}^1$ 满足

$$f(tx+(1-t)y)\leqslant h(t)f(x)+(1-h(t))f(y), \tag{4.20}$$

则称 f 是变形 h 凸函数.

6. 将函数 (泛函) f 换成算子 T

定义 4.16 设 X 是实 Hilbert 空间, E 是 X 的非空子集. 若存在算子 $T:X\to X$, 使得 $\forall x,y\in E$, $\forall t\in[0,1]$, 有 $tT(x)+(1-t)T(y)\in E$, 则称 E 是 T 凸集. 若 $f:E\to\mathbf{R}^1$ 满足

$$f(tT(x)+(1-t)T(y))\leqslant tf(Tx)+(1-t)f(Ty), \tag{4.21}$$

则称 f 是 T 凸函数.

设 T_1,T_2 是 Hilbert 空间 X 上有界线性算子, 若 $f:X\to\mathbf{R}^1$ 满足

$$f(tT_1+(1-t)T_2)\leqslant tf(T_1)+(1-t)f(T_2), \tag{4.22}$$

则称 f 是算子凸函数.

7. 将上述定义适当加以组合, 并引入若干参数, 就可以得到大量新的凸函数. 例如,

定义 4.17 (匡继昌 [2, 4]) 设 $(X,\|\cdot\|)$ 是实赋范线性空间, D 是 X 中凸子集, $h:(0,\infty)\to(0,\infty)$ 和 h_1, $h_2:(0,1)\to(0,\infty)$ 是给定的函数, 且不恒为 0, 若 $f:D\to(0,\infty)$ 满足

$$\begin{aligned}&f((\lambda\|x\|^{\alpha}+\lambda_1(1-\lambda)\|y\|^{\alpha})^{1/\alpha})\\ \leqslant&\left(h_1(t^{s_1})\left(\frac{f(\|x\|)}{\mathrm{e}^{r\|x\|}}\right)^{\beta}+\lambda_2h_1(1-t^{s_2})\left(\frac{f(\|y\|)}{\mathrm{e}^{r\|y\|}}\right)^{\beta}\right)^{1/\beta}\\ &-h_2(t)h_2(1-t)h(|\|x\|-\|y\||),\end{aligned} \tag{4.23}$$

式中 $x,y\in D$, $\lambda,\lambda_1,\lambda_2,s_1,s_2,t\in[0,1]$, $r\in\mathbf{R}^1$, α,β 是不为 0 的实数, 则称 f 是指数 $(\alpha,\beta,\lambda,\lambda_1,\lambda_2,s_1,s_2,h,h_1,h_2)$ 强凸泛函.

定义 4.18 (匡继昌 [2]) 设 $(X,\|\cdot\|)$ 是实赋范线性空间, D 是 X 中凸子集, $g:[0,1]\to D$, $K:(0,\infty)\times(0,\infty)\to(0,\infty)$ 和 $h:(0,\infty)\to(0,\infty)$,

$h_1, h_2 : (0,1) \to (0,\infty)$ 都是给定的函数, 且不恒为 0, 若 $f : D \to \mathbf{R}^1$ 满足

$$f(g(\lambda)) \leqslant K(f(g(1)), f(g(0))) - \lambda_1 h_2(t) h_2(1-t) h(\|g(0)-g(1)\|), \quad (4.24)$$

式中 $\lambda, \lambda_1, t \in [0,1]$, 则称 f 是 D 上的 Kg 强凸泛函.

以上两个定义是非常一般的新概念, 通过对 f, g, K 和相应参数的不同选取, 就可以得到大量已知的和新的凸函数. 细节可参考作者的 [2] 第七章.

二、凸函数的基本性质

不同的凸函数有不同的性质, 应用最广且研究最成熟的仍然是定义 4.1. 下面讨论的仅仅是由定义 4.1 所定义的凸函数的基本性质.

(一) 与由定义 4.1 所定义的凸函数等价的条件 (下面将 f 是 $E = [a,b]$ 上的凸函数简记为 f 凸)

1. f 凸 $\Leftrightarrow$ 成立 **Hermite–Hadamard 不等式**:

$$f\left(\frac{a+b}{2}\right) \leqslant \frac{1}{b-a}\int_a^b f(x)\mathrm{d}x \leqslant \frac{1}{2}(f(a)+f(b)), \quad (4.25)$$

仅当 f 是线性函数时等号成立.

证　令 $x = ta + (1-t)b$, 则 (4.25) 转化为

$$f\left(\frac{a+b}{2}\right) \leqslant \int_0^1 f(ta+(1-t)b)\mathrm{d}t \leqslant \frac{1}{2}(f(a)+f(b)). \quad (4.26)$$

对上式左边的 $\dfrac{a+b}{2}$ 变形后两次利用函数的凸性, 即

$$\begin{aligned}
f\left(\frac{a+b}{2}\right) &= f\left(\frac{ta+(1-t)b}{2} + \frac{(1-t)a+tb}{2}\right) \\
&\leqslant \frac{1}{2}(f(ta+(1-t)b) + f((1-t)a+tb)) \\
&\leqslant \frac{1}{2}((tf(a)+(1-t)f(b)) + ((1-t)f(a)+tf(b))) \\
&= \frac{1}{2}(f(a)+f(b)).
\end{aligned}$$

对上式在 $[0,1]$ 上求积分, 并注意到

$$\int_0^1 f(ta+(1-t)b)\mathrm{d}t = \int_0^1 f((1-t)a+tb)\mathrm{d}t,$$

就得到 (4.26).

注意, 将 (4.26) 中的 a, b 看成线性空间中的元时, 上述证明仍然有效, 于是

我们同时也证明了线性空间中的 **Hermite–Hadamard 不等式**:

设 X 是线性空间, $x,y\in X$, 记 $[x,y]=\{tx+(1-t)y:t\in[0,1]\}$. 若 $f:[x,y]\to\mathbf{R}^1$ 是凸泛函, 则

$$f\left(\frac{x+y}{2}\right)\leqslant\int_0^1 f(tx+(1-t)y)\mathrm{d}t\leqslant\frac{1}{2}(f(x)+f(y)).$$

2. f 凸 $\Leftrightarrow$ 成立 Jensen 不等式: $\forall x_k\in E$, $\forall p_k>0$, 有

$$f\left(\frac{\sum\limits_{k=1}^n p_kx_k}{\sum\limits_{k=1}^n p_k}\right)\leqslant\frac{\sum\limits_{k=1}^n p_kf(x_k)}{\sum\limits_{k=1}^n p_k}. \tag{4.27}$$

标准化: 令 $q_k=\dfrac{p_k}{\sum\limits_{k=1}^n p_k}$, 则 $\sum\limits_{k=1}^n q_k=1$, 于是 (4.27) 变成

$$f\left(\sum_{k=1}^n q_kx_k\right)\leqslant\sum_{k=1}^n q_kf(x_k). \tag{4.28}$$

3. f 凸 $\Leftrightarrow$ 成立 Hardy 不等式: $\forall x_0\in E$, $\exists\lambda(x_0)$, 使得 $\forall x\in E$, 有

$$f(x)\geqslant f(x_0)+\lambda(x_0)(x-x_0), \tag{4.29}$$

式中 $\lambda(x_0)$ 实际上满足: $f'_-(x_0)\leqslant\lambda(x_0)\leqslant f'_+(x_0)$. 有时就取

$$\lambda(x_0)=\frac{f'_-(x_0)+f'_+(x_0)}{2}.$$

若 f 在 x_0 可导, 则 $\lambda(x_0)=f'(x_0)$.

4. f 凸 $\Leftrightarrow$ 存在 E 上的递增函数 g 及存在 $c\in E$, 使得 $\forall x\in E$, 有

$$f(x)-f(c)=\int_c^x g(t)\mathrm{d}t. \tag{4.30}$$

5. 设 $f\in C(E)$, 则 f 凸 $\Leftrightarrow$ 对 $a\leqslant x-h<x<x+h\leqslant b$, 有

$$f(x)\leqslant\frac{1}{2h}\int_{x-h}^{x+h}f(t)\mathrm{d}t. \tag{4.31}$$

6. f 凸 $\Leftrightarrow$ 对 $\forall x_k\in E$, $x_1<x_2<x_3$, 有

$$\Delta=\begin{vmatrix}1 & x_1 & f(x_1)\\ 1 & x_2 & f(x_2)\\ 1 & x_3 & f(x_3)\end{vmatrix}\geqslant 0; \tag{4.32}$$

或 $$\frac{f(x_2)-f(x_1)}{x_2-x_1}\leqslant\frac{f(x_3)-f(x_1)}{x_3-x_1}\leqslant\frac{f(x_3)-f(x_2)}{x_3-x_2};\tag{4.33}$$

或 $$f(x_2)\leqslant\frac{x_3-x_2}{x_3-x_1}f(x_1)+\frac{x_2-x_1}{x_3-x_1}f(x_3).\tag{4.34}$$

7. 设 f 在 E 上可导, 则 f 凸 $\Leftrightarrow$ 存在 E 中可数集 A, 使得 $f'(x)$ 在 $E-A$ 上递增.

8. 设 f 在 E 上存在二阶导数, 则 f 凸 $\Leftrightarrow f''(x)\geqslant 0,\ x\in E$.

9. 设 f 在 $\mathbf{R}^1$ 上存在二阶连续导数, $f(0)=0$, 令

$$g(x)=\begin{cases}\dfrac{f(x)}{x}, & x\neq 0,\\ f'(0), & x=0,\end{cases}$$

则 f 是 $\mathbf{R}^1$ 上的凸函数 $\Leftrightarrow g$ 在 $\mathbf{R}^1$ 上递增.

10. 设 f 在 E 上存在二阶导数, $f(x)>0,\ x\in E$, 则 $\ln f$ 凸 $\Leftrightarrow$ 对 $\forall x\in E$, 有

$$f(x)f''(x)-(f'(x))^2\geqslant 0.$$

11. 设 f 在 E 上连续, 或 f 在 E 内具有内闭有界性, 则 f 凸 $\Leftrightarrow f$ 中点凸, 即 $\forall x_1,x_2\in E$, 有

$$f\left(\frac{x_1+x_2}{2}\right)\leqslant\frac{1}{2}(f(x_1)+f(x_2)).$$

12. 设 f 在 E 上连续, 则 f 凸 $\Leftrightarrow$ 对 $\forall x_1,x_2\in E,\ x_1<x_2$, 有

$$\int_{x_1}^{x_2}f(t)\mathrm{d}t\leqslant\frac{x_2-x_1}{2}(f(x_1)+f(x_2)).$$

一般地, 凸 $\underset{\not\Leftarrow}{\Rightarrow}$ 中点凸, 但在 E 为拓扑线性空间且 f 在 E 上连续的前提下, 中点凸 $\Rightarrow$ 凸.

(二) 凸函数的初等运算性质

1. 设 f 凸, 则当 $c>0$ 时, cf 凸; 当 $c<0$ 时 cf 凹.

2. f_k 凸 $\Rightarrow \sum\limits_{k=1}^n f_k$ 凸,$\max_k|f_k|$ 凸; $p_k>0$, $\sum\limits_{k=1}^n p_kf_k$ 凸. 只要其中有一个 f_k 严格凸, $\sum\limits_{k=1}^n p_kf_k$ 就严格凸.

3. f,g 凸 $\not\Rightarrow fg$ 凸.

例如, $f(x)=\dfrac{1}{x}$, $g(x)=x^{3/2}$ 在 $E=(0,\infty)$ 上为凸函数, 但 $(fg)(x)=\sqrt{x}$

却在 $(0,\infty)$ 上为凹函数.

① 设 f,g 在 E 上同时为非负递增 (或非负递减) 的凸函数, 则 fg 也凸.

② 设 f 在 E 内凹, $f(x)>0$, $x\in E$, 则 $\dfrac{1}{f}$ 凸, 由此推出: 设 f 在 E 内递减凹, $f(x)>0$, $x\in E$, 而 g 在 E 内非负递增凸, 则 $\dfrac{g}{f}$ 凸.

4. 凸函数的复合运算

设 $g(y)$ 的定义域为 D, $f(x)$ 的值域 $Y\subset D$, 定义域为 E.

$g(y)$ 在 D 内	$y=f(x)$ 在 E 内	$g\circ f$ 在 E 内
$\nearrow$ 凸	凸	凸
$\nearrow$ 凹	凹	凹
$\searrow$ 凸	凹	凸
$\searrow$ 凹	凸	凹

5. 凸函数的逆运算

设 $y=f(x)$ 的定义域为 E, 值域为 D, f 存在反函数 $f^{-1}:x=f^{-1}(y)$.

$y=f(x)$ 在 E 内	$x=f^{-1}(y)$ 在 D 内
严格 $\nearrow$, 严格凸	严格凹
严格 $\nearrow$, 严格凹	严格凸
严格 $\searrow$, 严格凸	严格凸
严格 $\searrow$, 严格凹	严格凹

定理 4.1 设 $y=f(x)$ 是 $E=(a,b)$ 内严格递增的连续函数,$y=g(x)$ 在 E 内连续且严格单调, 其值域为 D, 则对 $\forall x_k\in E$, $\forall t_k:0\leqslant t_k\leqslant 1$, $\sum\limits_{k=1}^{n}t_k=1$,

$$g^{-1}\left(\sum_{k=1}^{n}t_k g(x_k)\right)\leqslant f^{-1}\left(\sum_{k=1}^{n}t_k f(x_k)\right)\Leftrightarrow F(y)=f(g^{-1}(y))\text{ 在 }D\text{ 内为凸函数.}\tag{4.35}$$

证 令 $y_k=g(x_k)$, 则

$$\begin{aligned}(4.35)&\Leftrightarrow g^{-1}\left(\sum_{k=1}^{n}t_k y_k\right)\leqslant f^{-1}\left(\sum_{k=1}^{n}t_k f(g^{-1}(y_k))\right)\\&\Leftrightarrow f\left(g^{-1}\left(\sum_{k=1}^{n}t_k y_k\right)\right)\leqslant\sum_{k=1}^{n}t_k f(g^{-1}(y_k))\Leftrightarrow f\circ g^{-1}\text{ 凸.}\end{aligned}$$

证毕.

6. 凸函数的卷积运算

f 与 g 的卷积定义为

$$(f*g)(x)=\int_E f(x-y)g(y)\mathrm{d}y. \tag{4.36}$$

设 $f,g\in L(E)$, $g>0$, f 凸, 则 $f*g$ 凸.

7. 设 $E=[0,\infty)$, f 凸, 则 $F(x)=\dfrac{1}{x}\displaystyle\int_0^x f(t)\mathrm{d}t$ 也凸; 设 f 递增, 则 $G(x)=\displaystyle\int_a^x f(t)\mathrm{d}t$ 凸, 式中 $0\leqslant a<x<\infty$.

8. 设 f 凸, 则对 $\forall x\in E$, $f(x)\leqslant\max\{f(a),f(b)\}$.

(三) 凸函数列的极限运算

定理 4.2 设 $\{f_n\}$ 是凸函数列, $\lim\limits_{n\to\infty}f_n(x)=f(x)<\infty$, $x\in E$, 则 f 凸.

证 从 f_n 凸可知 $\forall x,y\in E$, $t\in[0,1]$, 成立

$$f_n(tx+(1-t)y)\leqslant tf_n(x)+(1-t)f_n(y).$$

令 $n\to\infty$, 得到

$$f(tx+(1-t)y)\leqslant tf(x)+(1-t)f(y).$$

即 f 凸. 证毕.

推论 4.3 设 $\{f_n\}$ 是凸函数列, $\sum\limits_{n=1}^{\infty}f_n(x)=f(x)<\infty$, $x\in E$, 则 f 凸.

定理 4.4 设 $\{f_\alpha:\alpha\in I\}$ 是凸函数族, $\sup\limits_{\alpha\in I}\{f_\alpha(x)\}=f(x)<\infty$, $x\in E$, 则 f 凸.

(四) f 凸与 f 连续的关系

在一般情形下, f 凸 $\not\Rightarrow f$ 连续; 反之, f 连续 $\not\Rightarrow f$ 凸. 但在 $E=(a,b)$ 为开区间的情形, 有以下基本结果:

(1) 1906 年 Jensen 证明: 设 f 是 E 上可测的凸 (或凹) 函数, 则 f 在 E 上连续. 由此可推出, 设 f 是 $\mathbf{R}^n$ 中凸集 D 上可测的凸函数, 则 f 在 $\mathring{D}$ (D 的开核) 上连续.

注意: f 在闭区间 $[a,b]$ 上可测且凸时, 仍不能保证 f 在 $[a,b]$ 上连续. 例如

$$f(x)=\begin{cases}1, & |x|<1,\\ 2, & |x|\geqslant 1\end{cases}$$

在 $[-1,1]$ 上为凸函数且可测, 但在端点间断.

(2) 1929 年 Qstrowski 证明: 设 f 是测度为正的集合 D 上有上界的凸函

数, 则 f 在 D 的内点 (即 $\mathring{D}$) 处连续.

(3) 1954 年 Hukuhara 证明: 设 f 是区间 D 上有下界的凸函数, 则 f 在 D 上连续或者 f 的图像 $\Gamma(f,D)=\{(x,y):x\in D,y=f(x)\}$ 在集 $A=\{(x,y):x\in D,y\geqslant g(x)\}$ 内稠密, 即 $A\subset\overline{\Gamma(f,D)}$, 其中 g 为 D 上连续的凸函数.

定理 4.5 设 f 在 $E=(a,b)$ 上为凸函数, 则 f 在 E 的任一闭子区间 A 上满足 Lipschitz 条件, 从而绝对连续.

证 (1) 设 $[\alpha,\beta]\subset E$, 令 $M=\max\{f(\alpha),f(\beta)\}$, $\forall x\in[\alpha,\beta]$ 可表示为 $x=\lambda\alpha+(1-\lambda)\beta$, $0\leqslant\lambda\leqslant 1$, 则由 f 凸 $\Rightarrow f(x)\leqslant\lambda f(\alpha)+(1-\lambda)f(\beta)\leqslant\lambda M+(1-\lambda)M=M$, 即 M 是 f 在 $[\alpha,\beta]$ 上的上界.

另一方面, 令 $x_0=\dfrac{\alpha+\beta}{2}$, 则 $\forall x\in[\alpha,\beta]$ 又可表示为 $x=t+x_0$, 式中

$$|t|\leqslant\frac{\beta-\alpha}{2},\quad x_0=\frac{1}{2}(x_0+t)+\left(1-\frac{1}{2}\right)(x_0-t).$$

由 f 凸可知 $f(x_0)\leqslant\dfrac{1}{2}f(x_0+t)+\left(1-\dfrac{1}{2}\right)f(x_0-t)$, 从而 $f(x)\geqslant 2f(x_0)-f(x_0-t)\geqslant 2f(x_0)-M$, 令 $m=2f(x_0)-M$, 则 $\forall x\in[\alpha,\beta]$, $m\leqslant f(x)\leqslant M$.

(2) 其次, 从 $[\alpha,\beta]\subset(a,b)$, 必存在 $c>0$, 使得 $[\alpha-c,\beta+c]\subset(a,b)$, 从 (1), 必存在 m_0,M_0, 使得 $m_0\leqslant f(x)\leqslant M_0$, $x\in[\alpha-c,\beta+c]$. 对 $\forall x,y\in[\alpha,\beta]$, $x\neq y$, 令 $z=y+\dfrac{c}{|y-x|}(y-x)$, $\lambda=\dfrac{|y-x|}{c+|y-x|}$, 则 $z\in[\alpha-c,\beta+c]$, $y=\lambda z+(1-\lambda)x$, 由 f 凸可知 $f(y)\leqslant\lambda f(z)+(1-\lambda)f(x)=\lambda(f(z)-f(x))+f(x)$, 从而 $|f(y)-f(x)|\leqslant\lambda|f(z)-f(x)|\leqslant\dfrac{|y-x|}{c}(M_0-m_0)$. 这表明 $f\in\mathrm{Lip}\,1$. 由第六章定理 4.12, $f\in AC[\alpha,\beta]$. 证毕.

定理 4.6 设 f 在 $E=(a,b)$ 上中点凸 (即 J 凸), 且 f 在 $x_0\in E$ 处间断, 则 f 在 E 的每个子区间上都无界, 从而 f 在 E 上处处间断.

证 不妨设 $E=(-a,a)$, $a>0$, $x_0=0$, $f(0)=0$, 由 f 在 $x_0=0$ 间断, 故存在点列 $x_n\to 0$, 使得 $f(x_n)\to c\neq 0\ (n\to\infty)$. 不妨设 $c>0$, 由 f 中点凸可知 $f(x_n)\leqslant\dfrac{1}{2}(f(0)+f(2x_n))$, 即 $2f(x_n)\leqslant f(2x_n)$. 同理 $2f(2x_n)\leqslant f(4x_n)$, 由归纳法, 知 $f(2^kx_n)\geqslant 2^kf(x_n)$, 从而 $\liminf\limits_{n\to\infty}f(2^kx_n)\geqslant 2^kc$. 这表明 f 在 $x_0=0$ 附近无界, 从而 $\exists y_n\to 0$, 使得 $f(y_n)\to\infty$, 对 $\forall x\in E$, 则 $x+2y_n\to x(n\to\infty)$. 由 f 中点凸可知 $f(y_n)=f\left(\dfrac{x+2y_n-x}{2}\right)\leqslant\dfrac{1}{2}\left(f(x+2y_n)+f(-x)\right)$, 于是从 $f(y_n)\to\infty$ 得 $f(x+2y_n)\to\infty$, 这表明 f 在 x 附近也无界. 证毕.

评注: 由此推出, 若 f 是 E 上有界的凸函数, 则 $f\in C(E)$.

(五) 凸函数的可微性

定理 4.7　设 f 在 $E=(a,b)$ 上为凸函数, 则对于 $h>0$, 差商

$$\frac{f(x+h)-f(x)}{h}$$

关于 h 和 x 都递增.

证　令 $Df(x,h)=\dfrac{f(x+h)-f(x)}{h}$, 对 $0<\lambda<1$, 由 f 凸可知 $f(x+\lambda h)=f(\lambda(x+h)+(1-\lambda)x)\leqslant \lambda f(x+h)+(1-\lambda)f(x)$, 从而

$$Df(x,\lambda h)=\frac{f(x+\lambda h)-f(x)}{\lambda h}\leqslant\frac{f(x+h)-f(x)}{h}=Df(x,h).$$

因为 $\lambda h<h$, 所以 $Df(x,h)$ 关于 h 递增.

为证 $Df(x,h)$ 关于 x 递增, 即对 $x_1<x_2$ 要证 $Df(x_1,h)\leqslant Df(x_2,h)$, 即要证

$$f(x_1+h)-f(x_1)\leqslant f(x_2+h)-f(x_2). \tag{4.37}$$

令 $y=x_2-x_1+h$, 则

$$x_2=\frac{h}{y}x_1+\frac{x_2-x_1}{y}(x_2+h),\quad x_1+h=\frac{x_2-x_1}{y}x_1+\frac{h}{y}(x_2+h),$$

于是由 f 凸得

$$f(x_2)\leqslant\frac{h}{y}f(x_1)+\frac{x_2-x_1}{y}f(x_2+h), \tag{4.38}$$

$$f(x_1+h)\leqslant\frac{x_2-x_1}{y}f(x_1)+\frac{h}{y}f(x_2+h). \tag{4.39}$$

(4.38) 与 (4.39) 相加即得 (4.37). 证毕.

评注: 定理 4.7 是推导凸函数 f 的可微性及其性质的基础.

定理 4.8　设 f 在 (a,b) 上为凸函数, 则对于 $\forall x_0\in(a,b)$, $f'_+(x_0)$, $f'_-(x_0)$ 均存在, 且

$$f'_-(x_0)\leqslant f'_+(x_0). \tag{4.40}$$

证　从定理 4.7, 对于 $a<x<x_0<t<b$, 有

$$\frac{f(x_0)-f(x)}{x_0-x}\leqslant\frac{f(t)-f(x_0)}{t-x_0}. \tag{4.41}$$

上式左边令 $x\to x_0-0$, 右边令 $t\to x_0+0$, 即得 (4.40). 证毕.

定理 4.9　设 f 在 (a,b) 上为凸函数, 则

(1) $\forall x_1, x_2 \in (a,b)$, $x_1 < x_2$, 有

$$f'_+(x_1) \leqslant \frac{f(x_2)-f(x_1)}{x_2-x_1} \leqslant f'_-(x_2). \tag{4.42}$$

(2) $f'_-(x)$, $f'_+(x)$ 都在 (a,b) 上递增, 从而 f 在 (a,b) 上除至多可数集外可微.

证 设 $a < x_1 < t_1 < t_2 < x_2 < b$, 由定理 4.7, 有

$$\frac{f(t_1)-f(x_1)}{t_1-x_1} \leqslant \frac{f(x_2)-f(x_1)}{x_2-x_1} = \frac{f(x_1)-f(x_2)}{x_1-x_2} \leqslant \frac{f(t_2)-f(x_2)}{t_2-x_2},$$

令 $t_1 \to x_1+0, t_2 \to x_2-0$, 得 $f'_+(x_1) \leqslant \dfrac{f(x_2)-f(x_1)}{x_2-x_1} \leqslant f'_-(x_2)$, 再由定理 4.8, $f'_-(x_1) \leqslant f'_+(x_1) \leqslant f'_-(x_2) \leqslant f'_+(x_2)$, 即 $f'_-(x_1) \leqslant f'_-(x_2)$, $f'_+(x_1) \leqslant f'_+(x_2)$. 这表明 f'_-, f'_+ 都在 (a,b) 上递增.

注 从定理 4.9 知, f 凸 $\Rightarrow$ f 在 E 上 a.e. 可微, 于是用凸性条件代替经典分析中可微性条件, 可以得到比经典分析更深刻的一系列结果. 可参看: Rockafellar R. T, Convex Analysis, Princeton, 1970.

(六) 凸函数的极小性质

定理 4.10 设 f 在 (a,b) 上为凸函数, 且 f 在 (a,b) 内有局部极小值 m, 则 m 必为 f 在整个区间 (a,b) 内的最小值.

证 设 $f(x_0)=m$, $x_0 \in (a,b)$, 要证

$$f(x_0) = \min\{f(x) : a < x < b\}. \tag{4.43}$$

用反证法. 设 (4.43) 不成立, 则存在 $x_1 \in (a,b)$, $x_1 \neq x_0$, 使得 $f(x_1) < f(x_0)$. 由 f 凸可知 $\exists \alpha, \beta > 0$, $\alpha+\beta=1$, 使得

$$f(\alpha x_1 + \beta x_0) \leqslant \alpha f(x_1) + \beta f(x_0) < (\alpha+\beta) f(x_0) = f(x_0).$$

因为

$$|x_0 - (\alpha x_1 + \beta x_0)| = |(\alpha+\beta)x_0 - \alpha x_1 - \beta x_0| = \alpha |x_0 - x_1|,$$

对 $\forall \varepsilon > 0$, 限制 $0 < \varepsilon < |x_0 - x_1|$, 取 $\lambda = \dfrac{\varepsilon}{2|x_0-x_1|}$, 使得 $y = \lambda x_1 + (1-\lambda)x_0 \in (x_0-\varepsilon, x_0+\varepsilon)$, 从而 $f(y) < f(x_0)$, 与 $f(x_0)$ 为局部极小值相矛盾. 证毕.

定理 4.11 设 f 是闭区间 $[a,b]$ 上的凸函数, 则

$$\max\{f(x) : a \leqslant x \leqslant b\} = \max\{f(a), f(b)\} \tag{4.44}$$

(即 f 在 $[a,b]$ 上的最大值为 $f(a)$ 或 $f(b)$).

证 对 $\forall x_0 \in (a,b)$, 令 $\alpha = \dfrac{b-x_0}{b-a}$, $\beta = \dfrac{x_0-a}{b-a}$, 则 $\alpha, \beta > 0$, $\alpha + \beta = 1$, $x_0 = \alpha a + \beta b$, 由 f 凸可知

$$\begin{aligned} f(x_0) &= f(\alpha a + \beta b) \leqslant \alpha f(a) + \beta f(b) \\ &\leqslant (\alpha+\beta)\max\{f(a), f(b)\} = \max\{f(a), f(b)\}. \end{aligned}$$

由 x_0 的任意性知 (4.44) 成立. 证毕.

定理 4.12 设 f 在 (a,b) 上为凸函数, 且 f 在 (a,b) 上不为常值函数, 则 f 不可能在 (a,b) 的内点取得最大值.

证 用反证法, 设 $\exists x_0 \in (a,b)$, 使得

$$f(x_0) = \max\{f(x) : a < x < b\}.$$

又 $f \not\equiv c$ (常数), 所以 $\exists x_1 \in (a,b)$, $x_1 \neq x_0$, 使得 $f(x_1) < f(x_0)$, 不妨设 $a < x_1 < x_0$, 再取定 $x_2 : x_0 < x_2 < b$, 则 $f(x_2) \leqslant f(x_0)$.

令 $\alpha = \dfrac{x_2 - x_0}{x_2 - x_1}$, $\beta = \dfrac{x_0 - x_1}{x_2 - x_1}$, 则 $x_0 = \alpha x_1 + \beta x_2$, 由 f 凸可知 $f(x_0) \leqslant \alpha f(x_1) + \beta f(x_2) < \alpha f(x_0) + \beta f(x_0) = f(x_0)$, 得到矛盾. 证毕.

定理 4.13 f 在 (a,b) 上既凸又凹 $\Leftrightarrow$ f 在 (a,b) 内为线性函数.

证 "$\Leftarrow$" 显然成立. 下面证 "$\Rightarrow$": 对 $\forall x_1, x_2 \in (a,b)$, $x_1 < x_2, \alpha, \beta > 0$, $\alpha + \beta = 1$, $x = \alpha x_1 + \beta x_2$, 从 f 凸可知 $f(x) \leqslant \alpha f(x_1) + \beta f(x_2)$, 从 f 凹可知 $f(x) \geqslant \alpha f(x_1) + \beta f(x_2)$, 从而 $f(x) = \alpha f(x_1) + \beta f(x_2)$. 我们取 $\alpha = \dfrac{x_2 - x}{x_2 - x_1}$, $\beta = \dfrac{x - x_1}{x_2 - x_1}$, $x_1 < x < x_2$, 则 $f(x) = \dfrac{f(x_2) - f(x_1)}{x_2 - x_1} x + \dfrac{x_2 f(x_1) - x_1 f(x_2)}{x_2 - x_1}$. 证毕.

(七) 凸函数的逼近

设 f 是 $[a,b]$ 上连续的凸函数, 则存在无限次可微的凸函数列 $\{f_n\}$, 使得在 $[a,b]$ 上 $\{f_n\}$ 一致收敛于 f (参见 Koliha, J. J., Real Analysis Exchange, 2003/2004, 29(1): 465–471).

三、凸函数不等式

(一) Hermite–Hadamard 不等式 (4.25) 的加权形式通常称为 Fejér 不等式

定理 4.14 设 f 是 $[a,b]$ 上的凸函数, 则

$$f\left(\frac{a+b}{2}\right)\int_a^b \omega(x)\mathrm{d}x \leqslant \int_a^b f(x)\omega(x)\mathrm{d}x \leqslant \frac{f(a)+f(b)}{2}\int_a^b \omega(x)\mathrm{d}x, \quad (4.45)$$

式中权函数 ω 非负可积, 且关于 $\dfrac{a+b}{2}$ 对称, 即

$$\omega(a+b-x)=\omega(x),\quad x\in[a,b].$$

在数值积分中, 要计算积分的近似值, 往往要依赖于函数的可微性. Hermite–Hadamard 不等式 (4.25) 给出了积分的上下界的估计, 仅要求函数的凸性. 在实际应用中, 为了提高误差精度, 可以将积分区间再细分为若干个小区间, 对每个小区间利用 (4.25) 式, 然后求和. 例如, 将区间 $[a,b]$ 作 n 等分, 分点是 $x_k=a+\dfrac{k}{n}(b-a)$, 对每个小区间 $[x_{k-1},x_k]$ 用 (4.25) 式, 就得到

$$\begin{aligned}&\frac{1}{n}\sum_{k=1}^{n}f\left(a+\left(k-\frac{1}{2}\right)\frac{b-a}{n}\right)\leqslant\frac{1}{b-a}\int_a^b f(x)\mathrm{d}x\\&\leqslant\frac{1}{2n}\sum_{k=1}^{n}\left(f\left(a+\frac{k-1}{n}(b-a)\right)+f\left(a+\frac{k}{n}(b-a)\right)\right).\end{aligned}$$

于是, Hermite–Hadamard 不等式就成为凸分析中最重要的不等式之一. 对该不等式的种种改进和推广一直是经久不衰的热门研究课题. 其中, 对下界 $\Delta_1=\dfrac{1}{b-a}\displaystyle\int_a^b f(x)\mathrm{d}x-f\left(\frac{a+b}{2}\right)$ 的估计称为中点不等式, 对上界 $\Delta_2=\dfrac{f(a)+f(b)}{2}-\dfrac{1}{b-a}\displaystyle\int_a^b f(x)\mathrm{d}x$ 的估计称为梯形不等式. 还有上下界的估计:

记 $G(f)=\dfrac{f(x)+f(y)}{2}-f\left(\dfrac{x+y}{2}\right)$, $r=\min\{t,1-t\}$, $R=\max\{t,1-t\}$, $0\leqslant t\leqslant 1$, 若 $f:[a,b]\to\mathbf{R}^1$ 是凸函数, 则对于所有 $x,y\in[a,b]$, 成立

$$-2RG(f)\leqslant f(tx+(1-t)y)-(tf(x)+(1-t)f(y))\leqslant -2rG(f).$$

对于不同的凸函数, 相应的 Hermite–Hadamard 不等式也不相同. 如果将这些不等式中的积分换成 §3 中的分数次积分, 就得到相应的分数次 Hermite–Hadamard 不等式. 例如, 利用 §3 定义 3.1 中的 R–L 分数次积分算子 (3.1) 和 (3.2), 就有

定理 4.15 设 f 是 $[a,b]$ 上的凸函数, $T_{a+}^{\alpha}(f,x)$, $T_{b-}^{\alpha}(f,x)$ 是 R–L 分数次积分算子, 则

(1) $f\left(\dfrac{a+b}{2}\right)\leqslant\dfrac{\Gamma(\alpha+1)}{2(b-a)^{\alpha}}(T_{a+}^{\alpha}(f,b)+T_{b-}^{\alpha}(f,a))\leqslant\dfrac{f(a)+f(b)}{2}$;

(2) $f\left(\dfrac{a+b}{2}\right)\leqslant\dfrac{2^{\alpha-1}\Gamma(\alpha+1)}{(b-a)^{\alpha}}(T_{c+}^{\alpha}(f,b)+T_{c-}^{\alpha}(f,a))\leqslant\dfrac{f(a)+f(b)}{2}$, 式中, $c=\dfrac{a+b}{2}$.

定理 4.16 设 $f \in L[a,b]$, $|f|$ 是 h-指数型凸函数, 即

$$f(ta+(1-t)b) \leqslant h(\mathrm{e}^t-1)f(a)+h(\mathrm{e}^{1-t}-1)f(b),$$

$T_{a+}^{\alpha}(f,x)$, $T_{b-}^{\alpha}(f,x)$ 是 R–L 分数次积分算子, $\alpha>0$.

(1) 若 $h(\mathrm{e}^t+\mathrm{e}^{1-t}-2) \leqslant M$, 则

$$\begin{aligned} f\left(\frac{a+b}{2}\right) &\leqslant \frac{\alpha h(\mathrm{e}^{1/2}-1)\Gamma(\alpha+1)}{(b-a)^{\alpha}}(T_{a+}^{\alpha}(f,b)+T_{b-}^{\alpha}(f,a)) \\ &\leqslant Mh(\mathrm{e}^{1/2}-1)(f(a)+f(b)); \end{aligned}$$

(2) 若 $h(\mathrm{e}^{t/2}+\mathrm{e}^{1-(t/2)}-2) \leqslant M$, $c=(a+b)/2$, 则

$$\begin{aligned} f\left(\frac{a+b}{2}\right) &\leqslant \frac{h(\mathrm{e}^{1/2}-1)\Gamma(\alpha+1)}{(b-a)^{\alpha}}(T_{c+}^{\alpha}(f,b)+T_{c-}^{\alpha}(f,a)) \\ &\leqslant Mh(\mathrm{e}^{1/2}-1)(f(a)+f(b)). \end{aligned}$$

(详见 [38] 和 [2].)

(二) Jensen 不等式

1. 前面 (4.27) 和 (4.28) 是 Jensen 不等式的离散形式, 它的积分形式是:

定理 4.17 设 f 是 (α,β) 上的凸函数, $g \in L[a,b]$, $\alpha \leqslant g(x) \leqslant \beta$, $x \in [a,b]$, $\omega(x)>0$, $\int_a^b \omega(x)\mathrm{d}x>0$, 则

$$f\left(\frac{\int_a^b g(x)\omega(x)\mathrm{d}x}{\int_a^b \omega(x)\mathrm{d}x}\right) \leqslant \frac{\int_a^b f(g(x))\omega(x)\mathrm{d}x}{\int_a^b \omega(x)\mathrm{d}x}.$$

特别地, 当 $\int_a^b \omega(x)\mathrm{d}x=1$ 时, 上式变成

$$f\left(\int_a^b g(x)\omega(x)\mathrm{d}x\right) \leqslant \int_a^b f(g(x))\omega(x)\mathrm{d}x.$$

2. **定理 4.18** 设 (X,Σ,μ) 是测度空间, $0<\mu(X)<1$, f 是 $[a,b]$ 上的凸函数, $g, f(g) \in L(X)$, 则

$$f\left(\frac{1}{\mu(X)}\int_X g\mathrm{d}\mu\right) \leqslant \frac{1}{\mu(X)}\int_X f(g)\mathrm{d}\mu.$$

特别地, 取 $f(t)=t^{\alpha}$, $\alpha>1$, 得到 Lyapunov 不等式: 设 $0<r<p$, $1 \leqslant p<\infty$, 若 $|g|^p \in L(X)$, 则 $|g|^r \in L(X)$, 且

$$\left(\frac{1}{\mu(A)}\int_A |g|^r \mathrm{d}\mu\right)^{1/r} \leqslant \left(\frac{1}{\mu(A)}\int_A |g|^p \mathrm{d}\mu\right)^{1/p},$$

式中, $A=\{x\in X: g(x)\neq 0\}$, $0<\mu(A)<\infty$.

3. Jensen 不等式的算子推广:

设 $T\in B(X)$ 是自伴算子, 它的谱 $\sigma(T)\subset C[a,b]$. $B(X)$ 是 Hilbert 空间 X 上所有有界线性算子的 $C^{\bullet}$-代数. $G: B(X)\to B(Y)$ 是酉正算子.

(1) 若 f 是 $C[a,b]$ 上的凸函数, 则

$$f((Tx,x))\leqslant (f(Tx),x),\ \text{式中 } x\in X \text{ 是单位向量}.$$

(2) 若 $f:[a,b]\to \mathbf{R}^1$ 是算子凸函数, 则

$$f(G(T))\leqslant G(f(T));$$

$$f(G(T)y,y)\leqslant (G(f(T))y,y),\quad \forall y\in Y \text{ 是单位向量}.$$

作者在《常用不等式》[2] 第七章和第十三章中作了详细的介绍.

§5 谱分析

1. 我们在第八章 §5 曾指出, 代数方程, 微分方程, 积分方程等, 都可归结为算子方程

$$Tx=y \tag{5.1}$$

的求解问题, 其中 $T: X\to Y$, X, Y 为数域 K 上的线性空间. 下面设 X 是复数域 K 上赋范线性空间 $(X,\|\cdot\|)$, λ 是参数, I 是 X 上单位算子, 将 (5.1) 中 T 换成 $T_\lambda = T-\lambda I$, 其中 T 是 $X\to X$ 的线性算子. 于是, 得到

$$(T-\lambda I)x=y. \tag{5.2}$$

例如, 线性方程组可以写成

$$\begin{pmatrix} a_{11} & \cdots & a_{1n} \\ \vdots & & \vdots \\ a_{n1} & \cdots & a_{nn}\end{pmatrix}\begin{pmatrix} x_1\\ \vdots \\ x_n\end{pmatrix} - \lambda\begin{pmatrix} x_1\\ \vdots \\ x_n\end{pmatrix} = \begin{pmatrix} y_1\\ \vdots \\ y_n\end{pmatrix};$$

微分方程: $\dfrac{\mathrm{d}x(t)}{\mathrm{d}t}-\lambda x(t)=y(t)$;

Fredholm 积分方程: $\displaystyle\int_a^b K(x,y)f(y)\mathrm{d}y-\lambda f(x)=g(x)$.

(5.2) 就是用统一的观点来研究它们. 谱分析就是研究逆算子及其性质, 它

们与原算子的关系等. 谱分析已成为算子理论的一个重要的分支, 泛函分析中的一个核心问题.

我们的目的仍然是要研究 (5.2) 的解 x 的存在性, 唯一性和稳定性 (即解 x 对自由项 y 的连续依赖性), 即 $T_\lambda = T - \lambda I$ 在 X 上是否存在有界的逆算子 T_λ^{-1} . 若 T_λ^{-1} 存在并有界, 则 $x = T_\lambda^{-1} y$ 且 $\|x\| \leqslant \|T_\lambda^{-1}\|\|y\|$. 这时 x 是 (5.2) 的唯一稳定解, 并称 T_λ 是**正则算子**, 注意 $T_\lambda = T - \lambda I$ 与 T, λ 都有关, 当 T 固定时, 记 $R_\lambda = T_\lambda^{-1}$ 并称之为 T 的**预解算子**. 于是问题又归结为对哪些 λ, T_λ 是正则算子. 于是, 我们有下述定义:

定义 5.1 设 $(X, \|\cdot\|)$ 是复赋范线性空间, $T \in B(X)$ (即 T 是 $X \to X$ 上有界线性算子), I 为 X 上单位算子.

若 $\lambda \in \mathbf{C}$ (复数集), 使得 $T_\lambda = T - \lambda I$ 为正则算子 (即 $R_\lambda = T_\lambda^{-1}$ 存在且有界) 且 R_λ 的定义域在 X 中稠密, 则称 λ 是 T 的**正则值**, T 的正则值全体称为 T 的**正则值集**或 T 的**预解集**, 记为 $\rho(T)$. 若 λ 不是 T 的正则值, 则称 λ 是 T 的**谱点**. 谱点的全体称为 T 的**谱**, 记为 $\sigma(T)$. $\sigma(T) = \mathbf{C} - \rho(T)$.

定义 5.2 谱 $\sigma(T)$ 可分为三个互不相交的集:

(1) 使得 $R_\lambda = T_\lambda^{-1}$ 不存在的 λ 的全体, 称为 T 的**点谱** (或**离散谱**), 记为 $\sigma_p(T)$. $\sigma_p(T)$ 中的 λ 称为 T 的**特征值** (又称为本征值或固有值), 这时相应于 (5.2) 的齐次方程 $T_\lambda x = 0$, 即 $Tx = \lambda x$ 有非零解, 而 $M_\lambda = \operatorname{span}\{x : Tx = \lambda x, x \neq 0\}$ 称为 T 相应于特征值 λ 的**特征空间**.

(2) 使得 $R_\lambda = T_\lambda^{-1}$ 存在且定义在 X 的稠密子集上, 但 R_λ 无界的 λ 全体, 称为 T 的**连续谱**, 记为 $\sigma_c(T)$.

(3) 使得 $R_\lambda = T_\lambda^{-1}$ 存在, 但 R_λ 的定义域不在 X 中稠密的 λ 全体, 称为 T 的**剩余谱**, 记为 $\sigma_r(T)$. 于是 $\sigma(T)$ 可分解为三个互不相交的集:

$$\sigma(T) = \sigma_p(T) \cup \sigma_c(T) \cup \sigma_r(T).$$

由此可见, 算子方程的可解性就归结为算子谱的结构.

2. 当 $(X, \|\cdot\|)$ 是有限维赋范线性空间 E_n 时, E_n 上有界线性算子 T 的谱理论本质上就是矩阵的特征值理论, 设 $\{e_k\}_{k=1}^n$ 是 E_n 的任意一组基, $A = (\alpha_{jk})$ 是 T 相应于该基 (其元素保持给定的次序) 的矩阵表示, 即

$$Te_k = \sum_{j=1}^{n} \alpha_{kj} e_j, \quad k = 1, 2, \cdots, n.$$

令 $Tx = y$, $x = \sum\limits_{j=1}^{n} x_j e_j$, $y = \sum\limits_{k=1}^{n} y_k e_k$, 则 $y_k = \sum\limits_{j=1}^{n} \alpha_{kj} x_j$, 于是, 算子方程 $Tx = \lambda x$ 变成线性方程组:

$$\sum_{j=1}^{n}\alpha_{kj}x_j=\lambda x_k,\quad k=1,2,\cdots,n. \tag{5.3}$$

方程组 (5.3) 的系数行列式是

$$\det(T-\lambda I)=\begin{vmatrix}\alpha_{11}-\lambda & \alpha_{12} & \cdots & \alpha_{1n}\\ \alpha_{21} & \alpha_{22}-\lambda & \cdots & \alpha_{2n}\\ \vdots & \vdots & & \vdots\\ \alpha_{n1} & \alpha_{n2} & \cdots & \alpha_{nn}-\lambda\end{vmatrix},$$

称为 T 的**特征行列式**, 这时 λ 只有两种可能:

(1) $\lambda\in\sigma_p(T)$. λ 为 T 的特征值, 对应于方程组 (5.3) 有非零解,

$$\det(T-\lambda I)=0.$$

(2) $\lambda\in\rho(T)$. 这时 (5.3) 只有零解, 系数行列式 $\det(T-\lambda I)\neq 0$.

3. 无限维赋范线性空间中的线性算子的谱理论就要复杂得多, 下面考虑复 Banach 空间 $(X,\|\cdot\|)$ 上有界线性算子 T 的谱性质.

定理 5.1 设 X 是复 Banach 空间, $T\in B(X)$, 则当复数 λ 的模 $|\lambda|>\|T\|$ 时, $\lambda\in\rho(T)$ (即 λ 为 T 的正则值), 且

$$R_\lambda=T_\lambda^{-1}=(T-\lambda I)^{-1}=-\sum_{k=0}^{\infty}\frac{T^k}{\lambda^{k+1}}\ (\text{式中 } T^0=I), \tag{5.4}$$

$$\|R_\lambda\|\leqslant\frac{1}{|\lambda|-\|T\|}. \tag{5.5}$$

证 令 $q=\dfrac{\|T\|}{|\lambda|}$, 则 $0<q<1$, 于是

$$\sum_{k=0}^{\infty}\left\|\frac{T^k}{\lambda^{k+1}}\right\|\leqslant\frac{1}{|\lambda|}\sum_{k=0}^{\infty}\left(\frac{\|T\|}{|\lambda|}\right)^k=\frac{1}{|\lambda|}\sum_{k=0}^{\infty}q^k<\infty,$$

即 $\sum\limits_{k=0}^{\infty}\dfrac{T^k}{\lambda^{k+1}}$ 绝对收敛, 又 $B(X)$ 是 Banach 空间, 由第七章定理 2.2, $\sum\limits_{k=0}^{\infty}\dfrac{T^k}{\lambda^{k+1}}$ 收敛. 令 $A=-\sum\limits_{k=0}^{\infty}\dfrac{T^k}{\lambda^{k+1}}$, 则 $A\in B(X)$,

$$T_\lambda A=(T-\lambda I)\left(-\sum_{k=0}^{\infty}\frac{T^k}{\lambda^{k+1}}\right)=-\sum_{k=0}^{\infty}\left(\frac{T^{k+1}}{\lambda^{k+1}}-\frac{T^k}{\lambda^k}\right)=T^0=I.$$

同理可证 $AT_\lambda=I$. 所以, $R_\lambda=T_\lambda^{-1}=A\in B(X)$, 即 $\lambda\in\rho(T)$. 且 (5.4) 成立,

而且

$$\|R_\lambda\| = \|A\| = \left\|\sum_{k=0}^{\infty} \frac{T^k}{\lambda^{k+1}}\right\| \leqslant \frac{1}{|\lambda|}\sum_{k=0}^{\infty}\left(\frac{\|T\|}{|\lambda|}\right)^k$$
$$= \frac{1}{|\lambda|}\frac{1}{1-\dfrac{\|T\|}{|\lambda|}} = \frac{1}{|\lambda| - \|T\|}.$$

证毕.

推论 5.2　设 X 是复 Banach 空间, $T \in B(X)$, 则当 $\lambda \in \sigma(T) = (\rho(T))^c$ 时, $|\lambda| \leqslant \|T\|$.

定理 5.3　设 X 是复 Banach 空间, $T \in B(X)$, 则 $\rho(T)$ 是复平面 $\mathbf{C}$ 中的开集, 而 $\sigma(T)$ 是 $\mathbf{C}$ 平面上的非空有界闭集.

证　(1) 先证 $\rho(T)$ 为开集. 对 $\forall \lambda_0 \in \rho(T)$, 由 $T_{\lambda_0} = T - \lambda_0 I$ 的正则性, $0 < \|R_{\lambda_0}\| < \infty$, 于是对满足 $|\lambda - \lambda_0| < \dfrac{1}{\|R_{\lambda_0}\|}$ 的所有 λ, 由第七章定理 2.2, 有 $\sum\limits_{k=0}^{\infty}(\lambda - \lambda_0)^k R_{\lambda_0}^{k+1}$ 收敛. 令 $A = \sum\limits_{k=0}^{\infty}(\lambda - \lambda_0)^k R_{\lambda_0}^{k+1}$, 则 $A \in B(X)$. 只要证 $T_\lambda^{-1} = A$. 为此,

$$T_\lambda A = (T - \lambda I)\sum_{k=0}^{\infty}(\lambda - \lambda_0)^k R_{\lambda_0}^{k+1}$$
$$= \sum_{k=0}^{\infty}((T - \lambda_0 I) + (\lambda_0 - \lambda)I)(\lambda - \lambda_0)^k R_{\lambda_0}^{k+1}$$
$$= \sum_{k=0}^{\infty}((\lambda - \lambda_0)^k R_{\lambda_0}^{k} - (\lambda - \lambda_0)^{k+1} R_{\lambda_0}^{k+1}) = R_{\lambda_0}^0 = I.$$

同理可证 $AT_\lambda = I$. 所以 $T_\lambda^{-1} = A$, 于是 $\lambda \in \rho(T)$, 即 $\rho(T)$ 是开集.

(2) 从 $\rho(T)$ 为开集知 $\sigma(T)$ 为闭集, 又从推论 5.2, $\sigma(T)$ 有界, 剩下只要证 $\sigma(T) \neq \varnothing$. 注意对 $\forall \lambda, \lambda_0 \in \rho(T)$, 当 $|\lambda - \lambda_0| < \dfrac{1}{\|R_{\lambda_0}\|}$ 时, 由 (1) 知

$$R_\lambda = T_\lambda^{-1} = \sum_{k=0}^{\infty}(\lambda - \lambda_0)^k R_{\lambda_0}^{k+1}.$$

从而, 对 $\forall f \in (B(X))^*$, 有

$$f(R_\lambda) = \sum_{k=0}^{\infty}(\lambda - \lambda_0)^k f(R_{\lambda_0}^{k+1}).$$

这表明 $f(R_\lambda)$ 可以展开成幂级数. 所以, $f(R_\lambda)$ 在 $\rho(T)$ 上解析. 若 $\sigma(T) = \varnothing$, 则

$\rho(T)=\mathbf{C}$, 即 $f(R_\lambda)$ 在整个平面 $\mathbf{C}$ 上解析. 取 $f_0\in(B(X))^*$, 使得 $f_0(T^0)\neq 0$, 对于常数 $\alpha>\|T\|$, 令 $D=\{\lambda:|\lambda|=\alpha\}$, 则由定理 5.1, 对 $\forall\lambda\in D$, 有

$$f_0(R_\lambda)=-\sum_{k=0}^{\infty}\frac{f_0(T^k)}{\lambda^{k+1}}. \tag{5.6}$$

从而

$$\int_D f_0(R_\lambda)\mathrm{d}\lambda=-\sum_{k=0}^{\infty}\int_D\frac{f_0(T^k)}{\lambda^{k+1}}\,\mathrm{d}\lambda=-\int_D\frac{f_0(T^0)}{\lambda}\mathrm{d}\lambda=-2\pi\mathrm{i}f_0(T^0)\neq 0.$$

但这与 $f_0(R_\lambda)$ 在 $\mathbf{C}$ 上解析从而 $\displaystyle\int_D f_0(R_\lambda)\mathrm{d}\lambda=0$ 相矛盾. 所以, $\sigma(T)\neq\varnothing$. 证毕.

从定理 5.3 知, 复 Banach 空间 X 上的有界线性算子 T 的谱 $\sigma(T)$ 有界, 我们自然要进一步寻求以原点为中心包含整个谱的最小圆盘, 于是, 我们引入定义:

定义 5.3 设 X 是复 Banach 空间, $T\in B(X)$, 则复平面 $\mathbf{C}$ 上以原点为中心包含 $\sigma(T)$ 的最小闭圆盘的半径

$$r_\sigma(T)=\sup\{|\lambda|:\lambda\in\sigma(T)\}$$

称为 T 的**谱半径**.

从推论 5.2 知 $r_\sigma(T)\leqslant\|T\|$. 事实上, 我们还可进一步证明:

$$r_\sigma=\lim_{n\to\infty}\sqrt[n]{\|T^n\|}.$$

§6 广义函数

一、广义函数的概念

广义函数是 20 世纪 20 年代末期由英国物理学家 Dirac 在量子力学研究中首次引进的. 他引进的 δ 函数在形式上可定义为

$$\begin{cases}\delta(t)=\begin{cases}0, & t\neq 0,\\ \infty, & t=0,\end{cases} & (6.1)\\ \displaystyle\int_{-\infty}^{\infty}\delta(t)\mathrm{d}t=1. & (6.2)\end{cases}$$

电气工程师 Heaviside 在解电路方程时提出了一套运算微积的法则, 这种算法要求对单位跳跃函数 $H(t)$ (今天称之为 Heaviside 函数):

$$H(t)=\begin{cases}0, & t<0,\\ 1, & t\geqslant 0\end{cases} \tag{6.3}$$

求导数, 而且 $H'(t)=\delta(t)$.

按古典的函数概念, 无法解释以上事实. 例如, 从 (6.1), $\delta(t)=0$, $a.e.\ t\in\mathbf{R}^1$, 按 (L) 积分理论, 就应该 $\int_{-\infty}^{\infty}\delta(t)\mathrm{d}t=0$, 而不可能得出 (6.2); 又如 $H(t)$ 在 $t=0$ 处间断, 当然不可导, 更谈不上成立 $H'(0)=\delta(0)$. 另一方面, δ 函数却刻画了物理学中点质量、点电荷、点偶极子、点光源等点量和瞬时打击力、瞬时脉冲等瞬时量, 它代表了一种理想化的 “瞬时” 单位脉冲, 数学家和物理学家为寻求 δ 函数的新的数学理论基础, 而发展出今天的广义函数论, 人们最初将 δ 函数理解为直线上某种分布所对应的密度函数, 所以, 广义函数又称为分布, 用分布的观点为 δ 函数建立基础虽很直观, 但对复杂情形就显得烦琐而不明确.

1936 年, Sobolev 将 δ 函数及其导数 δ' 等 (称之为奇异函数) 看成某个函数空间上的线性泛函, 1945 年法国的 Schwartz 将 Sobolev 的思想加以抽象和推广, 创立了广义函数论, 他对广义函数论的贡献可以与 Newton–Leibniz 对微积分的贡献相提并论; 而 Gelfand 利用与 Schwartz 不同的试验函数研究广义函数; 波兰数学家 Mikusinski 曾用较初等的方法建立广义函数的理论; 日本佐藤学派则将广义函数看作解析函数的边界值, 称为 “超函数” 理论, 或代数分布论. 可见, 广义函数的概念还没有一个统一的定义. 目前通用的办法是先适当选取性质良好的普通函数类作为检验函数空间 (又称为测试函数空间或基本函数空间), 然后将检验函数空间 X 上连续线性泛函全体即 X' 作为广义函数空间, 每个连续线性泛函就是广义函数.

我们仍以 δ 函数为例, 可用 δ 函数从连续信号中 “抽取” 离散的样值. (6.2) 可写成

$$\int_{-\infty}^{\infty}\delta(t-t_0)\mathrm{d}t=1, \text{ 而且与 } t_0 \text{ 无关.}$$

设 $\varphi(t)$ 是连续信号, 则

$$\begin{aligned}\int_{-\infty}^{\infty}\delta(t-t_0)\varphi(t)\mathrm{d}t&=\int_{-\infty}^{\infty}\delta(t-t_0)\varphi(t_0)\mathrm{d}t\\&=\varphi(t_0)\int_{-\infty}^{\infty}\delta(t-t_0)\mathrm{d}t=\varphi(t_0).\end{aligned} \tag{6.4}$$

上式表明, 一个连续信号 $\varphi(t)$ 与脉冲信号 $\delta(t-t_0)$ 相乘并在 $(-\infty,\infty)$ 上求积分, 就得到 $\varphi(t)$ 在 t_0 的取样值 $\varphi(t_0)$, 特别当 $t_0=0$ 时, 得到

$$\int_{-\infty}^{\infty}\delta(t)\varphi(t)\mathrm{d}t=\varphi(0). \tag{6.5}$$

从而利用一个取样脉冲函数列 $\{\delta(t-t_n)\}_{n=1}^{\infty}$ 就可从连续信号 $\varphi(t)$ 中得到一个离散取样值序列 $\{\varphi(t_n)\}_{n=1}^{\infty}$, 并称之为 $\varphi(t)$ 的取样信号. 所以, δ 函数又称为抽样脉冲函数. (6.5) 式说明, $\delta(t)$ 确定了某函数空间 X 上的线性泛函, 它还形式地定义为

$$\langle\delta,\varphi\rangle=\int_{-\infty}^{\infty}\delta(t)\varphi(t)\mathrm{d}t=\varphi(0). \tag{6.6}$$

这就启发我们, 若把古典函数 f 也看成某函数空间 X 上的线性泛函, 就可推广函数的定义, 方法如下:

对于 $\forall f\in L_{\mathrm{loc}}(\mathbf{R}^n)$, 定义 X 上的线性泛函:

$$\langle f,\varphi\rangle=F(\varphi)=\int_{\mathbf{R}^n}f(x)\varphi(x)\mathrm{d}x,\quad \forall\varphi\in X. \tag{6.7}$$

$L_{\mathrm{loc}}(\mathbf{R}^n)$ 中不同的 f,g 所对应的线性泛函也不同, 这是因为, 若对 $\forall\varphi\in X$, 成立

$$\int_{\mathbf{R}^n}f(x)\varphi(x)\mathrm{d}x=\int_{\mathbf{R}^n}g(x)\varphi(x)\mathrm{d}x,$$

则 $f(x)=g(x)$, *a.e.* $x\in\mathbf{R}^n$, 而我们在 $L^p(\mathbf{R}^n)$ 空间中, 总把 *a.e.* 相等的函数看作同一元. 所以, 与 f 对应的线性泛函 $F(\varphi)$ 是唯一的. 于是, 在同构的意义下, 将 f 看成 X 上的线性泛函 $F(\varphi)$ (或记为 $\langle f,\varphi\rangle$, $f(\varphi)$, $L_f(\varphi)$ 等). 即将古典函数也看成一种广义函数, 这种广义函数称为函数型广义函数或**正则广义函数**. 反之, X 上的线性泛函就不一定对应一个古典函数, 如 $\delta(x)$ 也可看成 X 上的线性泛函, 称为**奇异广义函数**. 所以, 用 X 上的线性泛函作为函数的新定义, 称为**广义函数**, 这种广义函数不仅包括由 $\mathbf{R}^n$ 上局部可积函数 f 根据 (6.7) 定义的函数型广义函数 (或正则广义函数), 而且还包括像 δ 函数那样的奇异广义函数, 其中 X 称为检验函数空间.

应该注意的是: ① 将广义函数定义为 X 上的线性泛函时, 并没有包括所有的常义函数, 例如某些 (不是全部!) 非局部可积函数. 不可测函数就不能看成广义函数, 广义函数只是局部可积函数的一种推广. ② 一般来说, 广义函数在单个点上的值是没有意义的. 例如不能说广义函数 f 在某点为 0, 但可以说它在某邻域 (开集)G 中为 0, 其定义为: 设 $f\in X'$, 若对 $\forall\varphi\in X(G)$, 有 $\langle f,\varphi\rangle=0$. ③ X 上的线性泛函不一定都能写成积分形式:

$$F(\varphi)=\int_{\mathbf{R}^n}f(x)\varphi(x)\mathrm{d}x, \tag{6.8}$$

因此, 还有许多别的类型的泛函, 我们只是形式上记为

$$F(\varphi)=\langle f,\varphi\rangle,\quad \forall\varphi\in X.$$

X 作为检验函数空间, 还必须在 X 中定义某种收敛性概念. 于是, 我们用数学语言将以上分析写成如下的定义:

定义 6.1 设线性空间 X 上的泛函 $L_f: X\to\mathbf{R}^1$, $\varphi\mapsto L_f(\varphi)=\langle f,\varphi\rangle$ (或记为 $f(\varphi)$) 满足:

(1) 线性:$\langle f,\lambda_1\varphi_1+\lambda_2\varphi_2\rangle=\overline{\lambda}_1\langle f,\varphi_1\rangle+\overline{\lambda}_2\langle f,\varphi_2\rangle$, $\varphi_1,\varphi_2\in X$, $\lambda_1,\lambda_2\in K$;

(2) 连续性: 对于 $\forall\varphi_k\in X$, $\varphi_k\to\varphi$ (按 X 中某种收敛意义), 都成立

$$\lim_{k\to\infty}\langle f,\varphi_k\rangle=\langle f,\varphi\rangle, \tag{6.9}$$

则称泛函 L_f 是 X 上的**广义函数**, 在同构意义下, 有时也将 $L_f(\varphi)$ 记为 f.

X 上连续线性泛函的全体称为相应于 X 的**广义函数空间** (或**分布空间**), 记为 X', X' 也是一个线性空间, 对于 $f_1,f_2\in X'$, $\lambda_1f_1+\lambda_2f_2$ 定义为

$$\langle\lambda_1f_1+\lambda_2f_2,\varphi\rangle=\lambda_1\langle f_1,\varphi\rangle+\lambda_2\langle f_2,\varphi\rangle.$$

X' 中的广义函数列 $\{f_k\}$ 收敛于 f 定义为

$$\lim_{k\to\infty}\langle f_k,\varphi\rangle=\langle f,\varphi\rangle,\quad \forall\varphi\in X.$$

仍记为 $\lim\limits_{k\to\infty}f_k=f$.

应注意的是, 广义函数空间 X' 与第八章 §2 的共轭空间 X^* 有所区别: 共轭空间 X^* 是对赋范线性空间 X 定义的. 而检验函数空间 X 却不一定能赋范, 即 X 不一定是赋范线性空间, 而且 X^* 与 X' 中有各自的收敛概念.

二、检验函数空间与广义函数空间

我们既然将 X 上的线性泛函作为广义函数的定义, X 中函数的性质越好 (指可微性、可积性等分析性质), X 上的连续线性泛函就越多, 即 X' 越大; 反之, X 中的函数类越大 (条件越宽), X' 就越小. 例如, 若取 $X=L^2(\mathbf{R}^n)$, 由于这时 $X=X^*$, 即 $L^2(\mathbf{R}^n)$ 上的连续线性泛函与 $L^2(\mathbf{R}^n)$ 中的函数一一对应, 所以, 用 $L^2(\mathbf{R}^n)$ 上连续线性泛函定义的函数就是 $L^2(\mathbf{R}^n)$ 中的函数, 函数概念并没有得到推广, 无法包括 δ 函数. 又如, 取 $X=L^p(D)$, $D=[0,1]$, $0<p<1$, 则 X 上的连续线性泛函只能是零元.

我们自然想到, 应取 $X=C^\infty(\mathbf{R}^n)$ 作为函数空间, 但 $C^\infty(\mathbf{R}^n)$ 的可积性不好, 因为 $f\in C^\infty(\mathbf{R}^n)$ 时不能保证 $f\in L^1(\mathbf{R}^n)$, 即使取

$$X=C^\infty(\mathbf{R}^n)\cap L^1(\mathbf{R}^n),$$

仍不能从 $f, g \in L^1(\mathbf{R}^n)$ 推出 $fg \in L^1(\mathbf{R}^n)$. 所以, 我们通常选择 $C^\infty(\mathbf{R}^n)$ 的某个子空间作为检验函数空间.

首先, 我们考虑 $C^\infty(\mathbf{R}^n)$ 的下述子空间

$$C_0^\infty(\mathbf{R}^n) = \{f \in C^\infty(\mathbf{R}^n) : f \text{ 有紧支集}\},$$

$C_0^\infty(\mathbf{R}^n)$ 对函数的微分、积分运算都是封闭的, 但还要在 $C_0^\infty(\mathbf{R}^n)$ 中定义收敛性, 使得 $C_0^\infty(\mathbf{R}^n)$ 成为完备空间, 即定义:

定义 6.2 设 $\varphi, \varphi_k \in C_0^\infty(\mathbf{R}^n)$, 满足:

(1) 存在有界集 A, 使得 $\operatorname{supp}\varphi_k \subset A$ (称为 $\{\varphi_k\}$ 的支集一致有界) 而且 $\operatorname{supp}\varphi \subset A$;

(2) 对 $\forall \alpha = (\alpha_1, \cdots, \alpha_n)$ (α_k 为非负整数),

$$D^\alpha \varphi_k \rightrightarrows D^\alpha \varphi \text{ 于 } A \quad (\text{即 } \max_{x \in A} |D^\alpha \varphi_k - D^\alpha \varphi| \to 0, k \to \infty), \tag{6.10}$$

式中 $D^\alpha \varphi = \dfrac{\partial^{|\alpha|}}{\partial x_1^{\alpha_1} \cdots \partial x_n^{\alpha_n}}$, $|\alpha| = \sum\limits_{k=1}^n \alpha_k$, 称 $\{\varphi_k\}$ 在 $C_0^\infty(\mathbf{R}^n)$ 中收敛于 φ, 记为 $\lim\limits_{k\to\infty} \varphi_k = \varphi$ (于 $\mathscr{D}$) 或 $\varphi_k \xrightarrow{\mathscr{D}} \varphi$. 则在上述收敛意义下的线性空间 $C_0^\infty(\mathbf{R}^n)$ 称为 **Schwarz 检验函数空间**, 改记为 $\mathscr{D}(\mathbf{R}^n)$.

容易证明, $\mathscr{D}(\mathbf{R}^n)$ 是序列完备的, 即 $\mathscr{D}(\mathbf{R}^n)$ 中每个 Cauchy 列 $\{\varphi_k\}$ 都在 $\mathscr{D}(\mathbf{R}^n)$ 中收敛.

定义 6.3 $\mathscr{D}(\mathbf{R}^n)$ 上的连续线性泛函称为 $\mathscr{D}(\mathbf{R}^n)$ 上的广义函数 (或分布). $\mathscr{D}(\mathbf{R}^n)$ 上广义函数的全体称为广义函数空间, 记为 $\mathscr{D}'(\mathbf{R}^n)$.

$\mathscr{D}(\mathbf{R}^n)$ 有两个缺点:

(1) 在 $\mathscr{D}(\mathbf{R}^n)$ 中不能赋范, 即不能用一个范数来刻画它的收敛性. 令

$$\|\varphi\|_m = \sum_{|\alpha| \leqslant m} \sup_{x \in A} |D^\alpha \varphi(x)|, \tag{6.11}$$

$\varphi_k \to \varphi$ 于 $\mathscr{D}(\mathbf{R}^n)$, 是指对 $\forall m, \forall \alpha : |\alpha| \leqslant m$, 成立

$$\|\varphi_k - \varphi\|_m = \sum_{|\alpha| \leqslant m} \sup_{x \in A} |D^\alpha (\varphi_k - \varphi)(x)| \to 0 \quad (k \to \infty),$$

即 $\mathscr{D}(\mathbf{R}^n)$ 中的收敛性是用可数个准范数 $\{\|\varphi\|_m\}$ 来刻画的.

注 $\|x\|$ 为准范数, 是指在 x 的范数定义中的绝对齐性: $\|\alpha x\| = |\alpha|\|x\|$ 减弱为

$$\|-x\| = \|x\| \text{ 和 } \lim_{\alpha_n \to 0} \|\alpha_n x\| = 0, \quad \lim_{\|x_n\| \to 0} \|\alpha x_n\| = 0.$$

(2) 不能用 $\langle \hat{g}, f \rangle = \langle g, \hat{f} \rangle$ 来定义广义函数 g 的 Fourier 变换, 它对 Fourier

变换不封闭, 即从 $f \in \mathscr{D}(\mathbf{R}^n)$ 不能推出它的 Fourier 变换 $\hat{f} \in \mathscr{D}(\mathbf{R}^n)$. 于是, 我们定义另一个检验函数空间 $S(\mathbf{R}^n)$:

定义 6.4 记

$$\sup_{x\in\mathbf{R}^n} \left|x^\alpha \left(D^\beta \varphi\right)(x)\right| = \left\|x^\alpha \left(D^\beta \varphi\right)\right\|_\infty = \rho_{\alpha,\beta}(\varphi), \tag{6.12}$$

则

$$S(\mathbf{R}^n) = \left\{\varphi \in C^\infty(\mathbf{R}^n) : \left\|x^\alpha \left(D^\beta \varphi\right)\right\|_\infty < \infty\right\}$$

称为**速降检验函数空间**, 或 Schwarz 空间.

由 (6.12) 所定义的 $\rho_{\alpha,\beta}(\varphi - \psi)$ 随意排列成序列的形式, 改记为 $d_k(\varphi, \psi)$, 然后由 d_k 定义距离

$$d(\varphi, \psi) = \sum_{k=1}^\infty \alpha_k \frac{d_k(\varphi, \psi)}{1 + d_k(\varphi, \psi)}, \tag{6.13}$$

式中 $\alpha_k > 0$, $\sum\limits_{k=1}^\infty \alpha_k < \infty$, 可以证明 (S, d) 是可分的完备的距离空间. 容易看出

$$C_0^\infty(\mathbf{R}^n) \subset S(\mathbf{R}^n) \subset C^\infty(\mathbf{R}^n), \tag{6.14}$$

而且 $C_0^\infty(\mathbf{R}^n)$ 在 $S(\mathbf{R}^n)$ 中稠密, $S(\mathbf{R}^n)$ 在 $C^\infty(\mathbf{R}^n)$ 中稠密.

评注: (6.12) 中的 $\rho_{\alpha,\beta}(\varphi)$ 也可以记为 $\|\varphi\|_{\alpha,\beta}, \alpha, \beta \in \mathbf{N}^n$, 于是 $S(\mathbf{R}^n)$ 中的距离 (6.13) 也可以定义为

$$d(f, g) = \sum_{\alpha,\beta} \min\{\|f - g\|_{\alpha,\beta}, 2^{-|\alpha|-|\beta|}\},$$

式中 $\alpha = (\alpha_1, \cdots, \alpha_n)$, $|\alpha| = \sum\limits_{k=1}^n \alpha_k$; $\beta = (\beta_1, \cdots, \beta_n), |\beta| = \sum\limits_{k=1}^n \beta_k$. 于是, 我们得到

(1) 在距离空间 $(S(\mathbf{R}^n), d)$ 中, 成立

$$\lim_{m\to\infty} f_m = f \Leftrightarrow \lim_{m\to\infty} \|f_m - f\|_{\alpha,\beta} = 0.$$

(2) $S(\mathbf{R}^n)$ 是完备的.

定义 6.5 (S, d) 上连续线性泛函全体称为**缓增广义函数空间**, 记为 $S'(\mathbf{R}^n)$, $S'(\mathbf{R}^n)$ 中的元素称为**缓增广义函数**.

$$(C^\infty(\mathbf{R}^n))' \subset S'(\mathbf{R}^n) \subset \mathscr{D}'(\mathbf{R}^n).$$

三、广义函数的运算

1. 广义函数的导数

设 $f \in C^1(\mathbf{R}^n)$, $\varphi \in \mathscr{D}(\mathbf{R}^n)$, 利用分部积分, 得到

$$\begin{aligned}\left\langle \frac{\partial f}{\partial x_k}, \varphi \right\rangle &= \int_{\mathbf{R}^n} \left(\frac{\partial f}{\partial x_k}\right)(x)\varphi(x)\mathrm{d}x \\ &= -\int_{\mathbf{R}^n} f(x)\left(\frac{\partial \varphi}{\partial x_k}\right)(x)\mathrm{d}x = -\left\langle f, \frac{\partial \varphi}{\partial x_k}\right\rangle.\end{aligned}$$

由此启发我们去定义一般的广义函数的导数:

定义 6.6 设 $F \in \mathscr{D}'(\mathbf{R}^n)$, 则由下式

$$\frac{\partial}{\partial x_k}F(\varphi) = -F\left(\frac{\partial \varphi}{\partial x_k}\right), \quad \varphi \in \mathscr{D}(\mathbf{R}^n), \tag{6.15}$$

即由 $\left\langle \frac{\partial f}{\partial x_k}, \varphi \right\rangle = -\left\langle f, \frac{\partial \varphi}{\partial x_k}\right\rangle$ 确定的广义函数 $\frac{\partial}{\partial x_k}F$ 称为 F 对 x_k 的一阶偏导数. 对于 n 重指标 $\alpha = (\alpha_1, \cdots, \alpha_n)$, 有

$$D^\alpha F(\varphi) = \langle D^\alpha f, \varphi\rangle = (-1)^{|\alpha|}\langle f, D^\alpha\varphi\rangle = (-1)^{|\alpha|}F(D^\alpha\varphi). \tag{6.16}$$

$D^\alpha F$ 称为 F 的 $|\alpha|$ 阶广义导数, 仍记为 $D^\alpha f$.

从 (6.16) 可知, 因为 φ 无穷次可微, 就保证了由 (6.16) 所定义的广义函数无穷次可微, 而且当 $D^\alpha f$ 绝对连续时, $D^\alpha f$ 作为广义函数的导数与通常导数 $D^\alpha f$ 作为广义函数是一致的.

例 6.1 Heaviside 函数 $H(x) = \begin{cases} 1, & x \geqslant 0, \\ 0, & x < 0 \end{cases}$ 在 $x = 0$ 不连续, 但它作为广义函数

$$H(\varphi) = \int_{-\infty}^{\infty} H(x)\varphi(x)\mathrm{d}x = \int_0^{\infty}\varphi(x)\mathrm{d}x,$$

有导数

$$H'(\varphi) = -\langle H, \varphi'\rangle = -\int_{-\infty}^{\infty} H(x)\varphi'(x)\mathrm{d}x = -\int_0^{\infty}\varphi'(x)\mathrm{d}x = \varphi(0) = \delta(\varphi),$$

所以, $H'(x) = \delta(x)$.

我们进一步还可求 δ 函数的导数.

记 $\delta_a(x) = \delta(x-a)$, $\delta_0(x) = \delta(x)$. δ_a 的广义导数为

$$\delta_a'(\varphi) = \langle \delta_a', \varphi\rangle = -\langle \delta_a, \varphi'\rangle = -\varphi'(a), \quad \forall \varphi \in \mathscr{D}(\mathbf{R}^n).$$

δ'_a 有它的物理意义, 例如可用于描述静电学中的"偶极子"概念. 一般地, δ_a 的 α 阶广义导数为

$$\delta_a^{(\alpha)}(\varphi)=\left\langle\delta_a^{(\alpha)},\varphi\right\rangle=(-1)^{|\alpha|}\left(\delta_a,\varphi^{(\alpha)}\right)=(-1)^{|\alpha|}\varphi^{(\alpha)}(a),\quad\forall\varphi\in\mathscr{D}(\mathbf{R}^n).$$

在 $(C_0^\infty(\mathbf{R}^n))'$ 上的广义函数导数的基本性质: 设 $f\in(C_0^\infty(\mathbf{R}^n))'$, 则

① f 具有无穷次可导性, 即对任何 n 重指数 α, 广义函数的导数 $D^\alpha f$ 都存在;

② 每个 $D^\alpha f$ 都与求导次序无关;

③ 每个 $D^\alpha f\in(C_0^\infty(\mathbf{R}^n))'$.

评注: 对于古典意义下的函数 $f\in L^1_{\mathrm{loc}}(\mathbf{R}^n)$, $D^\alpha f$ 作为古典意义下的导数不一定存在, 即使存在, 求导次序也不一定能任意改变. 但是, f 作为广义函数时, 它的任何阶广义导数都存在, 而且与求导次序无关. 这时的广义导数 $D^\alpha f\in L^1_{\mathrm{loc}}(\mathbf{R}^n)$ 不一定仍成立.

2. 广义函数的乘法

设 $g\in C^\infty(\mathbf{R}^n)$, $F\in S'(\mathbf{R}^n)$, 若 G 满足:

$$\langle G,\varphi\rangle=\langle F,g\varphi\rangle,\quad\forall\varphi\in S(\mathbf{R}^n),\tag{6.17}$$

则称 G 是 g 与 F 的乘积, 记为 $G=gF$. (6.17) 也可以写成

$$gF(\varphi)=F(g\varphi),\quad\forall\varphi\in S(\mathbf{R}^n).\tag{6.18}$$

当 $F\in L_{\mathrm{loc}}(\mathbf{R}^n)$, 而且对任意可测集 $E\subset\mathbf{R}^n$, $\displaystyle\int_E|f(x)|\,\mathrm{d}x<\infty$, 则由下式定义的泛函

$$F(\varphi)=\langle F,\varphi\rangle=\int_{\mathbf{R}^n}f(x)\varphi(x)\mathrm{d}x\tag{6.19}$$

称为函数型的广义函数. 这时 (6.18) 与通常函数的乘积一致, 说明上述乘法的定义是合理的. 但是, 如何合理地定义任意两个广义函数之积, 还是一个没有解决的、值得进一步研究的问题.

3. 广义函数的卷积

我们在第五章 §5 定义过 $\mathbf{R}^n$ 上两个可测函数 f,g 的卷积:

$$(f*g)(x)=\int_{\mathbf{R}^n}f(x-y)g(y)\mathrm{d}y.\tag{6.20}$$

对 $\forall\varphi\in C_0^\infty(\mathbf{R}^n)$, 成立

$$\langle (f*g)(x), \varphi(x)\rangle = \langle f(x), \langle g(y), \varphi(x+y)\rangle\rangle = \langle g(y), \langle f(x), \varphi(x+y)\rangle\rangle,$$

利用上式, 我们可以将卷积的概念推广到广义函数:

设 $f, g \in (C_0^\infty(\mathbf{R}^n))'$, 则 f, g 的卷积 $f*g$ 定义为

$$\langle f*g, \varphi\rangle = \langle f_x, \langle g_y, \varphi(x+y)\rangle\rangle, \tag{6.21}$$

式中 f_x, g_y 分别表示作用在 $C_0^\infty(\mathbf{R}_x^n)$, $C_0^\infty(\mathbf{R}_y^n)$ 上的广义函数. 并不是任何两个广义函数都可以求卷积. 两个广义函数中只要有一个在 $(C_0^\infty(\mathbf{R}^n))'$ 中, 它们的卷积就一定存在而且是 $(C_0^\infty(\mathbf{R}^n))'$ 中的广义函数.

广义函数的卷积主要有以下性质 (假设写出的卷积都存在):

① $f*g = g*f$;

② $(f*g)*h = f*(g*h)$;

③ $\delta * f = f$;

④ $\partial_k f = (\partial_k \delta)*f$;

⑤ $\partial_k(f*g) = (\partial_k f)*g = f*(\partial g)$;

⑥ 设常系数偏微分算子定义为:

$$P(\partial) = \sum_{|\alpha|\leqslant m} b_\alpha \partial^\alpha,$$

则 $P(\partial)(f*g) = (P(\partial)f)*g$.

4. 广义函数的 Fourier 变换

① 空间 $S(\mathbf{R}^n)$ 上的 Fourier 变换: 因为 $S(\mathbf{R}^n)$ 中的函数都绝对可积, 所以, $S(\mathbf{R}^n)$ 中的函数 φ 的 Fourier 变换 $F(\varphi)$:

$$F(\varphi) = \int_{\mathbf{R}^n} \varphi(x)\mathrm{e}^{-\mathrm{i}xy}\mathrm{d}x \tag{6.22}$$

和 Fourier 逆变换 $F^{-1}(\varphi)$:

$$F^{-1}(\varphi) = \frac{1}{(2\pi)^n}\int_{\mathbf{R}^n} \varphi(y)\mathrm{e}^{\mathrm{i}xy}\mathrm{d}y \tag{6.23}$$

都存在, 而且成立

$$F^{-1}(F(\varphi)) = F(F^{-1}(\varphi)) = \varphi.$$

Fourier 变换建立了 $S(\mathbf{R}^n)$ 到 $S(\mathbf{R}^n)$ 的同构对应.

② 空间 $S'(\mathbf{R}^n)$ 上的 Fourier 变换: 对 $\forall f \in S'(\mathbf{R}^n)$, 由下式

$$\langle g, \varphi\rangle = \langle f, F(\varphi)\rangle, \quad \forall \varphi \in S(\mathbf{R}^n) \tag{6.24}$$

定义了 $S'(\mathbf{R}^n)$ 上的广义函数 g, 称为 f 的 Fourier 变换, 记为 $g=F(f)$. 广义函数 f 的 Fourier 逆变换 $F^{-1}(f)$ 定义为:

$$\left\langle F^{-1}(f),\varphi\right\rangle=\left\langle f,F^{-1}(\varphi)\right\rangle,\quad \forall\varphi\in S(\mathbf{R}^n). \tag{6.25}$$

按经典意义可以进行 Fourier 变换的函数, 按广义函数也可以进行 Fourier 变换, 而且两者相等.

例 6.2　$F(\delta(x))=1$; $F(1)=(2\pi)^n\delta$; $F(\delta(x-y))=\mathrm{e}^{-\mathrm{i}xy}$.

$S'(\mathbf{R}^n)$ 上的广义函数的 Fourier 变换有以下主要性质:

① Fourier 变换建立了 $S'(\mathbf{R}^n)$ 到 $S'(\mathbf{R}^n)$ 的一个同构对应;

② 若 $f\in S'(\mathbf{R}^n)$, 则 $F^{-1}(F(f))=F(F^{-1}(f))=f$;

③ 若 $f\in S'(\mathbf{R}^n)$, 则 $F(\partial_k f)=\mathrm{i}y_kF(f)$, $F(\partial^\alpha f)=\mathrm{i}^{|\alpha|}y^\alpha F(f)$,

$$F(-\mathrm{i}x_kf)=\frac{\partial}{\partial y_k}F(f),\quad F((-\mathrm{i})^\alpha x^\alpha f)=\partial^\alpha F(f);$$

④ 设 $\varphi\in S(\mathbf{R}^n)$, $f\in S'(\mathbf{R}^n)$, $g\in(L^\infty)'$, 则

$$F(\varphi*f)=F(\varphi)F(f),\quad F(g*f)=F(g)F(f).$$

例 6.3　用广义函数理论证明公式:

$$\int_0^\infty\cos(2\pi xy)\mathrm{d}y=\frac{1}{2}\delta(x). \tag{6.26}$$

证　注意到 $g(x)=\displaystyle\int_0^\infty\cos(2\pi xy)\mathrm{d}y$ 是发散的广义积分, 我们令

$$g_u(x)=\int_0^u\cos(2\pi xy)\mathrm{d}y,\quad u>0.$$

因为 $g_u\in L_{\mathrm{loc}}(\mathbf{R}^n)$, 所以 (6.26) 应该理解为

$$\lim_{u\to\infty}\int_{-\infty}^\infty g_u(x)\varphi(x)\mathrm{d}x=\int_{-\infty}^\infty\left(\frac{1}{2}\delta(x)\right)\varphi(x)\mathrm{d}x. \tag{6.27}$$

为证 (6.27), 我们令

$$f_u(x)=\int_0^u\frac{\sin(2\pi xy)}{2\pi y}\mathrm{d}y,\quad F_u(\varphi)=\int_{-\infty}^\infty f_u(x)\varphi(x)\mathrm{d}x;$$
$$f(x)=\int_0^\infty\frac{\sin(2\pi xy)}{2\pi y}\mathrm{d}y,\quad F(\varphi)=\int_{-\infty}^\infty f(x)\varphi(x)\mathrm{d}x.$$

由 Lebesgue 控制收敛定理 (第五章 §3), 有

$$\lim_{u\to\infty}F_u(\varphi)=F(\varphi).$$

再由微分算子的连续性, 有

$$\lim_{u\to\infty} F_u'(\varphi) = F'(\varphi). \tag{6.28}$$

因为

$$\begin{aligned}
F'(\varphi) &= -F(\varphi') = -\int_{-\infty}^{\infty} f(x)\varphi'(x)\mathrm{d}x \\
&= -\left(\int_{-\infty}^{0} f(x)\varphi'(x)\mathrm{d}x + \int_{0}^{\infty} f(x)\varphi'(x)\mathrm{d}x\right) \\
&= -\left(\int_{-\infty}^{0} \left(-\frac{1}{4}\right)\varphi'(x)\mathrm{d}x + \int_{0}^{\infty} \frac{1}{4}\varphi'(x)\mathrm{d}x\right) \\
&= \frac{1}{2}\varphi(0) = \int_{0}^{\infty} \left(\frac{1}{2}\delta(x)\right)\varphi(x)\mathrm{d}x,
\end{aligned}$$

于是,

$$\lim_{u\to\infty}\int_{-\infty}^{\infty} g_u(x)\varphi(x)\mathrm{d}x = \lim_{u\to\infty} F_u'(\varphi) = F'(\varphi) = \int_{-\infty}^{\infty}\left(\frac{1}{2}\delta(x)\right)\varphi(x)\mathrm{d}x.$$

证毕.

由于广义函数在一点的值没有意义, 所以一般的广义函数没有定积分的运算, 但是可以定义它的原函数.

5. 广义函数的原函数

定义 6.7 设 $f, g \in \mathscr{D}(\mathbf{R}^1)$, 若 f 的广义导数 $Df = g$, 则称 f 是广义函数 g 的一个 (广义) 原函数, (广义) 原函数的全体称为 g 的 (广义) 不定积分.

定义 6.8 设 $f \in \mathscr{D}'(\mathbf{R}^1)$, $F^{(\alpha)}$ 为 F 的 α 阶广义导数, 若 $F^{(\alpha)} = f$, 则称 F 是 f 的 α 阶 (广义) 原函数.

我们在上面所定义的广义函数的运算及其性质, 使得广义函数在偏微分方程基本解的研究、拟微分算子理论、广义随机过程、广义向量偏微分方程、断裂力学以及近代物理学、工程技术上都有广泛的应用, 广义函数论本身也取得巨大的进展, 成为泛函分析的一个重要分支.

§7 Banach 不动点定理

我们在 §5 指出, 求解代数方程, 微分方程, 积分方程等, 都可归结为下述算子方程的求解问题:

设 X, Y 为数域 K 上的线性空间, $T_0 : X \to Y$. 对于给定的 $y \in Y$, 求 $x \in X$, 使得

$$T_0x = y. \tag{7.1}$$

令 $Tx = T_0x - y + x$, 则 (7.1) 变成

$$Tx = x. \tag{7.2}$$

定义 7.1 设 T 是集合 X 到 X 的映射, 若存在 $x_0 \in X$, 使得 $Tx_0 = x_0$, 则称 x_0 为 T 的一个**不动点**.

由此可见, 算子方程 (7.1) 的解可转化为求映射的不动点, 但一般情形下, 映射不一定有不动点, 即使有不动点, 也不一定是唯一的.

例 7.1 设 $X = (0, \infty)$, $T : X \to X$, $x \mapsto \alpha x$, $0 < \alpha < 1$, 则 T 没有不动点. 事实上, 从 $Tx = x \Rightarrow \alpha x = x \Rightarrow (1 - \alpha)x = 0 \Rightarrow x = 0 \notin X$. 又如平移映射 $Tx = x + a(a \neq 0)$ 也没有不动点.

例 7.2 设 $X = \mathbf{R}^1$, $T : X \to X$, $x \mapsto x^2$, 则 T 有两个不动点: $x_1 = 0$, $x_2 = 1$. 又设 $X = \mathbf{R}^2$, $T : X \to X$, $x = (x_1, x_2) \mapsto (x_1, 0)$, 则 T 有无穷多个不动点 $(x_1, 0)$, $\forall x_1 \in \mathbf{R}^1$. $\mathbf{R}^3$ 中绕某轴的旋转也有无穷多个不动点.

定义 7.2 设 (X, d) 为距离空间, 映射 $T : X \to X$, 若存在数 α, $0 \leqslant \alpha < 1$, 使得对于 $\forall x, y \in X$, 成立

$$d(Tx, Ty) \leqslant \alpha d(x, y), \tag{7.3}$$

则称 T 是 X 上的一个**压缩映射**.

从定义易知, 压缩映射是一致连续映射.

定理 7.1 (压缩映射原理) 设 (X, d) 是完备的距离空间, $T : X \to X$ 是压缩映射. 则 T 在 X 中存在唯一的不动点 x_0.

证 (1) 先构造一个点列 $\{x_n\}$: 任取 $x_1 \in X$, 作迭代序列:

$$x_2 = Tx_1, \ \cdots, \ x_{n+1} = Tx_n, \ \cdots. \tag{7.4}$$

下面证 $\{x_n\}$ 是 X 中 Cauchy 列. 事实上, $d(x_2, x_3) = d(Tx_1, Tx_2) \leqslant \alpha d(x_1, x_2) = \alpha d(x_1, Tx_1)$, $d(x_3, x_4) = d(Tx_2, Tx_3) \leqslant \alpha d(x_2, x_3) \leqslant \alpha^2 d(x_1, Tx_1), \cdots$, 由归纳法得出 $d(x_{n+1}, x_{n+2}) \leqslant \alpha^n d(x_1, Tx_1)$ $(n = 1, 2, \cdots)$, 于是, 对任意自然数 m, 有

$$\begin{aligned} d(x_{n+1}, x_{n+m}) &\leqslant d(x_{n+1}, x_{n+2}) + \cdots + d(x_{n+m-1}, x_{n+m}) \\ &\leqslant (\alpha^n + \alpha^{n+1} + \cdots + \alpha^{n+m-2}) d(x_1, Tx_1) \\ &< \frac{\alpha^n}{1 - \alpha} d(x_1, Tx_1) \to 0 \quad (n \to \infty). \end{aligned} \tag{7.5}$$

所以, $\{x_n\}$ 是 X 中 Cauchy 列, 由 X 的完备性, $\{x_n\}$ 必收敛于 X 中某点 x_0. 因为压缩映射是连续映射, 所以在 $x_{n+1} = Tx_n$ 两边取极限 (令 $n \to \infty$), 得到

$x_0 = Tx_0$, 即 x_0 是 T 的一个不动点.

(2) 证 T 的不动点是唯一的. 若 y_0 也是 T 的不动点, 即 $Ty_0 = y_0$, 则 $d(x_0, y_0) = d(Tx_0, Ty_0) \leqslant \alpha d(x_0, y_0)$. 由于 $0 \leqslant \alpha < 1$, 故 $d(x_0, y_0) = 0$, 即 $y_0 = x_0$. 证毕.

注 7.1 从定理 7.1 的证明过程可看出, X 的完备性只是为了保证 T 的不动点的存在性. 例 7.1 中的 T 不存在不动点, 是因为 $X = (0, \infty)$ 不是完备的距离空间. 但 T 的不动点的唯一性就不要求 X 完备. 此外, T 为压缩映射的条件 $0 \leqslant \alpha < 1$ 不能减弱为 $0 \leqslant \alpha \leqslant 1$, 即若对 $\forall x, y \in X$, $x \neq y$, $d(Tx, Ty) < d(x, y)$, 即使 X 为完备的距离空间, 也不能保证 T 有不动点. 例如 $X = [1, \infty)$ 是完备的距离空间, 定义 $T : X \to X$, $x \mapsto x + \dfrac{1}{x}$, 则当 $x \neq y$ 时,

$$d(Tx, Ty) = \left|\left(x + \frac{1}{x}\right) - \left(y + \frac{1}{y}\right)\right| = \left(1 - \frac{1}{xy}\right)|x - y| < |x - y| = d(x, y),$$

但 $Tx = x$ 在 X 中无解, 所以 T 没有不动点.

定理 7.1 的证明实际上还给出了用逐次逼近法 (迭代法) 求 T 的不动点 x_0 的方法, 而且 x_n 就是算子方程 (7.2) 的近似解, 在 (7.5) 中令 $m \to \infty$, 就得到 x_n 与精确解 x_0 (不动点) 的误差估计:

$$d\left(x_n, x_0\right) \leqslant \frac{\alpha^{n-1}}{1 - \alpha} d(x_1, Tx_1). \tag{7.6}$$

由此可见, 定理 7.1 统一处理了求解代数方程的根所用的切线法, 求解微分方程, 积分方程所用的迭代法等, 统一提供了逼近不动点的迭代程序和误差估计, 因而广泛用于各种方程的求解问题.

定理 7.1 已有许多形式的改进和推广, 例如, T 不在整个 X 上满足压缩条件, 而只在 X 的一个闭子集 A 上满足压缩条件, 当 X 完备时, 由第七章定理 1.2, A 也完备, 所以, 由定理 7.1, T 在 A 上存在唯一的不动点. 只是在构造迭代序列 $\{x_k\}$ 时, 要对初始点 x_1 的选取加以适当限制, 以保证 $x_k \in A$, 一个典型而具有实用价值的结论是下述球上压缩定理:

定理 7.2 设 (X, d) 是完备的距离空间, $T : X \to X$, $B = B\left(y_0, r\right)$ 是 X 中以 y_0 为中心 r 为半径的开球, $T : B \to X$ 是压缩映射, 即对 $\forall x, y \in B$, 成立 (7.3), 而且还满足:

$$d(Ty_0, y_0) < (1 - \alpha) r, \tag{7.7}$$

则 T 在 B 中必存在唯一的不动点.

证 取 δ 满足 $0 < \delta < r$, 使得 $d(Ty_0, y_0) \leqslant (1 - \alpha)\delta < (1 - \alpha) r$, 令 $\widetilde{B}_\delta = \widetilde{B}(y_0, \delta) = \{y \in X : d(y, y_0) \leqslant \delta\}$ 为闭球, 则 $\widetilde{B}_\delta \subset B$. 而且对 $\forall y \in \widetilde{B}_\delta$, $d(Ty, y_0) \leqslant d(Ty, Ty_0) + d(Ty_0, y_0) \leqslant \alpha d(y, y_0) + (1 - \alpha)\delta \leqslant \alpha\delta + (1 - \alpha)\delta = \delta$,

这表明 $T(\widetilde{B}_\delta) \subset \widetilde{B}_\delta$. 又 $\widetilde{B}_\delta$ 为闭集, 从而 $(\widetilde{B}_\delta, d)$ 作为 X 的子空间也是完备的, 于是, 可将 T 看成 $\widetilde{B}_\delta$ 上的压缩映射, 由定理 7.1, T 必在 B 中存在唯一的不动点.

利用 §2 定义算子 T 的乘积 T^n, 当 T 为压缩映射时, T^n 也是压缩映射, 反之, T^n $(n>1)$ 是压缩映射时, T 却不一定是压缩映射. 例如, $T: \mathbf{R}^2 \to \mathbf{R}^2$, $(x_1, x_2) \mapsto (x_1, 0)$ 不是压缩映射, 但 $T^2: \mathbf{R}^2 \to \mathbf{R}^2$, $(x_1, x_2) \mapsto (0,0)$ 却是压缩映射.

定理 7.3　设 (X,d) 是完备的距离空间, 若存在自然数 n, 使得 T^n 是 X 上的一个压缩映射, 则 T 在 X 中必存在唯一的不动点.

证　由定理 7.1, T^n 在 X 中存在唯一的不动点 x_0, 即 $T^n x_0 = x_0$, $x_0 \in X$. 因为 $T^n(Tx_0) = T^{n+1}(x_0) = T(T^n x_0) = Tx_0$, 即 Tx_0 也是 T^n 的一个不动点, 由 T^n 的不动点的唯一性, $Tx_0 = x_0$, 即 x_0 是 T 的一个不动点. 下面证唯一性, 若 T 还有一个不动点 y_0, 即 $Ty_0 = y_0$, 则 $T^n y_0 = T^{n-1}(Ty_0) = T^{n-1}y_0 = \cdots = y_0$, 这说明 y_0 也是 T^n 的一个不动点. 由 T^n 的不动点的唯一性, $y_0 = x_0$. 证毕.

定理 7.4　设 X 是 Banach 空间, $T: X \to X$ 是线性算子, 若 $\|T\| < 1$, 则 T 在 X 上存在唯一的不动点.

证　从算子范数不等式 (见第八章 (1.14) 式): $\|Tx\| \leqslant \|T\|\|x\|$, 对 $\forall x, y \in X$ 有 $d(Tx, Ty) = \|Tx - Ty\| \leqslant \|T\|\|x-y\| = \|T\| d(x,y)$, 令 $\alpha = \|T\|$, 则 $0 \leqslant \alpha < 1$, 由定理 7.1, T 在 X 上存在唯一的不动点. 证毕.

注 7.2　若 T 不是线性算子, 则定理 7.4 中的条件 $\|T\| < 1$ 应换成对 $\forall x, y \in X$ 成立 $\|Tx - Ty\| \leqslant \alpha\|x-y\|$, $0 \leqslant \alpha < 1$.

不动点定理的应用越来越广泛, 已经不限于各种方程的求解问题. 下面仅给出它的若干典型应用.

例 7.3 (求代数方程的根)　设方程为

$$f(x) = x^5 + x - 1 = 0. \tag{7.8}$$

因为 f 在 $[0,1]$ 上严格递增且 $f(0) = -1$, $f(1) = 1$, 所以 f 在 $[0,1]$ 内只有一个实根, 利用迭代格式

$$x_{n+1} = 1 - x_n^5, \tag{7.9}$$

并取初值 $x_1 = 0$, 就会得出 $x_2 = 1$, $x_3 = 0$, $x_4 = 1$, $x_5 = 0, \cdots$, 即 $\{x_n\}$ 不收敛, 这是因为算子 $T: [0,1] \to [0,1]$, $x \mapsto 1 - x^5$ 在 $[0,1]$ 上不是压缩算子, 不能直接应用定理 7.1. 我们可引入参数 $\lambda \neq 0$, 对原方程作适当变形, 此处用 $-\lambda$ $(\lambda \neq 0)$ 乘方程两边然后在方程两边加上 x, 即

$$x - \lambda f(x) = x. \tag{7.10}$$

令 $Tx = x - \lambda f(x) = (1-\lambda)x + \lambda(1-x^5)$. 由微分中值定理, 对 $\forall x, y \in [0,1]$, $|Tx - Ty| = |T'(\xi)||x-y|$, 式中 $|T'(\xi)| = |1-\lambda(1+5\xi^4)|$, $|\xi| \leqslant 1$. 取 $\lambda = \dfrac{1}{6}$, $|T'(\xi)| = \left|\dfrac{5}{6}(1-\xi^4)\right| \leqslant \dfrac{5}{6}$. 所以 $|Tx - Ty| \leqslant \dfrac{5}{6}|x-y|$, 即 T 是 $[0,1]$ 上的压缩映射. 又 $[0,1]$ 完备, 由定理 7.1, 下述迭代序列收敛于 x_0 :

$$x_{n+1} = \left(1 - \frac{1}{6}\right) x_n + \frac{1}{6}\left(1 - x_n^5\right). \tag{7.11}$$

取初始值 $x_1 = 0.5$, 从 (7.11) 得出 $x_2 = 0.58, x_3 = 0.64, \cdots, x_9 = 0.75$. 从 (7.6) 得到 x_9 与 x_0 的误差估计:

$$|x_9 - x_0| \leqslant \frac{\left(\dfrac{5}{6}\right)^8}{1 - \dfrac{5}{6}} \times (0.58 - 0.5) \approx 0.1116.$$

例 7.4 (线性方程组求解) 给定无穷线性方程组:

$$x_j = \sum_{k=1}^{\infty} a_{jk} x_k + b_j, \quad j = 1, 2, \cdots. \tag{7.12}$$

若矩阵 $A = (a_{jk})$ 满足

$$\sup_j \sum_{k=1}^{\infty} |a_{jk}| < 1, \tag{7.13}$$

则对 $\forall b = (b_1, b_2, \cdots) \in l^\infty$, 方程组 (7.12) 存在唯一的解 $x_0 = (x_1^{(0)}, x_2^{(0)}, \cdots, x_n^{(0)}, \cdots) \in l^\infty$.

证 作映射 $T: l^\infty \to l^\infty$, $x = (x_1, x_2, \cdots) \mapsto Tx = ((Tx)_1, (Tx)_2, \cdots)$, 式中 $(Tx)_j = \sum\limits_{k=1}^{\infty} a_{jk} x_k + b_j$, 由第八章 §1 习题 1.7, $\|T\| = \sup\limits_j \sum\limits_{k=1}^{\infty} |a_{jk}|$, 再由 (7.13), $\|T\| < 1$, 又 l^∞ 为 Banach 空间, 所以, 由定理 7.4, T 在 l^∞ 上存在唯一的不动点 $x_0 = ({x_1}^{(0)}, {x_2}^{(0)}, \cdots)$, 此即 (7.12) 的解.

注 7.3 利用第八章 §1 习题 1.8 和定理 7.4, 我们可类似地证明: 若矩阵 $A = (a_{jk})$ 满足

$$\sum_{j=1}^{\infty} \sum_{k=1}^{\infty} |a_{jk}|^q < 1, \tag{7.14}$$

$\dfrac{1}{p} + \dfrac{1}{q} = 1$, $1 < q < \infty$, 则对 $\forall b = (b_1, b_2, \cdots) \in l^q$, 方程组 (7.12) 存在唯一的

解 $x_0=(x_1^{(0)},x_2^{(0)},\cdots)\in l^p$.

例 7.5 (常微分方程解的存在唯一性 (Picard 定理)) 求解常微分方程初值问题:

$$\begin{cases}\dfrac{\mathrm{d}y}{\mathrm{d}x}=f(x,y),\\ y\big|_{x=x_0}=y_0,\end{cases}\tag{7.15}$$

可转化为求解积分方程:

$$y(x)=y_0+\int_{x_0}^{x}f(t,y(t))\mathrm{d}t.\tag{7.16}$$

对 (7.16), 要选择适当的完备空间 A, 再在 A 上定义压缩映射:

$$Ty=y_0+\int_{x_0}^{x}f(t,y(t))\mathrm{d}t.\tag{7.17}$$

于是, 问题又转化为求算子方程

$$Ty=y\tag{7.18}$$

的不动点.

设 $f(x,y)$ 在矩形区域 $D=\{(x,y):|x-x_0|\leqslant a,\ |y-y_0|\leqslant b\}$ 上连续, $\|f\|>0$, 且在 D 上关于 y 满足 Lipschitz 条件, 即存在常数 $M>0$, 使得

$$|f(x,y_1)-f(x,y_2)|\leqslant M|y_1-y_2|.\tag{7.19}$$

令 $E=[x_0-\delta,x_0+\delta]$, $\|f\|=\max\limits_{(x,y)\in A}|f(x,y)|$ 和

$$\delta=\min\left\{\frac{1}{2M},\frac{b}{\|f\|},a\right\},\tag{7.20}$$

$F=\{y:y\in C(E),\ y(x_0)=y_0,\ d(y,y_0)\leqslant b\}$, 则 $F\subset C(E)$, 又 F 为闭集, 所以 F 完备. 对 $\forall y\in F$, 有

$$d(Ty,y_0)=\max_{|x-x_0|\leqslant\delta}|Ty-y_0|=\max_{|x-x_0|\leqslant\delta}\left|\int_{x_0}^{x}f(t,y(t))\mathrm{d}t\right|\leqslant\|f\|\delta\leqslant b,$$

所以 $T:F\to F$. 对 $\forall y_1,y_2\in F$, 从 (7.19), 有

$$\begin{aligned}d(Ty_1,Ty_2)=&\max_{|x-x_0|\leqslant\delta}\int_{x_0}^{x}(f(t,y_1(t))-f(t,y_2(t)))\mathrm{d}t\\ &\leqslant M\max_{|x-x_0|\leqslant\delta}\int_{x_0}^{x}|y_1(t)-y_2(t)|\mathrm{d}t\end{aligned}$$

$$\leqslant M\delta d(y_1, y_2) \leqslant \frac{1}{2}d(y_1, y_2),$$

所以, T 是 F 上的压缩映射. 由定理 7.1, T 在 F 中有唯一不动点 $\tilde{y}$, 即 (7.15) 存在唯一的解 $\tilde{y}(x)$, 而且 $\tilde{y}(x)$ 有连续的一阶导数, 并可用迭代法求近似解:

$$y_{n+1}(x) = y_0 + \int_{x_0}^{x} f(t, y_n(t))\mathrm{d}t, \quad n = 0, 1, 2, \cdots,$$

式中 $y_0(x) = y_0$, 其误差为 $d(y_n, \tilde{y}) \leqslant \frac{1}{2^{n-1}}\|f\|\delta \leqslant \frac{b}{2^{n-1}}$.

例 7.6 第二类 Fredholm 积分方程:

$$y(x) - \lambda\int_a^b K(x, t)y(t)\mathrm{d}t = f(x), \tag{7.21}$$

式中核 $K(x, t)$ 和自由项 $f(x)$ 是预先给定的函数, $y(x)$ 是未知函数. 方程 (7.21) 可在不同函数空间上研究, 我们在连续函数空间上研究, 即设核 $K(x, t)$ 在矩形区域 $D = [a, b] \times [a, b]$ 上连续, $f(x) \in C[a, b]$. 在 $C[a, b]$ 上定义映射 T:

$$Ty(x) = f(x) + \lambda\int_a^b K(x, t)y(t)\mathrm{d}t,$$

则 $T : C[a, b] \to C[a, b]$, 且对于 $\forall y_1, y_2 \in C[a, b]$, 有

$$\begin{aligned}
d(Ty_1, Ty_2) &= \max_{x\in[a,b]} |Ty_1(x) - Ty_2(x)| \\
&\leqslant |\lambda| \max_{x\in[a,b]} \int_a^b |K(x, t)||y_1(t) - y_2(t)|\mathrm{d}t \\
&\leqslant |\lambda| \max_{t\in[a,b]} |y_1(t) - y_2(t)| \max_{x\in[a,b]} \int_a^b |K(x, t)|\mathrm{d}t \\
&= |\lambda| \max_{x\in[a,b]} \left(\int_a^b |K(x, t)|\mathrm{d}t\right) d(y_1, y_2).
\end{aligned}$$

所以, 当 $|\lambda| \max_{x\in[a,b]} \int_a^b |K(x, t)|\mathrm{d}t < 1$ 时, T 是 $C[a, b]$ 上的压缩映射, 再由 $C[a, b]$ 的完备性, 就可应用定理 7.1, 得出 (7.21) 存在唯一的连续解 $\tilde{y}(x)$.

注 7.4 若在 (7.21) 中无 $y(x)$ 项, 即

$$\int_a^b K(x, t)y(t)\mathrm{d}t = f(x), \tag{7.22}$$

则称为**第一类 Fredholm 方程**, 这种方程的解一般不存在, 即使存在, 也不一定唯一, 而且这种方程的解即使存在且唯一, 也没有稳定性, 即当 $f(x)$ 微小变

化时, 相应的解也不一定是微小变化的. 这种复杂的情况使得至今还未建立起系统的理论.

若在 (7.21) 中积分上限 b 改为变量 x, 就得到 **Volterra 积分方程**:

$$y(x)-\lambda\int_a^x K(x,t)y(t)\mathrm{d}t=f(x). \tag{7.23}$$

气体动力学中的布朗运动、弹性理论、量子力学、生物学中的遗传现象、生态平衡问题、数理经济学等, 都与上述积分方程有关.

例 7.7 (第二类 Volterra 积分方程 (7.23)) 当 $f\in C[a,b]$, 核 $K(x,t)$ 在三角形区域 $D=\{(x,t):a\leqslant x\leqslant b,\ a\leqslant t\leqslant x\}$ 上连续时, (7.23) 对任意参数 λ, 都存在唯一的连续解 $\tilde{y}(x)$.

证 定义映射 T:

$$Ty(x)=f(x)+\lambda\int_a^x K(x,t)y(t)\mathrm{d}t, \tag{7.24}$$

则 $T:C[a,b]\to C[a,b]$, 令 $M=\max\{|K(x,t)|:(x,t)\in D\}$, 则对 $\forall y_1,y_2\in C[a,b]$, $x\in[a,b]$,

$$\begin{aligned}d(Ty_1,Ty_2)=&\max_{x\in[a,b]}|\lambda|\left|\int_a^x K(x,t)(y_1(t)-y_2(t))\mathrm{d}t\right|\\ \leqslant&|\lambda|(x-a)Md(y_1,y_2).\end{aligned} \tag{7.25}$$

因为 $|\lambda|M(b-a)$ 不一定小于 1, 所以, T 不一定是 $C[a,b]$ 上的压缩算子, 不能用定理 7.1, 但可证明对充分大的 n, T^n 是压缩映射, 于是可以利用定理 7.3. 事实上, 可用数学归纳法证明:

$$d(T^ny_1,T^ny_2)\leqslant\alpha_n d(y_1,y_2), \tag{7.26}$$

式中

$$\alpha_n=\frac{|\lambda|^nM^n(x-a)^n}{n!}. \tag{7.27}$$

从 (7.25) 可得 $|Ty_1(x)-Ty_2(x)|\leqslant|\lambda|M(x-a)d(y_1,y_2)$. 设对 $\forall x\in[a,b]$, $\forall y_1,y_2\in C[a,b]$, 有

$$|T^ny_1(x)-T^ny_2(x)|\leqslant\frac{|\lambda|^nM^n(x-a)^n}{n!}d(y_1,y_2). \tag{7.28}$$

则从 (7.28), 有

$$|T^{n+1}y_1(x)-T^{n+1}y_2(x)|=|\lambda|\left|\int_a^x K(x,t)(T^ny_1(t)-T^ny_2(t))\mathrm{d}t\right|$$

$$\leqslant |\lambda| M \frac{|\lambda|^n M^n}{n!} \left(\int_a^x (t-a)^n \mathrm{d}t \right) d(y_1, y_2)$$
$$= \frac{|\lambda|^{n+1} M^{n+1}}{(n+1)!} (x-a)^{n+1} d(y_1, y_2),$$

所以, (7.28) 对所有自然数 n 均成立, (7.28) 两边对 $\forall x \in [a,b]$ 取 max, 就得到 (7.26). 因为从 (7.27), $\lim\limits_{n\to\infty} \alpha_n = 0$, 所以, 存在 N, 使得 $\forall n > N$, $0 \leqslant \alpha_n < 1$, 这时 T^n 是压缩映射, 由定理 7.3, (7.23) 在 $C[a,b]$ 上存在唯一的连续解 $\tilde{y}(x)$.

例 7.8 (隐函数存在定理) 设 $(X, \|\cdot\|)$ 是赋范线性空间, $x_0 \in X$, $y_0 \in \mathbf{R}^1$, $r, b > 0$, $D = \widetilde{B}(x_0, r) \times [y_0 - b, y_0 + b] \subset X \times \mathbf{R}^1$, 其中 $\widetilde{B}_0 = \widetilde{B}(x_0, r)$ 表示以 x_0 为中心、r 为半径的闭球. 若 $F(x,y)(x \in X, y \in \mathbf{R}^1)$ 满足:

(1) $F \in C(D)$, $F(x_0, y_0) = 0$;

(2) F 对 y 的偏导数 $F'_y(x,y)$ 在 D 中存在并存在 m, M, 使得

$$0 < m \leqslant F'_y(x,y) \leqslant M, \tag{7.29}$$

则方程 $F(x,y) = 0$ 在 $\widetilde{B}_0$ 内必存在唯一的连续解 $y = f_0(x)$.

证 设 $C(\widetilde{B}_0)$ 表示 $\widetilde{B}_0$ 上连续函数空间. 作映射 $T : C(\widetilde{B}_0) \to C(\widetilde{B}_0)$ 如下:

$$(Tf)(x) = f(x) - \frac{1}{M} F(x, f(x)). \tag{7.30}$$

下面证明 T 是压缩映射. 对于 $\forall f_1, f_2 \in C(\widetilde{B}_0)$, 由微分中值定理, 存在 $\theta : 0 < \theta < 1$, 使得

$$\begin{aligned}
&|(Tf_1)(x) - (Tf_2)(x)| \\
&= \left| f_2(x) - f_1(x) - \frac{1}{M} (F(x, f_2(x)) - F(x, f_1(x))) \right| \\
&= |f_2(x) - f_1(x)| \cdot \left| 1 - \frac{1}{M} F'_y(x, f_1(x) + \theta(f_2(x) - f_1(x))) \right| \\
&\leqslant \|f_2 - f_1\| \left(1 - \frac{m}{M} \right).
\end{aligned} \tag{7.31}$$

令 $\alpha = 1 - \dfrac{m}{M}$, 则 $0 < \alpha < 1$, 从上式得

$$\|Tf_1 - Tf_2\| \leqslant \alpha \|f_2 - f_1\|. \tag{7.32}$$

因为 $C(\widetilde{B}_0)$ 为 Banach 空间, 由定理 7.4, T 在 $C(\widetilde{B}_0)$ 上存在唯一的不动点 f_0, 即 $f_0(x) = (Tf_0)(x) = f_0(x) - \dfrac{1}{M} F(x, f_0(x))$, 从而 $F(x_1, f_0(x)) = 0$, 又 $f_0 \in C(\widetilde{B}_0)$, 这表示 $F(x,y) = 0$ 在 $\widetilde{B}_0$ 内存在唯一的连续解 $y = f_0(x)$.

注 7.5　例 7.8 统一处理了数学分析中一元与多元隐函数存在定理, 而且将微分的概念推广到赋范线性空间以后, 还可以将例 7.8 推广到赋范线性空间之间的映射上去.

注 7.6　压缩映射原理中关键的条件是空间的完备性和映射的压缩性. 而压缩映射是一种特殊的连续映射, 因此, 进一步研究一般的连续映射在什么条件下存在不动点, 就显得十分重要. 我们先考察一个简单的例子:

例 7.9　设 $f:[0,1]\to[0,1]$ 是连续函数, 则 f 在 $[0,1]$ 内必存在不动点 x_0.

证　令 $F(x)=f(x)-x$, 则 $F(0)=f(0)\geqslant 0$, $F(1)=f(1)-1\leqslant 0$, 下面分几种情形讨论:

(1) 若 $f(0)=0$, 则 $x_0=0$ 就是 f 的不动点;

(2) 若 $f(1)=1$, 则 $x_0=1$ 就是 f 的不动点;

(3) 若 $f(0)>0$, 且 $f(1)<1$, 则 $F(0)>0$, $F(1)<0$, 由连续函数的中间值定理, 存在 $x_0\in(0,1)$, 使得 $F(x_0)=f(x_0)-x_0=0$, 即 x_0 是 f 的不动点. 证毕.

(注意不动点 x_0 不一定是唯一的.)

将上述 $[0,1]$ 推广到 $\mathbf{R}^n$ 中的紧凸集, 就得到下述 **Brouwer 不动点定理** (1910):

定理 7.5　设 A 是 $\mathbf{R}^n$ 中非空紧凸集, $T:A\to A$ 为连续映射, 则 T 存在不动点.

上述定理推广到无穷维 Banach 空间, 即有下述 **Schauder 不动点定理**:

定理 7.6 (Schauder)　设 X 是 Banach 空间, A 是 X 中非空紧凸子集, $T:A\to A$ 是连续映射, 则 T 存在不动点.

若将 A 为紧集的条件减弱为有界闭集, 算子 T 就要引入比连续性更强的条件, 即

定义 7.3　设 X,Y 为赋范线性空间. 算子 $T:X\to Y$, 若对于 X 中任一有界集 A, 其像集 $T(A)=\{y=Tx:x\in A\}$ 是 Y 中列紧集, 则称 T 为**紧算子**, 连续的紧算子称为**全连续算子**.

特别当 $T:X\to Y$ 为线性算子时, 由于列紧集是有界集, 所以, $T(A)$ 列紧可推出 T 有界, 即 T 连续, 这时紧算子就是全连续算子, 但对于非线性算子 T, 有界不一定连续, 所以, 紧算子与全连续算子是有区别的.

定理 7.7 (Schauder 不动点定理, 1930)　设 X 为 Banach 空间, A 是 X 中非空有界闭凸集, $T:A\to A$ 是全连续算子, 则 T 必存在不动点.

总之, 不动点定理是关于某类拓扑空间 X 上的连续映射 $T:X\to X$ 存在不动点的各种定理的统称, 例如将 Banach 空间推广到局部凸线性拓扑空间 X, A 为 X 的紧凸子集, 则当 $T:A\to A$ 为连续映射时, T 必存在不动点. 这些定理的证明要用到较多的拓扑学知识, 因此, 这些定理的证明均省略了, 我们下

面再给出一个例子, 说明定理 7.7 的应用.

例 7.10 考察 Urysohn 积分方程

$$f(x) = \int_E K(x, y, f(y))\mathrm{d}y, \tag{7.33}$$

式中 E 是距离空间 (X, d) 中的紧集, 且 $0 < \mu(E) < \infty$, 核 $K(x, y, u)$ 是 $E \times E \times \mathbf{R}^1$ 上实值连续函数. 若存在常数 $c_1, c_2 > 0$, 使得对 $\forall x, y \in E$, $u \in \mathbf{R}^1$, 成立

$$|K(x, y, u)| \leqslant c_1 + c_2|u|, \tag{7.34}$$

式中 $c_2\mu(E) < 1$, 则方程 (7.33) 必存在连续解 $f(x)$.

证 定义算子 $T : C(E) \to C(E)$ 如下:

$$(Tf)(x) = \int_E K(x, y, f(y))\mathrm{d}y. \tag{7.35}$$

(1) 先证 T 的紧性. 设 A 为 $C(E)$ 中任一有界集, 即 $\exists a > 0$, 使得对 $\forall f \in A$, 有 $\|f\| \leqslant a$. 令 $D = E \times E \times [-a, a]$, 则从 $K \in C(D)$, 可令 $M = \max\{|K(x, y, u)| : x, y \in E, u \in [-a, a]\}$, 则对 $\forall f \in A$, 有

$$|(Tf)(x)| \leqslant \int_E |K(x, y, f(y))|\mathrm{d}y \leqslant M\mu(E),$$

因而 $\|Tf\| = \sup\limits_{\|x\|=1} |(Tf)(x)| \leqslant M\mu(E) < \infty$, 这表明 $T(A)$ 是 $C(E)$ 中一致有界集.

其次, 因为 D 为闭集, K 在 D 上一致连续, 即对 $\forall \varepsilon > 0$, $\exists \delta > 0$, 使得对 $\forall x_1, x_2 \in E$, $\forall y \in E$, $\forall u \in [-a, a]$, 有 $|K(x_2, y, u) - K(x_1, y, u)| < \dfrac{\varepsilon}{\mu(E)}$, 从而对 $\forall f \in A$, 有

$$\begin{aligned}|(Tf)(x_2) - (Tf)(x_1)| &\leqslant \int_E |K(x_2, y, u) - K(x_1, y, u)|\mathrm{d}y \\ &< \frac{\varepsilon}{\mu(E)}\mu(E) = \varepsilon,\end{aligned}$$

这表明 $T(A)$ 是等度连续的, 于是由第七章定理 4.1, $T(A)$ 是 $C(E)$ 中列紧集, 从而 T 是紧算子.

(2) 证 T 的连续性. 设 $\forall f_n \in C(E)$, $f_n \to f_0 \in C(E)$, 则 $\{f_n\}$ 有界. 令 $\sup\limits_n \|f_n\| = b$, 则由 K 在 $E \times E \times [-b, b]$ 上一致连续, 对 $\forall \varepsilon > 0$, $\exists \delta > 0$, 使得对 $\forall x, y \in E$, $\forall u_1, u_2 \in [-b, b]$, 只要 $|u_2 - u_1| < \delta$, 就有

$$|K(x,y,u_2)-K(x,y,u_1)|<\frac{\varepsilon}{\mu(E)}.$$

再从 $f_n\to f_0$, 对上述 $\delta>0$, $\exists N$, 使得 $\forall n\geqslant N$, 有 $\|f_n-f_0\|<\delta$, 因而

$$\begin{aligned}|(Tf_n)(x)-(Tf_0)(x)|&\leqslant\int_E|K(x,y,f_n(y))-K(x,y,f_0(y))|\mathrm{d}y\\&<\frac{\varepsilon}{\mu(E)}\mu(E)=\varepsilon.\end{aligned}$$

于是

$$\|Tf_n-Tf_0\|=\sup_{\|x\|=1}|(Tf_n)(x)-(Tf_0)(x)|<\varepsilon,$$

即 $Tf_n\to Tf_0(n\to\infty)$, 所以 T 在 $C(E)$ 上连续. 从 (1) 和 (2) 知 T 是全连续算子.

(3) 令 $r=\dfrac{c_1\mu(E)}{1-c_2\mu(E)}$, 取 $C(E)$ 中闭球 $\widetilde{B}(0,r)=\{f\in C(E):\|f\|\leqslant r\}$, 则 $\widetilde{B}$ 是 $C(E)$ 中非空有界闭凸集. 下面证明 $T:\widetilde{B}\to\widetilde{B}$. 对 $\forall f\in\widetilde{B}$, 从 (7.34), 有

$$\begin{aligned}|(Tf)(x)|&\leqslant\int_E|K(x,y,f(y))|\mathrm{d}y\leqslant\int_E(c_1+c_2|f(y)|)\mathrm{d}y\\&\leqslant(c_1+c_2\|f\|)\mu(E)\leqslant(c_1+c_2r)\mu(E)=r,\end{aligned}$$

于是 $\|Tf\|\leqslant r$, 所以 $T(\widetilde{B})\subset\widetilde{B}$.

由定理 7.7, T 在 $\widetilde{B}$ 上存在不动点 f, 即积分方程 (7.33) 存在连续解, 但解不一定唯一.

特别地, 当 $K(x,t,y)=\lambda K_1(x,t)y+\dfrac{f(x)}{\mu(E)}$ 时, (7.33) 化为

$$y(x)=\lambda\int_E K_1(x,t)y(t)\mathrm{d}t+f(x).\tag{7.36}$$

这就是例 7.6 中第二类 Fredholm 积分方程.

Banach 不动点定理的推广有以下几个途径:

第一, 引入新的压缩映射. 例如, 设 (X,d) 是距离空间, $T:X\to X$ 满足 $\alpha\in\left[0,\dfrac{1}{2}\right)$, 使得定义 7.2 中的距离 (7.3) 也可以定义为

$$d(Tx,Ty)\leqslant\alpha(d(x,Tx)+d(y,Ty)),\quad\forall x,y\in X,$$

则称 T 是 Kannan 压缩映射, 简称为 K 压缩映射. 若距离空间 (X,d) 是完备的, 则每个 K 压缩映射 T 都有唯一的不动点.

第二, 推广距离的概念. 我们在第二章 §1 引入了许多距离空间的推广, 上述的 K 压缩映射 T 就可以在 b 距离空间、广义 b 距离空间、广义 Branciari b 距离空间、受控距离空间等新的空间上建立不动点定理.

第三, 在广义 Banach 空间上建立不动点定理. 设 $M_{m,n}(\mathbf{R}_+)$ 表示所有 $m\times n$ 非负矩阵的集合, $A=(a_{ij})$, $B=(b_{ij})\in M_{m,n}(\mathbf{R}_+)$. $A\leqslant B$ 表示 $\forall i,j,b_{ij}\geqslant a_{ij}$, $A<B$ 表示 $\forall i,j,b_{ij}>a_{ij}$. 若 E 是数域 $K(\mathbf{R}$ 或 $\mathbf{C})$ 上的向量空间, 则 E 上的广义范数 $\|\alpha\|_G$ 定义为

$$\|\cdot\|_G:E\to\mathbf{R}_+^n,\ \alpha\mapsto\|\alpha\|_G=\begin{pmatrix}\|\alpha\|_1\\ \vdots\\ \|\alpha\|_n\end{pmatrix},$$

满足: $\forall\alpha,\beta\in E$, $\forall c\in K$, 成立

(1) $\|\alpha\|_G\geqslant 0$, $\|\alpha\|_G=0\Rightarrow\alpha=0$;

(2) $\|c\alpha\|_G=|c|\cdot\|\alpha\|_G$;

(3) $\|\alpha+\beta\|_G\leqslant\|\alpha\|_G+\|\beta\|_G$,

则 $(E,\|\cdot\|_G)$ 称为广义赋范空间. 由 $d_G(\alpha,\beta)=\|\alpha-\beta\|_G$ 所定义的广义距离所形成的空间 (E,d_G) 称为广义距离空间. 若 (E,d_G) 是完备的, 则 (E,d_G) 称为完备的广义距离空间, 相应的 $(E,\|\cdot\|_G)$ 称为广义 Banach 空间, 简记为 GBS.

若算子 $T:E\to E$ 满足

$$d_G(T\alpha,T\beta)\leqslant Md_G(\alpha,\beta),\quad\forall\alpha,\beta\in E,$$

而且矩阵 M 收敛于 0, 则称 T 是 M 收缩算子.

定理 7.8 设 (E,d_G) 是完备的广义距离空间, T 是 M 收缩算子, 则 T 有唯一的不动点 $\alpha^*\in E$.

见 Laksaci, N., Some noncompact types of fixed point results in the generalized Banach spaces with respect to the G-weak topology contexts and applications, J. Inequal. Appl., 2023: 94.

第四, 模糊算子在不同的距离空间中建立不动点定理, 也有越来越多的研究成果. 最新的成果见 Kanwal S., et al., Common coincidence points for Nadler's type hybrid fuzzy contractions, J. Inequal. Appl., 2023: 100 和 2025: 19. 由此可见, 不动点定理仍然是一个热门的研究课题.

习题 9.7

7.1 设 $E=[a,b]\times[a,b]\times[-c,c]$, $c>0$, $f:E\to\mathbf{R}^1$ 连续, 且

$$\forall(x,y,z)\in E,\quad f(x,y,z)\leqslant\frac{c}{b-a},$$

证明: 存在连续函数 $g:[a,b]\to[-c,c]$, 使得

$$g(x)=\int_a^b f(x,y,g(y))\mathrm{d}y,\quad x\in[a,b].$$

7.2　设 (X,d) 是完备的距离空间, 若映射 $T:X\to X$ 满足

$$d(Tx,Ty)\leqslant\alpha(d(x,Tx)+d(y,Ty)),\quad x,y\in X,\ \alpha\in\left(0,\frac{1}{2}\right).$$

证明: T 存在唯一不动点.

7.3　设 (X,d) 是距离空间, 若映射 $T:X\to X$ 满足

$$d(Tx,Ty)\geqslant\alpha d(x,y),\quad x,y\in X,\ \alpha\in(1,\infty),$$

则称 T 是扩张映射. 若 (X,d) 是完备的, 证明: 满的扩张映射 T 必存在唯一不动点.

7.4　设 f 在 $[a,b]$ 内有二阶连续导数, x_0 是 f 在开区间 (a,b) 内的一个单根, 用压缩映射原理证明, 存在 $\delta>0$, 使得由下述 Newton 法得到的迭代序列 $\{x_n\}$ 对任意初始值 $x_1\in(x_0-\delta,x_0+\delta)$ 都收敛于 x_0 :

$$g(x_n)=x_n-\frac{f(x_n)}{f'(x_n)},\quad x_{n+1}=g(x_n),\quad n=1,2,\cdots.$$

7.5　设 E 是距离空间 (X,d) 中的紧集, $f\in L^2(E)$, $K(x,t)$ 在 $E\times E$ 上可测且 $0<\int_{E\times E}|K(x,t)|^2\mathrm{d}x\mathrm{d}t<\infty$. 证明: 对于充分小的 $|\lambda|$, λ 为常数, 积分方程

$$y(x)-\lambda\int_E K(x,t)y(t)\mathrm{d}t=f(x)$$

在 $L^2(E)$ 中存在唯一解.

参 考 文 献

1. 匡继昌, 实分析与泛函分析 (续论) (上册、下册), 北京: 高等教育出版社, 2015.

2. 匡继昌, 常用不等式, 第 5 版, 济南: 山东科学技术出版社, 2021.

3. 匡继昌, 实分析引论, 长沙: 湖南教育出版社, 1996.

4. Rassias Th.M. (ed.), Approximation Theory and Analytic Inequalities, Berlin: Springer, 2021.

5. Andrica D., Rassias Th.M. (eds.), Differential and Integral Inequalities, Berlin: Springer, 2019.

6. Wheeden R.L., Zygmund A., Measure and Integral, An Introduction to Real Analysis. New York: Marcel Dekker, 1977.

7. Torchinsky A., Real Variables, California: Addison-Wesley, 1988.

8. Folland G.B., Real Analysis, Modern Techniques and Their Applications, 2nd ed., New York: John Wiley and Sons, 1999.

9. Bullen P.S., Lee P.Y., et al., New Integral, Berlin: Springer-Verlag, 1990.

10. 丁传松, 李秉彝, 广义黎曼积分, 北京: 科学出版社, 1989.

11. Rao M.M., Measure Theory and Integration, New York: John Wiley and Sons, 1987.

12. Foran J., Fundamentals of Real Analysis, New York: Marcel Dekker, 1991.

13. Hewitt E., Stromberg K., Real and Abstract Analysis, Berlin: Springer-Verlag, 1965.

14. Lang S., Real Analysis, 2nd ed., New York: Addison-Wesley, 1983.

15. 周民强, 实变函数论, 北京: 北京大学出版社, 2001.

16. 夏道行, 等, 实变函数论与泛函分析 (上册、下册), 第 2 版, 北京: 高等教育出版社, 1983, 1985.

17. 郑维行, 王声望, 实变函数与泛函分析概要, 第 2 版, 北京: 高等教育出版社, 1989.

18. 程其襄, 等, 实变函数与泛函分析基础, 北京: 高等教育出版社, 1983.

19. 江泽坚, 吴智泉, 实变函数, 第 2 版, 北京: 高等教育出版社, 1994.

20. 汪林, 实分析中的反例, 北京: 高等教育出版社, 1989.

21. 程民德, 等, 实分析, 北京: 高等教育出版社, 1993.

22. 那汤松, 实变函数论, 徐瑞云译, 北京: 高等教育出版社, 1958.

23. 徐利治, 郑毓信, 关系映射反演方法, 南京: 江苏教育出版社, 1989.

24. Dieudonne J., Foundations of Modern Analysis, New York: Academic Press, 1969.

25. George C., Exercises in Integration, New York: Springer-Verlag, 1984.

26. 江泽坚, 孙善利, 泛函分析, 北京: 高等教育出版社, 1994.

27. 刘炳初, 泛函分析, 北京: 科学出版社, 1998.

28. 定光桂, 巴拿赫空间引论, 北京: 科学出版社, 1984.

29. 汪林, 泛函分析中的反例, 北京: 高等教育出版社, 1994.

30. 刘培德, 泛函分析基础, 武汉: 武汉大学出版社, 1992.

31. 周性伟, 实变函数, 北京: 科学出版社, 1998.

32. Fischer E., Intermediate Real Analysis, Berlin: Springer-Verlag, 1983.

33. Emmanuele D., Real Analysis, Boston: Birkhäuser, 2002.

34. Grafakos L., Classical Fourier Analysis, 3rd ed., Berlin: Springer, 2014.

35. Grafakos L., Modern Fourier Analysis, 3rd ed., Berlin: Springer, 2014.

36. Bogachev V.I., Measure Theory (Vol.1–2), Berlin: Springer, 2007.

37. 谢庭藩, 周颂平, 实函数逼近论, 杭州: 杭州大学出版社, 1998.

38. Pardalos P.M., Rassias Th.M. (eds.), Mathematical Analysis, Optimization, Approximation and Applications, New Jersey: World Scientific, 2025.

39. Pardalos P.M., Rassias Th.M. (eds.), Geometry and Non-Convex Optimization, Berlin: Springer, 2025.